生命科学名著

# 湿　　地
## （原书第五版）

## Wetlands
### (Fifth Edition)

〔美〕W. J. 米施　J. G. 戈斯林克　著

吕铭志　译

科学出版社

北　京

图字：01-2016-2618 号

# 内 容 简 介

本书是著名湿地科学家 William J. Mitsch 的代表作之一。本书分为五部分。第一部分介绍了历史上人们对湿地的认识、利用和湿地科学，以及一些国家和组织对湿地的定义，湿地在全世界分布的情况；第二部分主要介绍了湿地生态系统的环境条件，包括湿地的水文条件、土壤条件、生物地球化学循环，以及湿地的植被和演替；第三部分从地理分布、水文地貌、土壤、植被、消费者、生态系统功能等几方面介绍了各种类型的湿地生态系统；第四部分介绍了湿地的分类体系、人类活动对湿地的影响和管理，以及与湿地相关的法律和对湿地采取的保护活动；第五部分介绍了湿地生态系统服务、湿地与气候变化、湿地建造与恢复、湿地对水质的净化。

本书在前几版的基础上进行了内容增补和数据更新。可作为湿地科学的本科生与研究生的教材和重要的参考书。对从事湿地科学研究的相关人员、湿地保护管理者具有重要参考价值。

**图书在版编目（CIP）数据**

湿地：原书第五版/（美）W. J. 米施（William J. Mitsch），（美）J. G. 戈斯林克（James G. Gosselink）著；吕铭志译. —北京：科学出版社，2021.6

（生命科学名著）

书名原文: Wetlands (Fifth Edition)

ISBN 978-7-03-067767-9

Ⅰ.①湿… Ⅱ.①W… ②J… ③吕… Ⅲ.①沼泽化地–普及读物 Ⅳ.①P931.7-49

中国版本图书馆 CIP 数据核字（2021）第 003753 号

责任编辑：罗 静 岳漫宇 付丽娜 / 责任校对：严 娜
责任印制：吴兆东 / 封面设计：刘新新

科学出版社 出版

北京东黄城根北街 16 号
邮政编码：100717
http://www.sciencep.com

北京虎彩文化传播有限公司 印刷
科学出版社发行 各地新华书店经销

*

2021 年 6 月第 一 版 开本：889×1194 1/16
2022 年 2 月第三次印刷 印张：33
字数：780 000

定价：298.00 元

（如有印装质量问题，我社负责调换）

# 献 词

将我和 Gosselink 共同合著的《湿地》（第五版）献给我的长期合著者兼朋友 James G. Gosselink 教授（1931—2015）。

Jim Gosselink 教授是一位彬彬有礼的绅士，同时也是一位学识渊博的学者。

我非常想念他。

感谢吕铭志博士将这本书翻译成中文。

*—— WJM*

# 中译本序一

这本由我与另一位作者 James G. Gosselink 合作的《湿地》(第五版)的中译本由吕铭志翻译,此中译本得以出版令我十分欣慰和高兴。这本书系统地介绍了我和 James G. Gosselink 在全球湿地生态学方面的研究以及相关的管理工作内容。这样的翻译工作有助于将我们的研究成果带到亚洲这个世界上很重要的区域,同时传承到这里的新一代之中。我唯一感到遗憾的是我的挚友,也是这本书的合著者 James G. Gosselink 没有机会和我们共同见证这一工作的完成。

湿地生态系统是地球上最重要的生态系统之一,但由于人类造成的许多威胁,湿地生态系统同时也成为世界上最脆弱的生态系统。据估计,在过去的 300 年中,全球有多达 87% 的湿地已经消失。如今,伴随着气候变化和有毒藻类的泛滥,我们的健康以及人类与自然的平衡关系受到威胁,这使得我们比以往任何时候都更需要这些湿地。同时湿地还为世界上大部分受威胁和濒危的动植物提供了独特而无价的栖息地。中国作为亚洲重要的组成部分,与西方国家相比,在保护水资源(稻田和鱼塘)方面的能力更加出色,而不是像一些西方国家那样经常排干湿地中的水将其造成景观,进而导致资源流失。但是,随着中国经济的发展,如今的中国可能会步西方国家的后尘,通过排干土地中的水分来获得资源,而不是继续保护池塘、稻田和自然湿地中的水资源。我希望本书能使中国学生及其他读者更加清楚地知道水是我们最重要的资源。

中国几乎在每个城市都建立了湿地公园,这给我留下了深刻的印象。在本书的第 3 章中我对此进行了描述。也许通过这本书的出版可以促进中国更多城市湿地公园的建立。

同时还要感谢中国科技出版传媒股份有限公司(科学出版社)帮助我们在《湿地》(第五版)中译本(英文版由美国新泽西州霍博肯的 John Wiley & Sons, Inc.出版)的出版发行中做出的努力。这使我们在跨越文化及语言隔阂来分享我们的工作时深受鼓舞。

此致
敬礼!

William J. Mitsch 博士
佛罗里达海湾海岸大学大沼泽地湿地研究园荣誉学者及主任
佛罗里达大学、南佛罗里达大学、俄亥俄州立大学礼任教授
2020 年 6 月 15 日

# Foreword for Chinese Edition（原文）

I am extremely pleased to see this translation of Jim Gosselink's and my *Wetlands* 5th edition to Chinese language by Lü Mingzhi so that our description of wetland ecology and management reaches another significant part of the world and a new generation in Asia. I am only sorry that my friend and co-author Jim Gosselink is not with us to witness this accomplishment.

Wetlands are among the most important ecosystems on the planet but, due to many threats caused by humans, are the world's most vulnerable ecosystems too. It is been estimated that up to 87% of the world's wetlands have been lost in the last 300 years. Nowadays, with climate change and toxic algal blooms threatening our health and balance with nature, we need these wetlands more than ever. Wetlands also provide unique and priceless habitat for a large portion of the threatened and endangered plant and animal species in the world. China has long been part of the Asian world that has been better than our western world in holding on to its water, often in rice paddies and fish ponds, rather than draining the landscape as we frequently do in the West. But as China develops economically there might be interest in following the ways of western civilization of land drainage instead of holding on to the water in ponds, paddies and natural wetlands. I hope this book will convince Chinese students even more that water is our most important resource.

China also has developed wetland parks in virtually every city, something that has impressed me very much. That is described in Chapter 3. Perhaps having this book translated into Chinese will cause even more of these urban wetlands to be developed in China.

We appreciate the effort by publisher China Science Publishing & Media Ltd. in maintaining an accurate translation of our *Wetlands* 5th edition as published by John Wiley & Sons, Hoboken, New Jersey USA. It is encouraging to us when we share our work across cultures and languages.

Sincerely,

William J. Mitsch, Ph.D.
Eminent Scholar and Director, Everglades Wetland Research Park, Florida Gulf Coast University
Courtesy Faculty, University of Florida, University of South Florida and The Ohio State University
June 15, 2020

# 中译本序二

湿地广泛分布于世界各地，在抵御洪水、调节径流、补充地下水、调节气候、控制污染、美化环境和维护区域生态平衡等方面有着其他系统所不能替代的作用，被称作"地球之肾""自然超市"。但由于人们对湿地价值缺乏足够的认识，不合理地利用湿地资源，使湿地成为面积丧失最快的生态系统。湿地保护是生态文明建设的重要内容，事关国家生态安全，事关经济社会可持续发展，事关中华民族子孙后代的生存福祉。

湿地具有的特殊性质——地表积水或土壤饱和、淹水土壤、适应湿生环境的动植物——是湿地系统既不同于陆地系统也不同于深水水体的本质特征。要加强人们对湿地系统的基础理论研究，就要对湿地的概念、性质、功能有一个明确的认识。近年来，我国越来越重视湿地的科学研究、保护及恢复。由于我国湿地科学研究起步较晚，理论体系还不够健全，缺乏比较成熟的湿地教材。而该书作为国际著名经典湿地学著作 *Wetlands*（Fifth Edition）的中文译本正是当下所需。该书从五个方面用 19 个章节系统介绍了湿地的相关知识和研究成果，并在前几版的基础上进行了内容增补和数据更新。该书的作者 William J. Mitsch 教授和 James G. Gosselink 教授从事湿地科学研究 30 余载。该书将作者多年的知识积累、科研成果，以及大量翔实的具体案例展示给大家。

该书的译者完成了一项艰巨的工作。该书涉及的知识内容非常丰富，有许多学科的专业术语，其中包括地貌学、水文学、生物学、生态学、土壤学、自然地理学等。该书的翻译对向中文读者介绍系统湿地知识做出了贡献。

该书中译本的出版可以帮助读者更好地了解国际上对于湿地研究的成果，对我国的湿地科学发展有重要的参考价值。该书可作为湿地科学本科生与研究生的教材和重要参考书，对于从事环境科学、生态学、地理学，以及相关工程学等学科的教学及科研人员也是重要的参考书目，对湿地保护、管理人员同样会有重要的帮助。

中国工程院院士
2020 年 12 月 2 日

# 前　言

　　自 Van Nostrand Reinhold 于 1986 年出版了第一版以来，呈现在大家面前的已经是《湿地》（*Wetlands*）的第五版了。从 1993 年到 2007 年，我们平均每 7 年对这本书的内容更新一次。第五版的出版距离第四版已经有 8 年的时间了。现在回头看，这额外的一年等待是值得的，特别是在刚刚过去的这一年中，湿地世界发生了很多新的事情。

　　由于许多教师要求使用本书作为教材，我们重新整合了湿地前三版中很受欢迎的生态系统章节，并对内容进行了更新。这些生态系统的章节构成了本书第 3 部分：湿地生态系统（第 8 章～第 12 章），从生态系统的角度介绍了潮汐沼泽、红树林沼泽、淡水草本沼泽、淡水森林沼泽，以及北方泥炭地。我们曾将 2000 年版的《湿地》拆分成两本书——《湿地》（第四版）（*Wetlands 4*，2007）和《湿地生态系统》（*Wetland Ecosystems*，2009），部分原因是学生需要篇幅较短的教材。这一次，我们又将这两本书的大部分内容进行了更新，并重新整合在一本书中。虽然，《湿地》（第五版）比《湿地》（第三版）压缩了 20%，仍是一本很厚的专著。教师们可以在教学大纲中选择纳入或不纳入这些关于生态系统的章节，不过这些包含"系统"观点的章节一直是我们的最爱。根据定义，这些章节将世界上主要湿地类型的水文、生物地球化学、微生物学、植被、消费者和生态系统功能等独立的领域整合成一个系统。

　　除了第 3 部分中重新插入和更新的五个生态系统章节以外，在这一版本中还有很多新东西。第 1 部分：在绪论中，我们增加了已发布的全球湿地最新趋势，以及每 4 年一次的 INTECOL 国际湿地会议出版物的摘要和清单；并增加了《巨蟒大战恐鳄》科幻电影的内容作为湿地相关科幻作品推荐给大家，用来替代长期在这一位置的电影《沼泽怪物》；同时在这一部分中还对世界上很多湿地的介绍进行了更新，其中也包括很多关于中国湿地的新照片和描述内容。

　　第 2 部分：湿地环境（第 4 章～第 7 章）与以前的版本有很大不同。现在加入了单独的新章节，第 5 章"湿地土壤"和第 7 章"湿地植被与演替"。以及补充更新了"湿地水文学"（第 4 章）和"湿地生物地球化学"（第 6 章）两章。这样的结构不但与现在湿地科学研究工作比较吻合，而且更适合对湿地管理方式的研究。现在这本书与水文、土壤和植被的湿地研究体系更加兼容，这个体系被包括美国在内的许多国家使用。

　　关于湿地管理的内容在本书中被分为两个部分。第 4 部分：传统湿地管理（第 13 章～第 15 章），以及第 5 部分：生态系统服务（第 16 章～第 19 章）。第 13 章"湿地分类"提供了美国国家湿地名录（本土 48 个州）的最新信息，这是经过 35 年的努力，于 2014 年 5 月 1 日完成的；同时在这一章中还提供了相关的网址，读者可以在其中获得美国几乎任何地区的湿地地图；本章还介绍了美国对湿地进行评级的方法，着重介绍了华盛顿州、俄亥俄州和佛罗里达州开发的评级系统。第 14 章"人类对湿地的影响和管理"介绍了世界各国最新的泥炭开采率，并与 14 年前的开采率进行了比较。第 15 章"湿地法律及湿地保护"介绍了美国最新的湿地区域划界手册，这是美国最高法院于 2013 年夏天做出的关于减缓湿地丧失的新决定，同时也是 21 世纪初美国最高法院对湿地保护的三项重要决定中的一项；第 15 章还对国际上日益重要的《拉姆萨湿地公约》（*Ramsar Convention on Wetlands*）的地位进行了重新说明。

　　第 16 章"湿地生态系统服务"对湿地向社会提供的生态系统服务进行了新的描述，并将其纳入 2005 年的《千年生态系统评估》（*Millennium Ecology Assessment*）开发的系统，以及更新了在 2014 年年中发布的不同类型湿地的新经济价值等内容。第 17 章"湿地和气候变化"更新了大气中和海平面上升过程中温室气体的趋势，这两种趋势都对湿地产生影响；在这一章中还介绍了一个新发布的模型，该模型提供了一种在同一湿地中平衡甲烷通量和碳固存的方法，以及有关这两个湿地过程的更多参考文献。第 18 章"湿地建造与恢复"中更新了美国陆军工程兵团关于减缓湿地流失趋势的"许可"与"缓解"数据。在本章中，我们彻底更新了 7 个湿地恢复的案例研究：美国佛罗里达州的大沼泽地恢复、伊拉克的美索不达米亚沼泽地恢复、加拿大魁北克省的布瓦贝尔泥炭地恢复、美国特拉华湾和美国东部的盐沼恢复、印度洋周围的红树林恢复，以及丹麦西部的斯凯恩河周边及其洪泛区的恢复。

第 19 章"湿地与水质"提供了长期研究的最新信息，这些研究涵盖了美国密歇根州霍顿湖处理湿地、美国俄亥俄州奥伦坦吉河岸的淡水沼泽及其过滤农业的湿地对改善水质的影响。美国佛罗里达州南部的过滤农业径流的湿地被称为雨水处理区（stormwater treatment area，STA），本章介绍了位于佛罗里达州那不勒斯自由公园的一个新的有希望的雨水处理湿地设计及初步数据。最后一章还提供了有关创建湿地以改善水质的成本的新估算。

在这本书中我们延续了"深色框"或补充报道栏的传统，共有 41 个此类补充报道栏或案例研究，尤其是在第 16 章"湿地生态系统服务"和第 18 章"湿地建造与恢复"中。最新版添加了许多新的文献，其中有 120 多条文献发表自 2010 年之后。这些文献用来补充过去的一些经典著作，同时也删去了许多较旧的文献，尤其是那些很难找到的文献。

就个人而言，我很高兴以佛罗里达海湾海岸大学大沼泽湿地研究园主任和教授的身份，在新地点完成这版《湿地》的撰写工作，该研究园位于佛罗里达州那不勒斯植物园内。

如果没有许多朋友和同事的帮助，我们不可能完成这本书的撰写工作。Anne Mischo 为本书第五版提供了更多的新插图，以补充她从先前版本继承下来的精美作品。我们很荣幸使用了在佛罗里达大沼泽地的边缘拍到的佛罗里达西南部红树林沼泽的照片作为封面，这张照片由一位长期的朋友和世界一流的观鸟者 Bernie Master 拍摄。Ruthmarie Mitsch 在撰写此版的某些部分时提供了帮助。特别感谢 Li Zhang（张立）和 Chris Anderson 对于《湿地生态系统》一书在本书中使用部分的内容更新。在此我们也感谢以下提供文字撰写、插图或撰写建议的朋友（按姓氏字母顺序列出）：Jim Aber、Andy Baldwin、Jim Bays、Jenny Davis、Frank Day、Max Finlayson、Brij Gopal、Glenn Guntenspergen、Wenshan He（何文姗）、Wolfgang Junk、David Latt、Pierrick Marion、Mike Rochford、Line Rochefort、Clayton Rubec、Kenneth Strait 和 Ralph Tiner。最后，非常感谢 Wiley & Sons, Inc.出版公司的编辑和助理的专业工作，与 Wiley 的合作一直是一件愉快的事。

最后，您会注意到这篇前言只有一位作者。我的合著者，路易斯安那州立大学名誉教授 Jim Gosselink 由于久病缠身，无法参与新版本的撰写工作。Jim 于 2015 年 1 月 18 日去世，享年 83 岁。但是他的精神和对湿地科学那种别具一格的知识都嵌入到他对本书先前版本的贡献中。因此毫无疑问，他的名字应该保留在本书的封面。同时，我要将本书献给我的老朋友与合著者 Jim Gosselink。

William J. Mitsch 博士
佛罗里达州，那不勒斯
2015 年 2 月

# 目　录

## 第1部分　绪　论

## 第2部分　湿地环境

## 第3部分　湿地生态系统

## 第4部分　传统湿地管理

## 第5部分　生态系统服务

# 第 1 部分

## 绪　　论

# 第1章　湿地利用与湿地科学

　　世界各地几乎都有湿地分布。湿地有时被称为"地球之肾"或者"自然超市"，以引起人们对湿地所提供的重要生态系统服务和栖息地价值的关注。尽管几个世纪以来，许多文明在湿地中繁衍生息甚至依赖湿地生存，然而20世纪80年代以前，正如许多西方文学所描述的那样，湿地的近代史充满了对湿地的误解和恐惧。发达国家及发展中国家的湿地一直在以惊人的速度被破坏。现在随着湿地的众多效益得到认可，湿地保护已经常态化。世界上许多地方的湿地如今都得到了保护和恢复，而由于人类的发展，少数地区的湿地仍然在逐渐枯竭。

　　湿地的一些特性并没有包括在当前的陆地和水域生态学范式中。可以肯定的是，湿地科学作为一门独特的学科，涵盖了众多领域，包括陆地和水域生态学、化学、水文学与工程学。湿地管理是对湿地科学的应用，需要权衡湿地的科学价值与法律、制度和经济利益的关系。随着公众对湿地生态服务意识的提升，公众对于湿地保护、大学湿地科学课程设置、科学期刊上湿地相关论文的兴趣也随之增长。

　　湿地是地球上最重要的生态系统之一。在这个宏大的生态系统中，它将石炭纪形成的沼泽环境保存下来，从而为我们当今社会提供了许多赖以生存的化石燃料。在更近的生物和人类时期，湿地作为多种化学、生物及遗传物质的"源"、"汇"和"转换器"具有重要的价值。虽然早在一个世纪以前人们就意识到了湿地对鱼类和野生动物保护的价值，但最近又发现了一些其他的效益。

　　在湿地所具有的众多服务功能中，其一便是接纳来自自然及人类产生的废水。废水通过湿地自身净化后，再进入循环过程，所以有时湿地被称为"地球之肾"。同时湿地能够涵养水源、稳定供水，从而减轻洪水和干旱的影响。人们还发现，湿地可以清洁被污染的水域、保护海岸线并补给地下水。

　　湿地也被称为"自然超市"。湿地维系着食物链和丰富的生物多样性，同时湿地在陆地景观中扮演着重要的角色，为各种各样的植物和动物提供独特的生境。由于我们已经开始关注整个星球的健康状况，湿地也被称为全球尺度上的碳"汇"和"气候稳定器"。

　　目前，湿地的这些价值已经在全世界范围内得到认可。因此，人们开始保护湿地，制定相关法律法规，编制湿地管理计划。可是，在此之前的时间里，我们曾经对湿地进行了排水、挖掘及填埋。从19世纪中叶开始，没有哪个国家像美国那样迅速有效地开展湿地保护行动。在世界上一些地区，对湿地的破坏仍在继续。

　　湿地保护已经引发全世界环保主义者和环保组织的共鸣，一部分原因是湿地已经成为人类浪费水资源的综合指示器，另一部分原因是相对于经济"进步"，湿地的丧失在地域上更容易辨识。科学家、工程师、律师和监管人员发现，为了理解、保护甚至重建这些脆弱的生态系统，他们也要成为湿地生态和湿地管理方面的专家。本书希望对湿地专家及那些想更好地了解这些独特生态系统的结构和功能的人有所帮助。本书是一本关于湿地的书——湿地如何工作及我们如何管理湿地。

## 人类历史与湿地

　　在全球范围内，人类对湿地的影响无法估量，除非对发达地区及严重污染地区进行观测。在这些地区，人类对湿地的影响程度已经从显著变为非常严重。然而，在人类历史长河中，湿地环境对于人类文明的发展和延续的重要性毋庸置疑。自早期文明以来，许多"文明"都学会了与湿地和谐相处，并从周围的湿地中获得经济利益，而也有一些"文明"则迅速地耗尽了这片土地。古巴比伦人、古埃及人和如今在墨西哥的阿兹特克人开发了涉及湿地的专门水资源输送系统。世界上的主要城市，如美国的芝加哥和华盛顿（哥伦比亚特区）、新西兰的基督城（克赖斯特彻奇）和法国的巴黎，这些城市的一部分都曾经是湿地。许多大型机场（如波士顿机场、新奥尔良机场和纽约肯尼迪机场等）的所在地也曾经都是湿地。

虽然进行全球范围内的概括有时会产生误导，但是东方国家不会将宝贵的湿地彻底耗尽。然而西方国家则正相反，虽然这些国家以一种严格的方式在水域景观的管理上下功夫，但还是会将宝贵的湿地彻底耗尽。杜根（Dugan，1993）将《水利文明》（*Hydraulic Civilizations*）（起源于欧洲）和《水生文明》（*Aquatic Civilizations*）（起源于亚洲）进行了有趣的对比，前者通过使用护堤、大坝、水泵和排水管来控制水流量，部分原因是只有特定的季节水量才足够充沛。而后者则更好地适应了其周围水源充足的河漫滩和三角洲，并利用像洪水这样的自然脉动进行调节。正是因为前者采取控制自然而不是与之相适应的方法，并且这种方法在今天仍然占据了主导地位，导致了世界范围内湿地的巨大损失。

湿地已经并将继续成为世界上许多人类文明的一部分。Coles 和 Coles（1989）提到了居住在湿地附近的人们，他们的文明与他们作为"湿地人"（wetlander）有关。

### 湿地文明的可持续发展

这里介绍了一些原始的湿地文明。伊拉克南部的沼地阿拉伯人（Marsh Arabs）（图 1.1）和法国南部罗讷河三角洲的卡马尔格人（Camarguais）（图 1.2）是其中的两个古老文明的创造者，这些文明与湿地环境持续和谐地生活了几个世纪。在北美洲，美国路易斯安那州的卡津人（Cajuns）和几个美洲原住民部落已经与湿地和睦共处了数百年。路易斯安那州的卡津人是阿卡迪亚（Acadia）（现在的加拿大新斯科舍省）的法国殖民者的后裔，他们被英格兰人赶出了新斯科舍（Nova Scotia），在 18 世纪后半叶迁到了路易斯安那三角洲。他们的社会和文化在河口湿地（图 1.3）中蓬勃发展。几个世纪以来，来自美国威斯康星州和明尼苏达州的齐佩瓦族一直在湖泊、溪流沿岸（littoral）地区播种与收获水生菰（*Zizania aquatica*）（图 1.4）。他们有一句谚语："野生水稻就像银行里的钱。"

彩图请扫码

图 1.1　现在的伊拉克南部的沼地阿拉伯人在沼泽地人工岛屿上居住了几个世纪，这些岛屿位于美索不达米亚的底格里斯河和幼发拉底河的交汇处。这些在 20 世纪 90 年代被萨达姆·侯赛因下令排干的沼泽现正在慢慢恢复①

---

① 译者注：萨达姆·侯赛因为统治中东地区，在两河流域修建了大型水坝，将两河流域的水全部截断。在中东地区将水资源垄断，后来在 2013 年的战争中大坝被摧毁，下游的湿地才开始慢慢恢复

图 1.2　法国南部的卡马尔格地区位于罗讷河三角洲，是欧洲历史上重要的湿地区域，自中世纪以来，卡马尔格人就一直居住在这里（Tom Nebbia 拍摄，经许可转载）

图 1.3　位于路易斯安那海岸阿查法拉亚沼泽地里的卡津人的一个营地（照片由美国路易斯安那州杜兰大学图书馆提供，经许可转载）

彩图请扫码

图 1.4　独木舟里的人正在用杆子制作的"脱粒器"将水生菰（*Zizania aquatica*）"脱粒"。齐佩瓦族部落（Chippewa, Ojibwe）和其他部落已经在美国明尼苏达州克罗温县的米湖（Rice Lake, Crow Wing County）上这样作业了几百年（John Overland 拍摄，经许可转载）

　　几个美洲原住民部落在诸如佛罗里达大沼泽地这样的大型湿地上居住甚至不断壮大。这些原住民部落包括古老的卡卢萨人（Calusa），他们拥有一种基于河口渔业而非农业的文化。卡卢萨人的消失主要是由欧洲移民所带来的疾病造成的。19 世纪，塞米诺尔人（Seminoles）中的一个部落——米科萨基人（Miccosukee），在塞米诺尔印第安人和美国人的战争中被美国军队追击，他们从未屈服，一直南迁至大沼泽地。米科萨基人适应了住在遍布大沼泽地的吊床式帐篷里，他们靠捕鱼、打猎及收获当地果实为生（图1.5）。佛罗里达的一份报纸近期引用了米科萨基部落成员 Michael Frank 的一段话，这段话让人感受到了长期生活在佛罗里达大沼泽地里的心酸和希望：

> 我们所接受的教导是永远不要离开大沼泽地。如果你离开了，你将失去自己的文化，失去自己的语言，失去自己的生活方式。

——Michael Frank

正如 William E. Gibson 所说："米科萨基人警告说，污染正在毁灭大沼泽地"。

《南佛罗里达太阳哨兵报》，2013 年 8 月 10 日

彩图请扫码

图 1.5　米科萨基原住民适应了住在吊床式帐篷里，这些帐篷遍布大沼泽地，他们靠捕鱼、打猎及收获野果为生（W. J. Mitsch 拍摄的佛罗里达大沼泽地里米科萨基印第安村庄的全景）

## 文学作品中的湿地

所有这些重要的文明都依赖于湿地，更不用说一处景观的美感了——水和土地常常构成引人注目的景色。所以有人可能认为人类会更加尊重湿地，然而情况并非总是如此。在大部分西方文学和历史中，湿地由于几乎没有经济价值而被披上邪恶和令人恐惧的外衣。例如，在《神曲》（*Divine Comedy*）中，但丁将上层地狱中冥河的一个沼泽描绘为愤怒之人最后的安息之地：

> 于是，我们就沿着那可怕水池的宽阔弧线绕了一圈，
> 在潮湿的沼泽和干旱的岸边之间，
> 仍然盯着那些吞下犯规者的沼泽。

几个世纪后，1732 年卡尔·林奈（Carl Linnaeus）穿越了拉普兰泥炭沼泽，他把这一地区与前面提到的地狱的冥河进行了比较：

> 不久之后，就开始出现了泥炭沼泽，主要是在水下；我们必须要经过数英里①才能穿过；想想就很痛苦，每迈一步水都要没过我们的膝盖。拉普人的这片土地几乎就像那冥河一样。从来

_____
① 1 英里=1.609 344 km

没有牧师将地狱描述成这般模样，因为这里已足够糟糕了；也从来没有诗人能把冥河描绘得如此糟糕，因为已经糟糕透顶。

在 18 世纪，一个英国人考察了位于美国弗吉尼亚州—北卡罗来纳州边境上的迪斯默尔大沼泽（great Dismal swamp），并将其命名。他将该沼泽描述为：

> 一个令人讨厌的沙漠，污秽的潮气不断上升，污染空气，使之不适合呼吸……在这个肮脏的地方，朗姆酒——这种生活的兴奋剂显得格外必要。
>
> ——科洛内尔·威廉·伯德三世（Colonel William Byrd III）
> "弗吉尼亚州和北卡罗来纳州分界线的历史"，《威斯多佛手稿》，写于 1728～1736 年
> （美国弗吉尼亚州彼得斯堡：E. and J. C. Ruffin 公司印刷，1841）

甚至那些研究湿地和与湿地有关的人在文学中也受到贬低：

> 哈代（Hardy）下到沼泽里研究植物，而梅雷迪斯（Meredith）则爬向了太阳。梅雷迪斯精神饱满，有点像衣着讲究的沃尔特·惠特曼（Walt Whitman）；哈代有点像一个来自乡村的无神论者，对村子里的白痴斤斤计较并口出恶言。
>
> ——G. K.切斯特顿（G. K. Chesterton）《文学中的维多利亚时代》第十二章
> （美国纽约：亨利·霍尔特出版公司，1913）

英语中有很多暗示湿地负面形象的贬义词汇：我们在琐事上"深陷泥沼"（bogged down）；我们被工作"淹没"（swamped）了。即使是神秘的"妖怪"（bogeyman）——在许多国家用来吓唬孩子的故事里的角色，也可能与欧洲的沼泽（bog）有关。《贝奥武夫》（Beowulf）是现存最古老的古英语文学作品和史诗之一，其中的一个角色格伦德尔（Grendel）是神话怪兽，他得名于今天北欧的泥炭沼泽：

> 格伦德尔，这位著名的荒野跟踪者，控制着他的领地、他的泥炭沼泽和堡垒中起伏的草本沼泽。他是一个与快乐隔绝的人，自从上帝已经定他有罪，他在很长一段时间内一直统治着他那庞大的畸形领地。
>
> ——《贝奥武夫》，William Alfred 译《中世纪史诗》
> （美国纽约：现代图书馆，1993）

好莱坞沿袭了格伦德尔的传统，继续描绘着湿地和湿地中居民的险恶不祥的本性，如经典电影《黑湖妖潭》（Creature from the Black Lagoon）（1954 年）、《沼泽怪物》（Swamp Thing）（1982 年）——一部由漫画改编的电影及其续集《沼泽怪物2》（Return of the Swamp Thing）（1989 年）。所描绘的人类或怪物，也在 20 世纪 80 年代从一个令人恐惧的生物"进化"为湿地保护者、生物多样性保护者和环境保护者。科幻电影《巨蟒大战恐鳄》（Mega Python vs. Gatoroid）通过更现代的方法，利用沼泽里的巨型动物来恐吓和娱乐大众（2011 年），该电影就是在佛罗里达大沼泽地拍摄的（图 1.6）。这部电影夸大了当前佛罗里达大沼泽地的一些现象，包括沼泽地保护、入侵物种、转基因生物、自然保护主义者的资金筹集及猎人、保护机构和环保人士之间的冲突。从某些方面来说，现在大沼泽地里呈现着艺术作品中的一些情景。湿地里的大蟒蛇和鳄鱼一直令人十分恐惧。除非对公众进行持续教育，否则只要湿地一直比森林更难行走、比湖泊更难乘船渡过，它们将继续被公众误解。

## 来自湿地的食物

像稻田这样的家庭式湿地养活了世界上一半的人口（图 1.7）。在全球范围内，湿地产出了不计其数

的植物和动物产品。除稻米外还有许多水生植物，如菰（*Zizania latifolia*）在中国被当作蔬菜。在北美洲人们从浅水沼泽中收获蔓越莓，这个产业至今仍在蓬勃发展（图 1.8）。北欧、不列颠群岛和新英格兰沿海的森林沼泽地已经被利用了几个世纪，至今仍被用于放牧和收获干草。欧洲的盐沼海岸线仍然被用于盐类生产。

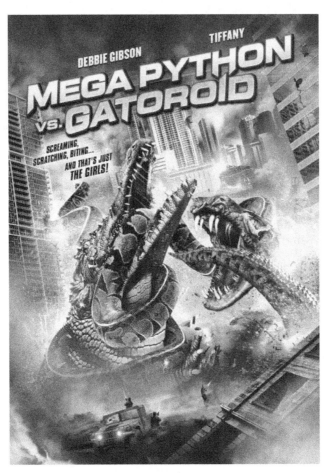

彩图请扫码

图 1.6　2011 年由 The Asylum 公司发行的《巨蟒大战恐鳄》科幻电影的海报（http://www.theasylum.cc）（经美国加利福尼亚州伯班克 The Asylum 公司董事长 David Latt 许可转载）

图 1.7　亚洲和世界上其他地方的湿地被开垦为水稻田。稻田养活了世界上一半的人口（W. J. Mitsch 拍摄）

彩图请扫码

图 1.8　北美洲部分地区人们在淹水泥炭沼泽采用"水收"法收获蔓越莓。蔓越莓是北美洲泥炭沼泽和矿质沼泽的本地植物，最初在美国马萨诸塞州种植。它现在也是美国威斯康星州、新泽西州、华盛顿州、俄勒冈州和加拿大部分地区一种重要的水果（照片来源：Ocean Spray Cranberries，Inc.）

　　湿地也是重要的蛋白质来源。几千年前，中国和东南亚国家就在浅水池塘或稻田里养鱼，而美国路易斯安那和菲律宾一些地区目前还在湿地中捕捞小龙虾。在非洲撒哈拉以南的许多地区，浅湖和湿地是蛋白质的重要来源（图 1.9）。

图 1.9　在撒哈拉以南非洲地区人们利用湿地来维持生计，图中的当地人在肯尼亚西部的卡雅波利（Kanyaboli）湖上捕捞肺鱼（M. K. Mavuti 拍摄，经许可转载）

## 泥炭与建筑材料

　　几个世纪以来，俄罗斯、芬兰、爱沙尼亚和爱尔兰等一直在开采泥炭，有的规模较小（图 1.10），有的规模较大（图 1.11）。目前世界各地的泥炭藓被用于园艺领域。例如，自 20 世纪 70 年代以来，新西兰西南部地区就开始将表层泥炭作为一种盆栽基质出口。在欧洲国家、伊拉克、日本和中国，人们用芦苇甚至沿海和内陆沼泽的泥土铺盖屋顶、搭建墙体、作为栅栏材料、制作灯具和其他家庭用品（图 1.12）。在印度-马来西亚、东非、中美洲和南美洲的许多国家，沿海红树林被用于木材、食品和单宁酸的制作。

彩图请扫码

图 1.10　爱尔兰装载泥炭的马车。在很多地方有把泥炭当作燃料的传统

图 1.11　爱沙尼亚大规模的泥炭开采（W. J. Mitsch 拍摄）

图 1.12　位于西班牙的地中海埃布罗河三角洲（Ebro Delta）地区的湿地。这些墙是用湿地中的淤泥做的，屋顶上的覆盖物是芦苇和其他湿地植物（W. J. Mitsch 拍摄）

### 湿地和生态旅游

生态旅游是湿地利用的现代方式。湿地旅游已经成为许多国家增加游客人数的主要方式。博茨瓦纳的奥卡万戈三角洲（Okavango Delta）是非洲自然资源非常丰富的地区之一，自 20 世纪 60 年代以来，为旅游和狩猎而保护湿地一直是这个国家优先考虑的问题。当地部落为乘船游览［在被称为莫科罗斯（mokoros）的独木舟里］提供了人力资源，协助他们在盆地和高原上进行野外旅行（图 1.13）。在西非的塞内加尔大西洋沿岸的红树林湿地，人们致力于吸引欧洲的"观鸟"游客。对很多人来说，湿地生态旅游涉及野生动物尤其是鸟类（图 1.14）。据报道，仅在美国，观鸟产业每年的收益就达 320 亿美元。

彩图请扫码

图 1.13　位于非洲南部的博茨瓦纳北部的奥卡万戈三角洲（Okavango Delta）是生态旅游的圣地。湿地吸引了游客，就像图中展示的，但也吸引了野生动物的狩猎者。另外，湿地还为当地提供了基本的食物（W. J. Mitsch 拍摄）

彩图请扫码

彩图请扫码

图 1.14　在亚洲，人们对湿地生态旅游表现出浓厚兴趣：（a）2006 年冬季国际湿地论坛上，聚集在日本滋贺县碧瓦湖（Lake Biwa）周围的人群；（b）2008 年在韩国昌原举行的《拉姆萨公约》（Ramsar Convention）大会的新闻报道

生态旅游作为一种管理策略，其优势显而易见，它为不需要甚至不允许从湿地获取资源的国家提供了收入。潜在的劣势是，如果湿地变得太受欢迎，来自人类的压力将会使这一景观及最初吸引游客的生态系统恶化。

## 湿地保护

20 世纪 80 年代中期之前，湿地排水是世界上的普遍做法，甚至受到政府特殊政策的鼓励。湿地被农田、商业开发和住宅所取代。如果这一趋势继续，世界上某些地方的湿地在几十年前就已经处于濒临灭绝的危险中了。据报道，一些国家如新西兰和美国的一些州，如加利福尼亚州和俄亥俄州，它们的湿

地面积减少了 90%。只有当猎人和垂钓者、科学家和工程师、律师和自然资源保护主义者开始联合行动，湿地才会被视为一种宝贵的资源，因为它的破坏会对世界各国造成严重的经济、生态和美学后果。人们对湿地的重视程度反映在美国 1934 年开始向猎人出售联邦邮票——"鸭票"（duck stamp）的活动中（图 1.15）。其他国家如新西兰，也纷纷效仿。自 1934 年以来，美国仅凭鸭票计划就购买或租赁了大约 240 万 hm$^2$ 的湿地。

彩图请扫码

图 1.15　美国联邦迁徙鸟类的狩猎和保护邮票，通常被称为"鸭票"。它们是美国邮政为美国鱼类及野生动物管理局制作的，邮资无效。开始于 1934 年，被用作狩猎迁徙水禽所需的联邦执照，现如今，售卖邮票所得的收入用来购买或租赁湿地。上：1934 年的第一枚鸭印花邮票（绿头鸭）；下：2013 年鸭印花邮票（林鸳鸯）

　　现在，美国政府至少有 12 个联邦机构负责支持各类湿地的保护措施；各州也颁布了湿地保护法，或者利用现有的法律来保护这些宝贵的资源。在国际范围内，一项关于保护湿地的多国协议——《关于特别是作为水禽栖息地的国际重要湿地公约》（简称《湿地公约》或《拉姆萨公约》），已将 168 个缔约国的 2.1 亿 hm$^2$ 湿地正式注册为"国际重要湿地"。《拉姆萨公约》是唯一针对特定生态系统保护和智慧利用的全球性国际条约。

## 湿地科学和湿地科学家

　　专门研究湿地的学科通常被称为湿地科学（wetland science）或湿地生态学（wetland ecology），而进行此类研究的人被称为湿地科学家（wetland scientist）或湿地生态学家（wetland ecologist），也经常使用沼泽生态学家（mire ecologist）这一术语。一些人建议将所有类型湿地的研究统称为沼泽学（telmatology，*telma* 为希腊语，意为"沼泽"），这个术语基本的含义是"沼泽科学"（bog science）（Zobel and Masing，1987）。无论这一领域被称为什么，湿地生态都可以作为一个独特的生态研究领域，理由如下。

　　1）湿地具有独特的性质，但这些特性在目前的生态学范式，以及湖沼学、河口生态学、陆地生态学等方面都没有充分涉及。

　　2）湿地研究已经开始探索不同湿地类型之间的共性特征。

3）湿地调查需要许多领域中多学科的知识和技能，而这些知识和技能并没有被列入大学传统的教学计划中。

4）人类想要制定健全的政策来规范和管理湿地。这些规范和管理计划需要强大的科学基础，统称为湿地生态学。

越来越多的证据表明，湿地的独有特性——积水或淹水土壤、缺氧（hypoxia）环境、植物和动物的适应性，为科学研究提供了一种既不属于陆地生态学又不属于水域生态学的共性基础。湿地提供了验证生态学一般理论和原理的机会，包括陆地生态系统和水域生态系统的演替与能量流动。例如，现代建立的一些学说，如 Weber（1907）的湖泊营养状态（贫营养、富营养）、Clements（1916）的连续体理论，以及 Lindeman（1942）的能量流动学说。

湿地还为研究过渡带、生态界面和交错群落原理提供了一个极好的实验室。我们对不同湿地类型的认识，如本书中提到的湿地类型，通常仅限于分散的文献和科学圈内。有些文献涉及滨海湿地，有些涉及森林湿地和淡水沼泽，还有些文献探讨了泥炭地。很少有人研究所有类型湿地的共性特征和功能。这可能是湿地最令人兴奋的研究领域之一，因为有很多需要学习的知识。例如，对湿地类型的比较研究表明，水文连通对于维持湿地生态系统及其生产力极为重要。在所有类型湿地中常见的缺氧生物化学过程的比较研究提供了另一个方向，并提出了许多问题：在区域甚至全球的生物化学循环中，不同湿地类型的作用是什么？人类活动如何影响不同湿地中的这些循环？水文、化学输入和气候条件对湿地生物生产力的协同作用是什么？在不同的湿地类型中，植物和动物如何适应缺氧环境？

真正的湿地生态学家必须是一个生态方面的通才，因为在这些湿地生态系统中存在多种科学知识。对湿地动植物的了解很有必要，通常这些动植物对于从水下到干燥基质的陆地具有独特的适应性。挺水的湿地植物既供养着水生动物又供养着陆地昆虫。由于水文条件在决定湿地生态系统的结构和功能方面具有极其重要的作用，因此，湿地科学家应该精通地表水水文和地下水水文。由于湿地涉及水、沉积物、土壤，以及水和沉积的相互作用，这意味着化学是研究浅水环境所需要的一门重要科学。同样，湿地作为化学物质的“源”、“汇”和“转换器”，需要研究人员掌握多种生物和化学技术。虽然了解湿地植被和动物需要植物学及动物学方面的技能，但微生物化学和土壤科学的背景知识对于了解缺氧环境大有裨益。想要了解湿地生物群对洪水泛滥环境的适应性，既需要生物化学知识又需要生理学知识。如果湿地科学家想要更多地参与湿地管理，那么他们就需要学习一些工程技术，特别是关于湿地水文控制或湿地建造的技术。

湿地很少是孤立系统。相反，它们与邻近的陆地和水域生态系统有着紧密的相互作用。因此，只有理解生态学原理，尤其是理解生态系统、景观生态学和系统分析的部分内容，才能实现对这些复杂景观的全面了解。最后，如果湿地管理涉及湿地政策的实施，那么进行湿地法律和决策方面的培训是十分必要的。

现在，成千上万的科学家和工程师正在研究与管理湿地。然而，在 20 世纪 60 年代以前，只有极少数的先驱对这些系统进行了详细的研究。大多数早期的科学研究涉及的是古典植物的研究或对泥炭结构的研究。对泥炭沼泽水文的一些早期科学研究已经开始，特别是在俄罗斯和其他一些欧洲国家。后来的研究者如 Chapman、Teal、Sjörs、Gorham、H. T. Odum、Weller、Patrick 及其同事和学生，开始在湿地研究中使用现代生态系统和生物地球化学方法（表 1.1）。目前一些较为活跃的研究中心正致力于湿地研究，包括美国路易斯安那州立大学的海岸和环境学院、佛罗里达大学的奥德姆湿地研究中心、杜克大学的杜克湿地中心、位于佛罗里达州那不勒斯的佛罗里达海湾海岸大学湿地研究园、位于非洲博茨瓦纳的哈里·奥本海默奥卡万戈研究中心（Harry Oppenheimer Okavango Research Centre，HOORC），以及澳大利亚查尔斯特大学（Charles Stuart University）的水土与社会研究所。

此外，湿地方面的专业协会即湿地科学家协会，它的目标之一是为湿地科学的交流提供一个论坛，并把湿地科学发展成一门独特的学科。国家湿地管理协会（Association of State Wetland Managers，ASWM）是一个主要位于美国的组织，旨在为州、联邦、地方管理人员和咨询师提供讨论湿地管理问题的场所。他们目前赞助了湿地相关主题的网络研讨会。国际生态学会（International Association of Ecology，

INTECOL）自 1980 年以来每四年在世界不同地区举办一次大型国际湿地会议。表 1.2 列出了 1980～2012 年在世界各地举办的国际生态学会湿地会议，以及每一次会议的主题、组织者和相关出版物。

**表 1.1　湿地生态学研究的先驱及其代表性论文**

| 湿地类型及研究者 | 国籍 | 代表性论文 |
| --- | --- | --- |
| **海岸湿地/红树林** | | |
| Valentine J. Chapman | 新西兰 | Chapman，1938，1940 |
| John Henry Davis | 美国 | Davis，1940，1943 |
| John M. Teal | 美国 | Teal，1958，1962；Teal and Teal，1969 |
| Howard T. Odum | 美国 | H. T. Odum et al.，1974 |
| D. S. Ranwell | 英国 | D. S. Ranwell，1972 |
| **泥炭地/淡水沼泽** | | |
| C. A. Weber | 德国 | Weber，1907 |
| Herman Kurz | 美国 | Kurz，1928 |
| A. P. Dachnowski-Stokes | 美国 | Dachnowski-Stokes，1935 |
| R. L. Lindeman | 美国 | Lindeman，1941，1942 |
| Eville Gorham | 英国/美国 | Gorham，1956，1961 |
| Hugo Sjörs | 瑞典 | Sjörs，1948，1950 |
| G. Einar Du Rietz | 瑞典 | Du Rietz，1949，1954 |
| P. D. Moore/D. J. Bellamy | 英国 | Moore and Bellamy，1974 |
| S. Kulczynski | 波兰 | Kulczynski，1949 |
| Paul R. Errington | 美国 | Errington，1957 |
| R. S. Clymo | 英国 | Clymo，1963，1965 |
| Milton Weller | 美国 | Weller，1981 |
| William H. Patrick | 美国 | Patrick and Delaune，1972 |

**表 1.2　1980～2012 年的国际生态学会（INTECOL）湿地会议**

| 年份 | 地点 | 主题 | 出席人数 | 组织者 | 主要出版物 |
| --- | --- | --- | --- | --- | --- |
| 1980 | 印度，新德里 | | 90 | B. Gopal | Gopal et al.，1982a，1982b |
| 1984 | 捷克斯洛伐克*，特热邦 | | 210 | J. Kvet/J. Pokorny | Pokorny et al.，1987；Mitsch et al.，1988；Bernard，1988；Whigham et al.，1990，1993 |
| 1988 | 法国，雷恩 | 保护与发展：湿地资源的可持续利用 | 400 | J. C. Lefeuvre | Lefeuvre，1989，1990；Maltby et al.，1992 |
| 1992 | 美国，哥伦布 | 全球湿地：旧世界和新世界 | 905 | W. J. Mitsch | Mitsch，1993，1994；Wetzel et al.，1994；Finlayson and van der Valk，1995；Gopal and Mitsch，1995；Jørgensen，1995 |
| 1996 | 澳大利亚，珀斯 | 未来的湿地 | 550 | A. J. McComb；J. A. Davis | McComb and Davis，1998；Tanner et al.，1999；Zedler and Rhea，1998 |
| 2000 | 加拿大，魁北克市 | 魁北克 2000：新千年的湿地* | 2160 | C. Rubec，B. Belangér, and G. Hood | 11 books/special reports；6 special journal issues；8 International Peat Society Proceedings |
| 2004 | 荷兰，乌得勒支 | | 787 | J. T. A. Verhoeven | Vymazal，2005；Bobbink et al.，2006；Junk 2006；van Diggelen et al.，2006；Verhoeven et al.，2006；Davidson and Finlayson，2007；Whitehouse and Bunting，2008 |
| 2008 | 巴西，库亚巴 | 大湿地，大关注 | 700 | P. Teixeira de Sousa Jr.；C. Nunes da Cunha | Vymazal，2011；Junk，2013 |
| 2012 | 美国，奥兰多 | 复杂世界的湿地** | 1240 | R. Best/ K.R. Reddy | |

*国际生态学会（INTECOL）在 2000 年与另外三个协会进行了会谈：国际泥炭协会、国际泥炭沼泽保护组织、湿地科学家协会

**国际生态学会（INTECOL）在 2012 年与湿地科学家协会会谈

20 世纪后二十年和 21 世纪前十年出版的大量书籍、报告、科学期刊文章和会议论文证明，越来越多的人对湿地科学和管理感兴趣并予以重视。1991～2008 年，湿地研究期刊的年度数量和湿地文章的引用数量分别增加了 6 倍、9 倍（图 1.16）。本书中的引文只是湿地文献的冰山一角。针对湿地的两本期刊——《湿地》及《湿地生态和管理》现已出版发行，以刊登湿地科学和管理类论文，而且其他一些学术期刊也经常发表关于这一主题的论文。来自世界各地湿地会议的几十篇论文和特刊已经发表。

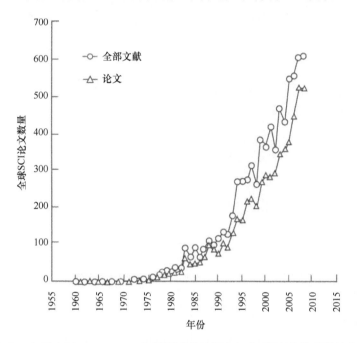

图 1.16　《科学引文索引》（SCI）列出了 1960～2010 年标题或关键词中包含"湿地"的科学论文（引自 Zhang et al., 2010）

## 湿地管理者和湿地管理

一些湿地科学家正在致力于揭示决定湿地功能和价值的过程，也有一些人和他们一样，或出于喜爱，或职业使然，也参与到湿地管理的众多方面。我们将这些人称为湿地管理人员，他们所从事的活动从水禽养殖到废水处理。他们必须能够平衡湿地的科学知识和众多法律、制度、经济上的限制，以提供最优的湿地管理方法。在许多国家，湿地管理变得越来越重要，因为政府文件和湿地法规力图扭转历史上农业生产不断排水与侵占及城市扩张带来的湿地丧失。划定湿地界限这一简单的行为已经成为新型湿地技术人员的重要技能，在美国这类人员被称为湿地划界制图员（wetland delineator）。

私人组织，如野鸭基金会有限公司和大自然保护协会，为了保护湿地，在北美洲地区购买了数千公顷的湿地。从《拉姆萨公约》及美国和加拿大于 1986 年共同签署的"北美水禽管理计划"可以看出，湿地现在主要因其水禽价值而受到国际范围内的保护。1988 年，美国的一个由联邦政府赞助的国家湿地政策论坛提高了公众和政界保护湿地的意识，并建议采取湿地"无净损失"的政策。这一建议激发了人们对湿地恢复和重建的广泛兴趣。自 20 世纪 80 年代末以来，"无净损失"一直是美国湿地保护的政策。

随后，美国国家研究委员会（National Research Council，NRC）的一项报告（NRC，1992）呼吁人们实现一个宏伟目标，即主要通过农田和牧场的恢复，在 2010 年之前拥有 400 万 hm$^2$ 的湿地。然而这个目标没有实现。具有特定功能的湿地仍然是湿地管理中一个令人兴奋的新领域，需要经过专业培训的专家才有可能最终控制湿地损失，并增加湿地资源。NRC 在 1995 年的一项报告中回顾了湿地描述和分类的科学依据，特别是涉及当时美国湿地管理的部分，而 NRC 在 2001 年的另一项研究中调查了美国控制湿地损失的国家政策的有效性。

湿地管理组织，如国家湿地管理协会（ASWM）和湿地科学家协会（SWS），致力于传播湿地信息，特别是在北美洲地区。世界自然保护联盟（IUCN）和拉姆萨公约总部都设在瑞士，二者已经发行了一系列关于世界湿地的出版物。湿地国际（www.wetlands.org）是世界上主要的非营利组织，它关注湿地和湿地物种的保护，致力于建立一个由政府和非政府专家组成的湿地方面的全球网络。相关活动在全球 120 多个国家开展。总部位于荷兰瓦赫宁恩。

## 推荐读物

过去几年，许多学者撰写了有关湿地的畅销书籍和文章，它们带有精美的插图，其中许多配有彩色照片。有些书籍广受好评，如下所示：

Dugan, P. 1993. *Wetlands in Danger*. London: Oxford University Press.

Finlayson, M., and M. Moser, eds. 1991. *Wetlands*. Oxford, UK: Facts On File.

Kusler, J., W. J. Mitsch, and J. S. Larson. 1994. Wetlands. *Scientific American* 270(1): 64–70.

Littlehales, B., and W. A. Niering. 1991. *Wetlands of North America*. Charlottesville, VA: Thomasson-Grant.

Lockwood, C. C., and R. Gary. 2005. *Marsh Mission: Capturing the Vanishing Wetlands*. Baton Rouge: Louisiana State University Press.

McComb, A. J., and P. S. Lake. 1990. *Australian Wetlands*. London: Angus and Robertson.

Mendelsohn, J., and S. el Obeid. 2004. *Okavango River: The Flow of a Lifeline*. Cape Town, South Africa: Struik.

Mitchell, J. G., R. Gehman, and J. Richardson. 1992. Our Disappearing Wetlands. *National Geographic* 182(4): 3–45.

Niering, W. A. 1985. *Wetlands*. New York: Knopf.

Rezendes, P., and P. Roy. 1996. *Wetlands: The Web of Life*. San Francisco: Sierra Club Books.

## 参考文献

Bernard, J. M., ed. 1998, *Carex*. Special Issue of *Aquatic Botany* 30: 1–168.

Bobbink R., B. Beltman, J. T. A. Verhoeven, and D. F. Whigham, eds. 2006. Wetlands: Functioning, Biodiversity, Conservation and Restoration. *Ecological Studies* 191, Springer, Berlin, 315 pp.

Chapman, V. J. 1938. Studies in salt marsh ecology. I-III. *Journal of Ecology* 26: 144–221.

Chapman, V. J. 1940. Studies in salt marsh ecology. VI-VII. *Journal of Ecology* 28: 118–179.

Clements, F. E. 1916. *Plant Succession*. Publication 242. Carnegie Institution of Washington. 512 pp.

Clymo, R. S. 1963. Ion exchange in *Sphagnum* and its relation to bog ecology. *Annals of Botany (London) New Series* 27: 309–324.

Clymo, R. S. 1965. Experiments on breakdown of *Sphagnum* in two bogs. *Journal of Ecology* 53: 747–758.

Coles, B., and J. Coles. 1989. *People of the Wetlands, Bogs, Bodies and Lake-Dwellers*. Thames & Hudson, New York. 215 pp.

Dachnowski-Stokes, A. P. 1935. Peat land as a conserver of rainfall and water supplies. *Ecology* 16: 173–177.

Davidson, N. C., and M. Finlayson, eds. 2007. Satellite-based radar - Developing tools for wetlands management. *Aquatic Conservation: Marine and Freshwater Ecosystems* 17(3): 219–329.

Davis, J. H. 1940. The ecology and geologic role of mangroves in Florida. Publication 517. Carnegie Institution of Washington, pp. 303–412.

Davis, J. H. 1943. The natural features of southern Florida, especially the vegetation and the Everglades. *Florida Geological Survey Bulletin* 25. 311 pp.

Dugan, P. 1993. *Wetlands in Danger*. Michael Beasley, Reed International Books, London. 192 pp.

Du Rietz, G. E. 1949. Huvudenheter och huvudgränser i Svensk myrvegetation. *Svensk Botanisk Tidkrift* 43: 274–309.

Du Rietz, G. E. 1954. Die Mineralbodenwasserzeigergrenze als Grundlage Einer Natürlichen Zweigleiderung der Nord-und Mitteleuropäischen Moore. *Vegetatio* 5– 6: 571–585.

Errington, P. L. 1957. *Of Men and Marshes*. The Iowa State University Press, Ames, IA.

Finlayson, C. M. and A. G. van der Valk. 1995. Classification and inventory of the world's wetlands. *Special Issue Vegetatio* 118: 1–192.

Gopal, B., R. E. Turner, R. G. Wetzel, and D. F. Whigham, eds. 1982a. Wetlands: Ecology and Management. International Scientific Publications, Jaipur, India. Vol. 1, 514 pp.

Gopal, B., R. E. Turner, R. G. Wetzel, and D. F. Whigham, eds. 1982b. Wetlands: Ecology and Management. International Scientific Publications, Jaipur, India. Vol. 2, 156 pp.

Gopal, B., and W. J. Mitsch, eds. 1995. The role of vegetation in created and restored wetlands. *Special Issue Ecological Engineering* 5:1–121.

Gorham, E. 1956. The ionic composition of some bogs and fen waters in the English lake district. *Journal of Ecology* 44: 142–152.

Gorham, E. 1961. Factors influencing supply of major ions to inland waters, with special references to the atmosphere. *Geological Society of America Bulletin* 72: 795–840.

Jørgensen, S. E., ed. 1995. Wetlands: Interactions with watersheds, lakes, and riparian zones. *Special issue Wetlands Ecology and Management* 3:79–137.

Junk, W., ed. 2006. The comparative biodiversity of seven globally important wetlands. *Special Issue of Aquatic Sciences* 68(3): 239–414.

Junk, W., ed. 2013. The world's wetlands and their future under global climate change. *Special Issue of Aquatic Sciences* 75(1): 1–167.

Kulczynski, S. 1949. Peat bogs of Polesie. *Acad. Pol. Sci. Mem.*, Ser. B, No.15. 356 pp.

Kurz, H. 1928. Influence of Sphagnum and other mosses on bog reactions. *Ecology* 9: 56–69.

Lefeuvre, J. C., ed .1989. Conservation et développement : gestion intégrée des zones humides. Troisième conférence internationale sur les zones humides, Rennes, 19-23 Septembre 1988. Ed. Muséum National d'Histoire Naturelle, Laboratoire d'Evolution des Systèmes Naturels et Modifiés, Paris. 371 pp.

Lefeuvre J. C. 1990. INTECOL's Third International Wetlands Conference. Rennes, 1988. *Bull. Ecol.*, 21(3), 80 pp.

Lindeman, R. L. 1941. The developmental history of Cedar Creek Lake, Minnesota. *American Midland Naturalist* 25: 101–112.

Lindeman, R. L. 1942. The trophic-dynamic aspect of ecology. *Ecology* 23: 399–418.

Maltby E., P. J. Dugan, and J. C. Lefeuvre, eds. 1992. Conservation and Development: The Sustainable Use of Wetland Resources. Proceedings of the Third International Wetlands Conference. IUCN, Gland, Switzerland. 219 pp.

McComb, A. J. and J. A. Davis, eds. 1998. Wetlands for the Future - Contributions from INTECOL's V International Wetlands Conference. Gleneagles Press, Adelaide, Australia, 750 pp.

Mitsch, W. J. 1993. INTECOL's IV International Wetlands Conference: A report. *International Journal of Ecology and Environmental Sciences* 19:129–134.

Mitsch, W. J., ed. 1994. *Global Wetlands: Old World and New*. Elsevier, Amsterdam. 967+ xxiv pp.

Mitsch, W. J., and J. G. Gosselink. 1986. *Wetlands*, Van Nostrand Reinhold, New York. 539 pp.

Mitsch, W. J., M. Straskraba, and S.E. Jørgensen, eds. 1988. Wetland Modelling. Elsevier, Amsterdam, 227 pp.

Mitsch, W. J., and J. G. Gosselink. 1993. *Wetlands*, 2nd ed. Van Nostrand Reinhold and John Wiley & Sons, New York. 722 pp.

Mitsch, W. J., and J. G. Gosselink. 2000. *Wetlands*, 3rd ed. John Wiley & Sons, New York. 920 pp.

Mitsch, W. J., and J. G. Gosselink. 2007. *Wetlands*, 4th ed. John Wiley & Sons, Hoboken, NJ. 582 pp.

Moore, P. D., and D. J. Bellamy. 1974. *Peatlands*. Springer-Verlag, New York. 221 pp.

National Research Council (NRC). 1992. *Restoration of Aquatic Ecosystems*. National Academy Press, Washington, DC. 552 pp.

National Research Council (NRC). 1995. *Wetlands: Characteristics and Boundaries*. National Academy Press, Washington, DC. 306 pp.

National Research Council (NRC). 2001. *Compensating for Wetland Losses under the Clean Water Act*. National Academy Press, Washington, DC, 158 pp.

National Wetlands Policy Forum. 1988. *Protecting America's Wetlands: An Action Agenda*. Conservation Foundation, Washington, DC. 69 pp.

Odum, H. T., B. J. Copeland, and E. A. McMahan, eds. 1974. *Coastal Ecological Systems of the United States*. Conservation Foundation, Washington, DC. 4 vols.

Patrick, W. H., Jr., and R. D. Delaune. 1972. Characterization of the oxidized and reduced zones in flooded soil. *Proceedings of the Soil Science Society of America* 36: 573–576.

Pokorny, J., O. Lhotsky, P. Denny, and R. E. Turner, eds. 1987. Waterplants and wetland processes. Special issue of *Archiv Fur Hydrobiologie* 27: I-VIII and 1–265.

Ranwell, D. S. 1972. *Ecology of Salt Marshes and Sand Dunes*. Chapman & Hall, London. 258 pp.

Sjörs, H. 1948. Myrvegetation i bergslagen. *Acta Phytogeographica Suecica* 21: 1–299.

Sjörs, H. 1950. On the relationship between vegetation and electrolytes in North Swedish mire waters. *Oikos* 2: 239–258.

Tanner, C. C., G. Raisin, G. Ho, and W. J. Mitsch, eds. 1999. Constructed and Natural Wetlands for Pollution Control. *Special Issue of Ecological Engineering* 12: 1–170.

Teal, J. M. 1958. Distribution of fiddler crabs in Georgia salt marshes. *Ecology* 39: 18–19.

Teal, J. M. 1962. Energy flow in the salt marsh ecosystem of Georgia. *Ecology* 43: 614–624.

Teal, J. M., and M. Teal. 1969. *Life and Death of the Salt Marsh*. Little, Brown, Boston. 278 pp.

van Diggelen, R., Middleton, B., Bakker, J.P., Grootjans, A.P., Wassen, M.J. (eds.) 2006. Fens and floodplains of the temperate zone: Present status, threats, conservation and restoration. *Special Issue of Applied Vegetation Science* 9(2): 157–316.

Verhoeven J. T. A., B. Beltman, R. Bobbink, and D. F. Whigham, eds. 2006. Wetlands and Natural Resource Management. Ecological Studies 190, Springer, Berlin, 347 pp.

Vymazal, J., ed. 2005. Constructed wetlands for wastewater treatment. *Special Issue of Ecological Engineering* 25: 475–621.

Vymazal, J., ed. 2011. Enhancing ecosystem services on the landscape with created, constructed and restored wetlands. *Special Issue of Ecological Engineering* 37(1): 1–98.

Weber, C. A. 1907. Autbau und Vegetation der Moore Norddutschlands. *Beibl. Bot. Jahrb.* 90: 19–34.

Weller, M. W. 1981. *Freshwater Marshes*. University of Minnesota Press, Minneapolis. 146 pp.

Wetzel, R. G., A. van der Valk, R. E. Turner, W. J. Mitsch and B. Gopal, eds. 1994. Recent studies on ecology and management of wetlands. *Special Issue of International Journal of Ecology and Environmental Sciences* 20(1-2): 1–254.

Whigham, D. F., R. E. Good, and J. Květ, eds. 1990. Wetland Ecology and Management: Case Studies, Tasks for Vegetation Science 23, Kluwer Academic Publishers, Dordrecht, 180 pp.

Whigham, D. F., D. Dykyjová, and S. Hejný, eds. 1993. Wetlands of the World: Inventory, Ecology and Management. Volume 1. Africa, Australia, Canada and Greenland, Mediterranean, Mexico, Papua New Guinea, South Asia, Tropical South America, United States. Kluwer Academic Publishers, Dordrecht, 768 pp.

Whitehouse, N. J., and M.J. Bunting, eds. 2008. Palaeoecology and long-term wetland function dynamics: A tool for wetland conservation and management. *Special Issue of Biodiversity and Conservation* 17(9): 2051–2304.

Zedler, J., and N. Rhea, eds. 1998. Ecology and management of wetland plant invasions. *Special issue of Wetlands Ecology and Management* 5(3): 159–242.

Zhang. L., M. H. Wang, J. Hu, and Y.-S. Ho. 2010. A review of published wetland research, 1991–2008: Ecological engineering and ecosystem restoration. *Ecological Engineering* 36: 973–980.

Zobel, M., and V. Masing. 1987. Bog changing in time and space. *Archiv für Hydrobiologie, Beiheft: Ergebnisse der Limnologie* 27: 41–55.

# 第 2 章 湿 地 定 义

　　湿地有许多不同的特征，其中最引人注目的是在生长季的某一段时间存在积水和具有独特的土壤条件及有机体，特别是具有生长适应或耐受土壤水分饱和的植被。湿地由于其水文条件和在陆地、水域生态系统之间所扮演的交错带群落的角色而变得独一无二。几个世纪以来，森林沼泽、草本沼泽、中营养泥炭沼泽、贫营养泥炭沼泽等术语经常被用来定义湿地，但这些术语如今经常被误用。其正式定义是由美国、加拿大的科学家和机构通过一项名为《拉姆萨公约》的国际条约来制定的。这些定义被用于湿地科学研究和管理。然而，给湿地下定义并不容易，特别是在法律上。由于湿地的水文条件多种多样，通常位于陆地和深水系统之间的梯度带上，它们的面积大小、地理位置和人类影响程度有很大的差异。关于"什么是湿地？"这个问题没有绝对的答案，但是涉及湿地保护的法律定义已经被普遍接受。

　　关于湿地最常见的问题是"湿地到底是什么？"或者"湿地和沼泽一样吗？"这些都是很重要的问题，目前还不完全清楚这些问题是否已经得到了湿地科学家和管理者的彻底解答。关于湿地的定义和术语很多，常常令人困惑，甚至有些相互矛盾。然而，湿地定义对于科学理解和正确管理湿地都有重要意义。

　　19 世纪，排干湿地内的水是正常的事情，对湿地的定义也并不重要，因为人们认为把湿地排干变成陆地是合理的。事实上，湿地这个词直到 20 世纪中叶才被广泛使用。其第一次出现在《美国湿地》（Shaw and Fredine，1956）。在此之前，湿地通常以如下一些术语出现：森林沼泽、草本沼泽、中营养泥炭沼泽、贫营养泥炭沼泽、矿质沼泽和藓类泥炭沼泽。尽管在 20 世纪 70 年代早期湿地的价值得到了肯定，但人们并未给出湿地的精确定义。直到人们意识到需要对现存的湿地资源进行更好的核算，而为了实现这一目标，必须对湿地进行定义。

　　20 世纪 70 年代末，人们开始制定有关湿地保护的国内和国际法律法规，当人们意识到这些定义对他们利用自己的土地有影响时，更加追求湿地定义的精确性。当社会开始认识到湿地系统的价值，并将这些认识转化为法律，用以保护自己在湿地丧失中免受损失，湿地的定义及其边界就变得非常重要。正如森林、沙漠或草地边界的确定都基于科学可靠的标准一样，湿地的定义也应该尽最大可能基于科学的标准。即使确定了湿地的定义，人们选择如何"对待"湿地也仍然是一个政治决定。

## 景观中的湿地

　　即使湿地的生态和经济效益被确定并得到广泛的认同，湿地对于科学家也仍然是一个谜。湿地很难被精确地定义，不仅因为它们分布的地理范围很广，还因为它们所具有的水文条件多种多样。湿地通常分布在陆地生态系统（如陆地上的森林和草原）与水生生态系统（又称水域生态系统，如深水湖泊和海洋）的交界带（图 2.1a），使得二者彼此有别而又高度依赖。还有一些湿地以"孤立湿地"（isolated wetland）的形式存在，这些地方的水文系统通常是地下水（图 2.1b）。在某种程度上，"孤立湿地"是一个具有误导性的术语，因为从水文方面来说，它们通常与地下水相连；而在生物学方面，它们通过多种生物的运动而互相连接。当然，所有的湿地生态系统都能接受阳光和降水。

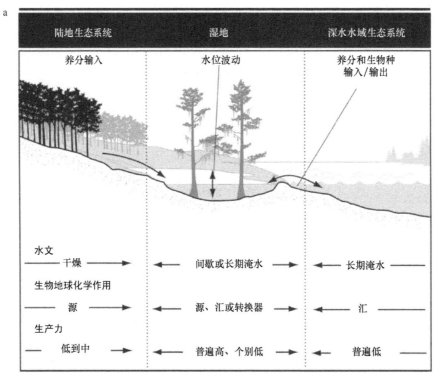

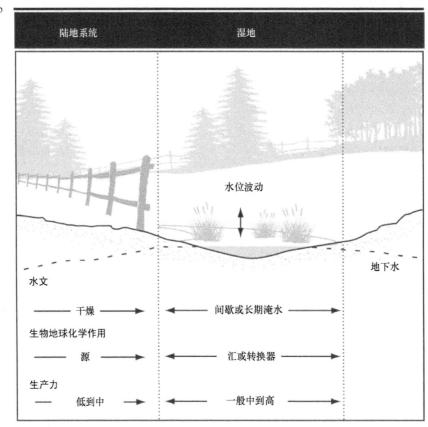

图 2.1　湿地通常位于（a）干燥的陆地生态系统和被永久淹水的深水水域生态系统（如河流、湖泊、河口、海洋）之间，或（b）孤立的盆地，水很少外流，也没有与深水系统相连

　　因为湿地结合了水域生态系统和陆地生态系统的特性，但又不同于二者，所以已经陷入了陆地和水域生态学之间的学科"缝隙"。湿地生态系统是营养物质的"源"、"汇"和"转换器"。而深水水域生态

系统（至少是湖泊和海洋）差不多总是"汇"，陆地系统通常是"源"。相比邻近的陆地和深水水域生态系统，湿地是地球上生产力最高的生态系统之一，但并不是所有的湿地生产力都很高。例如，泥炭地和落羽杉森林湿地生产力就低。

## 湿地的主要特征

我们可以很容易地识别出滨海盐沼，外貌均一的草本植被、错综复杂的潮沟和矗立在齐膝深水中、挂满松萝凤梨（*Tillandsia usneoides*）的高大落羽杉属（*Taxodium*）植物，为人们展现了一个清晰的湿地形象。而美国北部的藓类泥炭沼泽则是另一种景观，在湿地周围环绕着美洲落叶松（*Larix laricina*），当人们在湿地中跋涉经过时，落叶松随即会颤动。以上几类湿地都有几处共同点：①都有浅水淹没或水分饱和的土壤；②堆积了分解缓慢的植物有机体；③维持了大量适应这种水分饱和环境动植物的生存。湿地的定义通常包括以下三个主要部分。

1）湿地有水的存在，无论是在表层还是在根系层。

2）湿地常常具有独特的土壤条件而区别于相邻的陆地。

3）湿地生长着适应湿生环境的水生植物，缺乏不耐水淹的植物。

这种定义湿地的三要素如图 2.2 所示。气候和地貌定义了湿地可能存在的程度，但起点是水文，它影响着土壤理化环境，而土壤又与水文一起决定了湿地中动植物的种类、数量及植被。第 4 章"湿地水文学"将更详细地介绍和讨论这一模式。

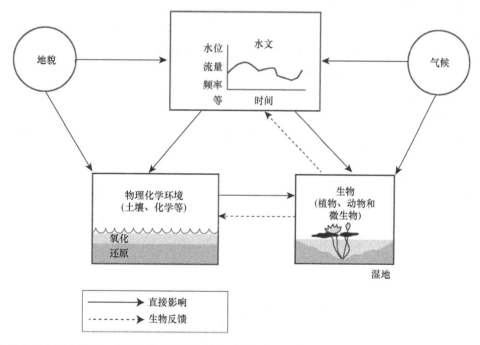

图 2.2　湿地定义的三个基本要素：水文、物理化学环境和生物。根据这些要素，目前美国司法上定义湿地基于三个指标：水文、土壤和植被。请注意，这三个要素不是独立的，生物对物理化学环境和水文有重要的反馈

## 定义湿地的困难

尽管浅水或水分饱和条件、独特的湿地土壤及适应潮湿环境的植被这些概念非常简单，但是将这三个因素结合起来得到一个精确的定义很困难，因为有 6 个特征将湿地与其他生态系统区分开来，也使它们变得不那么容易被定义。

1）虽然湿地生态系统每年至少有一段时间有水，但不同湿地每年的淹水深度和持续时间差异很大。一些湿地持续不断地被洪水淹没，而另一些湿地只是表面淹水，甚至只是在地表之下有水。同样地，因为在同一湿地类型中，不同季节、不同年份水位波动会有所不同，所以任何时候，湿地的边界都不能由某一时间淹水范围而确定。

2）湿地通常位于深水和陆地之间的过渡地带，并且受到两种系统的影响。这种群落的交错分布使人们认为，湿地仅仅是陆地或水域生态系统的延伸或者两者的叠加，并没有独立的身份。然而，湿地中却生长着陆地或深水系统中没有的挺水植物。

3）湿地物种（植物、动物和微生物）包括那些适应在潮湿或干燥环境中生存（兼性）的物种和那些只适应潮湿环境（专性）的物种，其中前者很难用来指示湿地特性。

4）湿地大小差异很大，从几公顷的小型草原壶穴到几百平方千米的大片湿地不等。虽然这种规模上的差异并不仅限于湿地，但规模问题对于湿地保护至关重要。湿地可以大片损失，但更常见的是，每次损失一小片而形成一个累积损失（cumulative loss）过程。人们是从大片湿地还是小片湿地定义湿地功能？

5）湿地分布广泛，从内陆到沿海、从农村到城市，湿地的地理位置有很大差异。尽管大多数生态系统——如森林或湖泊，同一类生态系统有着相似的生态系统结构和功能，但不同的湿地类型，如滨海盐沼、内陆沼泽及长有阔叶林的低地沼泽迥然各异。

6）湿地的状况，或者湿地被人类改变的程度，在不同的地区、不同的湿地都有很大不同。在农村地区，湿地很可能与农田有关，而城市地区的湿地往往受到极端污染和人类居住、饮食与交通相关的水文变化的影响。许多湿地很容易被人类排干而变成干旱的土地；同样地，已经改变的水文环境或增加的径流也会使湿地出现在未曾出现过的地方。

湿地介于陆地生态系统和水域生态系统之间，呈现了两个系统的一些特征。它们是陆地和开阔水域之间一种连续梯度的一部分。因此，在任何定义中，湿地边界的精确上限和下限都是武断行为的结果。所以，几乎没有什么定义能够精确地描述所有湿地。

定义的问题出现在湿地的边缘，要么是更湿润的环境，要么是更干燥的环境。湿地与陆地应该相距多远、陆地上的水分少到什么程度才能宣布它不是湿地？而另一个边缘，我们在湿地中艰难行走多远才能进入湖泊、池塘、河口或海洋？一片植物"浮毯"能否定义为一片湿地？以水下维管植物根系分布作为湿地边界可以吗？

淹水频率是另一个使湿地的定义特别有争议的变量。一些分类包括了季节性淹水的洼地阔叶林地，而另一些则排除了它们，因为它们在一年中的大部分时间都是干燥的。由于湿地的特性由水体到陆地连续不断地变化，因此没有一个单一、公认的湿地定义。这种缺失导致了湿地系统的管理、分类与调查的混乱和矛盾。但是考虑到一个国家湿地的类型多样、面积大小不一、分布广泛和环境差异，有矛盾也不足为奇。

## 湿地常用术语

多年来，一些常用术语被用来描述不同类型的湿地（表 2.1）。当我们使用这些湿地术语时经常会发现，湿地常用术语的数量已经从《湿地》第一版（Mitsch and Gosselink，1986）中列举的 15 个上升到这一版的 40 个。对这些词语的使用和误用的历史常常揭示出一种明显的地区起源或至少是大陆起源。尽管术语缺乏标准化一事令人很困惑，但许多旧术语对于熟悉它们的人来说内涵丰富，它们经常让人联想到特定种类的生态系统，这些生态系统具有独特的植被、动物和其他特征。每一个术语都对某些人有特殊的意义，而且许多术语仍然被科学家和普通人广泛使用。草本沼泽（marsh）被大多数人称为草本植物湿地。然而，森林沼泽（swamp）中有木本植物、灌木或树木。不同草本沼泽之间有细微的差别。在一年中

**表 2.1 世界上描述湿地类型的一些常用术语**

**Billabong**——死水潭。澳大利亚专用术语，指被附近小溪或河流周期性淹水而形成的河岸湿地。

**Bog**——雨养泥炭沼泽。有泥炭积累的湿地，一般没有明显的入流和出流，生长有耐酸性的藓类，主要是泥炭藓。

**Bottomland**——洼地。沿着小溪和河流岸边分布的低洼地，通常发育在冲积平原（alluvial plain）上，周期性被洪水淹没。美国东南部和东部地区将有森林覆盖的这一类型称为洼地阔叶林（bottomland hardwood forest）。

**Carr**——卡尔湿地。欧洲人（瑞典语）用来描述生长桤木属（*Alnus*）和柳属（*Salix*）植物的森林湿地。

**Cumbungi swamp**——香蒲沼泽。澳大利亚的香蒲属（*Typha*）植物草本沼泽。

**Dambo**——渍涝草地。河流源头区草本植物覆盖的线状低湿洼地，没有明显的河道或木本植被，土壤水分季节性饱和。这个词来自中非齐佩瓦语（ChiChewa）的方言，意思是"草地放牧"。

**Delta**——河流三角洲。湿地-河流-陆地的复合体，位于河流与海洋的交汇处；也有一些内陆三角洲，如加拿大的皮斯-阿萨巴斯卡（Peace-Athabasca）三角洲和博茨瓦纳的奥卡万戈（Okavango）三角洲（见第3章"世界湿地"）。

**Fen**——矿养泥炭沼泽。有泥炭积累的湿地，从周围的矿质土壤中获得水分补给，生长沼生植被。

**Lagoon**——潟湖。欧洲人常用术语，指的是封闭或部分开放的深水系统，特别是在沿海三角洲地区。

**Mangal**——红树林。与 mangrove 为同义词。

**Mangrove**——红树林。一种亚热带和热带沿海生态系统，主要生长盐生乔木、灌木和其他生长在含盐潮水中的植物。"红树林"一词还指几十种主要分布在红树林湿地中的乔木和灌木物种。

**Marsh**——草本沼泽。频繁或持续被水淹没，生长适应土壤水分饱和条件的挺水草本植被。欧洲一般认为，这种类型沼泽基质为矿质土壤，没有泥炭积累。

**Mire**——一种季节性淹水泥炭沼泽。泛指目前正在积累泥炭的湿地（欧洲的定义）；来自挪威语的 myrr。在丹麦语和瑞典语中，泥炭地（peatland）一词现在为 mose。

**Moor**——泥炭地（peatland）的同义词（欧洲的定义），highmoor 为一种外形呈隆起状的雨养泥炭沼泽；lowmoor 为发育在洼地或盆地中的泥炭地，地形上中间低周边高。这一古斯堪的纳维亚语词根的原意是"死亡"或贫瘠的土地。

**Muskeg**——藓类泥炭沼泽。多用于加拿大和美国阿拉斯加州。

**Oxbow**——牛轭湖。废弃的河道，经常发育成森林沼泽或草本沼泽。

**Pakihi**——新西兰西南部的泥炭地，主要生长莎草、灯心草、蕨类和零星的灌木。大多数发育在冰川侵蚀或河流冲刷形成的阶地或平原上，呈酸性且非常贫瘠。

**Peatland**——泥炭地。未完全分解的植物体（泥炭）积累的湿地的统称。

**Playa**——干盐湖。一种干旱、半干旱地区的湿地，具有明显的干湿季节差别。该术语用于描述北美洲大平原的浅洼地补给湿地，"它们是通过风、波和溶蚀过程共同作用形成的"（Smith，2003）。

**Pocosin**——浅沼泽。泥炭正在积累过程，不靠河岸的淡水湿地，通常以常绿灌木和乔木为主，分布在美国东南部的沿海平原上。这个词来自阿尔冈昆（Algonquin）语，原意为"山上的森林沼泽"。

**Pokelogan**——滞水湾。美国东北部沼泽化水体或静止的水体，由小溪或湖泊分化而形成。

**Pothole**——壶穴。类似于草本沼泽的浅池塘，尤其是指分布在美国南、北达科他州和加拿大中部省份（所谓的草原壶穴地区）的浅池塘。

**Raupo swamp**——新西兰的香蒲属（*Typha*）植物沼泽。

**Reedmace swamp**——英国的香蒲属（*Typha*）植物沼泽。

**Reedswamp**——一种芦苇沼泽。以芦苇属（*Phragmites*）植物为优势植物的草本沼泽；该词主要在欧洲使用。

**Riparian ecosystem**——河岸生态系统。由于靠近水域生态系统（通常为小溪或河流），该生态系统的水位高。也被称为低地阔叶林、洪泛平原森林、河边灌丛、河岸缓冲带和河岸植被带。

**Salt marsh**——盐沼。一种盐生草地，发育在与含盐水体相接壤的冲积物上，水位的高低起伏随潮汐而变化。

**Sedge meadow**——莎草草甸。非常浅的湿地，主要生长一些莎草如薹草属（*Carex*）、藨草属（*Scirpus*）、莎草属（*Cyperus*）植物。

**Shrub-scrub swamp**——灌木-矮树沼泽。介于森林沼泽和湿草甸或草本沼泽之间的淡水湿地，主要生长灌木，灌木、矮树的覆盖面积不到20%，高度不足10m。

**Slough**——泥沼。呈狭长分布的森林沼泽或浅湖系统,通常毗邻河流或小溪。美国东南部水流缓慢的浅水森林沼泽或草本沼泽(如落羽杉泥沼)。该词源于古英语 sloh,原意为山谷中水体流淌的水道。

**Strand**——类似于泥沼;一种水流缓慢的河岸-湿地系统,经常被森林覆盖,常见于坡度低缓的美国佛罗里达州南部。

**Swamp**——森林沼泽。以乔木或灌木为优势植物的湿地(美国的定义)。在欧洲,将生长树木的矿养泥炭沼泽(fen)和以芦苇属(*Phragmites*)植物为优势植物的湿地都称为 swamp(参见 reedswamp)。

**Tidal freshwater marsh**——淡水潮汐草本沼泽。沿着河流和河口分布的草本沼泽,距离海岸线非常近,可明显受到潮汐涨落引起的淡水水体变化的影响,发育的植被通常与非潮汐淡水草本沼泽类似。

**Turlough**——一种季节性沼泽。岩溶地下水季节性淹水的地方,淹水频率和淹水持续时间足够充分,使其具有湿地的特征。通常冬季淹水,夏季干涸,通过地下通道进行水分补给和排水。这种类型的湿地主要分布在爱尔兰西部。

**Varzea**——亚马孙河流域季节性淹水森林。通常指被湍急河水(含大量泥沙)淹没的森林。

**Vernal pool**——春池。浅水、间歇性淹水的湿草甸,通常发育在具有典型地中海气候特征的区域,夏季和秋季的大部分时间干旱。目前在美国,这个术语被用来描述春天暂时性淹水的湿地。

**Vleis**——类似于渍涝草地(dambo)的季节性湿地;非洲南部使用的术语。

**Wad**(复数为 wadden)——没有植被的潮汐滩地,最初指荷兰北部和德国西北部的海岸线。现在用于世界各地的沿海地区。

**Wet meadow**——湿草甸。一年中大部分时间近地表土壤水分饱和但地表没有积水的草地。

**Wet prairie**——湿草原。类似于草本沼泽,但水位高程通常介于草本沼泽和湿草甸之间。

---

的大部分时间内有大量(>30cm)积水的沼泽常被称为深水沼泽(deep water marsh)。有渍水土壤或薄层积滞水的草本沼泽有时被称为莎草草甸(sedge meadow)或湿草甸(wet meadow)。草本沼泽和草甸之间的区域是一片湿草原(wet prairie)。有几个术语用来表示泥炭积累的系统。最常见的术语是泥炭地(peatland),与这个术语相等同的是另外不同地区的几个表示泥炭沼泽的术语如 moor 和 muskeg(在后面会进行解释)。泥炭沼泽有很多种类型,其中最为常见的就是矿养泥炭沼泽(fen)和雨养泥炭沼泽(bog)。

在国际科学界,这些常见的术语对于特定类型的湿地并不总是具有相同的含义。事实上,一些语言无法将某些湿地的名称进行对等翻译。森林沼泽(swamp)这个词在俄语中没有直接的对等词,因为那里的森林湿地仅仅是各种各样的泥炭沼泽或矿养泥炭沼泽。然而,矿养泥炭沼泽(bog)很容易被翻译,因为这类沼泽是俄罗斯景观的一个普遍特征。森林沼泽(swamp)这个词在北美洲明确指主要生长着木本植物——灌木或乔木的湿地。在欧洲,芦苇沼泽(reedswamp)主要生长着芦苇属(*Phragmites*)植物,这是一种密集生长但没有木质化的植物。美国人称作草本沼泽的地方在非洲被称为森林沼泽。一条断流的河流或曲流在澳大利亚被称为死水潭(billabong)(Shiel,1994),在北美洲则被称为牛轭湖(oxbow,U 形弯曲)。

在全球范围内即使是动植物的常见和科学名称也会让人感到困惑。香蒲(*Typha* spp.)是一种世界性的湿地植物,在美国被称为 cattail,在英国被称为 reedmace,在非洲被称为 bulrush,在澳大利亚被称为 cumbungi,在新西兰被称为 raupo 或 bulrush。真正的芦苇(bulrush)仍然被一些北美洲人称为藨草(*Scirpus* spp.),被其他许多人称为水葱(*Schoenoplectus* spp.)。在世界上的许多地方,荆三棱[*Scirpus fluviatilis*,一种河流藨草(river bulrush)]会被称为 *Bolboschoenus fluviatilis*。北美洲的大白鹭称为 *Casmerodius albus*,而澳大利亚的大白鹭称为 *Ardea alba*。更复杂的是,澳大利亚的大白鹭在新西兰被称为 *Egretta alba*,可是这种鸟根本就不是白鹭而是一种白色的苍鹭。

术语之所以混淆是因为不同地区对相似类型的湿地所使用的术语不同。在北美洲,无林内陆湿地经常被随意划分为泥炭沼泽、低营养酸沼泽或草本沼泽。更古老的欧洲术语也更加丰富,区分了至少 4 种不同的淡水湿地——从富含矿物质的芦苇床,被称为芦苇沼泽(reedswamp),到潮湿的草地沼泽,再到雨养泥炭沼泽，最后到矿养泥炭沼泽或泥炭沼泽。一些人认为，所有这些湿地类型都应归为泥炭沼泽（mire）。根据其他人的观点，泥炭沼泽仅限于有泥炭构造的湿地。欧洲的分类是基于地表水和养分的流入（rheotrophy）、植被类型、pH 和泥炭构造特征的。

　　关于湿地类型的分类中所使用的常见术语，有两点可以确定：第一，物理和生物特征在不同湿地类型中不断变化，因此，任何基于常见术语的分类从某种程度上讲都是武断行为。第二，相同的术语在不同区域可能指代不同的系统。即使是在科学文献中，这些常用术语也仍在使用；我们只是建议所有读者慎重使用这类术语并注意鉴别。

# 正式的湿地定义

　　两个相关群体特别需要湿地的精确定义：①湿地科学家；②湿地管理人员。湿地科学家对一种灵活而严谨的定义感兴趣，此类定义有助于分类、编目和研究。湿地管理人员关注的是旨在防止或控制湿地改造的法律或法规，因此，需要明确且具有法律约束力的定义。由于这些需求有所不同，针对两个群体的不同定义逐步形成。司法管辖湿地（jurisdictional wetland）的定义和美国其他的湿地定义之间的矛盾意味着，以湿地编目为目的的湿地制图不能用于湿地开发。这是监管者和土地所有者非常困惑的原因之一。

　　本节主要介绍的是科学的定义，法律意义上经常使用的湿地定义将在下一节论述。

## 美国早期的定义：39 号通报

　　关于"湿地"（wetland）一词，最早的一种定义是美国鱼类及野生动物管理局于 1956 年在一出版物中使用的，该出版物通常被称为 39 号通报（Shaw and Fredine，1956）：

> "湿地"一词……是指被浅水和有时被暂时性或间歇性淹水所覆盖的低地。它们常以下面的名称被大众所提及：草本沼泽（marsh）、森林沼泽（swamp）、雨养泥炭沼泽（bog）、湿草甸（wet meadow）、壶穴（pothole）、泥沼（slough）及滨河泛滥地（bottomland）。定义中包括浅水湖或浅水池塘，通常以生长挺水植物（emergent vegetation）为其显著特征。但河溪、水库和深水湖泊等永久水体不包括在内，因为这些水体不具有这种暂时性，对湿地土壤、植被的发展几乎毫无作用。

　　39 号通报的定义：①强调了湿地作为水禽栖息地的重要性；②包括 20 种湿地类型，20 世纪 70 年代以前一直是美国湿地分类的主要基础（见第 13 章"湿地分类"）。因此，它满足了湿地管理者和湿地科学家有限的需求。

## 美国鱼类及野生动物管理局的定义

　　也许对湿地最全面的定义，是美国鱼类及野生动物管理局的湿地科学家经过几年的审查于 1979 年采用的。该定义出现在一份题为《美国湿地和深水生境的分类》（*Classification of Wetlands and Deepwater Habitats of the United States*）的报告中（Cowardin et al.，1979）：

> 湿地是处于陆地生态系统和水域生态系统之间的过渡地带，通常其地下水水位达到或接近地表，或者处于薄层淹水状态……湿地必须具有以下三个特点之一或更多的特征：①至少是周

期性支撑水生植物（hydrophyte）生长；②以排水不良的水成土（hydric soil）为主；③土层为"非土壤"（nonsoil），并且在每年生长季的部分时间水分饱和或水淹。

这一定义引入了几个重要概念，对湿地生态学具有重大意义。它是引入"水成土"和"水生植物"概念的第一批定义之一，它为科学家和管理者更准确地定义这些术语提供了动力（National Research Council，1995）。它是为科学家和管理人员设计的，广泛、灵活、全面，并且描述了植被、水文和土壤。它主要用于科学研究和编目，通常很难应用于湿地的管理。如今，美国仍然经常接受并使用这一湿地定义，且这一定义一度被印度作为官方的湿地定义。与 39 号通报的定义一样，这个定义也作为湿地详细分类和美国湿地综合编目的基础。第 13 章"湿地分类"将更详细地描述分类和编目。

## 加拿大的湿地定义

加拿大内陆北部有大片泥炭沼泽，加拿大人已经给湿地下了一个明确的国家层面的定义。1988 年加拿大国家湿地工作组（National Wetlands Working Group，1988）在《加拿大湿地》（*Wetlands of Canada*）一书中给出了两种定义。首先，Zoltai（1988）将湿地定义为：

> 湿地是指水淹或地下水水位接近地表，或水分饱和时间足够长，从而促进湿地过程或水生过程（wetland and aquatic processed）的土地，并以水成土、水生植被和适应潮湿环境的生物活动为标志。

Zoltai（1988）同时还指出，湿地包括淹水土壤，在某些情况下，植物物质生产的速率超过植物分解的速率。他描述湿地湿、干两种极端情况为：

1）有浅层明水面，一般水深小于 2m；

2）在生态系统全部发育过程中，以淹水为主导条件的周期性淹水的地方。

Tarnocai 等（1988）在同一个出版物中对该定义稍作修改，并将其作为加拿大湿地分类系统的基础。这个定义被 Zoltai 和 Vitt（1995）及 Warner 和 Rubec（1997）在后来的几年里重复使用，一直是加拿大湿地的官方定义：

> 湿地是长期水分饱和、足以促进湿地或水生过程的土地，以排水不良的土壤、水生植被和适应湿生环境的多种生物活动为特征。

这一定义强调了潮湿的土壤（wet soil）、水生植被（hydrophytic vegetation）和"多种"生物活动。Zoltai 定义中的水成土（hydric soil）和目前湿地定义中的排水不良的土壤（poorly drained soil）有所差别，更多的人接受湿地定义的这种差别，可能反映了使用水成土定义湿地过于生僻。对水成土更详细的讨论，见第 5 章"湿地土壤"。

## 美国国家科学院的定义

在 20 世纪 90 年代初，美国再次就湿地组成展开讨论，在这种情况下，美国国会要求私人非营利的国家科学院通过其主要的运营机构来任命一个委员会——国家研究委员会（the National Research Council，NRC）对湿地特征的科学研究进行审查。该委员会的责任是评估：①现有湿地定义的充分性；②水文、生物和其他湿地功能科学上的合理程度；③湿地定义的区域差异。该委员会在两年后发表了一篇报告，名为《湿地：特征和边界》（*Wetlands:Characteristics and Boundaries*）（NRC，1995），提出一个科学的定义，被称为"参考定义"。在该定义中，湿地"不包括在任何特定机构、政策或规章范围所给出的定义内"：

> 湿地是一个生态系统，依赖于在基质的表面或附近持续或周期性的浅层积水或水分饱和，并且具有持续或周期性的浅层积水或饱和的物理、化学、生物特征。通常湿地的诊断特征为：水成土和水生植被。除非特殊的物理、化学、生物条件或人为因素使得这些特征消失或阻碍它们发育，否则湿地一般具备上述特征。

尽管这一定义并未正式使用，但它仍然是最全面的科学的湿地定义。它使用了"水成土"和"水生植被"这两个概念，就像早期的美国鱼类及野生动物管理局给出的定义一样，但是标明了它们是"通常的诊断特征"，而不是确定湿地的绝对必要条件。

### 国际上湿地定义

世界自然保护联盟（IUCN）采纳了《关于特别是作为水禽栖息地的国际重要湿地公约》（简称《拉姆萨公约》）中条款 1.1 的湿地定义（Finlayson and Moser，1991）：

> 出于保护湿地的目的，本公约所指湿地是：天然或人工、永久或暂时积水或流水、淡水、微咸水或咸水沼泽、泥炭地或水域，包括低潮时水深不超过 6m 的浅海区。

《拉姆萨公约》中条款 1.2 对湿地的范围进一步拓展：

> 湿地可包括毗邻的河岸和沿海地区，以及位于湿地内的岛屿或低潮时水深不超过 6m 的海洋水体。

这一定义于 1971 年在伊朗拉姆萨签署。《拉姆萨公约》中的定义不包括植被和土壤，并且将湿地拓展为水深达到 6m 或以内的水域，远超过了美国和加拿大通常认为的湿地深度。对湿地的定义如此宽泛的原因是"希望包含迁徙水鸟的所有湿地栖息地"（Scott and Jones，1995）。

## 法律定义

20 世纪中期，在美国，湿地保护正式开始，人们迫切需要精确的定义，这些定义是建立在消除法律和科学漏洞的基础之上的。美国机构提出了如下两种定义，一种是为了帮助美国陆军工程兵团通过《清洁水法案》（Clean Water Act）中的"疏浚-填埋"许可系统来履行法律责任，另一种是为了帮助美国自然资源保护局在《食品安全法案》（Food Security Act）中湿地保护条款"湿地终结者"（swampbuster）下进行湿地保护管理。虽然两家机构都是 1993 年签署的一项协议的缔约方，共同致力于在美国实施一项统一的湿地保护政策，但是仍然存在两种不同的定义。

### 美国陆军工程兵团的定义

在美国陆军工程兵团（U.S. Army Corps of Engineers）所使用的规章中发现了美国政府对湿地的监管

定义，旨在帮助实施 1977 年的《清洁水法案》（修正案）第 404 条所要求的"疏浚-填埋"许可系统。这一定义在法律界已经存在了几十年，内容如下：

> 湿地这一术语是指那些地表水和地面积水浸淹的频度与持续时间很充分，能够供养（在正常环境下确实供养）那些适应于潮湿土壤的植被的区域。通常湿地包括森林沼泽（swamp）、草本沼泽（marsh）、雨养泥炭沼泽（bog），以及其他类似的区域。[33 CFR 328.3(b); 1984]

这个定义取代了 1975 年的定义——那些通常具有以下特征的区域：植被的广泛生长需要浸水土壤条件来进行生长和繁殖（42 *Fed. Reg.* 3712X，1977 年 7 月 19 日，注意着重点）。因为工程师团队发现，旧的定义排除了"在被淹水或浸透的区域中繁茂生长着大量真正的水生植物，但从生物学角度来看，它们的生长繁殖不需要浸透土壤。"旧定义中的"通常"一词及新定义中的"在正常环境下确实供养"是为了"应对以下情况，即个人试图通过破坏水生植被来逃避第 404 条的许可审查"（引自 42 *Fed. Reg.* 37128，1977 年 7 月 19 日）。修订 1975 年定义的必要性说明，制定一个法律上有用同时也能准确地反映湿地生态现状的定义是多么困难。

关于湿地的法律定义已经在几个案例的法庭现场进行了辩论，其中一些案例已经成为具有里程碑意义的案例。在其中一个关于湿地保护案例的第一次法庭庭审中，美国上诉法院的第五巡回法庭于 1972 年裁定，在 Zabel 与 Tabb 的案例中，美国陆军工程兵团有权拒绝佛罗里达州红树林湿地的填埋许可。1975 年，自然资源保护协会和卡拉威（Callaway[①]）的案例中，正如《清洁水法案》所描述的那样，湿地被包括在"美国水域"的范畴中。在此之前，陆军工程兵团只对可通航的水道进行了疏浚及填埋处理（《清洁水法案》第 404 条）；从这一法案开始，湿地就被合法纳入了美国水域的定义。

1985 年，湿地管理的问题首次出现在美国最高法院。最高法院支持湿地的广泛定义包括在美国与 Riverside Bayview Homes 有限公司的案例中涉及的地下水供养的湿地。在那个案例中，最高法院确认美国陆军工程兵团对靠近通航水域的湿地有管辖权，但关于是否对不相邻的湿地有管辖权这一问题并未给出答案（NRC，1995）。美国最高法院的案件中涉及湿地法律定义的已经多达三次，分别是在 2001 年、2006 年和 2013 年。这些案例在第 15 章"湿地法律与湿地保护"中有更详细的讨论。

## 《食品安全法案》中的定义

1985 年 12 月，美国农业部凭借其水土保持局（现为自然资源保护局，Natural Resources Conservation Service，NRCS）因通过 1985 年的《食品安全法案》中湿地保护条款"湿地终结者"而被推向了湿地定义和湿地保护的舞台。在 1985 年 12 月之前，美国农业利用的湿地不受监管，但现在湿地得到了保护。由于《食品安全法案》中这一湿地保护条款，法案中出现了一个被称为 NRCS 或食品安全法案的定义 [16 CFR 801(a)(16); 1985]：

> "湿地"一词，除是"改造湿地"的一部分之外，指的是这样一种土地：
> （A）具有占优势的水成土；
> （B）经常被地表水或地下水淹没或饱和，生长有适应水分饱和土壤环境的典型水生植被；
> （C）在正常情况下，这种植被确实广泛生长。
> 出于这项法案和其他法案的考虑，这个定义中没有包括阿拉斯加州农业开发潜力很高的土地。

---

① 译者注：卡拉威（Callaway）核电站位于美国密苏里州

强调这种基于农业的定义是在强调水成土。虽然忽略没有水成土的湿地并没有使这个定义失效，但这使得它不够全面——例如，NRC（1995）的定义，该定义一个奇怪的特点是，它把美国最大的州从湿地的定义中大规模排除。将农业潜力巨大的阿拉斯加州湿地排除在外使得该定义更加不科学，而使其更像监管甚至是政治定义。阿拉斯加州湿地的特征和美国其他地区湿地的特征在科学上并没有区别，只是气候存在差异，许多阿拉斯加州湿地下面都发育了永久冻土（NRC，1995）。

### 司法管辖湿地

自 1989 年以来，美国已经使用司法管辖湿地（jurisdictional wetland）一词来表述法律上定义的湿地。司法管辖湿地是指那些在《清洁水法案》第 404 条或《食品安全法案》中湿地保护条款"湿地终结者"管辖范围内的区域。美国陆军工程兵团的定义只强调了一个指标，即植被覆盖率，以确定湿地的存在与否。当定义湿地的主要目的是监管而确定管辖范围且几乎没有时间详细实地考察时，很难将土壤信息和水环境包括在定义中。然而，《食品安全法案》中的定义将水成土作为湿地的主要决定因素。

根据前两种法律定义，司法管辖湿地中的大部分可能都符合湿地的科学定义。同样有可能的是，某些湿地类型，特别是那些不太可能出现水成土或水生植被的湿地（如河岸湿地），不会被认定是具有法律意义的司法管辖湿地。当然，将 "具有很大农业发展潜力"的阿拉斯加州湿地从《食品安全法案》的定义中排除是毫无科学依据的，这只是一个政治决定。

人们在描述湿地时，对湿地定义的感兴趣之处是这个定义如何使人们快速地识别湿地，以及湿地曾经或可能被改变的程度。他们感兴趣的是对湿地边界的划定，根据某些种类的植被或水生生物的存在与否，或者是否存在像水成土这样简单的指示物来定义湿地，以便能够进行湿地边界的确定。20 世纪 80 年代和 90 年代初期，美国联邦政府的几本手册详细说明了识别司法管辖湿地的具体方法。然而，手册的不同之处在于，在规定的方式中，这三种标准在该领域都得到了证实。第一本手册（U.S. Army Corps of Engineers，1987）是现今美国所接受的版本，并被广泛用于野外湿地的识别。这三本手册都指出，湿地必须具备的三个标准即湿地水文、湿地土壤和水生植被。如图 2.2 所示，这三个变量不是独立的。例如，一个强有力的证据是，长期的湿地水文条件几乎可以确保其他两个变量的存在。此外，除水成土和水生植被以外的物理、化学、生物区系的其他指标，有一天可能成为湿地的有用指标。

## 定义的选择

令所有使用者都满意的湿地定义还没有出现，因为湿地的定义取决于使用者的目标和感兴趣的领域。地质学家、土壤学家、水文学家、生物学家、生态学家、社会学家、经济学家、政治学家、公共卫生科学家和律师制定的定义不尽相同。这种差异在于定义者的专业角度不同，以及不同个体处理湿地的方式不同。在生态研究上，已有的湿地定义中美国鱼类及野生动物管理局的定义一直被用于且应该继续用于美国的湿地。《拉姆萨公约》湿地的定义虽然在界定湿地的边界上有些宽泛，但该定义在国际社会中根深蒂固。当需要进行湿地管理尤其是监管时，美国陆军工程兵团的修改版定义可能是最合理的。

然而，与湿地定义的精确性同样重要的是它使用时的一致性。这就是诸如湿地保护与湿地排水等资源管理的问题上遇到科学和法律问题时所面临的困难。以一种统一和公平的方式应用一个全面的定义，需要一代训练有素的湿地科学家和管理者，他们对湿地重要和独特的过程要有基本的了解。

## 推荐读物

National Research Council. 1995. *Wetlands: Characteristics and Boundaries*. Washington, DC: National Academies Press.

## 参考文献

Cowardin, L. M., V. Carter, F. C. Golet, and E. T. LaRoe. 1979. *Classification of Wetlands and Deepwater Habitats of the United States*. FWS/OBS-79/31. U.S. Fish and Wildlife Service, Washington, DC. 103 pp.

Finlayson, M., and M. Moser, eds. 1991. *Wetlands*. Facts on File, Oxford, UK. 224 pp.

Mitsch, W. J., and J. G. Gosselink. 1986. *Wetlands*. Van Nostrand Reinhold, New York. 539 pp.

National Research Council (NRC). 1995. *Wetlands: Characteristics and Boundaries*. National Academy Press, Washington, DC. 306 pp.

National Wetlands Working Group. 1988. *Wetlands of Canada*. Ecological and Classification Series 24, Environment Canada, Ottawa, Ontario, and Polyscience Publications, Montreal, Quebec. 452 pp.

Scott, D. A., and T. A. Jones. 1995. Classification and inventory of wetlands: A global overview. *Vegetatio* 118: 3–16.

Shaw, S. P., and C. G. Fredine. 1956. *Wetlands of the United States, Their Extent, and Their Value for Waterfowl and Other Wildlife*. Circular 39, U.S. Fish and Wildlife Service, U.S. Department of Interior, Washington, DC. 67 pp.

Shiel, R. J. 1994. Death and life of the billabong. In X. Collier, ed. *Restoration of Aquatic Habitats*. Selected Papers from New Zealand Limnological Society 1993 Annual Conference, Department of Conservation, pp. 19–37.

Smith, L. M. 2003. *Playas of the Great Plains*. University of Texas Press, Austin, Texas, 257 pp.

Tarnocai, C., G. D. Adams, V. Glooschenko, W. A. Glooschenko, P. Grondin, H. E. Hirvonen, P. Lynch-Stewart, G. F. Mills, E. T. Oswald, F. C. Pollett, C. D. A. Rubec, E. D. Wells, and S. C. Zoltai. 1988. The Canadian wetland classification system. In National Wetlands Working Group, ed. Wetlands of Canada. Ecological Land Classification Series 24, Environment Canada, Ottawa, Ontario, and Polyscience Publications, Montreal, Quebec, pp. 413–427.

U.S. Army Corps of Engineers. 1987. *Corps of Engineers Wetlands Delineation Manual*. Technical Report Y-87-1. U.S. Army Corps of Engineers Waterways Experiment Station, Vicksburg, MS. 100 pp. and appendices.

Warner, B. G., and C. D. A. Rubec, eds. 1997. *The Canadian Wetland Classification System*. National Wetlands Working Group, Wetlands Research Centre, University of Waterloo, Ontario.

Zoltai, S. C. 1988. Wetland environments and classification. In National Wetlands Working Group, ed. *Wetlands of Canada*. Ecological Land Classification Series 24, Environment Canada, Ottawa, Ontario, and Polyscience Publications, Montreal, Quebec, pp. 1–26.

Zoltai, S. C., and D. H. Vitt. 1995. Canadian wetlands: Environmental gradients and classification. *Vegetatio* 118: 131–137.

# 第3章 世界湿地

目前世界湿地面积为 $7 \times 10^6 \sim 10 \times 10^6 km^2$，占地球表面积的 5%~8%。世界上湿地的减少率很难确定，但最近的估计表明，世界上一半以上的湿地已经丧失，其中大部分发生在 20 世纪。从 18 世纪 70 年代到 20 世纪 70 年代，美国本土的 48 个州湿地减少率为 50%。欧洲、澳大利亚部分地区、加拿大、亚洲也有很高的湿地丧失率。非洲、南美洲和北方高纬度区域等欠发达地区湿地丧失率较低。据估计，在北美洲，美国本土的 48 个州的湿地面积约为 $44.6 \times 10^6 hm^2$，阿拉斯加州湿地面积约为 $71 \times 10^6 hm^2$，加拿大约为 $127 \times 10^6 hm^2$，共占世界湿地总面积的 30%左右。在这一章中我们还介绍了世界上许多重要的湿地，包括美国的佛罗里达大沼泽地和路易斯安那三角洲、南美洲的潘塔纳尔沼泽和亚马孙沼泽、非洲的奥卡万戈三角洲和刚果森林沼泽、中东的美索不达米亚沼泽、澳大利亚的死水潭及中国的自然保护区和湿地公园。所有这些湿地在一定程度上都受到人类活动的影响，但大多数仍然是功能型生态系统。

## 全球湿地数量

湿地包括森林沼泽、雨养泥炭沼泽、草本沼泽、季节性淹水泥炭沼泽、矿养泥炭沼泽及世界范围内的其他湿地生态系统。除南极洲以外的每个大陆上，从热带到苔原的每个地区都有湿地分布（图 3.1a）。估计世界湿地的范围是十分困难的，这取决于第 2 章所描述的"湿地定义"；从最常用的数据源——航拍和遥感影像方面来看，对湿地进行量化实际上也很困难。

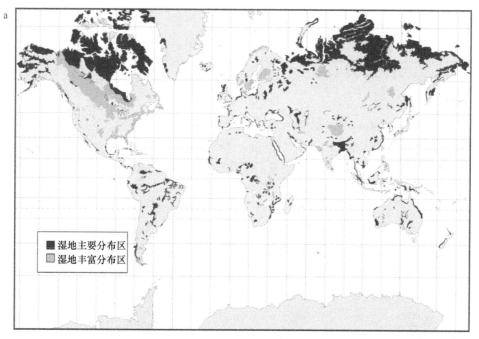

图 3.1 世界湿地：（a）综合了不同数据源确定的湿地分布；（b）湿地的纬度分布（Matthews and Fung，1987；Lehner and Döll，2004）

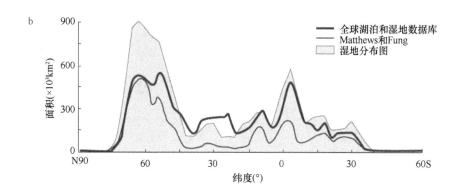

图 3.1 （续）

现在非常确定的是，世界上大部分的湿地分布于北方地区和热带地区，而温带地区湿地数量最少（图 3.1b）。

几项研究表明（表 3.1），现在估计的世界湿地面积是 $7\times10^6\sim10\times10^6km^2$，或者说占地球表面积的 5%～8%。这是去掉表 3.1 中的最高值（Finlayson and Davidson，1999）和最低值（Matthews and Fung，1987），然后利用其余数值进行估算的结果。我们相信，Lehner 和 Döll（2004）的估计值（约 $8\times10^6\sim10\times10^6km^2$）是对全球湿地保有量最详细的研究，而且可能是最准确的。

**表 3.1 按气候带估计的世界湿地面积**

| 气候带 [a] | 湿地面积（$\times10^6km^2$） | | | | | | |
|---|---|---|---|---|---|---|---|
| | Maltby 和 Turner（1983）[b] | Matthews 和 Fung（1987） | Aselmann 和 Crutzen（1989） | Gorham（1991） | Finlayson 和 Davidson（1999） | Ramsar Convention Secretariat（2004） | Lehner 和 Döll（2004） |
| 极地/北方 | 2.8 | 2.7 | 2.4 | 3.5 | — | — | — |
| 温带 | 1.0 | 0.7 | 1.1 | — | — | — | — |
| 亚热带/热带 | 4.8 | 1.9 | 2.1 | — | — | — | — |
| 稻田 | — | 1.5 | 1.3 | — | — | 1.3 | — |
| 湿地总面积 | 8.6 | 5.3 | 6.9 | — | 12.8 | 7.2 | 8.6～9.7 |

a. 不同研究中的极地、北方、温带和热带定义不同

b. 参考 Bazilevich 等（1971）

早期估计的湿地范围更小。在俄罗斯地理学家工作的基础之上，Maltby 和 Turner（1983）估计世界上超过 6.4% 的陆地面积即 $8.6\times10^6km^2$ 都是湿地，其中有 56% 位于热带（$2.6\times10^6km^2$）和亚热带（$2.1\times10^6km^2$）地区。使用全球数字化数据库（分辨率为 $1°$），Matthews 和 Fung（1987）估计世界上有 $5.3\times10^6km^2$ 的湿地。其中北方的湿地较多，而热带和亚热带的湿地百分比远远低于 Maltby 和 Turner（1983）的估计值。Aselmann 和 Crutzen（1989）估计，世界上有 $5.6\times10^6km^2$ 的自然湿地，温带地区的湿地数量和百分比高于之前的任何一次面积估算，Crutzen 和 Aselmann 进行了湿地面积估算，他们依据的是区域性湿地调查和专题论文中的数据，而不是 Matthews 和 Fungi（1987）用来进行湿地面积量算的地图。这两个研究小组估计稻田的覆盖面积为 $1.3\times10^6\sim1.5\times10^6km^2$，但湿地总量中并未包括这一数字。如果将稻田包括在内，Aselmann 和 Crutzen 及 Matthews 和 Fung 估计世界上的湿地面积分别为 $6.9\times10^6km^2$ 和 $6.8\times10^6km^2$。在 Matthews 和 Fung（1987）的研究中，雨养泥炭沼泽和矿养泥炭沼泽占世界湿地的 60%（$3.35\times10^6km^2$），这一估计值与 Gorham 在 1991 年估计的北极北部和亚北极地区的湿地面积（$3.46\times10^6km^2$）非常接近。Aselmann 和 Crutzen（1989）也描述了温带（$40°N\sim50°N$）

与热带纬度地区的雨养泥炭沼泽及矿养泥炭沼泽。尽管区域定义有所不同，Matthews 和 Fung（1987）及 Aselmann 和 Crutzen（1989）所估计的热带与亚热带地区的沼泽面积仍然少于 Maltby 和 Turner（1983）的估计值。

Finlayson 和 Davidson（1999）用本书第 2 章"湿地定义"中所描述的《拉姆萨公约》中的定义进行估计，湿地面积为 $12.8\times10^6km^2$。这个面积数值比其他文献中报道的湿地面积高出 30%或更多，但被一项关于湿地与水的千年生态系统评估报告（Millennium Ecosystem Assessment，2005）重复使用（Finlayson and Davidson，2005）。这一估计值包括了世界上所有的淡水湖、水库、河流和深度达 6m 的近岸海洋生态系统，以及所有湿地的定义中都不包括的水域生态系统。具有讽刺意味的是，千年生态系统评估报告（Millennium Ecosystem Assessment，2005）在描述这个高估计值时称"可以确定这一估计值低估了湿地的面积。"

Lehner 和 Döll（2004）提供了关于全球范围湿地面积最全面、最新的调查成果之一。他们关注了基于地理信息系统（geographic information system，GIS）的全球湖泊和湿地数据库（Global Lakes and Wetlands Database，GLWD）划分的三种类型：①湖泊和水库；②较小的水体；③湿地。据估计，排除前两类，世界湿地的面积为 $8.6\times10^6\sim9.7\times10^6km^2$。正如上面总结的其他几项研究及表 3.1 所示，湿地所占比例最大区域出现在北方地区的北部（最北至 60°N），热带湿地的另一个峰值是在赤道附近 [图 3.1（b）]。

## 全球范围内的湿地丧失

全球范围内湿地消失的速度现在才变得清晰起来，这在一定程度上是由于使用了与卫星遥感影像相关的新技术。但是，仍然有许多大规模的湿地没有保存精确的记录，而且世界上的许多湿地在几个世纪前就被排干了。这些影响在第 14 章"人类对湿地的影响和管理"中有更详细的讨论。可以这样设想：①在全球范围内湿地损失的速度仍然相当快，特别是在发展中国家；②我们失去了世界上一半或更多的原始湿地。生态系统与生物多样性经济学（the economics of ecosystems & biodiversity，TEEB）（Russi et al.，2013）的一项研究报告称，仅在 20 世纪，世界上就有一半的湿地丧失，湿地面积从 $25\times10^6km^2$ 减少到目前的 $12.8\times10^6km^2$。Davidson（2014）在一份对 63 份报告和其他出版物的分析中，确定了世界范围内"长期"（也就是说几个世纪）的湿地丧失率为 53.5%。相对于沿海来说，内陆湿地的丧失率相对较高（内陆和沿海湿地丧失率分别为 60.8%和 46.4%）。不同计算中数据的外推产生了另一个统计数据——自 1700 年以来，全球失去了 87%的湿地。他还发现，20 世纪到 21 世纪早期，湿地的丧失速率是"长期"丧失速率的 3.7 倍。

Prigent 等（2012）发现，仅 1993~2007 年，世界上的地表水就减少了 6%，可能主要是由于湿地排水和取水量增加。这意味着在 15 年的时间里，湿地净损失面积为 $0.33\times10^6km^2$。57%的减少量出现在热带和亚热带地区。

有些地区的湿地丧失率已经被记录在案（表 3.2）。自欧洲人在美国本土的 48 个州定居以来，湿地面积减少了约 53%，这一估计相当准确。截止到 1985 年，为农业集约化而排干的湿地面积在北美洲和欧洲为 56%~65%，亚洲为 27%，南美洲为 6%，非洲为 2%（Ramsar Convention Secretariat，2004）。世界上几个地区已经失去了相当多的湿地。新西兰记录的湿地丧失率为 90%。包括水稻田等人工湿地（artificial wetland）在内，中国湿地总面积为 620 000km²，其中自然湿地面积为 250 000km²（Lu，1995）。据此估计，中国早期的湿地丧失率为 60%。最近的研究表明，中国可能已经失去了 33%的湿地，而历史上在沿海地区和青藏高原湿地丧失的比例更高。据估计，欧洲有 60%~80%的湿地是由农业的转型造成的。自1970 年以来，西班牙已经失去了超过 60%的内陆湿地，立陶宛失去了 70%的湿地；20 世纪 50 年代以来，瑞典排干了 67%的湿地和池塘（Revenga et al.，2000）。

表 3.2 全世界各地湿地丧失数量

| 国家和地区 | 丧失率（%） | 参考文献 |
|---|---|---|
| **美国** [a] | 53 | Dahl，1990 |
| **加拿大** | | National Wetlands Working Group，1988 |
| 大西洋潮汐沼泽和盐沼 | 65 | |
| 五大湖–圣劳伦斯河 | 71 | |
| 草原壶穴和泥沼 | 71 | |
| 太平洋沿海河口湿地 | 80 | |
| **澳大利亚** | >50 | Australian Nature Conservation Agency，1996 |
| 天鹅海岸平原 | 75 | |
| 新南威尔士海岸 | 75 | |
| 维多利亚 | 33 | |
| 墨累河盆地 | 35 | |
| **新西兰** | >90 | Dugan，1993 |
| **菲律宾**（红树林） | 67 | Dugan，1993 |
| **中国** | 60 | Lu，1995 |
| 沿海湿地，1950～2010 年 | 57 | Qiu，2011 |
| 红树林，1950～2010 年 | 73 | |
| 整个中国，1978～2008 年 | 33 | Niu et al.，2011 |
| 青藏高原，1978～1990 年 | 66 | |
| 青藏高原，2000～2008 年 | 6 | |
| **欧洲** | | |
| 农业导致的损失 | 60 | Revenga et al.，2000 |
| 总体估计损失 | 80 | Verhoeven，2014 |

a. 仅限美国本土的 48 个州，时间跨度从 18 世纪 80 年代到 20 世纪 80 年代

## 北美洲湿地变化

最新的估计是，在美国本土的 48 个州中有 $44.6 \times 10^6 hm^2$ 的湿地（表 3.3）。此外，据估计，阿拉斯加州有 $71 \times 10^6 hm^2$ 的湿地。在湿地调查中将阿拉斯加州计入美国，使得美国湿地的保有量增加了 160%。加上加拿大和墨西哥的湿地面积（如下所述），北美洲大约有 $2.5 \times 10^6 km^2$ 的湿地，约占世界湿地总面积的 30%。

表 3.3 对不同时期美国湿地面积的估计

| 估算的时段或年份 | 湿地面积（$\times 10^6 hm^2$）[a] | 参考文献 |
|---|---|---|
| 前殖民地时期 | 87 | Roe and Aaes，1954 |
| | 86.2 | USDA estimate，in Dahl，1990 |
| | 89.5 | Dahl，1990 |
| 1906 | 32[b] | Wright，1907 |
| 1922 | 37（总计） | Gray et al.，1924 |
| | 3（潮汐湿地） | |
| | 34（内陆湿地） | |
| 1940 | 39.4[c] | Whooten and Purcell，1949 |
| 1954 | 30.1[d]（总计） | Shaw and Fredine，1956 |
| | 3.8（沿海湿地） | |
| | 26.3（内陆湿地） | |

| 估算的时段或年份 | 湿地面积（×10⁶hm²）ᵃ | 参考文献 |
|---|---|---|
| 1954 | 43.8（总计） | Frayer et al.，1983 |
| | 2.3（河口湿地） | |
| | 41.5（内陆湿地） | |
| 1974 | 40.1（总计） | Frayer et al.，1983；Tiner，1984 |
| | 2.1（河口湿地） | |
| | 38.0（内陆湿地） | |
| 20 世纪 70 年代中期 | 42.8ᵉ（总计） | Dahl and Johnson，1991 |
| | 2.2（河口湿地） | |
| | 40.6（内陆湿地） | |
| 20 世纪 80 年代中期 | 41.5ᵉ | |
| | 2.2（河口湿地） | |
| | 39.3（内陆湿地） | |
| 1997 | 42.7 | Dahl，2000 |
| | 2.14（河口湿地） | |
| | 40.56（内陆湿地） | |
| 2004 | 43.6 | Dahl，2006 |
| | 2.15（河口湿地） | |
| | 41.45（内陆湿地） | |
| 2009 | 44.56 | Dahl，2011 |
| | 2.34（河口湿地） | |
| | 42.22（内陆湿地） | |

a. 除特殊说明外，仅指本土 48 个州
b. 不包括西部的潮汐湿地或 8 个公共土地
c. 排除有组织的排水企业
d. 只包括对水禽很重要的湿地
e. 根据美国国家湿地清单（NWI）的估计，对长有植被的河口和沼泽湿地进行了分类

　　总的来说，从 18 世纪 70 年代到 20 世纪 80 年代，美国的湿地损失约为 53%（表 3.4）。对美国湿地面积的估计，虽然差异很大，但正逐渐变得很精确（表 3.3）。大多数研究表明，在 20 世纪中期之前，美国的湿地丧失速率很快，这种显著下降持续到 20 世纪 80 年代中期，在 1997～2009 年的 12 年里，湿地面积几乎没有丧失（表 3.4）。

**表 3.4　对美国的湿地变化的估计**（所有的变化都是损失，直到最近的测量结果才显示出湿地增加）

| 时期 | 湿地变化 | | | 参考文献 |
|---|---|---|---|---|
| | （×10⁶hm²） | hm²/年 | 百分比（%） | |
| 前殖民地时期至 20 世纪 80 年代 | −47.3 | −236 500 | −53 | Dahl，1990 |
| 20 世纪 50 年代至 70 年代 | −3.7 | −185 000 | −8.5 | Frayer et al.，1983 |
| 20 世纪 70 年代至 80 年代 | −1.06 | −105 700 | −2.5 | Dahl and Johnson，1991 |
| 1986～1997 年 | −0.26 | −23 700 | −0.6 | Dahl，2000 |
| 1997～2004 年 | +0.19 | +12 900 | +0.44 | Dahl，2006 |
| 2004～2009 年 | −0.25 | −5 590 | −0.1 | Dahl，2011 |

导致早期湿地面积差异很大的原因有以下 4 个。

1）湿地调查的目的因研究的目的不同而不同。早期的湿地调查，如 Wright（1907）和 Gray 等（1924）的研究，是为了确定适于农业排水的土地。后来的湿地调查（Shaw and Fredine，1956）只关注那些对水鸟保护具有重要意义的湿地。仅仅在过去的三十年里，湿地调查才将所有的湿地生态系统服务考虑在内。

2）每项研究中湿地的定义和分类各有不同，从简单的术语到复杂的等级划分都不一致。

3）多年来估算湿地的方法发生了变化，或者说精度发生了改变。来自航拍和卫星的遥感技术是一项在 20 世纪 70 年代以前普遍无法使用的湿地研究技术。相比之下，早期的估计往往是零碎的记录。

4）在许多例子中，不同普查之间地理或行政单元边界的变化导致数据的差异和重复。

美国中西部的几个州（伊利诺伊州、印第安纳州、艾奥瓦州、肯塔基州、密苏里州和俄亥俄州）及加利福尼亚州的湿地丧失率都超过了 80%，主要是为了农业生产。过去 200 年，这 7 个州的湿地总损失面积达到了 $14.1 \times 10^6 hm^2$，占美国湿地总面积的 30%。湿地分布密集的州——明尼苏达州、伊利诺伊州、路易斯安那州和佛罗里达州的湿地丧失面积最高，分别为 $2.6 \times 10^6 hm^2$、$2.8 \times 10^6 hm^2$、$3.0 \times 10^6 hm^2$ 和 $3.8 \times 10^6 hm^2$。

对过去 30 年湿地损失的估计表明，美国本土的 48 个州湿地损失率大幅下降。Frayer 等（1983）估计，从 20 世纪 50 年代到 70 年代，净损失超过 $3.7 \times 10^6 hm^2$（8.5%），每年损失 185 000hm²。这一损失量相当于马萨诸塞州、康涅狄格州和罗得岛州湿地面积的总和。淡水草本沼泽和森林湿地受到的影响最大。20 世纪 80 年代和 90 年代，湿地的损失持续不断，但是在 20 世纪 80 年代中期制定了强有力的湿地保护法律，加之人类开始恢复湿地且修建雨水池塘，这些举措效果明显。湿地丧失量从 20 世纪七八十年代的 105 700hm²（丧失率 2.5%）下降到 20 世纪 80 年代中期至 90 年代中期的 23 700hm²（丧失率 0.6%）。1998～2004 年，湿地面积由丧失变为扩大，增加了 12 900hm²（增加了 0.44%），尽管增加的大部分是池塘水面。2004～2009 年的湿地面积对比表明，两者之间的湿地面积没有统计学上的差异。虽然难以查证，但湿地的损失至少已经被这一时期的湿地建造和恢复及农村与郊区池塘的建立所增加的湿地面积部分抵消。现在的问题仍然是这些池塘及其他类型湿地是否能够发挥湿地的功能。

**湿地转化——我们真正失去（获得）了什么样的湿地？**

对湿地净损失或净增长的估计并未提供信息完整的湿地动态变化图。一幅信息完整的图件将显示出人类活动使数百万公顷的土地转化成其他类型。从这些转化可以看出，一些湿地类型的增加是以牺牲其他湿地类型为代价的。

例如，从 20 世纪 70 年代中期到 80 年代中期，美国的森林沼泽和森林河岸湿地遭受的损失最大，为 $1.4 \times 10^6 hm^2$（图 3.2）。尽管 800 000hm² 被转化为农业和其他用地，但大范围的区域被转化为其他湿地类型：292 000hm² 转化为草本沼泽，195 000hm² 转化为矮树和灌木，32 000hm² 转化为无植被生长的湿地。尽管 208 000hm² 的灌木湿地转化为农业和其他非湿地类型、森林湿地转变为灌木湿地相抵消，但湿地净损失 65 000hm²。尽管有 213 000hm² 的土地转变成农业和其他用地，但仍有 89 000hm² 的湿地净增加，因为有 320 000hm² 的森林沼泽和灌木湿地变成了草本沼泽。在这个例子中，大部分矮树灌木湿地近期的转变很可能由于其木材被采伐。

1998～2004 年，美国的湿地面积实际上每年增加了 12 900hm²。在美国，200 年来首次看到湿地面积增加，但这一增加是由于淡水池塘每年增加 46 900hm²（增加 13%）。此外，森林湿地每年净增加面积为 37 000hm²（增加 1.1%），但这些增加量因每年损失 60 800hm² 矮树湿地（减少 4.9%）、9600hm² 淡水沼泽（减少 0.5%）、2240hm² 河口湿地（减少 0.7%）而被抵消。从本质上讲，在人类发展（农场、郊区的发展甚至高尔夫球场池塘）过程中的无植被池塘和森林湿地都有显著增加，然而，这两类湿地的增加分别被草本沼泽和灌木湿地（其中许多变成森林湿地）的损失所抵消。描述湿地的损失和增加并不容易。

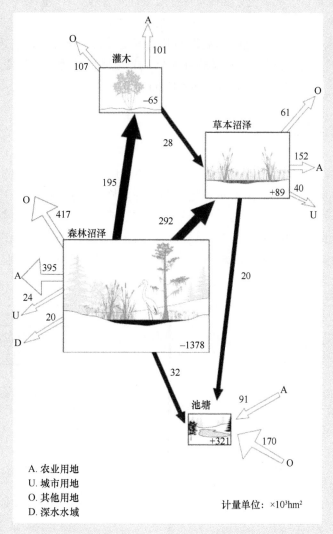

图3.2　美国本土 48 个州自 20 世纪 70 年代中期到 20 世纪 80 年代中期的湿地转化面积。该图显示出净变化数据是多么的误导人。例如，尽管淡水草本沼泽的面积净增加（89 000hm²），但面积增加是伴随着森林沼泽面积的丧失而发生的。森林沼泽面积丧失了 137 8000hm²，其中一部分转化为淡水草本沼泽（+. 湿地增加的面积，−. 湿地减少的面积）（模仿自 Dahl and Johnson，1991）

加拿大的湿地面积大约是美国本土 48 个州湿地总面积的 3 倍，大约有 127×10⁶hm²（约占全国的 14%），大部分湿地（111.3×10⁶hm²）都是泥炭地。加拿大湿地最集中的分布地区是马尼托巴省和安大略省。The National Wetlands Working Group（1988）对加拿大主要区域的湿地进行了全面的描述，他们估计这两个省的湿地面积分别为 22.5×10⁶hm² 和 29.2×10⁶hm²，占加拿大湿地总面积的 41%。其中大部分是北方森林泥炭沼泽如贫营养泥炭沼泽和中营养泥炭沼泽，但该地区也有许多滨海草本沼泽和洪泛森林沼泽。

由于加拿大国土面积及其湿地面积广阔，而且由于人口稀少地区对湿地的影响比加拿大的沿海和南部地区要小，因此几乎没有学者像统计美国湿地丧失量那样试图详细总结加拿大湿地的丧失量。局部来看，加拿大南部和沿海的许多地区湿地丧失非常严重，人口稠密的一些地区也出现了湿地丧失的情况。

大西洋和太平洋地区的滨海湿地已经减少了 65%～80%，在五大湖区下游湿地减少了 71%，而在草原壶穴地区湿地减少了 71%（表 3.2）。在加拿大的主要城市地区，湿地丧失率甚至更高。湿地丧失最多的是人口最密集的加拿大南部地区，尤其是从西部的温莎到东部的多伦多，湿地丧失率在 80% 到 90% 以上是很常见的。再往北，到魁北克省的魁北克市，再往西到安大略省的雷湾，湿地丧失相对较少。即使在加拿大东部，也很少有记载显示出乡村地区的湿地向其他用地转换。然而，研究表明，圣劳伦斯河口的潮汐草本沼泽中有 32% 被转化为农业用地，在康沃尔和魁北克之间的圣劳伦斯河段上，仅在 1950～1978 年，湿地面积就减少了 7%（National Wetlands Working Group，1988）。

## 世界范围内的区域湿地

这一章的剩余部分阐述了世界上其他一些地区的重要湿地（表 3.5）。这部分内容不可能将世界上所有的主要湿地包括在内，但是我们尽量展示出这些湿地的多样性，并努力呈现广泛的湿地生态系统。每一个区域湿地或特定的湿地都对该地区的文化和发展产生过或正在产生重大影响。一些地区，如佛罗里达大沼泽地，已经有湿地科学家对其进行深入调查，撰写了面向科学家和公众的湿地方面的出版物。这些研究成果和图书为我们提供了很多湿地知识，并且明确了很多湿地的内在价值。

**表 3.5　本章讨论的国际主要湿地**

| 地区 | 湿地名称 | 地区 | 湿地名称 |
|---|---|---|---|
| 北美洲 | 美国草原壶穴 | 南美洲 | 巴拉圭巴拉那河-潘塔纳尔湿地 |
| | 美国内布拉斯加沙丘 | | 巴西亚马孙河洪泛平原 |
| | 美国明尼苏达州边界水域 | 欧洲/中东 | 法国卡马尔格湿地 |
| | 美国加利福尼亚州旧金山湾 | | 西班牙埃布罗河三角洲 |
| | 美国春池/加利福尼亚中央沼泽 | | 葡萄牙米拉河口 |
| | 美国大平原干盐湖 | | 法国圣米歇尔山海湾 |
| | 美国路易斯安那三角洲 | | 荷兰莱茵河三角洲 |
| | 美国佛罗里达大沼泽地/大柏树沼泽 | | 荷兰东法尔德斯普拉森 |
| | 美国佐治亚州奥克弗诺基沼泽 | | 荷兰瓦登海 |
| | 美国南卡罗来纳州桑蒂河 | | 瑞典和丹麦之间的波罗的海和卡特加特海峡 |
| | 美国北卡罗来纳州浅沼泽 | | 爱沙尼亚马察卢湾 |
| | 美国弗吉尼亚州/北卡罗来纳州迪斯默尔大沼泽 | | 爱沙尼亚万德拉泥炭沼泽 |
| | 美国伊利诺伊伊坎河卡基大沼泽 | | 白俄罗斯别列宰斯基泥炭沼泽 |
| | 美国俄亥俄州黑土沼泽 | | 多瑙河三角洲 |
| | 加拿大皮斯-阿萨巴斯卡三角洲 | | 伏尔加河三角洲 |
| | 加拿大大湖区湿地 | | 格鲁吉亚科尔基斯湿地 |
| | 加拿大圣劳伦斯低地 | | 伊拉克美索不达米亚沼泽 |
| | 加拿大哈德孙-詹姆斯湾低地 | 非洲 | 马里内尼日尔三角洲 |
| | 墨西哥马德雷潟湖 | | 刚果森林沼泽 |
| | 墨西哥特尔米诺斯潟湖 | | 博茨瓦纳奥卡万戈三角洲 |
| | 墨西哥恩塞纳达韦永沼泽 | | 苏丹苏德沼泽 |
| | 墨西哥夸特罗谢内加斯 | | 肯尼亚和坦桑尼亚东非大裂谷湖 |
| 南美洲 | 哥斯达黎加帕洛佛德野生动物保护区 | | 坦桑尼亚恩戈罗恩戈罗火山口 |
| | 委内瑞拉奥里诺科河 | | 塞内加尔辛河萨卢姆三角洲 |
| | 委内瑞拉利亚诺斯湿地 | | |

续表

| 地区 | 湿地名称 | 地区 | 湿地名称 |
|---|---|---|---|
| 澳大利亚及新西兰 | 澳大利亚墨累河、达令河 | 亚洲 | 中国长江三角洲 |
| | 澳大利亚天鹅海岸平原 | | 中国杭州西溪国家湿地公园 |
| | 新西兰怀卡托河下游及沃格马里诺湿地 | | 中国台湾官渡自然公园 |
| | 新西兰韦斯特兰湿地 | | 中国湖北江汉洞庭湖平原 |
| | 新西兰克赖斯特彻地区 | | 中国青海湖 |
| 亚洲 | 俄罗斯西西伯利亚低地 | | 吉尔吉斯斯坦伊塞克湖 |
| | 越南湄公河三角洲 | | 印度珀勒德布尔 |
| | 中国海岸盐沼 | | 孟加拉三角洲 |

# 北美洲

美国和加拿大的许多地区发育了或曾经发育了大规模的连片湿地或众多的小型湿地。有些大规模湿地外貌各异，如美国的佐治亚州和佛罗里达州奥克弗诺基草本沼泽，很难将其归类为某一种湿地生态系统。还有一些湿地是由单一类型的小型湿地组成的大片湿地，如加拿大的马尼托巴省、萨斯喀彻温省和艾伯塔省，以及美国南、北达科他州和明尼苏达州的草原壶穴区域。一些区域的湿地，如弗吉尼亚州和北卡罗来纳州边界上的迪斯默尔大沼泽，自殖民时代以来已经发生了巨大的变化，还有其他一些湿地，如位于伊利诺伊州和印第安纳州北部的坎卡基大沼泽、俄亥俄州西北部的大黑沼泽（the Great Black Swamp），由于大规模排水几乎消失殆尽。

## 佛罗里达大沼泽地

美国佛罗里达州南端，从奥基乔比湖（Okeechobee Lake）向南至佛罗里达湾（Florida Bay），是世界上独特的湿地分布区之一。这个区域由面积为 34 000km² 的三种主要湿地类型所包围：大沼泽地（the Everglades）、大柏树沼泽（the Big Cypress Swamp）、沿海红树林和佛罗里达湾（图 3.3）。来自奥基乔比湖的水最终汇流进大沼泽地，最初水深只有几厘米，宽度却可以达到 80km，被形象地称为"绿草之河"。大沼泽地主要生长着大克拉莎（*Cladium jamaicense*），它实际上是一种莎草而不是普通的禾草。在锯齿草沼泽的西边是大柏树沼泽，之所以称为大是因为它的面积很大，而不是因为树木高大。沼泽内面积广袤的锯齿草在雨季（夏季）可以被深达 1m 的水淹没，到了旱季（冬季和春季）又会被烧掉。主要的植被群落为深水沼泽、岛状林（hammock）或内陆常绿阔叶林群落，维持着热带和亚热带植物的多样性，包括众多的阔叶树、棕榈树、兰花和其他的附生植物。大柏树沼泽每年的降水量约为 125cm，但没有像大沼泽地的绿草之河那样获得大量的地表径流。在大柏树沼泽中的优势物种为落羽杉（*Taxodium* spp.），穿插其间的有两种群落，一种是低坪地松林，另一种是湿草原。在沼泽的南部分布着第三种主要的湿地类型——红树林湿地。红树林湿地形成了不可逾越的灌木丛，在海岸线上海域代替了锯齿草沼泽和大柏树沼泽。

在大沼泽地北部的农业发展和东西部的城市发展进程中，大约有一半的湿地消失了。对现存湿地的关注已经延伸到通过一系列运河和水源保护区进入大沼泽地的水质与水量方面。目前，大沼泽地的恢复工作是美国最重大的生态修复工作之一。该项目包括了该地区所有主要的联邦和州环境机构与大学，以及联邦政府、佛罗里达州 200 亿美元的资金支持湿地恢复（见第 18 章"湿地建造与恢复"的详细内容）。全面恢复的蓝图包括两个计划，分别是改善农区排水水质、恢复水文条件，以保护、恢复数量不断减少的水禽（如林鹳和白朱鹭）及哺乳动物如佛罗里达美洲狮（*Puma concolor coryi*）的栖息地。在大沼泽地的北面，正进行一项新的努力工作——恢复基西米河（Kissimmee River）的生态功能，包括河流漫滩沼泽区域。这条河为奥基乔比湖提供食物，反过来，奥基乔比湖又向大沼泽补给。

彩图请扫码

图 3.3　佛罗里达大沼泽地：（a）绿草之河（river of grass）；（b）红树林替代淡水植物的南部沿海地区；（c）广阔的森林沼泽湿地，如落羽杉沼泽中的奥杜邦保护区（W. J. Mitsch 拍摄）

许多流行书籍和文章，包括 Marjory Stoneman Douglas 在 1947 年的经典著作《大沼泽地：绿草之河》（*The Everglades: River of Grass*），都是关于大沼泽地及其自然史和人类历史的。一本专门描写佛罗里达大沼泽地的教科书现在已出版了第三版（Lodge，2010）。一本名为《森林沼泽》（*The Swamp*）的精彩历史概述中，描述了许多管理、排干和恢复大沼泽的尝试（Grunwald，2006）。大沼泽地和佛罗里达州南部遭遇过几次排水尝试、一次土地掠夺热潮、1926 年造成 400 人死亡的一次飓风、一个由美国陆军工程兵团开发的大规模水源管理系统的历史，如今这里正试图修复水文和部分大沼泽地，使其恢复到以前的状态。

## 奥克弗诺基沼泽

奥克弗诺基沼泽（Okefenokee Swamp）位于美国佐治亚州东南部和佛罗里达州东北部的大西洋海滨平原上，面积为 1750km$^2$。奥克弗诺基沼泽是一个由不同类型湿地镶嵌组成的湿地群。奥克弗诺基沼泽形成于更新世或更晚，当时海水被沙脊［现被称为"路脊"（trail ridge）］从退去的海水中隔离出来，使海水无法直接流入大西洋。这片森林沼泽形成了两个水系的源头：向西南方向流经佛罗里达州流入墨西哥湾的苏万尼河（Suwannee River），以及先向南再向东流入大西洋的圣玛丽河（St. Mary's River）。

奥克弗诺基沼泽的大部分现在都属于奥克弗诺基国家野生动物保护区，该保护区于 1937 年由国会成立。奥克弗诺基来自印第安语，意思是"颤动的土地"，因为在湿草原上散布着许多长着植被的浮岛。奥克弗诺基沼泽由以下 6 个主要湿地群组成。

1）池杉森林。

2）挺水植物和水草床。

3）常绿阔叶林。

4）阔叶灌木湿地。

5）柏树混交林。

6）多花蓝果树森林。

在积水较浅、泥炭层较薄的地势略高区域长有池杉（*Taxodium distichum* var. *imbricatum*）、蓝果树属植物 *Nyssa sylvatica* var. *biflora* 和多种常绿树木 [如白背玉兰（*Magnolia virginiana*）]。开阔的区域被称为"大草原"，包括湖泊、长有黍属（*Panicum*）和薹草属（*Carex*）植物的草本沼泽，以及生长有睡莲 [如萍蓬草属（*Nuphar*）、睡莲属（*Nymphaea*）] 和狸藻属（*Utricularia*）植物的浮叶沼泽。使泥炭层燃烧的大火是这个生态系统的重要组成部分，它的复现周期为 20~30 年，当水位变得非常低的时候就会出现。许多人相信，开阔的"大草原"代表着早期的演替阶段，通过燃烧和伐木来维持，否则这里将会成为一片沼泽森林。

## 北卡罗来纳州的浅沼泽

浅沼泽（pocosin）指的是常绿灌木泥炭沼泽，主要分布于美国弗吉尼亚到佛罗里达北部的大西洋海岸平原上，其中最主要的分布区位于北卡罗来纳州。据估计，1980 年湿地面积为 3700km²，没有受到破坏或只是略微有所改变。而在 1962~1979 年，由于改变土地利用方式而被排干的湿地面积为 8300km²（Richardson et al., 1981）。"pocosin"一词来自阿尔冈昆语，意思是"山上的森林沼泽"。在连续的发育过程中，营养不良的酸性条件使得浅沼泽具有在寒冷气候下发育的泥炭沼泽的典型特征。事实上，在早期的湿地调查中将其归为泥炭沼泽（Shaw and Fredine, 1956）。北卡罗来纳州的一种典型的浅沼泽生态系统主要生长着常青灌木和晚松（*Pinus serotina*）。农业和林业的排水、采伐已经影响了北卡罗来纳州的浅沼泽。

## 迪斯默尔大沼泽

迪斯默尔大沼泽（Great Dismal Swamp）是美国境内大西洋沿岸最北端的"南部类型"沼泽之一，同时也是在美国被研究得最多、最富吸引力的湿地之一。这片沼泽覆盖了弗吉尼亚州东南部和北卡罗来纳州东北部约 850km² 的面积，靠近诺福克—纽波特纽斯—弗吉尼亚（Norfolk–Newport News–Virginia）海滩大都会区域，这片湿地的面积曾经超过 2000km²。在过去的 200 年里这片湿地受到了人类活动的严重影响，排水、挖沟、伐木和火灾使湿地规模减小并改变了生态群落结构。迪斯默尔大沼泽曾经是一个壮丽的森林沼泽，以落羽杉和多花蓝果树为优势种。落羽杉和多花蓝果树共生，同时夹杂着部分美国尖叶扁柏（*Chamaecyparis thyoides*）。虽然这些生态群落至今仍有残余，但沼泽的大部分区域都长着美国红枫（*Acer rubrum*），在较干燥的山脊上还能发现混合阔叶树群落。在迪斯默尔大沼泽的中央是一个名叫德拉蒙德（Drummond）、具有浅茶色酸性水体的湖泊。大沼泽的水源补给是其西部边缘的地下水及地表径流和降水。早在 1763 年迪斯默尔大沼泽里就出现了人工排水系统，一家部分由乔治·华盛顿所拥有的"迪斯默尔沼泽地公司"，开凿了一条从沼泽的西边缘到德拉蒙德湖的运河，目的是在沼泽中的洼地建立农场（图 3.4）。而在接下来的几年后，这一尝试像其他尝试一样以失败告终，而华盛顿先生则继续协助建立新国家[①]。所建立的木材公司却在沼泽中得到了较为不错的经济报酬，他们收获了用于造船和有其他用途的落羽杉、美国尖叶扁柏。拥有沼泽的最后一家木材公司联合股东公司将大约 250km² 的森林沼泽捐给了联邦政府，森林沼泽被作为国家野生动物保护区来维护。至少有一本书——《迪斯默尔大沼泽》（*The Great Dismal Swamp*），描述了这个重要湿地的生态和历史（Kirk, 1979）。Sheffield 等（1998）确定了迪斯默尔大沼泽中的主要物种美国尖叶扁柏的分布范围，并负责这片湿地的管理工作。

## 南大西洋海岸沼泽化河流

大西洋海岸平原（Atlantic Coastal Plain），从美国北卡罗来纳州延伸到佐治亚州的萨凡纳河（Savannah

---

① 译者注：新国家就是现在的美国

彩图请扫码

图 3.4 位于美国弗吉尼亚州东部的迪斯默尔大沼泽中的华盛顿沟。这条沟是乔治·华盛顿在 18 世纪中期开始以盈利为目的来排干沼泽的一次失败努力的一部分（Frank Day 拍摄，经许可转载）

River），一些大的河流流经湿地，穿过海岸平原，由西南流向东北方向，汇入海洋。这些河流主要包括：罗阿诺克（Roanoke）河、Chowan、Little Pee Dee、Great Pee Dee、Lynches、Black、Santee、康格利（Congaree）河、Altamaha、库珀（Cooper）溪、Edisto、Combahee、Coosawhatchie、萨凡纳河等，同时还有许多较小的支流。广阔的低洼阔叶林和落羽杉沼泽分布在这些河流中并延伸到沼泽中的低洼处。在卡罗来纳海湾有大量未知水源的小椭圆形湖泊，并且在湖泊周围遍布着草本沼泽和森林湿地（Lide et al.，1995）。在东部沿海平原上有超过 50 万个湖泊-湿地复合体，这些复合体的起源很复杂，一般认为来源于流星雨、风或地下水的流动（Johnson，1942；H. T. Odum，1951；Prouty，1952；Savage，1983）。沿着海岸下游的淡水潮汐曾经淹没过大片的森林，但其中许多淹水面积在 19 世纪早期就通过改成稻米种植园而被清除了。此后大部分的水稻种植园遭到废弃，而以前的农田现在变成了大片的淡水沼泽，进而成为野鸭和野鹅的天堂。在河口区域发育着美国东南沿海最广阔的盐沼。

在 1825 年 Robert Mills 这样描述南卡罗来纳州的里奇兰县（Richland County）："随着一团臭气从腐败的水沟中不断地上升，什么都看不见，谁能知道它的危害有多大？"（引自 Dennis，1988）。当时，在 163 000hm² 的土地上，只有 10 000hm² 被用作耕地。几乎其他所有地方都是一片广袤、未改变的沼泽。从那时起，我们对这些沼泽的认识发生了巨大的变化，这些沼泽部分区域现在变成了康格利沼泽国家纪念园区（Congaree Swamp National Monument）和弗朗西斯贝德勒森林（Francis Beidler Forest）。后者包括世界上最大的原始落羽杉属-蓝果树属（*Taxodium-Nyssa*）沼泽，现在是奥杜邦（Audubon）保护区。这两个保护区都有大量的落羽杉，这些落羽杉在 19 世纪晚期逃过了伐木工人的斧头，其树龄长达 500 年之久。

## 草原壶穴

在美国北达科他州、南达科他州、明尼苏达州及加拿大马尼托巴省、萨斯喀彻温省、艾伯塔省 780 000km² 的区域内，分布有大量的小型湿地，主要是淡水草本沼泽（图 3.5）。据估计，早期殖民时期的原始湿地只有 10%保留下来了。这些湿地被称为草原壶穴（prairie pothole），这些壶穴是由更新世时期的冰川作用形成的。因为草原壶穴的分布区域内有众多浅水湖泊和草本沼泽，以及具有肥沃的土壤和温暖的夏季，这些都是适宜水鸟生存的条件。所以这个地区被认为是世界上重要的湿地分布区域之一。干湿循环是这些草原湿地生态系统的自然组成部分。事实上如果没有周期性的干旱与降水，许多草原壶穴可能就不存在了。而在某些情况下，每隔 5～10 年就需要 1～2 年的干旱期来维持沼泽内挺水植物的生长。这个湿地区的另一个特点是，偶尔会有由于高的蒸散发/降水形成的含盐湿地和湖泊分布。在萨斯喀彻温省的一些高盐湖泊中，盐度高达 370‰。据估计，在任何一年中，北美洲的所有水鸟中有 50%～75% 来自该地区。

图 3.5  草原壶穴湿地的侧向鸟瞰图，在大片农田中间有许多湿地植被覆盖的小池塘（美国鱼类及野生动物管理局档案照片，美国北达科他州的詹姆斯敦）

在草原壶穴湿地分布区有一半以上的湿地已经被排干或因农业生产而改变用途。据估计，仅在 1964～1968 年北达科他州、南达科他州和明尼苏达州就损失了 500km² 的草原壶穴湿地。据估计，1997～2009 年的 12 年中，美国的草原壶穴湿地净损失约 300km²，占美国草原壶穴湿地总量（26 000km²）的 1.1%（Dahl，2014）。而大部分已丧失的湿地都成为以挺水植物为主的草本沼泽，被用来发展养殖业。然而，为保护残存草原壶穴湿地所做的努力已经取得进展。1997～2009 年，该地区大约有 355km² 的沼泽得到修复。但是，与这样的修复成就显得相形见绌的是，仍然有 510km² 的湿地被改造成农田。自 20 世纪 60 年代以来，仅在北达科他州就有成千上万平方千米的湿地被美国鱼类及野生动物管理局通过水禽生产区计划项目购买。美国自然保护协会和其他私人基金会也出于保护目的在该地区购买了许多湿地。

### 内布拉斯加沙丘和大平原干盐湖

草原壶穴湿地的南部是一个不规则的区域，面积为 52 000km²，位于美国内布拉斯加州北部，被称为"西半球最大的固定沙丘"（Novacek，1989），这些沙丘占该州面积的四分之一。在这一区域里，湿地、农业和非常重要的地下水含水层补给区共存，令人关注且敏感。该地区最初是杂草草原，由数千个位于丘间溪谷里的小型湿地组成。该区域的大部分地区现在被用于种植和放牧，尽管这些植被通常被当作干草收割或被牛吃掉，但许多湿地仍然被保留下来。奥加拉拉（Ogallala）含水层是该地区的重要水源，含水层的水源在很大程度上通过上覆沙丘补给，在一定程度上也通过湿地进行补给。据估计，内布拉斯加州的沙丘中有 558 000hm² 的湿地，其中许多是相互连接的湿草甸或浅水湖泊，它们的水位由径流和区域地下水水位决定。该地区的湿地受农业发展的影响较大，尤其受中心旋转灌溉系统的影响。尽管灌溉系统附近的湿地淹水面积增加，但灌溉系统降低了当地的地下水水位。就像北部的草原壶穴一样，内布拉斯加沙丘是众多水鸟的重要繁殖地，其中北部中央飞行路线中大约 2% 的野鸭在这一地区繁殖。

Smith 在 2003 年的研究中认为内布拉斯加州的许多湿地尤其是在西南部的湿地可以定义为"干盐湖"（playa）（参见表 2.1 中的定义），主要是由于这些湿地分布在北美大平原地区的半干旱环境中，同时受到季节性洪水的影响。北美的大部分干盐湖都是在北美大平原的南部地区发现的，包括得克萨斯州西部、新墨西哥州南部、科罗拉多州东南部和堪萨斯州西南部。这些暂时或季节性的湿地具有低洼湿地（也就是孤立湿地）的特征，补给（它们补给地下水；见第 4 章"湿地水文学"）湿地盆地。据估计，在美国的北美大平原上有超过 25 000 个干盐湖（Sabin and Holliday，1995），面积超过 1800km²。如果不是因为这些干盐湖，这些区域将会成为半干旱、干旱的农业景观（Smith，2003）。

## 坎卡基大沼泽

由于利用过度，坎卡基大沼泽（Great Kankakee Marsh）已不复存在，尽管直到大约 100 年前它还是美国境内最大的草本-森林沼泽盆地之一。坎卡基集水区主要位于印第安纳州西北部和伊利诺伊州东北部，面积为 13 700km²，其中 8100km² 位于印第安纳州境内。大部分的天然坎卡基沼泽都分布在这里。从坎卡基河的源头到伊利诺伊州的终点，直线距离仅为 120km，但这条河流实际长度为 390km，蜿蜒流过了 2000 个湾，几乎每千米水位只下降 8cm。直到 19 世纪 30 年代，在定居者开始进入该地区之前，曾经有大量的湿地分布在这条河的周边。湿地的类型主要是湿草甸和草本沼泽，并且这些沼泽几乎没有受到任何破坏。博物学家 Charles Bartlett 在 1904 年将湿地描述为：

> 100 多万英亩[①]摇摆的芦苇、飘扬的旗帜、一簇簇的野生稻、茂密的睡莲叶、炫酷的绿色苔藓软床、闪闪发光的池塘、黑泥和颤抖的矿养泥炭沼泽——这就是坎卡基的土地。这些奇妙的贫营养泥炭沼泽或草本沼泽向四周蔓延，一直伸展到比弗吉尼亚和北卡罗来纳迪斯默尔大沼泽或更远的地方。

坎卡基地区一直被当作一个主要的狩猎区，直到 19 世纪 50 年代人们开始为获得农牧业用地而对湿地进行大规模的排水。19 世纪晚期和 20 世纪早期，印第安纳州的坎卡基河及其所有支流几乎被改造成了笔直的沟渠。早在 1938 年，印第安纳州的坎卡基河就是美国最大的排水渠之一，此时坎卡基大沼泽基本上消失了。Bartlett（1904）和 Meyer（1935）给出了该地区的早期记录。最近，在印第安纳州西北部，人们已经在努力修复部分坎卡基大沼泽。

## 黑土沼泽

另一个位于美国中西部且面积广袤的湿地是黑土沼泽（the Black Swamp），现在仅存的黑土沼泽位于俄亥俄州西北部。黑土沼泽（图3.6）曾经是草本沼泽和森林沼泽的复合体。黑土沼泽沿东北方向分布，大约长 160km、宽 40km，面积约为 4000km²，覆盖了从印第安纳州到五大湖区的大部分面积。黑土沼泽发源地位于伊利湖历史上外延部分的底部。之所以被称为黑土沼泽，是因为大量黑色淤泥的存在，这些淤泥发育在因存在几个与水流流向垂直的岭脊而导致的排水很差的地区。有很多记录记载了早期定居者和军队（特别是 1812 年战争，即第二次独立战争期间）在该地区进行谈判时遇到的困难，在天然沼泽分布区上很少有大规模的城镇出现。一项关于 18 世纪末期穿越该地区的记载中描述道，人和马不得不在及膝深的淤泥中行走，三天只走了 50km（Kaatz，1955）。和中西部的许多其他湿地一样，州政府和联邦政府的排水行动导致了黑土沼泽的排水速度较快，到 20 世纪初湿地已经所剩无几。原始的伊利湖西部湿地只有一片内陆森林沼泽和几片滨海草本沼泽（约150km²）保留了下来。大量农田废水排入莫米河（Maumee River），被认为是伊利湖主要的磷污染源（Scavia et al.，2014）。伊利湖西部盆地现在正频繁遭受着有害藻华（harmful algal bloom，HAB）影响（Michalak et al.，2013）。关于恢复黑土沼泽、减轻污染的讨论已经开始[*]。

## 路易斯安那三角洲

当密西西比河（Mississippi River）流进美国路易斯安那州东南部，在准备进入墨西哥湾前的最后一

---

① 1 英亩=0.404 856hm²

\* 参考"Restoring the Black Swamp to Save Lake Erie"，www.wef.org/blogs/blog.aspx?id=12884904840&blogid=17296

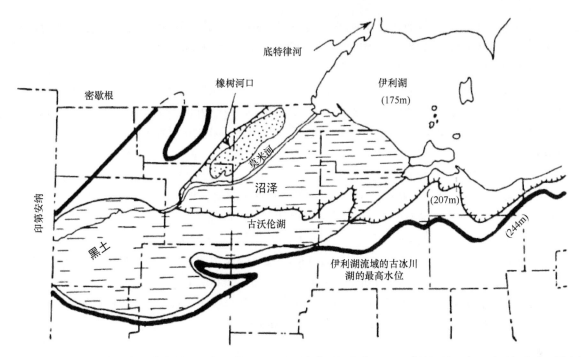

图 3.6　200 年前可能存在于美国俄亥俄州西北部的黑土沼泽。这片面积约为 4000km² 的湿地现在几乎不复存在。图中括号内数字为海拔（引自 Forsyth，1960）

段时，这条大河便进入了世界上湿地最广布的地区之一。草本沼泽、森林沼泽和滨海浅水湖泊三者的总面积超过 36 000km²。当密西西比河漫散汇入海洋时，森林沼泽逐渐演替为淡水草本沼泽、盐沼。盐沼是美国分布最广、面积最大的类型之一（图 3.7），它依赖于来自上游森林沼泽的淡水、营养盐、沉积物和有机质。自 20 世纪 30 年代以来，路易斯安那州沿海地区的淡水和咸水湿地一直在以很快的速度减少，湿地面积总计减少了 4800km²，每年减少 60～100km²（Day et al.，2005，2007）。尽管主要原因是河流与三角洲的隔离，但这些损失也是自然因素和人为因素共同造成的（Day et al.，2007）。

彩图请扫码

图 3.7　位于美国路易斯安那州南部密西西比河三角洲的滨海沼泽地；地面沉降和缺乏河流沉积物输入而导致的沼泽破碎化（W. J. Mitsch 拍摄）

阿查法拉亚河（Atchafalaya River）是密西西比河的一个支流，其三角洲河滨地区具有一个特点，它既是密西西比河防洪的安全阀，又是密西西比河主河道的潜在支流。阿查法拉亚盆地是美国第三大湿地连续分布区，在整个密西西比河下游冲积河谷中，30%的低地森林都分布在这里。阿查法拉亚河在这个面积只有 4700km² 的狭窄盆地中只流经 190km，却为 1700km² 的低地森林和落羽杉-蓝果树森林沼泽及另外 260km² 的永久性水体提供水源。阿查法拉亚盆地包含在一个人工和自然复合堤坝系统中，在人为干预方面有过一段颇具争议的历史。阿查法拉亚盆地的水流由密西西比河主河道分叉结构所控制。盆地内河道进行了挖沙，一方面是为了保障通航，另一方面是为了防止来自密西西比河的泥沙重新淤积河道。为了石油和天然气生产，河道已经渠道化。在 20 世纪初原生林遭到砍伐，改变为现在地势较高的农业生产用地。

另一个经常被研究的三角洲湿地是位于路易斯安那州巴拉塔里亚湾（Barataria Bay）的河口三角洲。它是密西西比河流域的一个支流盆地,现在被一系列的防洪堤坝将盆地与河隔离开.盆地的面积 6500km²，包含 700km² 的湿地。其中主要包括落羽杉-蓝果树森林沼泽、低地阔叶林、草本沼泽和浅水湖泊。

在 20 年前或更早以前，美国陆军工程兵团与其他联邦及政府机构合作设计了一项保护和恢复三角洲地区的综合战略。2005 年 8 月下旬，卡特里娜（Katrina）飓风和丽塔（Rita）飓风袭击了路易斯安那州的海岸线，摧毁了新奥尔良市的大部分地区（Costanza et al.，2006；Day et al.，2007）。这促使一部分资金从湿地恢复流向了堤坝建设。而 2010 年的墨西哥湾石油泄漏事件（Mitsch，2010）使资金继续转移。三角洲的恢复计划将在第 18 章"湿地建造与恢复"中详细阐述。

## 旧金山湾

加利福尼亚州北部的旧金山湾（San Francisco Bay）是美国变化最大和城市化程度最高的湿地分布区之一。当第一批欧洲移民到达时，海湾周围的沼泽面积超过 2200km²。如今这些沼泽约有 95%遭到破坏。旧金山湾的生态系统包括开阔的深水水域、盐沼和半咸水沼泽。盐沼上主要分布着太平洋米草（*Spartina foliosa*）和盐角草（*Salicornia virginica*），而半咸水沼泽中主要分布着藨草（*Scirpus* spp.）和香蒲（*Typha* spp.）。在 1849 年淘金潮开始后不久，旧金山海湾地区的湿地开始减少。农业和制盐业等行业首先占用湿地，清除了湿地中的植被并进行挖沟排水。与此同时，由于迅速的沉积作用，海湾里的其他沼泽得到扩张。沉积作用主要是由上游水力采矿造成的。在剩余的潮汐湿地中，沉积作用和侵蚀作用仍然是最大的问题。

## 大湖区湿地/圣劳伦斯低地

加拿大的大湖区湿地/圣劳伦斯低地区域，尤其安大略省的大湖区及安大略省和魁北克省的圣劳伦斯低地沿线（图 3.8）是迁徙水禽的重要停歇地。在这一地区内的几处著名湿地包括伊利湖北部的长尖岬（Long Point）和皮利角（Point Pelee）、安大略湖南部圣克莱尔湖的圣克莱尔（St. Clair）国家野生动物保护区，以及安大略东部和魁北克西南部的圣劳伦斯河沿岸的许多湿地。

圣劳伦斯河湿地的起点通常被认为是安大略省的康沃尔郡（Cornwall），从河流上游的边缘一直到下游魁北克省特鲁瓦皮斯托勒（Trois-Pistoles）的海湾附近河口处，在这一廊道内发育着 34 000hm² 的草本沼泽和森林沼泽。土尔芒特角（Cap Tourmente）是一个 2400hm² 的潮汐淡水草本沼泽复合体，位于魁北克省东北 50km 左右，是加拿大指定的第一个国际重要湿地（图 3.9）。这个湿地由潮间泥滩和淡水草本沼泽，以及非潮汐草本沼泽、森林沼泽、灌丛沼泽和泥炭沼泽组成。土尔芒特角潮汐淡水沼泽受潮汐的严重影响，潮汐振幅由平潮时 4.1m 至涨潮时 5.8m。土尔芒特角国家野生动物保护区内群落类型多样，包括 400hm² 的潮汐草本沼泽、100hm² 的草甸、700hm² 的农业用地和 1200hm² 的森林。圣劳伦斯河以美洲藨草（*Scirpus americanus*）为优势种的沼泽，类似于在土尔芒特角发现的那些藨草沼泽，被限制在河流的淡水潮汐内，这片藨草沼泽在整个地区仅剩 4000hm²。尽管越来越多的雪雁（*Anser caerulescens*）已经导致大量藨草属（*Scirpus*）植物根茎的消失，最终可能会导致土尔芒特角沼泽的退化，但雪雁仍然是这片湿地在迁徙季节的显著特征之一。春、秋迁徙季节，数以千计的雪雁以这里的芦苇等植物为食。加拿大环境部估计，从 20 世纪 90 年代初到 21 世纪初，圣劳伦斯地区的湿地面积实际上增加了 3%。

彩图请扫码

图3.8  湿地科学家在加拿大魁北克省附近与圣劳伦斯河毗邻的一处长有藨草属植物 *Scirpus americanus* 的沼泽中做研究（W. J. Mitsch 拍摄）

彩图请扫码

图3.9  加拿大魁北克省土尔芒特角国家野生动物保护区的雪雁（Robbie Sproule 拍摄，经知识共享协议许可）

像在美国大部分地区一样，五大湖沿岸的沼泽一般都筑了堤，并进行了严格的管理，年复一年的湖泊水位波动都能使这些沼泽得到修复。加拿大的温带地区也有大量的阔叶林沼泽，主要生长着美国红枫（*Acer rubrum*）、银白槭（*A. saccharinum*）及梣树（*Fraxinus* spp.）。如果没有人类干扰，这些森林沼泽会是相当稳定的，然而这片沼泽频繁受到伐木甚至皆伐的威胁。被皆伐的森林沼泽常常被草本沼泽所取代，重新开始新的植被演替。

### 加拿大中部和东部省份的泥炭地

北安大略省和马尼托巴省的泥炭地幅员辽阔，那里水鸟较少，而各类哺乳动物较多，包括驼鹿、狼、海狸和麝鼠。沼生菰（*Zizania palustris*）是加拿大北方湖区的常见植物，通常收割后作为人类的食物。加拿大北方一些地区将湿地中的泥炭开采出来用于园艺或作为燃料。在这一地区一些沼泽非常稳定且相当普遍，而另一类泥炭沼泽在这一地区也很稳定但不太常见。利用放射性碳定年技术对魁北克省的沼泽泥炭层测定表明，它们在 9000～5500 年前就已经发育成泥炭沼泽了。尽管森林泥炭沼泽在发生火灾时可以演变成开阔的泥炭沼泽，但是开阔的泥炭沼泽一旦形成就会非常稳定。

### 哈得孙-詹姆斯湾低地

在加拿大北安大略省和马尼托巴省北部及西北地区的东部发现了一片大规模的湿地，环绕着哈得孙湾（Hudson Bay）的南岸（图 3.10）并向南部延伸到詹姆斯湾（James Bay）。哈得孙-詹姆斯湾低地是加拿大广阔的亚北极湿地的一部分，它从哈得孙湾西北部到加拿大西北角一直延伸到美国阿拉斯加州，占据了加拿大 760 000km$^2$ 的土地（Zoltai et al., 1988）。哈得孙-詹姆斯湾低地一直被描述为北美洲湿地率最高的地区（76%～100%）（Abraham and Keddy, 2005）。这个地区最大也是被描述为最好的湿地之一，是位于安大略省北部的北极熊省级公园（Polar Bear Provincial Park），占地面积 24 000km$^2$。

图 3.10　哈得孙湾低地的大片泥炭沼泽和草本沼泽（C. Rubec 拍摄，经许可转载）

另外两个保护区位于詹姆斯湾南部，总面积 250km$^2$。一个是汉娜湾鸟类保护区（Hannah Bay Bird Sanctuary），另一个是驼鹿河鸟保护区（Moose River Bird Sanctuary）。两个保护区内远离海岸线的地方分布着大片的泥滩、潮间带（intertidal）沼泽和正在逐渐演替为泥炭沼泽的潮上带草本沼泽，其中点缀着小型湖泊、灌丛沼泽、森林泥炭沼泽、开阔沼泽和草本沼泽等。在詹姆斯湾的南部海岸则主要生长着薹草（Carex spp.）、羊胡子草（Eriophorum spp.）及大片的桦木（Betula spp.）。更南端的亚北极低洼湿地区域包括低洼的开阔泥炭沼泽、薹草-灌木泥炭沼泽、长满莎草的湿润洼地，以及被泥炭垄岗、长满地衣的泥炭丘、隆起的泥炭沼泽和滩脊所分割开的开阔池塘与小湖泊。尽管来自哈得孙湾的潮汐影响范围很小，但是陆地逐渐倾斜，可使得潮汐淹没陆地的宽度为 1～5km。发育着草本沼泽的弱浪海岸分布在詹姆斯湾南部，而发育着沙滩的强浪海岸则沿着哈得孙湾海岸线分布。在第四纪冰川消退之后地壳均衡反弹，导致这里过去 1000 年内，陆地以每百年 1.2m 的速度向海扩张，这样的速度在北美洲是最大的速度。

位于哈得孙-詹姆斯湾低地周边的滨海草本沼泽、潮间带沙滩和河口是许多迁徙水禽繁殖与暂时停歇的地方，包括一度濒临灭绝现在种群又重新壮大的小雪雁、加拿大黑雁、美洲黑鸭、针尾鸭、绿翅鸭、绿头鸭、赤颈鸭、琵嘴鸭和蓝翅鸭。哈得孙-詹姆斯湾的西部和西南海岸也为许多水鸟提供了一条重要的迁徙通道，如红腹滨鹬、短嘴半蹼鹬、黑腹滨鹬、大黄脚鹬、小黄足鹬、翻石鹬和灰斑鸻。北极熊省级公园的湿地则为红喉潜鸟、黑喉潜鸟、普通潜鸟、美洲麻鸦、普通秋沙鸭、红胸秋沙鸭、北美花田鸡、黑脸田鸡、沙丘鹤还有一些海鸥和燕鸥提供了筑巢的栖息地。

### 皮斯-阿萨巴斯卡三角洲

加拿大艾伯塔省森林野牛国家公园（Wood Buffalo National Park）内的皮斯-阿萨巴斯卡三角洲（Peace-Athabasca Delta）（图 3.11），是世界上面积最大、人类干扰较弱的北方内陆淡水三角洲。阿萨巴斯卡河三角洲（Athabasca River Delta）（1970km²）、皮斯河三角洲（Peace River Delta）（1684km²）及伯奇河三角洲（Birch River Delta）（168km²）共同组成了这个大的三角洲。这里是北美洲最重要的水鸟繁殖地和停歇地之一。这个三角洲是雁鸭类向马更些河（MacKenzie River）低地、北极河流的三角洲和北极群岛迁徙途中的重要停歇地。皮斯-阿萨巴斯卡三角洲内的主要湖泊非常浅（0.6～3.0m），在生长季长有大量的沉水和挺水植物。三角洲由大量沉积物形成的广阔平地和加拿大地盾（Canadian Shield）构造突起形成的一些花岗岩岛屿共同构成。三角洲内的湿地类型主要有生长挺水植物的草本沼泽、泥滩、中位泥炭沼泽、莎草草甸、普通草甸、矮小灌丛湿地、杨树 Populus balsamifera 和桦木（Betula spp.）等落叶林，以及以白云杉（Picea glauca）和黑云杉（Picea mariana）为优势种的针叶林。由于这一纬度区域地表积水较浅、土壤肥力较高且生长季节相对较长，在南部草原壶穴经历干旱年份时，皮斯-阿萨巴斯卡三角洲是一个极其重要的食源地。4 条主要的北美洲迁飞路线都经过该三角洲地区，其中最重要的是密西西比和中部迁飞路线。

彩图请扫码

图 3.11 位于雅斯帕国家公园的皮斯-阿萨巴斯卡三角洲的阿萨巴斯卡河（AudeVivere 拍摄；感谢维基共享提供图片）

三角洲地区至少有 215 种鸟类、44 种哺乳动物、18 种鱼类及数千种昆虫和无脊椎动物。春天，在这个湿地上有 40 多万只鸟，秋天可达 100 多万只。三角洲地区有记载的水禽种类包括小雪雁、白额雁、加拿大黑雁、小天鹅，除这 4 种主要游禽以外还有北美洲全部的 7 种䴉鹬及 25 种鸭类。世界上所有濒临灭绝的美洲鹤都在三角洲的北部地区筑巢。这一地区还包括北美洲最大的未受干扰的草甸和莎草甸，供养着上万只水牛。

### 墨西哥的湿地

　　墨西哥大约有 $8 \times 10^6 hm^2$ 的湿地（Mitsch and Hernandez，2013）。由于墨西哥内陆地区是大面积干旱区域，早期墨西哥在《拉姆萨公约》"国际重要湿地"（Wetlands of International Importance）的数量较少、面积不大。2001 年仅指定了 7 个"国际重要湿地"（Pérez-Arteaga et al.，2002）。从那以后这种情况发生了巨大的变化，截至 2014 年年底墨西哥有 142 个"国际重要湿地"，面积达 $8.8 \times 10^6 hm^2$。墨西哥的许多重要湿地位于墨西哥湾和太平洋海岸线附近（图 3.12），大约有 $1.6 \times 10^6 hm^2$ 的湿地分布在海岸附近，其中太平洋沿岸湿地面积 $75\,000 hm^2$、墨西哥湾沿岸湿地面积 $675\,000 hm^2$。墨西哥的沿海湿地分布有 118 个较大的湿地复合体和至少 538 个不同类型的小型湿地（Contreras-Espinosa and Warner，2004）。滨海淡水湿地包括以番荔枝属（*Annona*）和瓜栗属（*Pachira*）树木为优势种的森林沼泽，以香蒲为优势物种伴生梭鱼草属（*Pontederia*）和慈姑属（*Sagittaria*）等的草本沼泽，以及水域开阔、长有挺水植物和浮叶植物等大型水生植物的潟湖（Mitsch and Hernandez，2013）。

彩图请扫码

图 3.12　位于墨西哥湾附近的墨西哥韦拉克鲁斯（Veracruz）自然保护区内拉曼沙海岸研究中心（Coastal Research Center La Mancha，CICOLMA）的淡水草本沼泽。该保护区是国际重要湿地"拉曼沙拉诺（La Mancha El Llano）湿地"的一部分（W. J. Mitsch 拍摄）

　　墨西哥最大的滨海湿地是墨西哥海湾坎佩切（Campeche）的特尔米诺斯潟湖（Laguna de Términos），面积 $700\,000 hm^2$。这区域内有滨海红树林湿地、滨海沙丘植被、淡水森林沼泽、耐水淹植被、低地森林、棕榈树、带刺灌木、森林、次生林和海草床。据估计，在墨西哥过冬的鸟类中近 10%来自位于太平洋沿岸加利福尼亚州湾恩塞纳达的帕韦永（Ensenada de Pabellon）沼泽（Pérez-Arteaga et al.，2002）。马德雷潟湖（Laguna Madre）地处墨西哥湾美国得克萨斯州海岸线南部，是墨西哥另一个重要的滨海湿地，包括 $200\,000 hm^2$ 的浅水水域和泥滩，以及优势物种为二乐藻（*Halodule wrightii*）、面积为 $42\,000 hm^2$ 的海草床。墨西哥另一个重要的湿地位于北部干旱地区索诺拉沙漠（Sonoran desert）和奇瓦瓦沙漠（Chihuhuan desert）。

### 中美洲和南美洲的湿地

　　中美洲和南美洲的热带、亚热带地区湿地幅员辽阔，但并未开展充分研究。图 3.13 的南美洲地图标出了其中一些比较重要的湿地。

图 3.13　南美洲热带地区主要湿地分布

## 中美洲的湿地

尽管没有精准的测绘结果，但据估计中美洲湿地面积有 40 000km²（Ellison，2004）。中美洲两侧的海岸分布有红树林沼泽，面积 6500～12 000km²。淡水森林湿地是中美洲最常见的湿地类型，面积约为 15 000km²。一种主要生长着南美酒椰（*Raphia taedigera*）的森林沼泽，仅在哥斯达黎加就占其国土面积的 1.2%，尤其是在大西洋低地这一现象更加明显。在中美洲也有一些淡水草本沼泽（1000～2000km²），主要生长着一些如满江红属（*Azolla*）、槐叶苹属（*Salvinia*）、大漂属（*Pistia*）及凤眼蓝（*Eichhornia crassipes*）等浮叶植物而不是挺水植物。这些浮叶植物也经常生长在中美洲的废水处理湿地中（Nahlik and Mitsch，2006）。

中美洲太平洋沿岸的河流长度比地峡另一端加勒比海沿岸的河流更短，季节性更明显。这一现象和当地的气候条件，导致了加勒比海（大西洋）沿岸的月降水量甚至比太平洋地区多。而太平洋沿岸附近的湿地季节性明显，呈现出夏季潮湿而冬季干燥。中美洲最重要的湿地之一是哥斯达黎加帕洛佛德（Palo Verde）国家公园的季节性淡水草本沼泽（图 3.14）。在雨季有 500hm² 的潮汐淡水沼泽承接雨水、农业径流和滕皮斯克河（Tempisque River）溢出的水，而在雨季过后这片潮汐淡水沼泽又向位于哥斯达黎加太平洋沿岸湿地下游 20km 处的尼科亚湾（Gulf of Nicoya）排水。从旱季开始直到来年 3 月，整个潮汐淡水沼泽几乎完全干涸。在这里的留鸟和候鸟大约有 60 种，旱季来临时成千上万只迁徙的黑腹树鸭（*Dendrocygna autumnalis*）和蓝翅鸭（*Anas discors*）及数以百计的琵嘴鸭（*Anas clypeata*）、绿眉鸭（*Anas americana*）和环颈潜鸭（*Aythya collaris*）在这里停歇。最近由于这片湿地被认定为野生动物保护区，家养的牛群被清走。此后这片沼泽长满了长苞香蒲（*Typha domingensis*），到 20 世纪 80 年代末长苞香蒲占据了沼泽面积的 95%。像香蒲属（*Typha*）这样无性繁殖的优势物种能够抑制其他植被的生长，从而导致许多水禽和其他鸟类的生存环境恶化，这是世界上湿地的一个普遍问题。奇怪的是，鸟类多样性却由于 1980 年被允许放牛而得到了部分保护。湿地管理人员试图重新引入放牧、焚烧、耙地、水下割草和机械粉碎来控制香蒲属（*Typha*）植物。而唯一持续成功的方法是粉碎香蒲（Trama et al.，2009）。

图 3.14　位于哥斯达黎加西部的帕洛佛德（Palo Verde）国家公园：(a)季节性洪水泛滥的淡水草本沼泽；(b)美洲水雉(*Jacana spinosa*)，一种能在漂浮的植物上行走的鸟（W. J. Mitsch 拍摄）

### 奥里诺科河三角洲

在早期的一次航海中，哥伦布发现了委内瑞拉占地面积为 36 000km² 的奥里诺科河三角洲（Orinoco River Delta）。在三角洲半咸水的海岸线上主要生长着壮丽的红树林（图 3.15）。奥里诺科河三角洲的经济主要依赖于在高水位季节将畜牧业饲养的牲畜、可可产品和棕榈心罐头运送出去。奥里诺科河三角洲地区的原住民通过自给自足的农业和渔业维持生活，并向附近人口中心区输出咸鱼（Dugan，1993）。虽然一些地区通过政府努力和发展工业使奥里诺科河三角洲得到了保护，但放牧和非法捕猎已经对当地的动植物产生了不良影响。

### 利亚诺斯

委内瑞拉西部和哥伦比亚北部的奥里诺科河流域西部（图 3.13）有一个名叫利亚诺斯（Llanos）的巨大（450 000km²）沉积盆地。利亚诺斯盆地是南美洲面积最大的内陆湿地之一。利亚诺斯盆地冬天为雨季，夏天为旱季，这样的气候条件下，发育的主要群落为疏林草原和稀疏棕榈树，而不是奥里诺科河三角洲中典型的洪泛平原森林（Junk，1993）。利亚诺斯盆地是一种重要的涉禽的栖息地。同时利亚诺斯盆

彩图请扫码

图 3.15　委内瑞拉奥里诺科河三角洲的红树林（经 Elsevier 许可，转载自 Mitsch et al.，1994）

地还是很多动物如眼镜凯门鳄（*Caiman crocodilus*）、亚马孙森蚺（*Eunectes murinus*）、纳氏臀点脂鲤（*Serrasalmus nattereri*）的重要生境。虽然利亚诺斯盆地维持着约 470 种鸟类，但是其中只有一种是本地种。主要的哺乳动物包括大食蚁兽（*Myrmecophaga tridactyla*）和水豚（*Hydrochoerus hydrochaeris*）。

## 潘塔纳尔湿地

　　世界上面积最大的湿地之一，是由巴拉圭巴拉那河（Paraguay-Paraná River）盆地，巴西马托格罗索州（Mato Grosso）、南马托格罗索州（Mato Grosso do Sul）共同组成的潘塔纳尔（Gran Pantanal）湿地（Por，1995；da Silva and Girard，2004；Harris et al.，2005；Junk and Nunes de Cunha，2005；Ioris，2012），几乎全部位于南美洲的地理中心（图 3.13）。潘塔纳尔湿地总面积为 160 000km$^2$，是佛罗里达大沼泽地面积的 4 倍，每年约有 130 000km$^2$ 处于季节性淹水中。每年 3～5 月的汛期（在当地称为 cheia，是葡萄牙语洪水的意思）都维持了大量的水生植物和动物，随后是 9～11 月的旱季（在当地称为 seca，是葡萄牙语干旱的意思），整个潘塔纳尔湿地景观演变为疏林草原。从当年 12 月到次年 2 月间的水位上涨期（在当地称为 enchente，是葡萄牙语洪水的意思）及次年 6～8 月的水位下降期（在当地称为 vazante，是葡萄牙语落潮的意思），在潘塔纳尔湿地也会有不一样的景观。潘塔纳尔湿地的水淹过程也呈现出一种异步模式，1 月上游出现最大降雨量和洪峰，在 5 月下游水位才会达到峰值。

　　就像佛罗里达大沼泽地的雨季和旱季循环一样，在雨季时各种生物遍布整个区域，而到了旱季各种生物只在少数几个食物链完整的潮湿区域活动。尽管潘塔纳尔湿地是世界上知名度很低的地区之一，但湿地内鸟类的生活有着传奇色彩（图 3.16）。潘塔纳尔湿地被称为"世界上鸟类最丰富的湿地"，记录在案的鸟类有 463 种（Harris et al.，2005），包含 13 种鹭、3 种鹳、6 种鹮和琵鹭、6 种鸭、11 种秧鸡及 5 种翠鸟。湿地中的鸟类还包括西半球体型最大的飞行鸟类——美洲蛇鹈（*Anhinga anhinga*）和裸颈鹳（*Jabiru mycteria*），这是潘塔纳尔湿地壮丽的标志。此外，湿地还供养着大量美洲鳄（*Crocodylus acutus*）及大型啮齿动物水豚（*Hydrochoerus hydrochaeris*）。

彩图请扫码

图 3.16 潘塔纳尔湿地作为南美洲大量野生动物天堂的季节性淹水湿地,包含 450 多种鸟类,如鹭科(Ardeidae)动物、裸颈鹳(*Jabiru mycteria*)、凯门鳄(*Caiman yacare*)及旱季时的家畜(W. J. Mitsch 拍摄)

由于巴拉圭河流域上游(Upper Paraguay River)持续开发,潘塔纳尔河流域面临着许多威胁。具体表现如快速发展的畜牧业和农业占用土地、森林砍伐、来自点源和非点源的水污染、钻石与黄金开采活动、过度焚烧、外来物种入侵及巴拉圭及巴拉那航道(Paraguay-Paraná Waterway),以及上游支流的 135 个水电大坝、水库计划(Calheiros et al.,2012)。水力发电大坝是巴西提高国内能源产能的目标之一。

潘塔纳尔湿地所面临的威胁很多,直到最近潘塔纳尔地区的人类利用(特别是在旱季放牧)和该地区生态功能之间还处于半平衡状态。然而,潘塔纳尔湿地的生态健康状况正处于向不好状态发展的过程中。湿地内的一些河流受到重金属特别是受到来自金矿开采和农场化学污染物中的汞的污染。虽然潘塔纳尔湿地可以提供旅游收入,但它也是非法贩运野生动植物和走私可卡因的场所。在如此广阔而偏远的湿地中,实际执法过程十分困难且过于昂贵。

### 亚马孙雨林

世界上广袤的湿地在进入大海之前都有大量的河流在其中流淌,而这一现象在热带地区更加明显。南美洲的亚马孙河(Amazon River)便是最佳例证之一。亚马孙河占据了 $7 \times 10^6 km^2$ 亚马孙盆地的 20%～25%(Junk and Piedade,2004,2005)。亚马孙河被认为是世界上最大的河流之一,其径流量占世界上所有淡水的 1/6～1/5。亚马孙河流域的许多河流不是被称为"黑水"就是被称为"白水"。"黑水"主要是指河水中含有溶解的腐殖质和低溶解物质,"白水"则是指河水中含有来自安第斯山脉侵蚀带来的悬浮沉积物。"白水"(当地语"várzea")或沉积物含量高的河流洪泛平原营养丰富,而"黑水"(当地语"igapó")河流洪泛平原营养贫瘠(Junk and Piedade,2005)。随着森林砍伐的加剧,亚马孙雨林中许多水域生态系统受到威胁,并且带来很大的社会影响。据估计,亚马孙河流域洪泛平原森林湿地面积约 $300\,000 km^2$,在淹水时水深可以达到 5～15m 甚至更深(见第 4 章"湿地水文学")。在汛期可以绕着树冠划船(图 3.17)。

### 欧洲

### 地中海三角洲

分布于潮汐不显著的地中海沿岸三角洲的含盐草本沼泽,是欧洲最具生物多样性的地区之一。罗讷河(Rhone River)三角洲创造了法国最重要的湿地——卡马尔格湿地(Camargue),面积为 $90 km^2$,环绕

彩图请扫码

图 3.17　当亚马孙河每年被洪水淹水时，就可以在河岸森林的树冠附近划船了（W. Junk 拍摄，经许可转载）

在瓦卡雷斯潟湖（Étang du Vaccarès）周围（图 3.18；参见第 1 章"湿地利用与湿地科学"）。这片湿地是文学和电影中歌颂散放牧马的家园。几千年前曾经有一种公牛在这里栖息。卡马尔格湿地作为法国唯一的火烈鸟筑巢地，是世界上 25 种火烈鸟（Phoenicopteridae）主要的筑巢地点之一。弥漫在卡马尔格湿地的神秘感、对空间和自由的感觉与罗姆人（也叫吉卜赛人）有关，他们自 15 世纪以来一直聚集在桑泰斯-马里耶德拉-梅（Les Saintes-Maries-de-la-Mer）。这里还居住着骑马放牧、像这里的"哨兵"一样的卡马尔格牛仔（Gardians，见图 1.2）。

彩图请扫码

图 3.18　位于法国南部罗讷河三角洲的卡马尔格湿地受地中海气候的影响，夏季炎热干燥，冬季凉爽潮湿（W. J. Mitsch 拍摄）

　　这里的水生植物和植物群落与北欧或热带非洲差异很大，从沙丘到潟湖，从沼泽到草原，最后直到森林。欧洲提出的储备农业政策呼吁恢复卡马尔格地区的一些稻田，以及一些河流沿岸的自然湿地（Mauchamp et al.，2002）。

　　西班牙地中海沿岸的一个主要三角洲是埃布罗河三角洲（Ebro Delta），它位于巴塞罗那和巴伦西亚之间。三角洲接受埃布罗河的滋养，埃布罗河流经数百千米，穿过干旱地区流向海洋。三角洲广泛分布着古老的稻田，在潮间带盐沼内主要生长着几种盐角草属（Salicornia）植物和其他盐生植物（halophyte）。潟湖里有各种各样的鸟类。在三角洲地区曾尝试将稻田修复为芦苇沼泽（Comin et al.，1997）。

### 莱茵河三角洲

莱茵河是欧洲一条人为高度化管理的河流，也是主要的交通动脉。荷兰（Netherlands）一词源自西日耳曼语"Nederland"，意为"低洼之国"，实际上是莱茵河三角洲。荷兰语中甚至没有一个词能用来形容湿地，直到 20 世纪 70 年代采用了英语"wetland"一词。荷兰是地球上受水力影响最大的地区之一（图 3.19）。据估计，荷兰国土面积的 16%是湿地。荷兰人很早就已经意识到了湿地的重要性，他们将占国土面积 7%的湿地注册为《拉姆萨公约》中的国际重要湿地。今天荷兰政府的一些举措旨在引进水流或至少让水滞留在这片土地上，这与早期荷兰这一低海拔国家防止海水淹没陆地的传统形成了鲜明的对比。

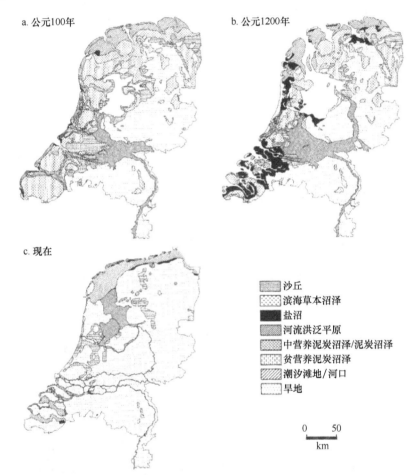

图 3.19　荷兰和莱茵河三角洲的湿地面积：（a）公元 100 年；（b）公元 1200 年；（c）现在（Wolff，1993，经许可转载，Springer 版权所有）

在 20 世纪早期，须德海（Zuiderzee）数千公顷的湿地被开垦，现如今一些地区又被恢复成湿地。例如，从 1968 年开始建设的弗莱福兰圩田（Flevoland Polder）上的东法尔德斯普拉森（Oostvaardersplassen），最初是为了工业发展而通过围海建造的。如今为了新建一个野生动物保护区而被人为重新淹水，占地面积为 5600hm$^2$，是鹭科（Ardeidae）、鸬鹚科（Phalacrocoracidae）和琵鹭属（Platalea）等鸟类（据记录有 250 种鸟类，其中有 90 种在那里繁殖）及祖先为原始欧洲野马的科尼卡马（Konik horse）的栖息地（图 3.20）。为了重新壮大欧洲的原始牛类种群，现如今通过将家牛与来自苏格兰、匈牙利和卡马尔格的品种进行杂交。现在，东法尔德斯普拉森（Oostvaardersplassen）是荷兰最受欢迎的鸟类观赏地之一，这一地区已经成为国家的财富。

彩图请扫码

图 3.20 科尼卡马（祖先为原始欧洲野马）是东法尔德斯普拉森（Oostvaardersplassen）不同寻常的特征之一。这里是荷兰最大、最著名的人工湿地之一。它最初是为工业发展而设计的，现在是荷兰最好的观鸟地点之一（W. J. Mitsch 拍摄）

### 欧洲北部的滨海草本沼泽、泥滩及海湾

从葡萄牙的米拉河口（Mira Estuary）到荷兰的瓦登海（Wadden Sea），再到德国，最后到达丹麦，欧洲北部大西洋一侧的海岸线分布着大量的潮间带盐沼和泥滩。这些潮间带盐沼与北美洲大陆从加拿大的芬迪湾（Bay of Fundy）延伸到美国佛罗里达州南部墨西哥湾的广袤盐沼，在主要植被组成、淹水时长和沉积物输移方面形成了鲜明对比。法国一处著名的沿海湿地位于诺曼底-布列塔尼（Normandy-Brittany）边境，毗邻世界著名的、坐落在英吉利海峡的一处海角顶部、仅在白天对朝圣者和游客开放、最后潮水把它变成一个岛屿的圣米歇尔山（Mont St. Michel）修道院。在修道院周围分布着欧洲最广阔的盐生草本沼泽。自 20 世纪初以来，这一地区的滨海草本沼泽有 60%被人为排水。尽管在这些草本沼泽中放牧仍然很普遍，但是现在滨海湿地得到了更好的保护。在附近的滨海勒维维耶（Le Vivier-sur-Mer），贻贝科（Mytilidae）贝类被安放在木格栅（bouchot）上生长（这些木格栅是由下沉到泥滩里的柱子建造而成的），最后所有木格栅被安放在始建于 11 世纪、长 30km 的堤坝的背阴处。

瓦登海由超过 8000km$^2$ 的浅水水域、广阔的潮汐泥滩、草本沼泽和沙子组成。一些人认为瓦登海是西欧最重要的沿海湿地。在过去的 5 个多世纪里，当地居民通过对沿海湿地进行排水而创造了数百平方千米的可耕土地。湿地绵延超过 500km 海岸线，供养着北海多产的渔业，其中丹麦渔业的 10%、德国渔业的 60%和荷兰渔业的 30%都是由瓦登海进行供给的。

在波罗的海（Baltic Sea）和欧洲北部的邻近海域周围有无数的海湾环绕着。尽管供给这些半咸海的大部分河流相对较小，但在许多环绕的海湾依然有湿地分布。马察卢湾（Matsalu Bay）是一个位于爱沙尼亚西北部由湿草甸和芦苇沼泽共同组成的湿地。多年来，人们一直认为马察卢湾是非常重要的鸟类栖息地。马察卢湾湿地面积约为 500km$^2$，其中大部分属于马察卢州立自然保护区（Matsalu State Nature Preserve）。在春天的迁徙过程中，有多达 30 万~35 万只鸟类栖息在马察卢湿地，如天鹅、绿头鸭、针尾鸭、骨顶鸡、大雁和鹤。

### 欧洲东南部的内陆三角洲

世界上许多重要的湿地不仅分布在沿海三角洲，还有大量沿着广阔的半咸水或淡水水体分布的内陆三角洲或滨海草本沼泽，在欧洲东南部就有几个重要的内陆三角洲。6000km$^2$ 的多瑙河（Danube River）

三角洲是欧洲最大、最自然的湿地之一，但由于排水、农业发展、挖沙、倾倒废弃物等人为活动，多瑙河三角洲已经开始退化。多瑙河三角洲发育在多瑙河入黑海处，沉积物覆盖面积超过 4000km$^2$。1990 年随着罗马尼亚尼古拉·齐奥塞斯库（Nicolae Ceausescu）政权的垮台，在三角洲地区修筑堤坝及种植水稻和玉米的计划随之落空（Schmidt，2001）。现在三角洲地区开展了重要的国际研究，并且实施三角洲恢复计划。恢复工程基本上很简单，通过拆除水坝、恢复水网来恢复自然水文条件。多瑙河三角洲维持着 320 种鸟类，同时是睡莲科（Nymphaeaceae）、芦苇（*Phragmites australis*）及栎属（*Quercus*）和梣属（*Fraxinus*）植物的家园。

伏尔加河（Volga River）在里海（Caspian Sea）的边缘形成了一个世界上最大的内陆三角洲（19 000km$^2$），河网密布，形似"辫子"，长度超过 120km，沿里海绵延 200 多千米。由于里海水位下降，三角洲上发育了广袤的湿地，生长着大面积的芦苇和莲（*Nelumbo nucifera*）（图 3.21）。世界上的鲟鱼大部分产自里海，三角洲是冬季水鸟越冬的温暖场所，也是各种水鸟、猛禽和雀形目鸟类的主要停歇地。一系列的水坝破坏了河流的自然水文过程，严重的工农业污染及里海海平面的下降正在对该区域产生影响。

彩图请扫码

图 3.21　俄罗斯伏尔加河三角洲的莲（引自 C. M. Finlayson，经许可转载）

格鲁吉亚东部的科尔基斯（Colchis）湿地是另一个内陆低地三角洲，面积 13 000km$^2$，由亚热带桤木（*Alnus glutinosa*、*A. barbata*）森林沼泽及由构造沉降和流入黑海东部的河流回水形成的莎草-灯心草-芦苇草本沼泽组成。这片湿地带有一些神话色彩，据说它可能是杰逊（Jason）和阿尔戈英雄（the Argonauts）试图从科尔基斯（Colchis）国王那里索要金羊毛时，"把他们的船隐藏在一个芦苇荡中"的那个地方［出自阿波罗尼奥斯（Apollonius）所讲述的希腊神话故事《阿尔戈英雄纪》（Argonautica）的内容］（Grant，1962）。

### 欧洲的泥炭沼泽

世界上大部分的泥炭地分布在旧大陆（Old World）[①]的爱尔兰、斯堪的纳维亚、芬兰、俄罗斯北部和其他独联体国家。欧洲泥炭地的面积约 960 000km$^2$，占欧洲总面积的 20% 左右。大约 60% 的泥炭地已经转为农业、林业用地，或进行泥炭开采（Vasander et al.，2003），其中大约 25% 的泥炭地位于波罗的海盆地。许多湿地已经成为自然保护区并进行保护，处于一种半自然的状态，其中包括爱沙尼亚的安德拉泥炭沼泽（Endla bog）（图 3.22）和位于白俄罗斯东北部、占地面积 76 000hm$^2$ 的别列宰斯基泥炭沼泽（Berezinski bog）。别列宰斯基保护区一半以上面积是泥炭沼泽，以松属（*Pinus*）、桦木属（*Betula*）和桤木属（*Alnus*）为优势植物。

---

① 译者注："旧大陆"泛指亚洲、非洲、欧洲，"新大陆"指北美洲、中美洲、南美洲。以大航海时代为开端

图 3.22 位于爱沙尼亚中部的安德拉泥炭沼泽（W. J. Mitsch 拍摄）

## 非洲

在撒哈拉以南的非洲地区有大面积湿地分布（图 3.23），一些主要湿地的面积比美洲或欧洲的湿地面

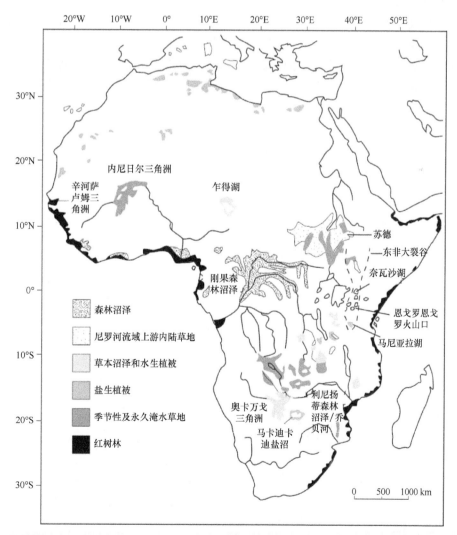

图 3.23 非洲主要湿地分布图

积大得多，如马里的内尼日尔三角洲（Inner Niger Delta，丰水期面积为 320 000km$^2$）、刚果森林沼泽（Congolian swamp，190 000km$^2$）、尼罗河上游的苏德（Sudd）沼泽（丰水期面积超过 30 000km$^2$）以及博茨瓦纳的奥卡万戈三角洲（Okavango Delta，面积为 28 000km$^2$）。

## 奥卡万戈三角洲

奥卡万戈三角洲（Okavango Delta，面积为 28 000km$^2$）是世界上最大的季节性脉冲式淹水内陆三角洲之一。奥卡万戈三角洲位于奥卡万戈河与非洲博茨瓦纳的卡拉哈里（Kalahari）沙漠的交汇处（Mendelsohn and el Obeid，2004；图 3.24）。三角洲的季节性淹水很壮观，水面面积在 2～3 月为 2500～4000km$^2$，而 8～9 月可以达到 6000～12 000km$^2$ 的峰值（McCarthy et al.，2004；Ramberg et al.，2006a，2006b；Ringrose et al.，2007；Mitsch et al.，2010）。因此，奥卡万戈三角洲被划分为三个主要的水文区：永久淹水（permanently flooded）的森林沼泽、季节性淹水的洪泛平原及暂时性淹水（intermittently flooded）的洪泛平原（图 3.24a）。该内陆三角洲几乎没有地表径流流出，在 90～175 天的洪水期中，季节性洪泛平原向地下水渗透的速度非常快（Ramberg et al.，2006a）。奥卡万戈三角洲是一个由众多河道、岛屿和潟湖组成的网络，鳄鱼、大象、狮子、河马和水牛及 400 多种鸟类（图 3.24b）生活在这里。在奥卡万戈三角洲上的溪流和洪泛平原中有 71 种鱼类，其中有几种罗非鱼和欧鳊（*Abramis brama*）在这里产卵（Ramberg et al.，2006b）。博茨瓦纳北部的许多部落都依赖于奥卡万戈三角洲，大部分的居民都以三角洲的资源为生。然而，就像其他许多湿地一样，日益增加的火灾（火灾在奥卡万戈地区很常见）、农作物生产和放牧相关的清理工作，以及上游国家在奥卡万戈河上游取水都对奥卡万戈三角洲构成了威胁。与其他许多湿地一样，旅游业在这里也是一个问题。生态旅游是位于三角洲边缘的马翁（Maun）的主要经济收入。马翁也从湿地中的睡莲块茎、芦苇根、棕榈心和棕榈树液制成的棕榈酒中获得经济效益。建筑所用的栅栏、屋顶和墙体材料也来源于湿地。

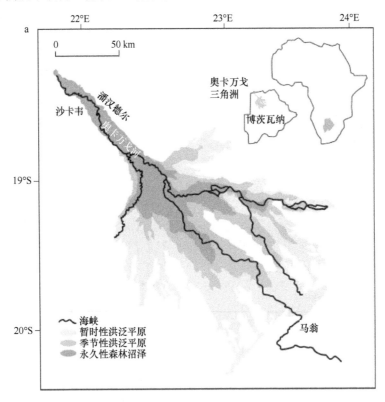

图 3.24　非洲南部博茨瓦纳的奥卡万戈三角洲：（a）奥卡万戈三角洲地图，显示出永久性森林沼泽、季节性洪泛平原和暂时性洪泛平原；（b）永久性河流中的浮叶水生植物，主要有延药睡莲（*Nymphaea nouchali* var. *caerulea*）和非洲水雉（*Actophilornis africanus*）（W. J. Mitsch 拍摄）

彩图请扫码

图 3.24  （续）

## 刚果的森林沼泽

刚果的森林沼泽是世界上规模最大但研究最薄弱的森林沼泽之一，位于刚果（布）和刚果（金）（原扎伊尔共和国）境内，占地面积 190 000km² （Campbell，2005）。这片热带非洲淡水湿地包括森林沼泽、淹水疏林草原及流淌着河水和溪流的草地（prairie）。刚果的森林沼泽位于赤道非洲大洼地里刚果河中游的河岸上，这里被称为刚果盆地（cuvette centrale Congolaise）。刚果河是世界上流量第二大的河流，同它的支流一起为这些森林沼泽提供水源补给。在雨季，森林淹水深为 0.5～1.0m；到了旱季，河岸两侧的沼泽里通常没有稳定的静水水域。这一地区的人口较少，居住在刚果盆地内的人们在森林和河流中从事狩猎与捕鱼活动。由于东部地区与外界相对隔绝，大片的森林仍然没有被砍伐（Minnemeyer，2002）。人们普遍认为，刚果（金）的森林沼泽东部地区比西部地区更具生物多样性。

## 东非热带草本沼泽

早期（新大陆发现之前）将非洲热带湖泊周围形成的几处湿地称为"森林沼泽"，但在近期（新大陆发现后）的研究中将其称为"草本沼泽"（见第 2 章"湿地定义"）。这些生物量较高的湿地边缘往往被长苞香蒲（*Typha domingensis*）、纸莎草（*Cyperus papaus*）、凤眼蓝（*Eichhornia crassipes*）和人厌槐叶苹（*Salvinia molesta*）所组成的群落占据。在东非大裂谷 6500km 的沿线上分布着许多湖泊和湿地。距离内罗毕（Nairobi）不远的奈瓦沙湖（Lake Naivasha）就位于东非大裂谷的底层，这个湖是东非被研究最多的热带湖泊之一。奈瓦沙湖为在东非发现的几乎所有种类的鸭类和苍鹭提供了栖息地。水位波动、小龙虾（*Procambarus clarkii*）的引入及凤眼蓝（*Eichhornia crassipes*）共同使奈瓦沙湖上的植被产生了变化（Harper et al.，1995）。

在坦桑尼亚北部的东非大裂谷还发现了其他面积广袤的湿地，包括恩戈罗恩戈罗火山口（Ngorongoro Crater）湿地和马尼亚拉湖（Lake Manyara）岸边湿地（图 3.25，图 3.26）。在火山口中有两片森林沼泽，分别是曼杜斯森林沼泽（Mandusi swamp）和戈瑞戈森林沼泽（Gorigor swamp），还有一个名叫马卡特的湖泊（Lake Makat）。东非/德国自然保护学家 Bernhard Grzimek 在形容恩戈罗恩戈罗丰富的野生动物时说道：对火山口的大小和美丽进行准确的描述是不可能的，因为没有可以与之比较的事物。恩戈罗恩戈罗火山口是世界奇迹之一（Hanby and Bygott，1998）。

彩图请扫码

图 3.25　东非大裂谷湖泊和湿地丰富的野生动物。这张照片展示的是坦桑尼亚马尼亚拉湖（Lake Manyara）沿岸的角马、猴子和黄嘴鹮鹳（*Mycteria ibis*），马尼亚拉湖是东非大裂谷最南端的湖泊之一（W. J. Mitsch 拍摄）

彩图请扫码

图 3.26　坦桑尼亚北部东非大裂谷的湿地和野生动物，包括坦桑尼亚北部的恩戈罗恩戈罗火山口湿地里的水禽，有非洲黄嘴鸭（*Anas undulata*）、赤嘴鸭（*Anas erythrorhyncha*）及埃及雁（*Alopochen aegyptiaca*）（W. J. Mitsch 拍摄）

## 西非红树林沼泽

在非洲热带和亚热带海岸线上分布着大量的红树林沼泽。例如，位于达喀尔以南约 150km 的非洲大西洋西海岸塞内加尔辛河萨卢姆三角洲（Sine Saloum Delta）（Vidy，2000），面积广阔（180 000hm²），几乎未受到破坏（图 3.27）。这些红树林沼泽，以及北部环绕圣路易斯（St. Louis）的塞内加尔河（Senegal River）三角洲和南部冈比亚河（Gambia River）沿岸的类似红树林，分布着多种鸟类、哺乳动物和 4 种来此产卵的海龟，在极端干旱的气候条件下，湿地可支撑它们在此生存。这些鸟类包括几种鹭和白鹈鹕（*Pelecanus onocrotalus*）。在这片三角洲的东部，与其接壤的是干旱的内陆、盐湖或由于盐分过多几乎没有植被生长的"酸性褐色土壤"（tannes soil）。20 世纪 70 年代萨赫勒（Sahelian）干旱导致河流流量不稳定，完整的红树林沼泽系统被这些河流所分割。由于这个原因，辛河萨卢姆（Sine Saloum）被称为"反向河口"（reverse estuary），意思是越往上游盐度越大。自然资源管理不善，也造成了这里的荒漠化。这一地区人口稀少，当地人以渔业、盐业和花生种植业为生。由于人们过度砍伐红树林建造房屋和烧炭及将湿地转为稻田，这片红树林沼泽已经受到干扰。联合国教育、科学及文化组织（United Nations Educational, Scientific and Cultural Organization，UNESCO）和其他国际机构正在鼓励这一地区开展适合于红树林湿地的生态旅游与牡蛎养殖，创建村庄"绿化带"。在三角洲地区可以发现，潮间带上有许多贝壳岛，意味着这个地区有悠久的人类历史。

彩图请扫码

图 3.27  塞内加尔辛河萨卢姆三角洲的红树林树根上的黄喉岩鹭（*Egretta gularis*）（W. J. Mitsch 拍摄）

# 中东

## 美索不达米亚沼泽地

中东的皇冠宝石（crown-jewel）湿地是伊拉克南部和伊朗的美索不达米亚（Mesopotamian）沼泽地的一部分。这些湿地位于世界上的干旱地区——底格里斯河（Tigris）和幼发拉底河（Euphrates）的交汇处。幼发拉底河和底格里斯河的分水岭主要位于土耳其、叙利亚及伊拉克。底格里斯及幼发拉底盆地人工的水利建设工程已经有了 6000 多年的历史。美索不达米亚的湿地是中东地区最大的湿地生态系统，5000 年来一直是"沼地阿拉伯人"（Marsh Arabs[①]）的家园并维持着当地的生物多样性（UNEP，2001）。自 1970 年以来湿地受到了严重破坏。美索不达米亚的湿地面积曾经为 15 000～20 000km$^2$，但在 20 世纪 80 年代和 90 年代由于排水，剩余湿地面积不足原来的 10%。仅在 2000～2002 年湿地面积就减少了 30%。而湿地排水主要是人类活动所导致的。建于 20 世纪 80 年代和 90 年代的上游水坝与排水系统极大地改变了河水的流量，并阻断了维持湿地的上游补给水源（UNEP，2001）。仅土耳其就在上游河流建造了十几个水坝。但是，湿地消失主要是由 1991～2002 年伊拉克建造的水利设施所导致的（Altinbilek，2004）。这些草本沼泽位于候鸟所经过的洲际迁徙路线上，优势植被是芦苇（*Phragmites australis*），这些草本沼泽为水禽提供越冬地和停歇地。据报道，三分之二的西亚越冬水鸟生活在这些草本沼泽中。这些草本沼泽中生活着全球范围内的受威胁野生动物，包括 11 种鸟类、5 种哺乳动物、2 种两栖动物和爬行动物、1 种鱼类和 1 种昆虫。沼泽的干涸对野生动物产生了毁灭性的影响（UNEP，2001）。在第 18 章"湿地建造与恢复"中描述它们的恢复。

# 澳大利亚和新西兰

## 澳大利亚东部的死水潭

与地球上其他地方的湿地不同的是，澳大利亚湿地季节性干旱主要是由高蒸散发量和低降雨量引起的。虽然湿地确实出现在了澳大利亚大陆上，但通常只发育在澳大利亚东部和西部水分可能汇集的地方。因此在澳大利亚永久性湿地并不多，大多数湿地都是暂时性和季节性的。此外，由于蒸散发量较高，盐碱湿地和湖泊并不罕见。澳大利亚东部的一个突出特征是分布有死水潭（billabong）（Shiel，1994），即河

---

[①] 译者注：这些人是古代巴比伦文明和苏美尔文明的继承者

水泛滥而形成的半永久性水塘（图3.28）。尽管在澳大利亚各地都有分布，但死水潭最集中的地方是澳大利亚东南部的墨累河（Murray River）及达令河（Darling River）周边，仅在新南威尔士的4个支流中就大约有1400个，湿地面积达32 000hm²。这些死水潭中分布着大量的水生植物，同时这里也是许多鸟类和鱼类的栖息地。这些死水潭经常被大量的桉属（*Eucalyptus*）纯林所包围，数量最多的是赤桉（*Eucalyptus camaldulensis*）。在旱季当河水接近干涸时，这些滞水洼地成为水生动物的避难所。

彩图请扫码

图 3.28　澳大利亚新南威尔士的一个死水潭，远处是香蒲、赤桉（*Eucalyptus camaldulensis*），水面上漂浮的是人厌槐叶苹（*Salvinia molesta*）

### 澳大利亚西部的湿地

澳大利亚西南部的地中海气候孕育了多种湿地。由于广阔的沙漠将它们与澳大利亚大陆的其他地区隔绝开来，因此这些湿地对水禽尤为重要。澳大利亚西部森林沼泽数量众多，很多都分布在内陆或潮汐性河流的咸水湿地上面，以及珀斯附近的天鹅海岸平原（Swan Coastal Plain）的岸边（图3.29）。然而，据估计，澳大利亚西南部的天鹅海岸平原上，75%的湿地已经消失殆尽（Chambers and McComb，1994）。

图 3.29　澳大利亚西部天鹅海岸平原的淡水湿地（J. Davis 拍摄，经许可转载）

### 新西兰湿地

作为一个相对较小的国家，新西兰拥有众多类型的湿地（Johnson and Gerbeaux，2004）。然而，新西兰已经丧失了 90%的湿地，总面积超过 300 000hm²。南岛的西部的韦斯特兰（Westland）湿地由于西边是塔斯曼海（Tasman Sea）、东边是南阿尔卑斯山（Southern Alps），地形条件及地理位置使得该地区每年会接受大量的雨水（降水量每年 2～10m），有时这里被幽默地称为"湿地"，发育多种多样的滨海湿地也就不足为奇了。这里发育着新西兰鸡毛松（Kahikatea，*Dacrycarpus dacrydiodes*）的森林湿地（图 3.30），让人联想到美国东南部光秃秃的落羽杉沼泽。这种类型的湿地遍布整个新西兰南岛西部地区，在北岛也有分布。在北岛和南岛同时还分布着一种泥炭地（Pakihi）。

图 3.30　新西兰鸡毛松沼泽，后面是奥卡里托潟湖（Okarito Lagoon），拍摄于新西兰南岛西部。新西兰鸡毛松（*Dacrycarpus dacrydiodes*）在当地被称为"白松"。这些新西兰鸡毛松曾经在新西兰的两侧海岸线上繁茂地生长（W. J. Mitsch 拍摄）

北岛最大的湿地之一是沃格马里诺湿地（Whangamarino Wetland）（图 3.31），是一个面积为 7300hm²的泥炭地，毗连新西兰最大的河流——怀卡托河（Waikato River）附近的季节性淹水森林沼泽（Clarkson，1997；Shearer and Clarkson，1998）。沃格马里诺湿地及这一地区的其他泥炭地面临的管理问题有：河流的淹水频率减少、农业发展导致的泥沙淤积、与殖民时期以前相比火灾频率有所增加，以及柳（*Salix* spp.）和其他外来物种的入侵。麻兰（*Phormium tenax*）沼泽和东方香蒲（*Typha orientalis*）沼泽在新西兰也很常见。柳（*Salix* spp.）通常被认为是许多这类湿地中不受欢迎的木本植物入侵者。

图 3.31　怀卡托河流域下游的泥炭地，位于新西兰奥克兰以南约 60km。带有土路的圆形池塘，用于狩猎（W. J. Mitsch 拍摄）

# 亚洲

## 西西伯利亚低地

俄罗斯中部地区是世界上最大的湿地连续分布区，北濒北冰洋的喀拉海（Kara Sea），西抵乌拉尔山脉（Ural Mountains），南面与哈萨克斯坦相邻。该地区被称为西西伯利亚低地（Western Siberian Lowland），总面积约为 $2.7 \times 10^{6} km^2$，其中约 787 000km² 为泥炭地（Solomeshch，2005）。另外，在这一地区还有 800 000 多个湖泊。这一地区的降水量相对较低（<600mm/年），蒸散发量更低（<400mm/年），导致水分过剩，从而发育形成泥炭地。西西伯利亚低地包括俄罗斯中部的比亚河-鄂毕河区域（Bi-Ob Region）面积较大的河漫滩，南部到哈萨克斯坦，北部止于鄂毕河入喀拉海的入海口。这个由河道、河漫滩、湖泊和河流支流构成的平原实际上是一个内陆三角洲，这个三角洲的形成是由于海平面的下降而不是沉积物的沉积。该地区已被描述为"欧亚大陆最大的水禽繁殖区"（Dugan，1993）。这些泥炭地的最大价值之一是固碳（carbon sequestration）。据估计，这些湿地平均碳累积量为 22.8Tg/年（Tg = $10^{12}$g），占全球北方泥炭地碳累积量的 24%～35%（Solomeshch，2005）。

## 印度淡水草本沼泽

世界上人口第二多的国家为印度。印度的国土面积略大于美国的三分之一，但印度人口是美国的三倍多。干旱、水土流失、过度放牧和荒漠化在印度都很常见。印度全国农业雇佣了三分之二的劳动力，这些劳动力分布在冲积平原和占国土面积 55%的沿海地区及其周边。湿地面临着来自农业扩张、人为控制水资源和城市化的巨大压力。这些问题共同导致了冲积河谷的洪水周期出现紊乱，给人类和动物生境带来了"自然"灾害。有时，一些湿地作为上层阶级的残存土地而受到保护。珀勒德布尔（Bharatpur）的凯奥拉德奥国家公园（Keoladeo National Park，图 3.32）就是一个例子。凯奥拉德奥国家公园中原来的狩猎保护区现在是一个具有国际意义的保护区。公园里有 850hm² 的湿地。当地经济从旅游业或扣押在公园里非法采集或收获的产品中受益。受保护的野生动物遗产包括来自亚洲北部的迁徙物种。公园里共有350 多种鸟类、27 种哺乳动物、13 种两栖动物、40 种鱼类和 90 种湿地有花植物（Prasad et al.，1996）。

彩图请扫码

图 3.32　洪水季节印度珀勒德布尔的凯奥拉德奥国家公园（B. Gopal 拍摄，经许可转载）

## 南亚的河流三角洲

亚洲湿地的 80%多分布在 7 个国家中，分别是印度尼西亚、中国、印度、巴布亚新几内亚、孟加拉国、缅甸和越南。亚洲湿地的多样性可以通过具有的多种类型体现出来：潮间带泥滩、沼泽森林、自然湖泊、开阔的草本沼泽、北极苔原和红树林（红树林被认为是世界上生产力最高的生态系统之一，直接或间接产出 70 多个森林产品，但现在受到伐木的威胁）。喜马拉雅山脉的积雪和冰川是世界上许多著名河流如恒河（Ganges）、印度河（the Indus）、湄公河（the Mekong）、长江（the Yangtze）的发源地。湄公河是东南亚最长的河流，发源于青藏高原，而后在缅甸、老挝和泰国边界流入海拔较低的区域，最后流经世界上最大的三角洲之一的湄公河三角洲（Mekong Delta）汇入海洋。湄公河流域的下游区域面积超过 600 000km$^2$，其中包括老挝、柬埔寨、泰国和越南。这些国家并没有对该流域，特别是湄公河三角洲地区的广阔湿地进行协调管理。近年来，东南亚在农业集约化、城市化、工业化、水坝和水库建设等方面所做的努力，加剧了战争年代因植被破坏和排水而产生的问题。当含硫丰富的土壤被氧化时，即使是排水的土壤也会变成酸性（pH<3）而不适合耕种。在国际援助下，恢复湄公河三角洲淡水部分的恢复工程即同塔梅平原（Đồng Tháp Mười，英语意为"芦苇平原"）修复工程正在进行。

世界上最大的红树林湿地位于恒河三角洲，地处孟加拉国和印度的西孟加拉邦（West Bengal）。这个大型的沿海红树林沼泽是孙德尔本斯（Sundarbans）的一部分，它的意思是"漂亮的丛林"。孙德尔本斯最初的面积为 17 000km$^2$。但是现在孙德尔本斯仅剩下一小部分，面积约 4000km$^2$。这个河口位于发源于恒河的淡水和孟加拉湾的盐水之间的过渡区域。孟加拉湾三角洲的湿地是由孟加拉国南部的博多河（Padma River）、布拉马普特拉河（Brahmaputra River）及梅克纳河（Meghna River）共同形成的。湿地和附近的内陆地区是丰富多样的野生动物的家园，这其中就包括作为孟加拉国和印度的国家标志动物、最近被世界自然保护联盟（International Union for Conservation of Nature，IUCN）宣布为濒危物种的孟加拉虎（Panthera tigris tigris）。孙德尔本斯地区是孟加拉虎的重要生境，它们在保护区红树林中捕猎觅食。据估计，孟加拉虎的数量不足 100 只。孙德尔本斯还包括季节性淹水的淡水草本沼泽和红树林上游的森林沼泽，这两种沼泽都是 UNESCO 认定的世界遗产和国际重要湿地。

## 伊塞克湖

伊塞克湖（Issyk Kul，也称 Ysyk Köl）是世界上面积最大的高山湖泊之一，面积 623 600hm$^2$，为咸水湿地/湖泊。伊塞克湖位于吉尔吉斯斯坦东部天山山脉的一个盆地里。该湖泊深度（深达 670m）惊人，且有多达 118 条支流和小溪汇入，但没有明显的出流。1975 年，伊塞克湖国家保护区被认定为国际重要湿地，同时也是 UNESCO 的生物圈保护区。湖周围有 3 种两栖动物、11 种爬行动物、54 种哺乳动物和 267 种鸟类。有 60 000～80 000 只迁徙水鸟（16 种）聚集在伊塞克湖越冬。在过去的几十年里，这个微咸水湖泊在深度上减少了 2.5m，部分原因是人为调水，这也引发了人们对伊塞克湖保护的担忧。

## 中国的湿地

中国作为亚洲湿地面积最大的国家，总湿地面积约为 $6.25×10^5$km$^2$（Lu，1990；Chen，1995）。在中国的各类湿地中有 $2.5×10^5$km$^2$ 是自然湿地，其余都是人工湿地，如稻田和鱼塘。中国的自然湿地占国土面积的 2.5%。本章将介绍几处中国的重要湿地（表 3.6）。中国的湿地很少像西方国家那样处于半原始状态，大多数湿地能为人类提供鱼肉、牛肉、禽类肉、谷物和其他食物，同时湿地又是动物的栖息地和人类休憩的场所。在中国，人与湿地维持一种共生关系。

**河流三角洲** 中国许多重要的湿地分布于长江、珠江、辽河的下游和长江三角洲地区（图 3.33），这些地区是世界上人口最多的区域，目前几乎没有自然湿地，绝大多数自然湿地已经转化为稻田和鱼塘。但是由于沉积物的不断淤积，形成了许多新的湿地。例如，长江三角洲的崇明岛总面积 1400km$^2$，下游（东）延伸入海。崇明岛是中国第三大岛屿，总人口 600 000 人。为了增加食物和纤维产量，一般情况下湿地和芦苇田通过鱼塘、稻田进行水力连通（Ma et al.，1993）。

**表3.6　在本章将要谈及的中国的几处湿地**

| 名称 | 位置 | 类型 |
| --- | --- | --- |
| 三江平原湿地 | 黑龙江省 | 沼泽湿地 |
| 扎龙湿地 | 黑龙江省 | 沼泽湿地 |
| 莫莫格湿地 | 吉林省 | 沼泽湿地 |
| 若尔盖湿地 | 四川省 | 沼泽湿地 |
| 辽河三角洲湿地 | 辽宁省 | 近海与海岸湿地 |
| 崇明东滩湿地 | 上海市 | 近海与海岸湿地 |
| 鄱阳湖湿地 | 江西省 | 湖泊湿地 |
| 洞庭湖湿地 | 湖北省 | 湖泊湿地 |
| 青海湖湿地 | 青海省 | 湖泊湿地 |
| 西溪国家湿地公园 | 浙江省 | 人工湿地 |
| 米埔-后海湾湿地 | 香港特别行政区 | 人工湿地 |
| 关渡自然公园 | 台湾省 | 人工湿地 |

彩图请扫码

图3.33　长江口崇明东滩湿地（W. J. Mitsch 拍摄）

**长江湿地**　长江流域分布有大面积的内陆湿地，位于长江中游的湖北省武汉附近的江汉-洞庭平原、江西省北部的鄱阳湖是主要分布区。江汉-洞庭平原面积约 10 000km$^2$，以前的沼泽、湖泊受到排水、筑坝的影响，由于农业过量用水，湿地不断遭受破坏。将这些曾经与长江相连的回水重新与长江连通的可能性不大，但在种植水稻及其他作物的湿润地区转变为种植莲（*Nelumbo nucifera*）和菰（*Zizania latifolia*）等湿地作物，这已被认为是一种可行的"生态"方法（Bruins et al.，1998）。鄱阳湖是中国最大的湖泊，但随季节变化很大。该湖泊在旱季缩小到不足 1000km$^2$，在夏末雨季扩大到4000km$^2$。该湖与长江之间由一条 1km 长的河道相连，可以进行水体自然交换。太湖流域是中国最重要的水稻产区之一，但由于经常发生洪水，江西省曾经是中国最贫困的省份之一。

**东北湿地**　东北地区的湿地面积大，分布广，集中成片。三江平原湿地、扎龙湿地、莫莫格湿地等各种湿地保护区约有 34 个，其中国际重要湿地 8 个。位于吉林省西部的莫莫格国家级自然保护区作为国际重要湿地，保护区面积约1400km$^2$。保护区依靠嫩江、洮儿河、二龙涛河等河流补给，为 52 种鱼类、5 种两栖类、7 种爬行类、近 300 种鸟类及 25 种哺乳动物提供重要的栖息地。莫莫格国家级自然保护区同时也是东方白鹳（*Ciconia boyciana*）世界范围内已知的最大栖息地，同时也是丹顶鹤在迁徙路线上重要的停歇地（图3.34）。

彩图请扫码

图 3.34　东北吉林省莫莫格国家级自然保护区的丹顶鹤（W. J. Mitsch 拍摄）

**青藏高原**　中国的青藏高原是几条主要河流——黄河、长江、印度河和恒河的源头，并发育了一些高山湖泊和沼泽。青海因此被称为"中国的水塔"。高原上大部分较大的湖泊是盐湖，青海湖海拔 3200m，面积 458 000hm$^2$，是中国最大的湖泊（图 3.35）。由于整个地区都在经历干旱，湖泊正在缩小，最近一次水位以每年 12cm 的速度在下降。然而，这些湿地是 160 多种、数百万只候鸟和留鸟的栖息地。青海湖常见的鸟类有棕头鸥、鸬鹚、鸥等，以及极其稀有的黑颈鹤和斑头雁（*Anser indicus*）。

彩图请扫码

彩图请扫码

图 3.35　中国西部的青海湖：（a）落满鸬鹚的鸟岛；（b）湖岸边浅水草本沼泽。青海湖位于中国干旱的青藏高原地区，是中国最大的咸水湖

**湿地公园** 中国对在城市中建立湿地公园很感兴趣,湿地公园能为公众提供休憩、娱乐的多水环境。如今,中国许多城市都有湿地公园。西溪国家湿地公园(图 3.36)位于中国东部杭州市郊区,占地面积约 350hm$^2$,只是众多湿地公园中的一个例子。公园里有供划船的小溪和森林沼泽、草本沼泽与池塘。它是中国第一个正式建立的国家湿地公园,也是向公众开放的半自然水-陆公园。公园里以前的鱼塘和稻田区域,大部分都开展了湿地生态修复。

彩图请扫码

图 3.36 杭州西溪国家湿地公园(W. He 摄,经许可转载)

占地 61hm$^2$ 的香港湿地公园(图 3.37),为这座以混凝土和沥青为主的大都市提供了一片"绿洲"。其使命是教育公众认识东亚的湿地。2006 年 5 月向公众开放,包括一个 10 000m$^2$ 的游客中心、一个湿地互动世界、一个 60hm$^2$ 的湿地保护区,有许多木栈道和解说标志。2013 年,该公园接待游客 440 000 人次,其中海外游客 61 000 万人次。

彩图请扫码

图 3.37 穿越香港湿地公园的木栈道。不建设湿地公园,公园所在的位置则会成为人口密集的香港城区(W. J. Mitsch 拍摄)

　　台湾省的城市湿地公园与大陆新兴的城市湿地公园类似，值得一提的是位于台北市、面积为 57hm$^2$ 的关渡自然公园（图 3.38）。这块湿地很受当地环境保护人士和观鸟团体的欢迎，包括一个观鸟长廊和几条已经铺设及尚未铺设的小路。它形成于台北基隆河的一个主要转弯处。湿地主要支撑着关渡自然公园的人工淡水湿地池塘和邻近关渡自然保护区沿着河流分布的几公顷盐碱红树林。

彩图请扫码

图 3.38　台北的关渡自然公园景观（W. J. Mitsch 拍摄）

## 推荐读物

Fraser, L. H., and P. A. Keddy, eds. 2005. The *World's Largest Wetlands: Ecology and Conservation*. Cambridge, UK: Cambridge University Press.

Grunwald, M. 2006. *The Swamp: The Everglades, Florida, and the Politics of Paradise*. New York: Simon & Schuster.

Junk, W., ed. 2013. The World's Wetlands and Their Future under Global Climate Change. Special issue of *Aquatic Sciences* 75 (1): 1–167.

## 参考文献

Abraham, K. F. and C. J. Keddy. 2005. The Hudson Bay Lowland. In L.A. Fraser and P.A. Keddy, eds., *The World's Largest Wetlands: Ecology and Conservation*, Cambridge University Press, Cambridge, UK, pp. 118–148.

Altinbilek, D. 2004. Development and management of the Euphrates–Tigris basin. *Water Resources Development* 20: 15–33.

Aselmann, I., and P. J. Crutzen. 1989. Global distribution of natural freshwater wetlands and rice paddies, their net primary productivity, seasonality and possible methane emissions. *Journal of Atmospheric Chemistry* 8: 307–358.

Australian Nature Conservation Agency. 1996. *Wetlands Are Important*. Two-page flyer, National Wetlands Program, ANCA, Canberra, Australia.

Bartlett, C. H. 1904. *Tales of Kankakee Land*. Charles Scribner's Sons, New York. 232 pp.

Bazilevich, N. I., L. Ye. Rodin, and N. N. Rozov. 1971. Geophysical aspects of biological productivity. *Soviet Geography* 12: 293–317.

Bruins, R. J. F., S. Cai, S. Chen, and W. J. Mitsch. 1998. Ecological engineering strategies to reduce flooding damage to wetland crops in central China. *Ecological Engineering* 11: 231–259.

Calheiros, D. F., M. D. de Oliveira, and C. R. Padovani. 2012. Hydro-ecological processes and anthropogenic impacts on the ecosystem services of the Pantanal wetland. In A. A. R. Ioris, ed., *Tropical Wetland Management: The South-American*

*Pantanal and the International Experience*. Ashgate Publishing Ltd., Farnham, England, pp. 29–57.

Campbell, D. 2005. The Congo River basin. In L.A. Fraser and P.A. Keddy, eds., *The World's Largest Wetlands: Ecology and Conservation*, Cambridge University Press, Cambridge, UK, pp. 149–165.

Chambers, J. M., and A. J. McComb. 1994. Establishment of wetland ecosystems in lakes created by mining in Western Australia. In W. J. Mitsch, ed., *Global Wetlands: Old World and New*. Elsevier, Amsterdam, The Netherlands, pp. 431–441.

Chen, Y. 1995. *Study of Wetlands in China*. Jilin Sciences Technology Press, Changchun, China. [in Chinese with English summaries.]

Clarkson, B. R. 1997. Vegetation recovery following fire in two Waikato peatlands at Whangamarino and Moanatuatua. *New Zealand Journal of Botany* 35: 167–179.

Comin, F. A., J. A. Romero, V. Astorga, and C. Garcia. 1997. Nitrogen removal and cycling in restored wetlands used as filters of nutrients for agricultural runoff. *Water Science and Technology* 35: 255–261.

Contreras-Espinosa, F., and B. G. Warner. 2004. Ecosystem characteristics and management considerations from coastal wetlands in Mexico. *Hydrobiologia* 511: 233–245.

Costanza, R., W. J. Mitsch, and J. W. Day. 2006. A new vision for New Orleans and the Mississippi delta: Applying ecological economics and ecological engineering. *Frontiers in Ecology and the Environment* 4: 465–472.

Dahl, T. E. 1990. Wetlands losses in the United States, 1780s to 1980s. U.S. Department of Interior, Fish and Wildlife Service, Washington, DC. 21 pp.

Dahl, T. E. 2000. Status and trends of wetlands in the conterminous United States 1986 to 1997. U.S. Department of the Interior, Fish and Wildlife Service, Washington, DC, 82 pp.

Dahl, T. E. 2006. Status and trends of wetlands in the conterminous United States 1998 to 2004. U.S. Department of the Interior, Fish and Wildlife Service, Washington, DC, 112 pp.

Dahl, T. E. 2011. Status and trends of wetlands in the conterminous United States 2004 to 2009. U.S. Department of the Interior, Fish and Wildlife Service, Washington, DC, 108 pp.

Dahl, T. E. 2014. Status and trends of prairie wetlands in the United States 1997 to 2009. U.S. Department of the Interior, Fish and Wildlife Service, Washington, DC, 67 pp.

Dahl, T. E., and C. E. Johnson. 1991. Wetlands status and trends in the conterminous United States mid-1970s to mid-1980s. U.S. Department of Interior, Fish and Wildlife Service, Washington, DC. 28 pp.

da Silva, C. J., and P. Girard. 2004. New challenges in the management of the Brazilian Pantanal and catchment area. *Wetlands Ecology and Management* 12: 553–561.

Davidson, N.C. 2014 How much wetland has the world lost? Long-term and recent trends in global wetland area. *Marine and Freshwater Research* 65: 934–941.

Day, J. W., Jr., J. Barras, E. Clairain, J. Johnston, D. Justic, G. P. Kemp, J.-Y. Ko, R. Lane, W. J. Mitsch, G. Steyer, P. Templet, and A. Yañez-Arancibia. 2005. Implications of global climatic change and energy cost and availability for the restoration of the Mississippi Delta. *Ecological Engineering* 24: 253–265.

Day, J. W., Jr., D. F. Boesch, E. J. Clairain, G. P. Kemp, S. B. Laska, W. J. Mitsch, K. Orth, H. Mashriqui, D. R. Reed, L. Shabman, C. A. Simenstad, B. J. Streever, R. R. Twilley, C. C. Watson, J. T. Wells, and D. F. Whigham. 2007. Restoration of the Mississippi Delta: Lessons From Hurricanes Katrina and Rita. *Science* 315: 1679–1684.

Dennis, J. V. 1988. *The Great Cypress Swamps*. Louisiana State University Press, Baton Rouge. 142 pp.

Douglas, M. S. 1947. *The Everglades: River of Grass*. Ballantine, New York. 308 pp.

Dugan, P. 1993. *Wetlands in Danger*. Michael Beasley, Reed International Books, London. 192 pp.

Ellison, A. M. 2004. Wetlands of Central America. *Wetlands Ecology and Management* 12: 3–55.

Finlayson, M., and N. C. Davidson. 1999. Global Review of Wetland Resources and Priorities for Wetland Inventory. Ramsar Bureau Contract 56, Ramsar Convention Bureau, Gland, Switzerland.

Forsyth, J. L. 1960. *The Black Swamp*. Ohio Department of Natural Resources, Division of Geological Survey, Columbus, OH. 1 p.

Frayer, W. E., T. J. Monahan, D. C. Bowden, and F. A. Graybill. 1983. Status and trends of wetlands and deepwater habitat in the conterminous United States, 1950s to 1970s. Department of Forest and Wood Sciences, Colorado State University, Fort Collins. 32 pp.

Gorham, E. 1991. Northern peatlands: Role in the carbon cycle and probable responses to climatic warming. *Ecological Applications* 1: 182–195.

Grant, M. 1962. *Myths of the Greeks and Romans*. Mentor/New American Library, New York.

Gray, L. C., O. E. Baker, F. J. Marschner, B. O. Weitz, W. R. Chapline, W. Shepard, and R. Zon. 1924. The utilization of our lands for crops, pasture, and forests. In *U.S. Department of Agriculture Yearbook*, 1923. Government Printing Office, Washington. DC, pp. 415–506.

Grunwald, M. 2006. *The Swamp: The Everglades, Florida, and the Politics of Paradise*. Simon & Schuster, New York, 450 pp.

Hanby, J., and D. Bygott. 1998. *Ngorongoro Conservation Area*. Kibuyu Partners, Karatu, Tanzania.

Harper, D. M., C. Adams, and K. Mavuti. 1995. The aquatic plant communities of the Lake Naivasha wetland, Kenya: Pattern, dynamics, and conservation. *Wetlands Ecology and Management* 3: 111–123.

Harris, M. B., W. Tomas, G. Mourao, C. J. DaSilva, E. Guimaraes, F. Sonoda, and E. Fachim. 2005. Safeguarding the Pantanal wetlands: Threats and conservation initiatives. *Conservation Biology* 19: 714–720.

Ioris, A. A. R., ed. 2012. *Tropical Wetland Management: The South-American Pantanal and the International Experience*. Ashgate Publishing Ltd., Farnham, England, 351 pp.

Johnson, D. C. 1942. *The Origin of the Carolina Bays*. Columbia University Press, New York. 341 pp.

Johnson, P., and P. Gerbeaux. 2004. *Wetland Types in New Zealand*. New Zealand Department of Conservation, Wellington, 184 pp.

Junk, W. J. 1993. Wetlands of tropical South America. In D. F. Whigham, D. Dykyjová, and S. Hejny, eds., *Wetlands of the World, I: Inventory, Ecology, and Management*. Kluwer Academic Publishers, Dordrecht, The Netherlands, pp. 679–739.

Junk, W. J., and M. T. F. Piedade. 2004. Status of knowledge, ongoing research, and research needs in Amazonian wetlands. *Wetlands Ecology and Management* 12: 597–609.

Junk, W. J., and M. T. F. Piedade. 2005. The Amazon River basin. In L.A. Fraser and P.A. Keddy, eds., *The World's Largest Wetlands: Ecology and Conservation*, Cambridge University Press, Cambridge, UK, pp. 63–117.

Junk, W. J., and C. Nunes de Cunha. 2005. Pantanal: A large South American wetland at a crossroads. *Ecological Engineering* 24: 391–401.

Kaatz, M. R. 1955. The Black Swamp: A study in historical geography. *Annals of the Association of American Geographers* 35: 1–35.

Kirk, P. W., Jr. 1979. *The Great Dismal Swamp*. University Press of Virginia, Charlottesville. 427 pp.

Lehner, B. and P. Döll. 2004. Development and validation of a global database of lakes, reservoirs, and wetlands. *Journal of Hydrology* 296: 1–22.

Lide, R. F., V. G. Meentemeyer, J. E. Pinder, and L. M. Beatty 1995. Hydrology of a Carolina Bay located on the Upper Coastal Plain of western South Carolina. *Wetlands* 15: 47–57.

Lodge, T. E. 2010. *The Everglades Handbook: Understanding the Ecosystem*, 3rd ed. CRC Press, Boca Raton, FL.

Lu, J., ed. 1990. *Wetlands in China*. East China Normal University Press, Shanghai. 177 pp. [in Chinese].

Lu, J. 1995. Ecological significance and classification of Chinese wetlands. *Vegetatio* 118: 49–56.

Ma, X., X. Liu, and R. Wang. 1993. China's wetlands and agro-ecological engineering. *Ecological Engineering* 2: 291–330.

Maltby, E., and R. E. Turner. 1983. Wetlands of the world. *Geographic Magazine* 55: 12–17.

Matthews, E., and I. Fung. 1987. Methane emissions from natural wetlands: Global distribution, area, and environmental characteristics of sources. *Global Biogeochemical Cycles* 1: 61–86.

Mauchamp, A., P. Chauvelon, and P. Grillas. 2002. Restoration of floodplain wetlands: Opening polders along a coastal river in Mediterranean France, Vistre marshes. *Ecological Engineering* 18: 619–632.

McCarthy, J. M., T. Gumbricht, T. McCarthy, P. Frost, K. Wessels, and F. Seidel. 2004. Flooding patterns in the Okavango wetland in Botswana between 1972 and 2000. *Ambio* 32: 453–457.

Mendelsohn, J. and S. el Obeid. 2004. *Okavango River: The Flow of a Lifeline*. Struik Publishers, Cape Town, South Africa. 176 pp.

Meyer, A. H. 1935. The Kankakee "Marsh" of northern Indiana and Illinois. *Michigan Academy of Science, Arts, and Letters Papers* 21: 359–396.

Michalak, A. M., E. J. Anderson, D. Beletsky, S. Boland et al. 2013. Record-setting algal bloom in Lake Erie caused by agricultural and meteorological trends consistent with expected future conditions. *Proceedings National Academy of Sciences* 110: 6524–6529.

Millennium Ecosystem Assessment, 2005. Ecosystems and Human Well-being: Synthesis. Island Press and World Resources Institute, Washington, DC. 137 pp.

Minnemeyer, S. 2002. *An Analysis of Access into Central Africa's Rainforests*. World Resources Institute, Washington DC.

Mitsch, W. J. 2010. The 2010 Gulf of Mexico oil spill: What would Mother Nature do? *Ecological Engineering* 36: 1607–1610.

Mitsch, W. J., R. H. Mitsch, and R. E. Turner. 1994. Wetlands of the Old and New Worlds—Ecology and Management. In W. J. Mitsch, ed., *Global Wetlands: Old and New*. Elsevier, Amsterdam, The Netherlands, pp. 3–56.

Mitsch, W. J., A. M. Nahlik, P. Wolski, B. Bernal, L. Zhang, and L. Ramberg. 2010. Tropical wetlands: Seasonal hydrologic pulsing, carbon sequestration, and methane emissions. *Wetlands Ecology and Management* 18: 573–586.

Mitsch, W. J, and M. Hernandez. 2013. Landscape and climate change threats to wetlands of North and Central America. *Aquatic Sciences* 75: 133–149.

Nahlik, A. M., and W. J. Mitsch. 2006. Tropical treatment wetlands dominated by free-floating macrophytes for water quality improvement in the Caribbean coastal plain of Costa Rica. *Ecological Engineering* 28: 246–257.

National Wetlands Working Group. 1988. *Wetlands of Canada.* Ecological and Classification Series 24, Environment Canada, Ottawa, Ontario, and Polyscience Publications, Montreal, Quebec. 452 pp.

Niu, Z., H. Zhang, and P. Gong. 2011. More protection for China's wetlands. *Nature* 471: 305.

Novacek, J. M. 1989. The water and wetland resources of the Nebraska Sandhills. In A. G. van der Valk, ed., *Northern Prairie Wetlands.* Iowa State University Press, Ames, pp. 340–384.

Odum, H. T. 1951. The Carolina Bays and a Pleistocene weather map. *American Journal of Science* 250: 262–270.

Pérez-Arteaga, A., K. J. Gaston, and M. Kershaw. 2002. Undesignated sites in Mexico qualifying as wetlands of international importance. *Biological Conservation* 107: 47–57.

Por, F. D. 1995. *The Pantanal of Mato Grosso (Brazil).* Kluwer Academic Publishers, Dordrecht, The Netherlands. 122 pp.

Prasad, V. P., D. Mason, J. E. Marburger, and C. R. A. Kumar. 1996. *Illustrated Flora of Keoladeo National Park, Bharatpur, Rajasthan.* Bombay Natural History Society, Mumbai, India. 435 pp.

Prigent, C., F. Papa, F. Aires, C. Jiménez, W. B. Rossow, and E. Matthews. 2012. Changes in land surface water dynamics since the 1990s and relation to population pressure. *Geophys. Res. Lett.*, doi:10.1029/2012GL051276

Prouty, W. F. 1952. Carolina Bays and their origin. *Geological Society of America Bulletin* 63: 167–224.

Qiu, J. 2011. China faces up to '"terrible"' state of its ecosystems. *Nature* 471: 19.

Ramberg, L., P. Wolski, and M. Krah. 2006a. Water balance and infiltration in a seasonal floodplain in the Okavango Delta, Botswana. *Wetlands* 26: 677–690.

Ramberg, L., P. Hancock, M. Lindholm, T. Meyer, S. Ringrose, J. Silva., J. Van As, and C. VanderPost. 2006b. Species diversity of the Okavango Delta, Botswana. *Aquatic Sciences* 68: 310–337.

Ramsar Convention Secretariat. 2004. *Ramsar Handbook for the Wise Use of Wetlands*, 2nd ed. Handbook 10, Wetland Inventory: A Ramsar framework for wetland inventory. Ramsar Secretariat, Gland, Switzerland.

Revenga, C., J. Brunner, N. Henninger, K. Kassem, and R. Payne. 2000. *Pilot Analysis of Global Ecosystems: Freshwater Systems.* World Resources Institute, Washington, DC. 65 pp.

Richardson, C. J., R. Evans, and D. Carr. 1981. Pocosins: An ecosystem in transition. In C. J. Richardson, ed., *Pocosin Wetlands.* Hutchinson Ross Publishing, Stroudsburg, PA, pp. 3–19.

Ringrose, S., C. Vanderpost, V. Matheson, P. Wolski, P. Huntsman-Mapila, M. Murray-Hudson, and A. Jellema. 2007. Indicators of desiccation-driven change in the distal Okavango Delta, Botswana. *Journal of Arid Environments* 68: 88–112.

Roe, H. B., and Q. C. Ayres. 1954. *Engineering for Agricultural Drainage.* McGraw-Hill, New York. 501 pp.

Russi D., P. ten Brink, A. Farmer, T. Badura, D. Coates, J. Förster, R. Kumar, and N. Davidson. 2013. The Economics of Ecosystems and Biodiversity for Water and Wetlands. IEEP, Ramsar Secretariat, Gland, London and Brussels.

Sabin, T.J. and V.T. Holliday. 1995. Playas and lunettes on the Southern High Plains: Morphometric and spatial relationships. *Annals of the Association American Geographers* 85: 286–305.

Savage, H. 1983. *The Mysterious Carolina Bays.* University of South Carolina Press, Columbia. 121 pp.

Scavia, D., J. D. Allan, K. K. Arend, S. Bartell et al. 2014. Assessing and addressing the re-eutrophication of Lake Erie: Central basin hypoxia. *Journal of Great Lakes Research* 40: 226–246.

Schmidt, K. F. 2001. A true-blue vision for the Danube. *Science* 294: 1444–1447.

Shaw, S. P., and C. G. Fredine. 1956. *Wetlands of the United States, Their Extent, and Their Value for Waterfowl and Other Wildlife*. Circular 39, U.S. Fish and Wildlife Service, U.S. Department of Interior, Washington, DC. 67 pp.

Shearer, J. C., and B. R. Clarkson. 1998. Whangamarino wetland: Effects of lowered river levels on peat and vegetation. *International Peat Journal* 8: 52–65.

Sheffield, R. M., T. W. Birch, W. H. McWilliams, and J. B. Tansey. 1998. Chamaecyparis thyoides (Atlantic white cedar) in the United States. In A. D. Laderman, ed., *Coastally Restricted Forests*. Oxford University Press, New York, pp. 111–123.

Shiel, R. J. 1994. Death and life of the billabong. In X. Collier, ed., *Restoration of Aquatic Habitats*. Selected Papers from New Zealand Limnological Society 1993 Annual Conference, Department of Conservation, pp. 19–37.

Smith, L.M. 2003. *Playas of the Great Plains*. University of Texas Press, Austin, Texas, 257 pp.

Solomeshch, A. I. 2005. The West Siberian Lowland. In L. A. Fraser and P. A. Keddy, eds., *The World's Largest Wetlands: Ecology and Conservation*, Cambridge University Press, Cambridge, UK, pp. 11–62.

Tiner, R. W. 1984. *Wetlands of the United States: Current Status and Recent Trends*. National Wetlands Inventory, U.S. Fish and Wildlife Service, Washington, DC. 58 pp.

Trama F. A., F. L. Riso-Patrón, A. Kumar, E. González, D. Somma, and M.B. McCoy. 2009. Wetland cover types and plant community changes in response to cattail control activities in the Palo Verde Marsh, Costa Rica. *Ecological Restoration* 27:278–289.

United Nations Environmental Programme (UNEP). 2001. *The Mesopotamian Marshlands: Demise of an Ecosystem* (UNEP/DEWA/TR.01-3 Rev.1), UNEP, Nairobi, Kenya.

Vasander, H., E.-S. Tuittila, E. Lode., L. Lundin, M. Ilomets, T. Sallantaus, R. Heikkila, M.-L. Pitkanen, and J. Laine. 2003. Status and restoration of peatlands in northern Europe. *Wetlands Ecology and Management* 11: 51–63.

Verhoeven, J. T. A. 2014. Wetlands in Europe: Perspectives for restoration of a lost paradise. *Ecological Engineering* 66: 6–9.

Vidy, G. 2000. Estuarine and mangrove systems and the nursery concept: which is which. The case of the Sine Saloum system (Senegal). *Wetlands Ecology and Management* 8: 37–51.

Whooten, H. H., and M. R. Purcell. 1949. *Farm Land Development: Present and Future by Clearing, Drainage, and Irrigation*. Circular 825, U.S. Department of Agriculture, Washington, DC.

Wolff, W. J. 1993. Netherlands—Wetlands. In E. P. H. Best and J. P. Bakker, eds., *Netherlands—Wetlands*. Kluwer Academic Publishers, Dordrecht, The Netherlands, pp. 1–14.

Wright, J. O. 1907. *Swamp and Overflow Lands in the United States*. Circular 76, U.S. Department of Agriculture, Washington, DC.

Zoltai, S. C., S. Taylor, J. K. Jeglum, G. F. Mills, and J. D. Johnson. 1988. Wetlands of boreal Canada. In National Wetlands Working Group, ed., *Wetlands of Canada*. Ecological Land Classification Series 24, Environment Canada, Ottawa, Ontario, and Polyscience Publications, Montreal, Quebec, pp. 97–154.

# 第 2 部分

## 湿 地 环 境

# 第 4 章　湿地水文学

　　水文条件对于维持湿地的结构和功能极其重要。水文条件影响了许多非生物因素，包括土壤的厌氧、养分有效性及滨海湿地的盐度。这些反过来又决定了湿地中的生物群落。最后，在完成这一循环过程中，生物组分在改变湿地水文条件和其他物理化学特征方面发挥着积极作用。湿地的水文周期或水文特征，是湿地水量平衡（称为水量收支）、地貌及地下条件共同作用的结果。水文周期可能具有显著的季节和年际变化，但湿地的水文条件仍然是湿地过程的主要决定因素。湿地水量收支的主要影响因素有降水、蒸散发、地表水的流入和流出，包括河流泛滥进入湿地的河水、地下水通量及滨海湿地的潮汐。在湿地研究中，确定水文周期、水量收支和周转时间，有助于更好地理解湿地的功能。水文影响湿地的物种组成、物种丰富度、初级生产力、有机物积累及养分循环。

　　湿地独特的水文条件形成了特殊的物理化学环境，使得湿地生态系统不同于排水良好的陆地生态系统和深水水域生态系统。一些水文条件如降水、地表径流、地下水、潮汐和河流洪泛都可将能量与营养物质带入湿地，也可将这些物质和能量从湿地中带走。水深、水流模式和淹水持续时间及频率都会影响土壤的生物化学条件，是湿地生物群落形成的主要影响因素。从微生物群落，到植被、水禽，都受到水文条件的制约。关于湿地的一个重要观点同时也是经常被刚从事湿地研究的生态学家所忽视的观点是：对于某种特定类型的湿地与湿地过程的建立和维持来讲，水文条件可能是唯一重要的决定因素。任何一个湿地科学家都应对水文学有初步的了解。

## 湿地水文的重要性

　　湿地是陆地生态系统和水域生态系统之间的过渡类型。首先它们在空间分布上具有过渡性，它们通常分布在陆地和水域生态系统之间（参见图 2.1a）。同时，它们的过渡性还体现在湿地自身的水分贮存和水文过程，以及由水文情势所导致的其他生态过程方面。湿地是许多陆地动植物栖息地的水域边界，同时也是许多水生动植物的陆域边界。因此，水文条件的微小变化会导致湿地中生物的显著变化。

　　研究湿地水文学（hydrology）的出发点要从气候条件和流域地貌开始（图 4.1）。在所有条件相同的情况下，湿地在冷、湿的气候区要比在热、干的气候区分布更为普遍。寒冷气候下蒸散发量小，湿润气候下降水量较大。第二个重要因素是区域或流域地貌。湿地主要分布在平缓的地形条件下，陡峭的地形往往少有湿地分布。相对于潮汐或受河流洪泛影响的区域来说，闭合的孤立盆地更有利于发育湿地。气候、流域地貌和水文要素叠加在一起，被称为湿地水文地貌学（hydrogeomorphology）。图 4.1 说明了湿地水文直接影响或改变了湿地的理化环境（化学和物理特性），特别是氧的有效性和相关化学特性，如养分有效性、pH 和毒性（如硫化氢的产生）。水文变化也会将沉积物、养分甚至有毒物质输送到湿地中，从而进一步影响湿地的物理化学环境。除贫营养湿地（如雨养泥炭沼泽）外，水分输入是湿地的主要营养来源。水文变化也会导致湿地的水分流出，通常会带走生物和非生物物质，如溶解有机碳、过量的盐分、有毒物质及过量的沉积物和碎屑。理化环境的变化，如沉积物的堆积，通过改变集水区的几何形状或影响水的流入、流出来改变湿地水文（图 4.1 中的路径 A）。

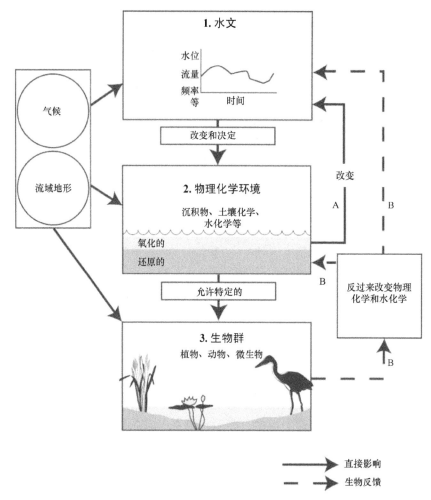

图 4.1 水文对湿地功能的影响及生物反馈概念图。路径 A、B 是对湿地水文和理化过程的反馈

　　而湿地理化环境的改变又直接影响湿地的生物群落。当湿地的水文发生改变时，即使是细微的变化，也会引起生物群落在物种丰富度和生态系统生产力方面的很大变化。尽管多数维管植物不喜欢厌氧环境，但一些生物如挺水植物已经适应了沉积物中的厌氧环境。沉积物中的营养水平决定了初级生产力的高低和优势物种。适应于浅水环境的动物和植物将会繁茂生长。能够在厌氧条件下代谢的微生物主要生活在沉积物还原环境中，而好氧微生物则主要生活在沉积物和水体薄层有氧环境。如果水文条件年复一年保持相对不变，湿地生物群落结构和功能完整性就会维持很多年。

## 湿地水文的生物控制

　　正如其他许多生态系统对其自然环境的反馈（控制论）一样，湿地内的生物对水文条件也不是被动的。图 4.1 中的路径 B 显示，湿地的生物群落组成可以通过多种机制控制其环境的水文和化学成分。尤其是微生物，几乎驱动着湿地土壤中的所有化学变化，从而控制植物养分有效性甚至控制植物毒素如硫化物的产生。由于这些植物、动物和微生物能够利用这些基本的生物反馈机制，因此在生态文学文献中被称为生态系统工程师。植物通过诸如泥炭形成、滞留沉积物和营养物质、遮蔽水面、蒸散发等过程来改变它们的物理环境。湿地植被通过拦截沉积物降低侵蚀强度、滞留沉积物、阻断水流及形成泥炭来影响物理化学环境中的水文条件。沉积物和有机质的累积反过来会截断水流，降低湿地淹水的持续时间和频率。高位泥炭沼泽形成了泥炭丘，其表层不再受矿质水流入的影响。美国南部一些森林沼泽中的树木由于落叶的性质、季节性的遮阴及其相对缓慢的蒸腾速率而降低了水分的损失。在较为温暖的气候条件下，入侵到浅水草本沼泽和春池（vernal pool，一种季节性湿地）里的树木通过强大的蒸腾作用降低生长季节水位，最终促使更多的木本植物繁茂生长。如果将这些可以生长在干旱环境下的树木移除，有时会出人意料地重现积水和沼泽植被。

一些动物通过改变湿地的水文条件并最终改变湿地而备受关注。在北美洲的大部分地区，美洲河狸（*Castor canadensis*）由于建造和破坏湿地栖息地而闻名。它们在溪流上建造水坝形成了新的池塘，扩大了水面，建造了以前没有的湿地。在殖民时期，毛皮猎人还没有导致河狸数量骤减时，美洲河狸遍布墨西哥北部的整个美洲大陆。河狸是促进美国弗吉尼亚州和北卡罗来纳州的迪斯默尔大沼泽（Great Dismal Swamp）形成的一个重要因素。Hey 和 Philippi（1995）的研究估计，在欧洲的捕猎者进入这个地区之前，密西西比河上游和密苏里河流域河狸池塘（湿地）面积达到 207 000km$^2$，生活着 4000 万只河狸。随着河狸的死亡，这些河狸池塘至今只有 1%保留下来。

麝鼠（*Ondatra zibethicus*）在湿地中通过钻洞改变湿地水流模式，有时甚至可以直接改变湿地的水位。它们将挺水植物作为食物并用来建造越冬小屋，从而清除了大片草本沼泽植被。黑雁尤其是加拿大黑雁（*Branta canadensis*）和其他几种雪雁（*Chen* spp.）都是草食性动物，由于"吃净"（eat-out）作用，因此世界上许多地方的湿地植被丧失。新生长出植物的湿地特别容易受到北美洲地区加拿大黑雁"吃净"的影响，降低了植被覆盖度，改变了湿地演替过程，从而对湿地水文产生了重大影响。

美洲短吻鳄（*Alligator mississippiensis*）因在佛罗里达大沼泽地中的角色而闻名。在旱季，它们能够建造"鳄鱼洞"（gator hole）从而为鱼类、海龟、蜗牛和其他水生动物提供庇护所。在所有这些例子中，生态系统中的生物群有助于它们自身及其他物种的生存，并通过影响生态系统的水文和其他物理特性来淘汰其他物种。

## 湿地水文周期

水文周期（hydroperiod）是指湿地内水位的季节性模式和湿地内的水文特征。它表征了每种类型湿地的特点，也正是这种模式的持久性确保了湿地的稳定。湿地水文周期通过整合所有收入的水量和支出的水量来定义湿地地表水与地下水的上升及下降。水文周期也受到地形的物理特征和其他邻近水体的影响。

用来对水文周期进行定性描述的术语有很多（表 4.1）。诸如季节性淹水（seasonally flooded）或间歇性淹水（intermittently flooded），这些术语在其含义上是特定的，所以在描述湿地的水文周期时应多加斟酌且能够以提供足够的数据作为依据。对于不是潮下带（subtidal）或永久淹水的湿地，湿地处于积水状态的时间称为淹水时间（flood duration），湿地在一定时期内被淹没的平均次数称为淹水频率（flood frequency），这两个术语用来形容周期性淹水的湿地，如潮间带盐沼及河岸湿地。

**表 4.1　湿地水文周期的定义**

| |
| --- |
| **潮汐湿地** |
| 潮下带——潮水永久淹水 |
| 不定期暴露——由落潮造成的地表暴露，并不是每天都会发生 |
| 定期淹水——地表淹水和暴露之间的交替，每天至少发生一次 |
| 不定期淹水——地表淹水，并不是每天都会发生 |
| **非潮汐湿地** |
| 永久淹水——地表常年处于淹水状态 |
| 间歇性暴露——除极度干旱的年份之外，地表全年处于淹水状态 |
| 半永久淹水——大多数年份在生长季节地表淹水 |
| 季节性淹水——在生长季节，淹水时间较长，但通常生长季节结束后地表便没有积水 |
| 土壤水分饱和——在生长季节，基底水分饱和时间较长，但是很少有地表积水 |
| 暂时性淹水——在生长季节，淹水发生时间较短，但是实际水位远低于地面 |
| 间歇性淹水——地表积水退去，地表暴露，发生时期不确定，没有监测到季节性模式 |

资料来源：模仿自 Cowardin et al.，1979

　　图 4.2 显示了几种典型湿地类型的水文周期。沿海潮间带盐沼的水文周期为每 12h 一次涨水和退水，以及每个月两次的涨潮和落潮（图 4.2a）。沿海岸线的湿地常表现出同样的潮汐涨落波动变化（图 4.2b），而另一些湿地则反映了淡水汇入海洋和海洋本身水位的季节性变化（图 4.2c）。美国和加拿大之间五大湖

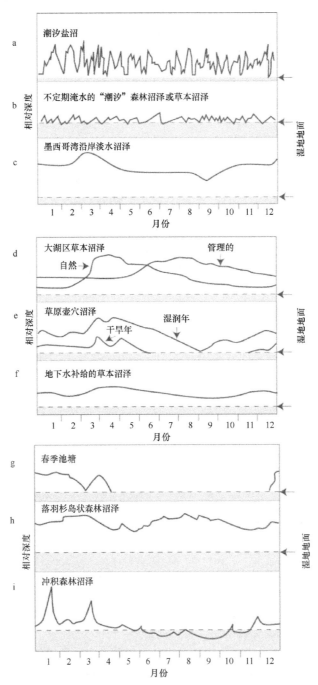

　　图 4.2　几种不同类型湿地的水文周期，以基本相同的比例尺表示：（a）美国罗得岛州潮汐盐沼；（b）不定期淹水的"潮汐"森林沼泽或草本沼泽；（c）美国路易斯安那州墨西哥湾沿岸淡水沼泽；（d）美国俄亥俄州北部大湖草本沼泽（包括自然沼泽和人工管理的沼泽）；（e）几乎没有地下水补给（包括干旱年和湿润年）的草原壶穴沼泽；（f）地下水补给的壶穴草本沼泽；（g）美国加利福尼亚州春池；（h）美国佛罗里达州亚热带落羽杉岛状森林沼泽；（i）美国北卡罗来纳州冲积森林沼泽；（j）美国伊利诺伊州北部的洼地阔叶林；（k）加拿大安大略省的矿质土森林沼泽；（l）美国威尔士城北部富矿养泥炭沼泽；（m）卡罗来纳湾或美国北卡罗来纳州的浅沼泽；（n）亚马孙河和巴西马瑙斯的热带河漫滩森林（数据来自 Nixon and Oviatt，1973；Mitsch et al.，1979；Gilman，1982；Junk，1982；P. H. Zedler，1987；Mitsch，1989；van der Valk，1989；Brinson，1993；Woo and Winter，1993）

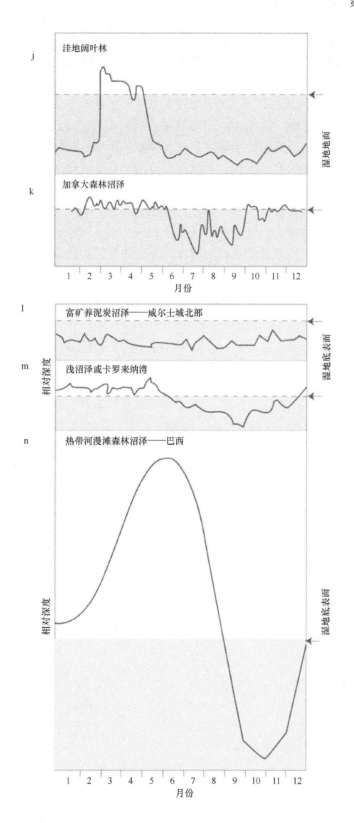

图 4.2　（续）

沿岸湿地的水文周期变化很大，这取决于人们是否使用了水泵和其他管理方案，或者沼泽是否受河流流量和湖泊水位的季节性模式影响（图 4.2d）。事实上，当这些湿地被当作狩猎场并饲养水禽时，湿地的水文周期会发生改变——正常的湿润季节变为旱季，季节性模式中的旱季变为湿润季节。北美洲草原壶穴沼泽等内陆湿地的水位年际差异很大（详见下一节），其差异取决于气候的变化（图 4.2e）。受地下水影响的湿地，水位的季节性变化通常较小（图 4.2f）。

美国加利福尼亚州中部的春池是季节性变化最大的湿地，在这种地中海气候下，湿地地表一年之内会有四五个月的时间无积水（图 4.2g）。佛罗里达州中部的落羽杉穹顶在潮湿的夏季和秋末初春的旱季都有积水（图 4.2h）。河网不发达地区的河岸湿地，如美国东南部的河流下游冲积森林沼泽，季节性模式不明显，主要受局地降水事件的影响（图 4.2i）。许多在寒冷气候下的洼地阔叶林沼泽在冬季和初春由于冰雪融化，地表会发生明显的洪水，但在其他情况下，地下水水位 1m 深或更低（图 4.2j，k）。

在较凉爽的气候下，泥炭地的水文周期几乎没有明显的季节性波动，如威尔士城北部富矿养泥炭沼泽（图 4.2l）。但像北卡罗来纳州的浅沼泽这样的泥炭沼泽如果分布在夏季较为温暖的地区，就会出现明显的季节性水位变化（图 4.2m）。河网发达的河流具有明显的水文周期。全流域的季节性降水模式要比局地降水对河网发达的河流的影响更大，这使得河网发达的河流水文周期更便于预测，季节差异更显著。例如，亚马孙河沿岸热带洪泛平原森林的水位年内波动是一种可预测的季节模式，上游河流洪水会造成 5～10m 的季节性水位波动（图 4.2n）。

## 年际波动

水文周期每年都会根据气候和前期条件的不同而有所不同。有些湿地的水文周期年际变化很大，如图 4.3 中的加拿大草原壶穴湿地和美国佛罗里达州南部落羽杉沼泽地区。在草原壶穴地区可以观察到 10～20 年的干湿循环，春季比秋季要湿润，但年际水位变化很大（图 4.3a）。图 4.3b 说明了佛罗里达大柏树

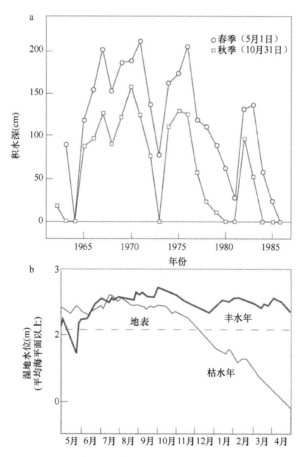

图 4.3　两个地区湿地水位的年际波动：（a）加拿大萨斯喀彻温省西南部草原壶穴地区浅水湿地 25 年间春季和秋季水深；（b）美国佛罗里达州西南部大沼泽地的大柏树沼泽（big cypress swamp）的丰水年、枯水年水位曲线（a：模仿自 Kantrud et al.，1989；Millar，1971；b：模仿自 Freiberger，1972 和 Duever，1988）

沼泽（big cypress swamp）的平均季节性降雨模式，具有相对平稳的水文期和干旱季节的特征，这一模式导致其水文周期存在约 1.5m 的高低水位差异。一项为期 3 年的研究显示，美国红枫沼泽每年生长季节的水位有着显著不同（图 4.4）。在高降水期（第一年后半年和整个第二年），水位接近或达到地表，而沼泽的季节性蒸散发作用导致了湿地干旱、水位降低，在树木蒸腾过程中，地下水的流失加速了沼泽的季节性蒸散发作用。

图 4.4　1985～1987 年美国罗得岛州两个季节性饱和美国红枫沼泽的相对水位。1985 年、1986 年和 1987 年生长季降水量分别为 104cm、76cm 和 59cm（模仿自 Golet et al.，1993）

## 波动的水位

大多数湿地的水位不稳定，季节波动很大（河流湿地），也有以日或半日为周期变化的（潮汐湿地），甚至是无规则地变化（一些不稳定的溪流湿地和以风力驱动潮汐的滨海湿地）。事实上，河流湿地反映出的高水位与低水位之间的巨大差异所形成的湿地水文周期是由季节性或周期性"脉冲"淹水所导致的。"脉冲"淹水给河流湿地带来丰富的养分，并带走颗粒物和废弃物。这种"脉冲"淹水补给的湿地一般生产力较高，易于向相邻生态系统输出物质、能量和生物。对于绝大多数湿地来说，季节性的水位波动是一种规律。尽管事实很明显，但许多湿地管理者尤其是那些为了水禽而管理湿地的管理者往往试图用限制洪水的堤坝隔离原来开放的湿地进而控制水位。然而对于绝大多数湿地来说，水位的季节性波动是一种规律，毫无例外。

## 湿地的水量收支

影响某一湿地的水文周期或水文状况的因素可以概括为以下三个。

1）入流和出流之间的水量平衡。

2）景观的表面轮廓。

3）亚表层土壤、地质和地下水条件。

第一个条件定义了湿地的水量平衡，而第二个和第三个定义了湿地的蓄水能力。图 4.5 为湿地蓄水量和入流与出流之间的一般平衡关系公式：

$$\frac{\Delta V}{\Delta t} = P_n + S_i + G_i - \mathrm{ET} - S_0 - G_0 \pm T \tag{4.1}$$

式中：

$V$ =湿地蓄水量

$\Delta V/\Delta t$ =单位时间内湿地蓄水量的变化，$t$

$P_n$ =净降水量

$S_i$=地表入流量，包括溪流泛滥汇入水量

$G_i$=地下水补给量

ET =蒸散发量

$S_0$=地表出流量

$G_0$=补给地下水量

$T$=潮汐入流量（+）或出流量（−）

任一时间的平均水深（$d$）可以进一步表示为

$$d = \left(\frac{V}{A}\right) \tag{4.2}$$

式中：

　$A$ = 湿地面积。

公式（4.1）中各项可以用单位时间深度（如 cm/年）或单位时间体积（如 m³/年）表示。

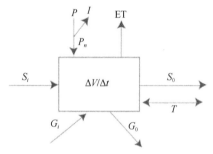

图 4.5　湿地水量收支示意图。$P$ = 降水量；ET = 蒸散发量；$I$=截留量；$P_n$=净降水量；$S_i$ = 地表入流量；$S_0$ = 地表出流量；$G_i$ = 地下水补给量；$G_0$ = 补给地下水量；$T$ = 潮汐或湖面波动；$\Delta V/\Delta t$ = 单位时间内蓄水量变化

## 水量收支的例子

公式（4.1）和图 4.5 对湿地水量收支的主要组成要素的总结十分有用。图 4.6 展示了几种湿地水量收支的例子。所观测的湿地类型不同，公式中各分量也有所不同。此外，水量收支的各要素并非适用于所有湿地（表 4.2）。有些流量变化很大的湿地，特别是地表入流量和出流量变化大的湿地，则取决于湿地的开阔程度。美国伊利诺伊州南部冲积形成的一个落羽杉森林沼泽，一次洪水的总量相当于全年降水量的 50 倍以上（图 4.6a）。即使是洪水带来的净地表入流量（洪水消退后留下的水量）也相当于全年降水量的 3 倍。据估计，俄亥俄州北部沿海伊利湖沼泽的地表水和地下水入流量几乎是干旱年大部分时间降水量的 20 倍（图 4.6b），佛罗里达州红树林沼泽的潮汐水量相当于其降水量的 10 倍（图 4.6c）。

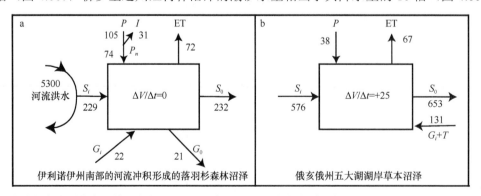

图 4.6　部分湿地的年度水量收支。符号定义同图 4.5。除（b）外所有数值单位均以 cm/年表示，（b）仅有 3～9 月的数据（数据来自 Pride et al.，1966；Shjeflo，1968；Mitsch，1979；Hemond，1980；Gilman，1982；Twilley，1982；Richardson，1983；Mitsch and Reeder，1992；Mitsch et al.，2010）

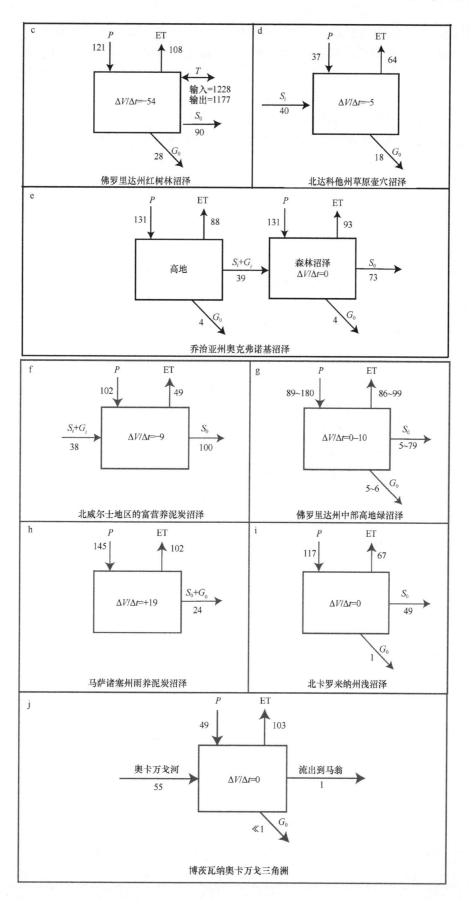

图 4.6　（续）

与这些以地表入流为主的湿地相反，北达科他州草原壶穴沼泽的地表入流量基本等于其降水量（图 4.6d），大大低于佐治亚州奥克弗诺基沼泽（图 4.6e）和威尔士城北部富营养泥炭沼泽的降水量（图 4.6f）。而佛罗里达州中部的高地绿沼泽（图 4.6g）、马萨诸塞州的雨养泥炭沼泽（图 4.6h）和北卡罗来纳州的浅沼泽（图 4.6i）基本没有地表水补给。在大多数例子中，蓄水量的变化很小或基本没有变化，研究期（通常是一个年度周期）结束时的水位接近研究期开始时的水位。

对于非洲南部（博茨瓦纳）热带地区奥卡万戈三角洲的水量收支的观测已经进行了多年。图 4.6j 显示了过去 36 年的平均状况。数据显示，奥卡万戈河在整个三角洲的平均入流量相当于这片广阔地区的降水量。此外，水量收支显示，这里在半干旱的气候下，所有入流的水基本上会被蒸散发，只有约 1% 的水量从湿地流入下游的马翁镇。

**表 4.2　湿地水量收支的主要组成要素**

| 组成 | 模式 | 受到影响的湿地 |
| --- | --- | --- |
| 降水 | 根据气候而有所不同，尽管很多地区都有明显的干湿季节 | 所有类型 |
| 地表入流和出流 | 具有季节性，通常与降水模式和春季融冻有关；被渠化的称为河道流量，没有被渠化的称为径流；包括冲积形成的洪泛湿地 | 可能包括除雨养泥炭沼泽外的所有湿地；包括洼地阔叶林在内的河岸湿地，尤其是冲积形成的洪泛湿地 |
| 地下水 | 与地表入流相比，没有明显的季节性变化，一些湿地没有地下水入流 | 可能包括除贫营养泥炭沼泽和滞水湿地外的所有湿地 |
| 蒸散发 | 具有季节性，蒸散发速率夏季高、冬季低。取决于湿地的气候、物理和生物条件 | 所有类型 |
| 潮汐 | 每天一到两个潮汐周期；淹水频率根据地势高程而变化 | 潮汐淡水沼泽；潮汐盐水沼泽和红树林沼泽 |

**滞留时间——水会在湿地中停留多久？**

湿地水文学中一个很有用的概念就是水更新率（renewal rate）或水周转率（turnover rate），其定义为一个系统的流通量与平均体积（容量）的比例：

$$t^{-1} = \left( \frac{Q_t}{V} \right) \tag{4.3}$$

式中：

$t^{-1}$ = 周转率（时间 $^{-1}$）

$Q_t$ = 总进水率（体积/时间）

$V$ = 湿地的平均蓄水量

尽管湖沼学研究常用更新率这个参数，但它很少用于湿地。湿地系统的化学和生物属性常取决于系统的开放度（openness），由于周转率表明了系统中水更新的快慢，因此周转率是开放度的一个指标。周转率的倒数就是周转时间（turnover time）或滞留时间［residence time，$t$ 有时被人工湿地工程师称为停留时间（detention time）］，表征水在湿地内停留的平均时间。按公式（4.3）所计算的理论上的滞留时间要长于实际上水流经湿地的滞留时间，主要是由于水的不均匀混合。由于湿地中有的地方水体经常静止不动，不能进行很好地混合。在估算湿地水文动态时，估算湿地理论上的滞留时间（$t$）要非常谨慎。

# 降水

湿地更容易发育在降水（precipitation，降雨和降雪）量大于水分损失量（蒸散发、地表径流等）的地区。图 4.7 显示了森林、灌木或挺水植物湿地中降水的分配。部分降水会被覆盖的植被所截留，特别是在森林湿地中。穿透植被层到达地面的水量被称为穿透降水量（或贯穿降水量，throughfall）。植物枝叶所留存的降水量称为植物截留量（interception）。植物截留量取决于降水总量、降水强度、植被特征等因素。其中植被特征包括植被发育阶段、植被类型（如落叶或常绿）和植被层结构（如乔木层、灌木层或挺水植被层）。森林的截留量占降水量的 8%～35%。例如，图 4.6a 中的水量收支表明，森林湿地 29%的降水量被以落羽杉（*Taxodium distichum*）为优势的落叶针叶林冠层所截留。

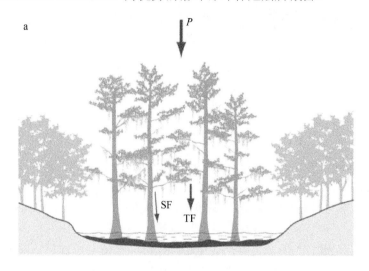

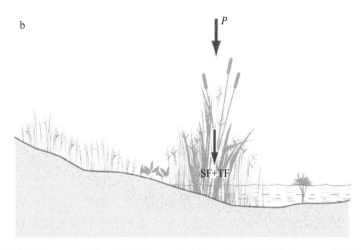

图 4.7　森林湿地（a）和草本沼泽（b）的降水量分配。*P*=降水量；TF=贯穿降水量；SF=茎流量

目前对于大型水生草本植物的截留量还知之甚少，但它可能与观测到的草地或农田植物截留量相似。从本质上讲，森林的截留量就是植物截留量的最大值（占总降水量的 10%～35%）。关于降水截留和后期叶面水分蒸散发的一个有趣的假设是，由于无论水是从叶面蒸散发还是通过植物蒸腾蒸发都需要同等的能量，因此截留的水分蒸散发并不会带来水分的"损失"，因为它可能会减少植物蒸腾的水分流失。这表明，无论截留量大小，湿地向大气中流失的水分在总量上可能是相似的。

另一个与降水有关的术语是茎流（stemflow），是指沿着植物茎部流淌的水（图 4.7）。这一部分水量通常占湿地水量收支中的一小部分。例如，Heimburg（1984）发现，在美国佛罗里达州中北部的落羽杉岛状林湿地中，植物维管束运输的水分最多占净降水量的 3%。

水量平衡公式为

$$P=I+\text{TF}+\text{SF} \tag{4.4}$$

式中：

$P =$ 降水量

$I =$ 截留量

$TF =$ 贯穿降水量

$SF =$ 茎流量

实际到达湿地水面或基质的降水量称为净降水量（$P_n$），公式为

$$P_n = P - I \tag{4.5}$$

# 地表径流

## 集水区和径流

形成地表径流的这部分降水量占总降水量的百分比取决于几个因素，其中气候是最重要的因素。太平洋西北部加拿大西部的不列颠哥伦比亚省和加拿大东北部省份等湿润凉爽地区有 $60\% \sim 80\%$ 的降水转化成了地表径流。美国干旱的西南部地区，降水量较小，能够形成径流（streamflow）的降水量仍不足 $10\%$。这种差异在很大程度上与西南地区气温较高有关。同太平洋西北地区相比，美国西南部地区蒸散发量较大，土壤水分亏缺较明显，水分入渗率较高。即使干旱地区的径流量比湿润地区的径流量小，也能够形成水流，而且它是河岸湿地水量收支的一个重要部分。地表水可以流入（inflow）湿地，也可以从湿地流出（outflow）补给下游。处于流域上游的湿地都会有地表水流出，这些湿地往往是下游河流重要的水量调节器。一些湿地只有当水位超过临界水位时才会出现地表出流。

补给湿地的地表水有几种不同的形态。坡面漫流（overland flow）呈非渠道化的片状流，通常发生在降雨和春季融化过程中或之后，或者滨海涨潮时。受流域中河流影响的湿地，一年中大部分时间或全年都能接收到河水的补给。一些如淡水草本沼泽或河岸洼地森林这样的湿地，常常是溪流或河流的一部分。在河道和河漫滩附近形成的湿地受河流季节性水流模式的影响很大。湿地也可以得到来自相邻河流季节性或偶发性洪水的补给。这段时间之外，这些河流与湿地之间可能没有水文方面的联系。滨海盐碱湿地和半咸水湿地受到淡水径流与河流（除了潮汐）的影响也十分显著，这些水流为湿地提供营养物质和能量，并通常会改善土壤盐分及土壤缺氧现象。

没有大量的数据是难以估算出一个流域内流入湿地的地表径流量的，然而，它却常是湿地水量平衡中最重要的水源之一。河流流量的直接径流部分是指在一场暴雨中引起河流流量立即增加的降雨量。一场暴雨中导致直接径流［或快速径流（quick flow）］的降雨量可用下面的公式估算：

$$S_i = R_p P A_w \tag{4.6}$$

式中：

$S_i =$ 每场暴雨进入湿地的直接地表径流量（$m^3$）

$R_p =$ 水文响应系数

$P =$ 流域平均降水量（m）

$A_w =$ 湿地入流水的流域面积（$m^2$）

这个公式表明，湿地的直接地表径流量与为该湿地提供水分的流域降水量的体积（$P \times A_w$）成正比。$R_p$ 表示形成湿地直接地面径流的那部分流域降水量占全流域降水量的比例，就美国东部的小流域而言，$R_p$ 为 $4\% \sim 18\%$，并随纬度增加而增加。在一个成熟林覆盖的集水盆地，$R_p$ 可能还受坡度、植被类型的一定影响。土地利用和土壤类型对径流的影响最为强烈。

公式（4.6）说明了一次暴雨事件形成的直接径流量，但在某些情况下，湿地科学家和管理人员对一次降雨事件形成的进入湿地的洪峰（flood peak）径流的计算更感兴趣。尽管对一个大的集水区来说，这种计算有一定困难，下面公式虽然有一个不太理想的名称"推理径流法"（rational runoff method），但还

是被广泛接受，一般用于计算面积小于 $80 \mathrm{hm}^2$ 集水区的洪峰径流量。

$$S_{i(pk)}=0.278CIA_w \qquad (4.7)$$

式中：

　　$S_{i(pk)}=$ 进入湿地的洪峰（pk）径流量（$\mathrm{m}^3/\mathrm{s}$）

　　$C=$ 径流系数参考值（见表 4.3）

　　$I=$ 降雨强度（mm/h）

　　$A_w=$ 湿地的集水区面积（$\mathrm{km}^2$）

　　径流系数 $C$ 取决于上游的土地利用方式，范围为 0～1（表 4.3）。靠近城市地区的系数为 0.5～0.95。乡村地区系数较低，主要受土壤类型影响，沙土最低（$C=0.1～0.2$），黏土最高（$C=0.4～0.5$）。

表 4.3　计算洪峰径流量的径流系数（$C$）参考值

| | | $C$ |
|---|---|---|
| **城市地区** | | |
| 商区 | 商业中心区 | 0.75～0.95 |
| | 居民区 | 0.50～0.70 |
| 居住区 | 独户住宅区 | 0.30～0.50 |
| | 多户住宅区 | 0.40～0.75 |
| | 郊区 | 0.25～0.40 |
| 工厂区 | 轻工业 | 0.50～0.80 |
| | 重工业 | 0.60～0.90 |
| 公园和墓地 | | 0.10～0.25 |
| 户外娱乐场所 | | 0.20～0.35 |
| 未改造土地 | | 0.10～0.30 |
| **乡村地区** | | |
| 沙质土和砾质土 | 耕地 | 0.20 |
| | 牧场 | 0.15 |
| | 林地 | 0.10 |
| 亚黏土及类似土壤 | 耕地 | 0.40 |
| | 牧场 | 0.35 |
| | 林地 | 0.30 |
| 重黏土；基岩上的浅层土 | 耕地 | 0.50 |
| | 牧场 | 0.45 |
| | 林地 | 0.40 |

## 渠化河道径流

　　进出湿地的河道径流流量可以简单地表示为水流的横截面面积（$A_x$）和平均流速（$v$）的乘积，并且可以通过现场的流速测量来确定：

$$S_i \text{ 或 } S_0 = A_x v \qquad (4.8)$$

式中：

    $S_i$ 或 $S_0$ =地面渠化河道流入或流出湿地的径流量（m³/s）

    $A_x$ =水流横截面面积（m²）

    $v$ =平均流速（m/s）

    水的流速可以通过几种方式来确定，使用手持测速仪在水流横断面不同位置测量水的流速，或通过橙色浮球技术，即定时测量橙色浮球漂向下游的速度（水量大于等于 90%，因此橙色浮球只漂浮在水面之下）。如果需要连续或每天记录水流流速，那么水位高程-流量关系曲线图（图 4.8）是非常有用的，它可以估算出不同水位高程的河流瞬时流速［使用公式（4.8）估算］。如果想通过这种曲线图测量一条溪流的水流流量（美国地质调查局建立的大多数水文径流测站都建立在溪流上），那么可以使用简单的溪流间断测量法。由于水文图通常假定水分梯度不变，因此在使用这一方法测量流入湿地的水流流量时应多加注意，并确保湿地水位的"回水效应"（backwater effect）不会影响河流各河段测量点的测量精度。

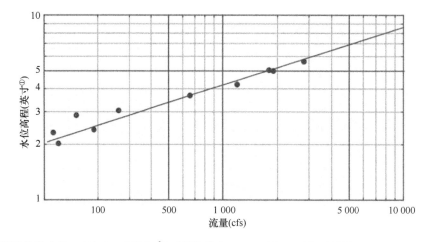

图 4.8　水位高程-流量关系曲线。100cfs = 2.832m³/s（模仿自 Dunne and Leopold，1978）

**堰流测量（堰测法）**

    如果在湿地水流出口处建造了堰或采取其他测量方法（图 4.9）测量湿地水的出流量，那么湿地水的出流量与湿地自身水位可以组成一组函数，公式为

$$S_0 = xL^y \tag{4.9}$$

式中：

    $S_0$ =表面出流量

    $L$ =堰所测得的湿地水位（正好开始出流时的水位）

    $x$，$y$ =率定系数

    如果使用矩形堰或 V 形堰测量湿地的出流量，可以从水文测量手册（如美国内政部 2001 年颁布的）中获得公式（4.9）的标准方程。应该注意的是，使用实际测量的流量和水位可以使堰流方程更加准确。

---

① 1 英寸=2.54cm

彩图请扫码

图 4.9　用来测量湿地入流量、出流量的 V 形堰（W. J. Mitsch 拍摄）

估算湿地的地表入流量或出流量，并且没有流速的实际测量值时，若已知河道坡度和大概的河床粗糙系数（糙率），那么可以使用曼宁方程（Manning equation）

$$S_i \text{或} S_0 = \frac{A_x R^{\frac{2}{3}} s^{0.5}}{n} \tag{4.10}$$

式中：

$n$=粗糙系数（曼宁系数，见表 4.4）

$R$=水力半径（m）（过水断面面积与湿周之比：这是对与河床接触的过水断面的估算，因此也就是对流量的估算）

$s$=河道坡度（无量纲）

该方程表明，流量与水流横截面面积成正比，并受河床粗糙系数和该流体接触河床比例的影响。尽管在湿地研究中的用处很大，但表 4.4 和曼宁方程［公式（4.10）］的使用率并不高。曼宁方程对于估计因流速太慢而不能直接测量的河流流量及未经监测过的河流高水位的洪峰特别有用，这样的情况在湿地研究中很常见。

表 4.4　曼宁方程的粗糙系数（$n$），用于计算自然河流和渠道中的水流流量

| 河流状况 | 曼宁系数（$n$） |
| --- | --- |
| 表面为土壤的笔直河道 | 0.02 |
| 有植物生长的天然蜿蜒溪流 | 0.035 |
| 河床粗糙的山间小溪 | 0.040～0.050 |
| 植物丰茂、蜿蜒的天然溪流 | 0.042～0.052 |
| 植物丰茂、流速缓慢的溪流 | 0.065 |
| 植物丰茂、流速十分缓慢的溪流 | 0.112 |

## 洪泛湿地和河岸湿地

位于河流附近河漫滩上的湿地，偶尔会因河流涨水而被淹没，所以会发生特殊的地表水流情况，这样的生态系统通常被称为河岸湿地（riparian wetland）。尽管洪水的基本情况是可以预测的，但河岸湿地的洪水在强度、频率和持续时间上每年都有所不同。在美国的东部和中西部及加拿大的大部分地区，通

常会观察到由降雨和冰雪迅速融化引起的春冬季节性洪水模式。当河流开始溢出河道淹没河漫滩时，被称为"平滩流量"（bankfull discharge）。如图 4.10 所示，春季河流涨水溢出，淹没河岸湿地，可持续数月。美国中西部河流的水文特征极其一致，因为它们每隔一至两年或以平均三年两次的频率溢出河道，淹没两岸（平滩流量）（见下框）。

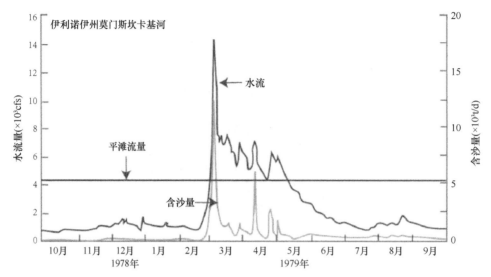

图 4.10　美国伊利诺伊州东北部的河流水文图，显示了河流的水流量、含沙量及河岸湿地被洪水淹没时的平滩流量。1000cfs = 28.32m³/s（模仿自 Bhowmik et al.，1980）

**重现期**

重现期（recurrence interval）是指一定时期内发生洪水的平均时间间隔。重现期的倒数即任意一年的平均洪水频率。图 4.11 表明，美国中西部和南部的河流以平均 1.5 年的重现期（1/1.5 或 67%的频率）溢出河岸，淹没河岸附近的森林。换句话说，这些河流平均每三年中就有两年会溢出河岸。图 4.11 也说明了当重现期大约是 5 年时，河流流量是平滩流量的两倍；然而，这也导致河流水深只比河漫滩上的岸滩水深增加 40%。这表明，在天然河流系统中，河道的规模与冲刷河床的水力能量有关。

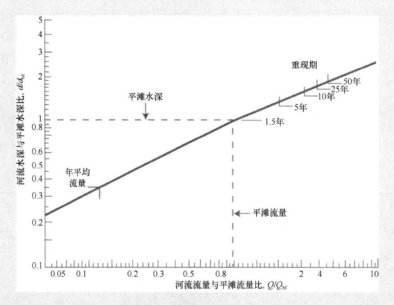

图 4.11　美国中西部和南部的河流流量、河流深度和重现期的关系。$Q$ = 河流流量；$Q_{bf}$ = 平滩流量；$d$ = 水流深度；$d_{bf}$ = 平滩深度（河漫滩初始淹没深度）（模仿自 Leopold et al.，1964）

# 地下水

## 湿地的补给和输出

地下水对部分湿地的影响很大，而对其他类型湿地可能几乎没有影响。湿地对地下水的补给往往被认为是湿地最重要的属性之一，但这并不适用于所有类型的湿地。目前研究还不能提供足够的案例对其进行总结。当湿地的地表水（或地下水）水位低于周边地区的地下水水位时，地下水会对湿地进行补给，地质学家将这种类型的湿地称为排水湿地（discharge wetland）。地质学家通常从地下水的角度而不是湿地的角度看待水量收支。如图 4.12a 所示的壶穴沼泽，如果湿地没有出流，那么湿地就可以拦截地下水。另一种排水湿地也称为泉水（spring）湿地或渗透（seep）湿地，这种湿地通常位于地下水与地表相交的陡坡底部（图 4.12b）。这一类型湿地的位置闭塞，可能位于某一处的最低点。图 4.12c 中的河岸湿地更为常见，它将多余的水排放到下游，作为下游地表水或地下水。

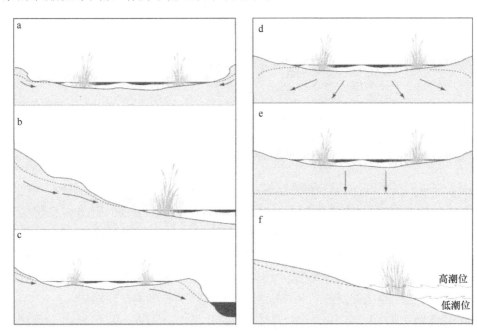

图 4.12　几种湿地和地下水系统之间的水量交换关系。（a）接受地下水流入的沼泽洼地（排水湿地）；（b）位于陡坡底部的泉水湿地或渗透湿地，或地下水坡地湿地；（c）由地下水补给的漫滩湿地；（d）将沼泽作为补给湿地，补给地下水；（e）"隔离"湿地或地表水洼地湿地；（f）地下水流入潮汐湿地。　虚线表示地下水水位

当湿地的水位高于周围地区的地下水水位时，地下水将从湿地流出[称为补给湿地（recharge wetland），图 4.12d]。若湿地水位远远高于该地区的地下水水位，那么这类湿地被称为"隔离"（perched）湿地（图 4.12e）。这类湿地也被称为地表水洼地湿地（surface water depression wetland），只有通过下渗和蒸散发才能使其水分流失。受潮汐影响的湿地往往有大量的地下水流入，可以影响土壤盐分，即使在低潮期也能保持湿地土壤湿润（图 4.12f）。

最后一类湿地相当普遍且受地下水的影响很小。由于湿地通常形成于土壤渗透性较差的地方，水的主要来源仅局限于地表径流，而水分流失的主要途径为蒸散发及其他形式的出流。这种湿地的水文周期往往会有波动，会发生间歇性洪泛[草原壶穴（图 4.12e）和春池（图 4.12d）]，湿地内的积水主要来源于季节性降水和地表入流。但如果这一类型的湿地受到地下水的影响，其水位将得到更好的缓冲，以防止剧烈的季节变化（图 4.12a，c）。

图 4.13 给出了不同地下水水文环境的 4 种淡水湿地类型。各类型的主要特征如下。

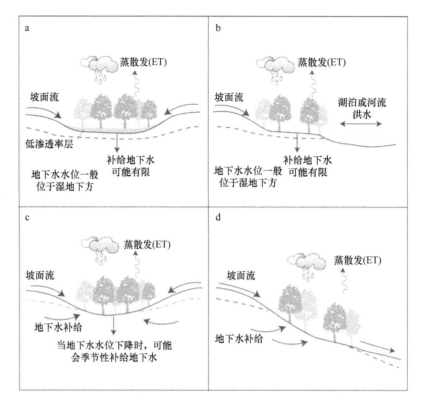

图 4.13　诺维茨基（Novitski）湿地地下水水流模式：（a）地表水洼地湿地；（b）地表水坡地湿地；（c）地下水洼地湿地；（d）地下水坡地湿地。虚线表示地下水水位（模仿自 Golet et al., 1993）

1）地表水洼地湿地（图 4.13a）。这类湿地以地表径流和降水为主，由于有一层低渗透率的土壤，地下水很少流出。这与图 4.12e 中描述的 "隔离" 湿地（perched wetland）相似，通过不饱和带将湿地与地下水隔离。

2）地表水坡地湿地（图 4.13b）。这种类型的湿地通常出现在湖泊或河流附近的冲积土壤，并得到湖泊或河流的水量补给。虽然在一定程度上降水和地表径流也会对湿地进行补给，但更重要的补给水源是相邻的河流或湖泊的洪水洪泛。这些湿地的水文周期与相邻水体的季节性模式相匹配，所以湿、干的速度相对较快。尽管这类湿地也能受到地下水的补给，但很快就会排到河流或湖泊。

3）地下水洼地湿地（图 4.13c）。前面已经描述了湿地地下水的流动（图 4.12a）。由于洼地所处位置较低，可以拦截当地的地下水。这些湿地形成于质地结构粗糙的冰川沉积物中，相对粗糙的土壤质地可以增强地下水和地表水之间的互换。由于地下水水位相对稳定，这类湿地的水位波动不如地表湿地波动大。

4）地下水坡地湿地（图 4.13d）。湿地往往形成于坡地或山坡上，地下水以泉水和渗透的形式排放到地表。地下水流入这些湿地可以是持续的，也可以是季节性的，这取决于当地的地质、水文条件和湿地及其相邻高地的蒸散发速率。

## 达西定律

达西定律（Darcy's law）是地下水水文学家十分熟悉的一个方程式，通常用来描述地下水在湿地流入、流出的水量。这一定律表明地下水流量与水压面的斜率（水力梯度）和水力传导率（hydraulic conductivity）或渗透率（permeability，即土壤传导水流的能力）成正比。达西定律的方程式为

$$G = k A_x s \tag{4.11}$$

式中：

$G$ = 地下水的流速（单位时间内的体积）

$k =$ 水力传导率或渗透率（单位时间内的长度）

$A_x =$ 与流动方向垂直的地下水横截面面积

$s =$ 水力梯度（潜水面或水压面的斜率）

尽管地下水在许多湿地的水量收支中起着十分重要的作用，但人们对湿地尤其是那些有机土湿地的地下水水力学仍知之甚少。第 5 章 "湿地土壤" 将会对有机土湿地和矿质土湿地进行更详细的论述。

## 蒸散发

湿地的水体或土壤蒸发 ［蒸发作用（evaporation）］ 加上维管植物蒸腾 ［蒸腾作用（transpiration）］ 称为蒸散发（evapotranspiration）。只要有足够的水分（湿地中常如此）用于蒸散发，那么影响蒸散发的气象因素是类似的。蒸散发速率与水面（或叶面）的水汽压和其上空气中的水汽压差成比例。这一关系可以用道尔顿定律（Dalton's law）的方程式表示：

$$E = cf(u)(e_w - e_a) \tag{4.12}$$

式中：

$E =$ 蒸散发速率

$c =$ 质量传递系数

$f(u) =$ 风速函数，$u$

$e_w =$ 表面水汽压或湿表面饱和水汽压

$e_a =$ 周围空气水汽压

一些相同的气象条件可以促进蒸散发作用，如太阳辐射和表面温度可以增加蒸散发表面的水汽压；湿度降低或风速增加，可以降低周围空气的水汽压。这个方程假定有足够的水分供给土壤中的毛细运动或有根植物可以获取。当水分供给不足时（湿地不常发生），蒸散发也会受到限制。在缺氧等胁迫期间，尽管有足够的水分供给，但植物也可以通过关闭叶片气孔使植物蒸散发作用在生理上受到限制。

---

**湿地蒸散发的直接测量**

湿地总蒸散量的直接测量方法有几种。最传统的方法是蒸发皿测量法，即通过测量蒸发皿中水分质量损失，或测量一段时间后蒸发皿中被蒸发的水的体积，或测量蒸发皿中水位下降高度。由于蒸发表面处于饱和状态，因此通常被认为是潜在的蒸散发量。因为植物的蒸腾作用、土壤水分不饱和及植物冠层的遮阴效应等都会对蒸散发速率造成影响，所以这一枯燥乏味的测量方法所得的结果往往与植被表面实际蒸散发量大相径庭。然而，蒸发皿测量法为与其他方法的比较提供了参考蒸散发速率。此外，由于湿地土壤水分在大部分时间内趋于饱和，因此蒸发皿测量法在湿地中的测量结果可能比陆地环境中更准确。

湿地蒸散发量也可以通过测量湿地自身水位变化来估算。如图 4.14 所示，这一方法可以采用如下公式计算：

$$ET = S_y(24h \pm s) \tag{4.13}$$

式中：

ET $=$ 蒸散发量（mm/d）

$S_y =$ 蓄水层单位产水量（无量纲）

　　$= 1.0$，地表积水湿地

　　$< 1.0$，地下水补给湿地

$h =$ 午夜到凌晨 4：00 每小时水位升高值（mm/h）

$s =$ 一天内水面净下降（+）或净升高（-）的高度

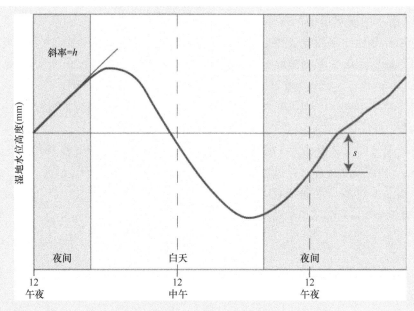

图 4.14 一些湿地的水位日变化。如公式（4.13）所示，可以用来估算湿地蒸散发量

　　该方法假设白天植被主动"排"水，并以等同于午夜至凌晨 4 点的恒定速率补给水。这个方法还假定午夜左右的蒸散发作用可忽略不计，并且这时的水面高度近似于日平均值。在许多湿地中，水面位于根区或根区附近，这是采用这种方法精确测量蒸散发的一个必要条件。

## 湿地蒸散发量的经验估测

### 桑思韦特方程

　　蒸散发量可以用许多经验公式来确定，这些经验公式采用的气象变量容易测量。桑思韦特方程（Thornthwaite equation）作为测量陆地生态系统蒸散发量最常用的经验公式之一，在测量湿地潜在总蒸散发方面已经取得了一些成果。桑思韦特方程为

$$ET_i = 16(10T_i/I)^a \tag{4.14}$$

式中：

$ET_i =$ 第 $i$ 个月的潜在蒸散发量（mm/月）

$T_i =$ 月平均温度（℃）

$I =$ 当地热指数 $\sum_{i=1}^{12}(T_i/5)^{1.514}$

$a = (0.675 \times I^3 - 77.1 \times I^2 + 17\,920 \times I + 492\,390) \times 10^{-6}$

### 彭曼公式

　　第二个经验式是彭曼公式（Penman equation）（Penman，1948；Chow，1964）。彭曼公式在水文和农业领域应用较多，但在湿地方面的应用相对较少。在道尔顿定律和能量平衡方法的基础上，建立了如下公式

$$ET = \left( \frac{\Delta H + 0.27E_a}{\Delta + 0.27} \right) \tag{4.15}$$

式中：

ET = 蒸散发量（mm/d）

$\Delta$ = 饱和水汽压比平均气温的曲线斜率（mmHg[①]/℃）

$H$ = 净辐射量[cal/(cm$^2$·d)] = $R_t(1-a)-R_b$

$R_t$ = 植物表面净辐射量[10$^6$J/(m$^2$·d)]

$a$ = 湿地表面反射率

$R_b$ = 土壤吸收的热通量[10$^6$J/(m$^2$·d)]

$E_a$ = 质量传输对蒸散发的贡献 = 0.35(0.5 + 0.006 25$u$)($e_w-e_a$)

$u$ = 地面以上 2m 处的风速（m/s）

$e_w$ = 平均气温下水面饱和水汽压（mmHg）

$e_a$ = 周围空气水汽压（mmHg）

将彭曼公式与蒸发皿测量法（乘以因子 0.8）和采用其他方法在美国密歇根州天然富营养化沼泽、内华达州人工湿地蒸散发测量的结果进行比较，彭曼公式与桑思韦特方程一样，对湿润的密歇根湿地的蒸散发量测量结果偏低，但对于干旱的内华达湿地的测量结果与其他测量技术的测量结果基本一致，只相差几个百分点。

由于影响总蒸散发的气象和生物因素较多，因此在估算湿地蒸散发方面没有一个经验公式能令人完全满意。地质学家已经多次尝试比较各种测量蒸散发量的方法（Lott and Hunt，2001；Rosenberry et al.，2004）。其中一个发现是，利用彭曼公式进行潜在蒸散发量（PET）的计算，可能因公式中因子的限制进而改变了地表辐射量的大小，进而会低估生长期真实的湿地蒸散发量。在估算美国北达科他州湿地蒸散发量时，比较能量平衡法与 12 个经验公式发现，大多数经验公式给出的蒸散发量都较为合理（Rosenberry et al.，2004）。

桑思韦特方程是估算蒸散发量最简单的方法，它只需要气温数据，容易计算且结果比较准确。桑思韦特方程目前仍然是估算湿地蒸散发量最常用的经验式之一，但它只能给出每个月的估算值，而不是每天或每小时。

## 植被对湿地蒸散发的影响

湿地能像开放的水体一样，由于植物的出现而增加或降低水的损失量吗？这个问题并没有在相关文献中得出统一的答案，甚至个别研究的数据都是相互矛盾的。显然，植被的存在降低了水面的蒸发，但问题是植物的蒸腾作用是否抵消或增加了因植被而减少的蒸散发量。Eggelsmann（1963）发现，除了在潮湿的夏季，德国泥炭沼泽的蒸散发量通常比开阔水域的蒸散发量要少。Bay（1967）在美国明尼苏达州北部一些规模较小的泥炭沼泽蒸散发研究中发现，有植被覆盖的湿地蒸散发量占开阔水体蒸散发量的88%～121%。据 Eisenlohr（1976）的研究，美国北达科他州有植被覆盖的草原壶穴沼泽的蒸散发量比无植被覆盖的壶穴沼泽低 10%。然而 Hall 等（1972）发现，美国新罕布什尔州湿地中有植被覆盖区域比开阔水域的蒸散发量多 80%。Heimburg（1984）发现，在美国佛罗里达州中北部的一个森林池塘中，沼泽蒸散发量在旱季（春季和秋季）约为蒸发皿蒸发量的 80%，在湿季（夏季）却低至 60%。Brown（1981）认为，即使有足够的积水，落羽杉湿地的蒸腾量也低于开阔水域的蒸散发量。

长期以来干旱的西部地区一直通过清理河岸植被来节约水资源，并用于灌溉或其他用途。由于该地区地下水水位远低于地表，却处在深根植物的根系分布带，因此即使土壤表面的水分蒸发很少，树木也会将水传送到叶面进行蒸腾。

蒸散发测量难度大，测量结果相互矛盾。因此 Linacre（1976）得出这样一个结论，湿地植被和植被

---

① 1mmHg=1.333 22×10$^2$Pa

类型对蒸散发速率都没有太大影响（至少在活跃的生长季节）。Bernatowicz 等（1976）也发现几种植被的蒸散发量差异不大。尽管湿地生态系统的类型和季节差异是十分重要的因素，但是对于大多数湿地而言，植物种类的差异对湿地总体水分流失的影响并不大。再如 Ingram（1983）发现，有树木的沼泽地比没有树木的沼泽地蒸散发量多 40% 左右，而且沼泽的蒸散发量高于冬季潜在蒸散发量，低于夏季潜在蒸散发量。

　　在某些情况下，湿地的植被类型十分重要。森林沼泽的土壤含水量很高，但几乎没有地面漫流。如果将树木移走，地表会形成积水，并转化为草本沼泽植被。木本植物在干旱时会再次入侵沼泽，年复一年地将这里重新演替为森林湿地。这就是这里的水文演替。

## 潮汐

　　定期、有规律的潮汐淹水是潮间带滨海盐沼、红树林和潮汐淡水沼泽的主要水文特征。潮汐作为一种压力，通过淹水形成了盐碱土壤和土壤的厌氧环境。作为一种补偿，潮汐也能移走过量的盐分，重新建立有氧环境，为湿地提供养分。潮汐还能改变海岸湿地沉积模式，形成特殊的地貌。

　　图 4.15a 是美国沿海地区的几个典型潮汐模式，其中包括季节和昼夜潮汐模式。海水月均水位的年际变化高达 25cm（图 4.15b）。由于潮汐是由月球（其次是太阳）引力产生的，因此具有明显的半月模式。

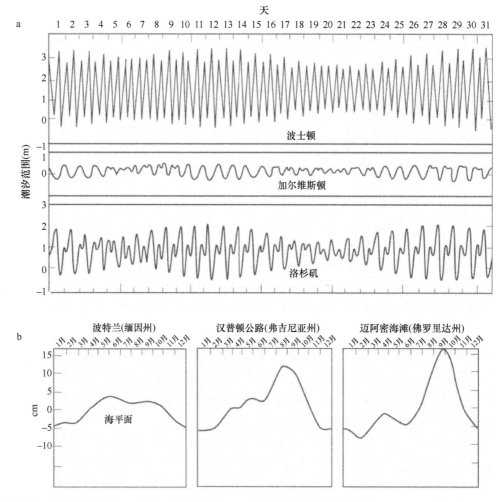

图 4.15　潮汐模式：美国几个地区一个月内的每日潮汐（a）和月平均海平面的季节性变化（b）（模仿自 Emery and Uchupi，1972）

每隔半个月，太阳、地球和月球成一条直线时，就会出现大潮（振幅最大的潮汐）。当地球与月球或地球与太阳成一直角时，就会出现小潮（振幅最小的潮汐）。大潮大致出现于满月和新月时，而小潮出现于上弦月和下弦月时。

　　潮汐的局地变化一般比区域性的变化更大，海岸线的轮廓是主要的决定因素。在美国北部，得克萨斯州墨西哥湾沿岸的潮汐振幅不到 1m，加拿大芬迪湾的潮汐振幅却高达几米。若潮汐在漏斗形河口处向内陆行进，那么潮汐振幅就会增加。上涨的潮水会流到感潮河的河道里直到充满河槽为止，通常首先在上游的末尾处泛滥，在那里感潮河分解成若干条没有自然防洪堤的小支流，泛滥的水漫过草本沼泽表面向下游扩散，退潮时，流向相反。在低潮时，因为这些沉积物颗粒相对较粗，水会通过自然防洪堤排到邻近的河水中。在草本沼泽内部，沉积物较细，排水作用较弱，水经常在草本沼泽中的小洼地中蓄积。

## 湖面波动

　　虽然根据定义，内陆湿地是没有潮汐的，但短期的水位波动或大风会引起"风潮"，大型淡水湖附近的湿地就会出现周期性的水位波动。这种情况在大型湖泊周边的湿地中经常出现，如图 4.16 中位于美国和加

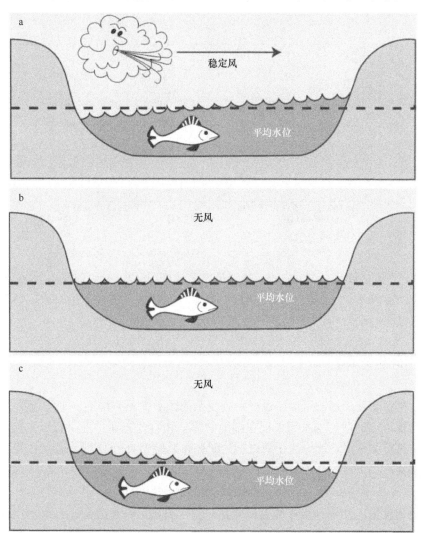

图 4.16　"假潮"示意图：息风式假潮由稳定风（a）、风力变小或改变初始方向（b）和导致水位向相反方向倾斜（c）引起；（d）1979 年 4 月的风暴期间及随后出现息风式假潮时，伊利湖在美国俄亥俄州（托莱多市和克利夫兰市）和纽约州（布法罗市）湖岸线处的湖水水位（模仿自 Korgen，1995）

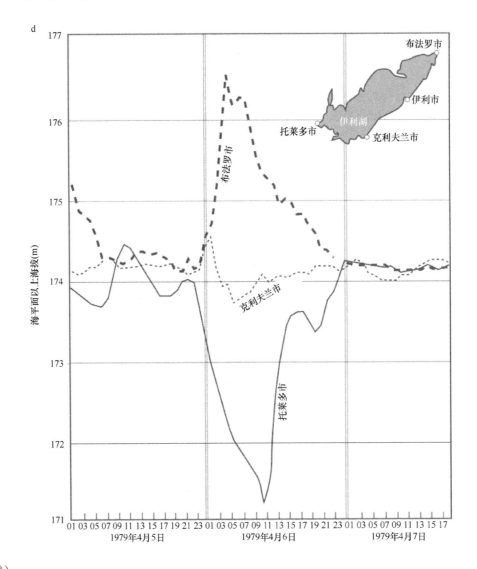

图 4.16　（续）

拿大的北美五大湖。当风持续往一个方向吹，特别是当风越过湖面吹向远方时，湖水在下风侧"堆积"，致使该地区湿地出现"高潮"。当风转向或停息时，"高潮"被释放并流向湖泊对岸，导致湖泊在另一侧岸线发生第二次"息风式假潮"。而在最初的"高潮"处，水位低于正常水位。

## 水文对湿地功能的影响

　　水文对湿地结构和功能的影响可以通过一系列复杂的因果关系来描述。图 4.1 显示了水文对湿地生态系统的影响的概念模型。这些影响主要表现在湿地的化学和物理方面，进而影响生态系统的生物组成。生物组分对水文具有反馈作用。迄今为止所进行的研究可以阐明 4 个原则，这 4 个原则进一步强调了水文在湿地中的重要性。

　　1）水文条件能形成独特的植被组成，会限制或增加物种的丰富度。

　　水文对于湿地物种组成和物种多样性来说，是一把双刃剑。它是限制还是增加物种多样性，取决于湿地水文周期和物理能量。至少水文会在淡水和咸水湿地中选择耐水淹植物，排斥不耐水淹物种。在地球上数以千计的维管植物中，能适应水分饱和土壤（saturated soil）的相对较少。许多长时间淹水的湿地植被物种丰富度低于洪水泛滥频率低的地区和脉冲式淹水地区。水分饱和与淹水带来的氧含量及其他化学条件的变化，极大地限制了能够在这种环境下存活的有根植物的数量和种类。

一般来说，至少植被群落中的物种丰富度随着水的流动性或水文脉冲的增加而增加。流动的水可以被认为是促进生物多样性的因素，这可能是由于它具有更新矿物质和减少厌氧条件的能力。当水和所挟泥沙的流动产生空间异质性时，水文条件也会刺激植被的多样性，从而开辟出更多的生态位。当河流淹没河岸湿地，或潮汐在潮间带沼泽中涨落时，侵蚀、冲刷和泥沙淤积有时会形成生态位，发育成多种生境。然而，流动的水体也可能会创造一个相对单一的地表，导致单一物种在湿地形成优势，如淡水沼泽的主要植被为香蒲属（*Typha*）或芦苇属（*Phragmites*）植物，或者在沿海沼泽中主要植被为米草属（*Spartina*）植物。Keddy（1992）将湿地的水位波动比作森林火灾，它们会使某一种生长型的植物（如木本植物）消亡，而有利于另一种生长型植物（如草本植物）的生长，但是被埋藏的种子还能使这些植物再生。

2）通常流水环境和水文周期的节律能提高湿地初级生产力与增强湿地生态系统的其他功能，而不流动水则相反。

一般来说，湿地对水文通量的"开放度"可能是潜在初级生产力的最重要决定因素之一。例如，水体流动的泥炭沼泽早就被认为比水流停滞的沼泽生产力更高。一些研究发现，滞水（不流动）或持续深水型湿地生产力较低，而水体流动缓慢或河流泛滥淹没的湿地生产力较高。

有关森林湿地中水文条件和生态系统初级生产力之间关系的研究十分广泛。图 4.17 显示了一组典型的谢尔福德（Shelford）耐受曲线。很多研究都通过这一曲线来解释水文对森林湿地生产力的重要性。图 4.17 中的所有曲线都表明，生产力最高的湿地生态系统既不能过于潮湿，又不能过分干燥，而且一定要有适中的水文条件或季节性水文节律。

由 H. T. Odum 和 E. P. Odum 提出的"补偿-压力"（subsidy-stress）模式，后来被 W. E. Odum 等改进为有关水文的"脉冲稳定性"（pulse stability）概念，非常适用于总结水文对湿地生产力的影响（H. T. Odum，1971；E. P. Odum，1979；W. E. Odum et al.，1995）。无论对于每天两次潮汐淹没的盐沼或红树林湿地还是对于季节性河流泛滥淹没的河岸湿地来说，淹水的季节性脉冲既可以是一种补偿，又可以是一种压力。

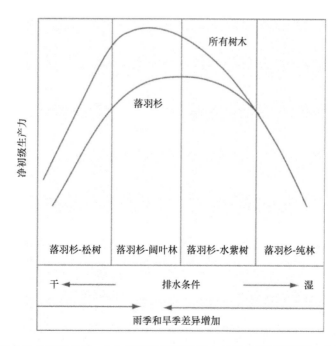

图 4.17　森林沼泽生产力与水文条件之间的关系：（a）美国佛罗里达州中北部的落羽杉沼泽；（b）美国路易斯安那州森林沼泽的淹水状况与净初级生产力之间的关系；（c）美国罗得岛州 6 块美国红枫沼泽 6 年间美国红枫（*Acer rubrum*）的径向生长和年均水位之间的关系（a：模仿自 Mitsch and Ewel，1979；b：模仿自 Conner and Day，1982；c：模仿自 Golet et al.，1993）

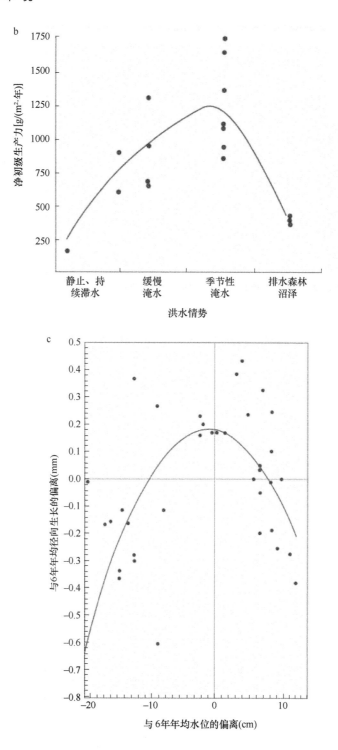

图 4.17　（续）

洪水脉冲在自然界中十分频繁，像洼地森林和潮间带盐沼这样的生态系统能较好地利用这一补偿。尽管有明确的理论基础来理解水文对生产力的影响，但在实践中很难证实或否定这些理论。

　　图 4.18 所示的模型大体上可以解释为什么确定维管植物生产力与水文条件之间的直接关系如此困难。虽然洪水强度的增大可以提供更多水分和养分，但是洪水持续时间的延长也增加了由厌氧的根区造成的压力，实际上是缩短了生长季节的长度。事实上，补偿和压力可能同时发生并相互抵消（Megonigal et al.，1997）。在这个"米施拉斯特"（Mitsch-Rust）模型中，洪水强度、持续时间以复杂和非线性的"推拉"方式影响着水分、可利用的养分、厌氧条件甚至生长季节的长度。

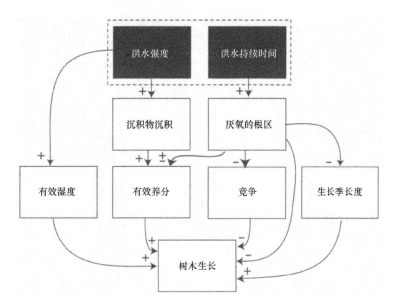

图 4.18　导致河岸滩地森林个体树木生长加速和减缓的因果模型。加号（+）表示促进作用；减号（−）表示消极作用（模仿自 Mitsch and Rust，1984）

　　水文条件对淡水湿地生产力的影响并未确定。如果将生物量峰值或类似的测量结果用作衡量湿地生产力的指标，那么有些研究结果显示水体边缘的植被通常生长较好，而其他研究则表明水生植物在封闭不流动的沼泽比在开阔流动水体的湿地或沿海湿地的生产力高。例如，与沿着伊利湖受湖岸流动水体影响的湿地相比，被人造堤坝与地表流动水体隔离的湿地，水生植物生物量一直较高。这可能有以下几种解释：①湖岸流动的水体可能对水生植物产生压力或提供补偿；②开放湿地输出大量的生产力；③被堤坝隔离的湿地水文周期更易预测。

　　在美国俄亥俄州中部的水文脉冲实验中发现了类似的结果，模拟的河流洪泛过程会导致水生植物和水体生产力下降，但"冲刷效应"导致了温室气体排放发生变化（Mitsch et al.，2005c；Altor and Mitsch，2006，2008；Hernandez and Mitsch，2006，2007；Tuttle et al.，2008；图 4.19a）。相反，在伊利诺伊州的一项关于水体流通性对人工沼泽影响的早期研究中发现，经过两年的实验，高水通量湿地的水体生产力（浮游植物和沉水植物）比低水通量湿地高（图 4.19b）。虽然水生植物生产力可能需

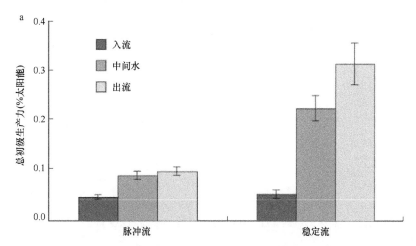

图 4.19　淡水沼泽的水体初级生产力与水文条件之间的函数关系：（a）美国俄亥俄州中部奥伦坦吉河（Olentangy River）湿地研究园中脉冲流与稳定流初级生产力对比；（b）美国伊利诺伊州东北部德斯普兰斯（Des Plaines）湿地示范项目中高水通量和低水通量条件之间的对比。*统计学差异：低水通量和高水通量条件之间相差不超过 0.05（a：模仿自 Tuttle et al.，2008；b：模仿自 Cronk and Mitsch，1994）

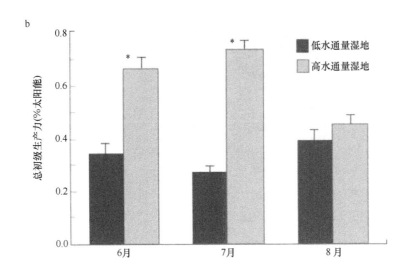

图 4.19　（续）

要很多年才能因水文差异发生变化，但水体生产力通常受浮游藻类影响较大，所以对水文条件变化的反应相对较快。

　　潮汐频率较高的沿海湿地往往比偶尔被淹没的湿地生产力高。比较几个大西洋海岸盐沼发现，潮差（用于测量水通量）与互花米草（*Spartina alterniflora*）生长季末期高峰生物量之间存在直接关系（图 4.20）。显然剧烈的潮汐增加了营养补给，冲刷了盐等有害物质。淡水潮汐湿地比咸水潮汐湿地更具有生产力，因为它们可以获得潮汐冲刷带来的能量和养分补给，同时避免盐渍土壤的压力。

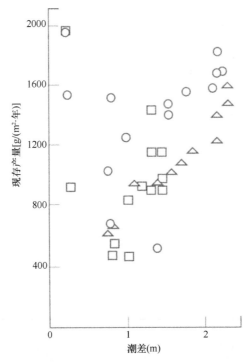

图 4.20　亚特兰大潮间带盐沼互花米草（*Spartina alterniflora*）产量与平均潮差之间的关系。不同符号表示不同数据来源（模仿自 Steever et al.，1976）

　　3）水文条件通过对湿地初级生产力、有机物分解、颗粒有机物输出的影响，控制湿地有机物的积累。

　　无论是提高湿地生产力（如前所述），还是减少有机物分解和输出，都能使湿地积累更多的有机物。尽管与短期凋落物分解研究存在差异，但从某种程度上来说，正是因为这一过程，所有湿地中都有一定程度的泥炭积累。水文对分解途径的影响甚至不如前面讨论的对湿地生产力的影响那么明显。可能由于分解过程十分复杂，许多已经发表的学术文章都没有在这一主题上达成一致。一般来说，有机碎屑的分解需要电子供体（通常是氧气，但是在缺氧状态下，可能更有效的是硫酸盐或硝酸盐等替代化学物质）、水分、无机营养物质和能够在特定环境中代谢的微生物。

　　观察到的有机物分解速率也受到环境温度和大型食碎屑者活性的影响，这些大型食碎屑者将植物残体粉碎并/或通过消化道排除，被分解者所利用。水文条件改变了许多这样的变量。例如，土壤水分取决于淹水状况，流动的水挟带着氧气和营养物质。而滞留水中的氧气会被迅速耗尽，营养物质因形式转化可利用性也发生改变。鉴于这种复杂性，短期野外分解研究的结果往往不一致，也就不足为奇了。

　　水文条件对有机碳输出的重要性是显而易见的。对于有水流过的湿地而言，有机碳输出率一般较高。河岸湿地常常给溪流带来大量的有机碎屑，甚至像一整棵树这样的“大型碎屑”。大量的证据表明，与没有湿地的流域相比，具有湿地向下游排水的流域会输出更多的有机物质，但也会保留更多的营养物质（图 4.21）。如图 4.21 所示，以湿地为主的流域的斜率比陆地流域的斜率大很多，表明径流中的有机碳浓度要大得多，径流的有机碳输出量也要大得多。大多数人将潮汐盐沼和红树林湿地看作生产力的主要输出地，但这一概念的通用性尚未被沿海生态学家所接受。水文环境闭塞的湿地，如美国北部的泥炭沼泽有机物的输出量就低得多。

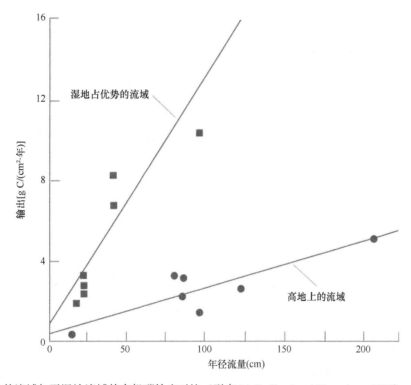

图 4.21　湿地占优势的流域与无湿地流域的有机碳输出对比（引自 Mulholland and Kuenzler，1979）

　　4）水文条件对养分循环和养分有效性具有显著影响。

　　降水、河流泛滥、潮汐及地表水和地下水流入等水文输入将营养物质输送到湿地。而水的流出是导致营养物输出的主要原因。这些水文及养分流动也是湿地生产力和湿地分解的重要决定因素（详见前面部分）。湿地系统内养分循环反过来与湿地生产力和分解等途径有关。当生产力和分解率高时，如在有水流通的湿地或具有脉冲水文周期的湿地中养分循环速度快。当生产力和分解过程缓慢时，如在孤立的沼泽中养分循环缓慢。

　　湿地水文周期对营养物质的转化、植物所需营养物质的可利用性及湿地土壤的营养物质（包括气态营养物质）的流失有显著影响。因此，水分饱和在土壤中形成的厌氧环境，使湿地中氮的可利用性降低同时造成氮流失。通常情况下，在湿地土壤的厌氧区上方会形成一个狭窄的氧化表层，进而发生氮循环的一系列化学反应——硝化和反硝化，导致氮分子大量流失到大气中。此外，铵态氮通常是植物在湿地土壤中最容易利用的氮形态，因为厌氧环境有利于离子态的还原，而农业土壤中一般氮以硝酸盐的形式存在。

湿地土壤中的淹水，可以通过改变土壤的 pH 和氧化还原电位影响其他养分的可利用性。酸性和碱性土壤的 pH 在洪水泛滥时都接近 7。氧化还原电位（一种化学或生物系统中氧化还原程度的度量）可以指示几种营养物质的氧化状态（即可利用性）。已知磷在厌氧条件下更易溶解，部分原因是磷酸铁和磷酸铝水解，还原成更易溶解的化合物。$K^+$、$Mg^{2+}$ 等主要离子及铁、锰、硫等微量营养元素的含量也受到湿地水文条件的影响。

## 湿地水文研究技术

尽管水文在生态系统功能中具有重要意义，但湿地研究中的水文测量很少受到关注。事实上只需要在物资和设备方面进行适度的投资就可以获取大量的信息。图 4.22 总结了有关湿地水量收支测量的一些典型方法，可以用水位记录仪或数据记录器连续记录水位，也可以在工作人员现场考察期间使用水位标尺记录水位。通过记录水位，可以确定以下所有的水文参数：水文周期、淹水频率、淹水持续时间和水深。水位记录仪也可用于确定水量收支中的水量变化，如公式（4.1）所示。

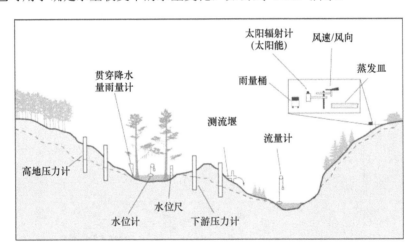

图 4.22 用于河漫滩湿地水资源估算的水文仪器野外布设图

蒸散发量测量更为困难，但如桑思韦特方程等一些经验式则利用气象变量计算蒸散发量。蒸发皿测量法也可以用来估计湿地的总蒸散发量，尽管其系数常常发生很大变化。监测昼夜水位波动，也可以确定持续淹水的非潮汐湿地的蒸散发量。

在整块湿地随机放置足够数量的雨量计或利用气象站数据，可以测量降水量或（和）贯穿降水量。由于降水期和降水后水位会升高，因此减去净降水量之后就可以确定汇入湿地的地表径流量。也可以在永久性河流周围设置一些测流堰，监测地表水的输入和输出。

准确测量地下水流量通常最困难且花销最大。在某些情况下，布设在湿地周围的浅层观测井群有助于测量地下水流动的方向和坡度［公式（4.11）中所需要的水力梯度］。观测井只经过部分屏蔽时被称为压力计（piezometer），因此测量的是地下水的一个孤立部分的压力水头，而不是通过整个井长进行屏蔽测量地表水含水层。压力计可以由专业的钻井公司安装，一般用手持汽油土钻或手动土钻安装。估计渗透率或水力传导率需要量化流量。实地抽水测试法可以通过观测井或对完整土芯的实验室分析估算土壤的渗透率。不同的水力传导率测量技术得出的结果也可能不同，所以在获取和使用数据时应该多加注意。

如果湿地与河流和湖泊等水体没有水力联系，或依靠地下水补给，则可以通过水量收支的方法（例如，在没有其他入流或出流时，从降低的水位中减去蒸散发量）或使用半桶式渗透流量仪来估测渗流量。其他可用于测量湿地地下水流量的方法包括稳定同位素法，一般为 $^{18}O/^{16}O$ 或 $^{2}H/^{1}H$，因为较轻的同位素更容易蒸发，所以可以根据水源给水做出标记（Hunt et al.，1996）。地下水流模型已成功用于湿地地下水入流量和出流量的估算（Hunt et al.，1996；Koreny et al.，1999）。

科学文献中湿地过程的不确定性（如前面讨论的有机物分解速率）常与非量化的水文参数密切相关。因此，在湿地研究中小心处理相关水文参数的量化，有利于加强对湿地生态过程的认识。

## 推荐读物

Brooks, K. N., P. F. Ffolliott, and J. A. Magner. 2012. *Hydrology and Management of Watersheds*, 4th ed. Chichester, UK: Wiley-Blackwell.

Winter, T. C., and M. R. Llamas, eds., 1993. *Hydrogeology of Wetlands. Special Issue of Journal of Hydrology* 141:1–269.

## 参考文献

Altor, A. E., and W. J. Mitsch. 2006. Methane flux from created riparian marshes: Relationship to intermittent versus continuous inundation and emergent macrophytes. *Ecological Engineering* 28: 224–234.

Altor, A. E., and W. J. Mitsch. 2008. Pulsing hydrology, methane emissions, and carbon dioxide fluxes in created marshes: A 2-year ecosystem study. *Wetlands* 28: 423–438.

Bay, R. R. 1967. Groundwater and vegetation in two peat bogs in northern Minnesota. *Ecology* 48: 308–310.

Bernatowicz, S., S. Leszczynski, and S. Tyczynska. 1976. The influence of transpiration by emergent plants on the water balance of lakes. *Aquatic Botany* 2: 275–288.

Bhowmik, N. G., A. P. Bonini, W. C. Bogner, and R. P. Byrne. 1980. Hydraulics of flow and sediment transport to the Kankakee River in Illinois. *Illinois State Water Survey Report of Investigation* 98, Champaign, IL. 170 pp.

Brinson, M. M. 1993. Changes in the functioning of wetlands along environmental gradients. *Wetlands* 13: 65–74.

Brown, S. L. 1981. A comparison of the structure, primary productivity, and transpiration of cypress ecosystems in Florida. *Ecological Monographs* 51: 403–427.

Chow, V. T., ed. 1964. *Handbook of Applied Hydrology*. McGraw-Hill, New York. 1453 pp.

Conner, W. H., and J. W. Day, Jr. 1982. The ecology of forested wetlands in the southeastern United States. In B. Gopal, R. E. Turner, R. G. Wetzel, and D. F. Whigham, eds., *Wetlands: Ecology and Management*. National Institute of Ecology and International Scientific Publications, Jaipur, India, pp. 69–87.

Cowardin, L. M., V. Carter, F. C. Golet, and E. T. LaRoe. 1979. *Classification of Wetlands and Deepwater Habitats of the United States*. FWS/OBS-79/31. U.S. Fish and Wildlife Service, Washington, DC. 103 pp.

Cronk, J. K., and W. J. Mitsch. 1994. Aquatic metabolism in four newly constructed freshwater wetlands with different hydrologic inputs. *Ecological Engineering* 3: 449–468.

Duever, M. J. 1988. Hydrologic processes for models of freshwater wetlands. In W. J. Mitsch, M. Straskraba, and S. E. Jørgensen, eds., *Wetland Modelling*. Elsevier, Amsterdam, The Netherlands, pp. 9–39.

Dunne, T., and L. B. Leopold. 1978. *Water in Environmental Planning*. W. H. Freeman and Company, New York. 818 pp.

Eggelsmann, R. 1963. *Die Potentielle und Aktuelle Evaporation eines Seeklimathochmoores*. Publication 62, International Association of Hydrological Sciences, pp. 88–97.

Eisenlohr, W. S. 1976. Water loss from a natural pond through transpiration by hydrophytes. *Water Resources Research* 2: 443–453.

Emery, K. O., and E. Uchupi. 1972. Western North Atlantic Ocean: Topography, rocks, structure, water, life, and sediments. *Memoirs of the American Association of Petroleum Geologists* 17. 1532 pp.

Freiberger, H. J. 1972. *Streamflow Variation and Distribution in the Big Cypress Watershed During Wet and Dry Periods*. Map Series 45, Bureau of Geology, Florida Department of Natural Resources, Tallahassee.

Gilman, K. 1982. Nature conservation in wetlands: Two small fen basins in western Britain. In D. O. Logofet and N. K. Luckyanov, eds., *Ecosystem Dynamics in Freshwater Wetlands and Shallow Water Bodies, Vol.* I. SCOPE and UNEP Workshop, Center of International Projects, Moscow, pp. 290–310.

Golet, F. C., A. J. K. Calhoun, W. R. DeRagon, D. J. Lowry, and A. J. Gold. 1993. *Ecology of Red Maple Swamps in the Glaciated Northeast: A Community Profile*. Biological Report 12, U.S. Fish and Wildlife Service, Washington, DC. 151 pp.

Hall, F. R., R. J. Rutherford, and G. L. Byers. 1972. *The Influence of a New England Wetland on Water Quantity and Quality*. New Hampshire Water Resource Center Research Report 4. University of New Hampshire, Durham. 51 pp.

Heimburg, K. 1984. Hydrology of north-central Florida cypress domes. In K. C. Ewel and H. T. Odum, eds., *Cypress Swamps*. University Presses of Florida, Gainesville, pp. 72–82.

Hernandez, M. E., and W. J. Mitsch. 2006. Influence of hydrologic pulses, flooding frequency, and vegetation on nitrous oxide emissions from created riparian marshes. *Wetlands* 26: 862–877.

Hernandez, M. E., and W. J. Mitsch. 2007. Denitrification in created riverine wetlands: Influence of hydrology and season. *Ecological Engineering* 30: 78–88.

Hemond, H. F. 1980. Biogeochemistry of Thoreau's Bog, Concord, Mass. *Ecological Monographs* 50: 507–526.

Hey, D. L., and N. S. Philippi. 1995. Flood reduction through wetland restoration: The Upper Mississippi River Basin as a case study. *Restoration Ecology* 3: 4–17.

Hunt, R. J., D. P. Krabbenhoft, and M. P. Anderson. 1996. Groundwater inflow measurements in wetland systems. *Water Resources Research* 32: 495–507.

Ingram, H. A. P. 1983. Hydrology. In A. J. P. Gore, ed. *Ecosystems of the World, Vol. 4A: Mires: Swamp, Bog, Fen, and Moor*. Elsevier, Amsterdam, The Netherlands, pp. 67–158.

Junk, W. J. 1982. Amazonian floodplains: Their ecology, present and potential use. In D. O. Logofet and N. K. Luckyanov, eds., *Ecosystem Dynamics in Freshwater Wetlands and Shallow Water Bodies*, Vol. I. SCOPE and UNEP Workshop, Center of International Projects, Moscow, pp. 98–126.

Kantrud, H. A., J. B. Millar, and A. G. van der Valk. 1989. Vegetation of wetlands of the prairie pothole region. In A. G. van der Valk, ed., *Northern Prairie Wetlands*. Iowa State University Press, Ames, pp. 132–187.

Keddy, P. A. 1992. Water level fluctuations and wetland conservation. In J. Kusler and R. Smandon, eds., *Wetlands of the Great Lakes*. Proceedings of an International Symposium. Association of State Wetland Managers, Berne, NY, pp. 79–91.

Koreny, J. S., W. J. Mitsch, E. S. Bair, and X. Wu. 1999. Regional and local hydrology of a constructed riparian wetland system. *Wetlands* 19: 182–193.

Korgen, B. J. 1995. Seiches. *American Scientist* July-August 1995: 330–341.

Leopold, L. B., M. G. Wolman, and J. E. Miller. 1964. *Fluvial Processes in Geomorphology*. W. H. Freeman, San Francisco. 522 pp.

Linacre, E. 1976. Swamps. In J. L. Monteith, ed., *Vegetation and the Atmosphere*, vol. 2: Case Studies. Academic Press, London, pp. 329–347.

Lott, R. B., and R. J. Hunt. 2001. Estimating evapotranspiration in natural and constructed wetlands. *Wetlands* 21: 614–628.

Megonigal, J. P., W. H. Conner, S. Kroeger, and R. R. Sharitz. 1997. Aboveground production in southeastern floodplain forests: A test of the subsidy–stress hypothesis. *Ecology* 78: 370–384.

Millar, J. B. 1971. Shoreline-area as a factor in rate of water loss from small sloughs. *Journal of Hydrology* 14: 259–284.

Mitsch, W. J. 1979. Interactions between a riparian swamp and a river in southern Illinois. In R. R. Johnson and J. F. McCormick, tech. coords., Strategies for the Protection and Management of Floodplain Wetlands and Other Riparian Ecosystems. Proceedings of the Symposium, Calaway Gardens, GA, December 11–13, 1978. General Technical Report WO-12, U.S. Forest Service, Washington, DC, pp. 63–72.

Mitsch, W. J., and K. C. Ewel. 1979. Comparative biomass and growth of cypress in Florida wetlands. *American Midland Naturalist* 101: 417–426.

Mitsch, W. J., ed. 1989. *Wetlands of Ohio's Coastal Lake Erie: A Hierarchy of Systems*. NTIS, OHSU-BS-007, Ohio Sea Grant Program, Columbus. 186 pp.

Mitsch, W. J., W. Rust, A. Behnke, and L. Lai. 1979. *Environmental Observations of a Riparian Ecosystem during Flood Season*. Research Report 142, Illinois University Water Resources Center, Urbana. 64 pp.

Mitsch, W. J., and W. G. Rust. 1984. Tree growth responses to flooding in a bottomland forest in northeastern Illinois. *Forest Science* 30: 499–510.

Mitsch, W. J., and B. C. Reeder. 1992. Nutrient and hydrologic budgets of a Great Lakes coastal freshwater wetland during a drought year. *Wetlands Ecology and Management* 1(4): 211–223.

Mitsch, W. J., L. Zhang, C. J. Anderson, A. Altor, and M. Hernandez. 2005. Creating riverine wetlands: Ecological succession, nutrient retention, and pulsing effects. *Ecological Engineering* 25: 510–527.

Mitsch, W.J., A.M. Nahlik, P. Wolski, B. Bernal, L. Zhang, and L. Ramberg. 2010. Tropical wetlands: Seasonal hydrologic pulsing, carbon sequestration, and methane emissions. *Wetlands Ecology and Management* 18: 573–586.

Mulholland, P. J., and E. J. Kuenzler. 1979. Organic carbon export from upland and forested wetland watersheds. *Limnology and Oceanography* 24: 960–966.

Nixon, S. W., and C. A. Oviatt. 1973. Ecology of a New England salt marsh. *Ecological Monographs* 43: 463–498.

Odum, E. P. 1979. Ecological importance of the riparian zone. In R. R. Johnson and J. F. McCormick, tech. coords., Strategies for Protection and Management of Floodplain Wetlands and Other Riparian Ecosystems. Proceedings of the Symposium, Callaway Gardens, GA, December 11–13, 1978. General Technical Report WO-12, U.S. Forest Service, Washington, DC, pp. 2–4.

Odum, H. T. 1971. *Environment, Power and Society*. John Wiley & Sons, New York.

Odum, W. E., E. P. Odum, and H. T. Odum. 1995. Nature's pulsing paradigm. *Estuaries* 18: 547–555.

Penman, H. L. 1948. Natural evaporation from open water, bare soil and grass. *Proceedings of the Royal Society of London* 93: 120–145.

Pride, R. W., F. W. Meyer, and R. N. Cherry. 1966. *Hydrology of Green Swamp Area in Central Florida*. Report 42, Florida Division of Geology, Tallahassee. 137 pp.

Richardson, C. J. 1983. Pocosins: Vanishing wastelands or valuable wetlands. *BioScience* 33: 626–633.

Rosenberry, D. O., D. I. Stannard, T. C. Winter, and M. L. Martinez. 2004. Comparison of 13 equations for determining evapotranspiration from a prairie wetland, Cottonwood Lake Area, North Dakota, USA. *Wetlands* 24: 483–497.

Shjeflo, J. B. 1968. Evapotranspiration and the water budget of prairie potholes in North Dakota. Professional Paper 585-B. U.S. Geological Survey, Washington, DC. 49 pp.

Steever, E. Z., R. S. Warren, and W. A. Niering. 1976. Tidal energy subsidy and standing crop production of Spartina alterniflora. *Estuarine, Coastal and Marine Science* 4: 473–478.

Tuttle, C. L., L. Zhang, and W. J. Mitsch. 2008. Aquatic metabolism as an indicator of the ecological effects of hydrologic pulsing in flow-through wetlands. *Ecological Indicators* 8: 795–806.

Twilley, R. R. 1982. Litter dynamics and organic carbon exchange in black mangrove *(Avicennia germinans) basin forests in a Southwest Florida estuary*. Ph.D. dissertation, University of Florida, Gainesville.

U.S. Department of Interior (USDI), Bureau of Reclamation. 2001. *Water Measurement Manual*, 3rd ed., revised reprint. U.S. Government Printing Office, Washington, DC, 327 pp. Available at www.usbr.gov/pmts/hydraulics_lab/pubs/wmm/.

van der Valk, A. G., ed. 1989. *Northern Prairie Wetlands*. Iowa State University Press, Ames. 400 pp.

Woo, M.-K., and T. C. Winter. 1993. The role of permafrost and seasonal frost in the hydrology of nothern wetlands in North America. *Journal of Hydrology* 141: 5–31.

*Vernal Pools: A Community Profile*. Biological Report 85 (7.11), U.S. Fish and Wildlife Service, Washington, DC.

# 第5章 湿地土壤

湿地土壤被称为水成土，是一种在生长季节土壤水分饱和、淹水或积水足够长的时间，使上层处于厌氧状态的土壤。水的存在隔断了氧气，使土壤形成了厌氧环境，从而引起了一系列还原条件下的化学过程。湿地土壤可以是有机土壤或矿质土壤。水成矿质土可以通过芒塞尔（Munsell®）土色卡和水成土指标如氧化还原浓度、氧化还原损耗与还原土壤基质来识别。氧化还原电位可以用来度量湿地土壤氧化或还原的程度。湿地土壤中各种化学、生物转化在氧化还原区以氧化（$e^-$供体）-还原（$e^-$受体）耦合的方式发生。

## 类型和定义

对于大多数湿地来说，湿地土壤既是化学物质转化的媒介，又是植物所需化学物质的主要贮藏地。湿地土壤通常又被称为水成土（hydric soil），美国农业部自然资源保护局（NRCS，2010）将其定义为，在生长季节长期处于水分饱和、淹水或积水而形成的土壤，土壤上层长期处于厌氧状态。湿地土壤有两种类型：①矿质土壤（mineral soil）；②有机土壤（organic soil）。所有的土壤中一般都含有一定量的有机质，当土壤中的有机质少于20%～35%（干重）则被视为矿质土。

有机土壤和有机土壤成分〔泥炭（peat）、泥质泥炭（mucky peat）和淤泥（muck）状泥炭〕具有下列两种水分饱和条件之一。

1）土壤长期水分饱和或人工排干，不包括活的植物根系：①如果矿质部分含60%以上的黏土，有机碳含量在18%以上；②矿质部分不含黏土，有机碳含量在12%以上；③矿质部分中黏土含量在0～60%，土壤中有机碳的含量则相应地在12%～18%（图5.1）。

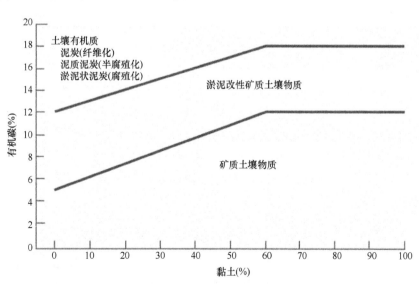

图5.1 有机土壤、淤泥改性矿质土壤或矿质土壤有机碳与黏土的百分比（引自NRCS，2010）

2）土壤处于水分饱和的时间只有几天，那么有机碳含量≥20%。

已知土壤有机质含量，估算有机碳含量的公式为

$$\%C_{org}=\%OM/2 \tag{5.1}$$

式中：

　　$\%C_{org}$ = 有机碳百分比

　　$\%OM$ = 有机质百分比

前面定义中没有包括的土壤物质都认为是矿质土壤物质。湿地中形成矿质土壤的地方，如一些淡水沼泽、河岸森林，一般具有层状剖面或水平分层，湿地矿质土壤的上层通常是由部分腐烂的植物残体组成的有机泥炭。

虽然有机土壤（泥炭）的定义对许多类型的湿地都适用，尤其适用于北方泥炭地（见第 12 章 "泥炭地"），但泥炭作为相对未完全分解的有机土壤物质的通称，并没有严格的定义。大多数泥炭含有少于 20% 的不可燃无机物质，因此通常含有超过 80% 的可燃有机物质，其中有机碳约为 40%。然而，一些土壤科学家认为泥炭沼泽最多含有 35% 的不可燃无机物质（33% 左右的有机碳）。有些商业性机构则认为泥炭不可燃无机物质含量为 55%，有机碳含量为 22%。由于淤泥中包含的植物成分分解程度很高，因此识别出植物形态几乎是不可能的。其容重一般大于 0.2g/cm³，大于泥炭。

有机土壤与矿质土壤除有机碳含量不同外，还有 4 个理化特征方面的差异（表 5.1）。

**表 5.1　湿地有机土壤和矿质土壤之间的比较**

| | 矿质土壤 | 有机土壤 |
|---|---|---|
| 有机质含量（%） | 低于 20～35 | 高于 20～35 |
| 有机碳含量（%） | 低于 12～20 | 高于 12～20 |
| pH | 一般接近中性 | 酸性 |
| 容重 | 高 | 低 |
| 孔隙度 | 低（45%～55%） | 高（80%） |
| 渗透系数 | 高（除黏土外） | 相对较低 |
| 持水量 | 低 | 高 |
| 养分有效性 | 一般较高 | 一般较低 |
| 阳离子交换量 | 低，以主要阳离子为主 | 高，以氢离子为主 |
| 典型湿地 | 河岸森林和一些草本沼泽 | 北方泥炭沼泽 |

1）容重（bulk density）和孔隙度（porosity）。较矿质土壤而言，有机土壤有较低的容重，较高的持水能力。容重为单位体积的土壤干重。有机土壤完全分解时的容重通常为 0.2～0.3g/cm³，但是由泥炭藓属（Sphagnum）植物构成的泥炭沼泽土壤的质量极其轻，容重低至 0.04g/cm³。相比之下，矿质土壤的容重通常在 1.0～2.0g/cm³。由于有机土壤孔隙度高，或孔隙空间百分比大，有机土壤的容重低。一般情况下，泥炭沼泽土壤的孔隙空间至少占单位体积的 80%。因此当洪水泛滥时，单位体积所含水分的比例也为 80%。无论黏土含量多大，矿质土壤的孔隙度一般在 45%～55%。

2）渗透系数。矿质土壤和有机土壤的渗透系数都十分宽泛。有机土壤的持水量比矿质土壤大，但是在水力条件相同的情况下，水流穿过这两种土壤的速度都不快。一些泥炭沼泽土壤的渗透系数（k）可以通过它们的容重或纤维含量估算，这两种数据都很容易获得（图 5.2）。一般来说，有机泥炭的渗透系数会在分解过程中随着纤维含量的降低而降低。水分通过植物纤维或分解不良的泥炭的速度比通过分解程度高的泥炭的速度快 1000 倍。组成泥炭沼泽的植物的种类也十分重要。由禾草和莎草植物（如芦苇、薹草）枯落物组成的泥炭比由大多数藓类植物（包括泥炭藓）枯落物组成的泥炭渗透性更好。泥炭的渗透系数可以跨几个数量级，范围之广几乎从黏土（$k = 5 \times 10^{-7}$ cm/s）到沙子（$k = 5 \times 10^{-2}$ cm/s）（表 5.2）。关于测量湿地渗透系数的适宜方法及达西定律是否适用于有机泥炭一直存在分歧。

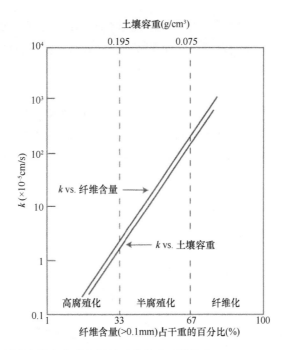

图 5.2　泥炭沼泽土壤渗透系数与纤维含量和容重之间的函数关系（模仿自 Verry and Boelter，1979）

**表 5.2　湿地土壤与其他土壤之间的渗透系数比较**

| 湿地土壤类型 | $k$（$\times 10^{-5}$cm/s） | 参考文献 |
|---|---|---|
| **北方泥炭沼泽** | | |
| 高腐殖化的布兰切特矿养泥炭沼泽（英国） | 0.008～0.02 | Ingram，1967 |
| 雨养泥炭沼泽（俄罗斯） | | |
| 　轻度分解 | 500 | Romanov，1968 |
| 　中度分解 | 80 | |
| 　高度分解 | 1 | |
| 薹草雨养泥炭沼泽（俄罗斯） | | |
| 　深度为 0～50cm | 310 | Romanov，1968 |
| 　深度为 100～150cm | 6 | |
| 北美泥炭沼泽 | | |
| 　纤维化 | >150 | Verry and Boelter，1979 |
| 　半腐殖化 | 1.2～150 | |
| 　腐殖化 | <1.2 | |
| **沿海盐沼**（草本沼泽） | | |
| 美国马萨诸塞州斯佩韦斯大沼泽（垂直渗透率） | | |
| 　深度为 0～30cm | 1.8 | Hemond and Fifield，1982 |
| 　高渗透率地区 | 2600 | |
| 　沙土和泥炭过渡地区 | 9.4 | |
| **无泥炭湿地土壤** | | |
| 美国佛罗里达州落羽杉岛状林 | | |
| 　含微量沙土的黏土 | 0.02～0.1 | Simth，1975 |
| 　沙土 | 30 | |
| 奥克弗诺基沼泽流域（美国佐治亚州） | 3.4～834 | Hyatt and Brook，1984 |
| **矿质土壤（大多数情况下）** | | |
| 　黏土 | 0.05 | |
| 　石灰岩 | 5.0 | |
| 　沙土 | 5000 | |

3）养分有效性。有机土壤一般比矿质土壤有更多的以有机形式存在的矿物质，并且更不易被植物吸收。这主要是由土壤物质中有机物质占较高的百分比所决定的。然而，这并不意味着有机土壤中总的营养物质更多，在湿地中常常相反。例如，有机土壤中生物可吸收的磷或铁的含量非常低，限制了植物的生产力。

4）阳离子交换能力（cation exchange capacity）。有机土壤一般有更强的阳离子交换能力。阳离子交换能力用土壤中所保持的可交换阳离子（正离子）的总量来定义。图 5.3 总结了土壤有机质含量与阳离子交换量之间的一般关系。矿质土壤的阳离子交换以金属阳离子（$Ca^{2+}$、$Mg^{2+}$、$K^+$ 和 $Na^+$）为主导。随着有机质含量的增加，可交换氢离子的百分比和量也会增加。对泥炭藓泥炭来说，其较高的阳离子含量归因于长链的糖醛聚合物（Clymo，1983）。

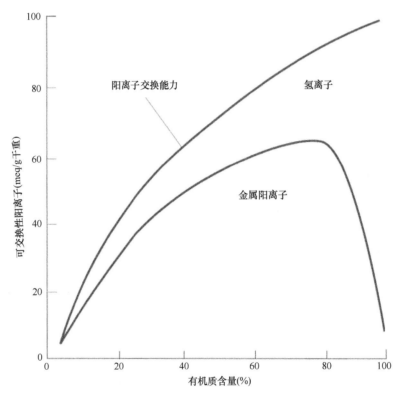

图 5.3　湿地土壤有机质含量与阳离子交换能力之间的关系。当有机质含量最低时，阳离子交换只包括金属离子。当有机质含量最高时，阳离子交换以氢离子为主（模仿自 Gorham，1967）

## 湿地有机土壤

有机土壤主要由处于不同分解阶段的植物残体组成。积水或排水较差造成的厌氧条件使植物残体在湿地中积累。泥炭土是由处在不同分解阶段的植物残体组成的，有机泥炭土两个较为重要的特征是泥炭土的植物组成和泥炭分解程度。几个已讨论过的泥炭土壤特性，如容重、阳离子交换能力、渗透系数和孔隙度等，通常与这些特征有关。因此，如果在野外或实验中能确定泥炭土的植物残体组成和分解状态，就能预测有机土壤的一些物理指标的范围。

### 植物来源

有机物中的植物来源可以有以下几种：①苔藓；②草本植物；③乔木和树叶凋落物。大部分北方泥炭沼泽中的苔藓都是泥炭藓，但如果泥炭沼泽能够有矿质水流入，那么其他苔藓植物也可以占据主导地位。有机土壤的植物来源可以是禾草植物如芦苇属（*Phragmites*）、菰属（*Zizania*）和米草属（*Spartina*），或者是莎草科植物如薹草属（*Carex*）和克拉莎属（*Cladium*）。在淡水沼泽中也能形成有机土壤，植物来源是禾草和莎草科植物之外的植物残体，如香蒲属（*Typha*）和睡莲属（*Nymphaea*）植物。森林湿地中的泥炭土壤是由木质碎屑和（或）树叶凋落物组成的。美国北部泥炭沼泽的植物来源是桦木属（*Betula*）植物、松属（*Pinus*）植物或北美落叶松。而美国南部深水沼泽的有机土层是由落羽杉属（*Taxodium*）或蓝果树属（*Nyssa*）植物组成的。

## 分解

湿地土壤的分解或腐殖化（humification）状态是有机泥炭的第二个关键特征。尽管在洪水泛滥的时候分解速度非常缓慢，但随着分解的进行，原始的植物结构会发生物理和化学方面的变化，直到生成的物质几乎与母质完全不同。当泥炭分解时，容重会增加，渗透系数会降低，并且随着物质不断破碎，较大纤维颗粒（>1.5mm）的数量也在减少。从化学方面说，泥炭"蜡"或可溶于非极性溶剂的物质和木质素的量会随着分解而增加，而纤维素化合物和植物色素会随着分解而减少。在湿地植物如盐沼上生长的草本植物死亡后，其枯落物会被迅速淋洗从而失去大部分有机化合物。这些易溶的有机化合物在相邻的水域生态系统中很容易被代谢。

## 分类和特征

有机土壤［有机土（histosol）］分为 4 类，其中前 3 类是水成土。

1）高分解有机土壤（saprist，淤泥）。被分解的物质超过三分之二，可辨识的植物纤维不到三分之一。

2）低分解有机土壤（fibrist，泥炭）。被分解的物质不到三分之一，可辨识的植物纤维超过三分之二。

3）半分解有机土壤（hemist，淤泥状泥炭或泥炭化淤泥）。分解情况处于高分解有机土壤和低分解有机土壤之间。

4）未分解有机土壤（folist）。由于热带和北方山区积聚大量水分（降水>蒸散发）从而形成的有机土壤；这些土壤不属于水成土，因为其饱和状态只是例外而不是必然。

有机土壤的颜色通常较深，如在佛罗里达大沼泽地发现的土壤是深黑色的，北部沼泽中部分分解的泥炭呈黑褐色。

# 湿地矿质土壤

长时间淹水后矿质土壤会具有一定的明显特征，即氧化还原特征（redoximorphic feature），也就是铁、锰氧化物还原、迁移和（或）氧化形成的特征（Vepraskas，1995）。

矿质土壤的氧化还原特征通过微生物进行调节。氧化还原的速度依赖于必不可少的三个条件。

1）持续的厌氧环境。

2）一定的土壤温度［5℃通常被认为是"生物零度"，低于此温度时，大部分生物活动将停止或大幅减缓；参见 Rabenhorst（2005）关于生物零度及其对湿地科学的重要性的介绍］。

3）作为微生物活动基质的有机质。

### 基质还原和氧化还原损耗

许多半永久或永久淹水矿质土壤有一个特征，就是在潜育（gleization）过程中形成黑色、灰色有时为绿色或蓝灰色的土壤。这个过程也被称为潜育化（gleying），是铁进行化学还原的结果（见第 6 章 "湿地生物地球化学" 中的 "铁和锰的转化"）。当土壤中的水分未达到饱和状态时，氧化铁（$Fe^{3+}$）是土壤中的主要化学物质，使土壤呈红色、棕色、黄色或橙色。氧化锰（$Mn^{3+}$ 或 $Mn^{4+}$）使土壤呈黑色。当土壤被淹没并发生还原反应时，铁被还原成可溶性铁（亚铁 = $Fe^{2+}$），锰被还原成可溶性锰（$Mn^{2+}$）。这些可溶形式的铁和锰可以从土壤中浸出，使土壤还原为母质、淤泥或黏土本来的颜色（灰色或黑色），这样的土壤被称为基质。氧化还原损耗（redox depletion）是用于描述还原土壤的类似术语，即铁被还原，然后从土壤基质中浸出。在类似的情况下，当氧化铁和氧化锰被浸出后，黏土沿着根孔流失，从而造成黏土损耗（clay depletion），然而黏土会再次沉积并成为土壤颗粒上的黏粒胶膜（Vepraskas，1995）。

## 根际氧化

　　湿地矿质土壤的另一个特征是存在氧化根际 [oxidized rhizosphere，又称氧化孔隙膜（oxidized pore lining）]。这是由于许多水生植物具有从地上茎、叶向地下根系输送氧气的能力（图 5.4）。超过根系微生物需要的过量的氧从根系向周围土壤基质扩散，沿细根形成氧化铁的沉积。当观测湿地土壤时，这些氧化根际的沉积物经常被认为是通过其他暗色基质形成的细微痕迹。

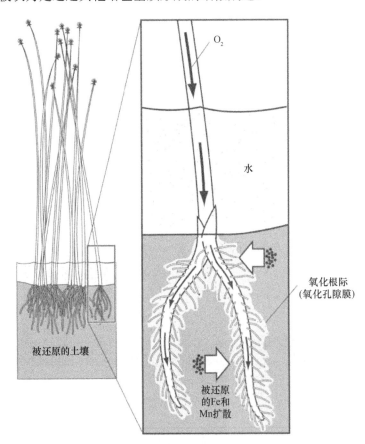

图 5.4　由于湿地植物向根部输送的氧气过多，在湿地植物根部周围形成氧化根际（或氧化孔隙膜）。当植物死亡后，氧化铁和氧化锰的孔隙膜还会留在土壤中（模仿自 Vepraskas，1995）

## 氧化还原浓聚

　　季节性淹水尤其是干、湿交替的矿质土壤，会形成高度氧化物质斑点，称为氧化斑块（mottle）或氧化还原浓聚（redox concentration）（图 5.5）。斑块或氧化还原浓聚呈现橘黄色及棕红色（铁的存在）

或红黑色及棕色/黑色（锰的存在）。斑块或氧化还原浓聚相对来说不易溶解，排水后能在土壤中保持较长的时间。

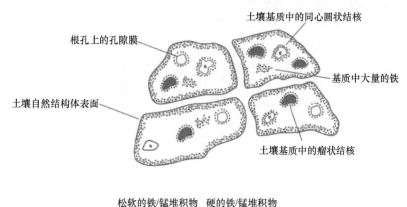

图 5.5  土壤自然结构体（土壤大颗粒）中不同种类的氧化还原浓聚或斑块，包括瘤状结核和同心圆状结核，土壤基质中的铁包块（也称红色斑块），以及根孔上的孔隙膜（又称氧化根际）（模仿自 Vepraskas，1995）

## 现代术语

土壤学家已经发明了一套定义氧化还原特征的术语，可用来描述水成土的指标，或者更恰当地说，是用来确定水分状况（aquic condition，土壤饱和条件和土壤还原条件），并描述氧化还原特征。在 20 世纪 90 年代早期引入了水分状况这一术语，目的是使用土壤颜色（如铁氧化或还原）的野外技术与早期术语 "水成土湿润状况"（aquic moisture regime——任何被水分饱和，并经化学还原而不存在溶解氧的土壤）的方法保持一致（Vepraskas，1995）。可以用来确定水分状况的氧化还原特征包括以下几种。

1）氧化还原浓聚（redox concentration）。氧化铁和氧化锰（以前称为斑块）积累，至少存在三种不同结构（图 5.5）。

　　a. 根瘤和结块，形状不规则，在其边界扩散。

　　b. 包块，以前称红色斑块。

　　c. 孔隙膜，以前包括氧化根际（图 5.4 和图 5.5）。

2）氧化还原损耗（redox depletion）。芒塞尔土色卡中具有高亮度（≥4）的低彩度（≤2）土体损耗包括以下两种。

　　a. 铁损耗，有时被称为灰色斑块或潜育斑块，彩度低。

　　b. 黏土损耗，与邻近的土壤相比，含有较少的铁、锰和黏土。

3）还原基质（reduced matrix）。低彩度土壤（由于亚铁离子 $Fe^{2+}$ 的存在）如果暴露在空气中颜色会发生改变，并且其中的铁会被氧化成铁离子 $Fe^{3+}$。

### 矿质水成土测定

在实际操作中确定矿质土壤是否为水成土是一个复杂的过程，一般是通过使用芒塞尔（Munsell®）土色卡确定土壤颜色来完成的（图 5.6a）。低彩度的土壤为水成土（图 5.6b 中比色表左侧的色片）。含有鲜红色、棕色、黄色或橙色的土壤是非水成土。一般来说，土壤被归类为水成土的必要条件是在芒塞尔比色表上的彩度≤2。这些颜色图表在美国通常用于识别水成土，以用来描述湿地。

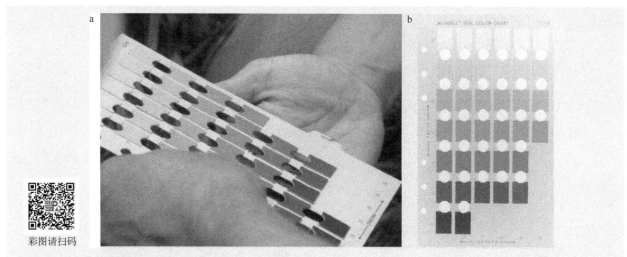

图5.6 （a）比较土壤颜色的标准土壤比色卡[如图所示的芒塞尔土色卡（Munsell soil color chart）]，可以判定土壤是否为水成土。(b）芒塞尔土色卡：图表右上角的色调能够表明与标准光谱颜色[此例中的黄色（Y）、红色（R）]之间的关系。数值标记（垂直刻度）表示土壤亮度（颜色越深，数值越低），彩度（水平刻度）表示色彩强度或纯度，灰色土壤向左侧。彩度≤2即为水成土

## 湿地土壤中的还原/氧化反应

所有土壤中的矿物质及有机基质中都包含空气和水。无论是矿质土壤还是有机土壤在被水淹没时，土壤孔隙都会因为充满水分而形成厌氧条件。当水充满孔隙时，氧气在土壤中扩散的速度急剧下降。据估计，氧气在水溶剂中的扩散速度比在多孔介质（如排水土壤）中慢10 000倍。这种低扩散速度导致形成厌氧或还原条件的时间相对较快，氧气会在淹水开始后的几小时到几天被耗尽（图5.7）。氧气耗尽的

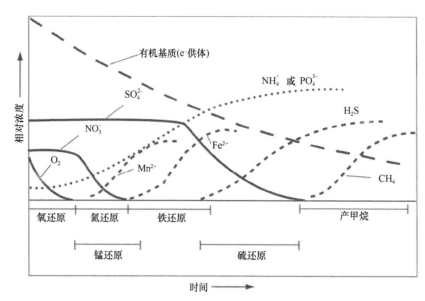

图5.7 淹水后土壤中转化的时间顺序，从氧气耗损开始，接着是硝酸盐还原，最后是硫酸盐还原。从该图可以看出，在这一过程中还原态的锰（亚锰）和铁（亚铁），以及硫化氢、甲烷都有所增加；有机基质（电子供体）逐渐减少，铵根离子（$NH_4^+$）和磷酸根离子（$PO_4^{3-}$）增加。该图也可以被看作湿地土壤相对浓度与深度之间的关系（模仿自Reddy and DeLaune，2008）

速率取决于环境温度、微生物呼吸所需有机基质的可用性及还原剂（$Fe^{2+}$）的化学需氧量，由此导致的缺氧会影响植物根进行正常的有氧呼吸，并严重影响土壤中植物营养元素和有毒物质的可利用性。因此，在厌氧土壤中生长的植物通常会对这种环境有一些特殊的适应性（见第 7 章"湿地植被与演替"）。

湿地土壤水中的氧并不总是被耗尽。在湿地土壤表面的土-水界面通常有一个薄的氧化土层，有时只有几毫米厚（图 5.8）。这个氧化层的厚度直接取决于以下 4 个方面。

1）氧在气-水界面的传输速度。

2）存在少量消耗氧气的生物体。

3）水体中的藻类通过光合作用产生的氧。

4）对流和风在湿地表面的混合。

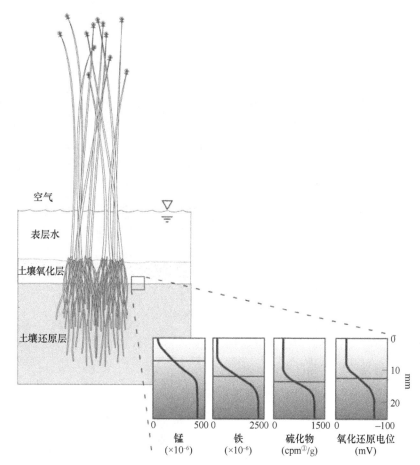

图 5.8　许多湿地土壤都有一个特征，就是在还原土层之上有一个浅层氧化层。图中还显示了还原态锰（乙酸钠可萃取锰）、铁（亚铁）、硫（硫化物）和氧化还原电位的土壤剖面（模仿自 Patrick and Delaune，1972）

当湿地土壤的较深土层继续被还原时，这一具有缺氧环境的薄层在化学转化和营养循环中就非常重要了。氧化的离子如 $Fe^{3+}$、$Mn^{2+}$、$NO_3^-$ 和 $SO_4^{2-}$ 能在这个缺氧的薄层土壤中以还原形式占主导，如亚铁盐、亚锰盐及氨和硫化物。由于氧化层中氧化的铁离子（$Fe^{3+}$）的存在，土壤常带有棕色或红棕色。这些以亚铁离子 $Fe^{2+}$ 为主的还原沉积物常呈灰色至灰绿色。

还原电位或氧化还原电位（redox potential）是对溶液中电子压力（或有效性）的衡量，它常用来进一步量化湿地土壤的电化学还原程度。在吸收氧气的过程中，或者当氢离子发生转移时（$H_2S \rightarrow S^{2-}+2H^+$），或者更通常地说，当物质放出电子（$Fe^{2+} \rightarrow Fe^{3+}+e^-$）时会发生氧化反应。相反，还原（reduction）是释放

---

① cpm（count per minute，每分钟计数），1cpm=1/60Hz

氧气，获得氢离子（氢化）或获得电子的过程。

## 氧化还原电位的测量

氧化还原电位的测量可以在湿地土壤中进行，即对土壤氧化或还原物质的趋势进行定量测量。当基于氢标度时，氧化还原电位被称为 $E_H$。能斯特方程（Nernst equation）表示的是，氧化还原电位与氧化还原反应中的氧化剂（ox）浓度和还原剂（red）浓度之间的关系：

$$E_H = E^0 + 2.3[RT/nF]\log[ox]/\{red\} \tag{5.2}$$

式中：

$E^0$=标准氧化还原电位（mV）

$R$=气体常数[8.314J/(mol·K)]

$T$=绝对温度（K）

$n$=参加反应的电子数

$F$=法拉第常数（$9.649 \times 10^4$C/mol）

氧化还原电位可以用铂电极测量（图 5.9a、b），而且这种测量方法在实验室中十分简单。以毫伏（mV）为单位的电势是通过氢电极（$H^+ + e \rightarrow H$）或甘汞参比电极进行测量的。只要溶液中存在游离的溶解氧，氧化还原电位就几乎不变（在+400mV 到+700mV 之间）。然而，溶解氧消失后，它对湿地土壤还原程度的度量便十分敏感，从+400mV 降至–400mV。池塘和湿地土壤中的淹水和（或）氧化还原条件可以通过构建铂电极，使用微铂电极或钢棒来估算。通常情况下，将铂电极（Pt）的一端连接到铜线上，然后将铜线放入土壤，参比电极也放置在土壤中，但要间隔一定的距离（图 5.9c）。至多需要两天时间系统便可以稳定，之后就可以测量铂电极与参比电极之间的电位了。

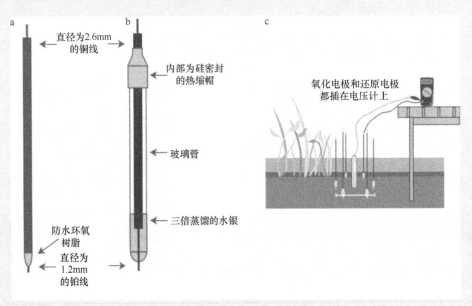

图 5.9　氧化还原电位的测量装置（a、b）和氧化还原电位测量探针与参比电极在湿地中的分布图（c）（a、b：模仿自 Faulkner et al.，1989）

当淹水土壤中的有机基质被氧化（释放电子）时，氧化还原电位会随着一系列还原反应（获得电子）的发生而下降。由于有机物质是还原性最强的物质之一，因此只要有可利用的末端电子受体（包括 $O_2$、$NO_3^-$、$Mn^{4+}$、$Fe^{3+}$ 或 $SO_4^{2-}$），便可发生氧化。当有氧气时，有机基质分解速率最快，而电子受体如硝酸盐和硫酸盐的分解速率较慢。公式（5.3）是关于有机基质氧化的等式，其中有机基质是电子（$e^-$）供体：

$$[CH_2O]_n+nH_2O \longrightarrow nCO_2+4ne^-+4nH^+ \tag{5.3}$$

化学转化和生物转化以偶联氧化（电子供体）-还原（电子受体）反应的形式进行。公式（5.3）和（5.4）即为偶联反应。

$$O_2+4e^-+4H^+ \longrightarrow 2H_2O \tag{5.4}$$

这些转化发生的顺序（图 5.7），以及为氧化和分解提供电子受体的氧化还原程度（表 5.3），都是可以预测的。

表 5.3　几种元素的氧化和还原形式及转化所需的氧化还原电位近似值

| 元素 | 氧化形式 | 还原形式 | 转化所需的氧化还原电位近似值（mV） |
|---|---|---|---|
| 氮 | $NO_3^-$（硝酸盐） | $N_2O$、$N_2$、$NH_4^+$ | 250 |
| 锰 | $Mn^{4+}$（锰离子） | $Mn^{2+}$（二价锰离子） | 225 |
| 铁 | $Fe^{3+}$（三价铁） | $Fe^{2+}$（亚铁离子） | $+100\sim-100$ |
| 硫 | $SO_4^{2-}$（硫酸盐） | $S^{2-}$（硫化物） | $-100\sim-200$ |
| 碳 | $CO_2$（二氧化碳） | $CH_4$（甲烷） | $<-200$ |

当氧气本身作为末端电子受体［公式（5.4）］且氧化还原电位在 $400\sim600mV$ 时，第一个也是最常见的转化就是有氧氧化。

在厌氧条件下（即溶解氧被耗尽），湿地土壤中发生的第一步反应是硝酸盐（$NO_3^-$）的还原，先是还原成亚硝酸盐（$NO_2^-$），最后还原成氧化亚氮（$N_2O$）或氮气（$N_2$）；当氧化还原电位约为 250mV 时，硝酸盐成为电子受体：

$$2NO_3+10e^-+12H^+ \longrightarrow N_2+6H_2O \tag{5.5}$$

随着氧化还原电位不断降低，锰开始发生转化，在大约 225mV 处，锰由高价锰化合物转化为二价锰化合物：

$$MnO_2+2e^-+4H^+ \longrightarrow Mn^{2+}+2H_2O \tag{5.6}$$

氧化还原电位在 $+100mV$ 到 $-100mV$ 之间时，铁由三价铁转化为亚铁离子。氧化还原电位在 $-100\sim-200mV$ 时，硫酸盐被还原成硫化物：

$$Fe(OH)_3+e^-+3H^+ \longrightarrow Fe^{2+}+3H_2O \tag{5.7}$$

$$SO_4^{2-}+8e^-+9H^+ \longrightarrow HS^-+4H_2O \tag{5.8}$$

最后，在还原性最强的条件下，氧化还原电位低于 $-200mV$，有机物本身（或二氧化碳）成为末端电子受体，会产生低分子量的有机化合物和甲烷气体，表示如下：

$$CO_2+8e^-+8H^+ \longrightarrow CH_4+2H_2O \tag{5.9}$$

这些氧化还原电位并不是精确的阈值，因为 pH 和温度也是影响转化速率的重要因素。这些主要的化学反应及其与氮循环、硫循环和碳循环有关的其他反应将在下一章讨论。

## 推荐读物

Baskin, Y. 2005. *Under Ground: How Creatures of Mud and Dirt Shape Our World.* Washington, DC: Island Press.

Richardson, J. L., and M. J. Vepraskas. 2001. *Wetland Soils: Genesis, Hydrology, Landscapes, and Classification.* Boca Raton, FL: CRC Press.

Natural Resources Conservation Service (NRCS). 2010. *Field Indicators of Hydric Soils in the United States*, Version 7.0. L. M. Vasilas, G. W. Gurt, C. V. Noble, eds. USDA, NRCS in cooperation with the National Technical Committee for Hydric Soils, 45 pp.

# 参考文献

Clymo, R. S. 1983. Peat. In A. J. P. Gore, ed., *Ecosystems of the World, Vol. 4A: Mires: Swamp, Bog, Fen, and Moor*. Elsevier, Amsterdam, The Netherlands, pp. 159–224.

Faulkner, S. P., W. H. Patrick, Jr., and R. P. Gambrell. 1989. Field techniques for measuring wetland soil parameters. *Soil Science Society of America Journal* 53: 883–890.

Gorham, E. 1967. *Some Chemical Aspects of Wetland Ecology*. Technical Memorandum 90, Committee on Geotechnical Research, National Research Council of Canada, pp. 2–38.

Hemond, H. F., and J. L. Fifield. 1982. Subsurface flow in salt marsh peat: A model and field study. *Limnology and Oceanography* 27: 126–136.

Hyatt, R. A., and G. A. Brook. 1984. Groundwater flow in the Okefenokee Swamp and hydrologic and nutrient budgets for the period August, 1981 through July, 1982. In A. D. Cohen, D. J. Casagrande, M. J. Andrejko, and G. R. Best, eds., *The Okefenokee Swamp: Its Natural History, Geology, and Geochemistry*. Wetland Surveys, Los Alamos, NM, pp. 229–245.

Ingram, H. A. P. 1967. Problems of hydrology and plant distribution in mires. *Journal of Ecology* 55: 711–724.

Natural Resources Conservation Service (NRCS). 2010. *Field Indicators of Hydric Soils in the United States*, Version 7.0. L. M. Vasilas, G. W. Gurt, C. V. Noble, eds. USDA, NRCS in cooperation with the National Technical Committee for Hydric Soils, 45 pp.

Patrick, W. H., Jr., and R. D. Delaune. 1972. Characterization of the oxidized and reduced zones in flooded soil. *Proceedings of the Soil Science Society of America* 36: 573–576.

Rabenhorst, M. C. 2005. Biological zero: A soil temperature concept. *Wetlands* 25: 616–621.

Reddy, K. R. and R. D. DeLaune. 2008. *Biogeochemistry of Wetlands*. CRC Press, Boca Raton, FL, 774 pp.

Romanov, V. V. 1968. *Hydrophysics of Bogs*. Translated from Russian by N. Kaner; edited by Prof. Heimann. Israel Program for Scientific Translation, Jerusalem. Available from Clearinghouse for Federal Scientific and Technical Information, Springfield, VA. 299 pp.

Smith, R. C. 1975. Hydrogeology of the experimental cypress swamps. In H. T. Odum and K. C. Ewel, eds., *Cypress Wetlands for Water Management, Recycling and Conservation*. Second Annual Report to NSF and Rockefeller Foundation, Center for Wetlands, University of Florida, Gainesville, pp. 114–138.

Vepraskas, M. J. 1995. *Redoximorphic Features for Identifying Aquic Conditions*. Technical Bulletin 301, North Carolina Agricultural Research Service, North Carolina State University, Raleigh. 33 pp.

Verry, E. S., and D. H. Boelter. 1979. Peatland hydrology. In P. E. Greeson, J. R. Clark, and J. E. Clark, eds., *Wetland Functions and Values: The State of Our Understanding*. American Water Resources Association, Minneapolis, MN, pp. 389–402.

# 第6章　湿地生物地球化学

　　湿地生物地球化学的特征是多种化学转化和化学传输过程的结合。有氧和无氧条件的共同作用导致湿地中发生化学物质的转化，如氮、硫、铁、锰、碳和磷等。湿地是营养物质的"源""汇""转换器"，但尤为重要的是其汇聚营养物质的能力。一些转化过程会产生有害作用，如生成硫化氢。而其他过程如沉积、反硝化作用和固碳作用，反而会改善水质促进地球碳的平衡。还有一些湿地的生物地球化学循环过程会将温室气体排放到大气中。湿地中很多转化过程（尤其是氮循环、硫循环和碳循环）都是由适应厌氧环境的微生物群体介导的，而其他过程（如磷循环）则是化学和物理过程。湿地通常与邻近的生态系统相连，如将重要的有机碳输出到下游的水域生态系统。

　　生态系统中化学物质的传输和转化被称为生物地球化学循环（biogeochemical cycling），包括大量相互关联的物理、化学和生物过程。第4章"湿地水文学"和第5章"湿地土壤"提到的内容都对生物地球化学循环过程有显著影响。这些过程不仅会导致物质产生化学形态的变化，还会导致湿地中物质的空间移动，如与其他生态系统之间的水沙交换、植物吸收和有机物输出。这些过程又决定了整个湿地的生产力。水文学、物理化学环境和湿地生物群之间的相互关系已经在图4.1中进行了总结。

　　湿地的生物地球化学循环可分为两部分：①通过各种转化过程进行的系统内循环（intrasystem cycling）；②湿地与周围水域、土壤和大气之间的化学物质交换（图6.1和图6.2）。虽然没有什么转化过程是湿地唯一的，但生态系统的长期淹水或周期性淹水能引起某些过程在湿地中占主导，其主导地位往往比它在陆地或深水生态系统中的主导地位要强。例如，在陆地或水域生态系统有时也会出现缺氧或无

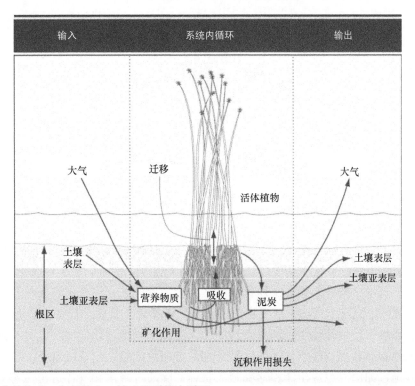

图6.1　湿地养分收支的构成，包括输入、输出和系统内循环

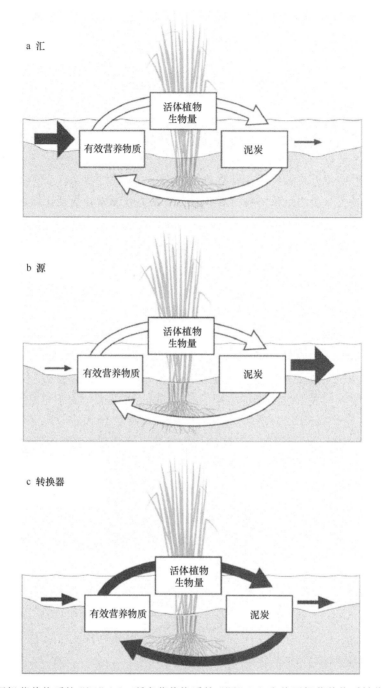

图 6.2　湿地可以作为无机营养物质的"汇"（a）、所有营养物质的"源"（b）和将无机营养物质转化为有机营养物质的"转换器"（c）

氧环境，而湿地则以缺氧或无氧环境为主，湿地土壤在一年的部分时间或全年以淹水环境为特征，所形成的还原环境对厌氧环境中独特的生物地球化学转换有显著影响。

　　这种系统内循环及水文条件影响着湿地化学物质传输的程度。若一个生态系统与周围环境的物质交换十分频繁，那么就可以说这个生态系统生物地球化学循环具有开放性。若生态系统间的物质交换较少，那么就说这个生态系统生物地球化学循环具有封闭性。湿地生物地球化学循环既具有封闭性，又具有开放性。例如，像低地森林和潮汐盐沼这样的湿地分别通过河流泛滥、潮汐涨落与周围的环境进行大量的矿质交换。其他湿地，如雨养泥炭沼泽和落羽杉岛状林，除通过降水和气体进出生态系统之外，一般很少进行物质交换。后一类系统更多地依赖于系统内循环。

　　湿地是化学物质或营养物质的"源"(source)、"汇"(sink)、"转换器"(transformer)，而这些则取决于湿地类型、水文条件和湿地承载化学负荷的时长（图 6.2）。当湿地作为某些化学物质的"汇"时（图 6.2a），其长期可持续性地取决于水文和地貌条件、湿地中化学物质的时空分布及生态系统的演替。若干年后，特别是在汇入量很高的情况下，湿地中的某些化学物质会处于饱和状态，湿地便会成为化学物质的"源"（图 6.2b）或"转换器"（图 6.2c）。

## 氮循环

　　氮循环（nitrogen cycle）（图 6.3）是湿地中最重要且人们研究最多的化学循环过程之一。氮在湿地中以多种氧化态存在，其中几种形态在湿地的生物地球化学循环中十分重要。无论是在自然湿地还是在农业湿地（如稻田）的淹水土壤中，氮元素都是最有限的养分。人们认为氮是沿海水域的主要限制因素之一，所以沿海湿地中的氮动态显得尤为重要，尽管有关沿海湿地中氮限制的普遍看法受到质疑（Sundareshwar et al.，2005）。由于湿地中的厌氧条件，微生物将硝酸盐反硝化为气态氮，仍然是氮从岩石圈和水圈释放到大气中的主要方式之一。在氧消失之后，硝酸盐作为湿地土壤中的第一个末端电子受体（表 5.3），成为湿地有机物氧化的重要化学物质。

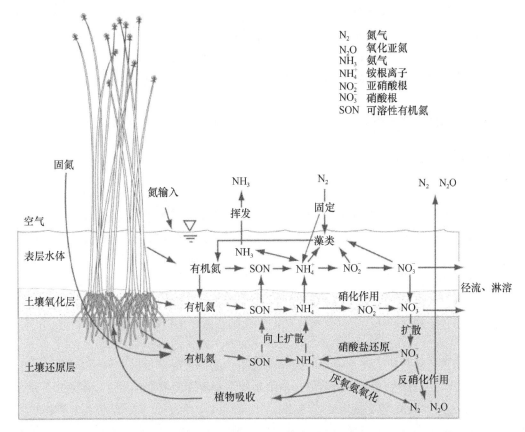

图 6.3　湿地氮循环。主要途径包括固氮、氨挥发、硝化、反硝化、植物吸收、异化硝酸盐还原成铵（DNRA）和厌氧氨氧化

　　湿地中的氮转化（图 6.3）涉及几个微生物过程，而其中一些过程不利于植物吸收营养物质。尽管在有机程度高的土壤中氮以有机形式被束缚，氮氧化态为-3 价的铵根离子（$NH_4^+$）仍是大多数淹水湿地土壤中矿化氮的主要形式。存在于厌氧区或还原区之上的氧化区对于氮的几种循环途径是十分关键的。

## 氮矿化

氮矿化（nitrogen mineralization）是指随着有机质的分解和降解，有机态氮转化为铵态氮的一系列生物转化过程。这一过程通常被称为氨化作用（ammonification），既可以在厌氧条件下发生，又能在好氧条件下发生。简单可溶性有机氮（SON）化合物——尿素的矿化公式如下：

$$NH_2CONH_2+H_2O \longrightarrow 2NH_3+CO_2 \tag{6.1}$$

$$NH_3+H_2O \longrightarrow NH_4+OH^- \tag{6.2}$$

## 氨转化和硝化作用

一旦铵根离子（$NH_4^+$）形成，就可以具有几个去向：被植物根系吸收或者被厌氧微生物吸收并转化为有机物。如果沼泽水体中的藻类过多，会使水体 pH 升高。而在 pH 较高（pH>8）的情况下，铵根离子可以转化为 $NH_3$，然后通过挥发作用（volatilization）释放到大气中。铵根离子也可以通过离子交换固定在带负电荷的土壤颗粒上。湿地土壤中的厌氧条件通常会限制铵的进一步氧化，而且如果不是许多湿地土壤表面都存在一层薄薄的氧化层，就会导致氨超标。还原土壤中氨的浓度较高，氧化层中氨的浓度较低，这种浓度梯度导致氨向氧化层扩散（虽然非常缓慢）。在好氧环境中，亚硝化单胞菌（*Nitrosomonas* sp.）的硝化作用（nitrification）可以将铵态氮氧化，步骤如下：

$$2NH_4^+ +3O_2 \longrightarrow 2NO_2^- +2H_2O+4H^+ +能量 \tag{6.3}$$

也可以通过硝化细菌（*Nitrobacter* sp.）：

$$2NO_2^- +O_2 \longrightarrow 2NO_3^- +能量 \tag{6.4}$$

植物的氧化根际，通常有足够的氧气将铵态氮转化为硝态氮，所以会发生硝化作用。

## 硝酸盐的转化和反硝化作用

由于硝酸盐（$NO_3^-$）是阴离子而不是铵根阳离子，不会被带负电荷的土壤颗粒固定，因此它在溶液中的流动性更强。如果硝酸盐没有被植物或微生物立即吸收 [ 同化硝酸盐还原（assimilatory nitrate reduction）]，也没有因其高流动性而随水流走，那么就有可能发生异化氮氧化物还原反应。因为氮不能被吸收到生物细胞中，所以被称为异化反应。这一反应包含几种硝酸盐的还原途径，其中最普遍的是将其还原为铵，以及反硝化作用（denitrification）。

反硝化作用是在厌氧条件下由兼性细菌引起的，以硝酸盐为末端电子受体，最终导致氮流失——大部分氮被转化成气态分子氮（$N_2$），其中小部分转化为氧化亚氮（$N_2O$）：

$$C_6H_{12}O_6+4NO_3^- \longrightarrow 6CO_2+6H_2O+2N_2 \tag{6.5}$$

对于大多数湿地（包括盐沼、淡水沼泽、森林湿地和稻田）来说，反硝化作用是氮流失的重要途径。在酸性土壤和泥炭中，反硝化作用会受到抑制，因此北方泥炭沼泽受其影响较小。如图 6.3 所示，整个过程依次为：①铵态氮扩散到好氧土壤层；②发生硝化作用；③硝态氮（硝酸盐氮）扩散回到厌氧层；④发生反硝化作用 [ 如公式（6.5）所述 ]。铵根离子扩散到好氧土壤层的速率和硝酸根离子扩散到厌氧层的速率都受离子浓度梯度的控制。通常情况下，厌氧层和好氧层之间的铵浓度梯度较大。尽管如此，但因为湿地土壤中的硝酸盐扩散速率比铵的扩散速率快 7 倍，所以铵扩散及随后的硝化作用限制了由反硝化作用引起的整个脱氮过程。

如果硝态氮供应充足，影响反硝化作用的下一个最重要的因素是温度。图 6.4 是对美国俄亥俄州人工河流湿地 2004～2009 年的反硝化过程的观测结果：1～6 月（冬季和春季）湿地中硝态氮浓度最高，7～9 月（夏季）湿地水温最高；反硝化作用在 6 月达到高峰，然后在夏初数值降低（由于硝态氮浓度较低），

9 月再次达到峰值，此时尽管硝酸盐氮含量持续较低，但气温仍然很高。从多年数据比较中看出，反硝化作用最强烈的反应体现在水温上（图 6.5）。

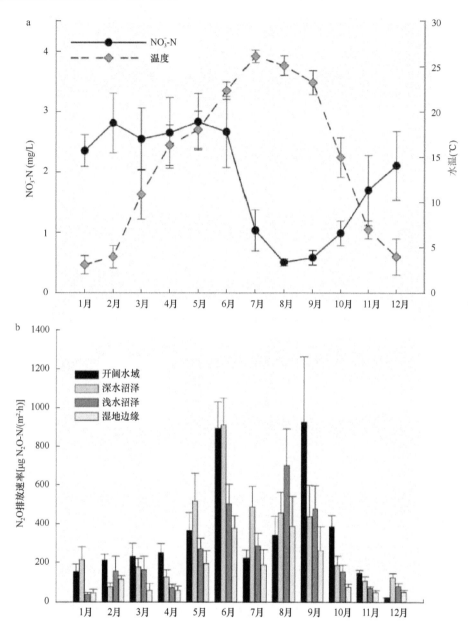

图 6.4　美国俄亥俄州两个 0.01km² 的人工河流湿地的季节性反硝化模式和相关环境变量，总结了 2004 年、2005 年、2008 年和 2009 年的研究结果：（a）流入湿地的水体月平均硝态氮浓度和水温；（b）开阔水域、深水沼泽（DM）、浅水沼泽（SM）和湿地边缘每月反硝化过程中 $N_2O$ 排放速率观测结果的平均值±标准误差（引自 Song et al.，2014；经 Elsevier 许可转载）

　　反硝化作用的气态产物有两种——氮气（$N_2$）和氧化亚氮（$N_2O$）。在大多数湿地中，由反硝化作用产生的主要气体通常是氮气，由于氮气在大气中含量已经高达 80%，因此不会导致环境问题。然而，氧化亚氮是一种可能导致气候变化的温室气体，因此任何设计湿地去除硝酸盐的尝试都应该了解如何减少氧化亚氮的产生而有利于氮气的产生。研究发现，俄亥俄州同一河流湿地在春季脉冲淹水条件下的氧化亚氮通量，相比第二年水流平稳条件下的要低（图 6.6）（Hernandez and Mitsch，2006，2007）。常年淹水土壤中缺乏硝酸盐，使这一速率受到限制。夏季土壤温度高于 20℃ 时，氧化亚氮的产出量最高（图 6.6）。此外，当湿地土壤没有暴露出来而是处于淹水状态时，湿地中的植物可能会增加氧化亚氮的排放。总的

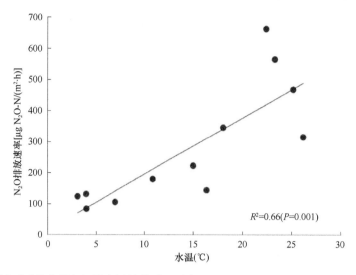

图 6.5　图 6.4 中提到的湿地反硝化作用与湿地水温的关系（引自 Song et al.，2014；经 Elsevier 许可转载）

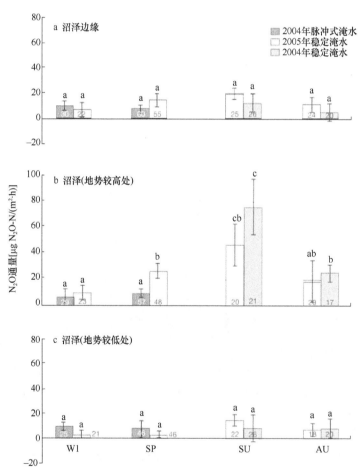

图 6.6　美国俄亥俄州中部淡水草本沼泽实验地中不同水文条件下的季节性氧化亚氮通量（数字表示实测的通量）。（a）干燥的沼泽边缘；（b）地势较高处的草本沼泽（有积水的饱和土壤）；（c）地势较低处的草本沼泽（持续积水）（引自 Hernandez and Mitsch，2006）

来说，这些河流湿地中以氧化亚氮形式排放的氮，在反硝化作用释放的总氮量中所占比例相当小。这项研究表明，在反硝化过程中，氧化亚氮排放量和氧化亚氮/氮气比率（$N_2O/N_2$）在好氧/厌氧界面附近高于厌氧区中部。可以肯定的是，如果硝态氮在好氧程度更高的农田、沟渠、溪流和河流甚至在下游沿海水域中被反硝化，而不是在湿地中被反硝化，那么这些系统中的氧化亚氮排放量将高于湿地（Hernandez and Mitsch，2006，2007）。因此，湿地可能不是导致氧化亚氮额外排放的原因，人工湿地和恢复湿地实际上可能会在景观尺度上减少氧化亚氮的排放量。

## 固氮

固氮（nitrogen fixation）是指在固氮酶的作用下，通过某些生物活动将氮气转化为有机氮。对一些湿地来说，这可能是重要的氮来源。固氮过程是通过某些好氧和厌氧细菌及蓝藻实现的。低氧条件有利于固氮，因为如果氧气含量太高会抑制固氮酶的活性。湿地中的固氮可以发生在上覆水中、好氧土层、厌氧土层、植物的氧化根际及植物的叶和茎表面。细菌固氮是通过非共生细菌、根瘤菌属（*Rhizobium*）的共生细菌或由某些放线菌实现的。细菌固氮是盐沼土壤中固氮最重要的途径，而在北方沼泽地的低 pH 泥炭中几乎不存在固氮细菌。发生在美国路易斯安那州的淹水三角洲土壤、北方沼泽地及水稻田中的固氮，一般都是由蓝藻（Cyanobacteria）实现的。

## 异化硝酸盐还原为铵

由于硝态氮转化为氮和氧化亚氮被认为是硝态氮在厌氧土壤中的主要转化过程，因此往往忽略了硝态氮在厌氧条件下转化的另一个过程——异化硝酸盐还原为铵（DNRA）（Megonigal et al.，2004）。异化硝酸盐还原为铵的过程如下，其中活性硝酸盐作为氮的初始形式，惰性铵作为产物。

$$NO_3^- + 4H_2 + 2H^+ \longrightarrow 3H_2O + NH_4^+ \tag{6.6}$$

该过程为许多参加该过程的微生物提供能量。细菌可以是厌氧的（anaerobic）、好氧的（aerobic）或兼性的（facultative）。在某些情况下，与反硝化作用相比，硝酸盐还原可能是异化硝酸盐流失更重要的途径。有研究认为，相比反硝化来说，有机碳的高可用性和（或）低硝酸盐浓度更有利于异化硝酸盐还原为铵（Megonigal et al.，2004）。

## 厌氧氨氧化

厌氧氨氧化（anammox）的氧化剂是亚硝态氮（而不是原来认为的硝态氮）：

$$NO_2^- + NH_4^+ \longrightarrow 2H_2O + N_2 \tag{6.7}$$

虽然已有文献很少明确地指出厌氧氨氧化对自然湿地或人工湿地中氮循环的重要性，但当湿地中的反硝化作用受限于有机碳时厌氧氨氧化对于湿地来说的确十分重要（Megonigal et al.，2004）。Erler 等（2008）发现，厌氧氨氧化给表面流湿地贡献了高达 24% 的氮。Ligi 等（2015）从美国俄亥俄州人工湿地采集的土壤样品中检测到能够进行厌氧氨氧化的细菌基因。研究还发现，厌氧氨氧化将氨转化为氮气，可以补偿这些湿地中相对较低的反硝化速率（Mitsch et al.，2012；Song et al.，2014）。

---

**氮循环、湿地和缺氧**

人类通过生产化肥、扩大栽培固氮作物及燃烧化石燃料（Galloway et al.，2003；Doering et al.，2011）使进入陆地氮循环的氮总量基本上翻了一番。大量过剩的氮以硝态氮的形式被输送到河流和溪流中，导致全球沿海水域出现富营养化，以及短暂和持续的低氧的状况（溶解氧<2mg/L）。例如，目前墨西哥湾平均每年重复出现的缺氧地区接近 14 350km$^2$（图 6.7 和图 6.8），而这几乎可以肯定是由墨西哥湾以北 1000km 密西西比—俄亥俄—密苏里河流域（MOM）内农田产生的过量氮造成的。该区域现在的缺氧范围远比在 20 世纪 80 年代后期小得多。联邦政府在 2000 年和 2008 年先后颁布法令，规

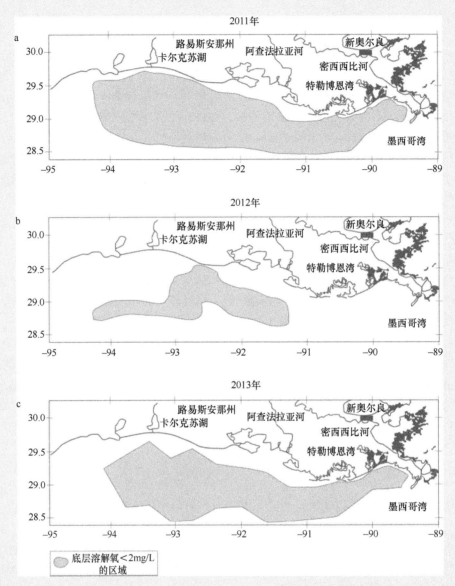

定缺氧区面积不得超过 5000km² （Mississippi River/Gulf of Mexico Watershed Nutrient Task Force，2008）。

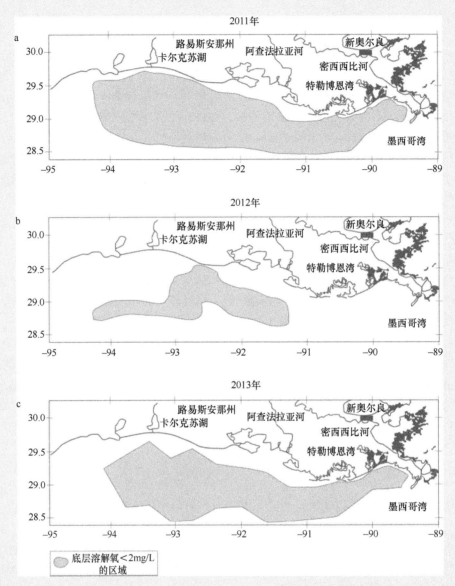

图 6.7　墨西哥湾在 2011 年（a）、2012 年（b）和 2013 年（c）夏季的缺氧范围。阴影区域表示海水溶解氧含量＜2mg/L。这三年的缺氧面积分别为 17 520km²、7500km² 和 15 000km²。2012 年的缺氧范围较小，可能是由于当年美国中西部地区的一次大范围干旱减少了密西西比河的流量（资料来源：N. Rabalais、路易斯安那大学海洋联盟与美国国家海洋和大气管理局海岸海洋研究中心）

　　研究小组在 20 世纪 90 年代后期研究了许多控制养分流入海湾的方案（Mitsch et al.，2001），最终，研发了一些新的农艺技术和建造湿地的一般方法，而最有意义的是河岸修复的方法（图 6.9）。他们认为，恢复或创建 2×10⁴km² 的湿地及河岸缓冲区是十分必要的，因为这样可以促进足够的反硝化作用发生，进而大量减少进入墨西哥湾的氮（Mitsch et al.，2001，2005a；Mitsch and Day，2006）。这一方法考虑到了湿地厌氧反硝化过程的重要性。200 万 hm² 的湿地还不到密西西比河流域的 1%。有趣的是，Hey 和 Phillipi（1995）发现密西西比河上游流域也需要进行类似规模的湿地恢复，以减轻特大洪水泛滥如 1993 年夏季在密西西比河流域上游发生的洪水泛滥带来的影响。

　　Murphy 等（2013）研究了 1980～2010 年密西西比河中硝态氮的变化趋势，发现虽然 20 世纪 80 年代美国硝态氮含量最高的两个州（艾奥瓦州和伊利诺伊州）在 30 年间硝态氮浓度和负荷减少了 11%～15%，但是河流上的其他地方在同一时期内的氮负荷增加了 8%～55%，所以艾奥瓦州和伊利诺伊州的硝态氮浓度的降低也就毫无意义了（Murphy et al., 2013）。在这 30 年间，墨西哥湾的硝态氮通量增加了 14.5%，并在 2010 年达到历史最高水平，进入海湾的硝态氮浓度增加了 19%。在 21 世纪初期联邦政府预计，由于实施最佳的管理措施——包括建造和恢复湿地，硝态氮的负荷将会下降。然而事实并没有像预计的那样。David 等（2013）认为，生物物理及社会因素都是美国中西部农业产业形成的原因。

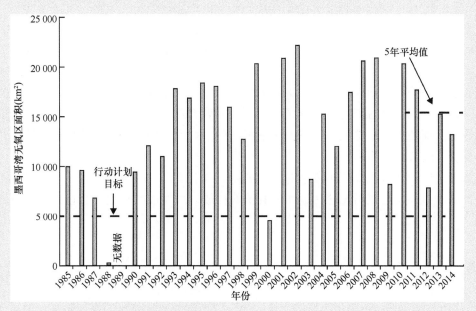

图 6.8　1985～2014 年墨西哥湾在仲夏时期的缺氧范围。2010～2014 年的平均范围大约为 14 350km²。图中还显示了 2000 年政府特别工作组确定的 5000km² 的行动计划目标，并在其 2008 年的行动计划中得到重申（密西西比河/墨西哥湾流域营养特别工作组，2008 年）（资料来源：N. Rabalais、路易斯安那大学海洋联盟与美国国家海洋和大气管理局海岸海洋研究中心）

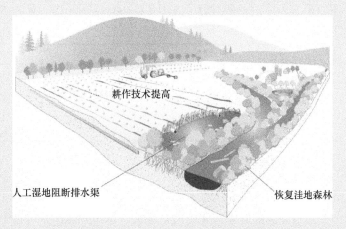

图 6.9　恢复湿地的策略示意图。在农业环境中进行湿地恢复和良好的农业实践，能够改善美国中西部水质，尤其可以控制硝态氮，进而保护墨西哥湾下游。Mitsch 等（2001，2005c）建议在密西西比河流域建造并恢复 $2×10^6$hm² 的湿地和河岸森林缓冲区，拦截来自农业非点源的地表水和地下水排水（引自 Mitsch et al., 2001；2005c）

## 铁和锰的转化

硝酸盐还原后，随着氧化还原电位降低，就会发生 Mn 和 Fe 的还原［见第 5 章"湿地土壤"中的公式（5.6）和公式（5.7）］。铁和锰是地球上非常丰富的矿质元素，主要以还原形式存在于湿地中（分别为 $Fe^{2+}$ 和 $Mn^{2+}$，表 5.3）。还原形式的铁和锰都更易溶解，对生物来说可用性更强。在氧化还原过程中锰的还原稍早于铁的还原，但除此之外锰的反应都和铁相似。尽管一些实验已经表明细菌参与氧化锰还原能够产生能量，但有些研究人员还是对细菌直接参与氧化锰（$MnO_2$）还原提出质疑（Laanbroek，1990）。

在有氧情况下，化学合成细菌可以将铁从还原亚铁氧化成不可溶形态的铁：

$$4Fe^{2+}+O_2(aq)+4H^+ \longrightarrow 4Fe^{3+}+2H_2O \qquad (6.8)$$

虽然在无生物参与的中性或碱性 pH 条件下，这种反应也可以发生，但是在煤矿排水中，微生物的活动已被证明可以使二价铁氧化速度加快 $10^6$ 倍（Singer and Stumm，1970）。锰也会发生类似的细菌参与反应的过程。

铁细菌被认为是美国北部泥炭沼泽厌氧地下水中的可溶性亚铁氧化为不溶性铁化合物的原因。这些"沼铁"的沉积形成了钢铁行业中使用的矿石的基础。正常情况下，氧化过程中的氢氧化铁[$Fe(OH)_3$]使土壤呈红色或棕色，而还原形式的铁使矿质土壤呈灰绿色。在现场勘查矿质土壤剖面中的氧化层和还原层时，这种外观辨认起来相对简单。

如果还原形式的铁和锰在湿地土壤中的浓度过高，可能会产生不利影响。扩散到湿地植物根际的亚铁会被从根部细胞中渗出的氧所氧化，进而抑制磷的释放，而生成的氧化铁会包覆植物根部，阻碍营养吸收。

# 硫循环

硫元素作为地球表面第 14 个最丰富的元素，会出现在湿地氧化过程的不同阶段。像氮元素一样，它也可以通过由微生物介导的途径转化（图 6.10）。硫在湿地中存在的浓度很低，甚至低到限制植物和消费者的生长。当湿地沉积物受到干扰时，硫化物（硫的还原形式，$S^{2-}$）会产生像硫化氢（$H_2S$）一样的臭鸡蛋味儿，这种气味儿是湿地研究人员很熟悉的。在氧化还原范围内，硫化物是继硝酸盐、铁和锰之后的下一个主要电子受体，还原反应发生时的氧化还原电位为 $-100 \sim -200mV$（见表 5.3）。硫在湿地中最常见的氧化态（化合价）如下。

| 形态 | 化合价 |
| --- | --- |
| $S^{2-}$（硫化物） | $-2$ |
| S（硫元素） | 0 |
| $S_2O_3$（硫代硫酸盐） | $+2$ |
| $SO_4^{2-}$（硫酸盐） | $+6$ |

## 硫酸盐还原

硫酸盐还原（sulfate reduction）能够以同化硫酸盐还原（assimilatory sulfate reduction）的形式进行，某些硫还原专性厌氧菌，如脱硫弧菌属（*Desulfovibrio*）细菌，在厌氧呼吸中将硫酸盐作为末端电子受体：

$$4H_2+SO_4^{2-} \longrightarrow H_2S+2H_2O+2OH^- \qquad (6.9)$$

硫酸盐还原可以在宽泛的 pH 范围内进行，一般 pH 为中性时还原速率最高。

观测结果显示，湿地中产生和释放硫化氢的速率可以跨越几个数量级。可以肯定地说，咸水湿地单

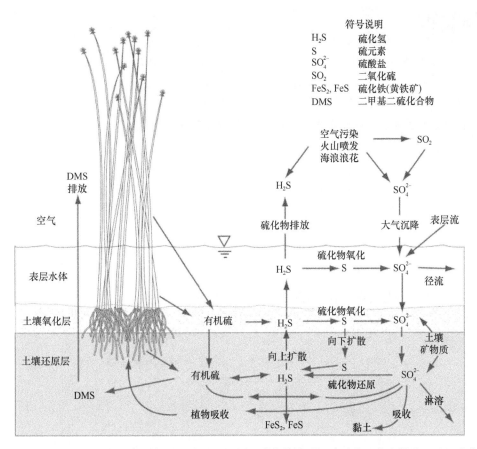

符号说明

| | |
|---|---|
| $H_2S$ | 硫化氢 |
| S | 硫元素 |
| $SO_4^{2-}$ | 硫酸盐 |
| $SO_2$ | 二氧化硫 |
| $FeS_2, FeS$ | 硫化铁(黄铁矿) |
| DMS | 二甲基二硫化合物 |

图 6.10　湿地中的硫循环，主要路径包括硫氧化、硫酸盐还原、硫化铁生成、硫酸盐吸收和淋溶，以及硫化氢排放

位面积的硫化物排放量比淡水湿地高，因为淡水湿地中硫酸根离子较少（海水约 2700mg/L，淡水约 10mg/L）。硫还可以以有机硫化合物的形式释放到大气中，主要是二甲基硫醚（DMS）、$(CH_3)_2S$；有人认为硫化物通量与某些湿地中硫化氢的排放同等重要，甚至比它还重要。然而普遍的共识是，大多数二甲基二硫化合物来自海洋，是浮游植物细胞分解的产物，而陆地淡水湿地系统最主要的硫流失是硫化氢。

## 硫化物氧化

在某些湿地土壤中的好氧区，含硫化合物可以被化学自养型和光合型微生物氧化为硫、硫酸盐。硫杆菌属（*Thiobacillus*）中的一部分细菌种类——统称无色硫细菌（colorless sulfur bacteria，CSB），在硫化氢氧化为硫的过程中获得能量，而该属中的其他种类可以进一步将单质硫氧化成硫酸盐。这些反应过程总结如下：

$$2H_2S+O_2 \longrightarrow 2S+2H_2O+能量 \tag{6.10}$$

$$2S+3O_2+2H_2O \longrightarrow 2H_2S_4+能量 \tag{6.11}$$

在厌氧条件下，硝态氮可以作为硫化氢氧化过程中的末端电子受体。

在盐沼和泥滩中发现的光合硫氧化菌，如绿色硫细菌和紫色硫细菌，能够在光照下产生有机物质。具体产生过程如下：

$$CO_2+2H_2S+光 \longrightarrow CH_2O+2S+H_2O \tag{6.12}$$

这种反应被称为不产氧光合作用（anoxygenic photosynthesis）。不产氧光合作用并没有像传统光合作用一样将水（$H_2O$）作为电子供体，而是将硫化氢作为电子供体，但是在其他方面两者十分相似。这种反应通常发生在硫化氢丰富的厌氧条件下，有时也发生在阳光充足的沉积物表面。

## 硫化物的毒副作用

硫化氢是厌氧湿地沉积物中的特有物质，会对有根高等植物和微生物产生毒害作用，特别是在硫酸盐浓度较高的咸水湿地。硫化物对高等植物的负面影响包括以下几方面。

1）游离的硫化物与植物根系接触时会对其有直接的毒性。

2）由于硫与痕量金属元素的沉淀降低了植物生长所需要硫的有效性。

3）硫化物沉淀使锌和铜固定。

在含有高浓度亚铁（$Fe^{2+}$）的湿地土壤中，硫化物可以与铁结合形成不溶性的硫化亚铁（FeS），从而降低游离硫化氢的毒性。许多厌氧湿地土壤呈黑色，这是由于土壤中存在硫化亚铁；硫化亚铁最常见的矿物质形式之一是黄铁矿（$FeS_2$），黄铁矿也是煤矿中较为常见的硫的存在形式。

# 碳循环

图 6.11 是碳在有氧和无氧条件下转化的主要过程。好氧层（空气、富含氧气的水和土壤）中以光合作用［公式（6.13）］和有氧呼吸作用［公式（6.14）］为主。光合作用中水为主要电子供体，呼吸作用中氧气为末端电子受体：

$$6CO_2 + 12H_2O + 光 \longrightarrow C_6H_{12}O_6 + 6O_2 + 6H_2O \tag{6.13}$$

$$C_6H_{12}O_6 + 6O_2 \longrightarrow 6CO_2 + 6H_2O + 12e^- + 能量 \tag{6.14}$$

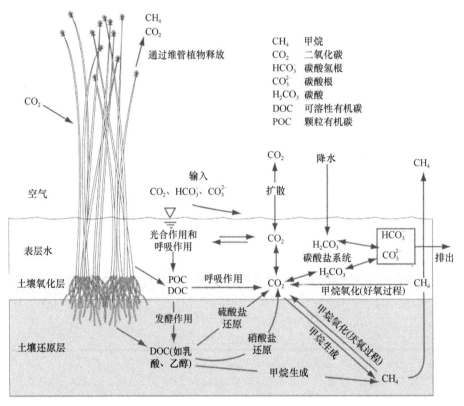

图 6.11  湿地碳循环的主要途径，包括光合作用、呼吸作用、发酵作用、产甲烷和甲烷氧化（厌氧和好氧）。图中还指出了碳循环中硫酸盐和硝酸盐的还原作用

在能量转化方面，有氧呼吸对有机物的降解是相当有效的。然而，由于湿地缺氧的特性，厌氧过程在能量转化方面的效率较低。两个主要的厌氧过程是发酵和产甲烷（methanogenesis）过程。

## 发酵

有机物的发酵（fermentation），也被称为基底糖酵解（glycolysis），是指有机物质在微生物无氧呼吸中作为末端电子受体，形成各种低分子量的酸、醇以及二氧化碳的过程。以乳酸为例［公式（6.15）］：

$$C_6H_{12}O_6 \longrightarrow 2CH_3CH_2OCOOH（乳酸）\tag{6.15}$$

发酵过程中乙醇的形成可表示为：

$$C_6H_{12}O_6 \longrightarrow 2CH_3CH_2OH（乙醇）+2CO_2 \tag{6.16}$$

在湿地土壤中，发酵过程既可以通过兼性厌氧菌又可以通过专性厌氧菌进行。虽然有关湿地中发酵过程方面的实地研究很少，但发酵过程在为其他厌氧生物［如湿地沉积物中的产甲烷菌（methanogen）］提供基质方面起着核心作用。发酵过程是高分子量碳水化合物分解成低分子量有机化合物的主要方式之一。低分子量有机化合物通常是溶解的有机碳，而这些有机碳反过来又可以被其他微生物利用。

## 产甲烷过程

产甲烷过程是指某些细菌（产甲烷菌）将二氧化碳作为电子受体生产气态甲烷（$CH_4$）的过程，如第5章"湿地土壤"所述，可表示为

$$CO_2+8H^+ \longrightarrow CH_4+2H_2O \tag{6.17}$$

或者利用低分子量有机化合物如甲基化合物：

$$CH_3COOH（乙酸）\longrightarrow CH_4+CO_2 \tag{6.18}$$

或者

$$3CH_3OH（甲醇）+6H^+ \longrightarrow 3CH_4+3H_2O \tag{6.19}$$

甲烷通常被称为沼气（swamp gas 和 marsh gas），当沉积物受到扰动时，沼气就会被释放到大气中。甲烷的生成需要极端还原条件——在其他末端电子受体（$O_2$、$NO_3$ 和 $SO_4^{2-}$）被还原之后，氧化还原电位应低于–200mV。甲烷生成过程是由产甲烷菌［被称为古细菌（Archaea）］实现的。古细菌是原核生物，除产甲烷菌外，还包括几种专性嗜盐菌（halophile）和嗜热菌（thermophile）。

## 甲烷氧化

甲烷氧化（methane oxidation）是通过来自真细菌的专性甲烷菌完成的，它们依次将甲烷转化为甲醇（$CH_3OH$）、甲醛（HCHO），最后是二氧化碳：

$$CH_4 \longrightarrow CH_3OH \longrightarrow HCHO \longrightarrow HCOOH \longrightarrow CO_2 \tag{6.20}$$

非淹水土地（森林、农田、草地）被认为是甲烷的主要生物汇聚地，也是存在最多甲烷氧化菌的地方。但是由于湿地土壤分为好氧土壤层和厌氧土壤层，因此湿地土壤中可能存在以甲烷生成为主的下层厌氧区和甲烷氧化的上层氧化区（图6.11）。因此，甲烷氧化菌会对湿地土壤下层生成的甲烷进行"调节"（regulator）——拦截甲烷并将其转化为二氧化碳。当发生暂时性淹水时，甲烷氧化菌也能忍受较长时间的缺氧，并且可以在重新暴露于氧气的几小时内继续氧化甲烷（Whalen，2005）。然而，产甲烷菌对氧气极为敏感，一旦淹水土壤中的水被排出，甲烷的生成将不会持续很长时间。Roy-Chowdhury 等（2014）发现在美国俄亥俄州人工湿地中，甲烷氧化菌的潜在甲烷氧化速率（potential methane oxidation，PMO）很高[甲烷氧化速率相当于 $104g\ C/(m^2·年)$]并得出结论：与温度相比，土壤甲烷浓度对湿地甲烷氧化菌活性的影响更大。

除甲烷氧化菌之外，之前讨论的自养硝化菌群也能够进行甲烷氧化。因为甲烷分子和氨分子个体大小与结构相似，因此氨分子也基本可以抑制甲烷氧化菌氧化甲烷（$CH_4$），而甲烷也可以代替硝化菌中的铵根离子（$NH_4^+$）并被协同氧化或共氧化。

## 甲烷排放

甲烷生成和氧化的最终结果是甲烷排放（methane emission）。甲烷排放的来源很广，包括海水湿地、淡水湿地及人工湿地，如稻田。将不同研究得出的甲烷生成速率进行比较是十分困难的，因为不同研究使用的方法不同，而且甲烷生成速率取决于土壤温度（季节）和水文周期。温带湿地中的甲烷排放具有明显的季节性模式（图 6.12），而热带和亚热带湿地的甲烷排放季节性较弱（图 6.13）。在季节性气候条件下，夏季的甲烷生成速率可能最高，但是估算总的甲烷生成量需要长达一年的时间，特别是在亚热带和热带地区。这一模式还取决于洪水强度和植被的有无。有关温带沼泽甲烷通量的研究表明，永久淹水沼泽比间歇性淹水沼泽的甲烷通量高（Altor and Mitsch，2006；Sha et al.，2011），也就是说季节性淹水

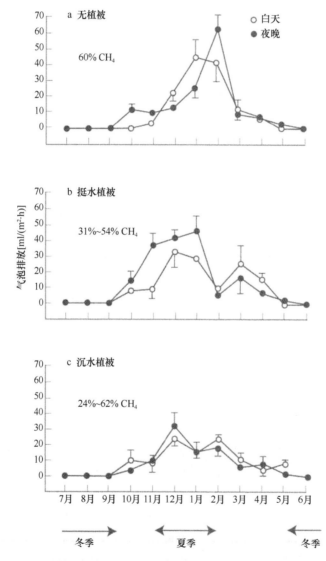

图 6.12　在澳大利亚新南威尔士州墨累河（Murray River）沿岸的一个死水潭（billabong）中，三种不同类型湿地群落的气泡排放（富含甲烷的气泡通量）的季节性模式：（a）没有植被；（b）挺水植物莽荠（*Eleocharis sphaclata*）为优势群落；（c）沉水植物美洲苦草（*Vallisneria gigantea*）为优势群落。裸露地区排放的甲烷浓度为 60%，挺水植被区排放的甲烷浓度为 31%～54%，沉水植被区排放的甲烷浓度为 24%～62%（模仿自 Sorrell and Boon，1992）

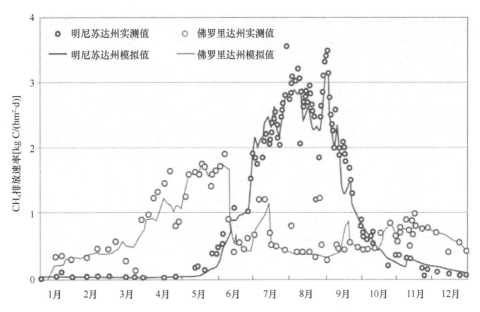

图 6.13　美国佛罗里达州（亚热带）和明尼苏达州（冬季寒冷的温带）的甲烷排放速率比较，以及模拟结果（模仿自 Cui et al.，2005）

（而不是永久淹水）能使甲烷排放量最小化。间歇性淹水沼泽的甲烷产出速率较低，可能是因为间歇性淹水沼泽中的甲烷生成率较低或甲烷氧化速率较高。热带和亚热带地区的甲烷排放量与水文条件之间的关系十分有趣（图 6.14）。在对哥斯达黎加不同气候条件下的一系列热带湿地的研究中，Nahlik 和 Mitsch（2011）发现可以用谢尔福德曲线表示水位与甲烷排放量之间的关系。如图 6.14a 所示，在中等水深 30～50cm 处甲烷排放量最高。他们认为，浅层水中的甲烷排放量较低是因为整个水体的氧气扩散较好，而深层水中的甲烷排放量较低是因为热带和亚热带地区的水体具有分层模式，使其水-土界面发生氧化。Villa 和 Mitsch（2014）用类似的模式描述了佛罗里达大沼泽地的科尔斯克鲁（Corkscrew）沼泽中的几个植物群落。通过使用夏季季节性降雨导致淹水后天数（days after inundation，DAI）这样一个稍有不同的度量，他们发现洪水淹水后的甲烷排放量很低，在洪水淹水后的两个月里甲烷排放量会增加。但在淡水草本沼泽中如果洪水持续时间超过两个月，那么甲烷排放量就开始减少（图 6.14b）。科尔斯克鲁沼泽地区的其他几个湿地群落也出现了同样的情况。

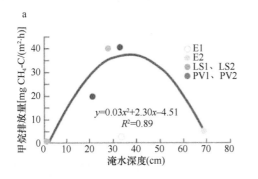
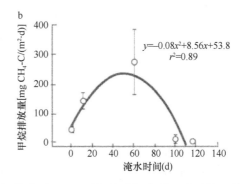

图 6.14　热带、亚热带地区湿地的水文条件和甲烷排放量之间的关系：（a）哥斯达黎加热带湿地平均甲烷排放量和湿地淹水深度之间的关系［E =地球大学校园湿地（EARTH University campus wetland）；LS=拉塞尔瓦生物实验站（La Selva Biological Station）；PV =帕洛贝尔德生物实验站（Palo Verde Biological Station）］；（b）美国佛罗里达州西南部螺旋沼泽禁猎区季节性湿润的亚热带草原群落中，甲烷排放量（平均值±标准误）和淹水时间之间的关系。落羽杉与美国水松的甲烷排放量和淹水时间之间的关系表现出相似的模式（a：Nahlik and Mitsch，2011；b：Villa and Mitsch，2014）

### 气泡排放和植物中的气体传输

除二氧化碳和氧气之外，湿地中气体的排放途径还有：①气体从沉积物或土壤表面扩散出来，并通过水体排出；②气体到达水面的过程称为气泡通量（ebullitive flux）或气泡（ebullition），进入大气层；③气体通过挺水植物的维管束排出（Boon，1999）。Boon 和 Sorrell（1995）在澳大利亚湿地的室内模拟（室内有湿地植物）研究中指出，白天的甲烷通量明显大于夜间。他们还指出，总甲烷通量和在倒置漏斗（用于收集气泡释放通量）中测得的数据之间存在差异。因此在对荸荠茎内（湿地优势植物 *Eleocharis sphacelata*）的压力、流量和气体浓度测量中，发现在"流入"茎秆内有高压产生，而在"流出"茎秆中则没有。"流出"茎秆中的甲烷浓度比"流入"茎秆中的甲烷浓度大三个数量级。正如预期的那样，"流出"茎秆中的二氧化碳浓度比"流入"茎秆中高 50 倍，而溶解氧浓度则低了 20%。这些研究和其他研究都表明，在有植被覆盖的所有湿地排放的甲烷中，50%～90%的甲烷可以通过挺水植物的维管束排放。

### 碳-硫交互作用

硫循环对于一些湿地中的有机碳氧化来说是十分重要的，尤其是在大多数硫含量丰富的沿海湿地中。一般来说，当硫酸盐浓度高时，还原土壤中的甲烷以低浓度排放。产生这种现象的原因包括：①硫和甲烷细菌之间的基质竞争；②硫酸盐或硫化物对甲烷细菌的抑制作用；③甲烷细菌对硫还原菌产物的依赖性；④由于硫酸盐供应充足，氧化还原电位较为稳定，变化幅度较小，因此不能还原二氧化碳。其他证据表明，甲烷实际上可以被硫酸盐还原剂氧化成二氧化碳。

硫还原菌需要一个低分子量的有机基质作为将硫酸盐转化为硫化物的能量来源［公式（6.9）］。之前提到的发酵过程可以顺便提供必需的低分子量有机化合物，如乳酸或乙醇［公式（6.15）、公式（6.16）及图 6.11］。公式（6.21）和公式（6.22）是硫还原方程式，同时也显示了有机物质的氧化：

$$2CH_3CHOHCOOH（乳酸）+ SO_4^{2-}+2H^+ \longrightarrow 2CH_3COOH+2CO_2+H_2S+2H_2O \tag{6.21}$$

$$CH_3COO^-（乙酸盐）+ SO_4^{2-} \longrightarrow CO_2+HS^-+HCO_3^-+2H_2O \tag{6.22}$$

由于咸水湿地中含有过量的硫酸盐，因此这种发酵-硫还原途径对于咸水湿地中的有机碳氧化为二氧化碳来说尤为重要。新英格兰盐沼的二氧化碳排放量中，有 54%是由发酵-硫还原途径产生的，45%是由好氧呼吸作用产生的。相反，淡水系统中大部分碳通量都是通过甲烷-甲烷氧化途径产生的。在澳大利亚一个死水潭（billabong）的研究中发现，甲烷生成过程中释放的碳占湿地底栖（下部）碳通量的 30%～50%（Boon and Mitchell，1995）。植物固定的大部分碳元素通过甲烷生成过程离开湿地。

总的来说，淡水湿地中主要通过生成甲烷的方式释放碳，而咸水湿地中主要通过硫酸盐还原的方式氧化有机碳。

## 磷循环

磷是生态系统中最重要的限制性化学物质之一，在湿地中也不例外（图 6.15）。在美国北部的藓沼、淡水草本沼泽和南部的深水森林沼泽中，磷是重要的限制性营养物质。在其他湿地，如农业湿地和盐沼中，磷是一种重要的矿物质，但是由于它的相对丰富性和生化稳定性，它并未被作为一种限制因素。磷滞留是自然湿地和人工湿地最重要的属性之一，特别是那些受到非点源污染或接收废水的湿地。

磷在湿地土壤中的存在形态十分多样，包括有机的、无机的、可溶性和不溶性的复合物。无机形态包括离子 $PO_4^{3-}$、$HPO_4^{2-}$ 和 $H_2PO_4^-$（统称正磷酸盐），其形态主要取决于 pH。磷对钙、铁和铝也具有亲和力，当它们容易获得时，磷就会与这些元素形成复合物。磷是在沉积循环中生成的，而不是在前面所

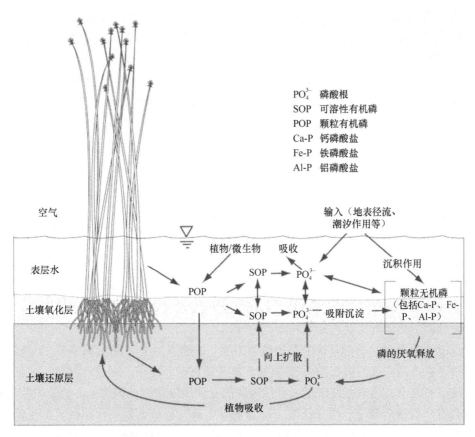

PO$_4^{3-}$　磷酸根
SOP　可溶性有机磷
POP　颗粒有机磷
Ca-P　钙磷酸盐
Fe-P　铁磷酸盐
Al-P　铝磷酸盐

图 6.15　湿地磷循环的主要途径：植物/微生物吸收、矿化、吸附/沉淀、沉积和厌氧释放

述的氮循环、硫循环和碳循环等气体循环中生成的。在任何时候，湿地中的大部分磷都被有机凋落物、泥炭及无机沉积物所束缚，前者主导泥炭沼泽，后者主导矿质土壤湿地。

　　测定的生物有效性正磷酸盐有时称为溶解性活性磷（soluble reactive phosphorus，SRP），尽管 SRP、可交换性磷和正磷酸盐之间的等效关系并不十分确定。然而，它经常被用作表征磷的生物有效性的指标。溶解有机磷（DOP）及不溶性有机和无机磷一般在转化为可溶性无机磷之前是无法被利用的。

　　虽然磷不会像氮、铁、锰和硫一样，受到氧化还原电位变化的影响而直接发生改变，但是土壤和沉积物中的磷会因磷元素与其他几种元素（尤其是铁）结合而受到间接影响进而发生转化。以下方式会降低磷对植物和小型消费者的可利用性。

　　1）在有氧条件下难溶性磷酸盐与三价铁、钙和铝形成沉淀。

　　2）磷酸盐被吸附在黏土颗粒、有机泥炭、铁铝氢氧化物和铁铝氧化物上。

　　3）磷被活体细菌、藻类和大型维管植物吸收，导致磷被束缚在有机物中。

　　关于磷与特定离子沉积有以下三个一般性结论：①磷在酸性土壤中被固定为铝磷酸盐和铁磷酸盐；②磷在碱性土壤中受钙和镁的限制；③磷在微酸性与中性土壤中的生物有效性最高（Reddy and DeLaune，2008）。金属磷酸盐的沉淀和磷酸盐对铁铝氢氧化物、铁铝氧化物的吸附是由于它们具有相同的化学作用——参与了络合离子和盐的形成。

## 磷的共沉淀

　　在许多淹水的湿地表面，藻类较高的生产力可以将二氧化碳排出水面，从而改变碳酸盐的整体平衡，并且使水体的 pH 在一天之内增加到 9 或 10。在这样的条件下，当磷吸附在方解石上并以磷酸钙的形式沉淀时，磷的共沉淀（coprecipitation of phosphorus）就会十分明显，而碳酸钙的沉淀也会加速。一项有关美国俄亥俄州中部沼泽的研究发现，方解石和白云石在藻类、湿地沉积物中的浓度较高，但在河流水体中没有，这表明湿地中会生成大量的方解石沉淀物。与方解石共沉淀的磷占这些湿地藻类中总磷量的47%，这表明磷的共沉淀作用基本上使藻类的除磷能力翻了一倍（Liptak，2000）。因此，藻类生产力高的湿地具有两种除磷的主要途径：通过藻类细胞同化磷和水体中藻类生产力产生的高 pH 导致的磷酸盐共沉淀。

### 磷循环过程

在水域生态系统中磷吸附到土壤颗粒表面是相当重要的。可以相信的是，这一吸附过程中既包括带负电荷的磷酸盐的化学结合，又包括磷酸盐附着在带正电荷的黏土颗粒表面，以及在黏土基质中磷酸盐对硅酸盐的置换。这种黏土与磷的复合体对于许多湿地，无论是河岸湿地还是海岸盐沼都特别重要，因为大部分由洪水和潮汐带入这一系统的磷被吸附到黏土颗粒上。因此，在许多矿质土壤中，磷循环往往遵循先沉淀再悬浮的沉积路径。由于大多数湿地大型植物从土壤中获取磷，磷吸附到黏土颗粒上而形成的沉积物是湿地生物获得磷的一种间接途径。从本质上说，植物将无机磷转化为有机形式，然后储存在有机泥炭中，通过微生物进行矿化，或者从湿地中输出。

当土壤被淹没处于厌氧状态时，磷的有效性会发生一些变化。据大量文献资料的记载，在湖泊下层湖水有这样一种现象：当湖底的沉积物-水界面处于缺氧状态时，可溶性磷就会增加。一般来说，类似的现象也经常出现在湿地中。当 $Fe^{3+}$ 被还原成更易溶解的亚铁（$Fe^{2+}$）化合物时，一部分磷酸铁（还原可溶性磷）中的磷会被释放到溶液中。洪水泛滥时，其他对于磷的释放有重要作用的反应包括：磷酸铁和磷酸铝的水解，以及通过阴离子交换将吸附在黏土和含水氧化物上的磷释放。当 pH 被有机酸或化学合成细菌产生的硝酸和硫酸改变时，磷也可以从不溶性盐中释放出来。然而，在酸性至微酸性条件下，磷吸附在黏土颗粒上的效率是最高的。

## 水化学

物质是通过地质变化、生物活动和水体流动途径输入湿地的。尽管人们对于母岩风化的地质变化输入仍知之甚少，但它对一部分湿地来说十分重要。生物活动输入包括对碳的光合吸收、固氮及鸟类等动物的活动。然而，除光合作用固碳、固氮等气体交换外，湿地的元素输入一般以水文输入为主。

### 海洋和河口

潮间带盐沼和红树林湿地持续不断地与邻近的河口及其他沿海水域交换潮水。这些水域的化学成分与溪流、江河和湖泊的差别很大。虽然河口是河流与海洋相接的地方，但在河口处并不只是淡水稀释海水这么简单。表 6.1 对比了河水与海水中化学成分的平均浓度。河水的化学性质范围相对较广，与其相比，在世界范围内海水的化学性质相当恒定，总盐度通常为 33‰～37‰。尽管海水中几乎包含了所有元素，但 99.6%的盐分中只有 11 种离子。除稀释海水外，当海水和淡水相遇时，河口的淡水还能产生化学反应，包括颗粒物质的溶解、絮凝、化学沉淀、生物同化和矿化、吸附，以及化学物质吸附到黏土颗粒、有机物和淤泥上。在大多数河口和滨海湿地，氮、磷、硅和铁等重要的生化物质来自河流，而其他重要的化学物质如 $Na^+$、$K^+$、$Mg^{2+}$、硫酸盐和碳酸氢盐及碳酸盐则来自海洋。

表 6.1　海水和河水中化学成分的平均浓度（mg/L）

| 化学物质 | 海水 | 河水 |
| --- | --- | --- |
| $Na^+$ | 10 773 | 6.3 |
| $Mg^{2+}$ | 1 294 | 4.1 |
| $Ca^{2+}$ | 412 | 15 |
| $K^+$ | 399 | 2.3 |
| $Cl^-$ | 19 340 | 7.8 |
| $SO_4^{2-}$ | 2 712 | 11.2 |
| $HCO_3^-/CO_3^{2-}$ | 142 | 58.4 |
| B | 4.5 | 0.01 |
| F | 1.4 | 0.1 |
| Fe | <0.01 | 0.7 |
| $SiO_2$ | $<0.1\sim>10^4$ | 13.1 |
| N | $0\sim0.5$ | 0.2 |
| P | $0\sim0.07$ | 0.02 |
| 颗粒有机碳 | $0.01\sim10$ | $5\sim10$ |
| 可溶性有机碳 | $1\sim5$ | $10\sim20$ |

## 溪流、江河和地下水

当降雨到达流域的地面时，渗入地面，通过蒸散发作用返回到大气中，或作为径流在地表流动。当有足够的径流汇合（有时会与地下水水流结合）后，河道水流中的矿质含量与原始降水的矿质含量有所不同。表 6.1 比较了世界河水和海水中溶解物质的"平均"浓度。然而，与海水不同，地表水和地下溪流或江河都没有各自所特有的水质。美国淡水溪流和江河中离子组成的累积频率见图 6.16。例如，它显示了许多离子的平均浓度都在 50%（百分位浓度）。$NO_3^-$ 的平均浓度约为 1mg/L，而 $Mg^{2+}$ 的平均浓度约为 10mg/L，总溶解固体的平均浓度约为 500mg/L。曲线表明这些化学物质广泛存在于河流和溪流中。

河水中化学物质浓度的差异是由以下 5 个因素造成的。

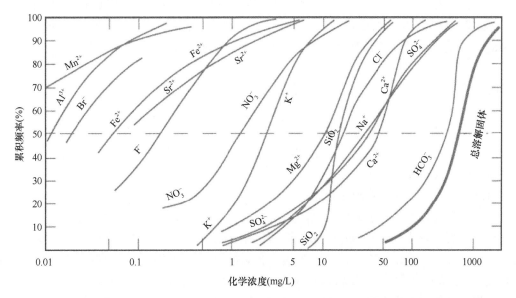

图 6.16　地表水中各种溶解矿物质浓度的累积频率曲线。水平虚线表示浓度中值，90%的累积频率表示第 90 百分位浓度，50%的累积频率表示第 50 百分位浓度，以此类推（模仿自 Davis and DeWiest，1966）

　　1）地下水的影响。河流的化学特征取决于水体先前与地下岩层接触的程度及这些岩层中存在的矿物类型。土壤和岩石的风化通过溶解与氧化还原反应为进入地下的水提供主要的溶解离子。地表水中溶解的物质的浓度范围可以从每升几毫克到 500mg/L 甚至 1000mg/L。水溶解矿物岩石的能力在一定程度上取决于其作为弱碳酸的性质。岩石矿化也是一个重要的考虑因素。石灰石和白云石等矿物会产生大量的溶解离子，而花岗岩和砂岩相对耐溶解。

　　2）气候的影响。气候通过降水和蒸散发之间的水量平衡来影响地表水质。干旱地区地表水中的盐浓度往往比潮湿地区的高。气候对陆地植被的分布范围和类型也有相当大的影响，进而间接影响土壤的物理、化学和生物特性，土壤侵蚀强度，以及土壤被输送到地表水体中的量的多少。

　　3）地理条件的影响。进入溪流、江河、湿地的溶解物质和悬浮物质的数量也取决于流域的大小、地形的坡度、土壤质地及地形的多样性。通常侵蚀造成悬浮（不溶）物质浓度较高的地表水中的溶解物质含量相对较低。但是，地下水水体中往往溶解物质浓度高，悬浮物质浓度低。上游湿地也会影响进入下游湿地的水的水质。Johnston 等（2001）在比较两个土壤和地貌都不相同的河流湿地时发现，若不考虑流域之间的差异性，两个湿地都会出现地表水化学季节性浓聚。

　　4）径流量及生态系统的影响。地表径流、溪流和河流的水质随季节而变化。一般情况下，径流量与溶解物质浓度呈负相关。在雨季和风暴期间，近期降水提供了主要水源，这些降水在没有与土壤和地下矿物接触的情况下，很快就变成了径流，最后汇入江河湖泊。在流量较低的情况下，部分或大部分的水流来源于地下水，具有较高的溶解物质浓度。颗粒物和径流之间的关系往往是相反的。若水流流量较大，通常会导致沉积物（颗粒物）的浓度较高。

　　5）人为影响。人类会对湿地中化学物质的浓度产生影响。例如，人类的废水排放或城市化会导致水体发生改变，流经农场的径流会彻底改变与湿地接触的河流和地下水的化学成分。如果是来自农田的排水，那么水中沉积物、营养物质及一些除草剂和杀虫剂的浓度可能会更高。来自城市和郊区的排水，这些成分的浓度通常比农田排水低，但微量有机物、需氧物质和一些毒素的浓度较高。

## 湿地中的养分收支

　　生态系统中养分的输入与输出、系统内物质循环的定量描述称为生态系统质量平衡（ecosystem mass balance）。如果被测物质是生命所必需的几种元素之一（如碳、氮或磷），那么质量平衡被称为养分收支（nutrient budget）。在湿地中，物质质量平衡已经被用于描述生态系统的功能和确定湿地作为化学物质的"源""汇""转换器"的重要性。

　　前文中所提到的图 6.1 概述了湿地的质量平衡，说明了湿地中主要物质的存储和输入、输出的路径，以及量化了湿地物质输入、输出的重要性。进入湿地系统的营养物或化学物质称为输入或流入。对湿地而言，这些输入物质最初主要是通过水文途径进入湿地的（如第 4 章"湿地水文学"所述），如降水、地表水和地下水，以及潮汐交换。值得注意的是，碳和氮收支的生物途径分别是通过光合作用固定大气中的碳与通过固氮捕获大气中的氮的。

　　水文输出既可通过地表水又可通过地下水进行，除非湿地是一个没有出流的封闭盆地，如美洲北部的雨养泥炭沼泽。虽然化学物质从系统内循环到永久性埋藏的深度是一个不确定的阈值，但化学物质长期掩埋于沉积物中也被认为是营养或化学物质输出。化学物质有效性的深度常由湿地中植被的根际来界定。以生物为介导向大气输出，在氮循环（脱氮）和碳循环（二氧化碳的呼吸性损失）中也很重要。其他元素向大气中的排放，如氨挥发（ammonia volatilization）、甲烷和硫化物的排放，对个别湿地及全球矿物质循环来说都是潜在的重要途径。

　　系统内循环（intersystem cycling）包括湿地中各种化学物质"库"或现存量之间的交换。这种循环包括枯落物生产、再矿化及前面讨论的各种化学转化等途径。营养物质从植物根部通过茎、叶传输（translocation），是导致化学物质在湿地内进行物理传输的另一个重要的系统内过程。

图 6.17 详细说明了在计算湿地养分收支时应该考虑的一些主要途径和储存方式。研究人员几乎没有开发出一个完整的湿地质量平衡模式，包括量化图中所示的所有路径，但该图仍然是一个有用的指南。

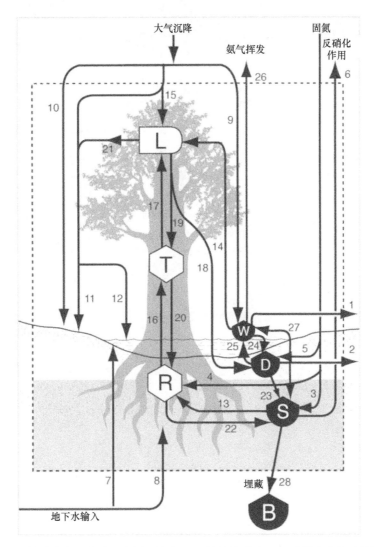

图 6.17　森林湿地中主要化学物质储存和流动示意图。储存：L. 地上芽或叶；T. 茎枝和多年生植物的地上储存；R. 根和根状茎；W. 地表水；D. 淋溶和碎屑；S. 近地表沉积物；B. 主要从内部循环中输出的深层沉积物。流动：1 和 2. 与相邻水域之间的可溶性物质和颗粒物交换；3～5. 沉积物、根际微生物和枯落物的固氮；6. 反硝化；7 和 8. 地下水输入；9 和 10. 大气输入（如降水）；11 和 12. 贯穿降水和茎流；13. 被根吸收；14. 叶面吸收地表水；15. 叶面直接吸收降水；16 和 17. 从根部通过茎部运送到叶面；18. 凋落物；19 和 20. 物质从叶面回到根部和茎部；21. 从树叶中浸出；22. 根的死亡及腐烂；23. 碎屑进入泥炭中；24. 从水中进入碎屑；25. 碎屑释放到水中；26. 氨气挥发；27. 沉积物-水的交换；28. 长期埋藏的沉积物（模仿自 Nixon and Lee，1986）

美国伊利诺伊州南部一个冲积河流沼泽的磷收支结果表明，在河水泛滥期间，沉积物中磷的沉积量 [3.6g P/(m²·年)] 是一年其余时间沼泽中磷的 10 倍（图 6.18）。因此，在那个特定的洪水年份，沼泽是大量磷和沉积物的汇。在洪水条件下，大量的磷[80.2g P/(m²·年)]只是通过沼泽，磷的滞留率很低（3%～4.5%）。

图 6.19 显示了美国俄亥俄州人工湿地中的氮和碳的详细收支。这两项收支都说明了水文精确测量的重要性，以及湿地土壤中碳、氮沉积的重要性。

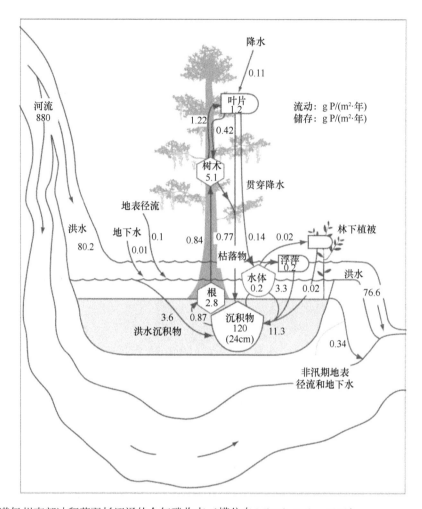

图 6.18　美国伊利诺伊州南部冲积落羽杉沼泽的全年磷收支（模仿自 Mitsch et al.，1979）

## 对湿地营养收支的概括

不同湿地的化学平衡也极为不同，但是从这些研究中能够概括出以下 4 方面内容。

1）养分吸收和释放的季节性模式是许多湿地的特征。在温带气候条件下，某些化学物质（如营养物质）在生长季节的滞留量最大，主要原因是生长季节水体和沉积物中的微生物活性较强，其次是因为此时水生植物的生产力较高。例如，在寒温带气候条件下，硝酸盐的滞留在大多数时候都会表现出明显的季节性，即夏季滞留量更大，这是因为夏季温度升高加速了脱氮微生物的活动和藻类及水生植物的生长。

2）湿地常通过化学交换与邻近生态系统耦合，这些化学交换会对这两个系统产生显著的影响。湿地上游的生态系统往往是湿地化学物质的重要来源，而下游水域生态系统往往受益于湿地滞留某些化学物质的能力或有机物质的输出。

3）湿地养分循环在时间、空间上都不同于深水水域生态系统和陆地生态系统。与大多数陆地生态系统相比，湿地中的沉积物和泥炭含有更多的营养物质，而深水水域生态系统的自养活动更依赖于水体中的营养物质而不是沉积物中的营养物质。

4）人为活动已经大大改变了许多湿地中的化学循环。尽管湿地对许多化学物质的输入具有很强的适应性，但湿地吸收大气或水圈中人为废弃物的能力并不是无限的。

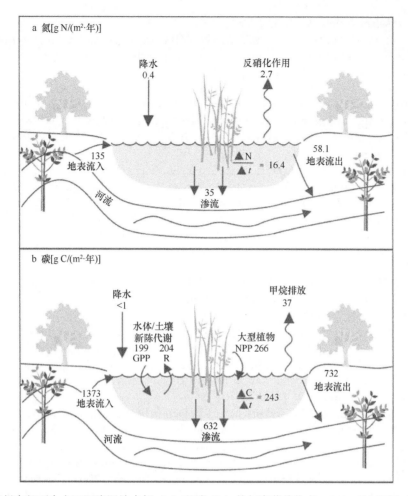

图 6.19　美国俄亥俄州中部两个人工河岸湿地中氮（a）和碳（b）的年度营养收支。GPP. 总初级生产力；NPP. 净初级生产力；R. 呼吸（数据来自 Batson et al.，2012 和 Waletzko and Mitsch，2013）

## 推荐读物

Reddy, K. R., and R. D. DeLaune. 2008. *Biogeochemistry of Wetlands*. Boca Raton, FL: CRC Press.

Schlesinger, W. H., and E. S. Bernhardt. 2013. *Biogeochemistry*, 3rd ed. Amsterdam, Netherlands: Academic Press/Elsevier.

## 参考文献

Altor, A. E., and W. J. Mitsch. 2006. Methane flux from created riparian marshes: Relationship to intermittent versus continuous inundation and emergent macrophytes. *Ecological Engineering* 28: 224–234.

Batson, J., Ü. Mander, and W. J. Mitsch. 2012. Denitrification and a nitrogen budget of created riparian wetlands. *Journal of Environmental Quality* 41: 2024–2032.

Boon, P. I. 1999. Carbon cycling in Australian wetlands: The importance of methane. *Verhandlungen Internationale Vereinigung für Limnologie* 27: 1–14.

Boon, P. I., and A. Mitchell. 1995. Methanogenesis in the sediments of an Australian freshwater wetland: Comparison with aerobic decay and factors controlling methanogenesis. *FEMS Microbiology Ecology* 18: 174–190.

Boon, P. I., and B. K. Sorrell. 1995. Methane fluxes from an Australian floodplain wetland: The importance of emergent macrophytes. *Journal of North American*

*Benthological Society* 14: 582–598.

Cui, J., C. Li, and C. Trettin. 2005. Analyzing the ecosystem carbon and hydrologic characteristics of forested wetland using a biogeochemical process model. *Global Change Biology* 11: 278–289.

David, M. B., C. G. Flint, G. F. McIsaac, L. E. Gentry, M. K. Dolan, and G. F. Czapar. 2013. Biophysical and social barriers restrict water quality improvements in the Mississippi River basin. *Environmental Science & Technology* 47: 11928–11929.

Davis, S. N., and R. J. M. DeWiest. 1966. *Hydrogeology*. John Wiley & Sons, New York. 463 pp.

Doering, O. C., J. N. Galloway, T. L. Theis, V. Aneja, E. Boyer, K. G. Cassman, E. B. Cowling, R. R. Dickerson, W. Herz, D. L. Hey, R. Kohn, J. S. Lighy, W. Mitsch, W. Moomaw, A. Mosier, H. Paerl, B. Shaw, and P. Stacey. 2011. *Reactive Nitrogen in the United States: An Analysis of Inputs, Flows, Consequences, and Management Options.* U.S. Environmental Protection Agency Science Advisory Board Integrated Nitrogen Committee, EPA-SAB-11-013, Washington, DC, 139 pp.

Erler, D. V., B. D. Eyre, and L. Davison. 2008. The contribution of anammox and denitrification to sediment $N_2$ production in a surface flow constructed wetland. *Environ. Sci. Technol.* 42(24): 9144–9150.

Galloway, J. N., J. D. Aber, J. W. Erisman, S. P. Seitzinger, R. W. Howarth, E. B. Cowling, and B. J. Cosby. 2003. The nitrogen cascade. *BioScience* 53: 341–356.

Hernandez, M. E., and W. J. Mitsch. 2006. Influence of hydrologic pulses, flooding frequency, and vegetation on nitrous oxide emissions from created riparian marshes. *Wetlands* 26: 862–877.

Hernandez, M. E., and W. J. Mitsch. 2007. Denitrification in created riverine wetlands: Influence of hydrology and season. *Ecological Engineering* 30: 78–88.

Hey, D. L., and N. S. Philippi. 1995. Flood reduction through wetland restoration: The Upper Mississippi River Basin as a case study. *Restoration Ecology* 3: 4–17.

Johnston, C. A., S. D. Bridgham, and J. P. Schubauer-Berigan. 2001. Nutrient dynamics in relation to geomorphology of riverine wetlands. *Soil Science of America Journal* 65: 557–577.

Laanbroek, H. J. 1990. Bacterial cycling of minerals that affect plant growth in waterlogged soils: A review. *Aquatic Botany* 38: 109–125.

Ligi, T., M. Truu, K. Oopkaup, H. Nõlvak, Ü. Mander, W.J. Mitsch, and J. Truu. 2015. The genetic potential of $N_2$ emission via denitrification and ANAMMOX from the soils and sediments of a created riverine treatment wetland complex. *Ecological Engineering* doi.org/10.1016/j.ecoleng.2014.09.072

Liptak, M. A. 2000. Water column productivity, calcite precipitation, and phosphorus dynamics in freshwater marshes. Ph.D. dissertation, The Ohio State University, Columbus.

Megonigal, J. P., M. E. Hines, and P. T. Visscher. 2004. Anaerobic metabolism: Linkages to trace gases and aerobic processes. In W. H. Schlesinger, ed., *Biogeochemistry*. Elsevier-Pergamon, Oxford, UK, pp. 317–424.

Mississippi River/Gulf of Mexico Watershed Nutrient Task Force. 2008. *Gulf Hypoxia Action Plan 2008 for Reducing, Mitigating, and Controlling Hypoxia in the Northern Gulf of Mexico and Improving Water Quality in the Mississippi River Basin*. Mississippi River/Gulf of Mexico Watershed Nutrient Task Force, Washington, DC.

Mitsch, W. J., C. L. Dorge, and J. R. Wiemhoff. 1979. Ecosystem dynamics: A phosphorus budget of an alluvial cypress swamp in southern Illinois. *Ecology* 60: 1116–1124.

Mitsch, W. J., J. W. Day, Jr., J. W. Gilliam, P. M. Groffman, D. L. Hey, G. W. Randall, and N. Wang. 2001. Reducing nitrogen loading to the Gulf of Mexico from the Mississippi River Basin: Strategies to counter a persistent ecological problem. *BioScience* 51: 373–388.

Mitsch, W. J., J. W. Day, Jr., L. Zhang, and R. Lane. 2005. Nitrate-nitrogen retention by wetlands in the Mississippi River Basin. *Ecological Engineering* 24: 267–278.

Mitsch, W. J., and J. W. Day, Jr. 2006. Restoration of wetlands in the Mississippi-Ohio-Missouri (MOM) River Basin: Experience and needed research. *Ecological Engineering* 26: 55–69.

Mitsch, W. J, L. Zhang, K. C. Stefanik, A. M. Nahlik, C. J. Anderson, B. Bernal, M. Hernandez, and K. Song. 2012. Creating wetlands: Primary succession, water quality changes, and self-design over 15 years. *BioScience* 62: 237–250.

Murphy, J. C., R. M. Hirsch, and L. A. Sprague, 2013. Nitrate in the Mississippi River and its tributaries, 1980–2010—An update: U.S. Geological Survey Scientific Investigations Report 2013–5169, 31 p., http://pubs.usgs.gov/sir/2013/5169/.

Nahlik, A. M. and W. J. Mitsch. 2011. Methane emissions from tropical freshwater wetlands located in different climatic zones of Costa Rica. *Global Change Biology* 17: 1321–1334.

Nixon, S. W., and V. Lee. 1986. Wetlands and Water Quality. Technical Report Y-86-2, U.S. Army Corps of Engineers Waterways Experiment Station, Vicksburg, MS.

Reddy, K. R. and R. D. DeLaune. 2008. *Biogeochemistry of Wetlands.* CRC Press, Boca Raton, FL, 774 pp.

Roy-Chowdhury, T., W. J. Mitsch, and R. P. Dick. 2014. Seasonal methanotrophy across a hydrological gradient in a freshwater wetland. *Ecological Engineering* 72: 116–124.

Sha, C., W. J. Mitsch, Ü. Mander, J. Lu, J. Batson, L. Zhang, and W. He. 2011. Methane emissions from freshwater riverine wetlands. *Ecological Engineering* 37: 16–24.

Singer, P. C., and W. Stumm. 1970. Acidic mine drainage: The rate-determining step. *Science* 167: 1121–1123.

Song, K., M. E. Hernandez, J. A. Batson, and W. J. Mitsch. 2014. Long-term denitrification rates in created riverine wetlands and their relationship with environmental factors. *Ecological Engineering* 72: 40–46.

Sorrell, B. K., and P. I. Boon. 1992. Biogeochemistry of billabong sediments. II. Seasonal variations in methane production. *Freshwater Biology* 27: 435–445.

Sundareshwar, P. V., J. T. Morris, E. K. Koepfler, and B. Fornwalt. 2005. Phosphorus limitation of coastal ecosystem processes. *Science* 299: 563–565.

Villa, J. A. and W. J. Mitsch. 2014. Methane emissions from five wetland plant communities with different hydroperiods in the Big Cypress Swamp region of Florida Everglades. *Ecohydrology & Hydrobiology* 14: 253–266.

Waletzko, E. and W. J. Mitsch. 2013. The carbon balance of two riverine wetlands fifteen years after their creation. *Wetlands* 33: 989–999.

Whalen, S. C. 2005. Biogeochemistry of methane exchange between natural wetlands and the atmosphere. *Environmental Engineering Science* 22: 73–94.

# 第 7 章  湿地植被与演替

许多植物（水生植物）能够适应湿地的暂时性和永久淹水。为了适应缺氧，维管植物适应淹水条件最主要体现在结构上——维管植物的皮质组织中存在孔隙空间，使氧气可以从植物的地上部分向根部扩散，从而满足植物根部的呼吸需求。维管植物还有许多形态上的适应，如突出水面的气生根、凹凸不平的树皮、支柱根和不定根，这些可以帮助维管植物适应淹水生境。此外，湿地植物对湿地淹水条件的适应还体现在生理活动甚至整株植物的变化上。

在传统的认知中，湿地生态系统被认为是开阔水域和陆地森林之间演替的过渡生态系统。植物生长过程中的有机物质不断堆积在地表，直到这里的地表不再被洪水淹没，为耐水淹的陆地森林物种提供生长条件（自发演替）。另一种理论认为湿地植被由能够适应湿地特定环境条件的物种组成（异发演替）。现有证据表明，内力和外力都会改变湿地植被。用于描述湿地植物生长的模式包括功能群模型、环境筛模型和离心分布模式。

如果把生态系统属性看作演替的指标，那么湿地在某些方面似乎是成熟的，而在另一些方面则是不成熟的。湿地生态系统发育策略包括脉冲稳定性、自组织或自我设计等概念。在景观尺度上，湿地、水域及陆地生境的格局反映了物理（外力）和生物（内力）两种力量之间复杂、动态的相互作用。

一般认为，湿地植被是由能够适应淹水的维管植物组成的。在目前全球已知的 325 000 种维管植物中，只有很小一部分具有足够的适应性可以成为湿地植物。严格来说，湿地植被还包括许多单细胞藻类和蓝藻。由于湿地植物在代谢和结构方面的适应性很强，因此许多湿地中的植物种类十分多样。在大多数成熟的湿地中通常能看到至少 100 种维管植物，其中大约一半的植物为湿地植物。不过，定义什么是湿地植物是非常困难的，例如，即使美国已经在法律层面上界定了湿地，但定义湿地植物仍然是一个极具挑战性的问题。

## 维管植物对渍水和淹水的适应

湿地环境的一个重要特征是大多数生物难以适应的环境压力。水生生物并不能适应许多湿地都会发生的周期性干旱；而陆地生物往往受到长期淹水的困扰。通常湿地淹水较浅，湿地表面的极端温度往往比一般水域环境要高。然而，最严重的是湿地淹水土壤中的缺氧问题，这会妨碍生物通过正常的有氧代谢途径进行呼吸。在厌氧环境下，植物可利用的营养物质供应也会受到影响，某些元素和有机化合物的浓度可能达到有毒水平。

与单细胞组织相比，多细胞组织个体更加复杂。细菌对缺氧条件和盐的适应力很强，但多细胞组织的复杂性使植物和动物能够发展出对环境更强的适应性。同时，有些单细胞生物对环境的适应性并没有在多细胞生物体中发现，如通过还原沉积物中的无机化合物来提供能量。这些适应性通常体现在专门的组织和器官上。

与对淹水敏感的植物相反，耐水淹物种［水生植物（hydrophyte）］具有一系列适应性，使其能够承受或避免环境压力。水生植物的几种适应能力，使它们能够忍受湿地土壤中的缺氧条件。这些适应可以分为三大类：结构（或形态）适应、生理适应和全株植物策略（表 7.1）。

**表 7.1　植物对淹水和渍水的反应与适应性**

**结构（或形态）适应**
　根、茎的通气组织
　不定根
　茎部膨大（如板状根）
　树皮纵裂
　垂直生长迅速或生长休眠
　浅根系或支柱根
　皮孔
　气生根和落羽杉的屈膝状呼吸根

**生理适应**
　具有压力的气流
　根际氧化
　减少水分吸收
　改变养分吸收
　硫化物回避
　厌氧呼吸

**全株植物策略**
　种子生长时机
　具有浮力的种子和苗（胎生苗）
　持久性种子库
　抗环境压力强的根、块茎和种子

## 形态适应

### 通气组织

　几乎所有的水生植物都有复杂的结构（或形态）来避免根系缺氧。当水生植物遭遇淹水时，会通过在有氧环境生长或使氧气更自由地进入缺氧区来增加植物的氧气供应。植物对淹水的主要适应策略是根和茎发育了气室［通气组织（aerenchyma）］，它们能使氧气从植物的地上部分扩散到根部（图 7.1）。在没有淹水的情况下，耐水淹植物就不会发育出太多的通气组织，这是耐水淹植物的特征。陆生植物根部所需氧气主要来源于周围土壤，但对于通气组织十分发达的植物来说，植物根细胞并不依赖于周围土壤中的氧气。正常植物的孔隙度通常是根体积的 2%～7%，而湿地植物的孔隙度占根体积的比例高达 60%。气室是通过根部皮质成熟期间的细胞分离或细胞分解而形成的。气室使植物根部形成蜂窝状结构。气室不一定贯穿整个茎部和根部。然而，通气组织内的细胞外侧细胞壁对内部气体扩散的阻碍并不严重。在水下的茎部组织具有同样的细胞裂解和孔隙空间。水稻等耐水淹植物的根部在充气的顶端细胞中也能形成通气组织。

　根孔隙度是控制根内部氧浓度最重要的因素。通气组织向根部供氧的有效性在多种植物中都有所体现。例如，耐水淹的水生千里光（*Senecio aquaticus*）的根呼吸只有 50% 会受到根系缺氧的抑制，而对洪水敏感的种类——新疆千里光（*S. jacobaea*）的呼吸几乎完全会受缺氧条件的抑制。耐水淹植物的根部孔隙度较大是导致这一差异的主要因素。人们研究最广泛的耐水淹植物是水稻。与非淹水植物相比，在持续淹水条件下生长的水稻会发育出更大的根部孔隙度，保证了根组织中的氧浓度。当处于缺氧条件时，

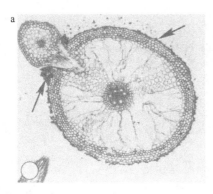
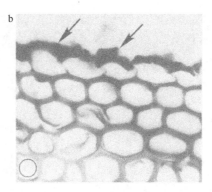

图 7.1　河边互花米草（*Spartina alterniflora*）根部光学显微照片：（a）根部的横切面，箭头表示在根表皮上存在红色铁沉积物，放大倍数×192；（b）根部的横切面，显示表皮细胞外壁上存在类似的物质，放大倍数×1143。注意观察根部普遍存在的孔隙空间（通气组织）（引自 Mendelssohn and Postek，1982）

水稻根系线粒体降解的方式与对洪水敏感的南瓜相同，这表明淹水植物耐水淹的主要基础是避免根缺氧，而不是细胞代谢的生理变化（Levitt，1980）。

## 不定根

除通气组织发育之外，厌氧条件还会导致湿地植物中形成能够帮助植物从根系获取氧气的器官。激素的变化，特别是缺氧组织中乙烯浓度的变化，导致植物形成结构上的适应。有研究发现，乙烯能够刺激耐淹树木（如柳树、杨树）和耐淹草本物种［如芦苇属（*Phragmites*）、丁香蓼属（*Ludwigia*）、千屈菜（*Lythrum salicaria*）］及一些不耐水淹的植物（如番茄）形成不定根（adventitious root）。当这些植物被水淹时，会在厌氧区上方的茎上发育出根系（图 7.2a）。这些根系是在原始根系死亡时形成的，并且能够在水线以上的有氧环境中正常发挥作用。

## 茎部膨大

茎部膨大（stem hypertrophy）是指维管植物茎的下部过度增大，这是许多维管植物适应淹水条件的另一种表现，因此其可以看作湿地环境的一个很好的指标。当这种情况发生在树上时，就被称为板状根（图 7.2b），这是沼泽树木的特征，如秃柏、池杉等落羽杉属（*Taxodium*）植物及蓝果树属（*Nyssa*）植物。茎部膨大不是由通气组织形成的，而是由细胞较大、木质密度较低造成的，也可能是由生成的乙烯造成的。湿地中有些种类的树木也会在地表发育出类似的喇叭状根或树皮纵裂（fluted trunk）（图 7.2c），如沼生栎（*Quercus palustris*）和美国榆（*Ulmus americana*）。

## 茎部伸长、根的适应和皮孔

对淹水条件的另一种反应是在水位上升的刺激下，莕菜（*Nymphoides peltata*）、水稻（*Oryza sativa*）和落羽杉（*Taxodium distichum*）等水生与半水生植物的茎迅速伸长。落羽杉幼苗垂直生长速度较快，据推测，是为了在静水水位升高之前，使其光合器官不会受到损害。浅根系的形成是湿地维管植物避免厌氧环境的另一种明显而常见的适应措施。高地森林中常见的深根现象，在森林湿地中几乎看不到。有些物种在这方面是兼性的，如美国红枫（*Acer rubrum*）在湿地中会形成浅根系，但在高地森林中就可能发育成深根。

在世界各地的热带和亚热带潮汐沼泽中，红树属（*Rhizophora*）植物生长在拱形支柱根（prop root）上（图 7.2d）。支柱根在潮水以上有许多小孔，称为皮孔，根的末端较长，呈海绵状并充满空气，深入水下。尽管这些根部被掩埋在缺氧的淤泥中，但氧气浓度仍会持续高达 15%～18%。但是如果皮孔堵塞，根部的氧气浓度可能会在两天内下降到 2% 或更少。皮孔还存在于耐水淹植物如欧洲桤木（*Alnus glutinosa*）和多花蓝果树（*Nyssa sylvatica*）的茎部，并且可以在茎部充当通气组织。

彩图请扫码

图 7.2　维管植物对淹水和渍水条件的形态适应：（a）柳属（*Salix*）植物的不定根；（b）深水森林沼泽中落羽杉属（*Taxodium*）植物的膨大茎或板状根；（c）淡水森林沼泽中沼生栎（*Quercus palustris*）的喇叭状根和树皮纵裂；（d）从哥斯达黎加红树属植物中延伸出来的支柱根；（e）淡水沼泽中落羽杉的呼吸根及"屈膝状根"（照片 a 由 Ralph Tiner 拍摄；b、c、d 和 e 由 W. J. Mitsch 拍摄，经许可转载）

## 呼吸根

　　海榄雌属（*Avicennia*）植物同样发育了数千个高 20～30cm、直径为 1cm 的呼吸根（pneumatophore，气根），呈海绵状并布满皮孔。它们从泥土中伸展出来，在低潮时暴露在空气中。水下主根的氧浓度会随潮汐涨落而变化，在低潮期间上升，淹水期间下降，反映出了气根露出水面的周期。这些呼吸根通常长满了皮孔，有助于根系呼吸。落羽杉（*Taxodium distichum*）的"屈膝状根"（图 7.2e）就是提高根系中气体交换能力的呼吸根。落羽杉的呼吸根通常只在树木生长在渍水土壤和淹水土壤中才会发育，其高度往往被看作湿地高水位的指征。

## 生理适应

　　湿地挺水维管植物和湿地浮叶植物叶片只有在根部处于厌氧环境时无叶柄。通常情况下，如果对淹水敏感的陆生植物的根部被淹没，根部的氧气供应会迅速减少。这就阻断了根部的有氧代谢，损害了细胞的能量状态，并且减少了几乎所有由代谢介导的活动，如细胞扩展、分裂及营养吸收。即使细胞代谢转向厌氧糖酵解，也会减少腺苷三磷酸（ATP）的产生。发酵产生的有毒代谢物可能会积累，导致细胞质酸中毒并最终死亡。缺氧后不久，线粒体结构就会发生病理变化，在 24h 内线粒体和其他细胞器会被完全破坏。缺氧还改变了根部的化学环境，增加了还原态的铁、锰和硫的可利用性，最终可能在根部积累到有毒水平。湿地维管植物的生理适应性主要针对根系的缺氧问题。

## 具有压力的气流

Dacey（1980，1981）首次记录了一个相当有趣的适应现象——萍蓬草漂浮的叶片会不断地给根部增加氧气供应量（欧亚萍蓬草 *Nuphar luteum*，如今细分成许多类别，其中包括 *N. adventa*）。从那以后，一些研究陆续证明了其他浮叶植物也具有从植物表面到根际存在压力气流的类似适应现象。在澳大利亚西南部对 14 种濒危植物的研究发现，其中有 8 种都存在明显的气体流动现象 [0.2～10cm³/(min·culm[①])]，包括：莎草（*Baumea articulata*）、风车草（*Cyperus involucratus*）、荸荠（*Eleocharis sphacelata*）、水葱（*Schoenoplectus validus*）、长苞香蒲（*Typha domingensis*）、东方香蒲（*T. orientalis*）、芦苇（*Phragmites australis*）和灯心草属植物 *Juncus ingens*（表 7.2）。这些植物的结果表明，内部压力和气体流动可能是许多水生植物的共有特征。长苞香蒲的叶片气流具有显著的昼夜模式（图 7.3），与空气和叶片温度有关。0.1～0.2cm³/(min·culm)的气流出现在夜晚，但是在午间能增加到 3cm³/(min·culm)。分析结果表明，由温度引起的压力是植物内部气流的主要推动力。

表 7.2　澳大利亚 13 种湿地植物和 1 种陆地植物的茎或叶中的气体流速 [a]

| 不同水深的植物种 | N | $\Delta P_s$（Pa） | 流速[cm³/(min·culm)] |
|---|---|---|---|
| **潜在的深水植物** | | | |
| 芦苇（*Phragmites australis*） | 12 | 573±54 | 5.3±0.4[b] |
| 东方香蒲（*Typha orientalis*） | 8 | 1070±120 | 4.4±0.3[b] |
| 长苞香蒲（*Typha domingensis*） | 6 | 780±140 | 3.4±0.4[b] |
| **水体边缘植物（水深<1m）** | | | |
| *Juncus ingens* | 11 | 222±24 | 1.2±0.1[c] |
| 荸荠（*Eleocharis sphacelata*） | 10 | 1080±86 | 0.85±0.02 |
| 水葱（*Schoenoplectus validus*） | 9 | 1310±124 | 0.29±0.05 |
| 莎草（*Baumea articulata*） | 16 | 494±58 | 0.23±0.06 |
| **浅水或土壤水分饱和的植物** | | | |
| 风车草（*Cyperus involucratus*） | 11 | 903±234 | 0.33±0.09[c] |
| 美人蕉属一种（*Canna* sp.） | 5 | 27±5 | 0.06±0.01 |
| 狐尾藻（*Maiophyllum papillosum*）[d] | 6 | 68±12 | 0.04±0.01 |
| 密穗莎草（*Cyperus eragrostis*） | 8 | 111±34 | 0.02±0.01 |
| 水丁香（*Ludwigia pelloides*）[d] | 5 | 57±1 | <0.01 |
| 三棱草（*Bolboschoenus medianus*） | 15 | 2±31 | <0.01 |
| **非湿地植物** | | | |
| 芦竹（*Arundo donax*） | 6 | 1±10 | <0.01 |

注：a. 水深是植物可以生长的潜在深度，参考了其他研究成果和植物个体大小。$\Delta P_s$ 为植物茎部的静态压力。植物按气体流量递减的顺序排列。数字表示平均值和标准差

b. 需要去除部分小样本或叶片，使流速等级处于量程范围内

c. 单株茎测量的气流

d. 生长在浅水中的匍匐植物、漂浮植物

数据来源：Brix et al., 1992

---

① 译者注：culm 即植物茎、秆

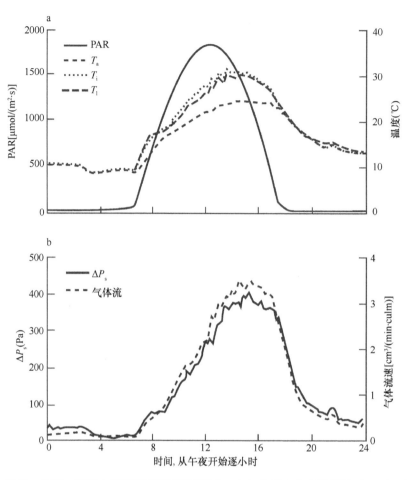

图 7.3　长苞香蒲的太阳能、温度、植物内压和气流流速昼夜变化：（a）太阳光合有效辐射（PAR）、气温（$T_a$）、叶片内部温度（$T_i$）及叶片表面温度（$T_1$）；（b）内部静态压力差（$\Delta P_s$）和气体流速 [cm³/(min·culm)]（引自 Brix et al.，1992）

　　植物的压力范围与这些植物在湿地中分布的大致水深非常吻合（表 7.2）。芦苇属（*Phragmites*）、荸荠属（*Eleocharis*）植物和两种香蒲属（*Typha*）植物可以在水深 2m 处生长；水葱属（*Schoenoplectus*）、灯心草属（*Juncus*）及克拉莎属尖喙莎亚属（*Baumea*）植物在水深不足 1m 处生长；而另有两种莎草（*Cyperus*）、三棱草属（*Bolboschoenus*）及美人蕉属（*Canna*）植物在湿地积水较浅的水域生长。空气进入气生叶的腔隙系统（lacunar system），并在压力作用下通过植物茎部的通气组织输送到根部，其压力由温度和水气压梯度造成（约 200Pa 至 1300Pa）。较老的叶片通常会失去维持压力梯度的能力，由根部产生的气体回流来完成这一过程。在空气输送过程中，根呼吸也会产生较多的 $CO_2$ 和 $CH_4$。芦苇通过死亡的茎与根际的气体交换足以维持植物根系的有氧呼吸，这些死亡的茎也为根部过量的 $CO_2$ 和 $CH_4$ 提供了排放通道。

　　Grosse 等（Grosse and Schröder，1984；Schröder，1989；Grosse et al.，1992）的研究发现，森林沼泽中的树木具有相似的过程，如欧洲河漫滩森林及温带河边森林中的优势树种欧洲桤木（*Alnus glutinosa*）。与黑暗环境相比，耐水淹树种的幼苗和休眠（无叶）树木在阳光或白炽灯光照射下，从气生枝芽到根部的气体输送增强。Grosse 等（1998）把这种现象称为压缩气流（pressurized gas flow）或热渗透（thermo-osmotic）气流。当植物皮层组织的外部环境空气和内部气体之间形成温度梯度时，就会发生这种现象。第二个要求是外部和内部之间的可渗透分区，其孔隙直径类似或小于系统中气体分子的"平均自由程长度"（如室温和标准大气压下 70nm）（Grosse et al.，1998）。在欧洲桤木中，皮孔中的分生组织形成了这样的分区。

当茎的表面被阳光温和地照射时，植物细胞间隙中气体分子的平均自由程长度增加，阻止了这些分子通过皮孔中的渗透屏障向外逃逸。然而，温度较低的外部分子仍然可以扩散到植物中。这样便形成了一个内部压力梯度，迫使气体通过植物茎向下输送到根部。与通气组织相比，这种"热力泵"在向欧洲桤木根部输送氧气时效率不高。例如，在淹水土壤中生长两个月的欧洲桤木幼苗输送氧气的速度是未淹水土壤中生长幼苗的 8 倍。在淹水条件下，通气组织和皮孔组织发育是造成这一差异的主要原因。相比之下，热渗透效应（未淹水情况下）导致气体输送速率增加了 4 倍。"热力泵"在有叶片的树木中不像在休眠（无叶）树木中那样活跃。因此，对于树木来说，在水分饱和土壤中通气组织发育完成之前的幼苗定植期，以及在树木落叶的休眠期，这种适应性似乎是增强根通气最有效的方式。

## 根际氧化

植物根系通气适应带来的其他效应，是影响植物的其他部分及其所处的环境。当缺氧程度适中时，许多湿地植物向根部输送的氧气充足，不仅可以供应根，还可以扩散出去，氧化邻近的缺氧土壤，并产生根际氧化（见第 5 章"湿地土壤"）。图 7.1 所示的互花米草（*spartina alterniflora*）根系周围的棕色沉积物是由根部氧气与土壤中的还原性亚铁离子接触形成的铁锰沉淀物。根系的氧气扩散是减轻土壤中锰等可溶性还原离子的毒害作用、恢复植物离子吸收和生长的重要机制。这些离子会在根际被再氧化、沉淀，从而有效地解除毒害。McKee 等（1988）证实了土壤氧化还原反应的巨大潜力，孔隙水硫化物在美洲红树属（*Rhizophora*）植物的支柱气根或海榄雌属（*Avicennia*）植物暴露的通气根中的浓度要比在附近裸露的泥土中低 3～5 倍，这主要由于从树木根部到土壤中的氧气扩散。很有可能这些耐淹植物的根部组织改变了沉积物的缺氧状态，使附近不耐水淹的植物得以存活（Ernst，1990）。

根际氧化（如今被土壤科学家称为氧化孔隙膜，参见第 5 章"湿地土壤"）是植物根部氧化的结果，也是判别湿地的重要方式。植物根部死亡后很长一段时间里，氧化铁沉淀物形成的红色和橙色的叶脉状残留物仍然存在于许多矿质土壤中，是水生植物曾经生存过的一个明显迹象。在考察湿地的野外工作中，它们被用作识别水成土（也就是湿地存在）的一个指标。

## 较低的水分吸收

湿地中有大量的水分，植物对厌氧环境难以耐受的典型表现是减少水分吸收，这可能是根系代谢全面下降的结果。水分吸收减少导致的特征与干旱条件下相似：气孔关闭、二氧化碳吸收减少、蒸腾减少和萎蔫。这些适应可能与受干旱影响的植物相同——最大限度地减少水分损失和随之而来的细胞质损伤。通常认为，伴随而来的光合作用的减弱是一个不可避免的必然结果。

## 硫化物回避

硫化物对植物组织有毒。尤其在滨海湿地，硫在厌氧土壤中被还原为硫化物，并可累积到有毒浓度。虽然硫酸盐的吸收是通过代谢控制的，但硫化物能在不受控制的情况下进入植物体内，在极度还原条件下许多耐淹植物体内的硫化物浓度很高。在对互花米草（*S. alterniflora*）和黍属植物 *Panicum hemitomon* 进行的实验中，Koch 等（1990）发现，乙醇脱氢酶（alcohol dehydrogenase，ADH）的活性，以及在乙醇发酵过程中，催化终端步骤酶的活性被硫化氢明显抑制，这种抑制可能有助于解释盐沼中硫化物对植物的毒理机制。湿地植物的耐硫能力不尽相同，原因可能在于已知的解毒机制不同。这些机制包括：根际空气将硫化物氧化为硫酸盐；硫酸盐在液泡中的累积；转化为气态硫化氢、二硫化碳和二甲基二硫化物并向外扩散；对高浓度硫化物的代谢忍耐（tolerator）。

## 厌氧呼吸

植物组织在缺氧条件下进行厌氧呼吸，如同描述的细菌细胞一样。在大多数植物中，丙酮酸为糖酵解的最终产物，丙酮酸脱羧基后生成乙醛，最终还原成乙醇（图 7.4 右侧）。这两种化合物对植物的根组织有潜在毒性。耐淹植物通常具有适应性以降低这种毒性。例如，在厌氧条件下，互花米草（*S. alterniflora*）根部乙醇脱氢酶的活性增强，催化乙醛还原为乙醇。酶活性的增强表明向厌氧呼吸转化，这也解释了为什么乙醛不会积累在根部组织中。尽管乙醇的产生明显受到刺激，但也不会在植物组织中积累，乙醇在厌氧期间从水稻根部扩散，从而防止毒性积累，其他湿地植物也可能发生这种情况。另一种代谢策略是通过代谢转换来积累无毒的有机脂肪酸，从而减少乙醇的产生（图 7.4）。曾经有人认为，苹果酸（苹果酸盐）的积累可能是湿地物种的一个特征。然而，苹果酸的积累不容易解释清楚，可能是因为苹果酸是几种代谢途径的中间产物。

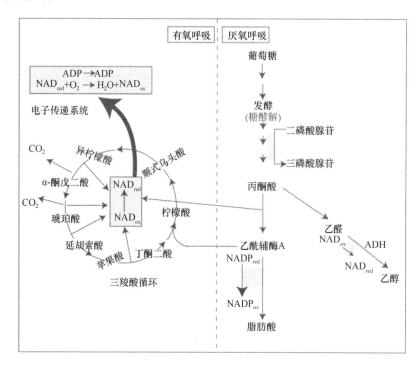

图 7.4　耐淹植物呼吸代谢途径示意图。左侧是有氧呼吸；右侧是厌氧呼吸（发酵/糖酵解），产生丙酮酸、乙醛、乙醇和脂肪酸。ADH. 乙醇脱氢酶；NAD. 烟酰胺腺嘌呤二核苷酸；NADP. 烟酰胺腺嘌呤二核苷酸磷酸。下标 ox 表示氧化，red 表示还原

　　植物缺氧所遇到的代谢问题是电子受体的丧失，而电子受体通过 ATP 的形成和利用来实现正常的能量代谢。在这个过程中的代谢瓶颈，往往是电子受体辅酶烟酰胺腺嘌呤二核苷酸（NAD）在碳水化合物代谢的氧化步骤中被还原，然后通过分子氧在线粒体中再氧化产生生物能量 ATP（参见图 7.4 左侧的阴影部分）。在没有氧气的情况下，还原的烟酰胺腺嘌呤二核苷酸（NAD$_{red}$）积累并"堵塞"代谢系统，阻断 ATP 生成。在发酵过程中，乙醛代替氧气，再氧化还原烟酰胺腺嘌呤二核苷酸。苹果酸通过三羧酸循环以相同的方式起作用。因此，只要烟酰胺腺嘌呤二核苷酸被再氧化成氧化形式 NAD$_{ox}$，就会发生糖酵解。

## 全株植物策略

　　许多植物已经通过生活史适应而进化出了避免或逃避策略。下面列出了 5 种最常见的策略。

1）非汛期，植物结实的时间推迟或加速开花。

2）漂浮的种子，可漂浮到地势较高处且未被淹没的土地上。

3）当果实还附着在树上时［胎萌（vivipary）］种子就萌发，如红树。

4）巨大、持久的种子库。

5) 块茎、根和种子能在长时间淹水后存活。

许多河岸湿地的洪水主要发生在冬季和初春，那时树木处于休眠状态，与活跃的生长季节相比，不容易受到缺氧的影响。发芽的胎生苗（viviparous seedling）生活在红树冠层，发芽后从树冠落入水中，随水漂移，有时被输送到很远（见第 9 章 "红树林沼泽"）。如果水很浅，幼苗会直立起来，直到将根扎在沉积物中，这样幼苗就能长成一棵树。

淡水水生单子叶植物宽叶慈姑（*Sagittaria latifolia*）有着类似的种子分配方式（这种植物有时被称为鸭薯，因为它的种子像土豆）。种子漂浮在湿地上，直到扎根在浅水区或其他大型植物群落中，然后发芽。

## 互利共生与偏利共生

生态群落组成之间的密切互动反映了群落组成对自然环境和生物环境的高度适应性。本章阐述了湿地对自然环境的适应性，但也预测了生物之间的积极相互作用在生态系统动力学中扮演的重要角色，特别是在两种生态系统交界或压力环境中的湿地。湿地种群之间的反应有两种可能性：当两个种群都有积极和必要的利益时，称为互利共生；当其中一个种群受益而另一个种群没有积极或消极影响（中性）时，称为偏利共生。

在湿地环境研究的文献中，关于这些影响的研究相对较少。许多研究似乎与环境中的营养限制有关。例如，Grosse 等（1990）报道了欧洲桤木与真菌之间的偏利共生或互利共生。共生真菌弗兰克氏菌（*Frankia alni*）的固氮水平升高，可能是由于氧气通过欧洲桤木的根系进入根际。Ellison 等（1996）报道了两种海绵（*Todania ignis*、*Haliclona implexiformis*）和美洲红树（*Rhizophora mangle*）之间的互利共生的相互作用关系。健康的红树根遍布海绵，红树从海绵中吸收溶解的铵，从而进一步刺激了根系生长。海绵能保护根部免受等足目动物的攻击。红树林的根反过来又为海绵提供了唯一的坚硬基质，并通过排放碳来刺激海绵的生长。

这些湿地物种之间互利共生的例子指出了非常有趣但被忽视的研究内容，这可能会使我们对湿地生态系统中互利适应的复杂性有新的认识，并使我们认识到物种间的这种相互作用不但对相关生物具有重要性，而且对整个群落的能量动态具有重要意义。

# 湿地演替

## 异发演替与自发演替

植物群落的形成及其发育受立地环境和其他一些因素影响。具体包括可繁殖的种子或其他可利用的繁殖体、适合发芽和生长的环境条件，以及相同或不同种类植物的替代，这种替代是生物与非生物对立地条件变化的响应。一个多世纪以来，演替（植物物种的有序替代）的概念对植物生态学产生了巨大的影响。H. C. Cowles（1899）基于对连续暴露的密歇根湖南岸和东岸沙丘的研究，在其关于植物演替的经典著作中提出了植物演替的生态学理论。在这一研究中，研究人员通过数千年来的一系列连续的生态系统演替描述了密歇根湖不断后退留下的裸露沙丘，这些沙丘经过有序的初级演替，最终形成了顶极山毛榉-枫树林（见案例研究 1）。

Clements（1916）进一步阐明了自发演替（autogenic succession），并由英国生态学家 W. H. Pearsall 于 1920 年、美国学者 L. R. Wilson 于 1935 年应用于湿地生态系统。E. P. Odum（1969）修正并丰富了早期生态学家的观点，将生态系统特性如生产力、呼吸作用和多样性纳入其中。使用经典的演替这一术语，涉及 3 个基本概念：①植被是以可识别并具有一定特征的群落出现的；②群落随时间的变化是由生物群带来的（变化是自发的）；③变化是线性的并向着一个成熟、稳定的顶级生态系统发展。尽管这种自发演替的概念在陆地生态学中是一个非常重要的主导范式，但这个概念在近一个世纪以来一直受到挑战并不断修正。Gleason（1917）阐述了个体论假说来解释植物物种的分布，他的思想已经发展成连续体（连续统一体）的概念，他认为物种的分布是由其对环境的反应决定的［异发演替（allogenic sussession）］。因为每个物种对环境的反应不同，所以任何两个物种所占据的空间不会完全相同。观察到的物种入侵或替代序列也受到某一区域繁殖体出现概率的影响。其结果是一系列相互重叠的物种构成了连续体，每个物种都对细微不同的环境差异做出反应。这种观点指出，不存在 Clements 所提到的"群落"那种情况，尽管生态系统改变了，但几乎没有证据表明会朝着特定的顶极发展。

讨论生态系统发育的一个关键问题是：生物是通过改变自身环境来决定自身未来的，还是生态系统的发育只是对外部环境的响应。从传统的演替观点看，湿地被看作由浅水湖泊向陆地森林顶极群落水生演替（hydrarch succession）的暂时阶段（图 7.5）。在这个观点中，由于植物死亡产生的有机质积累及内陆矿物质的输入，湖泊开阔水域逐渐被填满。初期，由于有机质的来源是单细胞的浮游生物，因此这种

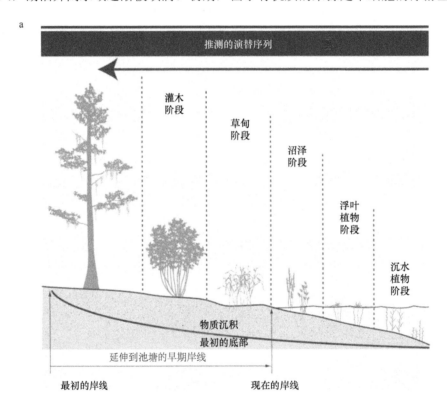

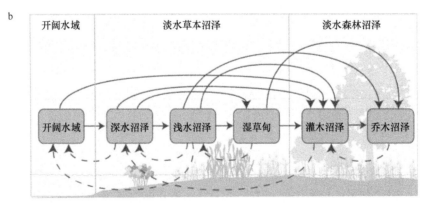

图 7.5　淡水湿地的传统水生演替：（a）从池塘到池塘边缘陆地森林的演替；（b）北美洲冰川地区矿质土壤森林湿地的一般演替（b：模仿自 Golet et al.，1993）

变化缓慢。随着湖泊变浅，可以维持生根的水生植物生长时，有机质积累速度就会加快。最终，水变得更浅，可以生长挺水植物，随之发育了泥炭层。此后，灌木和小树出现。向土壤中输入有机质并提高蒸散发，使土壤变得越来越干。这一过程不断持续，会将土壤变为陆地土壤。最终，顶极的陆地森林出现（图 7.5a）。关于水生演替的描述中最重要的一点是，大部分的变化是由植物群落引起的，而不是由外部环境变化引起的。图 7.5b 所示的第二个重要特征是，如果环境条件特别是水文条件发生变化，这一过程可以逆转。

演替这个概念的现实性有多强？当然有足够的证据表明，森林确实出现在以前的湖泊上。但没有明确的证据表明，导致这些森林的演替序列是自发的。由于泥炭建造对于填充湖泊、将湖泊转化为干燥的土地至关重要，因此问题的关键就涉及泥炭积累的条件和积累的厚度。泥炭位于许多湿地下部，通常厚度可达 10m 或更厚。在沿海沼泽中，泥炭的积累速度从每年不到 1mm 到每年 15mm 不等。这种积累大多数似乎与海平面的上升（或土地的淹没）有关。相比之下，美国北方的内陆沼泽以每年 0.2～2mm 的速度积累泥炭（见第 12 章"泥炭地"）。

一般来说，泥炭的积累只发生在厌氧沉积中。当有机泥炭被排干后，泥炭会迅速氧化并沉陷，正如在排干的沼泽上从事种植的农民所看到的那样。随着湿地表面不断抬高，接近水面或至少达到饱和带上限时，超过下陷速率的泥炭积累过程将会停止。除非地下水水位降低等水文条件发生变化，否则很难说这个过程会将湿地变成一个干燥、可供陆地植被生长的生境。例如，Cushing（1963）利用古生态学技术证明，大部分阿加西湖（Agassiz Lake）平原（美国明尼苏达州和加拿大中南部）的泥炭沼泽形成于全新世中期（大约 4000 年前），那时的气候潮湿，地表水水位上升了大约 4m。

湿地的过渡的性质使之成为自发演替和异发演替过程重要性的争论焦点。除描述湿地的演替外，湿地通常被描述为群落交错区（ecotone）——也就是相邻的水域和陆地环境之间具有梯度的过渡空间。因此，我们可以认为，湿地在时间和空间上都具有过渡性。湿地作为群落交错区，其两端改变功能的力量（外力）在湿地发生强烈的相互作用。具体来说，如果区域水位下降，在这些力量的作用下，可能使湿地向着与其相邻的陆地系统发展；如果水位上升，这些力量可能会使湿地向着与其相邻的开阔水域生态系统发展。

另外，植物产生的有机物可能会使湿地表面升高，从而形成一个适合不同物种生存的干燥环境。由于这些环境变化非常微小，因此通常很难确定观察到的生态系统响应是自发的还是异发的。不经过仔细观测，往往很难知道生态系统响应的原因。

**案例研究 1：重访密歇根湖沙丘**

在 20 世纪初期，H. C. Cowles（1899，1901，1911）和 Victor Shelford（1907，1911，1913）在美国密歇根湖南岸印第安纳州的沙丘地区研究了形成于不同年限的池塘。这些池塘被认为是一个自发演替序列的代表。沿着时间梯度可以发现，形成时间短的池塘很深且主要生长着水生植物；形成时间较长的池塘比较浅，且边缘生长着挺水维管植物。形成时间最长的池塘最浅，生长着最具"陆地化"的植物。这个序列被解释为经典自发演替序列的证据。

Wilcox 和 Simonin（1987）及 Jackson 等（1988）重新考察了印第安纳州的沙丘池塘。通过使用现代定量排序方法，他们发现形成时间短的池塘和形成时间长的池塘中的植物种类具有相同的变化过程，这与早期人工观察到的序列一致。除现代植被外，他们还在形成于 3000 年的池塘沉积物中发现了花粉和大化石，并将其用来确定沉积物证据是否支持现代时间序列所推测的演替序列。150 年前的花粉和大化石中包含了沉水植物、浮叶植物及挺水植物的信息。数据显示，在150 年以后的今天，植被发生了重大且快速的变化。作者把这些归因于欧洲殖民带来的铁路建设和森林砍伐。

为了进一步评估印第安纳州沙丘池塘的历史变化，Singer 等（1996）在印第安纳州一个形成时间较长的池塘中研究了水生植物和挺水植物的花粉沉积与大化石的记录，并将其与区域性的陆地花粉记录（在相同柱芯中发现的风媒花粉）进行了比较。而内陆的风媒花粉记录了该地区长期的气候变化。如果水生植物和挺水植物的古遗传学信息反映了陆地花粉记录的植物优势种的变化，那么池塘的变化就可能归因于区域气候变化而不是自发过程。从过去 10 000 年的记录来看，Singer 等（1996）确定，池塘植被的历史变化确实与区域气候变化相一致（图 7.6）。在距今 10 000～5700 年，采样区域为浅水湖泊，气候湿度适中（一种由松树、橡树、榆树组合形成的陆地系统）。在距今 5700 年的前后，橡树和山核桃的花粉迅速增加，标志着区域气候转变为更加干燥。在沉积记录的同一层内，池塘中大化石记录显示出向泥炭沼泽环境的快速转变。大约距今 3000 年，山毛榉和桦树花粉有所增加，表明正朝着更凉爽、潮湿的方向发展。与此同时，池塘的植被仍以挺水植物为主，但几个类群之间的演替表明，水位波动和偶尔的火灾是该时期的特征。

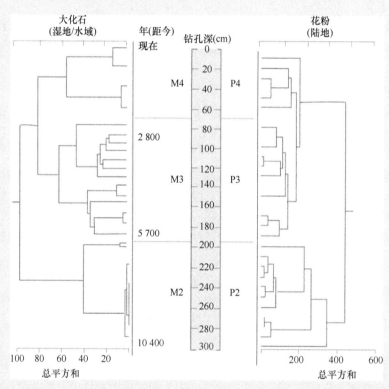

图 7.6　美国印第安纳州北部密歇根湖附近沙丘池塘的大化石和花粉数据的地层学约束聚类图。大化石分带是基于水域和湿地类群的存在或缺失；花粉分带是基于选定的陆地花粉类型的百分比。相近的个体类群在化石记录中距离较近。因此，大化石记录表明有 3 种不同的生物群。M2～M4. 植物大化石组合带；P2～P4. 孢粉组合带（模仿自 Singer et al.，1996）

这些研究结合在一起，描绘出了一幅比考尔斯和谢尔福德早期研究中提出的自发演替过程更全面、更复杂的植物生长情景。这一情景展示的就是异发演替和自发演替过程之间的关系，即异发演替推动了生物系统的发展，而自发演替过程又改变了生物系统的发展进程。对 10 000 年间化石记录的研究发现，植物组合的变化与区域气候变化紧密相关。但在同一时期，湖泊被有机沉积物缓慢填充。首先是 100cm 的腐殖黑泥，具有开放性淡水水域生态系统的特点。然后是 200cm 的纤维泥炭，具有水生维管植物的特点。在大约 3000 年前，气候缓慢转变为不太干旱的环境。尽管物种组合发生了变化，但是池塘环境仍属于沼泽环境，这与有机沉积物减缓了气候对当地水位的影响的观点相吻合。最后，在距今 150 年的现代时期，人类活动可能改变了当地的水位，导致植被迅速变化。

## 群落概念与连续体观点

　　案例研究 1 中描述的印第安纳州沙丘池塘的例子只是有关湿地植物和生态系统发育问题大量文献中的一小部分。群落的概念在湿地的文献中十分重要。不同种类的沼泽有着历史悠久的名字，如草本沼泽、森林沼泽、卡尔湿地、雨养泥炭沼泽、矿养泥炭沼泽、芦苇沼泽。通常使用优势植物（如泥炭藓沼泽、甸杜泥炭沼泽、落羽杉森林沼泽）命名。这意味着我们对植物之间独特联系的认识程度，这些联系易于辨识，至少松散地组成了一个群落。这些关联如此明确的一个原因是，湿地中的分带模式往往是清晰的且具有明显的边界，主要是能引起人们关注的植被的变化，同时也能暗示每个区域的独特性。植物群落是演替历史观的核心，因为由演替形成的成熟顶极群落被认为是一个可预测的植物群落，且每个群落都依赖于区域气候。

　　在某种程度上，辨识一个群落也是概念问题，往往受到认知能力的影响。野外调查可以描述一个地区的植被及其变化。然而，同质化作为一个群落的指标，可能取决于其规模大小。例如，美国路易斯安那州大湖沿岸的沼泽依据其主要植被分为 4 个区域或 4 个群落。如果实验场地的面积足够大，那么其中区域内的任何样本将始终被看作相同物种。与之相反，如果使用较小的栅格则同一区域内会出现差异。过渡性的沼泽区域以狐米草（*Spartina patens*）为主，但航拍影像显示了该区域内的植被组成。植被的密集取样和聚类分析揭示了过渡性沼泽特征的 5 个层级关系。过渡性沼泽是一个群落吗？这些层级关系是群落吗？或者说，群落的划分是不是一种实用的方法，可以将令人眼花缭乱的植物和可能的栖息地减少到便于管理的群体数量，且其中群体的生态结构和功能有着合理的相似性？

　　连续体概念的支持者认为，植物群落的规模依赖性表明，单个物种只是对微小的环境差异做出反应，对群落几乎没有任何意义，而植物的分带只是表明了单个物种对环境梯度的响应。他们认为，许多湿地的分带现象之所以如此明显，是因为环境梯度在"生态上"的差异明显，而这些梯度上的物种群体有着相当相似的耐受性。

　　经典群落生态学家和连续体概念的支持者之间的一个主要区别是，连续体概念的支持者更强调异发演替过程。在一些湿地中，非生物因素的影响往往强于生物因素的影响。在沿海地区，植物几乎不能改变来自潮汐的水、盐脉冲。植物可能会改变潮汐能量，因为水体和植物的茎产生摩擦从而减慢水流，或者由于死亡的有机质积累改变了表面高度。但是，这些影响都受到潮汐的制约。这些湿地往往与非生物因素处于动态平衡，这种平衡有时被称为脉冲稳定性（pulse stability）（见本章后边的讨论）。

　　与潮汐沼泽相比，在北方泥炭沼泽的低能环境中，生物因素会对水文流动情况产生显著影响，从而形成独特的景观格局。因此，湿地的变化可能是自发的，但并不一定向着陆地顶极发展。事实上，处于动态稳定环境中的湿地似乎非常稳定，这违背了演替的核心思想。利用花粉剖面建立了英国北部泥炭沼泽的演替序列，序列可能发生了变化，有的阶段发生了逆转和跳跃，这可能是受到首先出现的优势物种的影响（图 7.7）。高位泥炭沼泽是大多数描述的序列中最常见的演替终点，并非水生演替所预测的某种类型的陆生森林。

## 线性定向变化

　　如果一个地点的植物生长是由异发演替过程决定的，而且生长过程仅是对外界环境的反应，那么此时线性定向变化的演替的概念就没有多大意义。尽管科学文献中有很多示意图显示了从湿地到陆地森林的预期演替序列，但大多数是基于观测的植物分带模式（或年代时序）的，并假设这些空间模式代表着时间上的变化路径。

　　然而，土壤剖面的古生物学分析（如前面讨论过的印第安纳沙丘池塘）为评价这个概念提供了最好的证据。这些记录大部分来自美国北方的雨养（高位）泥炭沼泽，并概括地阐述了两点：①在一些地方，目前的植被已经存在了几千年；②气候变化和冰川作用对植物群落内物种组成与分布有重要影响。一般

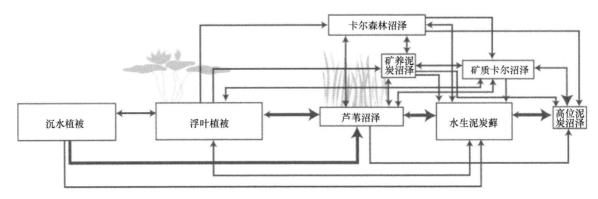

图 7.7　由地层学和孢粉学重建的冰期后英国泥炭沼泽演替序列。较粗的线条表示更常见的转化（模仿自 Walker，1970）

来说，雨养泥炭沼泽在温暖潮湿的时期扩大，在凉爽干燥的时期缩小。然而，花粉序列在欧洲和北美洲大体上是一致的，这表明了沼泽对全球气候变化的类似的响应。McIntosh（1985）在引用 West（1964）的文章中写道：我们可以得出这样一个结论，我们现代的植物群落在第四纪没有很长的历史，只是特定的气候条件、其他环境因素和历史因素的临时产物。

## 种子库

种子库（seed bank）是指可存活种子的存储地（Keddy，2010），种子库是湿地演替的重要组成部分。许多研究已经记录了偶然性在植物群落发育中的作用，特别是在早期演替阶段。偶然的发展可能是种子库的可用性和环境条件变化的结果（如某地长期处于干旱，随后又洪水泛滥）。因此，种子库及其在植物物种引入和入侵中的作用的研究具有重要意义。如果一个地区的植物生长只能通过物种个体对当地条件做出响应来解释，那么这个地方先前的历史就非常重要。因为它决定了未来入侵的繁殖体。研究发现，积累的种子库在空间和时间上是十分易变的。Pederson 和 Smith（1988）对淡水沼泽种子库做了以下 5 个方面的概括。

1）水位低的沼泽产生的种子最多。

2）种子库以一年生植物和耐淹物种为主。挺水植物生长的区域种子密度比泥滩大。多年生植物通常比一年生植物产生更少的种子，而且种子寿命一般比一年生植物的短。多年生植物更可能通过根状茎等无性繁殖方式进行繁殖。

3）种子的分布随着沉积物累积深度的增加呈指数下降。

4）水是影响种子库的主要因素，种子聚集在漂浮移动的水体上（漂移线）。这些种子的种类取决于淹水条件，即当深水淹没时为沉水植物种子，当周期性淹水时为挺水植物种子，当水位降低时为不耐淹植物种子。

5）盐碱湿地很少产生种子。盐沼是多年生植物占优势的系统，基本都是无性繁殖。

种子库幼苗萌发，同样受到许多时空变化的因素的影响。研究表明，如洪水、温度、土壤化学、土壤有机质含量、病原体、营养物质和化感作用等环境因素都会影响植物生长。由于大多数湿地植物的种子发芽及幼苗生长都需要潮湿但不淹水的环境，因此水对于种子库来说是一个特别关键的变量。由于这种限制性的水分需求，在河岸湿地的低洼处发现树龄均匀的树木是常见的现象，这反映出春季和夏季水位异常偏低时相对罕见的种子萌发过程。

物种后补充过程（post-recruitment process）对一个区域内成株期植物的分布起着主要作用。因此，仅依靠种子库不能预测植物群落组成。在以大型单一物种互花米草（*Spartina alterniflora*）为优势种的沿海地区，互花米草往往是先锋物种，并在沼泽的整个生命过程中保持优势。相反，在潮汐和非潮汐的淡水沼泽中，由于种子库更大、更丰富，入侵的第一个物种完成入侵后可能被其他物种所取代。

## 湿地群落演替模型

### 物种功能群

从历史上看，尽管群落这一概念在生态学上具有巨大价值，但由于不够精确且没有针对生态群落准确的预测模型，群落的概念一直广受批判。一些生态学家试着用不同的方式来解决这个问题。一种方法是用"物种功能群"（guild）或"物种功能组"（functional guild）来描述植被群落，这些功能群通过可量化的特征来定义（Keddy，2010）。功能群被定义为植物群落中一群功能相似的物种。这种定义方法有两个优点：①将湿地中的大量植被物种归并为可管理的群、组；②物种是根据可测量的功能性质来定义的。Boutin 和 Keddy（1993）根据 27 个功能性状，给出北美洲东部 43 种湿地植物物种的功能分类（表 7.3）。图 7.8 总结了根据物种性状进行分类的 3 个结果：①一年生杂草；②多年生间隙（interstitial）植物；③多年生基质（matrix）植物。它们可进一步分为 7 个物种功能组，其范围从在第一年开花、在生长季结束时死亡的一年生专性植物，到香蒲等根系较深、大范围侧向扩张、克隆繁殖的高大植物。大部分功能群似乎在生命史的各阶段都与光照条件相协调，这与其他的研究结果相一致。

**表 7.3　根据对湿地植物性状测定所进行的功能组分类**

| A. 在花园中种植 1 年的植物特征 | |
| --- | --- |
| 1 | 寿命<br><br>1=一年生<br>2=兼性一年生（开花率 100%）<br>3=部分兼性一年生（50%<开花率<100%）<br>4=多年生（开花率 <50%） |
| 2 | 第一年开花率 |
| 3 | 植株最终高度或最高高度（cm） |
| 4 | 枝生长速率（cm/d）：$\dfrac{\log_n 第94天植株高度-\log_n 第36天植株高度}{第94天-第36天}$ |
| 5 | 收获时总生物量（g） |
| 6 | 地上生物量（g） |
| 7 | 地下生物量（g） |
| 8 | 地上生物量/地下生物量 |
| 9 | 光合作用面积（cm$^2$）；包括叶片和绿色茎 |
| 10 | 光合作用面积/总生物量（cm$^2$/g） |
| 11 | 光合作用面积/植物总体积（量筒中排出的水量）（cm$^2$/mL） |
| 12 | 总生物量/总体积（g/mL） |
| 13 | 总分蘖数或总枝数 |
| 14 | 冠层面积（cm$^2$）：$[(D_1+D_2)/4]^2$<br>$D_1$=第一次测量时冠层直径<br>$D_2$=第二次测量与第一次测量成直角所测的冠层直径 |
| 15 | 地表处茎的直径（cm） |
| 16 | 植株地下深度（cm） |
| 17 | 地下部分直径（cm）（如地下茎或主根） |
| 18、19 | 两个嫩枝或分蘖间最短（18）或最长（19）距离（测量气生茎丛生的程度）（cm） |

续表

| B. 自然湿地中生长的植物特征（成体特征） | |
| --- | --- |
| 20 | 植株总高度（cm） |
| 21 | 分蘖或嫩芽的总数 |
| 22 | 地表处茎的直径（cm） |
| 23、24 | 两个嫩枝或分蘖最短（23）或最长（24）距离（cm） |
| 25 | 地下部分直径，如地下茎或主根（cm） |
| 26 | 植株地下深度（cm） |
| C. 温室生长的植株特征 | |
| 27 | 第 10 天到第 30 天的相对生长速率（RGR）（d⁻¹） |

资料来源：Boutin and Keddy，1993

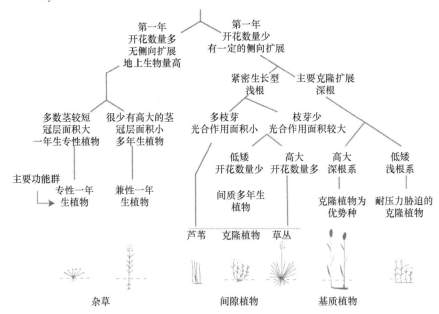

图 7.8　根据表 7.3 中的 27 种植物性状，对北美洲东部不同湿地生境的 43 种植物进行的功能分类（模仿自 Boutin and Keddy，1993）

### 环境筛模型

　　van der Valk（1981）的湿地演替环境筛模型（图 7.9）也是一种 Gleasonian 模型，与 Keddy 的模型有相似之处。每个物种的出现及其丰富度取决于这个物种的生命史及其对当地环境的适应程度。在 van der Valk 的模型中，根据潜在的生命期、繁殖体寿命及其繁殖体需要的生存条件，将所有植物种类按照生活史进行分类。每种生活史类型都有许多独有的特征，在响应主导环境因素时都有一些潜在的行为，如对水位变化的响应。这些环境因素包括 van der Valk 模型中的"环境筛"。随着环境的变化，环境筛也在变化，因此物种也在改变。

### 离心分布概念

　　虽然已经开发了一些用于描述非湿地群落变化的模型，但是很少能够应用于湿地。Grime（1979）提出，草本植物的物种组成和丰富度变化与干扰梯度及压力因子有关。这些因素降低了生物量并决定了功能性植物的最佳应对策略。Tilman（1982）认为，植物之间的竞争，控制了群落的植物分布，每个物种都受到不同资源比例和资源异质性空间的限制。

　　Wisheu 和 Keddy（1992）将 Grime 与 Tilman 的两种模型组合起来，提出了植物群落离心分布模式

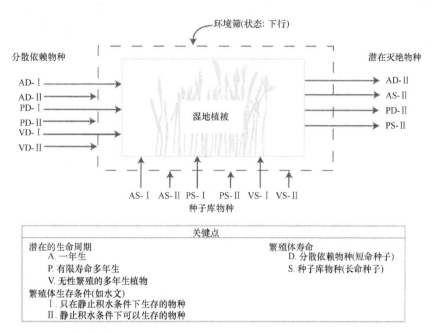

图 7.9　van der Valk（1981）提出的 Gleasonian 湿地（淡水草本沼泽）演替的环境筛综合模型

（图 7.10a）。离心分布模式描述了沿着环境约束条件导致的现存量梯度、物种和植被类型的分布。Wisheu 和 Keddy（1992）将这一模式总结如下：

> 梯度从一个单一的核心栖息地向外辐射到周边许多不同的生境。假设机制是一种竞争等级制度，较弱的竞争者由于竞争能力和忍耐限制之间的权衡而被限制在梯度的边缘。梯度的适宜性末端是一个核心生境，主要由同一物种占据。在每个轴线的边缘末端，会出现对特定的逆境具有特定适应性的物种。

湿地的核心生境扰动小，土壤较为肥沃，植被生产力高且被具有密集冠层的物种所占据，如北美洲东部的香蒲属（*Typha*）植物（图 7.10b）。边缘生境代表不同类型和压力条件的组合（不育或干扰），生长着较为独特的植物群丛。该模型可以预测生境梯度的变化，以及生物群落随生境梯度的变化。在图 7.10b 所示的香蒲离心分布案例中，冰蚀作用、贫瘠的沙质土壤、河狸所形成的淹水条件和开放的海滨线等这些压力胁迫，将群落转变为生产力较低但可能更多样化的组合。在该模型中，稀有物种被限制在景观生物多样性丰富的周边生境，这表明该模型对保护珍稀濒危物种和生物多样性具有价值（Keddy，2010）。

到目前为止，本章已经讨论了湿地植被的变化。我们用 Bill Niering（1989）的一段讲话来总结这个讨论：

> 传统的演替概念在湿地的动态变化方面应用有限。随着时间的推移，湿地内部总保持湿润，表现出湿地的特征，不会生长出内陆植被。发生的变化可能不具方向性或有序性。并且从长期来看，往往不可预测。波动的水文条件是控制植被格局的主要因素，包括偶然性和外部因素的作用，必须给予新的重视。随着水位波动，可以预测植被周期性变化。洪水和干旱等灾害性事件也在这些系统的改变和维持方面发挥了重要作用。

## 生态系统发育

E. P. Odum（1969）在一篇名为《生态系统发育策略》（*The Strategy of Ecosystem Development*）的文

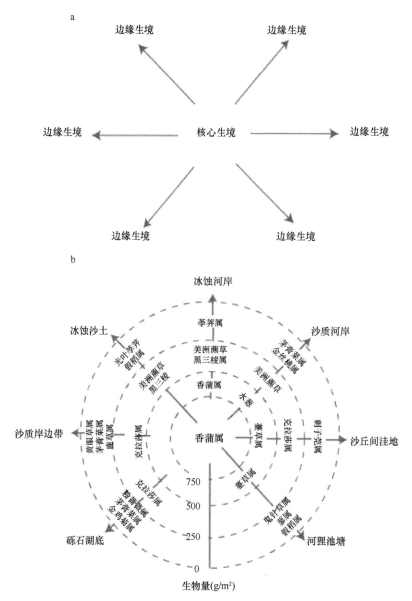

图 7.10　离心分布模式说明：（a）沿着资源或压力梯度（一般模式）从核心生境向边缘生境过渡；（b）北美洲东部的淡水湿地分布模式，其中大型的多叶物种如香蒲（*Typha* spp.）占据核心生境，而几个不同的物种和群落占据边缘生境，这些生境受到贫瘠的沙地、冰蚀作用和河狸活动的压力胁迫（引自 Wisheu and Keddy，1992）

章中描述了整个生态系统的发育过程（有别于植物、群落和物种）。总的来说，这些概念经受住了时间的考验，并且在 Odum 去世三年后重新发表的文章中，Odum 和 Barrett（2005）对这些概念进行了进一步的更新。在生态系统发育中，从未成熟到成熟（顶极）阶段，物种组成没有生态系统功能重要，如表 7.4 所示。Odum 观察到，通常未成熟的生态系统的特点是生产量与生物量的比率（$P:B$）较高，并且生产量超过群落呼吸量（$P:R>1$）。系统具有简单与线性的捕食食物链、较低的物种多样性、微小的有机体、简单的生命周期和开放的矿物质循环。相反，在成熟的生态系统内（如原始森林），生态系统倾向于利用其所有生产量来维持自身发育。因此 $P:R\approx1$，即便有净生产，量也很少。生产量可能低于未成熟的系统，但质量更好。也就是说，在植物的生产中，往往果实、花、块茎和其他富含蛋白质的器官产量较高。由于森林生态系统中树木的结构性生物量较大，因此 $P:B$ 较小。食物链很精致，以腐生食物链为基础，物种多样性高，系统内部空间很好地被组织成许多不同生态位，生物个体比未成熟的系统大，生命周期往往更漫长且复杂。养分循环是封闭式的，营养物质在生态系统中得到有效存储和循环利用。

**表 7.4　生态系统发育的属性特征**

| 生态系统类型 | 种群能量 | | | 群落结构 | | | |
|---|---|---|---|---|---|---|---|
| | $P:R^*$ | $P:B^*$ | 群落净生产力 | 食物链 | 总生物量和非生命有机质 | 物种多样性 | 个体大小 |
| 发展期 | <1 或 >1 | 高 | 高 | 线性，捕食 | 低 | 最初增加 | 小 |
| 成熟期（顶极） | 1 | 低 | 低 | 网状，腐生 | 高 | 高或下降 | 大 |

| 生态系统类型 | 自然选择 | | 生物地球化学循环 | | 调节 | |
|---|---|---|---|---|---|---|
| | 生长型 | 生命周期 | 矿物质循环 | 内部循环 | 恢复力 | 阻力 |
| 发展期 | r 选择 | 短，简单 | 开放 | 不重要 | 高 | 低 |
| 成熟期（顶极） | K 选择 | 长，复杂 | 封闭 | 重要 | 低 | 高 |

*$P$=总初级生产力；$R$=呼吸量；$B$=生物量

资料来源：E. P. Odum, 1969, 1971；E. P. Odum and Barrett, 2005

研究湿地生态系统如何适应这一发育策略具有指导意义。这些生态系统水平上的特征是否符合所有湿地都是不成熟、具有过渡性的经典观点？或者这些生态系统是否具有类似于陆地森林生态系统的成熟特征？可以得出以下 5 个结论。

1）湿地生态系统具有不成熟和成熟两种生态系统的特性。例如，几乎所有非森林湿地的 $P:B$ 介于不成熟和成熟的生态系统之间，$P:R$ 远大于 1。与大多数陆地生态系统相比，湿地生态系统初级生产力非常高。这是不成熟的生态系统的特征。然而，所有的湿地生态系统都以腐生食物链为基础，并且具有成熟生态系统的复杂食物网。

2）Odum 模型利用活生物量作为生态系统的结构或"信息"指标。这种关系可以在非森林湿地（未成熟）的高 $P:B$ 和森林湿地（成熟）的低 $P:B$ 上得到体现。但从真正意义上说，泥炭是湿地的一个结构性元素，因为泥炭是改变湿地淹水特征的主要自生因素。如果生物量中含有泥炭，那么草本沼泽将具有较高生物量且当这个生态系统达到更成熟时有较低的 $P:B$。例如，潮间带盐沼或淡水草本泥炭沼泽的生物量峰值小于 $2kg/m^2$。然而其距离地表以下 1m 深处的泥炭（泥炭通常很深）有机物含量约为 $45kg/m^2$。这与最茂密的湿地或陆地森林生态系统的地上生物量相当。泥炭作为沼泽的一种结构属性，其成熟度远大于活生物量。

3）湿地中矿物质循环过程差异巨大。变化范围从极其开放的河岸湿地生态系统到雨养泥炭沼泽。河岸湿地中的地表水（和营养物质）每年可能更替数千次，而泥炭沼泽的营养物质仅来自降水，并且几乎全部滞留在沼泽中。开放的养分循环是湿地发育初期的特征，与这些生态系统中的水流量有直接关系。然而，即使在像每天都淹水的盐沼一样的开放式生态系统中，一年中植被所利用的氮约 80%都是从矿化的有机物中回收的。

4）湿地空间异质性一般沿外部环境梯度组织有序。清晰、可预测的分带模式和明显的陆地-水界面就是这种空间组织的例子。在森林湿地中，垂直异质性也组织有序，这是成熟生态系统的一个指标。然而，在大多数陆地生态系统中，这种组织是由生态系统成熟过程中的自发因素造成的。在湿地中，大部分的组织似乎是由异发过程造成的，特别是由湿地上微小的地势高程变化所造成的水文和盐度梯度造成的。因此，湿地空间组织的成熟程度包括对主要微生境差异的高度适应。

5）湿地消费者的生命周期通常相对较短，但往往非常复杂。短周期是不成熟生态系统的特征，而复杂性是成熟生态系统的属性。再一次强调，许多湿地动物生命周期的复杂性似乎是对环境物理模式的适应，而不是对生物因子的适应。许多动物只在季节性或仅在特定的生命阶段利用湿地。例如，小的沼泽鱼和贝类每天在涨潮时进入湿地，退潮时回到邻近池塘。许多鱼类和贝类从海洋迁徙到沿海湿地产卵或将湿地作为育苗场。水鸟利用美洲北部的湿地筑巢，冬季则利用南部的湿地越冬，每年在这两个地区之间迁徙数千英里。

## 湿地生态系统的发育策略

在前面的几节中，我们说明了湿地同时具有不成熟和成熟系统的属性，并且异发（外力）过程和自发（内力）过程都很重要。异发过程也发挥重要的强迫作用，它包括水文和繁殖体的引入及其变化等因素。自发过程也很重要，因为生物开始控制一些物理和化学过程（图 4.1）。在本节中，我们建议在所有湿地生态系统中有一个共同的主题：发育使生态系统与其环境隔离。

在个体物种水平上，发育是通过对厌氧条件的遗传（结构和生理）适应而实现的；在生态系统水平上，主要通过泥炭发育来实现。泥炭发育往往稳定了洪水的状况，并改变了生态系统的主要营养源，将生态系统内的物质循环利用作为主要营养源。在森林中，遮阴对干扰后的重新演替起着重要作用。

### 周转率和养分输入

通过湿地的水流强度可以用水体更新速率（$t^{-1}$）进行定义，即流过湿地的水量与该湿地蓄水体积比（见第 4 章"湿地水文学"）。在湿地生态系统内，$t^{-1}$ 的变化幅度是 5 个数量级（图 7.11），范围从美国北部雨养泥炭沼泽的每年 1 到森林沼泽的每年近 1 万。由于养分随着水流被带到湿地，湿地的养分输入与水分更新速率密切相关。例如，输送到湿地中的氮也会有 5 个数量级的变化，从美国北部雨养泥炭沼泽的氮输入不到 1g/(m²·年)，到河岸森林湿地中大约 10 000g/(m²·年)（图 7.11）。当然，并不是所有的氮都能

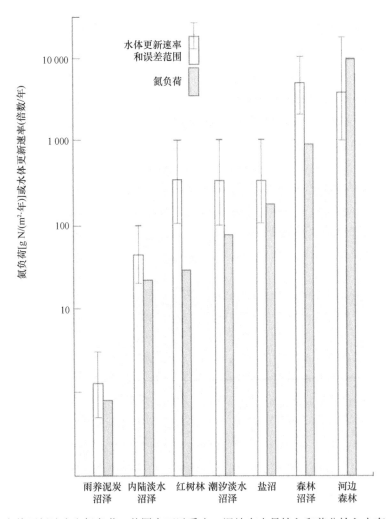

图 7.11　主要类型湿地水体更新速率和氮负荷，从图中可以看出，湿地在水量输入和养分输入上存在 5 个数量级的差异

被生态系统中的植物所利用。因为在许多情况下，氮的流动速度比固定速度要快得多，但这些数字表明了生态系统中潜在的养分供应。

尽管这些外部输入的水分和养分的变化超过 10 000 倍（图 7.11），但湿地生态系统在许多方面非常相似。储存的总生物量（包括 1m 深的泥炭）40～60kg/m$^2$，变化范围相差不到 2 倍。土壤氮含量的变化也只有 3 倍左右，从 500g/m$^2$ 到 1500g/m$^2$。净初级生产力（NPP）是衡量生态系统功能的一个关键指标，其范围从泥炭沼泽的 400g/(m$^2$·年)到森林湿地的 2000g/(m$^2$·年)，相差 5 倍。

## 湿地的隔离

虽然外源的力量相差 10 000 倍（5 个数量级），但湿地的生态功能仅相差 2～5 倍（甚至未达到一个数量级）。尽管单个物种（如互花米草）或生态系统（如落羽杉森林沼泽）的一些研究已经得出结论，即生产力与水体更新速率成正比，但是当不同水域的不同湿地生态系统之间进行比较时，这种关系就被打破了，或者至少是对数关系。这种明显的矛盾可能主要是由生态系统中储存的营养物质所导致的。随着沉积物中大量有机营养物质的矿化，所储存的营养物质为植物生长提供了稳定的无机养分。因此，即使在潮汐盐沼及河岸湿地那样开放的生态系统中，大部分的养分需求也都可以通过营养物质的系统内再循环来满足。而外部营养物质输入补充了这种基本供应。因此，生长过程受到矿化速率的明显制约，相反矿化速率又极度依赖于温度和水文周期。除美国北部的沼泽地区以外，生长季节的温度是均匀的，足以为不同湿地系统中提供相似的氮供应。在那里，低温和较短的生长季节限制了矿化与养分输入。低温和较短的生长季节共同限制了湿地的生产力。因此，随着湿地生态系统的发育，这些湿地生境通过储存营养物质越来越不受环境变化的影响。通常储存营养物质的相同过程（泥炭积累）也减少了淹水的变化性，从而进一步提高了生态系统的稳定性。通常草本沼泽表层是由泥炭和水中无机物沉积而成的。随着地势升高，淹水发生频率减少，沉积物相应减少。在没有显著因素影响下，沿海沼泽的表面高度会在当地平均高水位附近适时形成一个稳定的高度。河岸湿地的表面同样也会上升，直到这些湿地偶尔被淹没。美国北方地区的雨养泥炭沼泽发育在地下水水位以上，在通过毛细作用维持泥炭水分饱和的高度上稳定下来。草原壶穴可能是例外，它们似乎受食草动物活动和长期降水周期的双重影响周期性变化，并且仅在某种循环意义上达到稳定。

## 脉冲稳定性

如前所述，群落演替为稳定的物种组合的说法缺乏证据，向成熟生态系统发育的概念更有价值。成熟稳定的生态系统与环境处于动态平衡状态，虽然个别物种可能会出现或消失，但成熟的生态系统是稳定的，因为它具有抵御短期环境波动的内在机制（物种多样性、营养储存和循环利用）。实际上，W. E. Odum 等（1995）认为，自然过程是有规律地脉动，成熟的生态系统处于脉冲稳定的状态。在湿地中，这种现象存在于潮汐盐沼、潮汐淡水沼泽、河流森林和季节性淹水的淡水沼泽中。尽管在物种组成、物种多样性和群落结构方面有显著差异，但在功能上都是相似的。Odum 等（1995）认为，潮汐等自然脉冲将能量输入生态系统，提高生产力。生物活动适应并利用这些波动。例如，小型鱼类在涨潮时进入被淹没的沼泽觅食，或洪水期间在回水的牛轭湖和死水潭中捕捉幼鱼，在低潮时又作为涉禽的食物。这个概念被称为脉冲稳定性（pulse stability）。

## 自组织与自我设计

大多数湿地生态系统经常是对大气、水体，以及植物繁殖体、动物、微生物等生物输入开放的。正如 Howard T. Odum（1989）所讨论的那样，在微小的生态系统和新建造的生态系统中都表现出自组织（self-organization），经过第一阶段的竞争定居后，占优势的物种是那些通过营养循环、辅助繁殖、控制空间多样性、种群调节和其他手段来调控其他物种的物种。自组织被进一步解释为"在没有外界干扰的情况下，由许多部分组成的复杂系统通过组织实现某种稳定、脉冲状态的过程"（E. P. Odum and Barrett，2005）。

自我设计（self-design）被定义为"自组织在生态系统设计中的应用"（Mitsch and Jørgensen，2004）。自我设计依赖于生态系统的自组织能力，自然过程（如风、河流、潮汐、生物输入）控制着物种的迁入，从迁入的基因中选择那些将成为优势种的物种是生态系统设计的自然表现（Mitsch and Wilson，1996；Mitsch and Jørgensen，2004；Mitsch et al.，2012）。在自我设计中，物种的存在和生存是由于它们繁殖体的不断引入而产生的，而这也是生态系统演替和生态系统功能完善的本质。这可以被认为是类似于持续产生突变以进行进化的必要条件。在生态系统恢复和建设的背景下，自我设计意味着如果一个生态系统允许通过人工或自然手段"种植"足够的物种繁殖体，那么这个生态系统将通过选择最适合现有条件的植物、微生物和动物的组合来优化其设计。这是一个值得研究的重要过程，特别是在湿地恢复和重建的情况下。

与自我设计方法相比，包括引入生物体（通常是植物）的湿地恢复方法今天仍然在使用，生物的存活成为恢复成功与否的标准。这一方法有时被称为"设计师的湿地"方法（Mitsch，1998；van der Valk，1998）。后一种方法虽然可以理解，因为人类自然倾向于控制事件，但其可能比一种更依赖于自然参与设计的方法缺乏可持续性。

**案例研究 2：湿地原生演替——自我设计的湿地实验**

在美国俄亥俄州中部的俄亥俄州立大学奥伦坦吉河湿地研究园（Olentangy River Wetland Research Park，ORW）创建了两片淡水沼泽地，进行了 20 年的全生态系统实验（whole-ecosystem experiment）。Mitsch 等（1998，2005a，2005b，2012，2014）将 2500 株 13 个物种的湿地植物引入其中一个 1hm² 的流水洼地（人工湿地），而另一个环境条件相同的流水洼地未进行人工种植（非人工湿地，作为对照）。这个实验从本质上验证了有无人为干预条件下自然的自我设计能力。1994～2012 年，两个洼地的河流入水量和水文条件都相同，长期同步研究了与湿地发育有关的 3 个问题：①湿地植物栽种对长期生态系统功能有多重要？②在以前不是水成土的地方，水成土和湿地其他特征需要多长时间才能形成？③湿地从开阔的池塘向植被覆盖的水成土沼泽发育的过程中，湿地生物地球化学变化的长期模式是什么？

在实验开始的前 6 年，他们测量了 17 种表征湿地不同功能的生物和非生物指标，并根据这些指标评估了两块湿地的相似性。指标共分为 6 类，包括大型植物、藻类群落、水质变化、养分变化、底栖无脊椎动物多样性和鸟类对湿地的利用情况。仅 3 年后，人工湿地和非人工湿地的湿地功能似乎出现了趋同，经过 1 年的差异之后，这两块湿地的相似性达到 71%。到第 3 年，超过 50 种大型植物、130 个藻类属、30 多种水生无脊椎动物和十几种鸟类利用这两块湿地（Mitsch et al.，1998）。实验开始的第二年（1995年），两块湿地的相似性只有 12%，这可能是因为人工湿地有大型植物，而非人工湿地没有。

图 7.12a 显示了两块实验湿地 17 年来的植被演替模式。不出意外，无性繁殖的优势物种香蒲（*Typha* spp.）很快开始在自然定植的湿地（未种植的湿地）占据优势地位，因为那里几乎没有竞争，但是直到实验开始后的第 7 年（2000 年），香蒲在人工湿地的覆盖面积都很小。在人工湿地中，几种主要的人工种植植物对香蒲形成竞争，其中最显著的是黑三棱（*Sparganium eurycarpum*）和水葱（*Schoenoplectus tabernaemontani*）。2000～2001 年，麝鼠吃掉了两块湿地中的香蒲和其他大型植物，但留下了其中一种植物——水葱的种子库，在 2002 年引起了一次植被大发生，特别是在人工湿地被麝鼠啃食一年后。在此之后，两块湿地出现了长达 10 年由香蒲作为优势种缓慢生长的模式。直到 2009～2010 年，两块湿地内香蒲的平均覆盖率约为 40%（自湿地建立以来的第 16 和第 17 年）。地上净初级生产力（ANPP）的结果显示（图 7.12b），实验初期（1998～2001 年）的 4 年时间内，所谓的非人

工湿地的生产力高于人工湿地，主要是因为香蒲为优势种。随后由于麝鼠几乎将植物全部吃光，两块湿地的生产力都下降，但人工湿地由于采取人工种植，生产力恢复快，在 2003 年和 2005 年种植植物湿地的生产力更高。

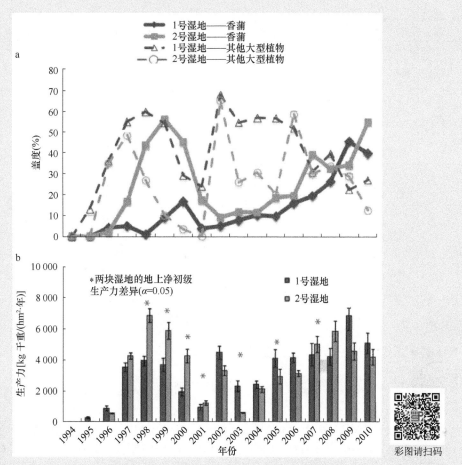

图 7.12　美国俄亥俄州两块实验湿地建造 17 年来（1994～2010 年）大型植物群落结构与功能模式，其中一块湿地（1 号湿地）于 1994 年 5 月种植植物。（a）人工种植植物的 1 号湿地和自然定植的 2 号湿地的香蒲等大型挺水植物的盖度。（b）人工种植植物的 1 号湿地和自然定植的 2 号湿地的地上净初级生产力（ANPP；平均值±标准差）（更新自 Mitsch et al.，2012）

　　总体来说，在研究过程中的大部分时间内，人工湿地（人工种植植物的湿地）都保持了较高的大型植物空间多样性（图 7.13a），而非人工湿地（未种植植物的湿地）更容易受到麝鼠等食草动物和水文脉冲等的干扰。有关这 17 年植被丰富度的更多内容详见第 18 章"湿地建造与恢复"。

　　在实验开始的前几年，非人工湿地底栖无脊椎动物的多样性和两栖动物的种群数与人工种植植物的湿地相似，17 年后积累的生产力更大（图 7.13b），这可能与中间有几年香蒲作为优势种群大量生长有关。

　　物种的不断引入，无论是通过洪水还是其他非生物和生物途径引入，在这些生态系统的发育过程中，似乎比初期引入湿地少数植物种的影响更持久。这项长达 17 年的湿地生态系统发育的研究表明，植物种植对湿地养分滞留等功能具有长期影响（Mitsch et al.，2012，2014；见第 19 章"湿地与水质"），而对反硝化过程无影响（Hernandez and Mitsch，2007；Song et al.，2014）。但是，植物种植似乎确实对于减少土壤中的碳积累（Anderson and Mitsch，2006；Mitsch et al.，2012，2013）和甲烷排放（Anderson and Mitsch，2006；Mitsch et al.，2012，2013）有显著影响。经过 17 年，两块湿地可能在植被覆盖结构上趋同，但生产力差异的后效可能对生态系统的某些功能仍会产生影响。

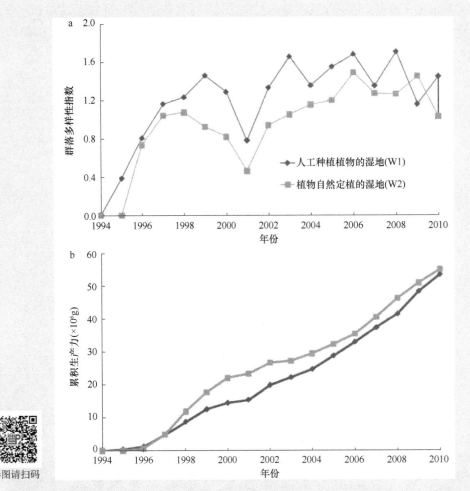

图 7.13　（a）美国俄亥俄州两块建造 17 年（1994～2010 年）的实验湿地大型挺水植物群落多样性和（b）累积有机生产力。1 号湿地（W1）于 1994 年 5 月种植植物；2 号湿地（W2）保持无人工种植管理。实验期间，两块湿地水文条件相同（更新自 Mitsch et al.，2012）

### 生态系统工程师

　　描述自发演替过程重要性的另一种方法，涉及引入的"生态系统工程师"（ecosystem engineer）这一术语。这个术语被用来描述对生态系统产生重大影响的生物（Jones et al.，1997；Alper，1998）[这个概念在第 4 章"湿地水文学"讨论过，不应该同生态工程领域的概念混淆，由 Mitsch 和 Jørgensen（2004）、Mitsch（2012）提出]。在湿地中，麝鼠和河狸是生态系统工程师的很好例子。这两者都可以对淡水沼泽的植被覆盖和生态系统水文产生巨大影响。生物群落对湿地的许多特征（如水位或植物生产力）确实具有显著的反馈。有人可能争辩说，这些生态系统工程师将演替"推到"了一个较早的阶段。而另一种观点认为，这些物种是生态系统发育过程的一部分，它们的行为及其影响应该作为正常的生态系统行为去预测和考虑。

### 景观格局

　　许多大型湿地景观发育是可预测的，通常会发育成水域、湿地和陆地生境或生态系统构成的复杂格局。在高能环境中，这些模式似乎反映了非生物的力量，但是它们在低能环境中主要受生物过程控制。

在能量谱的高能一侧，发育了成熟的河漫滩及其微地形与沉积特征，即河道、天然堤、沼泽、遗留的第一和第二级阶地及局部地势隆起构成的复杂镶嵌体，反映了相邻河流的水文波动模式。植被受地形和沉积物的影响，具有典型的分带模式。盐沼也同样形成了由感潮河流、河堤和平缓滩地组成的典型格局，决定了植被的分带模式和活力（图 7.14a）。

彩图请扫码

图 7.14　美国路易斯安那州湿地的景观格局：（a）路易斯安那州感潮河流盐沼湿地中受物理控制的植被格局；（b）由麝鼠在咸水沼泽中把植物吃光而形成的生物控制的植被格局，注意（b）中麝鼠洞穴的密度很高

在能量谱的低能一侧，延伸数英里的北部泥炭地条带状、斑点状的分布模式似乎主要是受生物过程控制。同样，在许多淡水沼泽中，食草动物在景观格局的发育中起主要作用（图 7.14b）。事实上，物理过程（气候、地形、水文）和生物过程（生产率、根系缠绕、草食作用、泥炭堆积）以不同比例结合在一起，相互作用，形成了所观察到的湿地景观格局。

## 推荐读物

Keddy, P. A. 2010. *Wetland Ecology: Principles and Conservation*, 2nd ed. Cambridge, UK: Cambridge University Press.

van der Valk, A. G. 2012. *The Biology of Freshwater Wetlands*, 2nd ed. Oxford, UK: Oxford University Press.

# 参考文献

Alper, J. 1998. Ecosystem "engineers" shape habitats for other species. *Science* 280: 1195–1196.

Altor, A. E., and W. J. Mitsch. 2006. Methane flux from created riparian marshes: Relationship to intermittent versus continuous inundation and emergent macrophytes. *Ecological Engineering* 28: 224–234.

Anderson, C. J., and W. J. Mitsch. 2006. Sediment, carbon, and nutrient accumulation at two 10-year-old created riverine marshes. *Wetlands* 26: 779–792.

Bernal, B. and W. J. Mitsch. 2013. Carbon sequestration in two created riverine wetlands in the Midwestern United States. *Journal of Environmental Quality* 42: 1236–1244.

Boutin, C., and P. A. Keddy. 1993. A functional classification of wetland plants. *Journal of Vegetation Science* 4: 591–600.

Brix, H., B. K. Sorrell, and P. T. Orr. 1992. Internal pressurization and convective gas flow in some emergent freshwater macrophytes. *Limnology and Oceanography* 37: 1420–1433.

Clements, F. E. 1916. *Plant Succession*. Publication 242. Carnegie Institution of Washington. 512 pp.

Cowles, H. C. 1899. The ecological relations of the vegetation on the sand dunes of Lake Michigan. *Botanical Gazette* 27: 95–117, 167–202, 281–308, 361–369.

Cowles, H. C. 1901. The physiographic ecology of Chicago and vicinity. *Botanical Gazette* 31: 73–108, 145–182.

Cowles, H. C. 1911. The causes of vegetative cycles. *Botanical Gazette* 51: 161–183.

Cushing, E. J. 1963. *Late-Wisconsin pollen stratigraphy in East-Central Minnesota*. Ph.D. dissertation, University of Minnesota, Minneapolis.

Dacey, J. W. H. 1980. Internal winds in water lilies: An adaption for life in anaerobic sediments. *Science* 210: 1017–1019.

Dacey, J. W. H. 1981. Pressurized ventilation in the yellow waterlily. *Ecology* 62: 1137–1147.

Ellison, A. M., E. J. Farnsworth, and R. R. Twilley. 1996. Facultative mutualism between red mangroves and root-fouling sponges in Belizean mangal. *Ecology* 77: 2431–2444.

Ernst, W. H. O. 1990. Ecophysiology of plants in waterlogged and flooded environments. *Aquatic Botany* 38: 73–90.

Gleason, H. A. 1917. The structure and development of the plant association. *Torrey Botanical Club Bulletin* 44: 463–481.

Golet, F. C., A. J. K. Calhoun, W. R. DeRagon, D. J. Lowry, and A. J. Gold. 1993. *Ecology of Red Maple Swamps in the Glaciated Northeast: A Community Profile*. Biological Report 12, U.S. Fish and Wildlife Service, Washington, DC. 151 pp.

Grime, H. H. 1979. *Plant Strategies and Vegetation Processes*. John Wiley & Sons, New York.

Grosse, W., and P. Schröder. 1984. Oxygen supply of roots by gas transport in alder trees. *Zeitschrift für Naturforsch.* 39C: 1186–1188.

Grosse, W., S. Sika, and S. Lattermann. 1990. Oxygen supply of roots by thermo-osmotic gas transport in Alnus-glutinosa and other wetland trees. In D. Werner and P. Müller, eds. *Fast Growing Trees and Nitrogen Fixing Trees*. Gustav Fischer Verlag, New York, pp. 246–249.

Grosse, W., J. Frye, and S. Lattermann. 1992. Root aeration in wetland trees by pressurized gas transport. *Tree Physiology* 10: 285–295.

Grosse, W., H. B. Büchel, and S. Lattermann. 1998. Root aeration in wetland trees and its ecophysiological significance. In A. D. Laderman, ed., *Coastally Restricted Forests*. Oxford University Press, New York, pp. 293–305.

Hernandez, M. E., and W. J. Mitsch. 2007. Denitrification in created riverine wetlands: Influence of hydrology and season. *Ecological Engineering* 30: 78–88.

Jackson, S. T., R. P. Rutyma, and D. A. Wilcox. 1988. A paleoecological test of a classical hydrosere in the Lake Michigan dunes. *Ecology* 69: 928–936.

Jones, C. G., J. H. Lawton, and M. Shachak. 1997. Positive and negative effects of organisms as physical ecosystem engineers. *Ecology* 78: 1946–1957.

Keddy, P. A. 2010. *Wetland Ecology: Principles and Conservation*, 2nd ed. Cambridge University Press, Cambridge, UK. 497 pp.

Koch, M. S., I. A. Mendelssohn, and K. L. McKee. 1990. Mechanism for the hydrogen sulfide-induced growth limitation in wetland macrophytes. *Limnology and Oceanography* 35: 399–408.

Levitt, J. 1980. *Responses of Plants to Environmental Stresses*, Vol. II: Water, Radiation, Salt, and Other Stresses. Academic Press, New York. 607 pp.

McIntosh, R. P. 1985. *The Background of Ecology, Concept and Theory*. Cambridge University Press, Cambridge, UK. 383 pp.

McKee, K. L., I. A. Mendelssohn, and M. W. Hester. 1988. Reexamination of pore water sulfide concentrations and redox potentials near the aerial roots of Rhizophora mangle and Avicennia germinans. *American Journal of Botany* 75: 1352–1359.

Mendelssohn, I. A., and M. L. Postek. 1982. Elemental analysis of deposits on the roots of *Spartina alterniflora* Loisel. *American Journal of Botany* 69: 904–912.

Mitsch, W. J. 1998. Self-design and wetland creation: Early results of a freshwater marsh experiment. In A. J. McComb and J. A. Davis, eds. *Wetlands for the Future*. Contributions from INTECOL's Fifth International Wetlands Conference. Gleneagles Publishing, Adelaide, Australia, pp. 635–655.

Mitsch, W. J. 2012. What is ecological engineering? *Ecological Engineering* 45: 5–12.

Mitsch, W. J., and R. F. Wilson. 1996. Improving the success of wetland creation and restoration with know-how, time, and self-design. *Ecological Applications* 6: 77–83.

Mitsch, W. J., X. Wu, R. W. Nairn, P. E. Weihe, N. Wang, R. Deal, and C. E. Boucher. 1998. Creating and restoring wetlands: A whole-ecosystem experiment in self-design. *BioScience* 48: 1019–1030.

Mitsch, W. J., and S. E. Jørgensen. 2004. *Ecological Engineering and Ecosystem Restoration*. John Wiley & Sons, Hoboken, NJ. 411 pp.

Mitsch, W. J., N. Wang, L. Zhang, R. Deal, X. Wu, and A. Zuwerink. 2005a. Using ecological indicators in a whole-ecosystem wetland experiment. In S. E. Jørgensen, F-L. Xu, and R. Costanza, eds. *Handbook of Ecological Indicators for Assessment of Ecosystem Health*. CRC Press, Boca Raton, FL, pp. 211–235.

Mitsch, W. J., L. Zhang, C. J. Anderson, A. Altor, and M. Hernandez. 2005b. Creating riverine wetlands: Ecological succession, nutrient retention, and pulsing effects. *Ecological Engineering* 25: 510–527.

Mitsch, W. J, L. Zhang, K. C. Stefanik, A. M. Nahlik, C. J. Anderson, B. Bernal, M. Hernandez, and K. Song. 2012. Creating wetlands: Primary succession, water quality changes, and self-design over 15 years. *BioScience* 62: 237–250.

Mitsch, W. J., B. Bernal, A. M. Nahlik, U. Mander, L. Zhang, C. J. Anderson, S. E. Jørgensen, and H. Brix. 2013. Wetlands, carbon, and climate change. *Landscape Ecology* 28: 583–597.

Mitsch, W. J., L. Zhang, E. Waletzko, and B. Bernal. 2014. Validation of the ecosystem services of created wetlands: Two decades of plant succession, nutrient retention, and carbon sequestration in experimental riverine marshes. *Ecological Engineering* 72: 11–24.

Nahlik, A. M., and W. J. Mitsch. 2010. Methane emissions from created riverine wetlands. *Wetlands* 30: 783-793 with Erratum in *Wetlands* (2011) 31: 449–450.

Niering, W. A. 1989. Wetland vegetation development. In S. K. Majumdar, R. P. Brooks, F. J. Brenner, and J. R. W. Tiner, eds. *Wetlands Ecology and Conservation: Emphasis in Pennsylvania*. Pennsylvania Academy of Science, Easton, pp. 103–113.

Odum, E. P. 1969. The strategy of ecosystem development. *Science* 164: 262–270.

Odum, E. P. 1971. *Fundamentals of Ecology*, 3rd ed. W. B. Saunders, Philadelphia. 544 pp.

Odum, E. P., and G. W. Barrett. 2005. *Fundamentals of Ecology*, 5th ed. Thomson Brooks/Cole, Belmont, CA, 598 pp.

Odum, H. T. 1989. Ecological engineering and self-organization. In W. J. Mitsch and S. E. Jørgensen, eds. *Ecological Engineering*. John Wiley & Sons, New York, pp. 79–101.

Odum, W. E., E. P. Odum, and H. T. Odum. 1995. Nature's pulsing paradigm. *Estuaries* 18: 547–555.

Pearsall, W. H. 1920. The aquatic vegetation of the English lakes. *Journal of Ecology* 8: 163–201.

Pederson, R. L., and L. M. Smith. 1988. Implications of wetland seed bank research: A review of Great Britain and prairie marsh studies. In D. A. Wilcox, ed., *Interdisciplinary Approaches to Freshwater Wetlands Research*. Michigan State University Press, East Lansing, pp. 81–95.

Schröder, P. 1989. Characterization of a thermo-osmotic gas transport mechanism in *Alnus glutinosa* (L.) Gaertn. *Trees* 3: 38–44.

Sha, C., W. J. Mitsch, Ü. Mander, J. Lu, J. Batson, L. Zhang and W. He. 2011. Methane emissions from freshwater riverine wetlands. *Ecological Engineering* 37: 16–24.

Shelford, V. E. 1907. Preliminary note on the distribution of the tiger beetle (Cicindela) and its relation to plant succession. *Biological Bulletin* 14.

Shelford, V. E. 1911. Ecological succession. II. Pond fishes. *Biological Bulletin* 21: 127–151.

Shelford, V. E. 1913. *Animal Communities in Temperate America as Illustrated in the Chicago Region*. University of Chicago Press, Chicago.

Singer, D. K., S. T. Jackson, B. J. Madsen, and D. A. Wilcox. 1996. Differentiating climatic and successional influences on long-term development of a marsh. *Ecology* 77: 1765–1778.

Song, K., M. E. Hernandez, J. A. Batson, and W. J. Mitsch. 2014. Long-term denitrification rates in created riverine wetlands and their relationship with environmental factors. *Ecological Engineering* 72: 40–46.

Tilman, D. 1982. *Resource Competition and Community Structure*. Princeton University Press, Princeton, NJ. 296 pp.

van der Valk, A. G. 1981. Succession in wetlands: A Gleasonian approach. *Ecology* 62: 688–696.

van der Valk, A. G. 1998. Succession theory and wetland restoration. In A. J. McComb and J. A. Davis, eds., *Wetlands for the Future. Contributions from INTECOL's Fifth International Wetland Conference*. Gleneagles Publishing, Adelaide, Australia, pp. 657–667.

Walker, D. 1970. Direction and rate in some British post-glacial hydroseres. In D. Walker and R. G. West, eds. *Studies in the Vegetational History of the British Isles*. Cambridge University Press, Cambridge, UK, pp. 117–139.

West, R. G. 1964. Inter-relations of ecology and quaternary paleobotany. *Journal of Ecology* (Supplement) 52: 47–57.

Wilcox, D. A., and H. A. Simonin. 1987. A chronosequence of aquatic macrophyte communities in dune ponds. *Aquatic Botany* 28: 227–242.

Wilson, L. R. 1935. Lake development and plant succession in Vilas County, Wisconsin. 1. The medium hard water lakes. *Ecological Monographs* 5: 207–247.

Wisheu, I. C., and P. A. Keddy. 1992. Competition and centrifugal organization of plant communities: Theory and tests. *Journal of Vegetation Science* 3: 147–156.

# 第 3 部分

湿地生态系统

a

彩图请扫码

b

彩图请扫码

潮汐沼泽:(a)美国路易斯安那州的潮汐盐沼;(b)美国马里兰州的潮汐淡水沼泽(潮汐淡水照片由 A. Baldwin 提供)

# 第8章 潮汐沼泽

　　盐沼沿着世界各地的中高纬度海岸线分布，只要沉积物的累积速度等于或大于地面沉降的速度，盐沼就会广泛发育，在抵御海浪和风暴方面发挥重要作用。决定盐沼结构和功能的重要物理、化学变量包括潮汐频率和持续时间、土壤盐度、土壤渗透率和养分限制，特别是氮的限制。在这些影响因素适宜的地方，生长着主要由耐盐的禾草和灯心草组成的盐沼植被。淤泥和附生藻类也是自养群落的重要组成部分。除非在沼泽消亡时期，一般情况下这里异养群落以腐生食物链为主，捕食食物链的意义要小得多。

　　潮汐淡水沼泽同时具有盐沼和内陆沼泽的许多特征。它们在许多方面和盐沼一样，但是生物区系反映了可能由于盐胁迫减少而导致的生物多样性增加。潮汐淡水沼泽植物多样性高，栖息在这里的鸟类比其他任何一种沼泽都要多。同时由于潮汐淡水沼泽一般分布于远离咸水区域的内陆，常靠近城市中心，比滨海盐沼更容易受到人类的影响。潮汐淡水沼泽沿着入海河流分布，占据潮汐影响最远处的狭窄空间。这里潮汐淡水较浅，适宜树木生长。

　　滨海湿地受涨潮和退潮的交替影响。滨海湿地包括潮汐盐沼、潮汐淡水湿地（沼泽和森林）与红树林沼泽。本章将讨论潮汐盐沼和潮汐淡水沼泽，红树林沼泽将在下一章讨论。

　　靠近海岸附近的海水盐度与大洋的海水盐度接近，为35ppt[①]。而在更远的内陆地区，即使和淡水盐度一样，潮汐的影响也仍然显著（图8.1）。潮汐淡水沼泽位于半咸水河流盐度较低的上游，而潮汐盐沼和红树林沼泽则分布在盐度较高的河流下游，其中潮汐盐沼位于温带和更高纬度的地区。这些滨海湿地遍布世界的河流三角洲及河口，也就是大型河流汇入海洋的地方（图8.2）。这些河流三角洲及河口横跨

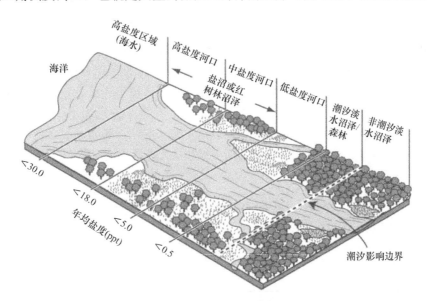

图8.1　河口区由内陆向海洋随着盐度梯度增加的湿地分布。在盐度高的地方，发育盐沼（温带地区）和红树林沼泽（热带地区）；受潮汐影响但不受咸水影响的区域，发育淡水沼泽和潮汐淡水森林；潮汐和咸水都影响不到的内陆地区，发育草本沼泽和森林沼泽

---

① 1ppt=$10^{-12}$；1ppm=$10^{-6}$

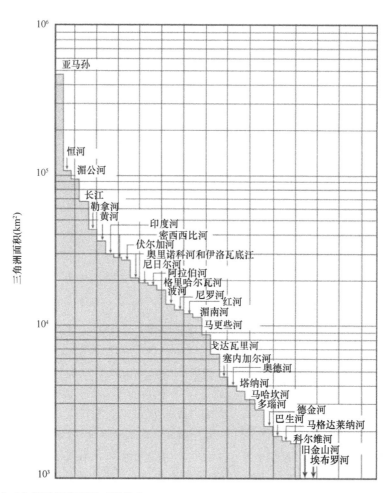

图 8.2　世界上主要河流三角洲平原的面积（模仿自 Coleman and Roberts，1989）

世界各纬度和气候带。在热带地区，这些三角洲发育的湿地为红树林沼泽，而在纬度高于 25°的区域，潮汐盐沼取代红树林成为主要的湿地类型。在北美洲，大的三角洲只分布于南大西洋和墨西哥湾沿岸。其中密西西比河三角洲沼泽是一个典型的例子，这里分布着美国面积最广的滨海湿地。

　　据估计，全世界约有 270 000km² 的滨海湿地，占世界湿地面积的 3%～4%。其中大约 150 000km² 的滨海湿地是生长着红树林（见第 9 章 "红树林沼泽"）的潮汐沼泽（淡水和咸水），这个数据可能略低于全球范围内的实际分布面积（Mitsch et al.，2009）。对于美国而言，包括阿拉斯加州在内的滨海或河口湿地总面积大约为 32 000km²，其中潮汐盐沼约 19 000km²、潮汐淡水沼泽约为 8000km²、红树林沼泽约为 5000km²（表 8.1）。美国本土约有 40%的潮汐盐沼位于路易斯安那州的密西西比河三角洲（Ibánez et al.，2013）。

表 8.1　美国滨海湿地面积（×1000hm²）

|  | 潮汐盐沼 [a] | 潮汐淡水沼泽 [b] | 红树林沼泽 [b] | 总计 |
| --- | --- | --- | --- | --- |
| 大西洋沿岸 | 669 | 400 |  | 1069 |
| 墨西哥湾 | 1011 | 362 | 506 | 1879 |
| 太平洋沿岸 | 49 | 57 |  | 106 |
| 阿拉斯加州 [c] | 146 |  |  | 146 |
| 总计 | 1875 | 819 |  | 3200 |

注：a. Watzin and Gosselink，1992

　　b. Field et al.，1991

　　c. Hall et al.，1994

## 潮汐盐沼

在世界各地中高纬度受保护的海岸线都有盐沼分布（图 8.3a），如河口附近、海湾、受保护的滨海平原与潟湖周围。盐沼在陡峭的海岸线上，呈狭窄的条带状分布，也可以分布在几千米宽的广阔地带。不同的海岸带具有不同的优势植物，但盐沼的生态结构和功能在世界各地是相似的。在以有根植被占优势的潮汐盐沼，受涨潮、落潮的干湿交替作用，远远望去似乎是一片以单一物种为主的广阔草地。事实上，盐沼具有复杂的带状分布，以及由植物、动物和微生物组成的复杂结构，能够适应盐度波动、干湿交替的变化，以及温度的极端日变化和季节性变化。由浮游生物、鱼类、营养物和波动水位组成的迷宫般的潮流纵横交错在沼泽中，与附近河口进行能量和物质交换。对不同盐沼的研究表明，它们具有很高的生产力，为许多海洋生物提供产卵场和觅食场。因此，世界各地的盐沼和热带红树林沼泽形成了陆地与海洋栖息地之间重要的交汇区。

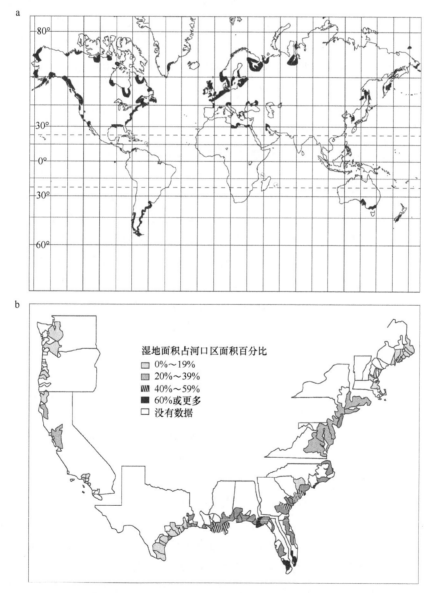

图 8.3　世界盐沼（a）和美国沿海区域湿地分布，包括潮汐淡水湿地、红树林沼泽及潮汐盐沼（b）（模仿自 Chapman，1977 和 Field et al.，1991）

## 地理范围

在河口、海湾、受保护的海岸平原及潟湖周围都有盐沼分布。不同的海岸带优势植物不同，但世界各地盐沼的生态结构和功能相似。根据 Valentine Chapman（1960，1976）开发的分类系统，世界上的盐沼可分为以下八大地理区。

1）北极区：包括加拿大北部、美国的阿拉斯加州、格陵兰岛、冰岛、斯堪的纳维亚半岛北部和俄罗斯的盐沼。哈得孙湾南岸可能是北美洲最大的沼泽分布区，其面积达 300 000km²。这一区域受冰冻、极端低温、正向的水量收支和许多汇入的溪流的影响，这些沼泽通常为半咸水而不是咸水。哈得孙湾南岸地区主要生长着各类薹草属（Carex）植物和佛利碱茅（Puccinellia phryganodes）。阿拉斯加州西南海岸的部分地区主要生长着盐角草（Salicornia spp.）和碱蓬（Suaeda spp.）。

2）北欧区：包括从伊比利亚半岛到斯堪的纳维亚半岛的欧洲西海岸潮汐盐沼，以及英国和波罗的海沿岸潮汐盐沼。西欧大部分沿海环境的特点是气候温和、降水充足。但欧洲南部沿海地区盐度极高，主要生长着碱茅属植物 Puccinellia maritima、七河灯心草（Juncus gerardi）、盐角草（Salicornia spp.）、大米草（Spartina anglica）和唐氏米草（Spartina townsendii）。英国西海岸、斯堪的纳维亚半岛及波罗的海沿岸的部分地区土壤呈现沙质且盐度较低，主要生长着紫羊茅（Festuca rubra）、西伯利亚剪股颖（Agrostis stolonifera）、薹草属植物 Carex paleacea、小灯心草（Juncus bufonius）、链球莎草（Desmoschoenus bottanica）和藨草（Scripus spp.）。英吉利海峡淤质的海岸主要生长着唐氏米草（Spartina townsendii）。与北美洲潮汐盐沼相比，北欧的潮汐盐沼往往以潮间带缺乏植被为特征。

3）地中海区域：包括地中海干旱、多岩石的沙地及高盐度的海岸带。盐沼主要生长着矮灌木植被，以及藜（Arthrocnemum spp.）、补血草（Limonium spp.）、灯心草（Juncus spp.）和盐角草（Salicornia spp.）。

4）北美洲东部区域：主要以米草（Spartina spp.）、灯心草（Juncus spp.）为优势种的沼泽遍布美国和加拿大东海岸及美国墨西哥湾沿岸。从缅因州到佛罗里达州、从路易斯安那州到墨西哥湾沿岸的得克萨斯州，盐沼是美国东海岸最常见的湿地（图 8.3b）。美国东北部的湿地进一步可分为三个亚区。

　　a. 芬迪湾地区：该地区岩石松软，河流和潮汐侵蚀程度较高，出露丰富的红色淤泥。以芬迪湾为例，由于潮差很大，在保护区形成了一些沼泽和深厚的沉积物。沼泽较低的部位以碱茅属植物 Puccinellia americana 为优势种，较高的部位以灯心草属植物 Juncus balticus 为优势种。

　　b. 新英格兰地区：沼泽主要由海洋沉积物和泥炭沼泽构成，几乎没有来自高地上坚硬岩石的沉积物输入。这些沼泽从美国缅因州分布到新泽西州，在地势低的沼泽以互花米草（Spartina alterniflora）为优势种，而在地势高的沼泽中则是伴生海滨盐草（Distichlis spicata）的狐米草（Spartina patens）群落。

　　c. 海岸平原地区：湿地从新泽西州开始沿着墨西哥湾从美国东南沿海分布到得克萨斯州。主要河流从近期抬升的海岸平原挟带了大量淤泥。潮差相对较小，沼泽中遍布潮沟。在佛罗里达州南端，红树林沼泽取代了盐沼。由于密西西比河形成了广阔的三角洲沼泽，美国 60%的沿海盐沼和淡水沼泽分布在墨西哥湾沿岸（图 8.3b）。这一地区的优势物种为互花米草（Spartina alterniflora）、狐米草（Spartina patens）、黑灯心草（Juncus roemerianus）和海滨盐草（Distichlis spicata）。

5）北美洲西部区域：由于海岸地貌原因，与北极和北美洲东部沿海地区相比，美国和加拿大西部沿海地区盐沼发育不好。在地中海气候下，太平洋米草（Spartina foliosa）在崎岖的海岸呈现狭长的条带状分布。米草植被带通常与分布广阔的盐角草（Salicornia spp.）和碱蓬（Suaeda spp.）相接。互花米草（Spartina alterniflora）是一种非本地入侵植物，生长在加利福尼亚州北部的沿海沼泽地。

6）澳大拉西亚：盐沼经常分布在太平洋、印度洋和塔斯曼海沿岸的东亚、澳大利亚与新西兰温带海岸线上的三角洲地带。

a. 东亚地区：中国、日本、俄罗斯①和韩国的海岸总体上崎岖不平。尽管降水量适中，但不利于沼泽发育。沼泽主要生长着海韭菜（*Triglochin maritima*）、补血草属植物 *Limonium japonicum*、盐角草（*Salicornia* spp.）和大穗结缕草（*Zoysia macrostachya*）。中国东部沿海地区出现了大量的盐沼恢复生境，主要原因在于大米草（*Spartina anglica*）和互花米草（*Spartina alterniflora*）的人为引入。这两种物种都被认为是入侵物种，特别是互花米草（*Spartina alterniflora*）还将原生的优势种芦苇（*Phragmites australis*）在竞争中淘汰。

b. 澳大利亚地区：这个地区还包括新西兰②和塔斯马尼亚。其特点是高降雨量和具有显著的地理隔离。盐沼中世界种包括盐地鼠尾粟（*Sporobolus virginicus*）、猪毛菜（*Sarcocornia quinqueflora*）和南方碱蓬（*Suaeda australis*）。然而，澳大利亚和新西兰的盐沼中有少数物种入侵是很普遍的现象。在新西兰和澳大利亚的其他温带盐沼中，大米草（*Spartina anglica*）是一个主要的入侵物种。尽管澳大利亚西海岸降雨量少且干湿季节分明，但在特定地区如鲨鱼湾（Shark Bay）和皮尔哈维（Peel-Harvey）河口附近分布有盐沼。与世界上大部分地区的一般情况相比，澳大利亚的大部分盐沼分布在热带地区（Adam，1998）。

7）南美洲区域：南美洲的海岸位置分布过于靠南且温度过低，海岸起伏不平且具有地理隔离，并不适合红树林生存。这里主要生长着米草（*Spartina* spp.）、补血草（*Limonium* spp.）、盐草（*Distichlis* spp.）、灯心草（*Juncus* spp.）、异穗卷柏（*Selaginella heterostachys*）和互苞盐节木（*Allenrolfea* spp.）等独一无二的物种。

8）热带区域：尽管红树林沼泽一般分布在热带海岸，但在红树林无法忍受的热带高盐度海岸平原也发现了盐沼，其优势植物通常为米草（*Spartina* spp.）、盐生植物海角珊瑚（*Salicornia* spp.）和补血草（*Limonium* spp.）。

## 水文地貌

潮汐、沉积物、淡水输入与海岸线结构等自然特征决定了潮汐盐沼湿地在其地理范围内的发育程度和范围。滨海盐沼主要分布在潮间带，也就是在低潮时不会被淹没但在高潮时不定期被淹没的地区。相比陡峭的海岸来说，平缓的海岸具有正常的潮汐淹水过程，植被也比较稳定。盐沼的发育可以降低海浪和风暴给海岸所带来的冲刷。建造盐沼的沉积物源于陆地上的地表径流、沿海大陆架沉积物的再沉积或潮汐盐沼自身生产的有机物。

### 水文

潮汐对盐沼发育起着支撑作用，影响着一系列各种各样的物理、化学和生物过程，包括沉积物的沉积和冲刷、矿物质和有机物的流入与流出、有毒物质的冲刷及沉积物氧化还原电位的控制等。这些自然因素反过来影响沼泽的物种组成及其生产力大小。沼泽的分布范围通常由潮差决定。其下限由淹水的深度和持续时间，以及海浪、沉积物有效性和侵蚀力决定。上限一般延伸到潮汐最大淹水范围，即通常在平均高水位和极大潮高水位之间。根据沼泽的地势高程和淹水特征，其常分为高地沼泽（high marsh）和潮间带低地沼泽（low marsh）两个区域（表 8.2）。高地沼泽淹水不规则，可以至少连续 10 天暴露在空气中。而低地沼泽几乎每天都被淹没，连续暴露的时间不会超过 9 天。在美国的墨西哥湾滨海沼泽，河边沼泽（streamside marsh）和内陆沼泽（inland marsh）一般分别指低地沼泽、高地沼泽，在这些平坦广阔的沼泽中，溪流堤坝实际上是海拔最高的沼泽。

---

① 译者注：通常认为俄罗斯的亚洲部分属于北亚，但因海岸线湿地生态环境与东亚各国类似，本书将其归入东亚地区讨论
② 译者注：由于新西兰的生态环境与澳大利亚类似，此处归入澳大利亚地区一并讨论

**表 8.2　盐沼中地势低的盐沼和地势高的盐沼之间的水文条件分界（d）**

| 沼泽 | 淹水 | | 最大持续非淹水时间 |
|---|---|---|---|
| | 仅白天 | 全年 | |
| 高地沼泽 | <1 | <360 | ≥10 |
| 低地沼泽 | >1.2 | >360 | ≤9 |

资料来源：Chapman，1960

## 沼泽发育

虽然盐沼的发育模式不尽相同，但大致可分为两种：①海洋沉积物在海岸的再沉积；②河流径流挟带的矿质沉积物在三角洲地区沉积。

世界上大部分海岸线的典型特征是由海洋沉积物在海岸的再沉积形成的沼泽。在这些沿海地区，盐沼的发育需要有足够的遮蔽物来确保沉积物的沉积，防止海浪的过度侵蚀。位于沙嘴或沙坝（spit）背风侧的盐沼，可以截留河流挟带的沉积物，而海湾同样能抵御海浪或沿岸流的侵蚀。沙嘴是陆地向海延伸的狭长地带，其主要功能是在背风侧截留沉积物，保护沼泽免受外海的影响。在美国的佐治亚州至南、北卡罗来纳州沿岸礁石背风侧，是沉积形成盐沼的主要区域。切萨皮克湾、哈得孙湾、芬迪湾和旧金山湾等几个大湾区同样也为盐沼提供了庇护，使其免受风暴和海浪的影响。这几个湾区内的盐沼同时具有海洋和三角洲的特征。海湾入海口的水深较浅及较平缓的地形，共同导致了河流沉积物在这一区域沉积，从而避免了波浪对盐沼的影响。剧烈的潮汐作用将这一区域水体的盐度保持在高于 5ppt 的范围，否则这一区域将长满芦苇等淡水水生植物。

挟带着大量沉积物的河流可以在水深较浅的河口处形成沼泽，或者在海浪较小的浅海大陆架上形成沼泽。虽然这样形成的三角洲面积会随着河流流量增加而扩大，但是依然会受到海洋大陆架坡度和潮差等因素的影响。在坡度较缓、海浪能量较小的海岸，三角洲可以堆积在大陆架上。相对于三角洲的直线宽度来说，这些三角洲往往具有更长的岸线。河流的流量与潮汐能量的相互作用决定了三角洲湿地的盐度。而淡水在降低盐度的同时，也减弱了潮汐作用，进而扩大了海陆相互作用的范围。在美国路易斯安那州密西西比河三角洲就发育了生机勃勃、面积广袤的盐沼。通常，在新的沉积物上发育的新生沼泽以淡水物种为主。然而，随着三角洲的延伸，河流会随着地质变化改道，河流失去了对沼泽的影响。没有了河流补给的沼泽，不再有淡水补给，海洋对其的影响愈来愈强。在密西西比河三角洲，这些沼泽经历了 5000 年的演化，从淡水沼泽演变为盐沼，最后在地面下降和海洋侵蚀的共同作用下，重新演化为开阔水域。在演化的最后阶段，与大西洋沿岸海洋作用方式一样，沼泽向海的边缘重新形成堰洲岛与沙嘴。

## 潮沟

盐沼，特别是低地沼泽的一个显著地理特征是在沼泽上发育了潮沟（tidal creek）（图 8.4）。这些潮沟就像河流一样发育，迟早会出现一些不规律的小变化，导致水流变化，形成明显的水道（Chapman，1960）。潮沟是盐沼与其邻近水体之间物质和能量交换的重要通道。潮沟内的盐度与邻近河口或海湾相似，其水深随潮汐波动而变化。潮沟的微观环境包括沟边的不同植被带，以及对邻近河口具有重要意义的水生食物网。由于潮沟内的水流是双向的，这些通道往往是十分稳定的。也就是说，这些潮沟不像单向流动的河道那样蜿蜒。随着盐沼发育成熟及沉积物的增加，潮沟往往会被沉积物填满，潮沟的密度也会降低（图 8.4）。

## 盐斑

许多盐沼的一个显著特点是常会形成大小不同的盐斑（panne 或 pan）。这个词一般用来描述沼泽中裸露或充满水的洼地。在沼泽地势较高的部位，只有在极大潮时被水淹没，基质中的盐分蒸发浓缩，杀死了有根植被，仅有一层蓝藻薄薄地覆盖其上，形成了沼泽中的沙质荒漠（sand barren）。泥质荒漠（mud barren）

是沼泽中自然形成的洼地，位于潮间带，即使在低潮时也能保持水分。由于沉积物积累量和有机物生产量的变化，干盐沼内蒸散发量很高。由于水位持续静止，呈现出"死水"状态，在强烈的蒸散发和沉积物不断填充的共同作用下盐度升高，盐斑通常没有维管植物，只能维持沉水植物或浮水植物的生长。在"泥质荒漠"生长的植物要求能够耐受土壤中高浓度的盐度，如川蔓藻（*Ruppia* sp.）。在一些高地沼泽中可以形成相对永久的水塘，这些水塘很少被潮汐淹没。由于这些水塘较浅且能维持沉水植物生长，迁徙中的水禽时常在这些水塘内停歇。由于人类活动的干扰，盐斑是一种常见现象，通常发生在潮汐运动被道路或堤坝阻挡的地方、固体废弃物堆积使地表抬高的地方，或者在沼泽中修建高速公路等人为挖掘时。

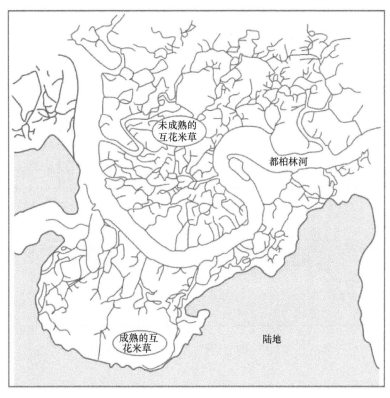

图 8.4　美国佐治亚州都柏林河流域互花米草（*Spartina alterniflora*）盐沼中潮沟的水流模式（模仿自 Wiegert and Freeman，1990 和 Wadsworth，1979）

## 土壤和盐度

沉积物的来源和潮汐模式决定了沼泽的沉积特征。盐沼的沉积物可能来自河流挟带的泥沙、盐沼本身的有机物生产或海洋沉积。当河流流入海洋后，河水漫散、流速下降，颗粒较大的物质首先沉积下来，形成一个稍高的河流天然堤。而较细的物质在深入内陆的地方沉积，产生众所周知的"河流边缘"效应，其特征是潮流边缘的草本植物生产力高于内陆，主要是由于养分输入略多，地势更高、排水更好。

### 盐度

尽管降水量很大，但在强大的潮差（如英格兰的沃什湾）作用下盐沼的盐度往往接近周围海水的盐度。与之相反，与大型河流相邻的沿海沼泽（如墨西哥湾的北岸）由于淡水的稀释作用，沼泽内的水体呈半咸水甚至淡水。盐沼的极端盐度出现在亚热带地区，如美国得克萨斯州墨西哥湾沿岸，那里的河流和降水补给的淡水较少，潮差较小从而减轻了潮汐作用。因此，蒸散发浓缩，往往使得克萨斯州墨西哥湾沿岸的海水盐度增加一倍甚至更高。

与海岸平行方向的盐度梯度随淹水频率而变化，进而影响植被生产力（图 8.5）。在相邻的潮沟附近，频繁的潮汐作用使得沉积物的盐度等于或低于海水盐度。同时随着沼泽所在地势升高，淹水频率逐渐减小、沉积物变细。如图 8.5 所示，罕见的大潮给沼泽带来了蒸散发浓缩后的盐水。这些咸水淹水频率较低，不能冲洗这些盐分，盐分逐渐累积可以达到生物致死水平。在这个高程以上，潮汐淹水现象非常罕见，盐分的输入受到限制。同时充足的雨水冲刷也防止了盐分累积。沼泽所在位置的地势高程、潮汐和降水相互作用而形成的盐分梯度，往往控制着植被的分布格局和生产力。但是盐沼中生长的植物都是耐盐的，仅依靠盐度来解释植物分带和生产力具有误导性。毕竟盐度是许多水动力条件的产物，包括所分布位置的坡度、地势高程、潮汐、降水、淡水输入和地下水。因此，当米草（Spartina spp.）在潮间带繁茂生长时，也会对潮汐作用产生响应，降低当地盐度、去除有毒物质、补充养分并改变土壤缺氧状况。所有这些因素共同影响了潮间带和高地沼泽的生产力与生长方式。

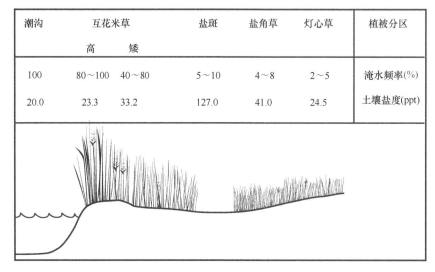

| 潮沟 | 互花米草 | | 盐斑 | 盐角草 | 灯心草 | 植被分区 |
|---|---|---|---|---|---|---|
| | 高 | 矮 | | | | |
| 100 | 80～100 | 40～80 | 5～10 | 4～8 | 2～5 | 淹水频率(%) |
| 20.0 | 23.3 | 33.2 | 127.0 | 41.0 | 24.5 | 土壤盐度(ppt) |

图 8.5　盐斑土壤盐度与植被的关系（模仿自 Antlfinger and Dunn，1979 和 Wiegert and Freeman，1990）

## 植被

盐沼生态系统由多种多样的生物组成，包括盐沼中的植物、动物、微生物群落和潮汐河流中的浮游生物、无脊椎动物，以及潮沟、盐斑及河口中的鱼类。在这里只讨论沼泽本身的生物结构。这些生态系统中的植物和动物已经适应了盐度胁迫、周期性淹水及极端温度环境。

盐沼植被组成可以按照前文中分布于不同地势高程的盐沼进行分类，这样的分类也反映了区域差异。图 8.6 显示了美国东北部新英格兰地区从河流到陆地典型的植被分带模式。河口、海湾或潮沟附近的潮间带或低地沼泽主要生长着高大的互花米草（Spartina alterniflora）。高地沼泽则广泛分布着狐米草（Spartina patens）、海滨盐草（Distichlis spicata）及少量的 Iva frutescens 和各种杂草，这些植被替代了互花米草（Spartina alterniflora）。在狐米草（Spartina patens）以外的正常高潮区内可形成七河灯心草（Juncus gerardi）纯群落。在仅被大潮淹没的潮汐盐沼上缘，根据当地的降雨量和温度条件，两种群落比较常见。当降雨量超过蒸散发量时，耐盐物种就会成为耐受性较差的物种，如柳枝稷（Panicum virgatum）、芦苇（Phragmites australis）、补血草属植物 Limonium carolinianum、紫菀（Aster spp.）和海韭菜（Triglochin maritima）。在新英格兰地区东南部的沿海地区夏季蒸散发量可能超过降雨量，盐分可以在这些地势高的沼泽中积累，生长盐角草（Salicornia spp.）和 Batis maritima 等耐盐植物，也经常可以见到形成盐霜的裸露区域。新英格兰盐沼的其他特征还包括蚊子众多的水沟，沟渠中生长着一排排较高的互花米草（Spartina alterniflora），盐斑内生长着较矮的互花米草（Spartina alterniflora）。

Crain 等（2004）在新英格兰地区的海岸分别采用温室与野外移植的方法，比较影响盐沼植物的生物和非生物因素。将盐沼植物移植到淡水沼泽中发现，在没有竞争对手的情况下，长势好于天然盐沼。但是，当盐沼植物与邻近的植物一起被移植到淡水沼泽中时，它们就会被淡水沼泽植物所淘汰。作者推测，盐沼等极端环境中的植物生长，是由它们对生理胁迫的耐受力决定的，而内陆湿地植物的生长则取决于植物的竞争能力。

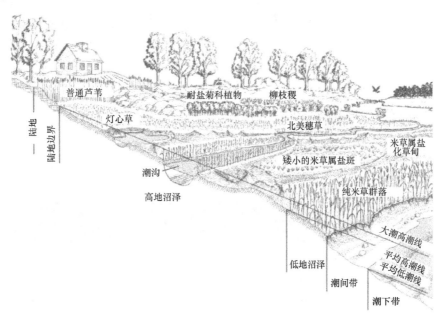

图 8.6　典型的北大西洋盐沼理想化的群落分区。不同植物群落的分布受平均高水位之上地势高程微小差异的强烈影响（模仿自 Dreyer and Niering，1995）

图 8.7 展示了在其他盐沼中发现的植被特征模式。沿大西洋海岸的切萨皮克湾南部出现了典型的滨海平原盐沼（图 8.7a）。这些沼泽与新英格兰地区的植被分区相似，但也有例外：①高大的互花米草（*Spartina alterniflora*）通常仅沿潮沟呈非常窄的条状带状分布；②较矮的互花米草（*Spartina alterniflora*）在较宽阔的中间地带分布较多；③在高地沼泽中两种灯心草发生了相互演替，黑灯心草（*Juncus roemerianus*）

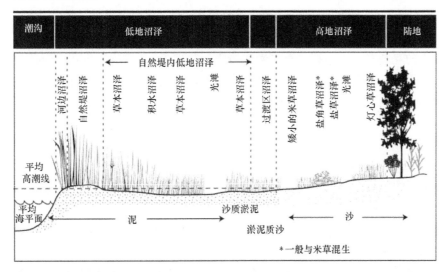

图 8.7　典型潮汐盐沼植被的分带：（a）美国东南部大西洋沿岸（模仿自 Wiegert and Freeman，1990）；（b）墨西哥湾东部和北部（模仿自 Montague and Wiegert，1990）；（c）欧洲的潮汐盐沼（模仿自 LeFeuvre and Dame，1994）

b 墨西哥湾东部的盐沼

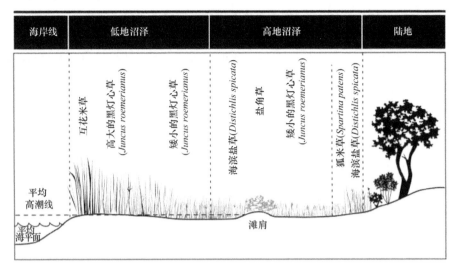

c 欧洲的盐沼

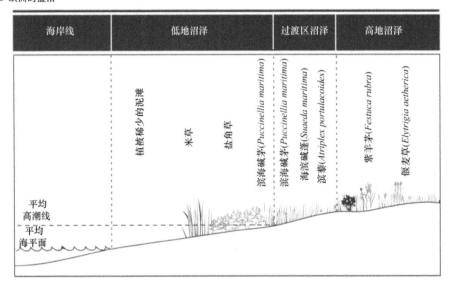

图 8.7　（续）

取代了七河灯心草（*Juncus gerardi*）。在成熟期，低地沼泽和高地沼泽的面积大致相等。低地沼泽生长的几乎全部是较高大的互花米草，主要分布在潮沟边缘的陆地上，并随着向陆地方向的地势升高数量逐渐增加，最终在自然堤后变为较矮小的互花米草。这一群落可能还包含一些具有面积较小的植被或无植物的水塘和泥质光滩。高地沼泽的植被组成更为多样化，包含互花米草（*Spartina alterniflora*）、海滨盐草（*Distichlis spicata*）、黑灯心草（*Juncus roemerianus*）与盐角草（*Salicornia* spp.）。

　　沿美国密西西比河及佛罗里达州西北部海岸，在众多的单子叶植物中分布有黑灯心草（*Juncus roemerianus*）（图 8.7b）。在向海一侧的边缘往往分布有互花米草（*Spartina alterniflora*），而向陆一侧则分布着大面积高矮不同的黑灯心草（*Juncus roemerianus*）。狐米草（*Spartina patens*）和海滨盐草（*Distichlis spicata*）的混合群落生长在陆地边缘的盐沼中。盐角草（*Salicornia* spp.）则分布在滩肩等有盐分聚集的局部小区域中。沿着墨西哥湾北部的海岸，狐米草（*Spartina patens*）成为优势种。路易斯安那州 2000km² 的盐沼则主要生长狐米草（*Spartina patens*）。

　　在欧洲，人们发现了完全不同的盐沼，至少与美国东部的盐沼相比截然不同（图 8.7c）。最显著的特点之一是，在欧洲高潮线和平均海平面之间的潮间带由稀疏植被覆盖，而在美国这一区域则主要生长着互花米草（*Spartina alterniflora*）（LeFeuvre and Dame，1994）。在欧洲，所谓的低地沼泽其实是泥滩或植被稀疏区。欧洲所研究的盐沼大多是平均高潮线和大潮高潮线之间的沼泽。在欧洲的盐沼中通常生长着两种米草，大米草（*Spartina anglica*）或唐氏米草（*Spartina townsendii*），它们都分布在一个相对较窄的带状区域。在过去的几十年里，无性繁殖的草本植物披碱草（*Elymus athericus*）已经蔓延到欧洲许多地势较低的盐沼中。由于种群规模大，拦截了大型枯落物向邻近河口的输出（Bouchard and Lefeuvre，2000；Lefeuvre et al.，2003；Valéry et al.，2004），对盐沼内的生物多样性也具有显著影响（Pétillon et al.，2005）。

目前人们对极地附近的盐沼所知甚少。Funk 等（2004）发现，地势高程、电导率及土壤离子组成都对阿拉斯加州的盐沼植物盖度和物种组成有影响。随着地势高程的升高，盐度不断下降，植物物种更加丰富。在地势最低的盐沼中，只发现了佛利碱茅（*Puccinella phryganodes*）的分布。地势高程居中地区，主要生长着薹草属植物 *Carex subspathaceae*，而地势高的地区发现有 16 种植物，植被覆盖度最高，包括禾本科植物 *Dupontia fischeri* 和东方羊胡子草（*Eriophorum angustifolium*）。Zhu 等（2008）报道，南极东部沿海苔原沼泽的生物量主要由藻类、藓类、蓝细菌和细菌组成。

## 消费者

潮汐盐沼既具有陆地（好氧）环境特征，又具有水域（缺氧）环境特征，为消费者提供了一个严酷的环境。盐是它们必须抵抗的额外胁迫，此外，环境随时间的变化呈现极端的方式。盐沼消费者的主要食物来源通常是营养价值有限的草本植物。考虑到所有这些限制，盐沼的消费者却惊人地多样化。

许多动物，特别是脊椎动物，将潮汐沼泽（包括盐沼和淡水沼泽）作为更大范围的滨海生态系统的一部分加以利用。然而，许多报道物种被认为是潮汐盐沼所特有的。Greenberg 等（2006）对全球陆地脊椎动物及其在潮沼中的分布进行了综述，发现盐沼特有种有 25 种（或亚种）。有趣的是，尽管抽样误差可能会导致这样的情况，但是所有这些物种几乎都只限于北美洲地区。在欧洲和澳大利亚研究较为深入的地区，却很少有关于潮汐特有物种的记录。另一个可能的因素是北美洲的潮汐沼泽面积大，地方特有现象发生率高是种-面积关系的反映。虽然这些因素或其他因素可能导致北美洲的地方特有现象发生率高，但目前还没有对这一现象的系统理论。

尽管动物特别是较高营养级的动物会从一个栖息地转移到另一个栖息地，但根据它们所栖息的沼泽生境的类型来区分消费者仍旧是很便利的。沼泽可分为三种主要生境：一个是地上生境，即水生植物的地上部分，这一区域很少被水淹没；一个是底栖生境，即沼泽表面和有活体植物的下部；一个是水域生境，即沼泽泡塘和沼泽河流（图 8.8）。

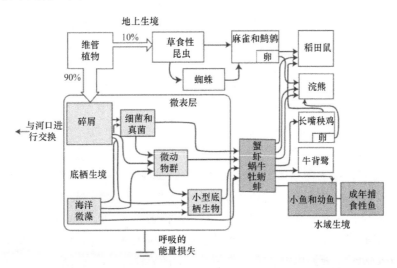

图 8.8　盐沼食物网，包括地上生境、底栖生境和水域生境的主要生产者与消费者（模仿自 Montague and Wiegert，1990）

## 地上生境

地上生境与地表生境相似，物种主要包括生长在植物叶片里面和叶面的昆虫、蜘蛛。这些昆虫和蜘蛛是盐沼食物网的食草动物。美国东部盐沼中最常见的食叶生物是节肢动物 *Orchelimum*、稻水象甲属（*Lissorhoptrus*）及相手蟹属（*Sesarma*）。此外，还有大量的光蝉（*Prokelisia marginata*）和飞虱 *Delphacodes detecta*，通过植物的维管组织吸收汁液或叶肉细胞。在地上生境中也发现了许多食肉昆虫，Pfeiffer 和 Wiegert（1981）在美国北卡罗来纳州、南卡罗来纳州、佐治亚州的米草（*Spartina* spp.）群落中发现并记录了 81 种蜘蛛和昆虫。

盐沼既为包括白鹭、苍鹭、鹮及林鹳和玫瑰琵鹭等在内的大量涉禽提供食源补给，又为大量的迁徙水禽提供食物，包括绿头鸭（*Anas platahynchos*）、绿眉鸭（*Anas americana*）、赤膀鸭（*Anas strepera*）、美洲潜鸭（*Aythya americana*）、蓝翅鸭（*Anas discors*）和绿翅鸭（*Anas crecca*）。北美黑鸭（*Anas rubripes*）是许多盐沼的永久居民，也是鸣禽的一种。

众多的鸟类，包括长嘴沼泽鹪鹩（*Cistothorus palustris*）、海滩雀（*Ammodramus maritimus*）、笑鸥（*Larus atricilla*）、加拿大燕鸥（*Sterna forsteri*）和普通燕鸥（*Sterna hirundo*）等，在盐沼的草丛中筑巢。长嘴沼泽鹪鹩（*Cistothorus palustris*）主要以昆虫为食。麻雀则在沼泽地上觅食，其主要食物有蠕虫、虾、小螃蟹、蚱蜢、苍蝇和蜘蛛。长嘴秧鸡（*Rallus longirostris*）是另一种盐沼的永久居民，其主要以小菜蛾和小螃蟹为食。许多食虫的非永久性居民定期在盐沼中觅食，这些食虫鸟从相邻的淡水沼泽、海滩和陆地生境迁徙而来，主要包括尖尾沙鹀（*Ammodramus caudacutus*）、双色树燕（*Tachycineta bicolor*）、家燕（*Hirundo rustica*）、北红翎粗腿燕（*Stelgidopteryx serripennis*）、红翅黑鹂（*Agelaius phoeniceus*）和各种各样的海鸥。

迁徙水禽普遍以盐沼作为越冬场地，这里也是它们秋季和春季迁徙的停歇地。有些地区数以十万计的鹅或鸭群占据着盐沼。过度、反复啃食植物，特别是在高水位、盐度特别高或干旱期延长的情况下，这些区域会变成泥滩或开阔水面。

## 底栖生境

在盐沼地上的初级生产力中，可能只有不到 10%是由地上消费者吃掉的。大部分植物生物量在沼泽表面死亡和腐烂，其能量通过碎屑途径进行流动。主要消费者是微生物（真菌和细菌）。反过来这些消费者又被腐烂的植物、沼泽的表面和腐烂的枝条上的小型底栖动物捕食。这些微小的生物主要是原生动物、线虫、哲水蚤、环节动物、轮虫和更大的无脊椎动物的幼虫。盐沼中个体较大的无脊椎动物可以分为两组，即杂食动物（食碎屑动物）和滤食动物。一般来讲，它们都被认为是水生动物，因为大多数动物都有某种器官能在水中获取氧气。杂食动物包括玉黍螺（*Littorina irrorata*）、沼泽蜗牛（*Melampus bidentatus*），以及甲壳动物如招潮蟹（*Uca* spp.）、蓝蟹（*Callinectes sapidus*）和端足类。滤食动物包括帘蛤（*Geukensia demissa*）和美洲巨牡蛎（*Crassostrea virginica*），能将水中的微粒过滤出来。

## 水域生境

水生动物与底栖动物会有所重叠。为了方便起见，我们将高营养级别的动物（主要是脊椎动物）及非潮汐盐沼内永久居住的迁徙生物包括在这一组中。鱼类很少是潮汐盐沼的永久居民，大部分鱼类都是沿着潮汐盐沼边缘和小型浅水塘进食，并在潮水涨至高潮位时进入潮汐盐沼。Werme（1981）发现在北大西洋河口 30%的淡水美洲原银汉鱼（*Menidia extensa*）和底鳉（*Fundulus heteroclitus*）在涨潮时进入潮汐盐沼。美国路易斯安那州的小潮汐盐沼中常见的鱼类包括杂色鳉（*Cyprinodon variegatus variegatus*）、异域小孔鳉（*Adinia xenica*）、美洲原银汉鱼（*Menidia beryllina*）、大底鳉（*Fundulus grandis*）和茉莉花鳉

(*Poecilia latipinna*)，对虾（*Penaeus* spp.）和蓝蟹（*Callinectes sapidus*）也很常见。许多动物不定期地居住在盐沼并在其中觅食，鱼类的觅食范围更广。因为盐沼内有丰富的食物和栖息地，许多鱼类和贝类在海中或河流上游产卵，在亚成体时迁徙到盐沼。作为亚成体，这些鱼类需要洄游到河口或近海区域。大西洋东南部和墨西哥湾沿岸超过 90% 的具有重要商业价值的鱼类和贝类都具有迁徙特征。

### 哺乳动物

有两种北美洲盐沼中的哺乳动物因其对盐沼的影响而受到关注：一种是原产于北美洲的麝鼠（*Ondatra zibethicus*），另一种是从南美洲入侵而来的外来物种河狸鼠（*Myocastor coypus*）。两者更喜欢淡水沼泽，但在盐沼中也可以发现它们的踪迹。在美国路易斯安那州，麝鼠似乎已经把它所偏好的淡水栖息地换成了盐水沼泽。这两种哺乳动物都是贪婪的食草动物，在生长季节吃光植物的叶子和芽，在冬季挖掘块茎来食用。它们毁坏的植物远多于它们摄取的食物，导致沼泽的大面积退化。这些地区的恢复非常缓慢，尤其是在墨西哥湾北部海岸的低洼环境中。在欧洲的盐沼中放养家畜（如牛、绵羊或山羊）也是很常见的（Bouchard et al.，2003），对盐沼植物群落的组成和分布有深远影响。

## 生态系统功能

关于盐沼生态系统功能的研究，主要观点包括以下几方面。

1）大部分盐沼中大型水生植物的初级生产力几乎与农业的初级生产力一样高。这种高生产力是潮汐、营养物质输入和大量水资源补给的结果，抵消了盐度、干湿交替及温度变化的胁迫。

2）虽然土壤藻类的生物量很小，但藻类的生物量与群落中大型植物一样高或更高，特别是在高盐度的沼泽地区。

3）中型和大型无脊椎动物直接摄食维管植物组织是较小的能量流动，但是直接摄食土壤藻类和附生藻类是其高质量食物能源的重要来源。

4）真菌和细菌是初级消费者，将难以消化的植物纤维素（碎屑）转化为蛋白质丰富的微生物生物量供消费者食用。这种碎屑途径是盐沼能量利用的主要途径。

5）潮汐盐沼有时是营养物质尤其是氮的"源"和"汇"。

### 初级生产力

潮汐沼泽是世界上生产力最高的生态系统之一，在北美洲南部海滨平原，其生产量（鲜重）高达 8000g/(m²·年)。潮汐盐沼的三大自养单元是沼泽内的草本植物、藻类和潮沟内的浮游植物。在美国的大西洋沿岸和墨西哥湾沿岸，对潮汐盐沼净初级生产力开展了大量研究。表 8.3 比较了一些地上生产力和地下生产力的测量值。地上生产力差别很大，最低的为法国诺曼底潮汐盐沼，只有 410g/(m²·年)；最高的为美国路易斯安那州的一个潮汐盐沼，高达 4200g/(m²·年)。地下生产力难以测量，但可能比地上生产力高很多。由于裸露于潮汐之中，随着淡水流量的增加，位于潮沟沿岸的盐沼初级生产力通常较高，低地沼泽和潮间带沼泽初级生产力往往高于高地沼泽。正如前面所讨论过的，这些条件也导致了米草（*Spartina* spp.）较高的外形。地下生产力相当大——通常比地上生产力更大（表 8.3）。在不利的土壤条件下，植物似乎把更多的能量投入根系生长。因此，河边根与茎的比值普遍高于内陆。

Sullivan 和 Currin（2000）总结了土壤藻类的生产力。在许多研究中，底栖藻类年生产力的变化范围从墨西哥湾海岸黑灯心草（*Juncus roemerianus*）盐沼的 28g C/(m²·年)到加利福尼亚州南部的碱菊属植物 *Jaumea carnosa* 盐沼的 341g C/(m²·年)（表 8.4）。底栖藻类的生产力在大西洋沿岸向南增加，但在墨西哥湾沿岸最低。美国东部海岸和西部海岸的大部分藻类生长是在上层植物处于休眠状态时。在大西洋沿岸和墨西哥湾沿岸，藻类的生产力是维管植物生产力的 10%~60%。然而 Zedler（1980）发现，加利福尼亚

**表 8.3　盐沼优势种的净初级生产力估算**

| 物种名称 | 地上净初级生产力[g/(m²·年)] | 地下净初级生产力[g/(m²·年)] | 参考文献 |
|---|---|---|---|
| **路易斯安那州（美国）** | | | |
| 海滨盐草（*Distichlis spicata*） | 1162～1291 | | White et al.，1978 |
| 黑灯心草（*Juncus roemerianus*） | 1806～1959 | | |
| 互花米草（*Spartina alterniflora*） | 1473～2895 | | |
| 狐米草（*Spartina patens*） | 1342～1428 | | |
| 海滨盐草（*Distichlis spicata*） | 1967 | | Hopkinson et al.，1980 |
| 黑灯心草（*Juncus roemerianus*） | 3295 | | |
| 互花米草（*Spartina alterniflora*） | 1381 | | |
| 大绳草（*Spartina cynosuroides*） | 1134 | | |
| 狐米草（*Spartina patens*） | 4159 | | |
| **亚拉巴马州（美国）** | | | |
| 黑灯心草（*Juncus roemerianus*） | 3078 | 7578 | Stout，1978 |
| 互花米草（*Spartina alterniflora*） | 2029 | 6218 | |
| **密西西比州（美国）** | | | |
| 黑灯心草（*Juncus roemerianus*） | 1300 | | de la Cruz，1974 |
| 海滨盐草（*Distichlis spicata*） | 1072 | | |
| 互花米草（*Spartina alterniflora*） | 1089 | | |
| 狐米草（*Spartina patens*） | 1242 | | |
| **诺曼底（法国）** | | | |
| 大米草（*Spartina anglica*） | 1080（间接采食） | | Lefeuvre et al.，2000 |
| 盐角草属（*Salicornia*）和碱蓬属（*Suaeda*） | 410（直接采食） | | |
| 马里蒂马（*Maritima*）低海拔盐沼 | 1990（间接采食） | | |
| 马里蒂马（*Maritima*）高海拔盐沼 | 550（直接采食） | | |
| **地中海区域** | | | |
| 罗讷河三角洲（法国） | | | Ibánez et al.，1999 |
| *Sarcocornia fruticosa* | 1123～1262 | | |
| 埃布罗河三角洲（西班牙） | | | Curco et al.，2002 |
| *Arthocnemum macrostachyum* | 190 | 50 | |
| *Sarcocornia fruticosa* | 580 | 950 | |
| *A. macrostachyum* 和 *S. fruticosa* | 840 | 340 | |

州南部的藻类净初级生产力是维管植物生产力的 76%～140%，同时提出了一个假设，加利福尼亚州南部的干旱和高盐条件更有利于藻类生长，而对维管植物生长不利。Kagger 和 Newell（2000）指出，藻类是潮汐盐沼食物网的重要组成部分：

> 我们质疑盐沼具有"碎屑食物网"的范例（Odum，1980），考虑到后生动物大部分次级生产实际上可能与小型底栖生物初级生产的关系，而不是直接（草食）或间接（分解）与维管植物的初级生产相联系。

土壤缺氧、可溶性硫化物和盐分的复杂相互作用导致了局地尺度上生产力的变化（Mendelssohn and Morris，2000）。虽然水看起来很充足，但溶解盐的浓度使盐沼环境在许多方面类似于沙漠。"正常"的水分梯度是从植物到基质。为了克服盐的渗透影响，植物必须消耗能量来增加其内部渗透浓度以便吸收水分。许多研究证实，随着土壤中盐浓度增加，植物生长逐渐被抑制。盐沼中的耐盐物种也是如此，盐度效应可能十分微妙。例如，Morris 等（1990）指出，美国东海岸某一地点盐沼生产力的年际变化与平均夏季水位相关，它们的作用与土壤盐度相同（在这项研究中土壤盐度与沼泽的淹水频率成反比）。

表 8.4　美国不同盐沼中底栖微藻的年生产力[g C/(m²·年)]和底栖微藻年生产力（BMP）与维管植物净地上生产力（VPP）的比值（BMP/VPP）

| 所选位置 | 藻类生产力[gC(m²·年)] | BMP/VPP（%） | 参考文献 |
|---|---|---|---|
| 马萨诸塞州 | 105 | 25 | Van Raalte，1976 |
| 特拉华州 | 61～99 | 33 | Gallagher and Daiber，1974 |
| 加利福尼亚州南部 | 98～234 | 12～58 | Pinckney and Zingmark，1993 |
| 佐治亚州 | 200 | 25 | Pomeroy，1959 |
| 佐治亚州 | 150 | 25 | Pomeroy et al.，1981 |
| 密西西比州 | 28～151 | 10～61 | Sullivan and Moncreiff，1988 |
| 得克萨斯州 | 71 | 8～13 | Hall and Fisher，1985 |
| 加利福尼亚州 | 185～341 | 76～103 | Zedler，1980 |

资料来源：Sullivan and Currin，2000

　　限制生产力的另一个因素是基质的厌氧程度，即使是已经适应厌氧条件的植物，在有氧土壤中也会生长得更好。许多文献已经报道了厌氧的效应：随着有氧呼吸途径被阻断，能量可利用性降低，降低了养分吸收，有毒的硫化物在基质中积累，最终营养物质可利用性发生变化。由于排水不良、缺氧严重，盐分可能会发生聚集，因此盐抑制和氧耗竭是经常同时发生的，因此内陆沼泽的米草属（*Spartina*）植株较矮小。然而，内陆盐沼排水不畅的主要结果是土壤氧化还原电位明显降低，导致硫化物浓度升高。尽管互花米草具有通过根系向根际运输氧气的能力，以及硫化物的酶氧化作用在一定程度上缓解了硫化物的毒性效应，但当间质可溶性硫化物浓度超过 1mmol/L 时，其生长受到抑制（Bradley and Dunn，1989；Koch et al.，1990）。

　　初级生产力也有利于沉积物在盐沼中积累，人们越来越重视海平面相对升高对盐沼的影响。由于海平面的相对高程发生变化，盐沼需要不断调整以维持平均海平面附近的系统平衡。Morris 等（2002）证明了初级生产力对于增加沉积物积累的重要性。在美国南卡罗来纳州盐沼的实验结果表明，生产力提高，盐沼中的沉积物积累也增加。盐沼往往在低于平均高潮线的高度生产力最高（图 8.9）。然而对海平面快速上升的长期响应而言，这些分布在地势较低的盐沼可能无法快速积累沉积物，与上升的海平面保持同步。而位于地势略高处的盐沼，在沉积物供应充足情况下具有适应海平面迅速上升的可能，并保持其分布位置稳定。

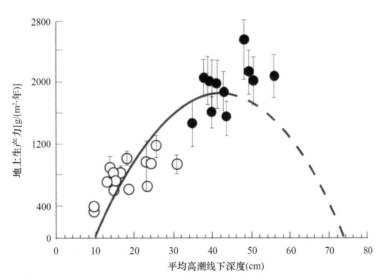

图 8.9　6 月和 7 月生长旺季盐沼地上净初级生产力与平均高潮线下深度的函数关系：互花米草（*Spartina alterniflora*）盐沼中高大植株（空心圆）和低矮植株（实心圆）（模仿自 Morris et al.，2002）

## 分解和消费

自从 John Teal（1962）关于盐沼系统能量流的开创性著作出版后，盐沼的能量流就一直被认为是碎屑系统。在潮汐盐沼生态系统中，几乎四分之三的初级生产量被细菌和真菌分解。Teal（1962）在对潮汐盐沼环境能量流动的研究中估计，净初级生产力的 47%通过微生物呼吸而损失，他同时还假设，河口丰富的次级生产力是由腐屑食物网所推动的。随着多元稳定同位素分馏等新技术的发展，这些早期的假设受到了质疑，出现了一个相对完善的、与之前完全不同的分解和次级生产力的描述。除地中海型气候区的盐沼外，盐沼的初级生产力主要由挺水种子植物（通常情况下是草本植物）贡献。当这些植物枯萎时，可溶性有机物质迅速从组织中流失。来自盐沼植被活体和分解过程中（占植物死亡时初始干重的 25%）不稳定的可溶性有机物是沼泽及附近河口微生物的重要能量源（Wilson et al.，1986；Newell and Porter，2000）。其余 75%的死亡植物生物量主要由难以分解的木质纤维素组成，除少数后生动物外，所有的后生动物都无法利用。关于植被生物量归趋的观点已经发生改变，接下来将描述关于分解过程的两个关键结论。

1）初始次级生产者或分解者，是在浅水沼泽草茎上的子囊菌类真菌。这些真菌的生物量可达到互花米草（*Spartina alterniflora*）活体植物现存生物量的 3%（夏季）到 28%（冬季），这些生物量大部分出现在植物立枯物或沼泽表面。在南大西洋的滨海沼泽，冬季真菌的生物量比夏季高 10 倍。相比之下，大部分细菌生物量存在于沉积物表面微层。夏季，细菌的生物量是真菌的 2 倍，但在冬季只有十分之一。植被生物量到真菌生物量的转换效率可高达 50%（Newell and Porter，2000）。

2）至少有 3 个分解群。①真菌是浅水植物立枯物的主要分解者；②沼泽表面微层好氧细菌分解了被腹足类和端足类撕碎后掉落到沼泽表面腐烂的植物叶、嫩枝；③厌氧细菌是深处厌氧沉积物中的第三组分解者，它能够利用除氧以外的电子受体进行新陈代谢。其中最主要的是硫酸盐还原剂，可以氧化大部分地下衰老的根和根际生物。

在分解过程中，植物-真菌-细菌的混合物氮含量增加。部分原因在于细菌分解者与草的原有组织 C：N 较低。多年来人们一直认为氮的富集使腐烂的植物成为消费者更富有营养的食物来源。然而最近的研究结果表明，大部分的氮被束缚在腐烂植物的化合物中（Teal，1986）。后生动物的摄食将营养细菌种群维持在较低浓度。

这些关于沼泽大型植物分解过程的研究结果，导致重新评估了潮汐沼泽及其相关的潮沟中丰富的消费群体的能量来源。虽然大部分的变化包括对腐屑过程的阐述和重新认识，但一个主要的变化是藻类，包括浮游植物和土壤藻类。作为盐沼食物网中主要的能量流，藻类扮演了更重要的角色。维管植物仍然是有机碳的主要来源，但少数后生动物可以同化这种富含纤维素的物质。这些后生动物（直接的掠食者）只限于几种植食性昆虫，同化效率在 10%以下。但帘蛤（*Geukensia demissa*）是一个特例，研究显示，贻贝同化无菌碎屑纤维素的效率高达 15%。Kreeger 和 Newell（2000）认为，贻贝体内同时含有内源性纤维素酶或含有能够分解纤维素的肠道菌群。

腐烂开始于枯萎维管植物地上部分的真菌分解。生长在植物茎下部的附生藻类也是这种碎屑分解过程的一部分。这种复合体被蜗牛摄食和切碎，如滨螺属物种 *Littorina irrorata* 和端足类。在一个微观实验中，蜗牛每天摄取的自然腐烂的叶子占体重的 7%，并以 50%的效率吸收它们。附生藻类也被两栖动物及其他生活在叶表面的生物摄取。

落在沼泽表面的植物碎屑-真菌-藻类混合物在好氧细菌作用下继续分解。这种混合物的一部分是沼泽表面生长的藻类群落（主要为硅藻）。这个混合物被底栖动物和巨型生物共同消耗。小型底栖生物中最主要的一种是线虫，同时桡足类、两栖类、多毛类、涡虫、介形虫、有孔虫也分解这些碎屑。在这些分解者中大型消费者包括招潮蟹、蜗牛、多毛类、寡毛类和一些双壳类。

最后，沼泽表面微层一些细小的有机物在周期性的风和海流作用下悬浮，并伴随着浮游植物在水中生长。例如，多达 25%的悬浮藻类是土壤物种（MacIntae and Cullen，1995）。这种悬浮的细菌-有机碎屑、独立生存的细菌和藻类混合物被捕食者利用，特别是底栖悬浮捕食者，如双壳类软体动物和寡毛类环节动物。浮游动物也非常活跃，尽管它们可能不会像底栖双壳类一样消耗太多物质。以藻类、真菌、细菌为食的小型和大型动物反过来又被高营养水平的动物所消耗（图 8.8）。

## 有机输出

盐沼生态学的一个核心范式一直是 E. P. Odum 于 1968 年首次阐明的外溢假说（outwelling hypothesis）。该假说于 1958 年在美国佐治亚州萨佩洛岛的佐治亚大学海洋实验室举办的第一届盐沼会议上提出（Teal，1962），其内容部分基于 John Teal 提出的盐沼能量流分析。Odum（1968）将盐沼描述为"初级生产泵"，是附近大面积水域的食源，他将盐沼中的有机物质和养分流与深海上升流（upwelling）进行了比较，深海上升流为一些沿海水域提供养分。Teal（1962）提出假设，盐沼输出的有机物质和能量主要来自盐沼表面的碎屑。在这期间，许多人试图量化这种输出。Teal（1962）的能量流分析估计，约 45%的净初级生产是从盐沼中输出的。Nixon（1980）总结认为，大多数研究显示溶解物质和颗粒物质的输出量可能占沿海与河口水域浮游植物产量的 10%～50%。

Childers 等（2000）指出，最初的假设是模糊的，将盐沼输出等同于沿海海洋输入。实际上，从盐沼中流出的水流会流入附近的潮沟，而流入沿海海洋的流量则取决于河口的地貌和沼泽与海岸的距离。所以盐沼与附近的潮沟及内河河口相互作用，而内河河口又与更大的河口流域进行交换，最终与沿海海洋相互作用（图 8.10）。如果不考虑这些空间因素就难以对比研究，这也是研究结果不一致的一个原因。

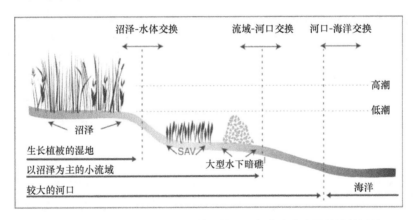

图 8.10　河口-滨海景观。较大的河口包含次级河口，不同等级的河口都发育着生长植被的湿地。SAV = 沉水水生植被（模仿自 Childers et al.，2000）

Nixon（1980）和 Childers（1994）的研究指出，"外溢"的证据不仅仅依赖于有机通量的数据。Hopkinson（1985）的研究发现，美国佐治亚州屏障岛附近的水体呼吸超过原位的生产。也就是说该区域是异养的，这意味着有机物质是从近岸河口和沼泽输入的。Turner 等（1979）指出，离海岸 10km 以内的沿海河口初级生产力往往比远处海域高 10 倍。他们把这种高生产力归因于河口的养分"外溢"。

渔业研究提供了其他养分"外溢"的证据。Turner（1977）在世界范围内发现，河口和近海虾的商业产量与河口潮间带植被面积存在密切关联。Teal 和 Howes（2000）分析了纽约州长岛峡湾的鱼类捕获统计数据，确定了鱼类捕获量与盐沼边缘长度之间的密切关系。由于边缘长度是盐沼容易获取的指标，因此研究结果暗示了盐沼对商业渔业的重要性。

有几个常见的因素影响着"外溢"假说。首先，物质和能量通常从浓度的"热点区"流向低浓度区域。盐沼是生产的热点区，所以生产量和能量"外溢"的预测是合乎逻辑的（E. P. Odum，2000）。其次，河口地貌和盐沼的位置可能会改变"外溢"的量。因此，靠近海岸、发育沼泽的开阔河口将会比小河口、远离沼泽的河口输出更多的物质。最后，盐沼和沿海河口都是脉冲系统并伴随着每天的潮汐变化、降水量和河流流量的季节变化，以及周期性严重的风暴，极端事件往往导致输入或输出会远超过正常的日通量。

### 盐沼的衰亡

在世纪之交的头几年（2000～2005 年），美国东南部和墨西哥湾沿岸的米草盐沼正在经历大规模的衰亡，总面积超过 100 000hm²，影响了 1500km 长的海岸线。Silliman 等（2005）提出了一种理论来解释这种衰亡，该理论描述的盐沼衰亡具有以下序列：首先是一场持续 3～4 年的严重干旱（自下而上的效果），紧接着是蜗牛（*Littoraria irrorata*）集中于衰亡盐沼边缘，延长这一影响（自上而下的效果）。此外，作为蜗牛的主要捕食者蓝蟹的种群数量下降了 40%～85%，为蜗牛的取食提供了协同作用。Silliman 等（2005）认为，本质上"干旱引起的土壤压力可以放大食草动物自上而下的控制，并引发沼泽植物的死亡……这些干扰会刺激消费者群体的形成，由于消费失控而盐沼衰亡。"这种以自下而上和自上而下协同的方式对滨海生态系统施加压力，是生态系统退化的普遍方式，也是滨海生态系统在发生重大气候变化时不良正反馈的另一个例证。

## 潮汐淡水沼泽

潮汐淡水沼泽是十分有趣的，虽然它们会获得与红树林沼泽和盐沼相同的"潮汐补给"，但是没有受到盐分胁迫。正因如此（人们期望的这样），生态系统既具有较高的生产力，又比其他的盐水生态系统具有更多的生物多样性。由于潮汐作用向上游衰减，潮汐淡水沼泽也具有一些内陆淡水湿地的特征（见第 10 章"淡水草本沼泽"）。由于潮汐淡水沼泽在海岸上形成一个连续体（图 8.1），因此潮汐淡水沼泽和内陆湿地的区别并不明显。内陆潮汐淡水沼泽虽然距离海岸较远，但仍受潮汐影响。在这一区域内主要生长着各种草本植物和一年生及多年生的阔叶水生植物。在美国，潮汐淡水沼泽主要分布在大西洋中南部沿岸及路易斯安那州和得克萨斯州的沿海地区。潮汐淡水沼泽通常分布在沿海河流潮汐影响最小的区域，特别是在那些河床坡度变化较小、流量较大的河流中分布尤其广泛。美国大部分的潮汐淡水沼泽都沿着东南海岸线（马里兰州到得克萨斯州）分布。据估计，其在大西洋沿岸的范围约为 400 000hm²，沼泽面积约为 819 000hm²（表 8.1）。潮汐淡水沼泽的范围并不确定，主要由潮汐和非潮汐区域范围的不确定性引起。据估计，美国东南部海岸线有 200 000hm²（Field et al.，1991）。潮汐淡水沼泽被称为从潮汐盐沼到淡水沼泽连续体的过渡类型。由于受到潮汐的影响，缺乏盐沼的盐度胁迫，尽管已经观测到的生产力变化范围很大，但已有文献显示，潮汐淡水沼泽是生产力非常高的生态系统。分布在不同地势高程上的潮汐淡水沼泽生长着不同的植物，虽然这些植物可能不足以构成群落，并且这些物种随着纬度的变化而变化，但是可以对这些植物具有的特征进行概括。

### 植被

#### 草本沼泽植被

在美国大西洋沿岸的潮汐淡水沼泽中，主要的沉水维管植物通常分布在溪流和永久性池塘中（图 8.11a，b），如肋果萍蓬草（*Nuphar advena*）、水蕴草（*Elodea* spp.）、眼子菜（*Potamogeton* spp.）及狐尾藻（*Maiophyllum* spp.）。每年秋天，强大的潮汐流冲刷着河岸，将植被冲刷干净，一年生植物在夏季成为河岸上的优势种，如尼泊尔蓼（*Polygonum punctatum*）、苋属植物 *Amaranthus cannabinus* 和鬼针草属植物 *Bidens laevis*。而在河道两侧的天然堤则主要分布着三裂叶豚草（*Ambrosia trifida*）。天然堤外侧的低地沼泽分布着阔叶单子叶植物，如瞟潭草（*Peltandra virginica*）、梭鱼草（*Pontederia cordata*）和慈姑（*Sagittaria* spp.）。

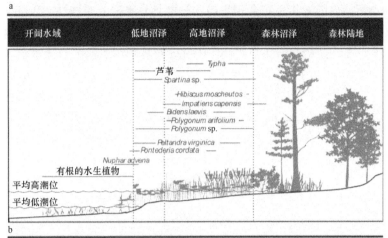

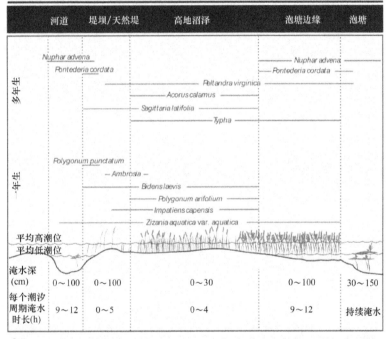

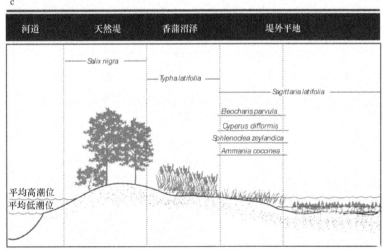

图 8.11　典型潮汐淡水沼泽的横断面图，展示了地势高程变化和典型植被：（a）和（b）为大西洋海岸沼泽；（c）为美国路易斯安那州阿查法拉亚河三角洲的新生沼泽（a：模仿自 W. E. Odum et al.，1984；b：模仿自 Simpson et al.，1983；c：模仿自 Gosselink et al.，1998）

一般情况下，高地沼泽内的一年生和多年生植物种群具有丰富的多种性。W. E. Odum 等（1984）称这是大西洋中部地区的"混合水生群落类型"。Leck 和 Graveline（1979）对美国新泽西州高地沼泽内的"一年生混合"群落进行过描述，Caldwell 和 Crow（1992）对马萨诸塞州潮汐淡水沼泽的植被进行过描述。一般来说，高地沼泽的生长季早期主要为多年生植物，如膘潭草（*Peltandra virginica*），而在生长季末期主要为各种一年生植物，如鬼针草（*Bidens laevis*）、蓼（*Polygonum arifolium*）、透茎冷水花（*Pilea pumila*）、红秋葵（*Hibiscus coccineus*）、水麻（*Acnida cannabina*）等。除这些常见植物外，还经常有水生菰（*Zizania aquatica*）、香蒲（*Typha* spp.）、假菰属植物 *Zizaniopsis miliacea* 和大绳草（*Spartina cynosuroides*）所形成的单一植物群落。在墨西哥湾北部沼泽，慈姑（*Sagittaria* spp.）取代蕊芋（*Peltandra* spp.）和梭鱼草（*Pontedaria cordata*），分布在地势较低处。Visser 等（1998）对这个地区的三个植物群落进行过描述。

1）慈姑属植物 *Sagittaria lancifolia* 与其共同占优势的黍属植物 *Panicum hemitomon*、荸荠（*Eleocharis* spp.）同时出现。毛叶沼泽蕨（*Thelypteris palustris*）和紫萁（*Osmunda regalis*）、蜡杨梅（*Maica cerifera*）与天胡荽（*Hydrocotyle* spp.）通常也会伴生出现。在这个群落内有 52 种不同的物种。

2）以锐穗黍（maidencane）为优势种的群落遍布三角洲，并包括 55 种植物。

3）与黍属植物 *Panicum hemitomon* 同为优势种的 *Zizaniopsis miliacea* 相对来说并不常见，这一群落包括 20 个物种。

尽管以前的优势物种仍然存在，但一个有趣的现象是墨西哥湾沿岸和大西洋沿岸的海平面上升和（或）地面沉降导致了植被结构的变化。例如，在切萨皮克湾潮汐淡水湿地中，1974 年还不属于优势物种的大绳草（*Spartina cynosuroides*），现在其生物量峰值处于第 2 位，重要值位于第 4 位（Perry and Hershner，1999）。Visser 等（1999）报道，在泰瑞布海湾（密西西比河三角洲）潮汐湿地的黍属植物 *Panicum hemitomon* 群落覆盖度从 1968 年的 51% 下降到 1992 年的 14%，被生长优势植物荸荠（*Eleocharis baldwinii*）的沼泽取代。以荸荠（*Eleocharis baldwinii*）为优势物种的沼泽在 1968 年不常见（覆盖度 3%），但在 1992 年其覆盖度达到 42%。

## 漂浮沼泽

分布于墨西哥湾北部潮汐区的漂浮沼泽与世界各地发现的非潮汐河流沼泽及湖泊沼泽相似。漂浮沼泽在全球范围内的分布区域十分广泛，如欧洲的多瑙河三角洲是欧洲主要的漂浮沼泽（芦苇沼泽）分布区（至少已经存在一个世纪）（Pallis，1915）。在非洲，漂浮沼泽则主要在非洲南部河流下游地区（纸莎草沼泽）（Beadle，1974）。在南美洲（在瓦尔泽亚湖上）（Junk，1970）及塔斯马尼亚（岛屿潟湖中的浮岛）（Tyler，1976）都有漂浮沼泽的分布。德国、荷兰（Verhoeven，1986）、英国（Wheeler，1980）及美国的北达科他州和阿肯色州（Eisenlohr，1972；Huffman and Lonard，1983）也在开展关于漂浮沼泽的研究。在路易斯安那州，漂浮沼泽通常具有多样性，主要有黍（*Panicum hemitomon*）、蕨类植物、藤蔓植物 [长叶豇豆（*Vigna luteola*）和番薯属的 *Ipomoea sagittata*] 群落，以及慈姑属的 *Sagittaria lancifolia*、荸荠（*Eleocharis* spp.）、洋野黍（*Panicum dichotomiflorum*）、假马齿苋（*Bacopa monnieri*）、狐米草（*Spartina patens*）群落，还有荸荠属的 *Eleocharis baldwinii* 及矮秆荸荠（*Eleocharis parvula*）、丁香蓼（*Ludwigia leptocarpa*）、过江藤（*Phyla nodiflora*）、鬼针草属的 *Bidens laevis* 群落（Sasser et al.，1996）。漂浮沼泽的基质是厚厚的有机物质，与植物活根缠绕在一起，随着周围水位的年际变化、季节性变化而升高或降低（Swarzenski et al.，1991）。漂浮沼泽在演替方面的意义上很有趣，它似乎是发育的终点，摆脱了正常的水文波动和矿物沉积物沉积。因此，在没有盐度入侵的情况下，它似乎能维持一个非常稳定的群落（Sasser et al.，1995）。

## 新生沼泽

密西西比河和阿查法拉亚河具有活力的三角洲是美国本土最大的新生沿海三角洲地区。在过去 25 年中，形成的新生潮汐沼泽（图 8.11c）主要分布着黑柳（*Salix nigra*）。而广袤的滩涂腹地主要分布着常见

的藨草属的 *Scirpus deltarum* 或慈姑属的 *Sagittaria latifolia*，并且与成片的宽叶香蒲（*Typha latifolia*）及许多一年生或多年生的植物混生。

## 森林沼泽植被

潮汐淡水森林林冠丰富度较低，美国东南部也有类似的现象。在海拔最低处林冠层常是那些适应长期淹水环境的物种，如落羽杉（*Taxodium distichum*）、蓝果树属的 *Nyssa aquatica* 和 *Nyssa biflora*（关于这些森林湿地的更多内容，请参阅第 11 章"淡水森林沼泽及河岸生态系统"）。地势略高的地方，其他物种可能成为优势物种，如梣树（*Fraxinus* spp.）、美国红枫（*Acer rubrum*）、北美枫香（*Liquidambar styraciflua*）、美洲鹅耳枥（*Carpinus caroliniana*）和白背玉兰（*Magnolia virginiana*）。潮汐淡水沼泽具有独特的小丘和中空地形，其中大部分树木生长在小丘上，而在中空地形上的树木则比较稀疏。因为这些森林的冠层相对开阔，在亚冠层和林下层的植被物种丰富度相对较高。Rheinhardt（1992）在美国弗吉尼亚州帕芒基（Pamunkey）河沿岸的潮汐淡水沼泽中发现，山胡椒（*Lindera benzoin*）、美洲冬青（*Ilex verticillata*）、美洲鹅耳枥（*C. caroliniana*）和北美齿叶冬青（*Ilex opaca*）是林冠层植被中的优势物种。而林下层植被主要为蓼属的 *Polygonum arifolium*、三白草（*S. cernuus*）和薹草（*Carex* spp.）。沿佛罗里达州墨西哥湾沿岸萨旺尼河分布的潮汐淡水沼泽，主要的林冠层植物为梣属的 *Fraxinus profunda*、卡州白蜡木（*F. caroliniana*）和 *Morella cerifera*。而常见的林下植被包括二型花属的 *Dichanthelium commutatum*、美洲文殊兰（*Crinum americanum*）、三白草（*S. cernuus*）和薹草（*Carex* spp.）。

## 种子库

潮汐淡水沼泽的物种组成似乎并不依赖于特定地点种子的可用性。虽然最丰富的种子库一般来自该植被区的物种，然而潮汐淡水沼泽大多数物种的种子几乎在所有的生境都能发现（Whigham and Simpson，1975；Leck and Simpson，1987，1995；Baldwin et al.，1996），这些种子在其所在生境的萌芽能力和幼苗存活能力不同。洪水是众多影响因素中主要的自然因素之一。许多常见的物种即使在淹没时也能发芽，如瘭潭草（*Peltandra virginica*）和宽叶香蒲（*Typha latifolia*）。而其他物种，如凤仙花（*Impatiens capensis*）、菟丝子（*Cuscuta gronovii*）和蓼（*Polygonum arifolium*）则无法萌发。Baldwin 等（2001）对美国马里兰州帕塔克森特（Patuxent）河沿岸潮汐淡水沼泽进行的一系列实验发现，水文状况的改变对于植物生长具有影响，将淹水深度增加 3～10cm 可以明显减少物种丰富度，减缓植物生长。尤其是在生长季节早期出现浅层淹水，则会降低一年生植物的萌发。

竞争因素在植被群丛中也发挥着作用。例如，箭叶芋和香蒲会产生抑制种子发芽的化学物质，植物的遮阴显然是箭叶芋无法在除沼泽边缘以外的任何地方生长的原因。因为幼苗不能忍受长时间的淹水，有些物种如凤仙花（*Impatiens capensis*）、鬼针草（*Bidens laevis*）及蓼（*Polygonum arifolium*）只分布在高地沼泽。不同地貌部位的沼泽，种子库的策略不同。高地沼泽内一年生的植物种子更倾向于春季发芽，仅有一小部分种子保留在土壤中。与之相反，多年生植物往往会将更多的种子保留在土壤中。然而，大多数物种的种子似乎都在土壤中保留了一段时间。有研究发现，31%～56%的种子仅在表层土壤样品中出现，仅有 29%～52%的种子在早春采集的沉积物样品中萌发（Leck and Simpson，1987）。由于这些因素的复杂相互作用还不清楚，因此不可能预测某一块潮汐淡水沼泽会出现什么物种。

除维管植物外，潮汐淡水沼泽中还有大量的浮游植物和藻类，但人们对它们的了解甚少。在波托马克河沼泽的一项研究中发现，硅藻（Bacillariophytes）是最常见的浮游植物。其中绿藻（Chlorophytes）约占总数量的三分之一，而蓝绿藻（Cyanobacteria）数量适中。尽管水体中的许多藻类可能是由底部的潮流挟带而来的，但是大部分的底栖藻类由三种相同的藻类构成。在对美国新泽西州的潮汐淡水沼泽土壤藻类的研究中，Whigham 等（1980）发现了 84 种不含硅藻的物种，同时还发现，与小粒径的土壤有机颗粒相比，这些藻类在粒径相对大一些的土壤有机颗粒上的生长情况更好。在夏季，挺水植物所产生的遮阴减少了藻类的数量。在非潮汐淡水沼泽中，挺水植物所附生的藻类和枯落物对无脊椎动物消费者做出了重要贡献（Campeau et al.，1994）。虽然藻类的生物量可能比维管植物的生物量峰值低两到三个数量级，但其更新速度要快得多。

## 消费者

潮汐淡水沼泽是野生动物的主要生境。碎屑食物链在这一生态系统中是主体，消费者中的底栖无脊椎动物是食物网中的一个重要环节。细菌和原生动物通过分解枯落物从有机物质中获得营养，然而这些微生物不太可能聚集足够大的数量为大型无脊椎动物提供充足的食物。小型底栖动物，主要是线虫，构成了厌氧沉积物中的主要生物量，这些线虫可能会在细菌生长的过程中捕获它们，并将细菌分割成细碎，供稍大一些的大型底栖动物捕食。在潮汐淡水沼泽中，微生物组成中阿米巴虫（amoebae，即一组带壳的变形虫）占主体部分。这样的微生物群落组成与更多以有孔虫（foraminifera）为主要物种的潮汐盐沼形成鲜明对比。体型稍大的大型底栖生物由端足类组成，如钩虾（*Gammarus fasciatus*）、环节动物、淡水蜗牛和昆虫幼虫。潮沟内桡足类和枝角类的物种丰富度极高。河蚬（*Corbicula fluminaea*）是 20 世纪引入美国的一个物种，现在已经遍布南部各州的海岸沼泽。虾特别是草虾（*Palaemonetes pugio*）在淡水中很常见，还有沼虾（*Macrobrachium* spp.）也很常见。有研究发现，这些底栖生物种群密度和多样性在潮汐淡水沼泽要低于非潮汐淡水湿地，可能是因为在河口潮汐河段缺乏多样化的河床类型。

当潮汐环境转化为非潮汐环境时，滨海森林无脊椎动物物种的变化与水文变化相一致。Wharton 等（1982）发现，在萨旺尼河的变化过程中，咸水蜗牛（*Neretina* spp.）和招潮蟹（*Uca* spp.）群落演替为淡水蜗牛（*Vivipara* spp.）和螯虾（*Cambarus* spp.）群落。有研究发现，决定北卡罗来纳州菲尔河下游表栖动物和底栖动物类群的主要因素是盐度而不是植被（Hackney et al.，2007）。潮汐沼泽中常见的动物种群包括环节动物（特别是颤蚓科 Tubificidae 和带丝蚓科 Lumbriculidae）、招潮蟹（*Uca* spp.）和草虾（*Palaemonetes pugio*）。

### 游泳动物

潮汐淡水沼泽是许多海洋游泳生物的重要生境，是游泳动物的产卵场、觅食地和避难所，也是幼鱼的"幼儿园"。滨海淡水沼泽鱼类可分为五大类（图 8.12）。它们中的大部分是淡水鱼类，即在淡水中繁殖，并且整个生命周期都在淡水中完成。这些鱼主要归属于三大科：鲤科（米诺鱼、银光鱼、鲤鱼）、鲈科（太阳鱼、莓鲈、海鲈）及鲇科（鲇）。幼苗期的鱼类主要生活在浅水环境中，通常利用浅水沼泽植被防止被食肉动物捕食。对于竞技钓鱼十分重要的是食肉鱼类，如蓝鳃太阳鱼（*Lepomis macrochirus*）等太阳鱼（*Lepomis* spp.）、大口鲈鱼（*Micropterus salmoides*）、大口黑鲈（*Lepomis gulosus*）和黑莓鲈（*Pomoxis nigromaculatus*）。在滨海沼泽和淡水潮汐溪流中，还经常发现其他的食肉鱼类，如雀鳝（*Lepisosteus* spp.）、狗鱼（*Esox* spp.）及弓鳍鱼（*Amia calva*）。

一些寡盐或河口鱼类、贝类在河口度过整个生命周期，其生境可以扩展到淡水沼泽。由于有些鱼类可以在浅水淡水沼泽任何地方获取食物，因此其物种丰富度高，如秀体底鳉（*Fundulus diaphanus*）和底鳉（*Fundulus heteroclitus*）等鳉（*Fundulus* spp.）。浅湾小鳀（*Anchoa mitchilli*）和美洲原银汉鱼（*Menidia beryllina*）在淡水区的数量也很丰富，其中美洲原银汉鱼（*Menidia beryllina*）在淡水生境中的繁殖量比在盐水地区多。幼年的三鳍鳎（*Trinectes anadensi*）和薄氏鲍鰕虎鱼（*Gobiosoma bosci*）则将淡水潮汐区作为它们的育苗场（W. E. Odum et al.，1984）。

溯河性鱼类的成体生活在海洋中，半溯河性鱼类的成体则生活在河口下游，它们经过滨海潮汐淡水沼泽洄游至上游的淡水溪流中产卵。这些鱼类中的大多数将潮汐淡水沼泽作为主要抚育场。在大西洋沿岸的鲱鱼（*Alosa* spp.）和真鰶（*Dorosoma* spp.）属于这一类。由于在潮汐淡水沼泽中有足够的小型无

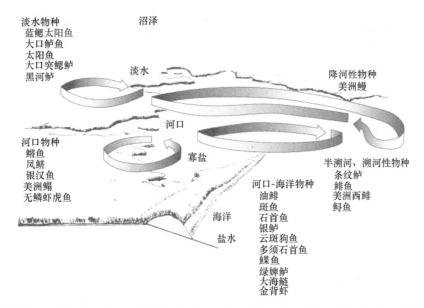

图 8.12　潮汐淡水沼泽及其他滨海系统中的鱼类和甲壳动物的五大类群：淡水物种、河口物种、溯河性物种、降河性物种和河口-海洋物种

脊椎动物作为食物，这些溯河性或半溯河性鱼类幼体种群的丰富度在这种生境下最大，仅美洲西鲱（*A. mediocris*）除外。同时这些鱼的幼体又是条纹鲈（*Morone saxatilis*）、白鲈（*Morone anadensi*）、鲇鱼（*Ictalurus* spp.）等的食物（W. E. Odum et al.，1984）。这些鱼类仅在个体成熟时才迁徙到下游盐水水域和海中生活。在美国东海岸的河口区域有短吻鲟（*Acipenser brevirostrum*）和尖吻鲟（*Acipenser oxahynchus*），这两种鲟鱼曾极具商业价值，但因严重的过度捕捞目前已十分稀少。这两个品种的鲟鱼都在潮汐淡水沼泽中产卵，其幼体可能需要几年的时间才能回到海洋。

　　因为条纹鲈（*Morone saxatilis*）极具商业和游钓业价值，所以这种鱼也许是大西洋中部沿岸人们最熟悉的半溯河性鱼类。在美国东海岸大约有 90% 的条纹鲈在切萨皮克湾流域的支流中产卵。春天时，它们在淡水潮汐和寡盐水域中产卵；幼苗仍然栖息在沼泽边缘，随着不断长大，它们逐渐向下游河口和近岸地带迁徙。成鱼期之前的关键时期是幼虫期，因此这些幼鱼聚集的潮汐淡水沼泽是决定一龄鱼生长状况的重要因素。

　　美洲鳗（*Anguilla rostrata*）是大西洋沿岸河口分布的唯一鳗鱼种类，它们大部分时间都生活在淡水或半咸水中，仅在产卵期洄游到海里，在生长马尾藻的海域产卵。这种鳗鱼在潮汐淡水沼泽、淡水沼泽、溪流甚至内陆沼泽中都十分常见。

　　仅有少数几种鱼类在海洋产卵然后在淡水沼泽生活，其中大多数鱼类仍生活在河口寡盐河段。鲱鱼（*Brevoortia taannus*）、黄尾平口石首鱼（*Leiostomus xanthurus*）、细须石首鱼（*Micropogonias undulatus*）、银色贝氏石首鱼（*Bairdiella chrysoura*）、云纹犬牙石首鱼（*Cynoscion nebulosus*）、多须石首鱼（*Pogonias cromis*）、大西洋牙鲆（*Paralichthys dentatus*）、黄金鲈（*Centropomus undecimalis*）和大西洋大海鲢（*Megalops atlanticus*）等可以将生境扩展到潮汐淡水沼泽。沿墨西哥湾北部海岸，棕色和白色对虾（*Penaeus* spp.）的幼苗及雄性蓝蟹（*Callinectes sapidus*）也可能迁徙进入淡水区，同时随着秋季气温下降，这些物种的幼体会迁徙到更远、盐度更高的水域。

## 鸟类

　　在所有的湿地生境中，潮汐淡水沼泽中鸟类的数量和丰富度都是最高的。W. E. Odum 等（1984）通过分析大量资料，汇编了潮汐淡水沼泽 280 种鸟类的名录。他们提出一个假设，即潮汐淡水沼泽生境内的鸟类物种多样性是最大的，但是由于缺乏可供对比的定量数据很难验证这个假设。在他们所汇编的名录中鸟类包括：水鸟 44 种；涉禽 15 种；秧鸡和鸻鹬类 35 种；掠食鸟 23 种；海鸥、燕鸥、翠鸟和乌鸦 20 种；树栖鸟类 90 种；地面和灌木鸟类 53 种。鸟类非常喜欢以沼泽作为栖息生境，主要原因是阔叶植物、高大的草本植物、灌木和散布的水塘等构成了沼泽植被结构的多样性。

从北美洲北方地区迁徙到南方地区的途中，水鸭（dubbling duck），主要是鸭科（Anatinae）和加拿大黑雁（*Branta canadensis*）会主动选择潮汐淡水沼泽作为停歇地或越冬地。这些鸟类在秋末和初春栖息在大西洋沿岸的潮汐淡水沼泽，在寒冷的冬季来临前向北美洲南方迁徙，有些选择墨西哥湾北部的潮汐淡水沼泽，有些则继续飞往南美洲。尽管潮汐淡水沼泽的景观相似，但由于不同沼泽能承载的鸟类数量不同，从而种群密度存在较显著的差异。例如，Fuller 等（1988）发现，在新生的阿查法拉亚河（Atchafalaya River）三角洲沼泽内鸭群数量较大。鸭群的种群密度在主要植被为欧洲慈姑（*Sagittaria sagittifolia*）的西岛新生沼泽要比在东部和中部岛屿高两倍。鸭群更习惯栖息在蔍草群落，而中部岛屿的优势群落是蔍草属植物 *Scirpus americanus*，鸭群如此选择的缘由并不被人所熟知。有研究推测，在阿查法拉亚河三角洲出现这样的现象，可能是因为西岛一年四季都保持淡水环境，而其他的岛屿有时会受到咸水侵蚀（Holm，1998）。鸟类通常在邻近的农田和淡水沼泽中以一年生草本植物、莎草的种子和多年生沼泽植物的根茎为食。总体来说，这些鸟类从现有植物物种中选择性取食。Abernethy（1986）的研究发现，许多在冬季初期频繁出现在新生沼泽的物种，会在春天向北迁徙前先迁徙到海边盐沼，这种行为模式的原因尚不清楚，但 Abernethy 推测，淡水沼泽的首选食物在早春已被耗尽，鸟类迁移到以前没有被取食过的盐沼觅食。

尽管偶尔在大西洋沿岸的淡水沼泽内可以发现北美黑鸭（*Anas rubripes*）或绿头鸭（*Anas platahynchos*）的巢，但美洲木鸭（*Aix sponsa*）是唯一一种定期在沿海淡水沼泽筑巢的鸭类。

涉禽是滨海淡水沼泽常见的鸟类。在美国南部，涉禽全年生活在墨西哥湾淡水沼泽内，只有夏季迁徙到大西洋沿岸。在大西洋北部的美国各州整个冬季都可以看到大蓝鹭（*Ardea herodias*），而在南部的淡水沼泽则常见鸟类聚群而居，有些鸟类会沿大西洋中部的海岸筑巢，如绿鹭（*Butorides striatus*）、姬苇鳽（*Ixobrychus exilis*）和美洲麻鳽（*Botaurus lentiginosus*）。它们以鱼类和底栖无脊椎动物为食，常每天从巢区飞到很远的地方捕鱼。

秧鸡（*Rallus* spp.）和鸻鹬类水鸟，包括双领鸻（*Charadrius vociferus*）、鹬科（Scolopacidae）和小丘鹬（*Scolopax minor*），一般分布在滨海淡水沼泽，以大型底栖无脊椎动物和各种种子为食。例如，鸥（*Larus* spp.）、燕鸥（*Sterna* spp.）、白腹鱼狗（*Ceryle alcyon*）和乌鸦（*Corvus* spp.）在淡水沼泽也很常见。有些动物具有迁徙习性，有些则不迁徙。在潮汐淡水沼泽中同样分布着许多猛禽，如北方白尾鹞（*Circus cyaneus*）、美洲隼（*Falco sparverius*）等隼（*Falco* spp.）、鹰、鱼鹰（*Pandion haliaetus*）、草鸮科（Tytonidae）、美洲鹫科（Cathartidae）和呆头伯劳（*Lanius ludovicianus*）。研究发现，燕尾鸢（*Elanoides forficatus*）会在森林湿地的低潮处筑巢（Sykes et al.，1999）。在每年的迁徙过程中，树栖鸟类会有较短的时间聚集到滨海淡水沼泽。据报道，成千上万的燕科（Hirundinidae）鸟类聚集在切萨皮克上游的淡水沼泽。霸鹟科（Tyrannidae）鸟类也很多，它们经常栖息在沼泽边缘的树上，时不时地飞进沼泽捕捉昆虫。虽然这些迁徙鸟类只是暂时栖息在滨海沼泽，但这些沼泽对于迁徙鸟类来说可能是重要的临时栖息地，如墨西哥湾北部沿岸的滨海沼泽是春季鸟类从南美洲迁徙时的第一个停歇地，它们经常在筋疲力尽的情况下抵达这片海岸，森林屏障岛屿的可用性对它们的生存至关重要。

滨海淡水沼泽中同样分布着许多种麻雀、雀科（Fringillidae）、拟黄鹂科（Icteridae）、鹪鹩科（Troglodytidae）、灯芯草雀属（*Junco*）鸟类及其他地栖鸟类和灌木鸟类。W. E. Odum 等（1984）发现，有 10 种鸟类在大西洋中部沿岸的滨海沼泽繁殖，如雉鸡（*Phasianus colchicus*）、红翅黑鹂（*Agelaius phoeniceus*）、美国金翅雀（*Carduelis tristis*）、棕胁唧鹀（*Pipilo erythrophthalmus*）和一些麻雀。其中数量最多的是红翅黑鹂（*Agelaius phoeniceus*）、美洲斯皮札雀（*Spiza americana*）和长刺歌雀（*Dolichonyx oryzivorus*），它们常会飞进沼泽并在几天之内将一片野生稻沼泽夷为平地。

### 两栖动物和爬行动物

虽然 W. E. Odum 等（1984）编制了经常出现在大西洋沿岸的滨海淡水沼泽中 102 种两栖动物和爬行动物的名录，但从生态学角度对许多动物的认识还很不充分，特别是它们对这种栖息地的依赖。没有专门适于两栖动物或爬行动物的淡水沼泽生境，它们在这里生存仅是能够忍受这种特殊的环境。作为这个群体中最引人注意的成员，泽龟科（Emydidae）动物在整个美国东南部地区分布很广，三种水蛇也十分常见。在弗吉尼亚州的詹姆斯河以南区域还发现了食鱼蝮（*Agkistrodon piscivorus*）。在美国南方特别是在墨西哥湾沿岸，淡水沼泽是美洲短吻鳄（*Alligator mississippiensis*）的首选生境。这些大型爬行动物曾是受威胁或濒危物种，但由于路易斯安那州和佛罗里达州的合理利用（在严格控制之下），如今在大部分地区它们的生存现状要好得多。这些动物通常沿着淡水沼泽的边缘筑巢，长着高高的前额和长鼻子，现在已经成为这些沼泽中的常见景观。

### 哺乳动物

与滨海淡水沼泽关系最密切的哺乳动物总是能够从沼泽中获得它们所需的食物。通常这些动物具有或多或少的防水毛皮，并且能够在北方沼泽中筑巢（或冬眠）。这些动物有水獭（*Lutra canadensis*）、麝鼠（*Ondatra zibethicus*）、河狸鼠（*Myocostor coypus*）、北美水貂（*Mustela vison*）、浣熊（*Procyon lotor*）、泽兔（*Silvilagus palustris*）和沼泽稻鼠（*Oryzomys palustris*）。另外，北美负鼠（*Didelphis virginiana*）和白尾鹿（*Odocoileus virginianus*）的种群数量也比较大。几年前从南美洲入侵的河狸鼠（*Myocostor coypus*）已经稳步扩散到美国墨西哥湾沿岸各州，马里兰州，南、北卡罗来纳州和弗吉尼亚州各地。由于其难以抵抗寒冷，因此没有向北扩散，但大西洋沿岸南部的淡水沼泽似乎为其提供了一个理想的生境。在墨西哥湾北部的许多地方，河狸鼠（*Myocostor coypus*）比麝鼠（*Ondatra zibethicus*）更有活力并取代了麝鼠在淡水沼泽中的生存地位。因此，在高地沼泽中麝鼠（*Ondatra zibethicus*）的种群密度很高。尽管麝鼠在大西洋北部沿岸地区数量惊人，但由于种种原因，并没有在佐治亚州和南卡罗来纳州及佛罗里达州的沼泽中发现麝鼠。麝鼠、河狸鼠和美洲河狸（*Castor canadensis*）可能会影响沼泽发育过程。前两种物种因其摄食习惯、筑巢方式和地下通道破坏了大量的植物（它们更喜欢多汁的根茎，当挖掘食物时会带出许多植物）。在马里兰州和弗吉尼亚州淡水沼泽中可以观察到海狸的行踪。它们对森林生境的影响是众所周知的，但是它们对沼泽的影响需要更进一步的研究。

## 生态系统服务功能

### 初级生产力

对滨海淡水沼泽生产力已经开展过许多研究，发现其生产力普遍较高，通常是 1000～3000g/(m²·年)（表 8.5）。不同研究间的差异部分是由于缺乏标准化的测量技术，但真正的差异缘由可总结为三个因素。

1）植物种类及其生长习性。与盐沼相比，滨海淡水沼泽具有丰富的多样性，至少在一定程度上生产力由调节物种生长习性的遗传因素所决定。例如，高大的多年生禾草比美洲茨菰（arrow arum）、梭鱼草（pickerelweed）等阔叶草本植物生产力更高。

2）潮汐能。潮汐对生产力的促进作用已经在盐沼中得到证明，对潮汐淡水沼泽来说也是如此。

3）其他因素。土壤养分、取食植物、害虫和有毒物质也会限制潮汐淡水沼泽的生产。

滨海淡水沼泽的海拔梯度及由此产生的植被群落和淹水模式的差异导致了三个宽泛的初级生产分布区。第一个区域主要分布在具有潮沟边缘的低地沼泽，优势物种为生产力较低的多年生阔叶植物。在生长季节早期生物量达到最大。然而这一区域的转化率很高，年生产可能要比最大生物量高。成熟期的沼

**表8.5 潮汐淡水沼泽群落最大现存量和年净初级生产力 [a]**

| 植被类型 [b] | 最大现存量（g/m²） | 年净初级生产力 [g/(m²·年)] |
|---|---|---|
| **生产力极其高** | | |
| 大绳草（*Spartina cynosuroides*） | 2311 | — |
| 千屈菜（*Lythrum salicaria*） | 1616 | 2100 |
| 假菰（*Zizaniopsis miliacea*） | 1039 | 2048 |
| 黍（*Panicum hemitomon*） | 1160 | 2000 |
| 芦苇属一种（*Phragmites communis*） | 1850 | 1872 |
| **生产力适中** | | |
| 水生菰（*Zizania aquatica*） | 1218 | 1578 |
| 苋（*Amaranthus cannabinus*） | 960 | 1547 |
| 香蒲属一种（*Typha* sp.） | 1215 | 1420 |
| 鬼针草（*Bidens* spp.） | 1017 | 1340 |
| 蓼属一种（*Polygonum* sp.）及蓉草（*Leersia oryzoides*） | 1207 | — |
| 豚草（*Ambrosia tirifida*） | 1205 | 1205 |
| 菖蒲（*Acorus calamus*） | 857 | 1071 |
| 宽叶慈姑（*Sagittaria latifolia*） | 432 | 1071 |
| **生产力较低** | | |
| 朦潭草（*Peltandra virginica*）及梭鱼草（*Pontederia cordata*） | 671 | 888 |
| 红秋葵（*Hibiscus coccineus*） | 1141 | 869 |
| 睡莲（*Nuphar adventa*） | 627 | 780 |
| 沼泽蔷薇（*Rosa palustris*） | 699 | — |
| 蔗草属一种（*Scirpus deltarum*） | — | 523 |
| 荸荠（*Eleocharis baldwinii*） | 130 | — |

注：a. 数据为 1~8 项研究的平均值

b. 群落中的优势物种

资料来源：W. E. Odum et al., 1984；Sasser and Gosselink, 1984；Visser, 1989；White, 1993；Sasser et al., 1995

泽，大部分生产力储存在地下生物量（根茎比≥1）中，这些生物量主要以根状茎的方式而不是须根储存。枯落物会全部分解，分解速率几乎和它形成的速度一样快，冬天土壤裸露，侵蚀率很高。高地沼泽的优势植物为高大的多年生草本植物及其他淡水植物，这一区域的植物根茎比接近 1。由于潮汐能不够强，加之植物残体不容易分解，枯落物堆积在土壤表面，几乎不会形成土壤侵蚀。一年生植物混生的高地沼泽在生长季末期生物量达到最大，大部分是地上部分（根茎比<1）生产，枯落物积累十分常见。

　　几乎没有学者对潮汐淡水沼泽的初级生产力进行过评估，然而，他们预计潮汐淡水沼泽会得到同样的潮汐营养补充。相对高度会影响植物组成、地貌、淹水持续时间和潮汐交换，这些因素都会影响生产力。潮汐淡水沼泽生产力跨度很大。受较高盐度和频繁淹水的影响，下游森林的树木可能会生长不良。然而，得到潮汐提供的营养补充，以及咸水入侵的减少，河流上游森林的生产力相对较高。Ozalp 等（2007）发现，美国南卡罗来纳州皮迪河（Pee Dee River）下游潮汐森林的地上净初级生产力（ANPP）在 477~1117g/(m²·年)。Fowler（1987）发现，在帕芒基河（Pamunkey River）的潮汐河段，森林的 ANPP 为 1230g/(m²·年)，其中 40% 的生产来自草本植物。据 Effler 等（2007）的报道，在路易斯安那州东南部的莫雷帕斯湖（Lake Maurepas）沿岸，由于人为活动的改变，洪水的持续时间和深度都有所增加，潮汐沼泽的树木年生产力很低，在 220~700g/(m²·年)。

## 能量流

　　潮汐淡水沼泽的有机碳来源主要有三种。最大的来源可能是沼泽中的维管植物。但是河流上游的有机物质（陆地碳）可能也很重要，特别是在大型河流和有生活废水汇入的地方。然而浮游植物的生产力在很大程度上是未知数。大部分有机能量流经由碎屑库，分布在底栖动物和以沉积物为食的杂食性自游生物活动区。这些底栖动物和杂食性自游生物是更高营养级（如鱼类、哺乳类、鸟类）的食物。与碎屑食物链相比，人们对于食草动物食物链的重要性了解较少。昆虫的种群丰富度在淡水沼泽中比在盐沼中要高很多，但大多数昆虫并不是植食性的。哺乳动物显然可以吃掉大量的潮汐淡水沼泽内的植物（Evers et al.，1998），但是与进入碎屑库的植物碎屑所形成的有机能量相比，动物吃掉的部分所占比例很小。尽管如此，啮齿动物依然可能对物种组成和初级生产有决定性影响（Evers et al.，1998）。食草动物与其他因素可以产生协同作用，如盐水入侵、洪水和火灾（Taylor et al.，1994；Grace and Ford，1996）。

潮汐淡水沼泽中的浮游植物—浮游动物—幼鱼食物链因其对人类的重要性而受到广泛关注。许多幼虫、亚成体和幼鱼与潮汐淡水沼泽关系紧密，具有重要商业价值，浮游动物是它们的重要食物（Van Engel and Joseph，1968）。

鸟类是所有类型的潮汐淡水沼泽中季节性或全年性的主要消费者。此外，它们还会将物质移出系统，将其加工成鸟粪，而鸟粪在某些地区可能是重要的营养来源，它们还通过"吃光"来改变植物组成和生产（Smith and Odum，1981）。

### 有机质的输入与输出

在发育成熟的潮汐淡水沼泽中，大部分的有机产物在沼泽系统内被分解为残体和泥炭，养分参与循环过程。漂浮的潮汐淡水沼泽可能许多是封闭式循环。由于漂浮的潮汐淡水沼泽一直处于漂浮状态，没有表层流进行有机质的输出、输入。这样的封闭式循环限制了可溶性物质向亚表层的流动。在这些成熟沼泽中，有机能量的最大损失可能是深处的泥炭（固定沼泽）或漂浮沼泽中水体下面的有机污泥层（Sasser et al.，1991）。在墨西哥湾的淡水沼泽，这种损失量为 145～150g C/(m²·年)（Hatton，1981）。

沼泽有机碳的其他损失包括转化为甲烷以气体的形式逸出，或在沼泽中消费者体内以生物量的形式输出。与盐沼不同，在高度还原的淡水沉积物中，硫很少作为电子受体，估计来自二氧化碳和发酵的产甲烷过程可能是呼吸能量流的主要途径。Neubauer 等（2005）通过研究美国马里兰州帕图森河（Patuxent River）沿岸潮汐（淡水和咸水）沼泽土壤中的无氧代谢情况，发现在潮汐淡水沼泽的生长季早期，无氧代谢主要为三价铁（$Fe^{3+}$）还原（图 8.13）。当植物生物量下降时，甲烷的生成成为无氧代谢的主要途径。有人将 $Fe^{3+}$ 还原增强现象归因于植物生长高峰根系泌氧，从而使 $Fe^{3+}$ 氧化物补给到根际。厌氧代谢率在潮汐盐沼中较低，而在植物生产力最高和生长季节后期几乎完全被硫酸盐还原的情况下，铁还原和硫酸盐还原的速度几乎相同。植物生物量与铁还原之间的关系在盐沼中并不清楚（图 8.13），并且可能受季节性洪水变化的影响。

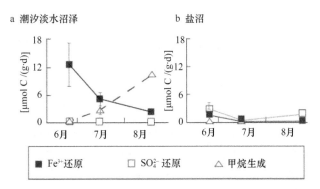

图 8.13　美国马里兰州潮汐淡水沼泽和盐沼三种厌氧代谢过程（$Fe^{3+}$还原、$SO_4^{2-}$还原和甲烷生成）的季节变化。在潮汐淡水沼泽的生长季节早期（与植物生物量峰值相吻合），$Fe^{3+}$还原占主导地位，然后生成甲烷，在盐沼中速率更低，$Fe^{3+}$和硫酸盐还原在早期占主导地位，在生长季节后期只有硫酸盐还原（模仿自 Neubauer et al.，2005）

　　潮汐淡水沼泽的碳动态随河口梯度变化而呈现动态变化。尽管潮汐物质的输出可能很显著，但是关于潮汐淡水沼泽中碳的可利用信息和相关估算较少。这些潮汐淡水沼泽的土壤有机质含量较高，而且一般与水文状况有关。查阅美国东南部土壤条件的报道，可以发现表层土壤有机质的百分比在 9%～77%，其中"黑水河"有机质浓度最高（Anderson and Lockaby，2007）。相比之下，在荷兰的潮汐淡水沼泽中，灌木湿地的表层土壤有机质含量约为 35%（Verhoeven et al.，2001）。在下游河段，水可能更咸，碳矿化和厌氧代谢可能在硫酸盐还原和甲烷生成之间交替，虽然 $Fe^{3+}$ 还原可能也很重要。在落潮时，这些沼泽的水位会下降到沉积物表面以下，得到改善的好氧条件会促进甲烷氧化，减少湿地的气体排放。在涨潮时，涌上来的水流可以降低土壤温度，又可以作为甲烷氧化媒介，从而减少甲烷产生（图 8.14）。因此，潮汐淡水草本沼泽和森林沼泽的甲烷通量往往低于非潮汐型淡水草本沼泽和森林沼泽（Anderson and Lockaby，2007）。

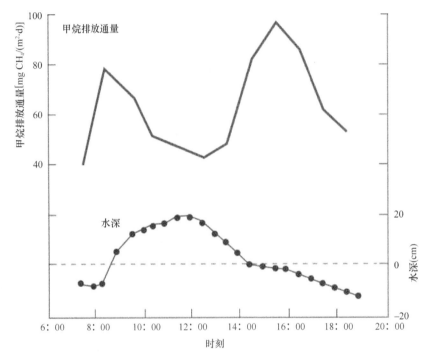

图 8.14　美国北卡罗来纳州白橡树河口（White Oak River Estuary）潮汐淡水沼泽静态气室的甲烷排放通量和潮汐水位变化。最高的甲烷排放通量发生在水位与土壤表面同等高度时。当水位低于土壤表面时，有氧表层的甲烷氧化增强，导致排放减少。当水位高于土壤表面时，甲烷排放很可能由于水扩散的障碍而减少（模仿自 Kelley et al.，1995）

## 养分收支

　　一般来说，潮汐淡水沼泽的养分循环和养分收支似乎与潮汐盐沼及红树林沼泽相似。潮汐淡水沼泽是非常开放的系统，有能力作为营养物质长期的存储库、"源"和转换器。尽管这些沼泽一般会被潮汐淹没，但是它们回收利用了植被大部分所需的氮。图 8.15 显示了美国马萨诸塞州波士顿附近潮汐淡水沼泽的氮循环。在这个收支过程中，大部分输入的养分都是来自北河（North River）的无机物，同时沼泽与河流的养分循环大都是独立的。潮汐淡水沼泽的主要循环过程是从泥炭到铵态氮再到植物体。一些铵态氮被硝化成硝态氮，或被反硝化。总体硝酸盐损失总是超过乙炔块法测定的反硝化作用，表明潮汐淡水沼泽是其他硝酸盐的"汇"（如同化硝酸盐还原过程），并且这个"汇"可能很重要（Bowden et al.，1991）。泥炭矿化作用足以满足植被的氮需求，几乎所有的氮都再次经潮汐淡水沼泽循环至毗邻河流内。矿化的植物残体和泥炭通过植物的吸收作用、微生物代谢和残体的固化作用被保存在潮汐淡水沼泽中。尽管这是一个封闭的矿物质循环，但是从河流中吸收少量的氮依然是很重要的。

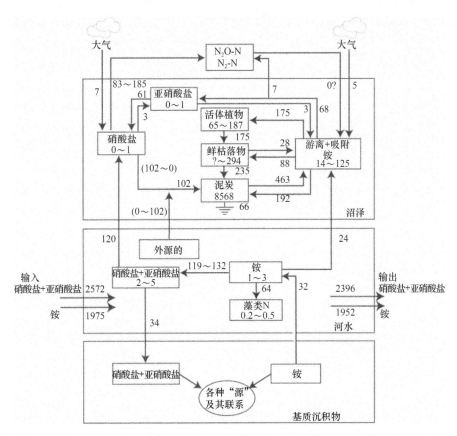

图 8.15　美国马萨诸塞州沿海一块面积为 23hm² 的潮汐淡水沼泽的氮收支。营养库大小以摩尔数表示，通量单位为 mol N/年（模仿自 Bowden et al.，1991）

## 推荐读物

Day, J. W., B. C. Crump, W. M. Kemp, and A. Yáñez-Arancibia, eds. 2013. *Estuarine Ecology*. Hoboken, NJ: John Wiley & Sons.

Perillo, G., E. Wolanski, D. Cahoon, and M. Brinson. 2009. *Coastal Wetlands: An Integraded Ecosystem Approach*. Amsterdam: Elsevier.

Tiner, R. W. 2013. *Tidal Wetlands Primer: An Introduction to Their Ecology, Natural History, Status, and Conservation*. Amherst: University of Massachusetts Press.

## 参考文献

Abernethy, R. K. 1986. *Environmental Conditions and Waterfowl Use of a Backfilled Pipeline Canal*. M.S. thesis, Louisiana State University, Baton Rouge. 125 pp.

Adam, P. 1998. Australian saltmarshes: A review. In A. J. McComb and J. A. Davis, eds., *Wetlands for the Future*. Gleneagles Publishing, Adelaide, Australia, pp. 287–295.

Anderson, C. J. and B. G. Lockaby. 2007. Soils and biogeochemistry of tidal freshwater forested wetlands. In W. H. Conner, T. W. Doyle, and K. W. Krauss, eds., *Ecology of Tidal Freshwater Forested Wetlands of the Southeastern United States*. Springer, Inc., Dordrecht, Netherlands, pp. 65–88.

Antlfinger, A. E., and E. L. Dunn. 1979. Seasonal patterns of $CO_2$ and water vapor exchange of three salt-marsh succulents. *Oecologia* (Berl.) 43: 249–260.

Baldwin, A. H., K. L. McKee, and I. A. Mendelssohn. 1996. The influence of vegetation, salinity, and inundation on seed banks of oligohaline coastal marshes. *American Journal of Botany* 83: 470–479.

Baldwin, A. H., M. S. Egnotovish, and E. Clarke. 2001. Hydrologic change and vege-
tation of tidal freshwater marshes: Field, greenhouse, and seed-bank experiments.
*Wetlands* 21: 519–531.

Beadle, L. C. 1974. *The Inland Waters of Tropical Africa*. Longman, London.

Bouchard, V. and J. C. Lefeuvre. 2000. Primary production and macro-detritus
dynamics in a European salt marsh: carbon and nitrogen budgets. *Aquatic Botany*
67: 23–42.

Bouchard, V., M. Tessier, F. Digaire, J. P. Vivier, L. Valery, J. C. Gloaguen, and
J. C. Lefeuvre. 2003. Sheep grazing as management tool in Western European
saltmarshes. *C.R. Biologies* 326: S148–S157.

Bowden, W. B., C. J. Vorosmarty, J. T. Morris, B. J. Peterson, J. E. Hobbie, P. A.
Steudler, and B. Moore. 1991. Transport and processing of nitrogen in a tidal
freshwater wetland. *Water Resources Research* 27: 389–408.

Bradley, P. M., and E. L. Dunn. 1989. Effects of sulfide on the growth of three salt
marsh halophytes of the southeastern United States. *American Journal of Botany*
76: 1707–1713.

Caldwell, R., and Crow. 1992. A floristic and vegetation analysis of a tidal freshwater
marsh on the Merrimac River, West Newberry, MA. *Rhodora* 94: 63–97.

Campeau, S., H. R. Murkin, and R. D. Titman. 1994. Relative importance of algae
and emergent plant litter to freshwater marsh invertebrates. *Canadian Journal of
Fisheries and Aquatic Sciences* 51: 681–692.

Chapman, V. J. 1960. *Salt Marshes and Salt Deserts of the World*. Interscience, New
York. 392 pp.

Chapman, V. J. 1976. *Coastal Vegetation*, 2nd ed., Pergamon Press, Oxford, UK.
292 pp.

Chapman, V. J. 1977. *Wet Coastal Ecosystems*. Elsevier, Amsterdam, 428 pp.

Childers, D. L. 1994. Fifteen years of marsh flumes: a review of marsh-water column
interactions in southeastern USA estuaries. In W. J. Mitsch, ed., *Global Wetlands:
Old World and New*. Elsevier, Amsterdam, pp. 277–293.

Childers, D. L., J. W. Day, Jr., and H. N. McKellar, Jr. 2000. Twenty more years of
marsh and estuarine flux studies: revisiting Nixon (1980). In M. P. Weinstein and
D. A. Kreeger, eds., *Concepts and Controversies in Tidal Marsh Ecology*. Kluwer
Academic Publishers, Netherlands, pp. 389–421.

Coleman, J. M., and H. H. Roberts. 1989. Deltaic coastal wetlands. *Geologie en Mijn-
bouw* 68: 1–24.

Crain, C. M., B. R. Silliman, S. L. Bertness, and M. D. Bertness. 2004. Physical and
biotic drivers of plant distribution across estuarine salinity gradients. *Ecology* 85:
2539–2549.

Curco, A., C. Ibáñez, and J. W. Day, Jr. 2002. Net primary production and decom-
position of salt marshes of the Ebro Delta (Catalonia, Spain). *Estuaries* 25:
309–324.

de la Cruz, A. A. 1974. Primary productivity of coastal marshes in Mississippi. *Gulf
Research Reports* 4: 351–356.

Dreyer, G. D., and W. A. Niering, eds. 1995. *Tidal Marshes of Long Island Sound:
Ecology, History and Restoration*. The Connecticut College Arboretum, Bulletin
No. 34, New London, CT.

Effler, R. S., G. P. Shaffer, S. S. Hoeppner, and R. A. Goyer. 2007. Ecology of the
Maurepas Swamp: Effects of salinity, nutrients, and insect defoliation. Soils and
biogeochemistry of tidal freshwater forested wetlands. In W. H. Conner, T. W.
Doyle, and K. W. Krauss, eds., *Ecology of Tidal Freshwater Forested Wetlands of the
Southeastern United States*. Springer, Dordrecht, Netherlands, pp. 349–384.

Eisenlohr, W. S. 1972. Hydrologic Investigations of Prairie Potholes in North Dakota,
1958-1969, Professional Paper 585, U.S. Geological Survey, Washington, DC.

Evers, D. E., C. E. Sasser, J. G. Gosselink, D. A. Fuller, and J. M. Visser. 1998.

The impact of vertebrate herbivores on wetland vegetation in Atchafalaya Bay, Louisiana. *Estuaries* 21: 1–13.

Field, D. W., A. Reyer, P. Genovese, and B. Shearer. 1991. Coastal wetlands of the United States- An accounting of a valuable national resource. Strategic Assessment Branch, Ocean Assessments Division, Office of Oceanography and Marine Assessments, National Ocean Service, National Oceanic and Atmosphere Administration, Rockville, MD.

Fowler, K. 1987. Primary production and temporal variation in the macrophyte community of a tidal freshwater swamp. M.A. thesis, Virginia Institute of Marine Science, College of William and Mary, Williamsburg, Virginia.

Fuller, D. A., G. W. Peterson, R. K. Abernethy, and M. A. LeBlanc. 1988. The distribution and habitat use of waterfowl in Atchafalaya Bay, Louisiana. In C. E. Sasser and D. A. Fuller, eds., *Vegetation and Waterfowl Use of Islands in Atchafalaya Bay*. Coastal Ecology Institute, Louisiana State University, Baton Rouge, LA, pp. 73–103.

Funk, D. W., L. E. Noel, and A. H. Freedman. 2004. Environmental gradients, plant distribution, and species richness in artic salt marsh near Prudhoe Bay, Alaska. *Wetlands Ecology and Management* 12: 215–233.

Gallagher, J. L. and F. C. Daiber. 1974. Primary production of edaphic algae communities in a Delaware salt marsh. *Limnology & Oceanography* 19: 390–395.

Gosselink, J. G., Coleman, J. M., and R. E. Stewart, Jr. 1998. *Coastal Louisiana*. In M. J. Mac, P. A. Opler, C. E. Puckett Haecker, and P. D. Doran. eds. *Status and Trends of the Nation's Biological Resources,* vol. 1. U.S. Department of the Interior, U.S. Geological Survey, Reston, VA, pp. 385–436.

Grace, J. B., and M. A. Ford. 1996. The potential impact of herbivores on the susceptibility of the marsh plant Sagittaria lancifolia to saltwater intrusion in coastal wetlands. *Estuaries* 19: 13–20.

Greenberg, R., J. E. Maldonado, S. Droege, and M. V. McDonald. 2006. Tidal marshes: A global perspective on the evolution and conservation of their terrestrial vertebrates. *BioScience* 56: 675–685.

Hackney, C. T., G. B. Avery, L. A. Leonard, M. Posey, and T. Alphin. 2007. Biological, chemical, and physical characteristics of tidal freshwater swamp forests of the lower Cape Fear River/Estuary, North Carolina. In W. H. Conner, T. W. Doyle, and K. W. Krauss, eds., *Ecology of Tidal Freshwater Forested Wetlands of the Southeastern United States*. Springer, Inc., Dordrecht, Netherlands. pp. 183–221.

Hall, S. L., and F. M. Fisher. 1985. Annual productivity and extracellular release of dissolved organic compounds by the epibenthic algal community of a brackish marsh. *Journal of Phycology* 21: 277–281.

Hall, J. V., W. E. Frayer, and B. O. Wilen. 1994. *Status of Alaska Wetlands*. U.S. Fish & Wildlife Service, Alaska Region, Anchorage, AK, 32 pp.

Hatton, R. S. 1981. *Aspects of Marsh Accretion and Geochemistry: Barataria Basin, La.* Master's thesis, Louisiana State University, Baton Rouge, LA.

Holm, G. O., Jr. 1998. Comparisons of the Atchafalaya and West Lake Delta salinity incursions and the loss of Sagittaria latifolia Willd. M.S. thesis. Louisiana State University, Baton Rouge, Louisiana.

Hopkinson, C. S. 1985. Shallow water benthic and pelagic metabolism: Evidence for heterotrophy in the nearshore. *Marine Biology* 87: 19–32.

Hopkinson, C. S., J. G. Gosselink, and F. T. Parronndo. 1980. Production of coastal Louisiana marsh plants calculated from phenometric techniques. *Ecology* 61: 1091–1098.

Huffman, R. T., and R. E. Lonard. 1983. Successional patterns on floating vegetation mats in a southwestern Arkansas bald cypress swamp. *Castanea* 48:73 78.

Ibánez, C., J. W. Day, Jr., and D. Pont. 1999. Primary production and decomposition in wetlands of the Rhone Delta, France: Interactive impacts of human modifications and relative sea level rise. *Journal Coastal Research* 15: 717–731.

Ibáñez, C., J. T. Morris, I. A. Mendelssohn, and J. W. Day, Jr. 2013. Coastal marshes. In J. W. Day, Jr., B. C. Crump, W. M. Kemp, and A. Yanez-Arancibia, eds., *Estuarine Ecology*, 2nd ed. Wiley-Blackwell, Hoboken, NJ, pp. 129–163.

Junk, W. J. 1970. Investigations on the ecology and production biology of the "floating meadows" (Paspalo echinochloetum) on the middle Amazon: 1. The floating vegetation and its ecology. *Amazonia* 2: 449–495.

Kelley C. A., C. S. Martens, and W. Ussler III. 1995. Methane dynamics across a tidally influenced riverbank margin. *Limnology & Oceanography* 40: 1112–1129.

Koch, M. S., I. A. Mendelssohn, and K. L. McKee. 1990. Mechanism for the hydrogen sulfide-induced growth limitation in wetland macrophytes. *Limnology and Oceanography* 35: 399–408.

Kreeger, D. A., and R. I. E. Newell. 2000. Trophic complexity between producers and invertebrate consumers in salt marshes. In M. P. Weinstein and D. A. Kreeger, eds., *Concepts and Controversies in Tidal Marsh Ecology*. Kluwer Academic Publishers, Netherlands, pp. 187–220.

Leck, M. A., and K. J. Graveline. 1979. The seed bank of a freshwater tidal marsh. *American Journal of Botany* 66: 1006–1015.

Leck, M. A., and R. L. Simpson. 1987. Seed bank of a freshwater tidal wetland: turnover and relationship to vegetation change. *American Journal of Botany* 74: 360–370.

Leck, M. A., and R. L. Simpson. 1995. Ten-year seed bank and vegetation dynamics of a tidal freshwater marsh. *American Journal of Botany* 82: 1547–1557.

Lefeuvre, J. C., and R. F. Dame. 1994. Comparative studies of salt marsh processes in the New and Old Worlds: An introduction. In W. J. Mitsch, ed., *Global Wetlands: Old World and New*. Elsevier, Amsterdam, pp. 169–179.

Lefeuvre J. C., V. Bouchard, E. Feunteun, S. Grare, P. Lafaille, and A. Radureau. 2000. European salt marshes diversity and functioning: The case study of the Mont Saint-Michel Bay, France. *Wetlands Ecology and Management* 8: 147–161.

Lefeuvre, J. C., P. Laffaille, E. Feunteun, V. Bouchard, and A. Radureau. 2003. Biodiversity in salt marshes: From patrimonial value to ecosystem functioning. The case study of Mont-Saint-Michel Bay. *C.R. Biologies* 326: S125–S131.

MacIntyre, H. L., and J. J. Cullen. 1995. Fine-scale vertical resolution of chlorophyll and photosynthetic parameters in shallow-water benthos. *Marine Ecology Progress Series* 122: 227–237.

Mendelssohn, I. A., and J. T. Morris. 2000. Eco-physiological controls on the productivity of Spartina alterniflora Loisel. In M. P. Weinstein and D. A. Kreeger, eds. *Concepts and Controversies in Tidal Marsh Ecology*. Kluwer Academic Publishers, The Netherlands, p. 59–80.

Mitsch, W. J., J. G. Gosselink, C. J. Anderson, and L. Zhang. 2009. *Wetland Ecosystems*. John Wiley & Sons, Inc., Hoboken, NJ, 296 pp.

Montague, C. L., and R. G. Wiegert. 1990. Salt marshes. In R. L. Myers and J. J. Ewel, eds. *Ecosystems of Florida*. University of Central Florida Press, Orlando, FL, pp. 481–516.

Morris, J. T., B. Kjerfve, and J. M., Dean. 1990. Dependence of estuarine productivity on anomalies in mean sea level. *Limnology & Oceanography* 35: 926–930.

Morris, J. T., P. V. Sundareshwar, C. T. Nietch, B. Kjerfve, and D. R. Cahoon. 2002. Response of coastal wetlands to rising sea level. *Ecology* 83: 2869–2877.

Newell, S. Y., and D. Porter. 2000. Microbial secondary production from saltmarsh grass shoots, and its known and potential fates. In M. P. Weinstein and D. A. Kreeger, eds., *Concepts and Controversies in Tidal Marsh Ecology*. Kluwer Academic Publishers, Dordrecht, Netherlands, pp. 159–185.

Neubauer, S. C., K. Givler, S. Valentine, and J. P. Megonigal. 2005. Seasonal patterns and plant-mediated controls of subsurface wetland biogeochemistry. *Ecology* 86: 3334–3344.

Nixon, S. W. 1980. Between coastal marshes and coastal waters—a review of twenty years of speculation and research on the role of salt marshes in estuarine productivity and water chemistry. In PP. Hamilton and K. B. MacDonald, eds., *Estuarine and Wetland Processes*. Plenum, New York, pp. 437–525.

Odum, E. P. 1968. A research challenge: Evaluating the productivity of coastal and estuarine water. *Proceedings Second Sea Grant Conference*, University of Rhode Island, pp. 63–64.

Odum, E. P. 1980. The status of three ecosystem-level hypotheses regarding salt marsh estuaries: tidal subsidy, outwelling, and detritus-based food chains. In V. S. Kennedy, ed., *Estuarine Perspectives*. Academic Press, New York, pp. 485–495.

Odum, E. P. 2000. Tidal marshes as outwelling/pulsing systems. In M. P. Weinstein and D. A. Kreeger, eds., *International Symposium: Concepts and Controversies in Tidal Marsh Ecology*. Kluwer Academic Publishers, Dordrecht, Netherlands, pp. 3–7.

Odum, W. E, T. J. Smith in, J. K. Hoover, and C. C. McIvor. 1984. *The Ecology of Freshwater Marshes of the United States East Coast: A Community Profile*. U.S. Fish and Wildlife Service, FWS/OBS-87/17, Washington, DC, 177 pp.

Ozalp, M., W. H. Conner, and B. G. Lockaby. 2007. Above-ground productivity and litter decomposition in a tidal freshwater forested wetland on Bull Island, SC, USA. *Forest Ecology and Management* 245: 31–43.

Pallis, M. 1915. The structural history of Plav: The floating fen of the delta of the Danube. *J. Linn. Soc. Bot.* 43: 233–290.

Perry, J. E., and C. H. Hershner. 1999. Temporal changes in the vegetation pattern in a tidal freshwater marsh. *Wetlands* 19: 90–99.

Pétillon, J., F. Ysnel, A. Canard, and J. C. Lefeuvre. 2005. Impact of an invasive plant (Ellymus athericus) on the conservation value of tidal salt marshes in western France and implications for management: Responses of spider populations. *Biological Conservation* 126: 103–117.

Pfeiffer, W. J., and R. G. Wiegert. 1981. Grazers on *Spartina* and their predators. In L. R. Pomeroy and R. G. Wiegert, eds. *The Ecology of a Salt Marsh*. Springer-Verlag, New York, pp. 87–112.

Pinckney, J., and R. G. Zingmark. 1993. Modeling the annual production of intertidal benthic microalgae in estuarine ecosystems. *Journal of Phycology* 29: 396–407.

Pomeroy, L. R. 1959. Algae productivity in salt marshes of Georgia. *Limnology & Oceanography* 4: 386–397.

Pomeroy, L. R., W. M. Darley, E. L. Dunn, J. L. Gallagher, E. B. Haines, and D. M. Witney. 1981. Primary production. In L. R. Pomeroy and R. G. Wiegert, eds., *Ecology of a Salt Marsh*. Springer-Verlag, New York, pp. 39–67.

Rheinhardt, R. 1992. A multivariate analysis of vegetation patterns in tidal freshwater swamps of lower Chesapeake Bay, USA. *Bulletin of the Torrey Botanical Club* 119: 192–207.

Sasser, C. E. and J. G. Gosselink. 1984. Vegetation and primary production in a floating wetland marsh in Louisiana. *Aquatic Botany* 20: 245–255.

Sasser, C. E., J. G. Gosselink, and G. P. Shaffer. 1991. Distribution of nitrogen and phosphorus in a Louisiana freshwater floating marsh. *Aquatic Botany* 41: 317–331.

Sasser, C. E., J. M. Visser, D. E. Evers, and J. G. Gosselink. 1995. The role of environmental variables on interannual variation in species composition and biomass in a subtropical minerotrophic floating marsh. *Canadian Journal of Botany* 73: 413–424.

Sasser, C. E., J. G. Gosselink, E. M. Swenson, C. M. Swarzenski, and N. C. Leibowitz. 1996. Vegetation, substrate and hydrology in floating marshes in the Mississippi river delta plain wetlands, USA. *Vegetatio* 122: 129–142.

Silliman, B. R., H. van de Koppel, M. D. Bertness, L. E. Stanton, and I. A. Mendelssohn. 2005. Drought, snails, and large-scale die-off of southern U.S. salt marshes. *Science* 310: 1803–1806.

Simpson, R. L., R. E. Good, M. A. Leck and D. F. Whigham. 1983. The ecology of freshwater tidal wetlands. *BioScience* 33: 255–259.

Smith, T. J., and W. E. Odum. 1981. The effects of grazing by snow geese on coastal salt marshes. *Ecology* 62: 98–106.

Stout, J. P. 1978. *An Analysis of Annual Growth and Productivity of Juncus roemerianus Scheele and Spartina alterniflora Loisel in Coastal Alabama*. Ph.D. dissertation, University of Alabama, Tuscaloosa.

Sullivan, M. J., and C. A. Moncreiff. 1988. Primary production of edaphic algal communities in a Mississippi salt marsh. *Journal of Phycology* 24: 49–58.

Sullivan, M. J., and C. A. Currin. 2000. Community structure and functional dynamics of benthic microalgae in salt marshes. In M. PP. Weinstein and D. A. Kreeger, eds., *Concepts and Controversies in Tidal Marsh Ecology*. Kluwer Academic Publishers, The Netherlands.

Swarzenski, C., E. M. Swenson, C. E. Sasser, and J. G. Gosselink. 1991. Marsh mat flotation in the Louisiana Delta Plain. *Journal of Ecology* 79: 999–1011.

Sykes, P. W. Jr, C. B. Kepler, K. L. Litzenberger, H. R. Sansing, E. T. R. Lewis, and J. S. Hatfield. 1999. Density and habitat of breeding swallow-tailed kites in the lower Suwannee ecosystem, Florida. *Journal of Field Ornithology* 70: 321–336.

Taylor, K. L., J. B. Grace, G. R. Guntenspergen, and A. L. Foote. 1994. The interactive effects of herbivory and fire on an oligohaline marsh, Little Lake, Louisiana, USA. *Wetlands* 14: 82–87.

Teal, J. M. 1962. Energy flow in the salt marsh ecosystem of Georgia. *Ecology* 43: 614–624.

Teal, J. M. 1986. *The Ecology of Regularly Flooded Salt Marshes of New England: A Community Profile*. U.S. Fish and Wildlife Service, Washington, DC, Biol. Repp. 85(7.4), 61pp.

Teal, J. M., and B. L. Howes. 2000. Salt marsh values: Retrospection from the end of the century. In M. P. Weinstein and D. A. Kreeger, eds., *Concepts and Controversies in Tidal Marsh Ecology*. Kluwer Academic Publishers, The Netherlands, pp. 9–19.

Turner, R. E. 1977. Intertidal vegetation and commercial yields of penaeid shrimp. *American Fisheries Society Transactions* 106: 411–416.

Turner, R. E., W. Woo, and H. R. Jitts. 1979. Estuarine influences on a continental shelf plankton community. *Science* 206: 218–220.

Tyler, P. A. 1976. Lagoon of Islands, Tasmani—Deathknell for a unique ecosystem? *Biological Conservation* 9: 1–11.

Van Engel, W. A., and E. B. Joseph. 1968. *Characterization of Coastal and Estuarine Fish Nursery Grounds as Natural Communities*. Final Report, Bureau of Commercial Fisheries, Virginia Institute of Marine Science, Glocester Point, VA, 43 pp.

Valéry, L., V. Bouchard, and J. C. Lefeuvre. 2004. Impact of the invasive native species Elymus athericus on carbon pools in a salt marsh. *Wetlands* 24: 268–276.

Van Raalte, C. D. 1976. Production of epibenthic salt marsh algae: light and nutrient limitation. *Limnology and Oceanography* 21: 862–872.

Verhoeven, J. T. A. 1986. Nutrient dynamics in minerotrophic peat mires, *Aquatic*

*Botany* 25: 117–137.

Verhoeven, J. T. A., D. F. Whigham, R. van Logtestijn, and J. O'Neill. 2001. A comparative study of nitrogen and phosphorus cycling in tidal and non-tidal river wetlands. *Wetlands* 21: 210–222.

Visser, J. M. 1989. *The Impact of Vertebrate Herbivores on the Primary Production of Sagittaria Marshes in the Wax Lake Delta, Atchafalaya Bay, Louisiana*. Ph.D. dissertation, Louisiana State University, Baton Rouge, 88 pp.

Visser, J. M., C. E. Sasser, R. G. Chabreck, and R. G. Linscombe. 1998. Marsh vegetation types of the Mississippi River deltaic plain. *Estuaries* 21: 818–828.

Visser, J. M., C. E. Sasser, R. H. Chabreck, and R. G. Linscombe. 1999. Long-term vegetation change in Louisiana tidal marshes. *Wetlands* 19: 168–175.

Wadsworth, J. R., Jr. 1979. Duplin River Tidal System. Sapelo Island, Georgia. Map reprinted in Jan. 1982 by the University of Georgia Marine Institute, Sapelo Island, GA.

Watzin, M. C., and J. G. Gosselink. 1992. *Coastal Wetlands of the United States*. Louisiana Sea Grant College Program, Baton Rouge, LA, and U.S. Fish and Wildlife Service, Lafayette, LA, 15 pp.

Werme, C. E. 1981. *Resource Partitioning in the Salt Marsh Fish Community*. Ph.D. dissertation, Boston University, Boston, 126 pp.

Wharton, C. H., W. M. Kitchens, E. C. Pendleton, and T. W. Sipe. 1982. The ecology of bottomland hardwood swamps of the Southeast: A community profile. U.S. Fish and Wildlife Service, Biological Services Program FWS/OBS-81/37, 133 pp.

Wheeler, B. D. 1980. Plant communities of rich fen systems in England and Wales. *Journal of Ecology* 68: 365–395.

Whigham, D. F., and R. L. Simpson. 1975. *Ecological Studies of the Hamilton Marshes*. Progress report for the period June 1974-January 1975, Rider College, Biology Department, Lawrenceville, NJ.

Whigham, D. F., R L. Simpson, and K. Lee. 1980. *The Effect of Sewage Effluent on the Structure and Function of a Freshwater Tidal Wetland Water Resources*. Research Institute Report, Rutgers University, New Brunswick, NJ, 160 pp.

White, D. A. 1993. Vascular plant community development on mudflats in the Mississippi River delta, Louisiana, USA. *Aquatic Bot.* 45: 171–194.

White, D. A., T. E. Weiss, J. M. Trapani, and L. B. Thien. 1978. Productivity and decomposition of the dominant salt marsh plants in Louisiana. *Ecology* 59: 751–759.

Wiegert, R. G., and B. J. Freeman. 1990. *Tidal Salt Marshes of the Southeast Atlantic Coast: A Community Profile*. U. S. Department of Interior, Fish and Wildlife Service, Biological Report 85 (7.29), Washington, DC.

Wilson, J. O., R. Buchsbaum, I. Valiela, and T. Swain. 1986. Decomposition in salt marsh ecosystems: Phenolic dynamics during decay of litter of Spartina alterniflora. *Marine Ecology Progress Series* 29: 177–187.

Zedler, J. B. 1980. Algae mat productivity: Comparisons in a salt marsh. *Estuaries* 3: 122–131.

Zhu, R., Y. Liu, J. Ma, H. Xu, and L. Sun. 2008. Nitrous oxide flux to the atmosphere from two coastal tundra wetlands in eastern Antarctica. *Atmospheric Environment* 42: 2437–2447.

彩图请扫码

红树林沼泽

# 第 9 章　红树林沼泽

在亚热带和热带地区，红树林沼泽取代了盐沼，成为沿海主要的生态系统。据统计，全世界的红树林沼泽面积有 140 000～170 000km²。美国的红树林沼泽面积有限（大约 5000km²），主要分布在佛罗里达州和路易斯安那州的沿海地区。根据流体力学和地貌学，目前将红树林沼泽分为以下几类：海岸红树林、河岸红树林、洼地红树林和矮小或灌木红树林。红树林沼泽中的主要物种具有适应咸水环境的若干特性，包括支柱根、呼吸根、脱盐、泌盐和胎生苗。它们的生产力和有机物输出与其水文地貌条件密切相关。

热带及亚热带地区、温带中高纬度地区的潮汐盐沼被红树林沼泽取代。红树林沼泽是由生长在热带和亚热带海岸线咸水潮汐水域中的盐生树木、灌木和其他植物所组成的。这种沿海森林湿地（一些研究人员称为 mangal）因其迷宫般难以通行的木本植被、似乎深不见底的松软泥炭，以及对淹水和盐度双重压力的适应性而臭名昭著。红树一词的前半部分来源于葡萄牙语中表示"树木"的词语 mangue，而后面的部分来自英语中表示"树林"的词语 grove，这两部分都表示优势树木和整个植物群落。

关于红树林沼泽有许多神话故事。它曾被称为野生动物的天堂、致命的"红树根气体"制造者及没有价值的荒地。研究表明，红树林沼泽在向邻近的沿海食物链输出有机物方面具有重要价值，同时红树林沼泽为某些海岸线提供物理稳定性以防止侵蚀，而且保护内陆地区在飓风和海啸期间免受严重破坏，并作为营养物质和碳的存储库。关于世界范围内红树林沼泽的文献数量近年呈指数增长，这可能是因为这些生态系统在全球都有分布。红树林具有许多独有的特征，在气候变化中发挥作用，一方面在热带地区受海平面上升的直接影响，另一方面其高生产力能够产生显著的固碳作用（俗称"蓝碳"）。有关红树林的早期文献大多是关于植物区系和结构的研究。从 20 世纪 70 年代初开始，研究重点变为红树林沼泽的水文地貌和功能。目前已经发表了有关红树林生态系统的生态生理、初级生产力、胁迫、食物链和碎屑动态变化的重要文章，同时还有关于养分循环、红树林恢复、红树林资源评估、蓝碳封存及红树林对海平面变化的响应等文章。

## 地理范围

红树林沼泽（也称红树林湿地）遍布世界热带和亚热带海岸，通常分布在 25°N～25°S（图 9.1a），在北半球一般分布在 24°N～32°N，其具体分布情况受当地气候条件影响，在南半球的分布受寒冷气候影响。据估计，世界上红树林湿地的面积为 138 000～170 000km²（Giri et al.，2011；Twilley and Day，2013；Krauss et al.，2014），其中半数以上的红树林湿地分布在 0°～10°纬度带（图 9.1b）。红树林分为两类："旧大陆"（old world）红树林沼泽、"新大陆"（new world）和西非红树林沼泽。世界上红树植物超过 50 种。一般认为，在长时间尺度上，红树林沼泽的分布与大陆漂移有关；在短时间尺度上，与人类活动有关，可能是由人类带到各地。然而，在全世界范围内红树林的分布并不均衡。在印度-西太平洋区（旧大陆的一部分），红树林的物种丰富度最大，在这一地区有 36 种红树植物，而美洲的红树植物只有大约 10 种（图 9.1c）。因此，有人认为印度-马来西亚区是红树物种的原始分布中心（Chapman，1976）。当然，世界上一些最原始的红树林分布于马来西亚、密克罗尼西亚及西太平洋菲律宾东部的小岛。研究表明，红树林湿地对当地经济产生了重要影响（Ewel et al.，1998；Cole et al.，1999）。一些非夏威夷群岛本地种的红树林，它们在原分布地有适宜的气候和沿海地貌，在20世纪初入侵夏威夷群岛，此后就一直分布在那里的海岸线上（Allen，1998）。

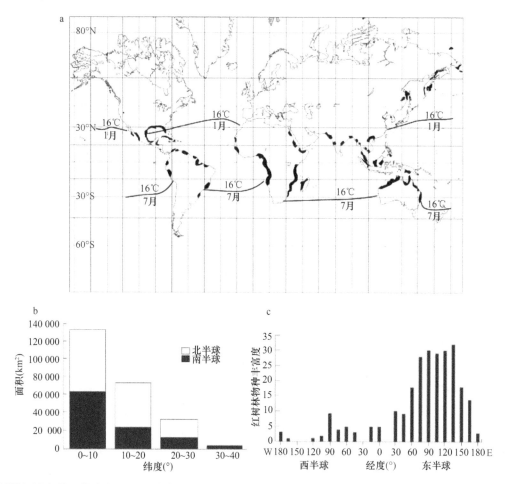

图9.1 红树林湿地在世界的分布（a）及纬度分布（b）和红树林物种丰富度的经度分布（c）（模仿自 Chapman，1977；Twilley et al.，1992；Ellison et al.，1999）

在旧大陆发现的红树林植被与在美洲新大陆和西非发现的红树林植被之间也存在显著的地理隔离。红树的两个主要属——红树属（*Rhizophora*）和海榄雌属（*Avicennia*）在新、旧大陆上分别包含不同的种，这表明"物种形成在每个区域是独立发生的"（Chapman，1976）。

美国佛罗里达州西南海岸是大沼泽地和大柏树沼泽水体流向大海的地区，同时也是美国大部分红树林的分布区，其面积超过5000km²（见表8.1），沿着这条海岸线分布的红树林长达30km。该地区包括佛罗里达州的万岛群岛（Ten Thousand Islands），是世界上最大的红树林湿地之一，面积达600km²。由于城市扩张的影响，这些岛屿上原有的很大一部分红树林已经消亡或变为其他植被群落。Patterson（1986）的研究发现，1952~1984年这一地区发育最好的岛屿之一的马可岛（Marco Island）损失了24%的红树林。现在佛罗里达州开始对红树林进行保护，规定破坏海岸线红树林是非法行为。

红树林湿地也常见于佛罗里达州沿岸北部、大西洋沿岸的卡纳维拉尔角以北及墨西哥湾的雪松湾（Cedar Key），这里是红树林和潮汐盐沼植被的混合群落的分布区。在路易斯安那州和特拉华州的拉古纳马德雷（Laguna Madre）分布着黑皮红树（*Avicennia germinans*）。作为气候变化的潜在标志，在过去的40年里其盖度明显上升。包括波多黎各在内的整个加勒比群岛也遍布红树林湿地。Lugo（1988）发现，波多黎各最初有120km²的红树林，尽管在1975年只剩下了一半。

### 地理限制和近期扩张

除热带和亚热带气候外，霜冻的频率和程度是限制红树林扩张的主要因素。例如，在美国，红树林湿地主要分布在佛罗里达州的大西洋和墨西哥湾沿岸（27°N～29°N），其北面被潮汐盐沼所取代。红树林可以在–4～–2℃的低温下存活 24h，而黑皮红树（*Avicennia germinans*）在这个温度下可以生存数天，这使得黑皮红树可以延伸到佛罗里达州东海岸的北部，比红树林向北延伸得更远（30°N）。Schaeffer-Novelli 等（1990）认为，红树林沿巴西海岸延伸的范围是 28°S～30°S。连续 3～4 天的霜冻足以杀死最抗寒的红树林。Lugo 和 Patterson-Zucca（1977）发现，在 1977 年 1 月墨西哥湾海岸线的佛罗里达州海马潟湖（Sea Horse Key）水域（约 29°N），红树林存活了大约 5 个非连续的霜冻日，但估计需要 200 天才能从霜冻中恢复过来。他们还假设，土壤盐分胁迫可以改变红树林对霜冻的抗性，这表明红树林的纬度限制是由于多种因素形成的，绝非单一因素。

Cavanaugh 等（2014）利用卫星图像，分析了 28 年佛罗里达州大西洋海岸最北部红树林的分布，对佛罗里达州红树林纬度分布极限的近期变化进行了研究。他们发现，1984～2011 年，沿着这条海岸线红树林呈现出向北极延伸的趋势（图 9.2），而且这种扩张与极端寒冷事件发生频率（低于–4℃的天数）之间有很强的相关性。他们的结论是，红树林的这种极端扩张与年平均气温无关，而与极端寒冷天气的频率成反比，在冬季这些极端温度大部分是由于季风的作用而形成的。

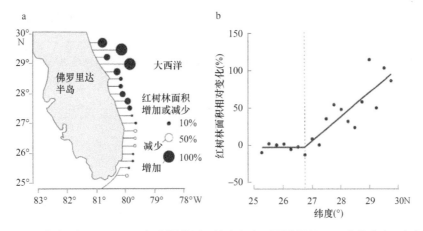

图 9.2　（a）从 20 世纪 80 年代到 2007～2011 年美国佛罗里达半岛大西洋沿岸每 0.25 个纬度上，红树林覆盖面积的长期增加（实心）或减少（空心）的情况（横轴为经度）；（b）红树林面积变化（增加或减少）与纬度的关系。（b）垂直线表示红树林覆盖面积在纬度为 26.75°N 的地区开始增加（模仿自 Cavanaugh et al.，2014）

## 水文地貌

全球红树林沼泽有几种不同的类型，每一种类型都有独特的地貌和水动力条件。Thom（1982）提出了红树林生长的地貌环境分类方案，共划分为 5 种类型，包括由波浪、潮汐和河流主导的系统，最常见的是由三种能量流组合构成的系统。与潮汐盐沼一样，红树林沼泽只在有足够的保护来抵御高能量波浪作用的地方才能发育。一些自然地理环境有利于保护红树林湿地：①受保护的浅海湾；②受保护的河口；③潟湖；④半岛和岛屿的背风侧；⑤受保护的航道；⑥沙嘴；⑦近海贝壳岛、卵石滩。没有得到保护的地方通常发育无植被的海岸和沙丘，在这些沙丘后面也经常发育红树林。

除需要抵御波浪作用的物理保护外，潮汐淹水的程度和持续时间对红树林湿地的分布范围与功能也产生重大影响。在红树林湿地营养物质的输入、土壤通气和土壤盐分的稳定方面，潮汐起到了辅助作用。咸水对于消除淡水物种间的竞争非常重要。潮汐作用对几种红树林种子的迁移和分配起到了辅助作用。

在一些海岸红树林中，潮汐将沉积的有机质搅动起来，使这些物质循环利用以供滤食生物所需，如牡蛎、海绵、藤壶、蜗牛和螃蟹等。像盐沼一样，红树林湿地也分布在潮间带范围内，尽管潮差不大。大部分红树林湿地分布在 0.5～3m 的潮差范围内。红树林树种还可以适应各种各样的淹水频率。研究发现，美洲红树（*Rhizophora* spp.）生长在低于正常低潮位且持续淹水的近海水域。

另一种极端情况是，红树林分布在潮汐作用较小的内陆河几千米范围内的河岸两侧。这些红树林依赖于河流供给养分，除偶尔的潮汐淹水及海岸附近的地下水和地表水的稳定补给外，在洪水时期也能得到水的补给。

## 水动力分类

红树林湿地的发育是地形、基质、淡水水文条件及潮汐作用共同影响的结果。20 世纪 70 年代，佛罗里达大学的 Ariel Lugo、Sam Snedaker 及其他人对红树林湿地生态系统的物理水文条件进行了分类。根据红树林湿地的水文地貌特征将其分为 4 类，如图 9.3 所示。

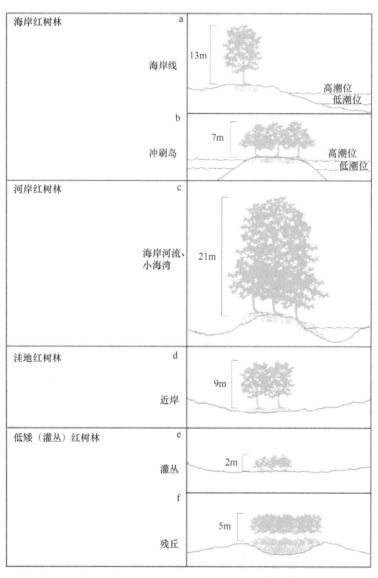

图 9.3　红树林湿地水文地貌分类（4 类 6 种）：（a）和（b）海岸红树林；（c）河岸红树林；（d）洼地红树林；（e）和（f）低矮（灌丛）红树林（模仿自 Wharton et al.，1976；Lugo，1980；Cintrón et al.，1985）

1）海岸红树林。海岸红树林湿地分布在受保护的海岸线、狭长的海滩、坡度缓和的海滩、一些运河两侧、河流两侧或潟湖周围（图 9.3a）。如果存在自然堤，红树林则可能得不到淡水径流的补给，完全依靠降水、海水和地下水来维持其营养补给。海岸红树林的一个特例就是分布在岛屿的边缘，涨潮时每天都经历强烈冲刷，使红树林向海中延伸长度变小。这些岛屿有时被称为冲刷岛（图 9.3b）。红树林沼泽主要生长红树属（*Rhizophora*）植物，具有支柱根系统，在大潮时阻挡海浪，抵消潮汐能量。潮汐可以将大部分松散的植物残体和落叶冲到相邻的海湾。这些岛屿中心通常是同心圆状的高大红树，外部环绕着较矮小的红树林和一个永久性高盐度的潟湖。这些湿地在佛罗里达州的万岛群岛地区及波多黎各南部沿海分布较广，并且这些红树林对海洋污染特别敏感。

2）河岸红树林。在沿海河流和小海湾的边缘，分布着生产力高的河岸红树林，通常分布于距海岸几英里的地方（图 9.3c）。虽然地下水水位一般很浅，但这些湿地可能会经历相当长时间的干旱。在佛罗里达州，夏季潮湿多雨，淡水输入量大，是一年中土壤水位最高和盐度最低时期。因为其较高的生产力，河岸红树林湿地会输出大量有机物质。这些湿地受邻近陆地淡水径流、邻近河流径流、沉积物和养分的影响。因此，它们可能受到上游活动或河流改变的巨大影响。充足的淡水与来自内陆地区和河口的高营养物质输入，使这些系统的生产力水平较高，进而为高大（16～26m）红树林种群的生长提供适宜条件。这一区域盐度变化较大，但通常低于本书所描述的其他红树林类型。潮湿雨季的淡水冲刷会导致盐分从沉积物中析出。

3）洼地红树林。洼地红树林分布在内陆洼地或盆地中，常位于海岸红树林湿地的后面，以及水流停滞或缓慢流动的排水凹陷处（图 9.3d）。这些洼地往往与最高潮汐相互隔离，一旦潮水溢进这些洼地，红树林植被也会经历长时间水淹。由于地貌方面的条件限制，很少有海浪冲刷，土壤盐度高及氧化还原电位低，群落主要由海榄雌（*Avicennia* spp.）和对叶榄李（*Laguncularia* spp.）组成，这些树木的呼吸根常覆盖整个地表。

红树林的水文地貌类型多样，并且不同类型的红树林可能会有特定水文条件的亚型。Knight 等（2008）利用澳大利亚昆士兰州东南部库姆巴巴（Coombabah）湖地区的水文和森林结构数据，分析了分布海榄雌（*Avicennia marina*）的三种洼地。这些洼地分别是：较深的洼地（50cm 左右的积水、每年有 3 次潮汐过程、树木发育成熟）、中等深度的洼地（15～30cm 积水深、每年有 20～40 次潮汐过程、中等发育的树木）及浅水洼地（5～15cm 积水深、每年有 80 次潮汐过程、树木定植时间不长）。红树林亚型也可以在其他水文地貌类型中进行分类。

4）低矮红树林。由于缺乏营养物质或淡水流入，低矮红树林生产力通常受到限制。低矮红树林湿地主要由矮小（通常低于 2m）稀疏的红树所构成，分布在营养条件较差的环境中（图 9.3e）。营养贫乏的土壤基质可能是由沙质土壤或石灰岩泥灰土所构成的。在红树林分布范围的北端，湿地盐度高、天气寒冷，河岸红树林、海岸红树林或洼地红树林沼泽中也可以生长"低矮的灌木状红树林"或低矮红树林。然而，在潮汐沼泽、佛罗里达群岛的沿海边缘、波多黎各海岸东北部都有真正的低矮红树林湿地分布。大沼泽地的一些区域只有在春季海潮或风暴潮期间才会被海水淹没，在雨季经常被淡水径流淹没。在这些类型的湿地中，组成群落的是一种形态较小的美洲红树与沼泽植被，如大克拉莎（*Cladium jamaicense*）和黑灯心草（*Juncus roemerianus*）的混合群落。在佛罗里达大沼泽地的沿海边缘，发育着阔叶红树林群落湿地，这些群落从形态上是孤立、略微凸起的树岛，同时具有洼地红树林和低矮红树林的特征。泥炭在地表略微凹陷处积累（图 9.3f），这些泥炭是多年来红树林生产力的积累，实际上使其表面高出周围景观 5～10cm。

## 土壤和盐度

红树林生态系统中的土壤盐度因季节和红树种类不同而有所差异（表 9.1）。在河岸红树林生态系统，由于淡水的输入，土壤盐度小于正常海水。然而在洼地红树林，蒸散发（＞50ppt）使其盐度可能高于海水。美国佛罗里达州的自然主义者 John Henry Davis（1940）在佛罗里达州多年的研究中总结出关于红树林湿地土壤盐度的 4 个主要观点，至今仍然适用。

1）红树林湿地土壤盐度年际变化很大。

2）咸水对于任何红树林的生存来说都是不必要的，咸水只会让红树林在物种竞争中胜过不耐盐的物种。

3）与红树林地表水相比，土壤水盐度通常较高，波动较小。

4）由于地形较为平缓，防止了洼地积水的快速溢出，土壤中的咸水环境比正常涨潮时潮水向内陆淹没范围延伸得更远。

表 9.1　主要类型红树林的土壤盐度范围

| 水动力类型 | 土壤盐度（ppt） |
| --- | --- |
| 海岸红树林 | |
| 　海榄雌（*Avicennia* spp.） | 59 |
| 　红树（*Rhizophora* spp.） | 39 |
| 河岸红树林 | 10～20[a] |
| 洼地红树林 | |
| 　海榄雌（*Avicennia* spp.） | ＞50 |
| 　对叶榄李（*Laguncularia* spp.） | 低盐度 |
| 混合群落 | 30～40 |

注：a. 旱季淡水流量较少时，数值会更高

资料来源：Cintrón et al.，1985

红树林湿地土壤盐度的季节性波动与潮汐淹水深度、淹水时间、降水的季节性和强度，以及盐分通过河流、小溪和坡面汇流进入红树林湿地的季节性和水量存在函数关系。在佛罗里达州，雨季的对流天气、风暴对河流湖泊中淡水流量的影响较大，同时夏末或初秋时偶尔出现的飓风会导致海水稀释，盐度降低。而在冬季和早春的旱季，红树林湿地内的盐度通常最高。

## 土壤酸度

即使在碳酸盐存在的情况下，红树林的土壤也通常是酸性的。就像美国南佛罗里达州南部地区，土壤孔隙水可以接近中性。而在氧化还原电位为–400～–100mV 时，土壤经常被高度还原。在红树林土壤中，急剧减少的硫化物积累会导致许多红树林地区的土壤呈强酸性。Dent（1986，1992）指出，红树林中每 100 年就能积累 10kg S/m$^3$ 的沉积物。当这些土壤被排水疏干转化为通气良好的农田时，通常以黄铁矿形式存在的还原硫化物被氧化成硫酸，形成了所谓的"酸性硫酸盐土"（acid sulphate soil）。这些强酸性的土壤给传统农业带来极大的困难，这也是为什么当红树林湿地变成鱼塘时，这些池塘很快就被遗弃。Dent（1992）认为，对于这些酸性土壤来说，一些以前被"开垦"的潮间带被"恢复"为红树林湿地和潮汐盐沼可能是最佳策略。

# 植被组成

红树林生境中的土壤淹水和盐分胁迫作用与潮汐盐沼类似，导致大多数红树林湿地的植被种群结构相对简单。特别是与相邻的内陆热带雨林生态系统相比，其植被种群结构更显单一。世界上有 50 多种红

树林植物（Stewart and Popp，1987；Twilley and Day，2013），分属于 8 科 12 属。而新大陆的红树林物种数量小于 10，在佛罗里达南部红树林湿地中的优势种为美洲红树（*Rhizophora mangle*）、黑皮红树（*Avicennia germinans*，也称 *A. nitida*）和对叶榄李（*Laguncularia racemosa*）3 种。尽管严格来说，锥果木（*Conocarpus erecta*）不是红树林物种，但偶尔会发现它在红树林附近或红树林湿地与干燥高地之间的过渡地带生长。前面所描述的每一种红树林湿地水文类型的植物优势群落不同。海岸红树林湿地的优势植被类型为红树（*Rhizophora* spp.），其主要特征为具有丰富、密集的支柱根且位于海岸带边缘。尽管河岸红树林湿地中的物种具有笔直的树干、相对较少及较短的支柱根，但该类红树林中的优势种也是红树（*Rhizophora* spp.）。在海岸红树林和河岸红树林也分布着少量的海榄雌（*Avicennia* spp.）和对叶榄李（*Laguncularia* spp.）。尽管在低洼地区中主要分布着黑皮红树（*Avicennia germinans*），阔叶红树林群落分布着红树（*Rhizophora* spp.），但是洼地红树林内的群落则包含了全部三种红树林。低矮（灌丛）红树林湿地中的主要植被类型为稀疏、矮小（<2m）的红树（*Rhizophora* spp.）或黑皮红树（*Avicennia germinans*）。

表 9.2 对红树林湿地中主要水文类型的结构特征进行了比较，这些数据是在新大陆红树林的 100 多个研究网站上收集的。海岸红树林与河岸红树林、洼地红树林相比，植被种群的密度更大[胸径（dbh）>10cm]。然而由于单体植株最大的红树分布在河岸红树林湿地，因此河岸红树林比海岸红树林或洼地红树林的基底面积和植株高度要大得多。尽管各种观测方法和样本的大小不同使得数据很难比较，但是河岸红树林的生物量仍然是最高的。Cintron 等（1985）发现在美国佛罗里达州的红树林地上生物量中，河岸红树林为 $1.6 \sim 28.7 \text{kg/m}^2$，海岸红树林为 $0.8 \sim 15.9 \text{kg/m}^2$，同时还在佛罗里达州发现一种低矮红树林湿地的地上生物量为 $0.8 \text{kg/m}^2$，阔叶红树林群落的地上生物量为 $9.8 \text{kg/m}^2$。

表 9.2 红树林主要类型的冠层植被结构特征[a]

| 水动力类型 | 树种数量 | 树木数量（#/hm²） | | 胸高断面积（m²/hm²） | | 群落高度（m） | 地上生物量（kg/m²） |
| --- | --- | --- | --- | --- | --- | --- | --- |
| | | >2.5cm dbh | >10cm dbh | >2.5cm dbh | >10cm dbh | | |
| 海岸红树林 | 1.7±0.1（33） | 4005±642（33） | 852±115（31） | 22.2±1.5（33） | 14.6±1.9（31） | 13.3±2.6（32） | 0.8~15.9（8） |
| 河岸红树林 | 1.9±0.1（36） | 1979±209（28） | 661±71（32） | 30.4±3.5（5） | 32.6±4.7（32） | 21.2±4.8（26） | 1.6~28.7（8） |
| 洼地红树林 | 2.3±0.1（31） | 3599±400（31） | 573±102（21） | 18.5±1.6（31） | 10.6±2.2（21） | 9.0±0.7（31） | — |

注：a. 数据来源于美国佛罗里达州、墨西哥、波多黎各、巴西、哥斯达黎加、巴拿马和厄瓜多尔的红树林。数值是除地上生物量外的平均值±标准差（观测值），即范围（观测值）

资料来源：Cintrón et al.，1985

## 带状结构

在了解红树林湿地植被的过程中，大多数早期研究人员都关注植物的分带模式和群落的演替模式。有些人尝试将红树林湿地中发现的植物分带与群落演替序列等同起来，但 Lugo（1980）警告说，由于一个区域的顶极群落可能受到一个稳定或周期性的环境条件的影响，带状结构特征并不一定会重现演替过程。Davis（1940）的理论（被公认为是早期最佳）描述了佛罗里达红树林湿地的带状结构，并着重描写了海岸红树林湿地、洼地红树林湿地（图 9.4）。他假设整个生态系统正在积累沉积物，并且沉积物正在向海中迁移。通常情况下，美洲红树（*Rhizophora mangle*）分布于地势最低的区域，其幼苗和幼树在泥土的平均低潮位以下发芽。在低潮位之上的潮间带内，分布着以发达支柱根为主的成熟根茎。树高约为10m。在红树林和天然堤后面，则分布着大量的由海榄雌（*Avicennia* spp.）组成的洼地红树林湿地。水淹过程只发生在涨潮时。桤果木属植物 *Conocarpus erecta* 通常分布在红树林湿地和陆地生态系统之间的过渡地带。水淹过程只发生在春季大潮或风暴潮期间，在这过程中土壤通常是咸的。

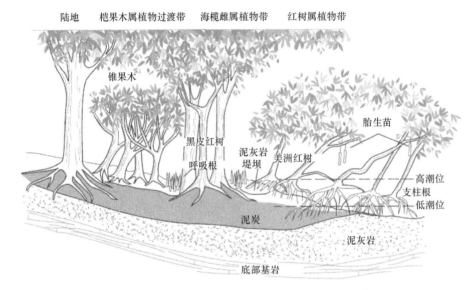

图 9.4　佛罗里达红树林湿地的典型群落水平结构，具体的适应性特征如支柱根、胎生苗和呼吸根

　　Thibodeau 和 Nickerson（1986）发现，在极度还原条件下美洲红树（*Rhizophora mangle*）对高硫化物的耐受力低于黑皮红树（*Aviccnnia germinans*）。所以美洲红树（*Rhizophora mangle*）会受到潮汐作用频繁的冲刷，而分布在硫化物含量高、还原性强的洼地红树林——黑皮红树（*Aviccnnia germinans*）会最大限度地利用呼吸根（见下一节）。

### 红树林是陆地建造者吗？

　　红树林湿地植物的分区使一些研究人员（如 J. H. Davis，1940）推测，每个分区都是自发演替过程的一个环节，这一过程导致淡水湿地最终演替为热带高地森林或针叶林。由 Egler（1952）领导的研究小组发现，每个植被区都受到相应的物理环境的影响，使之处于相对稳定的状态或至少是异发演替状态。例如，在海平面上升的情况下，红树林的分布带会向内陆移动，而在海平面不断下降的时期，红树林的分布带向海洋方向移动，Egler 认为，红树林不可能受大火和飓风的影响。Chapman（1976）提出的理论则认为，红树林湿地的演替过程可能是自发演替和异发演替的结合产物，也可能是"连续演替"。如果是这样，那么在下一个演替发生前，每一演替的阶段可以重复多次。

　　Lugo（1980）根据 E. P. Odum 提出的演替规律（1969；见第 7 章"湿地植被与演替"），发现传统的演替规律只适用于海岸线上的红树林。他认为红树林湿地是低能热带咸水环境中最理想、自我维持能力最强的生态系统，所以红树林湿地是真正的稳态系统。在这种情况下，高死亡率、扩散、萌发和生长是生存的必要策略。然而红树林的这些生存策略可能会使许多人认为红树林是异发演替系统。

　　现在人们已经不再接受 J. H. Davis 提出的红树林湿地是逐渐侵蚀海洋并"建造陆地"的理论。Lee 等（2014）指出，在 Davis 的批评者中很少有人提出与他的经典著作中所描述的数据一样给人留下详尽或深刻印象的内容。在许多情况下，由于扩张陆地面积这一过程是由水流和潮汐的能量引起的，而植被通常是随之变化而不起主导作用，因此红树林湿地的植被对沉积物的积累起着消极的作用。只有在建立基质之后，植被才能通过减缓侵蚀和加快泥沙淤积的速度来促进陆地面积扩张展。

　　红树林的演替动态似乎包括：①年复一年由潮汐作用、大火和飓风所形成的泥炭积累平衡；②几个世纪以来随海平面的下降或上升而来的植被水平结构的分布变化。一些研究人员（Alongi，2008；Lee et al.，2014）将红树林看作"维持陆地面积"的工具，而不是"扩张陆地面积"的工具。当泥炭积累量达到稳定海洋和河流沉积物时，一些红树林可以同时具有水平运动和垂直向上的运动（图 9.5）。如图 9.5 所示，随着海平面、气温、大气二氧化碳和降雨的变化，红树林对于陆地面积的维持作用和（或）扩张作用成为一个复杂问题。

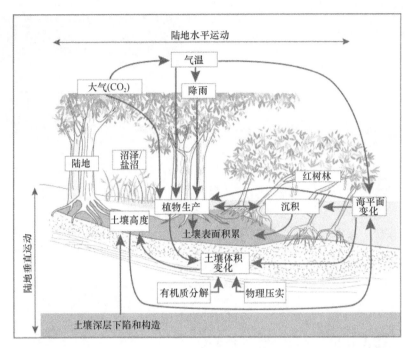

图 9.5 该模型显示了海平面、气温、大气二氧化碳（$CO_2$）和降雨变化，以及沉积、土壤侵蚀和构造抬升如何影响沿海红树林的水平和垂直运动及可能的土地建造（模仿自 Lee et al.，2014）

## 红树林的适应性

红树林植被特别是群落内的优势种具有在高盐环境、偶尔的恶劣天气和缺氧的土壤条件下生存的适应能力（第 7 章 "湿地植被与演替" 概述了湿地植物的适应性）。研究人员对这些生理和形态学的适应性很感兴趣，并且在人们第一次看到这些湿地时，种群适应性就是所有特征中最显著的一个。图 9.6 展示了一些形态学适应性。总体来说，红树林的生理和形态学适应性包括：①盐度控制；②支柱根、垂根、呼吸根和皮孔；③胎生苗。

### 盐度控制

红树林是一种不需要咸水同时能忍受高盐度的兼性盐生植物。这样的特性使其成为最有竞争力的耐盐维管植物。红树林在高盐度地区存活的能力取决于它控制体内盐浓度的能力。在这方面红树林类似于其他盐生植物。红树林具有防止盐进入植物根部[脱盐（salt exclusion）]和叶子[泌盐（salt secretion）]排泄盐分的能力。反渗透作用使根可以吸收来自盐水中的淡水，所以在根部的脱盐现象被认为是反渗透的结果。红树林植株根的细胞膜可作为排除盐离子的超滤剂，具体类别如海榄雌（*Avicennia* spp.）、红树（*Rhizophora* spp.）、对叶榄李（*Laguncularia* spp.）等。蒸腾作用导致木质部内部产生负压，使得水分子通过滤膜进入根部，进而抵消了溶液在根外部介质中所引起的渗透压。还有一些红树林物种（如海榄雌和对叶榄李），它们的叶片上有泌盐腺体，可以去除多余的盐分。叶片上分泌的溶液通常含有高浓度的氯化钠（NaCl）和盐晶体。红树林释放盐分的另一种方式可能是落叶，尽管这种方法的重要性受到质疑。由于红树林的叶片每年可以生长两次，因此通过落叶的方式释放盐分可能很重要。

### 支柱根和呼吸根

红树林湿地最显著的形态特征就是红树的支柱根（prop root）和垂根（drop root）、海榄雌（*Avicennia* spp.）的许多小呼吸根（pneumatophore）（在沉积物上方 10～20cm 处，有时距离甚至更远）（图 9.6c）。

图9.6　红树林的适应性包括：（a）美国佛罗里达州南部的红树（*Rhizophora* spp.）的支柱根；（b）哥斯达黎加西部红树林的垂根；（c）美国佛罗里达州西南部海榄雌（*Avicennia* spp.）的呼吸根；（d）悬挂在红树林树冠上的胎生苗；（e）一株红树幼苗垂直地漂浮在水中，离它落入水中的地方有几千米远（W. J. Mitsch 拍摄）

在一定范围内，红树林植株上垂直进入土壤的呼吸根和一些支柱根由于都从树干等部位延伸到地面并生长在土壤中，其形态具有很大的相似性。这些根可以将降水中的淡水输送到植物体内，这样的功能在季节性干旱的气候条件下尤其重要。在支柱根、呼吸根的表面还分布着许多被称为"皮孔"（lenticel）的小气孔，这些气孔可以顺利地将氧气输送进植物体内。当退潮时气孔暴露在空气中，便可从空气中吸收氧气，由通气组织输送到植物体内，一部分被扩散到根部，在根系周围形成好氧微表层。当红树林的支柱根或呼吸根受到稳定、持续淹没时，很快就会死亡。

在巴哈马海岸红树林的一个有趣实验中，Thibodeau 和 Nickerson（1986）用塑料管覆盖了黑皮红树（*Avicennia germinans*）的呼吸根。他们发现，呼吸根周围的好氧区范围减少，这表明呼吸根帮助植物形成了氧化根际。他们还发现，在某一特定地区内，呼吸根的数量越多，土壤氧化程度越高。他们把这种关系描述为

$$E_H = -307 + 1.1\mathrm{pd} \tag{9.1}$$

式中：

$E_H$ = 氧化还原电位（mV）

pd = 呼吸根密度（呼吸根数量/0.25m²）

### 胎生苗

红树（及世界上其他地区的相关属）的种子在母树上发芽；一个长长的雪茄状下胚轴[胎生苗（viviparous seedling）从树上悬垂下来生长（图 9.6d），这显然是幼苗对淹水浅、厌氧的水土环境的一种适应策略。幼苗（或繁殖体）最终会落下来，如果它落在沉积物上，在条件适合时就会扎根生长。如果它落进海里，就会漂浮在水中。经过一段时间，如果漂浮的幼苗搁浅了，在水深条件适合时，就会附着在沉积物上生根发芽。通常幼苗随着时间的推移会变重，保持整个胎生苗在水中处于垂直状态（图 9.6e）以便在适合的条件下生根发芽。目前尚不清楚胎生苗与沉积物接触过程中，沉积物是否会刺激根系生长，或土壤中是否含有促进根系发育的化学物质。胎生苗对于红树林种群扩散和新裸露基质入侵的价值是显而易见的。Rabinowitz（1978）发现，美洲红树（*Rhizophora mangle*）的专性扩散时间（繁殖体扩散期间完成发芽所需的时间）是 40d，而黑皮红树（*Aviccnnia germinans*）是 14d，同时还发现美洲红树（*Rhizophora mangle*）、黑皮红树（*Aviccnnia germinans*）的胎生苗在水中漂浮可以存活的天数分别为 110d 和 35d。

## 消费者

W. E. Odum 等（1982）在描述美国佛罗里达州红树林的动物种类数量的文献中，对种群结构的描述如下：220 种鱼、181 种鸟（其中包括 18 种涉禽、29 种水鸟、20 种猛禽和 71 种树栖鸟类）、24 种爬行动物和两栖动物及 18 种哺乳动物。总的来说，红树林湿地动物种类繁多，其分布有时与上文中描述的植物的分布相似。在红树林湿地中发现的许多动物都是滤食动物或食腐动物，对大多数定居的动物来说，湿地既是重要的避难所，又是重要的食物来源。佛罗里达州红树林湿地分布着一些重要滤食动物，包括象牙藤壶（*Balanus eburneus*）、牡蛎属物种 *Ostrea frons* 及美洲巨牡蛎（*Crassostrea virginica*）。这些生物通常附着在潮间带内红树林的茎和支柱根上，在涨潮时从水中过滤有机物。

螃蟹是世界上红树林湿地中最重要的动物物种之一，它们似乎在保护红树林生态系统生物多样性方面起着重要作用。Smith 等（1991）考虑到它们在促进胎生苗存活、碳循环、沉积微地貌和土壤化学等方面的作用，认为螃蟹是红树林生态系统的关键物种，它们在红树林幼苗周围的沉积物中挖掘、啃食红树林幼苗，促进枯落物的分解。这使螃蟹成为在红树林和近海河口生境中能够将碎屑能量转化为水鸟与鱼摄取能量的关键生物。在世界各地的红树林中分布有短尾亚目 30 科中的 6 科，共有约 127 个物种。招潮蟹（*Uca* spp.）和相手蟹（*Sesarma* spp.）是红树林湿地中最丰富的蟹类。佛罗里达州红树林湿地中的优势种为招潮蟹，涨潮时栖息在支柱根和底层泥土的洞穴内，落潮时来到裸露的泥土上活动。相手蟹属是世界上最丰富的一个螃蟹属，印度尼西亚到马来西亚和东非红树林中有几十种，而美洲热带地区种类相对较少。

由于一些蟹类选择性地食用红树林的胎生苗，因此蟹类是影响红树林分布的最重要因素，并不是所有的红树林湿地中都存在这样的现象。Smith 等（1989）比较了这种取食行为对世界各地红树林的影响，发现在澳大利亚的红树林湿地中有 75% 的胎生苗被螃蟹作为食物消耗吃掉，但在巴拿马和美国佛罗里达州的红树林湿地中很少有枯落物或胎生苗被蟹类食用。

以往的研究发现了蟹类在清除枯落物（掩埋和食用）中的重要性。Robertson 和 Daniel（1989）估计，在一些红树林湿地中，相手蟹对叶子的处理速度是微生物降解率的 75 倍。在澳大利亚热带地区的角果木属（*Ceriops*）、木榄属（*Bruguiera*）红树林潮间带中，有 70% 的枯落物被螃蟹消耗掉了。Smith 等（1991）

通过将螃蟹从红树森林的实验田中移除的实验，进而发现在红树林土壤中移除螃蟹会导致穴居生物的缺失，进而导致土壤氧化，最终引起硫化物和铵离子浓度明显升高。

许多无脊椎动物分布于潮间带中或潮上带中植物的根和茎周围，如蜗牛、海绵动物、扁虫、环节动物、海葵、贻贝、海胆和被囊动物。在美国佛罗里达州的红树林中分布的涉禽主要包括林鹳（*Mycteria americana*）、美洲白鹮（*Eudocimus albus*）、粉红琵鹭（*Ajaia ajaja*）、鸬鹚（*Phalacrocorx* spp.）、褐鹈鹕（*Pelicanus occidentalis*）、白鹭和苍鹭。脊椎动物包括短吻鳄等鳄鱼、海龟、熊、野猫和老鼠等。

# 生态系统功能

大量研究已针对红树林沼泽的某些功能进行了较为深入的研究，如初级生产力、有机物的输出和营养物质的溢出效应等。这几项重要的研究显示出红树林沼泽强大的生态功能。潮汐作用、盐度和营养物质对红树林沼泽十分重要，且红树林沼泽受人类活动干扰的影响。

## 初级生产力

基于全球红树林的生产力评估，Bouillon 等（2008）保守估计全球红树林生产力为(218±72)Tg C/年（1Tg = $10^{12}$g），同时还根据红树林碳库的不同进行估算（有机质输出、埋藏和矿化），发现有超过一半的碳是没有被考虑在内的。由于每一处红树林湿地的水文条件和化学条件的差异性较大，在不同红树林湿地中测得的初级生产力差异较明显。表 9.3 为美国佛罗里达州和波多黎各几个海岸与洼地红树林湿地的碳收支状况。其中净初级生产力是 570～2700g C/(m²·年)[相当于 1200～6000g 干重/(m²·年)]。河岸红树林湿地总

**表 9.3　美国佛罗里达州和波多黎各红树林中的碳收支[g C/(m²·年)]**

| | 佛罗里达州洛克里湾[a] | | 波多黎各各海岸[b] | 佛罗里达州法喀哈契湾[c] | | |
| --- | --- | --- | --- | --- | --- | --- |
| | 海岸 | 洼地 | | 洼地 | 海岸（西） | 海岸（东） |
| **总初级生产力** | | | | | | |
| 林冠层 | 2055 | 3292 | 3004 | 3760 | 4307 | 5074 |
| 藻类 | 402 | 26 | 276 | | | |
| 合计 | 2457 | 3318 | 3280 | | | |
| **呼吸作用（植物）** | | | | | | |
| 茎、叶 | 671 | 2022 | 1967 | 1172 | 1416 | 3048 |
| 根、地上生物量 | 22 | 197 | 741 | 146 | 182 | 215 |
| 根、地下生物量 | ? | ? | ? | ? | ? | ? |
| 植物呼吸作用合计 | 693 | 2219 | 2708 | 1318 | 1598 | 3299 |
| **净初级生产力** | 1764 | 1099 | 572 | 2442 | 2709 | 1775 |
| 生长 | | 186 | 153 | | | |
| 枯落物 | | 318 | 237 | | | |
| 呼吸作用（异养生物） | | 197 | | | | |
| 呼吸作用（合计） | | 2416 | 2843 | | | |
| 输出 | | 64 | 500 | | | |
| 生态系统净生产力 | | 838 | −63 | | | |
| 土壤固存 | | ? | ? | | | |

注：a. Lugo et al.，1975；Twilley，1982，1985；Twilley et al.，1986
　　b. Golley et al.，1962
　　c. Carter et al.，1973
　　? 表示无数据
　　资料来源：Twilley，1998

生产力和净初级生产力最高，海岸红树林湿地次之，洼地红树林湿地最低。由于河流的养分负荷和淡水周转率的影响较大，河岸红树林湿地的生产力最高。

红树林总生产力和初级生产力的影响因素包括：①潮汐作用和风暴潮；②淡水流量；③基质情况；④水和土壤化学条件（包括盐度、养分和浊度）。而这些因素并不是相互排斥的，因为潮汐作用通过将氧输送到根系，去除土壤水中的有毒物质和盐分的积累，进而控制沉积物积累或侵蚀的速率，最终养分间接地从根际流失。影响初级生产力的主要化学条件是土壤水分的盐度和主要营养物质的浓度。土壤盐碱度是所在地区水文条件和地貌条件的一个函数，似乎　是影响某一地区红树林生产力的最重要变量。例如，一项关于波多黎各红树林的研究（Cintron et al.，1978）发现，红树林的树高在作为衡量生产力的一个因素时与土壤盐度成反比，根据以下关系：

$$h = 16.6 - 0.20C_s \tag{9.2}$$

式中：

$h$ =树高（m）

$C_s$ =土壤盐分浓度（ppt）

在一个类似的研究中，Day 等（1996）发现墨西哥一处洼地红树林[黑皮红树（*Avicennia germinans*）]的总枯落物与土壤盐度之间的关系如下：

$$L = 3.915 - 0.039C_s \tag{9.3}$$

式中：

$L$ = 枯落物[g/(m²·年)]

Lovelock（2008）比较了世界上 11 个红树林湿地的生产力，发现土壤呼吸和叶片生长及生物量之间密切相关。然而，在低矮红树林中单位面积的枯落物低于地面最高的碳分配。红树林在环境胁迫下分配更多资源到地下生物量。

养分的有效性也对红树林的生产力产生影响。Feller 等（2007）通过实验发现，红树林中磷为限制因子[特温凯斯（Twin Cays），伯利兹]和氮为限制因子[印第安河（Indian River）潟湖，佛罗里达]。当养分缺乏的状态得到缓解时，两处红树林群落中黑皮红树（*Avicennia germinans*）的茎随之开始生长，这一现象在氮限制群落中的反应最为明显。研究发现，在磷限制的特温凯斯红树林湿地中，养分富集影响了更多的生态功能。因此，在印第安河潟湖富营养化比氮限制更有可能改变养分限制。

## 飓风的影响

飓风（或台风）和红树林沼泽之间有着一种炙热的"爱恨"关系。无论是遗传设计还是偶然原因，佛罗里达的红树林达到稳定状态所需的时间大约与热带飓风之间的平均周期相同（加勒比系统为 20~24 年）。这一关系表明，红树林可能已经适应或进化到平均在两次主要热带风暴之间经历一个生命周期。

1992 年夏末，安德鲁飓风经过美国佛罗里达州南部时，出现了一个可以详细研究飓风对红树林的直接影响的机会。大沼泽地附近的红树林受到的主要损害是由树干折断和连根拔起造成的，而不是由风暴潮造成的（T. J. Smith et al.，1994）。15~30cm 胸径级的红树（*Rhizophora* spp.）死亡率最高，10~35cm 胸径级的海榄雌（*Avicennia* spp.）和对叶揽李（*Laguncularia* spp.）的死亡率最高。T. J. Smith 等（1994）提出了另外两项有趣的观察结果。

1）飓风登陆前的闪电可能会摧毁红树林，在红树林中形成间隙，飓风过后死亡的灰色红树林中会有小的绿色斑块。那些在死亡斑块中幸存的红树林小斑块可以作为灾难扰动后大范围的红树林的再生地。也就是说这些在大范围高强度扰动下嵌套的小斑块红树林为整个区域的加速恢复提供了积极影响。

2）飓风会损害红树林群落，进而导致土壤裸露。由于红树林通过根际与土壤之间的气体交换作用消失，受飓风影响的红树林湿地的土壤可能会产生更多有毒的硫化氢，进而使红树林群落在数年内无法恢复。由于这一消极影响，不确定是否能将红树林湿地的植被群落结构恢复到类似于飓风干扰之前的状态。

安德鲁飓风过后，还有其他针对植被种群进行的研究。Ward 等（2006）在 1995～2005 年飓风眼穿越红树林时，对飓风眼内、外的红树林进行了监测，发现飓风眼内、外红树林受飓风影响，其死亡率和补充率存在差异（飓风眼内动态更新率更大）。然而，森林的死亡率和补充率同时也是自然状态下的群落动态变化过程，表明生产力主要由生态条件而非群落结构控制。在像飓风这样的大型气候扰动的情况下，粗木屑沉积可能构成大量的养分通量。

## 对海平面上升的响应

世界各地都有关于海平面上升的记录，预计许多沿海生态系统将受到不利影响。然而，由于这些生态系统能自然地适应这些扰动（Krauss et al.，2014），因此尚不清楚海平面上升改变红树林的程度。Alongi（2008）指出，红树林有几个特征使它们能够抵御剧烈的干扰（如飓风、海啸）或长期的干扰（海平面变化）。这些特征包括：地下养分库、营养物质快速流通和分解、复杂且高效的生物控制，以及森林自我设计和简单结构在受到干扰后往往迅速重建。

包括加勒比海和太平洋岛屿在内的世界上的许多红树林森林都容易受到气候变化的影响，而某些红树林群落可能更适应海平面的上升。Alongi（2008）预测，最容易受到影响的红树林是在其生境范围内生长缓慢的种类，如在高盐度、低湿度和极端的光照条件下生长速度较慢的干旱地区的红树林。其他易受影响的红树林包括生长速度缓慢的物种、生长在陆地输入的沉积物有限的环境中的物种。

基于目前对气候变化和海平面上升的预测，Alongi（2008）认为，到 2100 年全球红树林覆盖面积将减少 10%～15%。尽管降幅巨大，但研究发现如果当前的红树林砍伐趋势在全球范围内继续下去，海平面上升所带来的威胁可能是没有实际意义的。

## 有机物的存储和输出

Donato 等（2011）做了一个有趣的研究，发现热带红树林是世界上碳密度最高的生态系统之一。他们发现，当根际周围 30cm 以下的土壤碳被计算在内时，热带红树林的碳储量超过 1000Mg/hm$^2$（10 000g C/m$^2$），远超过热带、温带或北方森林的碳储量（图 9.7）。红树林在世界范围内的覆盖面积约为 140 000km$^2$，因此他们推断全球范围内红树林所存储的碳为 4～20Pg（1Pg=10$^{15}$g）。

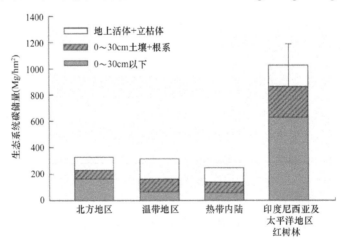

图 9.7　印度尼西亚及太平洋地区红树林与北方地区、温带地区和热带内陆红树林的碳储量对比（模仿自 Donato et al.，2011）

与第 8 章 "潮汐沼泽" 中有关于海岸沼泽的讨论一样，红树林沼泽通过相同的输出方式向邻近的河口地区输出有机物质。在对红树林沼泽有机质输出进行的早期研究中，Heald（1971）估计美国佛罗里达州西南部的红树林沼泽地上生产力中的约 50%作为颗粒有机质（POM）被输出到邻近河口。在河口的全部颗粒有机质中有 33%～60%来自红树（*Rhizophora* spp.）。尽管佛罗里达州红树林沼泽（典型 7 个月旱季）的前四个月从 11 月到次年 2 月湿地内的碎屑含量最高，但在夏季（雨季）湿地中的有机物质生产比其他任何季节要大。然而每年有 30%的碎屑输出发生在 11 月。Heald 还发现，随着碎屑的进一步分解，碎屑内的蛋白质含量增加。根据潮汐盐沼的研究结论，这种蛋白质的富集与细菌和真菌种群的增加有关。

从很早开始，人们就已经对红树林向其邻近河口的输出进行了大量的研究。几乎所有的研究都认为，红树林向邻近河口的输出包含颗粒有机碳。对红树林湿地碳输出的几项研究表明，红树林湿地的碳输出约为 200g C/(m²·年)，大约是潮汐盐沼输出的两倍（Twilley，1998）。对河岸、海岸及洼地红树林系统的枯落物生产和有机质输出进行比较（图 9.8），发现河岸红树林系统以枯落物形式产生了大量有机质[94%，或 470g C /(m²·年)]，而洼地红树林产生较少[21%，或 64g C/(m²·年)]且留下的叶片枯落物被分解或堆积成泥炭。随着潮汐作用影响的增强，枯落物生产量和输出的枯落物总量有所增加。

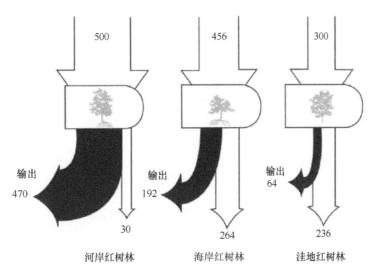

图 9.8　红树林湿地的有机碳通量：输入（枯落物）、输出到邻近的水域生态系统，以及其他损失（分解和泥炭生产）。每个路径的宽度与通量[g C /(m²·年)]成正比（模仿自 Twilley et al.，1986）

## 固碳

在过去的十年里，人们极其关注被称为"蓝碳"的沿海湿地中碳的固存（sequestration）过程（Mcleod et al.，2011）。红树林湿地中土壤的碳积累是滨海湿地碳积累的重要组成部分。根据最新估测，红树林湿地的固碳速率约为（160±40）g C/(m²·年)（Breithaupt et al.，2012）到（226±39）g C/(m²·年)（Mcleod et al.，2011）。其固碳速率是陆地森林生态系统固碳速率的 30～50 倍（Mcleod et al.，2011）。将红树林湿地的固碳速率乘以世界上红树林的面积（本章开始有提及），得出红树林湿地的固碳量为 26～34Tg C/年。正如在第 17 章 "湿地和气候变化"中所描述的，红树林湿地的固碳量仅是世界湿地总碳量的一小部分。Breithaupt 等（2014）估计，在美国佛罗里达州南部的大沼泽地中的红树林湿地固碳速率略低，为（123±19）g C/(m²·年)。由于在大沼泽地内无机碳含量较高，因此土壤中的碳汇总量明显高于这个值也就不足为奇了。

## 红树林湿地对河口的影响

对于河口的鱼类来说，红树林湿地既是其重要的生境又是其重要的食物来源地，这一生态服务功能也是最常被人们提及的功能之一，事实上，并不能保证从红树林湿地输出的有机碳进入河口食物链。然而一些独立研究已经证实，红树林湿地是重要的幼鱼抚育区，也是游钓业和商业渔业场所（图 9.9 和图 9.10）。

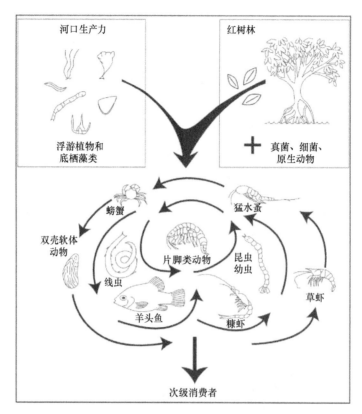

图 9.9　美国佛罗里达州南部河口的腐屑食物网结构,显示红树林碎屑对渔业和河口食物链的主要贡献(模仿自 W. E. Odum and Heald,1972)

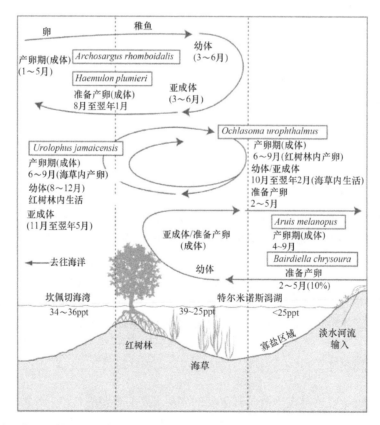

图 9.10　6 种鱼类的生命周期和生境利用情况,包括墨西哥湾红树林潟湖内的河口湾、河口和淡水中的成熟雌鱼(模仿自 Yánez-Arancibia et al.,1988)

W. E. Odum（1970）及 W. E. Odum 和 Heald（1972）的早期研究表明，碎屑的产生对游钓业和商业渔业十分重要（图 9.9）。通过分析超过 80 种河口动物的胃部成分，Odum 发现红树林中的碎屑源特别是来自美洲红树的碎屑是所在河口生境生物的主要食物来源。重要的消费者包括眼斑龙虾（*Panulirus argus*）、桃红对虾（*Penaeus duorarum*）、鲻鱼（*Mugil cephalus*）、大西洋大海鲢（*Megalops atlanticus*）、黄金鲈（*Centropomus undecimalis*）和灰笛鲷（*Lutjanus apodus*），这些生物在生命的早期阶段也利用红树林的河口水域作为保护以躲避食肉动物。

在对墨西哥特尔米诺斯潟湖（Terminos Lagoon）的一系列研究（Yánez-Arancibia et al.，1988，1993）中明确了河口中鱼类对红树林的使用状况（图 9.10）。红树林碎屑产生的季节性波动、邻近的浮游植物、海草产量、鱼的活动状态和次级生产力之间有明显的联系，从这个及其他类似的研究中可以推断，除去红树林湿地导致邻近水域的游钓业和商业渔业的衰退显著下降是合理的。

红树林的有机碳输出不仅包括 POM（通常可以测量到），还包括溶解性有机物，但溶解性有机物没有得到与 POM 一样的重视被研究。Wafar 等（1997）在印度西海岸的红树林沼泽中，测量了有机碳通量及颗粒态和溶解态氮、磷的含量，得出以下三个结论。

1）红树林生产量对邻近河口的碳收支重要，对氮或磷的收支不重要。
2）来自红树林的能量流对于维持微生物食物链比维持腐屑食物链更重要。
3）红树林邻近河口的浮游植物产量，与红树林占邻近河口的面积比例成函数关系。

## 推荐读物

Lee, S. Y., J. H. Primavera, F. Dahdouh-Guebas, K. McKee, J. O. Bosire, S. Cannicci, K. Diele, F. Fromard, N. Koedam, C. Marchand, I. Mendelssohn, N. Mukherjee, and S. Record. 2014. Ecological role and services of tropical mangrove ecosystems: A reassessment. *Global Ecology and Biogeography* 23: 726–743.

Twilley, R. R., and J. W. Day. 2013. *Mangrove Wetlands* (pp. 165–202). In J. W. Day, B. C. Crump, W. M. Kemp, and A. Yáñez-Arancibia, eds., *Estuarine Ecology*. Hoboken, NJ: Wiley-Blackwell.

## 参考文献

Allen, J. A. 1998. Mangroves as alien species: The case of Hawaii. *Global Ecology and Biogeography Letters* 7: 61–71.

Alongi, D. M. 2008. Mangrove forests: resilience, protection from tsunamis, and responses to global climate change. *Estuarine, Coastal and Shelf Science* 76: 1–13.

Bouillon, S., A. V. Borges, E. Castañeda-Moya, K. Diele, T. Dittmar, N. C. Duke, E. Kristensen, S. Y. Lee, C. Marchand, J. J. Middelburg, V. H. Rivera-Monroy, T. J. Smith III, and R. R. Twilley. 2008. Mangrove production and carbon sinks: A revision of global budget estimates. *Global Biogeochemistry Cycles* 22:GB2013.

Breithaupt, J. L., J. M. Smoak, T. J. Smith, C. J. Sanders, and A. Hoare 2012, Organic carbon burial rates in mangrove sediments: Strengthening the global budget. *Global Biogeochem. Cycles* 26: GB3011.

Breithaupt, J. L., J. M. Smoak, T. J. Smith, C. J. Sanders. 2014. Temporal variability of carbon and nutrient burial, sediment accretion, and mass accumulation over the past century in a carbonate platform mangrove forest of the Florida Everglades. *J. Geophysical Research: Biogeosciences* 119: 2032–2048.

Carter, M. R., L. A. Bums, T. R. Cavinder, K. R. Dugger, P. L. Fore, D. B. Hicks, H. L. Revells, and T. W. Schmidt. 1973. *Ecosystem Analysis of the Big Cypress Swamp and Estuaries*, U.S. EPA 904/9-74[sim]]02, Region IV, Atlanta.

Cavanaugh, K. C., J. R. Kellner, A. J. Forde, D. S. Gruner, J. D. Parker, W. Rodriguez, and I. C. Feller. 2014. Poleward expansion of mangroves is a threshold response to decreased frequency of extreme cold events. *Proc. Nat. Acad. Sci.* 111: 723–727.

Chapman, V. J. 1976. *Mangrove Vegetation*, J. Cramer, Vaduz, Germany. 447 pp.

Chapman, V. J. 1977. *Wet Coastal Ecosystems*. Elsevier, Amsterdam, 428 pp.

Cintrón, G., A. E. Lugo, D. J. Pool, and G. Morris. 1978. Mangroves of arid environments in Puerto Rico and adjacent islands. *Biotropica* 10: 110–121.

Cintrón, G., A. E. Lugo, and R. Martinez. 1985. Structural and functional properties of mangrove forests. In W. G. D'Arcy and M. D. Corma, eds., *The Botany and Natural History of Panama, IV Series: Monographs in Systematic Botany*, vol. 10. Missouri Botanical Garden, St. Louis, pp. 53–66.

Cole, T. G., K. C. Ewel, and N. N. Devoe. 1999. Structure of mangrove trees and forests in Micronesia. *Forest Ecology and Management* 117: 95–109.

Davis, J. H. 1940. The ecology and geologic role of mangroves in Florida. Publication 517. *Carnegie Institution of Washington*, pp. 303–412.

Day, J. W., Jr., C. Coronado-Molina, F. R. Vera-Herrera, R. Twilley, V. H. Rivera-Monroy, H. Alvarez-Guillen, R. Day, and W. Conner. 1996. A 7-year record of above-ground net primary production in an southeastern Mexican mangrove forest. *Aquatic Botany* 55: 39–60.

Dent, D. L. 1986. *Acid Sulphate Soils: A Baseline for Research and Development*. ILRI Publication 39, Wageninggen, Netherlands.

Dent, D. L. 1992. Reclamation of acid sulphate soils. In R. Lal and B. A. Stewart, eds. *Soil Restoration, Advances in Soil Science*, vol. 17. Springer-Verlag, New York, pp. 79–122.

Donato, D. C., J. B. Kauffman, D. Murdiyarso, S. Kurnianto, M. Stidham, and M. Kanninen. 2011. Mangroves among the most carbon-rich forests in the tropics. *Nature Geoscience Letters* 4: 293–297.

Egler, F. E. 1952. Southeast saline Everglades vegetation, Florida, and its management. *Vegetatio Acta Geobotica* 3: 213–265.

Ewel, K. C., R. R. Twilley, and J. E. Ong. 1998. Different kinds of mangrove forests provide different goods and services. *Global Ecology and Biogeography Letters* 7: 83–94.

Ellison, A. M., E. J. Farnsworth, and R. E. Merkt. 1999. Origins of mangrove ecosystems and the mangrove biodiversity anomaly. *Global Ecology and Biogeography* 8: 95-115.

Feller, I. C., C. E. Lovelock, and K. L. McKee. 2007. Nutrient addition differentially affects ecological processes of *Avicennia germinans* in nitrogen versus phosphorus limited mangrove ecosystems. *Ecosystems* 10: 347–359.

Giri, C., E. Ochieng, L.L. Tieszen, Z. Zhu, m A. Singh, T. Loveland, J. Masek, and N. Duke. 2011 Status and distribution of mangrove forests of the world using earth observation satellite data. Global Ecology and Biogeography 23: 154–159.

Golley, F. B., H. T. Odum, and R. F. Wilson. 1962. The structure and metabolism of a Puerto Rican red mangrove forest in May. *Ecology* 43: 9–19.

Heald E. J. 1971. *The Production of Organic Detritus in a South Florida Estuary*. University of Miami Sea Grant Technical Bulletin No. 6, Coral Gables, FL, 110 pp.

Knight, J. M., P. E. R. Dale, R. J. K. Dunn, G. J. Broadbent, and C. J. Lemckert. 2008. Patterns of tidal flooding within a mangrove forest: Coombabah Lake, Southeast Queensland. *Estuarine, Coastal and Shelf Science* 76:580–593.

Krauss, K. W., K. L. McKee, C. E. Lovelock, D. R. Cahoon, N. Saintilan, R. Reef, and L. Chen. 2014. How mangrove forests adjust to rising sea level. *New Phytologist* 202: 19-34.

Lee, S. Y., J. H. Primavera, F. Dahdouh-Guebas, K. McKee, J. O. Bosire, S. Cannicci, K. Diele, F. Fromard, N. Koedam, C. Marchand, I. Mendelssohn, N. Mukherjee, and S. Record. 2014. Ecological role and services of tropical mangrove ecosystems: A reassessment. *Global Ecology and Biogeography* 23: 726–743.

Lovelock, C. E. 2008. Soil respiration and belowground carbon allocation in mangrove forests. *Ecosystems* 11: 342–354.

Lugo, A. E., G. Evink, M. M. Brinson, A. Broce, and J. C. Snedaker. 1975. Diurnal rates of photosynthesis, respiration, and transpiration in mangrove forests in South Florida. In F. B. Golley and E. Medina, eds. *Tropical Ecological Systems—Trends in Terrestrial and Aquatic Research*. Springer-Verlag, New York, pp. 335–350.

Lugo, A. E. 1980. Mangrove ecosystems: successional or steady state? *Biotropica* (supplement) 12: 65–72.

Lugo, A. E. 1988. The mangroves of Puerto Rico are in trouble. *Acta Científica* 2: 124.

Lugo, A. E., and C. Patterson-Zucca. 1977. The impact of low temperature stress on mangrove structure and growth. *Tropical Ecology* 18: 149–161.

Mcleod, E., G. L. Chmura, S. Bouillon, R. Salm, M. Björk, C. M. Duarte, C. E. Lovelock, W. H. Schlesinger, and B. R Silliman. 2011. A blueprint for blue carbon: toward an improved understanding of the role of vegetated coastal habitats in sequestering $CO_2$. *Frontiers of Ecology and the Environment* 9: 552–560.

Odum, E. P. 1969. The strategy of ecosystem development. *Science* 164: 262–270.

Odum, W. E. 1970. *Pathways of Energy Flow in a South Florida Estuary*. Ph.D. dissertation, University of Miami, Coral Gables, Florida, 62 pp.

Odum, W. E., and E. J. Heald. 1972. Trophic analyses of an estuarine mangrove community. *Bulletin of Marine Science* 22: 671–738.

Odum, W. E., C. C. McIvor, and T. J. Smith. 1982. *The Ecology of the Mangroves of South Florida: A Community Profile*. U.S. Fish & Wildlife Service, Office of Biological Services, Technical Report FWS/OBS 81-24, Washington, DC.

Patterson, S. G. 1986. *Mangrove Community Boundary Interpretation and Detection of Areal Changes in Marco Island, Florida: Application of Digital Image Processing and Remote Sensing Techniques*. Biological Services Report 86 (10), U.S. Fish and Wildlife Service, Washington, DC.

Rabinowitz, D. 1978. Dispersal properties of mangrove propagules. *Biotropica* 10: 47–57.

Robertson, A. I., and P. A. Daniel. 1989. The influence of crabs on litter processing in high intertidal mangrove forests in tropical Australia. *Oceologia* 78: 191–198.

Schaeffer-Novelli, Y., G. Cintron-Molero, R. R. Adaime, and T. M. de Camargo. 1990. Variability of mangrove ecosystems along the Brazilian coast. *Estuaries* 13: 204–218.

Smith, T. J., H-T. Chan, C. C. McIvor, and M. B. Robblee. 1989. Comparisons of seed predation in tropical, tidal forests on three continents. *Ecology* 70: 146–151.

Smith, T. J., K. G. Boto, S. D. Frusher, and R. L. Giddins. 1991. Keystone species and mangrove forest dynamics: The influence of burrowing by crabs on soil nutrient status and forest productivity. *Estuarine, Coastal, and Shelf Science* 33: 419–432.

Smith, T. J., M. B. Robblee, H. R. Wanless, and T. W. Doyle. 1994. Mangroves, hurricanes, and lightning strikes. *BioScience* 44: 256–262.

Stewart, G.R., and M. Popp. 1987. The ecophysiology of mangroves. In R. M. M. Crawford, ed., *Plant Life in Aquatic and Amphibious Habitats*, Spec Publ. British Ecological Society, vol. 5, pp. 333–345.

Thibodeau, F. R., and N. H. Nickerson. 1986. Differential oxidation of mangrove substrate by *Avicennia germinas* and *Rhizophora mangle*. *American Journal of Botany* 73: 512–516.

Thom, B. G. 1982. Mangrove ecology: A geomorphological perspective. In Clough, B.F., ed., *Mangrove Ecosystems in Australia*. Australian National University Press, Canberra, pp. 3–17.

Twilley, R. R. 1982. Litter dynamics and organic carbon exchange in black mangrove (*Avicennia germinans*) basin forests in a Southwest Florida estuary. Ph.D. dissertation, University of Florida, Gainesville.

Twilley, R. R. 1985. The exchange of organic carbon in basin mangrove forests in a southwest Florida estuary. *Estuarine, Coastal and Shelf Science* 20: 543–557.

Twilley, R. R. 1998. Mangrove wetlands. In M. G. Messina and W. H. Conner, eds., *Southern Forest Wetlands: Ecology and Management*. Lewis Publishers, Boca Raton, FL, pp. 445–473.

Twilley, R. R., A. E. Lugo, and C. Patterson-Zucca. 1986. Litter production and turnover in basin mangrove forests in southwest Florida. *Ecology* 67: 670–683.

Twilley, R. R., R. H. Chen, and T. Hargis. 1992. Carbon sinks in mangroves and their implications to carbon budget of tropical coastal ecosystems. *Water, Air, and Soil Pollution* 64: 265–288.

Twilley, R. R., and J. W. Day, Jr. 2013. Mangrove wetlands. In. J. W. Day, Jr., B. C. Crump, W. M. Kemp, and A. Yanez-Arancibia, eds., *Estuarine Ecology*, 2nd ed. Wiley-Blackwell, Hoboken, NJ, pp. 165–202.

Wafer, S., A. G. Untawale, and M. Wafar. 1997. Litter fall and energy flux in a mangrove ecosystem. *Estuarine, Coastal and Shelf Science* 44: 111–124.

Ward, G. A., T. J. Smith III, K. R. T. Whalen, and T. W. Doyle. 2006. Regional process in mangrove ecosystems: spatial scaling relationships, biomass, and turnmover rates following catastrophic disturbance. *Hydrobiologia* 569: 517–527.

Wharton, C. H., H. T. Odum, K. Ewel, M. Duever, A. Lugo, R. Boyt, J. Bartholomew, E. DeBellevue, S. Brown, M. Brown, and L. Duever. 1976. *Forested Wetlands of Florida—Their Management and Use*. Center for Wetlands, University of Florida, Gainesville, 421 pp.

Yánez-Arancibia, A., A. L. Lara-Dominguez, J. L. Rojan-Galaviz, P. Sánchez-Gil, J. W. Day, and C. J. Madden. 1988. Seasonal biomass and diversity of estuarine fishes coupled with tropical habitat heterogeneity (southern Gulf of Mexico). *Journal of Fish Biology* 33 (Suppl. A): 191–200.

Yánez-Arancibia, A., A. L. Lara-Dominguez, and J. W. Day. 1993. Interactions between mangrove and seagrass habitats mediated by estuarine nekton assemblages: Coupling of primary and secondary production. *Hydrobiologia* 264: 1–12.

彩图请扫码

美国威斯康星州淡水沼泽

# 第10章 淡水草本沼泽

全球有 90%～95%的湿地是内陆湿地或没有潮汐变化的湿地。内陆淡水沼泽或许是本书中类型最广泛的一类湿地。例如，美国中北部和加拿大中部的草原壶穴沼泽、美国的佛罗里达大沼泽地、巴西广阔的潘塔纳尔湿地及博茨瓦纳的奥卡万戈三角洲河漫滩。淡水沼泽植被以下列植物为特征，高大的香蒲属（*Typha*）和芦苇属（*Phragmites*）；禾草中的黍属（*Panicum*）和克拉莎属（*Cladium*）；莎草中的藨草属（*Scirpus*）、水葱属（*Schoenoplectus*）、莎草属（*Cyperus*）和薹草属（*Carex*）；阔叶单子叶植物的典型代表慈姑（*Sagittaria* spp.），漂浮水生植物中的睡莲属（*Nymphaea*）和莲属（*Nelumbo*）植物。在一些内陆湿地中，如草原壶穴沼泽，遵循着干旱、再淹水和草食性动物啃食的循环。雨养泥炭沼泽是以矿化土壤为基础的一种内陆草本沼泽，其 pH、土壤钙含量、营养物质吸收效率、生物量和土壤微生物活性较高。内陆淡水沼泽内的微生物可以很好地参与氮元素的矿化、循环和固定过程。大部分的生物量都是以碎片化形式产生的，但是草食性动物如麝鼠和鹅在一些季节对生物量的产生有影响。内陆沼泽作为农业景观中具有重要价值的野生动物岛屿，已被广泛作为吸收养分的场所。

世界上大部分湿地并没有分布在海岸线附近，而是在内陆地区（在这里为了便于区分那些海岸线附近的湿地，我们将这些分布在海岸线附近的湿地称为"非潮汐湿地"）。全世界内陆湿地的面积约有 $5.5 \times 10^6 km^2$（表 10.1），换句话说，这些内陆湿地占全球湿地面积的 95%以上。美国本土湿地中大约有 $41.5 \times 10^4 km^2$（约 95%）为内陆湿地，其中包括 $2.6 \times 10^4 km^2$ 没有植被覆盖的淡水水塘。包括阿拉斯加州在内，美国共有 $1.1 \times 10^6 km^2$ 的内陆湿地。

**表 10.1 北美洲及全球内陆湿地面积估算（$\times 1000 hm^2$）**

|  | 泥炭地 | 淡水草本沼泽 | 淡水森林沼泽 | 合计 |
|---|---|---|---|---|
| **全球** | 350 000[a] | 95 000[b] | 109 000[c] | 554 000 |
| **北美洲地区** |  |  |  |  |
| 美国本土[d] | 3 700 | 9 600 | 28 200 | 41 500 |
| 美国阿拉斯加州[f] | 51 800 | 17 000 | [e] | 68 800 |
| 加拿大[g] | 110 000 | 15 900 | [e] | 125 900 |

注：a. Bridgham et al., 2001

b. 几个独立样本均值估计

c. Matthews and Fung, 1987

d. Dahl, 2006；淡水沼泽包括淡水挺水植物和淡水非湿地植物

e. 美国阿拉斯加州和加拿大所有的沼泽湿地都被认为是泥炭沼泽

f. Hall et al., 1994

g. Zoltai, 1988

很难将这些内陆湿地划分到任何一个类别中去。可以简单地把这些湿地划分为三类：淡水草本沼泽（本章）、淡水森林沼泽（见第 11 章"淡水森林沼泽及河岸生态系统"），以及北部地区的泥炭地（见第 12 章"泥炭地"）。湿地科学家粗略地将湿地分为这三个相互独立的不同部分。在专业的湿地科学词条中，特别是对于内陆淡水湿地的定义常令人困惑，甚至令人觉得前后矛盾。例如，在欧洲，芦苇沼

泽（reedswamp）这个词条就常被用来指那种以芦苇（*Phragmites* spp.）为主要植被的淡水草本沼泽（freshwater marsh），但这个词条在美国常指森林沼泽（swamp）。在这里我们将芦苇沼泽这个词条看作一种草本沼泽或相类似的沼泽，而这个词条将会贯穿在本章内。虽然这些特定词条意味着清楚地把不同类型的湿地划分开来，但是在现实工作中这些特定词条自然形成了一个系统。在一些极端条件下淡水草甸化沼泽不同于淡水草本沼泽（如草本沼泽和雨养泥炭沼泽），但是在一些时候差异不是很明显。草甸化沼泽（及芦苇沼泽）具有矿物质土而不是泥炭。美国的术语并没有过多地考虑沼泽是否有泥炭形成。事实上大多数的淡水草本沼泽和森林沼泽不论分布在哪里，也不论这些沼泽的地质起源怎样，都会积累一些泥炭。

淡水沼泽包含多样化的湿地特征：①软茎挺水水生植物，如香蒲、慈姑、梭鱼草、芦苇等。②具有较浅的积水。③通常不存在泥炭沉积。对于目前世界上存在多少淡水沼泽一直没有准确答案，这是因为，首先，淡水沼泽通常是短暂的，或在相对较短的时间内转变为其他类型湿地，如没有植被的平原或森林覆盖后的沼泽。其次，这些淡水沼泽常常与泥炭地混淆，尤其是矿养泥炭沼泽。最后，淡水沼泽通常被大量的优势植被所覆盖，水深变化很大（从水分饱和土壤到水深 1m），很难对它们进行分类和调查。我们预估全球大约有 950 000km² 的淡水草本沼泽（表 10.1），不到全球湿地总面积的 20%。博茨瓦纳的奥卡万戈三角洲、东欧的多瑙河三角洲及伏尔加河三角洲、伊拉克的美索不达米亚沼泽、美国佛罗里达大沼泽地、美国和加拿大的大草原壶穴地区，以及南美洲的潘塔纳尔湿地都是淡水草本沼泽的例子。淡水草本沼泽在美国的覆盖面积约为 96 000km²（表 10.1）。

## 水文条件

就像其他湿地一样，调蓄洪水或稳定水文周期是淡水草本沼泽重要的生态功能。而决定这些湿地特征的关键因素是除直接降水以外的水源。在第 4 章 "湿地水文学" 中曾经探讨了几种淡水草本沼泽的水文周期。在海岸线周边的淡水草本沼泽，受海洋影响的水位往往长期保持稳定。而内陆的淡水草本沼泽的水位变化更加受控于降水量和蒸散发量之间的平衡，特别是那些汇水面积较小且受控于表层径流的湿地。草本沼泽的水文，特别是五大湖沿岸的湿地水位变化基本呈现出稳定的状态，但会受到年复一年多样化的湖水水位变化的影响和人工堤坝是否存在的影响。在很多沼泽中，如湿草地、莎草草甸、季节性湿地及草原壶穴湿地，水位会在旱季降低。这些地区的植被反映了一年中大多数时间存在的水文条件。这些季节性的湿地是否真的存在，则主要取决于地表径流和降水。一些湿地阻断地表水的供应，反映了当地的地层水状况，这些湿地的水文周期就变得不稳定或季节性波动。例如，北美洲草原壶穴湿地在水流变化中既可以吸收水又可以排放水。另一些在流域尺度收集地表水和养分的湿地由于足够大，能够长时间维持水文条件。例如，湖岸或河岸的湿地就可以调节来自湖泊或河流溢流出来的过多的水和养分，同样滨海湿地也有类似的功能。由于河流和溪流的流量、湖泊的水位及降水会因为每一年多样化的天气发生变化，大多数内陆湿地的水文状况差异通常只能通过数据统计进行预测。

甚至在相同地区，水位不同年份也会因降水和蒸散发的平衡转化而存在差异（图 10.1）。通常形容淡水沼泽可以用短暂、临时、季节性、半永久及永久等术语。另外，淡水沼泽可以在几年内经历其中的几个阶段，因此通常认为是永久性的草本沼泽可能正处于水位下降阶段，使得这些沼泽具有了短暂沼泽的外观。

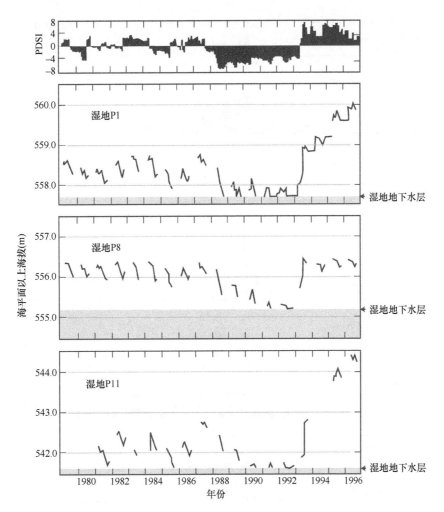

图 10.1　三个北美洲草原壶穴湿地的水位模式。气候对于同一地区相似湿地的不同影响，可能是由湿地地下水的不同所导致。帕尔默干旱强度指数（Palmer drought severity index，PDSI）是一个相对的测量气候"湿润"的指数，指数随干旱而降低（模仿自 LaBaugh et al.，1996）

## 生物地球化学循环

淡水草本沼泽的水和土壤化学主要是由矿物质而非泥炭土组成，与植被生产力的有机质原始输入叠加。然而在淡水沼泽的水和土壤中仍然有一些内源物质（autochonous）（图 10.2）。电导率通常是表示盐度范围的指标，在以降雨为主的软水淡水湿地中约为 100μS/cm，而在半干旱地区以淹水渗出为主的"内陆盐沼湿地"则超过 $3\times10^6$μS/cm。电导率的差异与盐度溶解的大小、养分的输入、其他化学物质的输入，以及最重要的地下水和地表水的输入有关。与泥炭沼泽相比，内陆沼泽一般是矿质营养沼泽。也就是说，流入沼泽的水含有更多的溶解物质，包括营养物，这是由于溪流、河流和地下水中溶解的阳离子的存在，而不是仅依靠降水。淡水沼泽的有机质层相对于贫营养沼泽要浅，但是淡水沼泽由于其有机质层的 pH 更加接近中性，养分更加丰富。由于营养物质通常很丰富，淡水沼泽的生产力比贫营养沼泽高，细菌在固氮和凋落物分解方面很活跃，而且周转率很高。有机物质的积累通常是由高生产力而不是由低 pH 抑制分解（如贫营养沼泽）引起的。

湿地的水文条件对于生物地球化学循环有着重要的影响。水文条件和多样的地貌相叠加能够为理解湿地的巨大空间异质性提供帮助。在美国明尼苏达州和威斯康星州的圣路易斯流域，Johnston 等（2001）发现淡水湿地可获得的营养元素可变性更高，这一发现是基于砂粉质土壤和黏土两种不同土壤的对比研

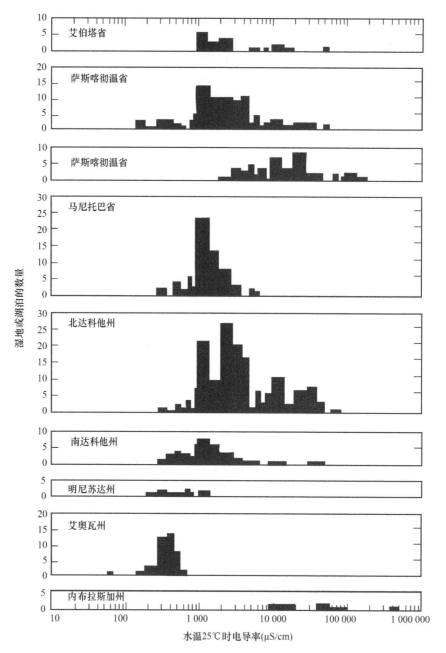

图 10.2　不同沼泽盐度分布图。图中展示了美国和加拿大北美草原中的一些湖泊与湿地电导率的大小。美国内布拉斯加州的结果可以作为内陆含盐湿地离子浓度大小的典型代表（模仿自 LaBaugh，1989）

究得出的。湿地内部的可变性是由于多样的地貌形态（自然堤、回水区）所产生的，为湿地提供了不一样的水文条件。

内陆淡水湿地的营养元素沉积变化范围很宽。基质、母质、自然状态下流域是否连通、与地下水的关系甚至植物对养分的吸收都会对湿地的生物地球化学循环产生影响。淡水沼泽的离子含量较高，通常水的 pH 在 6～9。淡水沼泽的有机质含量变化范围较大，较高的如美国路易斯安那州沿海地区（75%），也有较低的如那些靠无机物沉积的农业流域或能输出有机质的地区（10%～30%）。淡水沼泽的营养物质浓度总体上反映的是营养物质的沉积状况。例如，矿物沉积物往往与高磷含量有关，而总氮与有机物含量密切相关。限制植物生长的元素一般是溶解的无机氮和无机磷，其浓度变化也呈现季节特征。夏季植物在尽可能地吸收这些元素，导致其浓度较低，而冬季植物处于休眠状态，矿化作用在土壤中继续，此时浓度较高。

干旱气候类型在世界的很多地方都占主导地位，内陆草本沼泽比淡水沼泽的盐度更高。这些湿地既具有沿海潮间带盐沼的特征（含有盐分），又具有内陆沼泽的特征（没有潮汐作用）。下面列举一些很好的例子，如位于美国犹他州大盐湖沿岸的沼泽、加利福尼亚州索尔顿湖（Salton Sea）沿岸的沼泽、东欧里海（Caspian Sea）沿岸的沼泽。在内布拉斯加州林肯市东北部发现了一些面积在 $15\sim20\text{hm}^2$ 的内陆"盐沼"。这些沼泽通常是由地下水的渗出加上这一地区一直较高的蒸散发量所形成的。

# 植被

内陆草本沼泽的主要植被因地区而异，然而在温带地区的植被却值得注意。因为这些植物很多都是同一种类。常见种如禾本科植物芦苇（*Phragmites australis* = *P. communis*）、香蒲（*Typha* spp.）、黑三棱属植物 *Sparganium eurycarpum*、水生菰（*Zizania aquatica* = *Z. palustris*）、黍属植物 *Panicum hemitomon*、大克拉莎（*Cladium jamaicense*）、薹草（*Carex* spp.）、水葱（*Schoenoplectus tabernaemontani* = *Scripus validus*）、荆三棱（*Scirpus fluviatilis*）、荸荠（*Eleocharis* spp.）。另外，一些阔叶单子叶植物如梭鱼草（*Pontederia cordata*）和慈姑（*Sagittaria* spp.）也是淡水草本沼泽中常见的植物。双子叶草本植物通常有很多植物，典型的如豚草（*Ambrosia* spp.）和蓼（*Polygonum* spp.）。常被用来研究的蕨类植物如紫萁（*Osmunda regalis*）和毛叶沼泽蕨（*Thelypteris palustris*），以及木贼（*Equisetum* spp.）。世界上生物量最高的植物是一种在非洲东部和南部热带地区沼泽茂密生长的纸莎草（*Cyperus papaus*）。

## 沼泽植被带状分布特征

典型植被在湿地中都有其相对应的生境。不同植被常存在于渐进交错的地带，特别在水反复淹没的区域。图 10.3a 展示了北美洲中西部淡水沼泽典型植被分布随海拔渐变而发生的变化。例如，在壶穴沼泽区域中的典型植被，如薹草（*Carex* spp.）、藨草（*Scirpus* spp.）、灯心草（*Juncus* spp.）、慈姑（*Sagittaria* spp.）等，其中最常见的香蒲有两种，即宽叶香蒲（*Typha latifolia*）和狭叶香蒲（*Typha angustifolia*）。狭叶香蒲（*Typha angustifolia*）比宽叶香蒲（*Typha latifolia*）更耐水淹，其对水深的适应能力可以达到1m 深。沼泽中最深的区域所分布的典型挺水植物是水毛花（*Scirpus acutus*）和水葱（*Schoenoplectus tabernaemontani*）。除此之外，还有一些浮水植物及沉水植物同样生长在湿地中，而沉水植物的分布取决于根所在水中位置光线的强弱。典型的浮水水生植物包括块状茎植物和匍匐茎植物，块状茎植物如睡莲属植物 *Nymphaea tuberosa* 或香睡莲（*N. odorata*）、黄莲花（*Nelumbo lutea*）、肋果萍蓬草（*Nuphar advena*），匍匐茎的如莼菜（*Brasenia schreberi*）和蓼（*Polygonum* spp.）。沉水植物有金鱼藻（*Ceratophyllum demersum*）、狐尾藻（*Maiophyllum* spp.）、眼子菜（*Potamogeton* spp.）、小水兰（*Vallisneria americana*）、茨藻（*Najas* spp.）、狸藻（*Utricularia* spp.）及伊乐藻（*Elodea canadensis*）。

草原壶穴沼泽具有独一无二的构造形态，这造就了每 5～20 年这一地区的湿地会经历干涸、再生、退化、过饱和不同阶段。在干旱的年份淹水消失，同时埋藏在原来淤泥中的一年生和多年生的植物种子萌发并很快覆盖这一地区。一年生的植物如鬼针草属（*Bidens*）、蓼属（*Polygonum*）、莎草属（*Cyperus*）、酸模属（*Rumex*）植物。多年生的植物如香蒲属（*Typha*）、藨草属（*Scirpus*）、黑三棱属（*Sparganium* spp.）、慈姑属（*Sagittaria*）植物。当降水量重新恢复正常时，滩涂被重新淹没。一年生植物消失，只剩下多年生挺水植物。沉水植物如眼子菜属（*Potamogeton*）、茨藻属（*Najas*）、金鱼藻属（*Ceratophyllum*）、狐尾藻属（*Maiophyllum*）、轮藻属（*Chara*）又重新出现。在接下来的一年中，也就是这块湿地植被再生的阶段。植被种群的数量慢慢增加且植物具有很好的活力。之后这些植被种群的数量开始慢慢减少。麝鼠数量的剧增常是植被活力增长的反馈，这个问题的成因很难理解。这些麝鼠的窝和每个窝之间的廊道可以

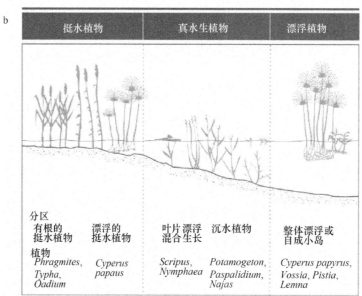

图 10.3　淡水沼泽植被构成断面。图中指示性植被在陆地和水中都有分布，并且在每一区域内都有典型的指示性植被。(a)北美洲中西部的温带区域；(b)撒哈拉以南非洲地区。请注意非洲地区的湿地中浮水的湿地岛屿（b：模仿自 Denny, 1993）

毁掉一个草本沼泽。无论成因如何，在最后阶段只有很小面积的沼泽。大多数区域变为浅水湖或池塘，为下一个演替循环做准备。在这些沼泽中的野生动物同样遵循着一样的周期，对于野生动物来说，最好的状态莫过于有一些生长沉水植物的小池塘，一些有着很好植被覆盖、有潜在食物的草本沼泽。

图 10.3b 展示了撒哈拉以南非洲地区淡水草本沼泽或滨水地区植被群落的组成情况。在浅水区域的优势种为香蒲（Typha spp.）、芦苇（Phragmites spp.）和纸莎草（Cyperus papaus）。而香蒲（Typha spp.）在非洲的命名曾经有些混乱，但是现在可以被分为两种：一种生长在热带地区，称为长苞香蒲（Typha domingensis），另一种生长在温带地区，称为 Typha capensis。在北部和南部温带气候的非洲地区，纸莎草（Cyperus papaus）不仅在沼泽中生长，还在浮岛和断开的海岸线上生长。真水生植物（euhydrophyte）

在图 10.3b 中指那些有根的、叶片悬浮、根部沉水的大型植物（Denny，1985）。非洲的真水生植物种群中代表性植物有：轮藻属（*Chara*）、水藓属（*Fontinalis*）、睡莲属（*Nymphaea*）、金鱼藻属（*Ceratophyllum*）、苦草属（*Vallisneria*）、眼子菜属（*Potamogeton*）及类雀稗属（*Paspalidium*）。因此，尽管气候条件有差异，但世界各地的淡水沼泽有着相同的种和相同的属且在功能上大致一样。

### 内陆盐沼

内陆盐沼常分布在蒸散发量大于降水量或那些有高盐度地下水渗出的地方。例如，在邻近美国内布拉斯加州林肯市东部就分布着内布拉斯加盐沼湿地（图 10.4）。生态学家发现这个湿地中有很多植物在"属"这一级别上和潮汐盐沼湿地有相似的地方。在这个盐沼中最耐盐渍的大型植物有盐角草属植物 *Salicornia rubra*、碱蓬属植物 *Suaeda depressa* 和海滨盐草（*Distichlis spicata*）。但是在开阔水域及边缘则分布着篦齿眼子菜（*Potamogeton pectinatus*）、川蔓藻（*Ruppia maritima*）、海淀三棱草（*Scirpus maritimus*）、狭叶香蒲（*Typha angustifolia*）及宽叶香蒲（*Typha latifolia*）。而在加利福尼亚州盐沼湿地主要分布的是盐角草（*Salicornia virginica*）和藨草属植物 *Scirpus robustus*。

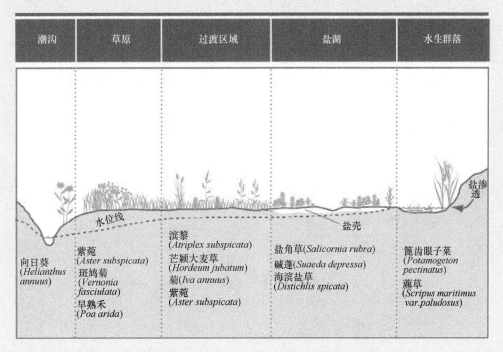

图 10.4  美国内布拉斯加州内陆盐沼横断面，显示了每个植物区及典型植物（模仿自 Farrar and Gersib，1991）

## 植被种群多样化和种子库

种子库和波动水位的复杂交互影响是淡水草本沼泽植被种群产生的前提（见第 7 章"湿地植被与演替"）。一般来说，在浅水区或湿润的土壤中种子萌发的数量最多。基于这一现象，很多多年生植物能够慢慢向水位更深处生长。例如，五大湖波动的水位使其沿岸的沼泽中产生了更加丰富的植被种类和多样化的物种组成。同时这些沼泽有时可以埋藏比内陆平原湿地更多的种子，其数量远大于内陆平原湿地（Keddy，2010）。

### 水文周期、种子库、沼泽植被多样性相关实验

　　水淹和干燥对于种子库的重要性，已经多次通过俄亥俄同一种子库受到不同水文周期影响的实验得以证明。尽管植物种群密度和地上生物量不会受不同水文周期、物种组成、种群密度与物种丰富度等因素的影响，但是较高的丰富度和密度还是会在持续湿润的土壤中出现（图 10.5）。美国中西部地区有利于湿地植被生长，但该区洪水过后水分饱和的土壤条件更加有利于一年生植被而不是湿地植被生长。

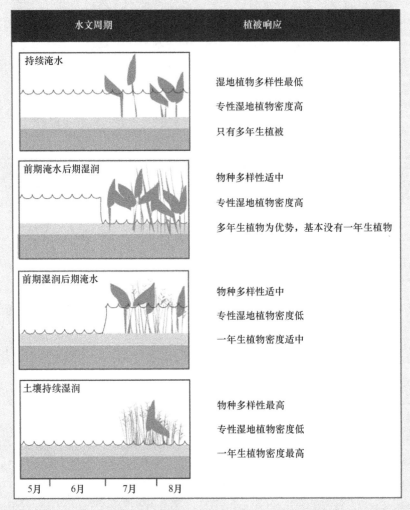

图 10.5　俄亥俄中部的同一种子库，4 种不同水文周期对一年生及多年生植物影响的控制实验结果。持续较深的淹水更有利于低密度多年生专性湿地植物；前期淹水后期湿润，多年生植物为优势，湿地植物多样化，这在美国中西部是非常典型的自然水文周期；前期湿润后期淹水，专性湿地植物很少，一年生植物密度适中，一些五大湖沿岸管理湿地具有此类水文特征；持续湿润的土壤植物多样性最高，但专性湿地植物最少，一年生植物的密度最高（引自 Johnson，1998）

　　淡水草本沼泽中一些特殊物种会受到很多环境因素的影响。湿地土壤营养元素的丰富度在很大程度上决定了这个湿地是否有利于苔藓或被子植物生长（如泥炭藓沼泽或草本沼泽）同时在上面生长的物种是否丰富。对于淡水草本沼泽，高养分并不能提高物种多样性。事实上，大多数已发表的关于淡水草本沼泽植被多样性的研究所得出的结论恰恰与之相反。Moore 等（1989）通过对比加拿大几个富饶和贫瘠的样点（通过测量未收割植物区分）发现草本沼泽的物种丰富度最高，其范围在 $60\sim400 g/m^2$。较高的原生植被（$>600 g/m^2$）会带来较少的植被丰富度（图 10.6），同时还发现一些稀有物种只分布在较为贫瘠

的土壤中，这表明保护贫营养湿地也应该是整体湿地管理的一部分。Keddy（2010）的研究指出，稀有植被和较多样化的湿地植物分布于所在湿地生境的"外围"。就像在第 7 章"湿地植被与演替"中仔细描述过的草本植物的离心模型一样，如图 7.10b 所展现的香蒲属（*Typha*）植物核心生境的状况。在这里我们同意 Keddy 关于草本湿地植被（淡水草本沼泽）的研究结论。

1）较外侧的栖息地包含更多的生物多样性和更多的物种。

2）核心栖息地通常有很少几种物种，如香蒲属（*Typha*）、芦苇属（*Phragmites*）、蔗草属（*Scirpus*）、莎草属（*Cyperus*）。

3）任何一个增加土壤养分或降低干扰的因素都将会把较外侧的栖息地变为较为单一的核心生境。

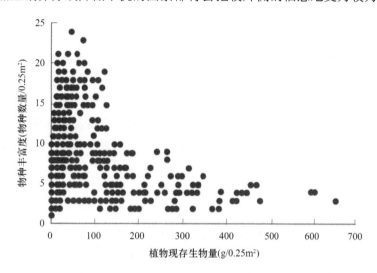

图 10.6　加拿大安大略省、魁北克省、新斯科舍省三个样点 0.25m² 样方中物种丰富度和生物量的关系（模仿自 Moore et al., 1989）

很多内陆湿地都有壶穴地貌，这就使得收集到的水只能通过蒸发减少。在雨水很少的时间段内，盐分在这一过程中会被聚集起来。这对于不耐盐渍的植物来说很不利。Johnston 等（2007）通过回顾 90 个美国大型湖泊沿岸自然湿地的研究后发现，湿地上的植被可以指示所在湿地的土壤类型，同时还发现，沉水植物倾向于指示粉砂土，自由的浮水植物能指示黏土，而禾本科植物能指示沙壤土。

## 物种入侵

在那些被干扰的湿地中，非本土的植物常是当地淡水沼泽植被中的一部分。有假设说，热带地区相比温带地区更容易受到影响。显而易见的答案是入侵植物在热带地区的生长速度相比温带地区更加快，就像凤眼蓝（*Eichhornia crassipes*）、人厌槐叶苹（*Salvinia molesta*）和空心莲子草（*Alternanthera philoxeroidses*），这些植物已经入侵到世界上热带和亚热带的很多地区。凤眼蓝（*Eichhornia crassipes*）能够在两周内将其覆盖面积扩大一倍，并堵塞了许多水道，这些水道在近一个世纪以来一直受到高营养负荷的影响。虽然关于外来水生植物的理论有很多，但有一些观点是正确的，即受干扰的生态系统最容易受到生物入侵的影响。Werner 和 Zedler（2002）发现在美国威斯康星州的莎草草甸湿地沉积物的积累减少了微地貌中丛生草的数量，同时香蒲（*Typha* spp.）和鹬草（*Phalaris arundinacea*）的加速入侵减少了湿地物种的丰富度。

在哈得孙河谷及北美洲大湖区域的淡水沼泽中，千屈菜（*Lythrum salicaria*）作为一种较为明显开紫色花、支柱较高的水生植物，在 20 世纪以惊人的速度广泛地分布在这些区域中，甚至引起了当地野生动物部门的高度警惕（Stuckey, 1980; Balogh and Bookhout, 1989）。这种植物迅速占领了本土禾草、莎草、灯心草甚至香蒲（*Typha* spp.）的生长空间。许多淡水沼泽的管理部门设计并实施了许多化学方法或物理方法来控制这种紫色千屈菜的生长。另一种外来的水生植物是生活在水下原产于非洲、亚洲及大洋洲的黑藻（*Hydrilla verticillata*），其和穗花狐尾藻（*Maiophyllum spicatum*）已广泛入侵到美国的开阔水域、浅水域，并且能与之竞争的植物很少（Steward，1990；Galatowitsch et al.，1999）。

芦苇（*Phragmites australis*）在北美洲被认为是一种入侵物种，特别是在大西洋沿岸和五大湖区沿岸的湿地中。得益于芦苇较强的入侵特性，通过潮汐盐沼（盐度<5ppt）和淡水沼泽，其在北美洲的存在已经超过了 3000 年。特别在过去的 50 年中，这一现象尤为明显。芦苇数量的增长得益于它自身对于水文条件和海岸河口生态系统盐度的适应性，这使得芦苇能够广泛分布于包括欧洲在内的世界各地（Philipp and Field，2005）。Saltonstall（2002）的研究中发现全世界共有 27 种单倍体基因，其中有 11 种起源于北美洲（如 A～H 型、S 型、Z 型、AA 型）。在北美洲范围内，类型 AA、F、Z 和 S 已知起源于东北部；类型 E、G 和 H 起源于中西部；而类型 A 到 D 则起源于南部和西部山区。有两种单倍体基因 I 和 M 广泛分布于全世界，类型 M 在北美洲、欧洲和亚洲常见。南芦苇（*Phragmites australis* subsp. *americanus*）作为一种全新的亚种已经被证实且分布于墨西哥湾的芦苇（*Phragmites australis*）有着明显的差异（Saltonstall et al.，2004）。由于湿地的管理者必须要分清楚哪些芦苇是本土的哪些是入侵的，这种差异的区分在湿地的管理和恢复方面是一个难题。在北美洲，现在主要通过火烧和除草剂手段来控制入侵植物的扩散。事实上具有讽刺意味的是，在北美洲用力管理芦苇扩散的同时，欧洲则更加关心芦苇的生长。

# 消费者

或许由于北美草原上的小湿地和北美西部高原具有丰富多样的食物，野生动物常将淡水草本沼泽看作农田大海里的一个小岛。被耕作的土地既不能提供多样的食物，又不能当作栖息地。许多动物必须退到淡水沼泽里面，将那里当作自己的栖息地。在流域内河流季节性补给湿地的情况下，淡水沼泽可以在径流量下降和干旱条件下作为生物和水文"绿洲"。

## 无脊椎动物

一方面，无脊椎动物和两栖动物很相似，它们都和植物有着千丝万缕的联系。另一方面，就像鱼类、鸭子和小鸟甚至其他哺乳动物一样，无脊椎动物也和植物有着各种各样的联系。昆虫提高了无脊椎动物在淡水沼泽中的物种多样性，同时昆虫也常在湿地水文条件和湿地植被群落结构方面起作用。甲虫和蚊蝇倾向于通过临时出现的池塘使种群多样化。昆虫种群常由于交替的干湿条件的变化而大量繁殖，同时很多昆虫种群受到生物相互作用的制约。随着草本沼泽拥有越来越多的多年生植物，植被作为栖息地的组成部分和分解基质变得更加重要。在开阔水域，某些底栖生物和自游昆虫同样很重要。

最引人注意的无脊椎动物是让一些人在沼泽中一直难受的苍蝇（双翅目）。和苍蝇相似的还有蠓、蚊子及大蚊，这些昆虫在幼虫阶段是底栖生物。蠓的幼虫就因为全身鲜红的颜色被称为红蚯蚓，隐藏在土壤的底部和有机物碎屑中。这些幼虫会被当作鱼、青蛙或潜鸟的食物。当幼虫变为蛹进而破茧成为成体时，就成为鸟和鱼的食物（Weller，1994）。在沼泽湿地中另一类值得关注的昆虫是以蜻蜓和豆娘为代表的蜻蜓目昆虫，它们可以作为优良水质的指示指标。小龙虾和蜗牛这些软体动物也是甲壳动物的代表，这些动物在一些淡水沼泽湿地中很常见。一些大鱼或哺乳动物会把小龙虾作为食物，然而像蜗牛一样的软体动物通常被放养在纤维状的海藻上面。

无脊椎动物的种类、数量在时间周期和空间分布格局上体现了昆虫生长和羽化的自然季节周期与植被生长周期的吻合。McLaughlin 和 Harris（1990）的研究发现大量昆虫分布在密歇根湖沿岸周围有天然堤或没有天然堤的沼泽湿地中。同时这些连通湿地的生物量也更大，生物种群的数量也更多；植被稀疏湿地的生物量要大于开阔水域或植被茂密的地方。Kulesza 和 Holomuzki（2006）通过观察伊利湖旁湿地中的食腐动物美洲钩虾（*Hyalella azteca*）的生长和存活过程，发现狭叶香蒲（*Typha angustifolia*）和芦苇（*Phragmites australis*）可以作为生长基质，且这两种植物能很好地帮助真菌生长，而端足目的无脊椎动物也能很好地生长。

## 两栖动物

　　两栖动物在淡水沼泽中是重要的生物。它们是组成昆虫、涉禽、水貂、浣熊及一些鱼类这一完整食物链的重要一环。蝌蚪作为两栖动物的幼体在一些淡水沼泽中十分常见，它们以小的植物和动物为食。同时蝌蚪又是一些体型较大鱼类和涉禽的食物。成体青蛙则以从水中羽化出来的昆虫为食。哪怕是陆生的蟾蜍也会利用淡水沼泽在春季进行交配和繁殖。一个值得注意的问题是两栖动物的数量在逐渐减少，其中一个原因是作为生境的湿地数量在减少。Richter 和 Azous（1995）调查发现两栖类的物种丰富度和多样化与湿地面积、植被类型、竞争者数量、捕食者数量、水文条件、水文特征及土地利用情况有关。这些影响因素中与两栖类物种丰富度最相关的是水位波动和流域城市化百分比。这些数据并没有解释究竟是什么原因导致了两栖类的减少，但是城市的污染、溪流及水文的变化更像是主要因素。

　　Porej（2004）通过对比几处位于俄亥俄中部新建或恢复的湿地后发现，湿地边缘地势平缓的浅滩（通常局限于季节性洪水形成的湿地）没有鱼，湿地边缘与湿地面积比值高的区域（许多小块湿地要优于相同面积的一块大湿地）关键的物理和生物特性，支持两栖动物的多样性。美国蟾蜍（*Bufo americanus*）、北美豹蛙（*Rana pipiens*）、三锯拟蝗蛙（*Pseudacris triseriata*）、灰雨蛙（*Hyla versicolor*）及小口钝口螈（*Ambystoma texanum*）与这些淡水沼泽和池塘浅的边缘区的存在呈正相关。Porej（2004）的研究中发现在森林湿地中蝾螈的丰富度比淡水沼泽（无论天然还是人工）中要高，然而青蛙和蟾蜍在森林沼泽以及草本沼泽中有较为相似的丰富度，这样的丰富度已经比新建的沼泽湿地要高（表 10.2），他同时发现在农业景观中 200m 森林覆盖的沼泽湿地和两栖类多样性具有较强的关联，特别是在斑点钝口螈（*Ambystoma maculatum*）、杰斐逊钝口螈（*Ambystoma jeffersonianum*）、小口钝口螈（*Ambystoma texanum*）及美洲林蛙（*Rana sylvatica*）中较为明显。

表 10.2　美国俄亥俄州中部的蒂尔平原和冰川高原生态区的 54 个自然湿地（挺水植物和森林）和 42 个建造湿地中，两栖动物繁殖对池塘的利用率（湿地占用率）

| 种类 | 自然挺水植物湿地 | 自然森林湿地 | 人工湿地 |
| --- | --- | --- | --- |
| 美国蟾蜍（*Bufo americanus*）及美国花蟾蜍（*Bufo fowleri*） | 15 | 20 | 50 |
| 青铜蛙（*Rana clamitans melanota*） | 60 | 59 | 74 |
| 北美豹蛙（*Rana pipiens*） | 74 | 46 | 76 |
| 美国牛蛙（*Rana catesbeiana*） | 33 | 26 | 55 |
| 美洲林蛙（*Rana sylvatica*） | 0 | 56 | 0 |
| 雨蛙（*Pseudacris crucifer*） | 87 | 67 | 52 |
| 三锯拟蝗蛙（*Pseudacris triseriata*） | 27 | 31 | 23 |
| 灰雨蛙（*Hyla versicolor*） | 20 | 26 | 48 |
| 布兰查德蟋蟀蛙（*Acris crepitans blanchardii*） | 0 | 0 | 12 |
| **每个湿地中青蛙和蟾蜍的数量（平均值±标准误）** | **3.2 ± 0.3** | **3.0 ± 0.3** | **3.9 ± 0.3** |
| 虎纹钝口螈（*Ambystoma tigrinum*） | 43 | 47 | 5 |
| 斑点钝口螈（*Ambystoma maculatum*） | 7 | 43 | 5 |
| 小口钝口螈（*Ambystoma texanum*） | 15 | 64 | 14 |
| 杰斐逊钝口螈（*Ambystoma jeffersonianum*） | 8 | 57 | 0 |
| 暗斑钝口螈（*Ambystoma opacum*） | 0 | 7 | 0 |
| 绿红东美螈（*Notophthalamus viridescens*） | 0 | 22 | 2 |
| **每个湿地中蝾螈的数量（平均值±标准误）** | **1.0 ± 0.3** | **2.4 ± 0.2** | **0.3 ± 0.1** |
| **每个湿地中两栖动物的总数** | **4.2 ± 0.5** | **5.4 ± 0.3** | **4.2 ± 0.3** |

## 鱼类

　　概括来说，一个很难的问题是淡水沼泽能否养育足够多的鱼类，或者说淡水沼泽本质上是否就应该供养鱼类。然而通常认为，沼泽积水越深，在生态系统上越像河流或湖泊，越能养育足够多足够丰富的鱼类。一个积极的观点认为淡水沼泽可以作为鱼类的生境和营养源。这是 Derksen（1989）在加拿大马尼托巴湖湿地研究时发现的。Stephenson（1990）在五大湖区的湿地中得到了和 Derksen 相似的研究结论。Derksen（1989）同时发现在秋季白斑狗鱼（*Esox lucius*）主要从沼泽中迁徙出来。这个现象存在于很多湿地中。Stephenson（1990）发现在安大略湖的沼泽中共有 36 种鱼，其中包括 23 种处于产卵期的成鱼，以及 31 种正值壮年的鱼类，这表明这些湿地对于这些湖中的鱼类繁殖十分重要。其中利用湿地作为繁殖地的种类占 89%。

　　鲤（*Cyprinus carpio*）能够经得起突然的季节性或昼夜的水温变化，以及浅水区域溶解氧的剧烈变化。因此鲤（*Cyprinus carpio*）能够广泛分布于内陆湿地中。鲤（*Cyprinus carpio*）的饲养直接影响沼泽湿地中的植被数量，它们可以将水中植物的根完全吃掉，从而导致水体浑浊。因此，许多湿地管理者并不把鲤鱼作为适合在湿地中饲养的鱼类。

## 哺乳动物

　　很多哺乳动物将沼泽湿地作为自己的生境。作为一种食草动物，麝鼠（*Ondatra zibethicus*）是最引人注意的。它们的繁殖速度很快且在沼泽中很快能达到很高的种群密度，以至于能变成一种可以供人打猎的物种。这也让麝鼠的角色有了很大的转变。和植物一样，每一种哺乳动物都有自己喜欢的生境。例如，麝鼠就喜欢在有水的区域生活。北美水田鼠（*Microtus richardsoni*）也同样喜欢在水边生活，但是它们更喜欢高一点的地方。而其他田鼠则喜欢在芦苇沼泽的陆地部分生活。大多数哺乳动物都是素食动物。美洲河狸（*Castor canadensis*）在调节湿地水文及池塘的水温变化方面起作用，影响湿地生态系统功能，如甲烷排放（见第 4 章"湿地水文学"及第 17 章"湿地和气候变化"）。

## 鸟类

　　由于湿地能够为水鸟提供丰富多样的食物，以及多种多样的栖息地可以用来繁育下一代和休息，因此几乎所有的湿地中都有大量的水鸟。迁徙的水鸟在夏季北方的淡水湿地中筑巢，冬季在南方的湿地中筑巢，同时迁徙途中在沿线的湿地中筑巢停歇。在典型的淡水湿地中，不同种类水鸟按照它们自身适应的不同水深渐变地分布在沼泽中（图 10.7）。在北方湿地中白嘴潜鸟（*Gavia immer*）通常在较深水位的池塘或沼泽中，因为那里有丰富的鱼类。巨䴙䴘属（*Podilymbus*）及䴙䴘属（*Podiceps*）水鸟则更喜欢湖泊沼泽化的地方，特别是在产卵时。一些鸭子如绿头鸭（*Anas platahynchos*）喜欢把巢筑在较高的地方，然后在沼泽和水域相交的地方及沼泽中较浅的池塘寻找食物。另一些潜鸭（diving duck）如棕硬尾鸭（*Oxyura jamaicensis*）则在水面上方筑巢并潜入水中捕食鱼类。例如，作为博物学家和猎人最喜欢的鸭子之一——北美黑鸭（*Anas rubripes*）就喜欢新形成的湿地并将其作为自己的栖息地。被誉为水鸟中的鲸鱼的琵嘴鸭（*Anas clypeata*）会利用它们巨大的在侧面有片状骨板的喙过滤水中的浮游生物。加拿大黑雁（*Branta canadensis*）、鹅（*Chen* sp.）及天鹅（*Cygnus* sp.）常被称为水禽中的家畜，加上帆背潜鸭（*Aythya valisineria*）及绿眉鸭（*Anas americana*），共同组成了最主要的湿地食草鸟类。在涉禽中，如大蓝鹭（*Ardea herodias*）和大白鹭（*Casmerodius albus*）通常常年使用湿地内的巢穴，并且在较浅的池塘和溪流中捕食鱼类。姬苇鳽（*Ixobrychus exilis*）通常将巢筑在距离水面 1m 高的香蒲或芦苇茎上，其生境范围通常是整片湿地，而独自生活的并不常见。长嘴沼泽鹪鹩（*Cistohorus plaustris*）、弗吉尼亚秧鸡（*Rallus limicola*）、黑脸田鸡（*Porzana carolina*）及沼泽带鹀（*Melospiza georgiana*）生活在沼泽中稠密的植物当中，虽然很容易听到叫声但不常见。这些鸣禽同样大量分布在沼泽中，它们在沼泽相连接的高地筑巢或栖息，仅在沼泽中觅食。崖沙燕（*Riparia riparia*）、北红翎粗腿燕（*Stelgidopteryx serripennis*）和烟囱雨燕（*Chaetura pelagica*）常在淡水沼泽周围出现，在飞行的同时张开嘴来捕食昆虫，这些鸟类通常成群活动。

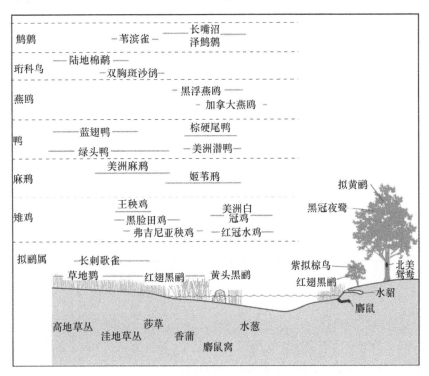

图 10.7　淡水沼泽湿地中典型鸟类在开阔水域、浅水区及高地的分布图，图中还展示了麝鼠和水貂的分布位置（模仿自 Weller and Spatcher，1965）

在美国的淡水沼泽湿地中最为显眼的一种鸟就是画眉鸟，最有代表性的是中西部部分地区的黄头黑鹂（*Xanthocephalus xanthocephalus*）和东部地区的红翅黑鹂（*Aglaius phoniceus*）。红翅黑鹂是一种非常社会化的鸟类，且领地意识很强，尤其在繁殖期更加明显。

# 生态系统功能

## 初级生产力

大量研究都针对内陆沼泽湿地的地上初级生产力（表 10.3）开展相应工作。有些沼泽的地上初级生产力预估很高，最小也要 1000g/(m²·年)。一些最好的估计，包括地下产量和地上产量，来自对捷克共和国鱼塘的研究（一些小的人造养鱼塘及其周边湿地）。在表 10.3 中，位于北美洲地区的一些研究地点地上初级生产力超过 6000g/(m²·年)，这样的生产力甚至超过农业。

作为沼泽湿地中的主要植物，单子叶挺水植物芦苇属（*Phragmites*）和香蒲属（*Typha*）具有很强的光合作用。对于香蒲来说，光合作用的峰值出现在生长季，然后随着季节变化慢慢降低。相反，芦苇属（*Phragmites*）植物的光合作用在整个生长季中相对保持在较高水平。这些植物在最适宜环境中的光合作用转化率有 4%～7%，这样的转化率能和甜菜、甘蔗、玉米这些主要农业作物不相上下。

**表 10.3　内陆淡水沼泽湿地初级生产力估算**

| 优势物种 | 类型，地点 | 净初级生产力 [g/(m² 年)] | 参考文献 |
|---|---|---|---|
| **芦苇和草地** | | | |
| 水甜茅（*Glyceria maxima*） | 湖泊湿地，捷克共和国 | 900～4300[a] | Kvet and Husak，1978 |
| 芦苇（*Phragmites australis*） | 湖泊湿地，捷克共和国 | 1000～6000[a] | Kvet and Husak，1978 |
| 芦苇（*Phragmites australis*） | 丹麦 | 1400[a] | Anderson，1976 |
| 黍（*Panicum hemitomon*） | 海岸漂浮湿地，美国路易斯安那州 | 1700[b] | Sasser et al.，1982 |
| 沼生水葱（*Schoenoplectus lacustris*） | 湖泊湿地，捷克共和国 | 1600～5500[a] | Kvet and Husak，1978 |
| 黑三棱（*Sparganium eurycarpum*） | 草原壶穴沼泽，美国艾奥瓦州 | 1066[b] | van der Valk and Davis，1978 |
| 粉绿香蒲（*Typha glauca*） | 草原壶穴沼泽，美国艾奥瓦州 | 2297[b] | van der Valk and Davis，1978 |
| 宽叶香蒲（*Typha latifolia*） | 美国俄勒冈州 | 2040～2210[a] | McNaughton，1966 |
| 香蒲属植物（*Typha* spp.） | 湖岸湿地，美国威斯康星州 | 3450[a] | Klopatek，1974 |
| 香蒲属植物（*Typha* spp.） | 美国俄亥俄州中部人造湿地（共 12 年，第 3 年开始种植植物） | 627±75[b] 有植物湿地；772±91[b] 未种植湿地 | Mitsch et al.，2012 |
| **薹草和灯心草** | | | |
| 薹草属植物 *Carex atheroides* | 草原壶穴沼泽，美国艾奥瓦州 | 2858[b] | van der Valk and Davis，1978 |
| 薹草属植物 *Carex lacustris* | 莎草湿地，美国纽约州 | 1078～1741[a] | Bernard and Solsky，1977 |
| 灯心草（*Juncus effusus*） | 美国南卡罗来纳州 | 1860[a] | Boyd，1971 |
| 荆三棱（*Scirpus fluviatilis*） | 草原壶穴沼泽，美国艾奥瓦州 | 943[a] | van der Valk and Davis，1978 |
| **阔叶单子叶植物** | | | |
| 菖蒲（*Acorus calamus*） | 湖泊湿地，捷克共和国 | 500～1100[a] | Kevt and Husak，1978 |

注：a. 地上和地下生物量
　　b. 地上生物量

　　生产力变化无疑与许多因素有关，如生长季气温（图 10.8），物种间先天的基因差异也是影响因素之一。在 Kvet 和 Husak（1978）的研究中，利用同一种技术对狭叶香蒲（*Typha angustifolia*）的生产力进行测量，发现其生物量是宽叶香蒲（*Typha latifolia*）的两倍。

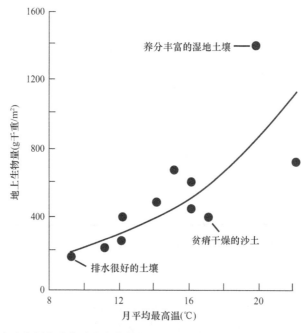

图 10.8　淡水沼泽湿地和高地中未收割的莎草地上生物量与月平均最高气温的比较，数据点均为湿地内样点（模仿自 Gorham，1974）

　　现有的研究成果对于地下生物量的变化的认知要比地上生物量变化少很多。通常一年生植物仅会用少量的光合作用用于促进根系生长，相反多年生植物则拥有宿根和根状茎在它们的根系中。这使得多年生植物的根冠比一般>1。这样的根冠比同样会出现在内陆淡水沼泽中。多年生的淡水沼泽物种通常地下生物量比地上生物量大（图 10.9）。生物量根冠比通常也>1，根冠比生产力则通常<1。因为植被地上生产力常和地上生物量相似，同时根冠比生产力是一个表征植物体其他部分资源分布的指数，加之这个指数又表示小于一半转化到根部光合作用的值，所以大根系生物量和小根系生物量之间的相互关系表明，植物根系的生命周期（根系自我更新周期很慢）要比上部冠层的长。

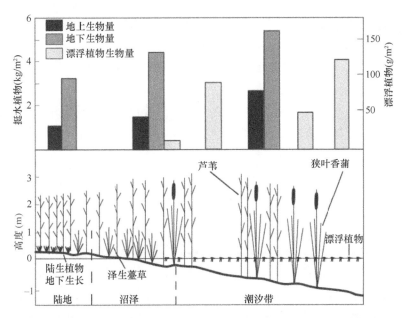

图 10.9　挺水植物芦苇和漂浮植物在水陆过渡地区地上生物量与地下生物量之间的分布（模仿自 Kvet and Husak，1978）

## 分解者和食草动物

　　由于有机质在进入食物链之前已经被分解为小颗粒，食草动物（如麝鼠和鹅）在内陆沼泽湿地相对较少。所有湿地的分解过程都是相同的，这里面可变的因素只有植物的易分解度及植物的质量、温度、微生物在无机物中的数量，以及沼泽湿地的流域面积。

　　消费者在分解过程中起到重要作用。在最新的关于淡水沼泽湿地分解的研究中发现，冬季枯萎的植物通常分解率较低（$k = 0.002\sim0.007d^{-1}$）。然而 Nelson 等（1990）通过比较新鲜的湿地植被和枯萎植被腐败过程发现刚收割的新鲜湿地植物（如香蒲 *Typha glauca*，$k = 0.024d^{-1}$）的分解率要比已经枯萎的植物快两倍（$k = 0.011d^{-1}$）。这么快的分解率解释了为什么像麝鼠这样的动物喜欢新鲜的植物。

　　麝鼠在湿地的能量流动中同样起到了积极的作用，它们以水中植物和水边站立的植物碎屑作为自己土堆的原材料。Wainscott 等（1990）的培养实验发现，麝鼠巢穴旁边的废弃物能够持续维持较高密度的微生物，并且要比沼泽土壤的活性高。研究发现，这些麝鼠可能更像是在"堆肥"。这些麝鼠就像有机园艺大师一样把这些东西加速分解并促进了微生物的生长。

　　麝鼠不在巢穴内吃食物，这导致在湿地的开阔水域内构筑了不均匀的生物地球化学环境。Rose 和 Crumpton（2006）在美国艾奥瓦州的草原壶穴湿地中发现，植被群落在向开阔水域变化，并且能够预测此地的溶解氧含量会降低，同时甲烷浓度会上升，Rose 和 Crumpton 认为这样的条件受植物生长的控制，同时影响厌氧和好氧活动。

## 食物链

食物链从淡水沼泽的碎屑物质开始，它们发展成为仍然知之甚少的食物网络。在沼泽中底栖生物喂养了鱼类和水禽，这一过程是食物链的基础。DeRoia 和 Bookhout（1989）发现摇蚊在五大湖区的蓝翅鸭（*Anas discors*）的食物中占 89% 以上，在绿翅鸭（*Anas crecca*）的食物中占 99%。关于淡水沼泽湿地植物直接被吃掉的数量偶尔有报道。小龙虾是大型水生植物的主要消费者，特别是在淡水湿地有沉水植物的区域。在美国加利福尼亚州的沼泽湿地中克氏原螯虾（*Procambarus clarkii*）被放养在有篦齿眼子菜（*Potamogeton pectinatus*）的地方。因为小龙虾能够高效地去除水中的篦齿眼子菜，在饲养地篦齿眼子菜的数量能够从 70% 的覆盖率降低到 0%，而小龙虾的种群数量几乎能翻倍增长。在地球上一些地方的沼泽湿地中直接消费者应该是鹅、麝鼠和其他食草动物。水中的植物被动物吃光会产生开阔水域，导致水下的植物无法生存（Middleton，1999）。

deSzalay 和 Resh（1997）在对内陆沼泽"低食草假设"提出质疑的研究中发现，食草动物约占内陆盐沼底栖生物的 27%。这些食草动物主要以丝状藻和硅藻为食。目前除了大型动物的偶尔放牧，对于湿地植物的取食行为仍然保持在较低水平。

## 养分收支

植物通过生物量获取养分，但是这些养分是暂时储存在地上和地下部分中的。例如，大型水生植物在生长季把储存在根和茎内的养分转移到冠层部分，整个生长季会转移多达 4g P/m² 。到了秋季，一些在冠层的养分会在冠层枯萎前运输到地下的器官，但是还会有大部分的养分随着落叶掉落而流失。位于美国俄亥俄州（见第 6 章"湿地生物地球化学"，图 6.19）的两个以碳、氮收支为主的人造溢流湿地以香蒲（*Typha* spp.）为优势植被类型，这些河流补给的湿地中水通量起着支配作用（入水、出水、地下渗出），但是氮和碳在土壤中的沉积是最大的通量。在美国威斯康星州的淡水蘑草湿地中氮和磷的收支出现了一个生物量最大值（图 10.10），其氮储量为 20.7g N/m²，而磷储量为 5.3g P/m²，与在泥炭及矿物土壤中的根相比，蘑草存储的养分要少很多（图 10.10，氮储量为 1700g N/m² 及磷储量为 12g P/m²）。

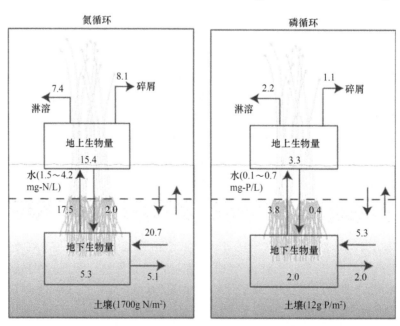

图 10.10　美国威斯康星州一处河边蘑草沼泽的氮、磷通量，通量单位为 g/(m²·年)，储量单位为 g/m²（引自 Klopatek，1978）

这些关于淡水沼泽湿地养分循环的研究概括为以下 5 方面。

1）和存储在沼泽土壤中的养分相比，淡水沼泽植物存储养分的变化范围很大。与泥炭地更高的生产力及更高的养分富集能力相比，淡水沼泽植物把更多的氮和磷以离子形式存储在植物地上部分。淡水沼泽湿地植物地上生物量存储的氮范围从最低的 3g N/m$^2$ 到最高的 30g N/m$^2$。

2）植物所存储的养分只是暂时性的，当植物在秋季嫩枝死亡时，这些营养物质会被释放发到洪水或沉积物中。然后，沼泽可能会将夏季吸收的养分在冬季释放出来。

3）保存在生物量中流失到沼泽的养分常只是一小部分。流失的养分所占百分比随着输入增加而降低。因此，当淡水沼泽中的养分越来越多时，沼泽"养分渗出"也就越多。养分常从系统中流失，与此同时植物内的养分周转在增加。虽然湿地养分摄入率较高，但一些养分通过碎屑分解回归到沉积物或上覆水体养分库中（见第 19 章"湿地与水质"），湿地常只有 10%～20% 的养分输入临时转移到植物生物量中。

4）沼泽湿地中的植物常扮演养分泵的角色，吸收土壤中的养分且转移到这些植物的冠层部分，同时在枯萎时把养分又释放到沼泽表面。这种养分泵机制可能会影响存储在土壤中的养分的运动。在某些情况下，大型植物吸收沉积物中的养分要比输入的养分多得多。大多数被吸收的养分都被传输回到根部或在传输过程中损耗掉，所以营养物的生物量存储一般比年输入量低。

5）一般来说，在淡水沼泽中，降水和干旱只占植物养分需求的不到 10%。同样，地下水通常磷含量低，但在有人工排水的农业环境中硝态氮的含量会很高。地表径流通常是磷的主要来源，这是由于磷通常吸附在沉积物上面特别是黏土。考虑到这些不确定因素，也就不奇怪为什么每个沼泽湿地都具有独一无二的养分收支体系。像佛罗里达大沼泽地这样的营养水平低的湿地，沼泽系统主要依靠降水和火灾的干沉降物带来的营养输入。

## 营养限制

Koerselman 和 Meuleman（1996）在欧洲很多湿地进行的研究发现，湿地植物组织中氮磷比（N∶P）和环境中氮磷比有相关性，同时还发现氮磷比小于 14∶1 时，表明存在氮限制，氮磷比是在浮游生物中用的雷德菲尔德比率（N∶P=7.2 质量比）的两倍。作为对北美洲温带湿地大量文献的综述，Bedford 等（1999）发现只有在沼泽中始终存在氮限制，如叶组织和土壤中的氮磷比小于 14（森林沼泽的氮磷比也倾向于＜14）。Koerselman 和 Meuleman（1996）发现基于叶组织的氮磷比，其他类型的湿地（森林沼泽、矿养泥炭沼泽、雨养泥炭沼泽）往往受到氮和磷的共同限制，或者只受到磷的限制。

McJannet 等（1995）调查了 41 处淡水沼泽在一个生长季内过量施肥后植物的氮和磷含量。氮含量（0.25%～2.1% N）的来源和磷（0.13%～1.1% P）差异很大，这个范围和植物无关。然而，来自普通生活史的植物（一年生或功能性一年生植物）确实比多年生植物的氮和磷在各组织的含量上要少很多。

Neill（1990）在马尼托巴湖的蔗草湿地中发现无论是氮还是磷都会增加净生产力。当地上生物量翻一番时氮和磷共同起作用。他在相似的研究中发现，哪怕在同一区域氮的限制因素也会有差异。同年，Delaune 和 Lindau 的研究发现，在相对稳定的水位下，如美国路易斯安那州墨西哥湾处，额外增加的 10g NH$_4^+$-N/m$^2$ 氮素会使慈姑属植物 *Sagittaria lancifolia* 的生长提高一倍。

Svengsouk 和 Mitsch（2001）通过实验证明了一些淡水沼泽湿地植物的多种营养元素的阈值，他们通过对种植了水葱（*Schoenoplectus tabernaemontani*）和香蒲（*Typha* sp.）的生物群落中氮、磷的阈值进行研究，结果发现，当同时有氮和磷时香蒲的生长会比水葱好。当只有一种营养元素时水葱生长好。

相反，Craft 等（1995）在佛罗里达大沼泽地所做的研究中指出，贫营养的大克拉莎（*Cladium jamaicense*）和其他水生植物群落受到的最大制约因素是磷。氮的增加对于生物量的增长、养分的吸收率或泥炭富集没有影响。农业生产是大沼泽地磷的主要来源，并已经对大沼泽地的生态变化产生了影响。最值得注意的是，大面积的锯齿草到香蒲（*Typha* spp.）的渐变。恢复大沼泽地，需要降低农业生产中随着暴雨进入的磷含量（见第 19 章"湿地与水质"案例研究 2）。

## 温室气体排放

草本沼泽和其他类型的沼泽所提供的厌氧环境为潜在温室气体（greenhouse gas，GHG）排放创造了条件。这些温室气体包括氧化亚氮（$N_2O$）和甲烷（$CH_4$）。通过水所排放的温室气体受到温度和排放速度的影响，因此较浅的湿地常比开阔水域排放更多的温室气体。Huttunen 等（2003）在芬兰的研究中估算了占 26%湖水面积的沿海地区湿地的温室气体的排放情况，其中排放最多的是从湖中排放出来的氧化亚氮（$N_2O$）。Brix 等（2001）研究发现，欧洲的芦苇湿地可以被看作温室气体的"源"，这是由于这些湿地在固定大气中二氧化碳（$CO_2$）的同时还在释放甲烷（$CH_4$），他们还发现，在较短的时间（<60 年）内来评价这些沼泽，这些沼泽可被视为主要的温室气体净来源，因为 $CH_4$ 和 $CO_2$ 的排放与碳固定相关。然而，甲烷在大气中的存在性并不确定。如果在相对长的时间（>100 年）内评价这些湿地，这些湿地则会变成温室气体的"汇"。Mitsch 等（2013）通过对比全世界 21 处淡水草本湿地后发现了相似的结论。近年来，许多关于甲烷排放的研究如在俄亥俄的天然和恢复湿地与哥斯达黎加湿地的研究（Altor and Mitsch，2006，2008）及其他相关研究发现，人造湿地的甲烷排放相比自然湿地在前 20 年内要低（Nahlik and Mitsch，2010，2011；Sha et al.，2011；Mitsch et al.，2013；Waletzko and Mitsch，2014）。

## 推荐读物

Coburn, E. A. 2004. *Vernal Pools*. Blacksburg, VA: McDonald & Woodward.
van der Valk, A. G. 2012. *The Biology of Freshwater Wetlands*, 2nd ed. Oxford, UK: Oxford University Press

## 参考文献

Altor, A. E., and W. J. Mitsch. 2006. Methane flux from created riparian marshes: Relationship to intermittent versus continuous inundation and emergent macrophytes. *Ecological Engineering* 28: 224–234.

Altor, A. E., and W. J. Mitsch. 2008. Pulsing hydrology, methane emissions, and carbon dioxide fluxes in created marshes: A 2-year ecosystem study. *Wetlands* 28: 423–438.

Anderson, F. O. 1976. Primary productivity in a shallow water lake with special reference to a reed swamp. *Oikos* 27: 243–250.

Balogh, G. R., and T. A. Bookhout. 1989. Purple loosestrife (Lythrum salicaria) in Ohio's Lake Erie marshes. *Ohio Journal of Science* 89: 62–64.

Bedford, B. L., M. R. Walbridge, and A. Aldous. 1999. Patterns of nutrient availability and plant diversity of temperate North American wetlands. *Ecology* 8: 1251–1269.

Bernard, J. M., and B. A. Solsky. 1977. Nutrient cycling in a *Carex lacustris* wetland. *Canadian Journal of Botany* 55: 630–638.

Boyd, C. E. 1971. The dynamics of dry matter and chemical substances in a *Juncus effusus* population. *American Midland Naturalist* 86: 28–45.

Bridgham, S. D., K. Updegraff, and J. Pastor. 2001. A comparison of nutrient availability indices along an ombrotrophic-minerotrophic gradient in Minnesota wetlands. *Soil Science Society of America Journal* 65: 259–269.

Brix, H., B. K. Sorrell, and B. Lorenzen. 2001. Are Phragmites-dominated wetlands a net source or net sink of greenhouse gases? *Aquatic Botany* 69: 313–324.

Craft, C. B., J. Vymazal, and C. J. Richardson. 1995. Response of Everglades plant communities to nitrogen and phosphorus additions. *Wetlands* 15: 258–271.

Dahl, T. E. 2006. *Status and trends of wetlands in the conterminous United States 1998 to 2004*. U.S. Department of the Interior, Fish and Wildlife Service, Washington, DC, 112 pp.

Delaune, R. D., and C. W. Lindau. 1990. Fate of added 15N labeled nitrogen in a *Sagittaria lancifolia* L. Gulf Coast marsh. *Journal of Freshwater Ecology* 5: 429–431.

Denny, P. 1985. Wetland plants and associated plant life-forms. In P. Denny, ed., *The Ecology and Management of Wetland Vegetation*. Junk, Dordrecht, the Netherlands, pp. 1–18.

Denny, P. 1993. Wetlands of Africa: Introduction. In D. F. Whigham, D. Dykyjová, and S. Hejny, eds. *Wetlands of the World, I: Inventory, Ecology, and Management*. Kluwer Academic Publishers, Dordrecht, the Netherlands, pp. 1–31.

Derksen, A. J. 1989. Autumn movements of underyearling northern pike, *Esox lucius*, from a large Manitoba marsh. *Canadian Field Naturalist* 103:429–431.

DeRoia, D. M., and T. A. Bookhout. 1989. Spring feeding ecology of teal on the Lake Erie marshes (abstract). *Ohio Journal of Science* 89(2): 3.

deSzalay, F. A., and V. H. Resh. 1997. Responses of wetland invertebrates and plants important in waterfowl diets to burning and mowing of emergent vegetation. *Wetlands* 17: 149–156.

Farrar, J., and R. Gersib. 1991. Nebraska salt marshes: Last of the least. Nebraska Game and Park Commission, Lincoln. 23 pp.

Feminella, J. W., and V. H. Resh. 1989. Submersed macrophytes and grazing crayfish: An experimental study of herbivory in a California freshwater marsh. *Holarctic Ecology* 12: 1–8.

Galatowitsch, S. M., N. O. Anderson, and P. D. Ascher. 1999. Invasiveness in wetland plants in temperate North America. *Wetlands* 19: 733–755.

Gorham, E. 1974. The relationship between standing crop in sedge meadows and summer temperature. *Journal of Ecology* 62: 487–491.

Hall, J. V., W. E. Frayer, and B. O. Wilen. 1994. Status of Alaska wetlands. U.S. Fish & Wildlife Service, Alaska Region, Anchorage. 32 pp.

Huttunen, J. T., H. Nykänen, J. Turunen, and P. J. Martikainen. 2003. Methane emissions from natural peatlands in the northern boreal zone in Finland, Fennoscandia. *Atmospheric Environment* 37: 147–151.

Johnson, S. A. 1998. Effects of hydrology and plant introduction techniques on first-year macrophyte growth in an newly created wetland. Master's thesis, Ohio State University, Columbus.

Johnston, C. A., S. D. Bridgham, and J. P. Schubauer-Berigan. 2001. Nutrient dynamics in relation to geomorphology of riverine wetlands. *Soil Science of America Journal* 65: 557–577.

Johnston, C. A., B. Bedford, M. Bourdaghs, T. Brown, C. Frieswyk, M. Tulbere, L. Vaccaro, and J. B. Zedler. 2007. Plant species indicators of physical environment in Great Lakes coastal wetlands. *Journal of Great Lakes Research* 33: 106–124.

Keddy, P. A. 2010. *Wetland Ecology: Principles and Conservation*, 2nd ed. Cambridge University Press, Cambridge, UK. 497 pp.

Klopatek, J. M. 1974. Production of emergent macrophytes and their role in mineral cycling within a freshwater marsh. Master's thesis, University of Wisconsin, Milwaukee.

Klopatek, J. M. 1978. Nutrient dynamics of freshwater riverine marshes and the role of emergent macrophytes. In R. E. Good, D. F. Whigham, and R. L. Simpson, eds., *Freshwater Wetlands: Ecological Processes and Management Potential*. Academic Press, New York, pp. 195–216.

Koerselman, W., and A. F. M. Meuleman. 1996. The vegetation N:P ratio: A new tool to detect the nature of nutrient limitation. *Journal of Applied Ecology* 33: 1441–1450.

Kulesza, A. E., and J. R. Holomuzki. 2006. Amphipod performance responses to decaying leaf litter of *Phragmites australis* and *Typha angustifolia* from a Lake Erie coastal marsh. *Wetlands* 26: 1079–1088.

Kvet, J., and S. Husak. 1978. Primary data on biomass and production estimates in typical stands of fishpond littoral plant communities. In D. Dykyjova and J. Kvet, eds., *Pond Littoral Ecosystems*. Springer-Verlag, Berlin, pp. 211–216.

LaBaugh, J.W. 1989. Chemical characteristics of water in northern prairie wetlands. In A. van der Valk, ed., *Northern Prairie Wetlands*. Iowa State University Press, Ames, IA.

LaBaugh, J. W., T. C. Winter, G. A. Swanson, D. O. Rosenberry, R. D. Nelson, and N. H. Euliss. 1996. Changes in atmosphereic circulation patterns affect midcontinent wetlands sensitive to climate. *Limnology & Oceanography* 41: 864–870.

Matthews, E., and I. Fung. 1987. Methane emissions from natural wetlands: Global distribution, area, and environmental characteristics of sources. *Global Biogeo-chemical Cycles* 1: 61–86.

McJannet, C. L., P. A. Keddy, and F. R. Pick. 1995. Nitrogen and phosphorus tissue concentrations in 41 wetland plants: A comparison across habitats and functional groups. *Functional Ecology* 9: 231–238.

McLaughlin, D. B., and H. J. Harris. 1990. Aquatic insect emergence in two Great Lakes marshes. *Wetlands Ecology and Management* 1: 111–121.

McNaughton, S. J. 1966. Ecotype function in the Typha community-type. *Ecological Monographs* 36: 297–325.

Middleton, B. A. 1999. *Wetland Restoration: Flood Pulsing and Disturbance Dynamics*. John Wiley & Sons, New York, 388 pp.

Mitsch, W. J., L. Zhang, K. C. Stefanik, A. M. Nahlik, C. J. Anderson, B. Bernal, M. Hernandez, and K. Song. 2012. Creating wetlands: Primary succession, water quality changes, and self-design over 15 years. *BioScience* 62: 237–250.

Mitsch, W. J., B. Bernal, A. M. Nahlik, U. Mander, L. Zhang, C. J. Anderson, S. E. Jørgensen, and H. Brix. 2013. Wetlands, carbon, and climate change. *Landscape Ecology* 28: 583–597.

Moore, D. R. J., P. A. Keddy, C. L. Gaudet, and I. C. Wisheu. 1989. Conservation of wetlands: do infertile wetlands deserve a higher priority? *Biological Conservation* 47: 203–217.

Nahlik, A. M., and W. J. Mitsch. 2010. Methane emissions from created riverine wetlands. *Wetlands* 30: 783–793. *Erratum in Wetlands* (2011) 31: 449–450.

Nahlik, A. M., and W. J. Mitsch. 2011. Methane emissions from tropical freshwater wetlands located in different climatic zones of Costa Rica. *Global Change Biology* 17: 1321–1334.

Neill, C. 1990. Nutrient limitation of hardstem bulrush (*Scirpus acutus* Muhl.) in a Manitoba interlake region marsh. *Wetlands* 10: 69–75.

Nelson, J. W., J. A. Kadlec, and H. R. Murkin. 1990a. Seasonal comparisons of weight loss of two types of *Typha glauca* Godr. leaf litter. *Aquatic Biology* 37: 299–314.

Nelson, J. W., J. A. Kadlec, and H. R. Murkin. 1990b. Response by macroinvertebrates to cattail litter quality and timing of litter submergence in a northern prairie marsh. *Wetlands* 10: 47–60.

Philipp, K. R., and R. T. Field. 2005. *Phragmites australis* expansion in Delaware Bay salt marshes. *Ecological Engineering* 25: 275–291.

Porej, D. 2004. Faunal aspects of wetland creation and restoration. Ph.D. dissertation, Evolution, Ecology, and Organismal Biology Department, Ohio State University, Columbus.

Richter, K. O., and A. L. Azous. 1995. Amphibian occurrence and wetland characteristics in the Puget Sound Basin. *Wetlands* 15: 305–312.

Rose, C., and W. G. Crumpton. 2006. Spatial patterns in dissolved oxygen and methane concentrations in prairie pothole wetlands in Iowa, USA. *Wetlands* 26:

1020–1025.

Saltonstall, K. 2002. Cryptic invasion by a non-native genotype of the common reed, *Phragmites australis*, into North America. *Proceedings of the National Academy of Sciences* 99: 2445–2449.

Saltonstall, K., P. M. Peterson, and R. J. Soreng. 2004. Recognition of *Phragmites australis* subsp. americanus (Poaceae: Arundinoideae) in North America: Evidence from morphological and genetic analyses. *Brit. Org/SIDA* 21: 683–692.

Sasser, C. E., G. W. Peterson, D. A. Fuller, R. K. Abernethy, and J. G. Gosselink. 1982. *Environmental Monitoring Program, Louisiana Offshore Oil Port Pipeline, 1981*. Annual Report, Coastal Ecology Laboratory, Center for Wetland Resources, Louisiana State University, Baton Rouge, 299 pp.

Sha, C., W. J. Mitsch, Ü. Mander, J. Lu, J. Batson, L. Zhang and W. He. 2011. Methane emissions from freshwater riverine wetlands. *Ecological Engineering* 37: 16–24.

Stephenson, T. D. 1990. Fish reproductive utilization of coastal marshes of Lake Ontario near Toronto. *Journal of Great Lakes Research* 16: 71–81.

Steward, K. K. 1990. Aquatic weed problems and management in the eastern United States. In A. H. Pietersen, and K. J. Murphy, eds. *Aquatic Weeds: The Ecology and Management of Nuisance Aquatic Vegetation*. Oxford University Press, New York, pp. 391–405.

Stuckey, R. L. 1980. Distributional history of *Lythrum salicaria* (purple loosestrife) in North America. *Bartonia* 47: 3–20.

Svengsouk, L. M., and W. J. Mitsch. 2001. Dynamics of mixtures of *Typha latifolia* and *Schoenoplectus tabernaemontani* in nutrient-enrichment wetland experiments. *American Midland Naturalist* 145: 309–324.

van der Valk A. G., and C. B. Davis. 1978. Primary production of prairie glacial marshes, In: *Freshwater Wetlands: Ecological Processes and Management Potential*, R. E. Good, D. F. Whigham, and R L. Simpson, eds., Academic Press, New York, pp. 21–37.

Wainscott, V. J., C. Bardey, and P. P. Kangas. 1990. Effect of muskrat mounds on microbial density on plant litter. *American Midland Naturalist* 123: 399–401.

Waletzko, E., and W. J. Mitsch. 2014. Methane emissions from wetlands: An in situ side-by-side comparison of two static accumulation chamber designs. *Ecological Engineering* 72: 95–102.

Weller, M. W. 1994. *Freshwater Marshes*, 3rd ed. University of Minnesota Press, Minneapolis. 192 pp.

Weller, M. W., and C. S. Spatcher. 1965. Role of habitat in the distribution and abundance of marsh birds. Iowa State University Agriculture and Home Economics Experiment Station Special Report 43, Ames, IA, 31 pp.

Werner, K. J., and J. B. Zedler. 2002. How sedge meadow soils, microtopography, and vegetation respond to sedimentation. *Wetlands* 22: 451–466.

Zoltai, S. C. 1988. Wetland environments and classification. In National Wetlands Working Group, ed., *Wetlands of Canada*. Ecological Land Classification Series 24, Environment Canada, Ottawa, Ontario, and Polyscience Publications, Montreal, Quebec, pp. 1–26.

美国佛罗里达州的淡水森林沼泽

# 第 11 章　淡水森林沼泽及河岸生态系统

北美洲的淡水森林沼泽湿地，由东部海岸线以落羽杉-紫花蓝果树（*Taxodium distichum-Nyssa aquatica*）为优势的混合群落、池杉-多花蓝果树（*Taxodium distichum* var. *imbricatum-Nyssa sylvatica*）为优势的混合群落、美国尖叶扁柏（*Chamaecyparis thyoides*）组成的深水沼泽和新英格兰及其附近地区的水分较少的美国红枫（*Acer rubrum*）沼泽所组成。河岸生态系统的土壤和土壤含水量受到相邻河流的影响，形成了独特的沿河线型分布形态，处理来自上游系统的大量水和其他物质。河岸生态系统包括沿河分布的低地阔叶林，这些阔叶林在中美洲气候区随处可见。森林湿地中的树木对湿地环境进化出独特的适应性，包括膝状根、较宽的板状根、不定根、树皮纵裂和向根部输送气体。森林沼泽的初级生产力和水文条件密切相关，无论过于湿润还是过于干燥。河岸生态系统的功能可以用广义的洪水脉冲的概念来解释，而不是用河流连续体的概念。

本书中的术语"swamp"指森林沼泽湿地。我们在第 9 章"红树林沼泽"中讨论过森林盐沼。地球上约有 $1.1 \times 10^6 \mathrm{km}^2$ 的淡水森林沼泽，约占世界内陆湿地的 20%（表 10.1）。

很少有树木能在积水环境中健康生长。美国的东南部是个例外，那里的落羽杉（*Taxodium* sp.）和蓝果树（*Nyssa* sp.）分布在深水森林沼泽内，湿地的特征是分布着永久或近永久积水的落羽杉和蓝果树群落。这些所谓的深水森林沼泽是由 Penfound（1952）定义的。按照他的定义，深水森林沼泽为"淡水水体、木本群落，整个生长季或生长季的大部分时间都有水"，还包括沿河分布的独立落羽杉群落和冲积物上发育的落羽杉群落。沿美国中东部的海岸和佛罗里达狭长地带，落羽杉沼泽部分被另一种森林湿地——美国尖叶扁柏（*Chamaecyparis thyoides*）沼泽所取代。再往东北穿过新英格兰，一直延伸到中西部，出现了其他类型的淡水森林沼泽，尽管这些沼泽不像落羽杉-蓝果树沼泽那样湿润，也不像针叶树落羽杉沼泽那样湿润。这些阔叶落叶林湿地包括沿着河流洪泛区分布的森林（河岸森林或洼地阔叶森林），以及高地上的洼地中孤立发育的森林湿地。

沿着河流和小溪分布的大片河岸湿地，偶尔会被水淹没，但在生长季节的某些时期，它们会变得干燥。河岸森林和淡水沼泽构成了美国最广泛分布的一类湿地，面积约 $28 \times 10^4 \mathrm{km}^2$。在美国的东南部和中西部，河岸生态系统通常被称为低地阔叶林。它们具有多样化的植被，随淹水频率的梯度而变化。河岸湿地也分布在美国的干旱和半干旱地区，它们显而易见的景观特征与周围的干旱草原及沙漠形成鲜明对比。河岸生态系统通常被认为比邻近高地的生产力高，因为养分会周期性输入，特别是当洪水是季节性的而不是连续淹水。

## 地理范围

### 落羽杉-紫花蓝果树森林沼泽

美国北至伊利诺伊州南部及肯塔基州西部密西西比河弯曲处都有落羽杉森林沼泽分布，在美国大西洋沿岸平原的新泽西州南部也能发现落羽杉森林沼泽（图 11.1a）。池杉（*Taxodium distichum* var. *imbricatum*）被区分为不同种或变种（Denny and Arnold，2007），其分布范围有限，主要分布在佛罗里达州和佐治亚州南部，除路易斯安那州东南部外，密西西比河流域平原的其他区域都没有分布。另外还有第三种杉树，即墨西哥落羽杉（*Taxodium distichum* var. *mexicanum*），生长在墨西哥和得克萨斯州南部。另外一种深水森林沼泽的标志性植物是紫花蓝果树（*Nyssa aquatica*），分布范围与大西洋沿岸平原及密西西比河分布的落羽杉相似，除西部半岛以外，在佛罗里达基本没有分布。紫花蓝果树以纯林或与落羽杉形成混交林的形式发育在洪泛平原沼泽中。

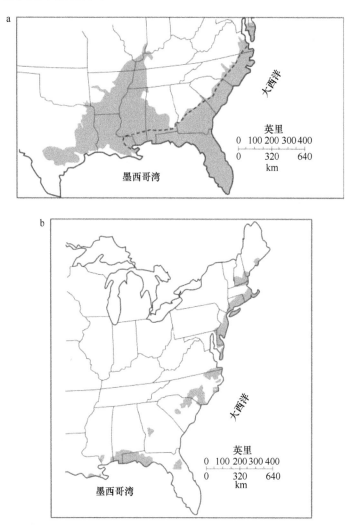

图 11.1　美国东南部森林沼泽优势树种的分布：（a）落羽杉（*Taxodium distichum*）和池杉（*Taxodium distichum* var. *imbricatum*）（虚线表示池杉分布的北部范围）；（b）美国尖叶扁柏（*Chamaecyparis thyoides*）的分布（模仿自 Little，1971；Laderman，1989）

## 美国尖叶扁柏森林沼泽

美国尖叶扁柏森林沼泽，以美国尖叶扁柏（*Chamaecyparis thyoides*）为优势物种，曾经在美国大西洋和墨西哥湾沿岸大量分布，最北可以到达缅因州东南部（图 11.1b）。这些湿地并不像落羽杉-蓝果树沼泽那样丰富。美国尖叶扁柏分布在面积约 2150km$^2$ 的林地中，但是以美国尖叶扁柏为主要树种的林地面积只有 442km$^2$（Sheffield et al.，1998）。现在只有 53km$^2$ 的美国尖叶扁柏森林沼泽保留在冰封的美国北部地区，而那里美国红枫（*Acer rubrum*）森林沼泽的面积更大。拥有美国尖叶扁柏最多的三个州是北卡罗来纳州、佛罗里达州和新泽西州。美国尖叶扁柏分布最集中的地区是新泽西州东南部的松林地带、弗吉尼亚和北卡罗来纳的迪斯默尔沼泽，以及佛罗里达州的埃斯坎比亚（Escambia）河、阿巴拉契科拉（Apalachicola）河、布莱克沃特河（Blackwater River）的洪泛平原（Sheffield et al.，1998）。

## 美国红枫森林沼泽

美国东北部最常见的阔叶落叶林湿地之一是美国红枫（*Acer rubrum*）森林沼泽。向西到宾夕法尼亚州和俄亥俄州，美国红枫森林沼泽被以梣树（*Fraxinus* spp.）、美国榆（*Ulmus americana*）、二色栎（*Quercus bicolor*）等为优势树种的沼泽所取代，但是美国红枫森林沼泽是美国东北部最常见的沼泽类型。粗略估计，美国东北部几个沿海州的落叶阔叶林沼泽都是美国红枫森林沼泽（不适用于纽约州的西部或南部），Golet 等（1993）估计，拥有美国红枫森林沼泽湿地的 6 个州，美国红枫森林沼泽湿地面积为 3530km$^2$。美国红枫也出现在密歇根上半岛和威斯康星州的东北部。美国红枫的分布向西延伸到密西西比河，向北延伸到加拿大安大略省大部分地区和马尼托巴省、纽芬兰的部分地区。美国红枫既可以生长在湿地，又可以生长在干燥、多沙或多岩石的高地。因此，美国红枫的出现并不总是指示湿地的存在，落羽杉、蓝果树或美国尖叶扁柏也是同样情况。

## 河岸生态系统

河岸生态系统通常在潮湿的冬季/春季，以及大部分生长季节的干旱时期，受到河流洪水脉冲的影响。它们可能是也可能不是美国所认定的具有司法管辖权的湿地（见第 15 章"湿地法律与湿地保护"），因为在生长季节根系淹水不足。

一般而言，河岸生态系统发育在至少偶尔会发生洪水溢出河道的溪流或河流，或为植被的建立和生长提供新生境的河道弯曲（如边滩）处。在干旱地区，河岸植被可以沿着暂时性溪流生长，也可以在常年流水的溪流洪泛区生长。在大多数非干旱地区，洪泛平原和河岸地带往往首先沿着河流出现，河道中的水流有的具有暂时性，有的常年水流不断。也就是说，在那里，地下水进入河道的水量足以在非风暴期间维持水流（Leopold et al.，1964）。

在干旱地区，河岸生态系统可以是数十千米宽的冲积河谷或狭窄的河岸植被带。丰沛的水量和大量的冲积土（Brinson et al.，1981）是使河岸生态系统不同于山地生态系统的因素。河岸生态系统与其他类型生态系统的区别主要体现在三个方面。

1）河岸生态系统常呈线状，因为它们紧邻河流和小溪。

2）来自周围景观的能量和物质，进入、穿过河岸生态系统的数量要比其他湿地生态系统多得多，也就是说，河岸系统是开放系统。

3）河岸生态系统在功能上与上游和下游生态系统相连，在横向上与上坡（高地）和下坡（水域）生态系统相连。

### 湿度适中地区的河岸生态系统

作为一种主要的河岸生态系统类型，湿度适中地区的河岸生态系统在美国通常被称洼地阔叶森林或洼地阔叶林。从历史上看，"洼地阔叶森林"这个词曾经被用来形容那些美国中部和东部偶尔会被洪水影响的河流洪泛区森林，特别是美国东南部区域的森林。洼地阔叶林是特别值得注意的湿地，因为它们覆盖了美国东南部的大片地区，而且它们能被迅速转化为其他用途，如农业和人类住区。

这种生态系统在美国密西西比河下游、北至伊利诺伊州南部和肯塔基州西部的冲积河谷及南大西洋沿岸平原流入大西洋的许多溪流中尤为普遍。The Nature Conservancy（1992）估计，在欧洲人定居之前，密西西比河冲积平原分布了约 $21 \times 10^4$hm$^2$ 的河岸森林；截至 1991 年，仍有约 $4.9 \times 10^4$hm$^2$ 的河岸森林。从马里兰州到佛罗里达州的大西洋海岸平原是另一个河岸森林的主要分布区，大量的河流从这里汇入大西洋。

### 干旱地区的河岸生态系统

在高等级河流中，湿润的河岸生态系统与山地森林在地势高程和植被上的对比往往较细微，梯度差异也较为平缓；而在干旱河岸生态系统中，坡度差异往往较大，视觉上的差异往往较为明显。在美国西部和世界上许多其他干旱地区，这些狭窄的河岸地带已经被人类活动广泛地改变了，普遍转化为住房或农业用地。放牧造成的破坏几乎无处不在。在植被普遍受到缺水限制的地区，河岸植被与水的可用性不可避免地吸引和聚集了牛群。沿着这些主要的低等级河流放牧会导致更多的侵蚀和河道下切，而高等级河流则被用于水利开发。

# 地貌和水文

## 落羽杉森林沼泽

南部的落羽杉-蓝果树森林沼泽是在多种地质和水文条件下形成的。其分布从美国佛罗里达州南部极度缺乏营养的矮落羽杉群落，到密西西比河下游许多支流沿岸丰富的漫滩沼泽。根据地质和水文条件，可将深水沼泽分为 5 种类型（图 11.2）。

1）落羽杉穹顶（cypress dome）。落羽杉穹顶（有时称为落羽杉池塘或落羽杉头）排水不良，是一种以落羽杉为主的永久性湿洼地。它们通常面积较小，一般 1～10hm²，在佛罗里达州和佐治亚州南部的高地松林中数量众多。落羽杉穹顶在沙土和黏土上都可以生长，通常分布在低湿洼地中的落羽杉穹顶积累了几厘米厚的有机物。

这些湿地之所以被称为穹顶，是因为从侧面看它们的外观：大树生长在中间，小树生长在周边（图 11.2a）。Ewel 和 Wickenheiser（1988）证实了树木在圆丘边缘生长最慢，在圆丘中心生长最快，但在小型、中型和大型的落羽杉穹顶之间没有发现明显的树木生长差异。有人认为，这种圆顶现象是由圆顶中部较深厚的泥炭沉积、圆顶边缘更频繁的火灾或水位的逐渐升高导致穹顶从中心向外“生长”造成的（Vernon，1947；Kurz and Wagner，1953；Watts et al.，2012）。造成这种外形轮廓的确切原因还没有确定，也不是所有的穹顶都显示出其特有的形状。图 11.3a 为佛罗里达州中北部落羽杉穹顶的水量收支。

2）矮柏沼泽（dwarf cypress swamp）。其分布在佛罗里达州西南部，主要发育在大柏树沼泽和大沼泽地，池柏是那里的优势树种，但生长发育不良，散布在林下草本沼泽中（图 11.2b）。这些树木高度不会超过 6～7m，通常只有 3m 高。生长条件差的主要原因，是在整个地区出露的灰岩基质上缺乏合适的覆被物。水文周期与其他深水沼泽相比，洪水期相对较短，而且经常发生火灾。然而，由于缺乏可燃物质积累和枯落物堆积，树木很少被烧死。

3）湖边沼泽（lake-edge swamp）。在美国东南部，从佛罗里达州到伊利诺伊州南部，美国水松沼泽围绕湖泊和孤立的泥沼周边发育（图 11.2c）。蓝果树及耐水淹的阔叶树如梣树（*Fraxinus* spp.）常与美国水松一起生长。季节性波动的水位是这些系统的特征，也是幼苗生存的必要条件。这些系统中的树木从湖泊和高地地表径流中获得养分。湖边沼泽就像过滤器，接收来自高地的地表水流，使沉积物沉积下来，在水排放到开阔湖泊之前，化学物质吸附在沉积物上。然而，这个过滤功能的重要性还没有得到充分的研究。

4）径流缓慢的落羽杉林（slow-flowing cypress strand）。其主要分布在佛罗里达州的西南部（图 11.2d），那里的地势较低，河流侵蚀力弱，河流被径流缓慢的落羽杉林所取代，侵蚀力很小。基质主要是沙子和石灰岩与贝壳碎屑的混合物。在高地上泥炭沉积厚度较薄，在洼地泥炭沉积较厚。水文周期具有季节性的干湿交替循环。较深厚的泥炭层即使在极端干旱的条件下也能保持水分。大部分关于这种沼泽类型的研究都是来自法喀哈契林（Fakahatchee Strand）和螺旋沼泽鸟兽禁猎区（Carter et al.，1973；Duever et al.，1984；Villa and Mitsch，2014，2015）。

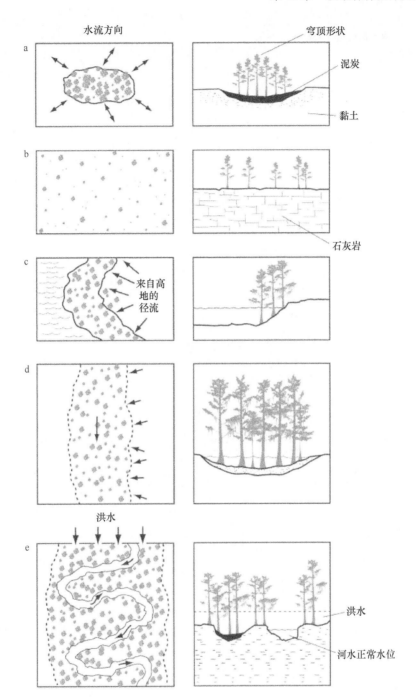

图 11.2　主要深水沼泽类型的一般剖面和水流模式：（a）落羽杉穹顶；（b）矮柏沼泽；（c）湖边沼泽；（d）径流缓慢的落羽杉林；（e）冲积河沼泽（模仿自 H. T. Odum，1982）

　　5）冲积河沼泽（alluvial river swamp）。在潮湿的气候条件下，河流和小溪的冲积平原支持着大量的森林湿地。在密西西比河下游和流域的东南部，一些永久淹水的深水沼泽作为季节性淹水森林的一部分（图 11.2e）。在美国东南部，冲积河沼泽分别以美国水松、紫花蓝果树为优势种或两者共同为优势种，其分布范围被限制在洪泛区的永久淹水洼地，如废弃的河道（牛轭湖或澳大利亚称为的死水潭）或与河流平行分布的狭长沼泽（泥沼）。冲积河沼泽会持续淹水或几乎持续淹水。水文输入主要是来自周围高地的径流和洪水泛滥的河流溢流。图 11.3b 显示了伊利诺伊州南部一个冲积河流沿岸落羽杉-紫花蓝果树沼泽的水量收支，而图 6.18 显示了同一沼泽的磷收支，结果显示出河流输入的重要性。

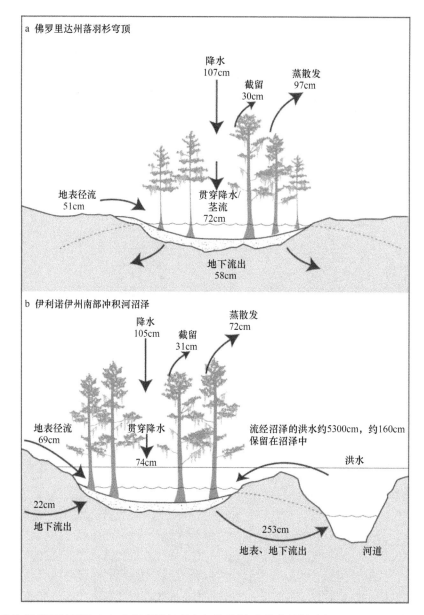

图 11.3　美国佛罗里达州落羽杉沼泽（a）和伊利诺伊州南部落羽杉-紫花蓝果树冲积河沼泽（b）年水量收支（a：模仿自 Heimburg，1984；b：模仿自 Mitsch et al.，1979）

## 美国尖叶扁柏森林沼泽

美国尖叶扁柏森林沼泽通常分布在深水落羽杉-紫花蓝果树沼泽和美国红枫沼泽之间，占据着狭窄的水文生态位。美国尖叶扁柏森林沼泽的水文情况可以归类为季节性淹水，在生长季淹水时间较长。Golet 和 Lowry（1987）的研究发现，罗得岛州的一些美国尖叶扁柏森林沼泽每年的水位波动有很大的变异，水位波动范围为 17～75cm，在 7 年时间内平均水位为 42cm。在生长季，被水淹没的湿地面积所占比例为 18%～76%。

## 美国红枫森林沼泽

美国红枫森林沼泽和矿质土森林湿地通常发育在几种不同的水文地貌条件下，最常见的是发育在冰川作用遗留下来的冰碛物上或冰川河流沉积物上的孤立盆地中，一般存在于一些不同的水文地貌区域，最常见的是冰川中的孤立盆地或冰川作用后留下的冰川积水。罗得岛州的两处美国红枫森林沼泽的水文周期见图 4.4，这些类型湿地不同的水文环境见图 4.13。这些湿地受区域及当地地下水模式的严重影响。

## 河岸生态系统

通常在湿冷的冬季或春季及在生长季极度干旱的条件下，河岸生态系统会受到河流洪水脉冲的影响。在美国，这些河岸生态系统或许并不受司法保护（见第 15 章"湿地法律与湿地保护"），这是由于在生长季时植物根系周围缺少足够的淹水。小溪、河流河岸的植被由地形横截面形态决定，包括河道分汊、河漫滩宽度、土壤类型，以及地势高程和湿度梯度。这些都是由更大尺度（大陆、流域、河流系统）上的自然过程所决定的，这些过程被当地的生物和物理过程所改变。河岸土壤水分状况在很大程度上解释了这种植物间的相互关系。然而，这种植物间的关系很少会如此简单。土壤湿度和地下水埋深并不是植物生长仅有的影响因素。低洼的洪泛区常被洪水冲刷得很干净，导致植物的幼苗无法存活，植被限于一年生和多年生植物，这些植物也只能生长到下一次洪水到来之前。只有生长在中等洪水淹没范围以上的树木才能成熟，在那里它们可以生长得很好，足以承受严重的洪水。在湿润和干旱气候条件下，河岸生态系统和洪泛区存在明显的差异。

### 湿度适中的河岸生态系统

大多数美国南部和东部广泛分布的河岸生态系统属于该类型，包括前面描述的冲积河落羽杉森林沼泽。这些河流系统的主要特征是春季洪水、夏末出现最低流量。这种湿度适中气候区，如北美洲东部，发育的典型的宽广河漫滩具有以下 8 个主要特点（图 11.4）。

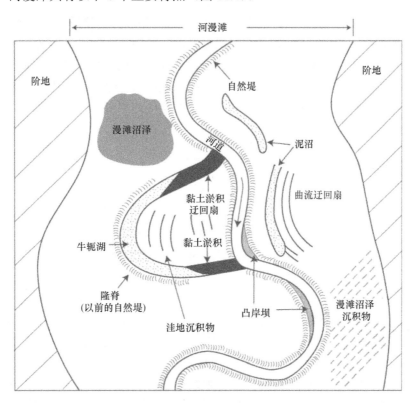

图 11.4　湿度适中气候区河岸生态系统（河漫滩）的主要河流地貌特征，包括自然堤、曲流迁回扇、牛轭湖、漫滩沼泽及凸岸坝（引自 Mitsch and Jørgensen，2004）

1）河道蜿蜒穿过该地区，搬运、侵蚀和沉积上游冲积下来的物质。

2）靠近河道的天然堤是由洪水流经河堤时沉积的粗糙物质构成的。天然堤往往是河漫滩上海拔最高的地方。

3）凸岸坝（point bar）是河流弯曲凸侧的沉积区。随着沉积物慢慢沉积在凸岸坝，河流河曲的曲线半径趋于增大，逐渐向下游移动。最终，凸岸坝开始生长植被，植被逐渐稳定并成为河漫滩的一部分。

4）曲流迂回扇（meander scroll）在河流的凸面呈现出凹陷和突起状态。这些曲流迂回扇由河流缓慢流过并切割洪泛区的凸岸坝形成。这种类型的地形通常被称为脊线和浅沼泽地形。

5）牛轭湖或死水潭（澳大利亚的称呼）是由蜿蜒的河流被切断而形成的永久静止水体。深水沼泽或淡水沼泽通常形成于牛轭湖。

6）泥沼在曲流内侧曲流迂回扇和谷壁形成死水区。深水沼泽也可在永久淹水的泥沼中形成。

7）漫滩沼泽（backswamp）是在自然堤和坡脚、阶地间的细小沉积物。

8）阶地（terrase）是"废弃的河漫滩"，可能是由河流冲积物形成的，但在水文上与当前的河流没有联系。

大多数河漫滩的形成被认为是由两个主要的加积过程造成的：河曲内侧（凸岸坝）的沉积和河漫滩洪水的沉积。当河流横向摆动时，泥沙沉积在凸岸坝的平滩水位内或以下；而在溢流阶段，泥沙沉积在凸岸坝和邻近的泛滥平原上（Leopold et al.，1964）。由此形成的河漫滩由冲积物（或冲积层）组成，厚度 10～80m。当沉积物减少时，洪泛区就会发生退化（下切），这种情况可能是由气候变化或上游水坝的建设而自然造成的。这些过程很难在短时间内观察到，只有通过研究河漫滩地层学或长期测绘才能推断出淤积和退化。

### 干旱地区的河岸生态系统

在结构上，干旱地区河岸生态系统和河流的时间、空间稳定性与湿度适中气候区的河流有根本不同。例如，与美国东南部宽广、平坦、大面积的河岸森林相比，美国西部等干旱地区的河岸生态系统往往呈现出狭窄、线性的景观，河漫滩坡度较大、形状狭窄，点缀在河流、小溪周边。由于洪峰流量与平均流量的巨大差异、洪涝灾害在时间上的不可预测性，以及该地区大部分沉积物质的粗糙性，干旱地区的河道是一个依赖于时间的系统，很少达到任何一种平衡。与湿度适中气候区的河流一样，控制河道形态的两个主要因素是泥沙供应和流量变化。

## 生物地球化学循环

Lockaby 和 Walbridge（1998）将森林湿地的生物地球化学循环描述为"任何森林生态系统类型中最复杂和最难研究的"。森林湿地土壤和水化学变化幅度很大，从冲积河落羽杉沼泽到矿物质极低、酸性的洼地红枫沼泽和落羽杉穹顶。这些沼泽的土壤和水中 pH、溶解物质及营养物质的变化范围大，有三个事实值得注意。

1）沼泽通常是酸性到中性的，这取决于泥炭的积累和降水在沼泽水体中所占的比例。

2）营养条件变化大，从养分和矿物质贫乏的雨养森林沼泽到养分和矿物质丰富的河流冲积、地下水出露而成的森林沼泽。

3）冲积环境下，冲积河流沼泽的水质往往与相邻河流的水质显著不同，沼泽通常是由地下水和洪水补给的，它们的水化学性质可能与任何一种补给水源大不相同。

许多淡水沼泽，特别是河流冲积沼泽，对河流泛滥的洪水和其他中性及矿化良好的水体是"开放的"。美国东南部许多冲积河沼泽的 pH 为 6～7，并且有高浓度的溶解离子。相比之下，落羽杉穹顶和高地上的洼地沼泽主要依靠降水补给，水体呈酸性，pH 通常在 3.5～5.0，这是由沼泽内产生的腐殖酸造成的。胶态腐殖质是造成许多森林湿地低 pH、水的颜色呈茶色或黑色的原因。孤立的沼泽，如落羽杉穹顶，与第 12 章"泥炭地"中贫营养或矿养泥炭沼泽有很多相似之处。然而，对主要地表水和地下水输入开放的森林沼泽通常呈碱性，富含溶解的离子和营养物质。例如，美国佛罗里达州落羽杉穹顶地表水的电导率为 60μS/cm，而在肯塔基州和伊利诺伊州的冲积河落羽杉沼泽中为 200～400μS/cm。

Whigham 和 Richardson（1988）通过对比美国尖叶扁柏和相邻没有森林覆盖的泥炭沼泽发现，美国尖叶扁柏土壤 pH、钙离子含量和镁离子含量都要高于其他地点（表 11.1），可能地下水或半咸水对美国尖叶扁柏产生重要影响。美国尖叶扁柏森林沼泽的磷含量最低，这表明磷是重要的限制因子。美国尖叶扁柏沼泽的 pH 较高，表明美国尖叶扁柏能够适应较高的 pH，尽管 F. Day（1984）在迪斯默尔沼泽发现那里的土壤 pH 较低，为 3.2～4.4。

**表 11.1　美国马里兰州的美国尖叶扁柏（*Chamaecyparis thyoides*）和美国红枫（*Acer rubrum*）土壤化学特征与无森林覆盖的泥炭沼泽的对比**

| 土壤参数（土柱 50cm） | 美国尖叶扁柏 | 美国红枫 | 无森林覆盖的泥炭沼泽 |
|---|---|---|---|
| pH | 5.34 | 4.23 | 4.54 |
| 有机质（%） | 59±5 | 67±3 | 68±2 |
| 氮（%） | 1.6±0.1 | 1.5±0.1 | 1.7±0.1 |
| 磷（%） | 0.07±0.01 | 0.24±0.03 | 0.10±0.01 |
| $NO_3$-N（μg/g） | 0.8±0.1 | 0.3±0.1 | 0.5±0.1 |
| $NH_4$-N（μg/g） | 67±4 | 72±19 | 76±10 |
| $Ca^{2+}$（μg/g） | 1810 | 339 | 710 |
| $Mg^{2+}$（μg/g） | 1420 | 493 | 477 |
| $K^+$（μg/g） | 1054 | 1622 | 857 |
| $Na^+$（μg/g） | 841 | 134 | 383 |
| Fe（mg/g） | 6.3 | 5.9 | 5.4 |
| Al（mg/g） | 8.0 | 5.4 | 7.6 |

资料来源：Whigham and Richardson, 1988

在河岸森林土壤中，磷的有效性常在洪水期间增加，然而增加的具体原因现在还不清楚。Wright 等（2001）对美国佐治亚州河漫滩森林试验地淹水后磷的有效性进行了研究，发现洪水确实释放了磷。然而，他们发现铁/铝磷酸盐并没有变化。土壤淹水后，磷的有效性通常被认为是由于铁磷酸盐的减少及铝磷酸盐的水解而提高的。虽然这可能发生在高地土壤淹水后，但作者将洪水期间磷有效性的增加归因于生物过程，如微生物生物量中释放的磷和厌氧条件下生物磷需求的抑制。

# 植被

## 落羽杉沼泽

美国南部的深水沼泽，特别是落羽杉沼泽，植物依赖或适应持续潮湿的环境。落羽杉沼泽和池杉沼泽有一些区别。在美国东南部的冲积河沼泽中发现的主要冠层植被包括落羽杉（*Taxodium distichum*）和紫花蓝果树（*Nyssa aquatica*）。经常发现落羽杉和蓝果树在同一片沼泽中形成混合群落，在美国东南部也经常出现落羽杉和蓝果树纯林。很多蓝果树纯林可能是落羽杉林择伐的结果。池杉（*Taxodium distichum* var. *imbricatum*）和多花蓝果树亚种（*Nyssa sylvatica* var. *biflora*）沼泽常见于美国东南沿海平原的高地，通常分布在没有河流冲积、洪泛的贫瘠沙质壤土上（表 11.2）。落羽杉穹顶也具有同样的土壤条件。

**表 11.2 落羽杉沼泽和池杉沼泽的区别**

| 特征 | 落羽杉沼泽 | 池杉沼泽 |
|---|---|---|
| 落羽杉占优势 | *Taxodium distichum* | *Taxodium distichum* var. *imbricatum* |
| 蓝果树占优势 | *Nyssa aquatica* | *Nyssa sylvatica* var. *biflora* |
| 树木生理 | 体型大、树龄老、生长速率快、通常有很多膝状根和板状根 | 体型小、树龄小、较低的生长速率、有一些膝状根和板状根，但不明显 |
| 分布地点 | 海岸平原的冲积平原，特别是沿着大西洋海岸、墨西哥湾海岸，以及密西西比河入海口 | 海岸平原的"高地"，特别是美国佛罗里达州和佐治亚州南部 |
| 化学特征 | 中性或弱酸性，较高含量的溶解离子，通常有较多的悬浮物和沉积物，营养丰富 | pH 低，很差的缓冲性，溶解离子含量低，贫营养 |
| 每年是否受河流洪水影响 | 是 | 否 |
| 深水沼泽类型 | 冲积河沼泽，落羽杉纯林，湖边沼泽 | 落羽杉穹顶，矮柏沼泽 |

　　落羽杉和池杉的主要区别之一是叶片结构（图 11.5）。落羽杉的针叶在树枝上呈平面分布，而池杉的针叶则紧贴在树枝上。这两个物种都不耐盐，只在淡水地区发现。池杉被限制在营养贫瘠的地方，很少有河流洪水泛滥或大量养分输入。

落羽杉
(*Taxodium distichum*)

池杉
(*Taxodium distichum* var. *imbricatum*)

图 11.5　落羽杉（*Taxodium distichum*）和池杉（*Taxodium distichum* var. *imbricatum*；旧称 *T. distichum* var. *nutans*）的区别

　　当深水沼泽被排水抽干或干旱期显著延长时，可能会受到湿地松（*Pinus elliottii*）或其他一些阔叶树的入侵。在美国佛罗里达州中北部，落羽杉和松树共生在一起，表明这是一个排水后的落羽杉穹顶（Mitsch and Ewel，1979）。在落羽杉穹顶发现的阔叶树包括鳄梨（*Persea palustris*）和白背玉兰（*Magnolia virginiana*）。在湖边沼泽及冲积河沼泽中，梣树（*Fraxinus* sp.）和枫树（*Acer* sp.）成为次优势种与落羽杉或蓝果树共同生长，也常两者一起生长。在南方腹地，松萝凤梨（*Tillandsia usneoides*）作为一种附生植物生长在冠层树的枝干上。

落羽杉-蓝果树沼泽林下植被的丰富程度取决于穿透树冠的光照。许多成熟的沼泽看起来像安静、黑暗的树干大教堂，没有任何林下植被。即使下层植被有足够的光照，也很难概括出地下植被的组成，会生长木本灌木、草本植物或两者兼而有之。珍珠花属植物 *Lyonia lucida*、蜡杨梅（*Maica cerifera*）及弗吉尼亚垂柳（*Itea virginica*）在贫营养的落羽杉穹顶中是常见的灌木。在养分相对丰富的河边森林沼泽中，林下植被包括风箱树（*Cephalanthus occidentalis*）和弗吉尼亚垂柳（*Itea virginica*）。一些不断被水淹没的落羽杉沼泽水中含有高浓度的溶解营养物，从而支持了多种浮萍[浮萍（*Lemna* spp.）、紫萍（*Spirodela* spp.）、满江红（*Azolla* spp.）]在水面密集生长。漂浮的木桩和老树根通常为下层植被提供了附着与繁茂生长的基质。

## 白杉木沼泽

白杉木沼泽在美国东海岸气候范围内广泛分布，这些白杉木沼泽也分布在水文条件介于南部深水落羽杉沼泽和森林沼泽（如北部的红枫树沼泽）之间的区域。通常，这些沼泽上的植物都是单一、树龄相同、间隔紧密的美国尖叶扁柏（*Chamaecyparis thyoides*），没有亚冠层，只有少数灌木和极少的草本植物。然而，经常在混交林中发现美国尖叶扁柏，与美国尖叶扁柏共同形成优势种的有灰桦（*Betula populifolia*）、黑云杉（*Picea mariana*）、北美乔松（*Pinus strobus*）和加拿大铁杉（*Tsuga canadensis*）（Laderman，1989）。在南部，共同成为优势树种的包括大头茶属植物 *Gordonia lasianthus*、鳄梨属植物 *Persea borbonia* 和 *P. palustris*、落羽杉（*Taxodium distichum*）。

白杉木沼泽的灌木层具有敞开的树冠，包括很多杜鹃科灌木，如山楸梅（*Aronia arbutifolia*）、甜胡椒（*Clethra alnifolia*）、冬青属植物 *Ilex glabra*、木藜芦属植物（*Leucothoe racemosa*）及高丛越桔（*Vaccinium corymbosum*）（Laderman，1989）。

## 红枫树沼泽

红枫树沼泽冠层的优势树种为美国红枫（*Acer rubrum*），冠层覆盖率一般超过 80%，尽管这些北部沼泽的树木比南部沼泽的树木更矮，生物量更少。虽然在北美洲红枫树沼泽中发现了 50 多种树种，但美国红枫的茎秆密度和基底面积可以占 90% 以上（Golet et al.，1993）。一般来说，一个具体地点的冠层/亚冠层包含大约 4 种树木，这取决于红枫树沼泽是否发育在东北部冰冻区域。

灌木通常包括轮生冬青（*Ilex vertucillata*）、高丛越桔（*Vaccinium corymbosum*）、山胡椒（*Lindera benzoin*）、荚蒾（*Viburnum* spp.）、齿叶桤木（*Alnus rugosa*）、风箱树（*Cephalanthus occidentalis*）、榛子（*Corylus cornuta*）和沼泽杜鹃（*Rhododendron viscosum*）。这些灌木中到底哪种占主导地位，取决于沼泽分布的地理位置。灌木的覆盖率一般大于 50%，尽管一些红枫树沼泽中灌木覆盖率仅有 6%。许多红枫树沼泽最有趣的特征之一是在草本层中多种蕨类植物占优势，其中包括分株紫萁（*Osmunda cinnamomea*）、球子蕨（*Opoclea sensibilis*）、紫萁（*Osmunda regalis*）、沼泽蕨（*Thelypteris thelypteroides*）、荚果蕨（*Matteuccia struthiopteris*）及鳞毛蕨（*Dryopteris* spp.）的其他物种。其他常见的草本植物包括臭菘（*Symplocarpus foetidus*）、驴蹄草（*Caltha palustris*）和几种甜茅（*Glyceria* spp.）及 32 种以上的薹草（*Carex* spp.）。

## 河岸生态系统

### 美国东南部河岸洼地森林

东南部高等级河岸生态系统的植被以适应河漫滩环境条件的各种树木为主。这一地区最重要的环境条件是水文周期，它决定了"水分梯度"，或者 Wharton 等（1982）所喜欢的"厌氧梯度"，在整个河漫滩上随时间和空间变化。相对于河流的洪水状况来说，沿着这一环境梯度分布的植物种类对地势高程的响应明显（图 11.6）。洼地的最低部分几乎总是被水淹没，分布着落羽杉-蓝果树沼泽。在比深水沼泽地势略高的洼地，土壤永久淹水或饱和，早期会形成黑柳（*Salix nigra*）、银白槭（*Acer saccharinum*）、美洲黑杨（*Populus deltoides*）组合群落。在这个区域更常见的物种组合包括琴叶栎（*Quercus laata*）、水山核桃（*Carya aquatica*），它们经常出现在河漫滩相对较小的洼地上，在这个区域还发现了美国红桉（*Fraxinus pennsylvanica*）、美国红枫和河桦（*Betula nigra*）。洼地河漫滩地势更高的地方，生长季淹水或饱和一两个月，这样的地方阔叶树种大量出现，如桂叶栎（*Quercus laurifolia*）、美国红桉（*Fraxinus pennsylvanica*）、美国榆（*Ulmus americana*）、美国枫香（*Liquidambar staaciflua*）及密西西比朴（*Celtis laevigata*）、北美红桉（*Quercus rubra*）、柳叶栎（*Quercus phellos*）和一球悬铃木（*Platanus occidentalis*）。这个区域植物演替的先锋植物主要是河桦或美洲黑杨的单一林分组成。

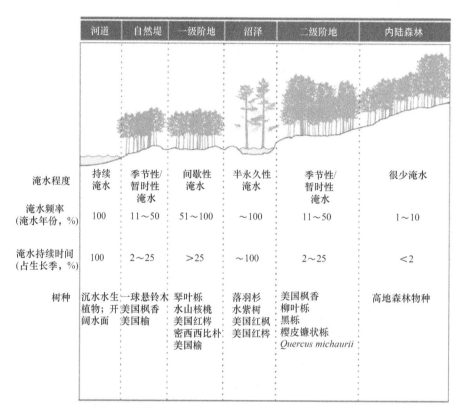

图 11.6　美国东南部洼地阔叶林的植被组合与河漫滩地形、淹水频率和淹水持续时间的一般关系（引自 Mitsch and Gossslink，2000）

在河漫滩海拔最高处的暂时性或偶尔淹水阶地（图 11.6 中二级阶地），每个生长季淹水从不到一周至约一个月，通常优势植物是能够忍耐偶尔淹水的一些橡树，如栎属植物 *Quercus michauxii*、樱皮镰状栎（*Quercus falcata* var. *pagodifolia*）、黑栎（*Quercus nigra*）和山核桃（*Carya* spp.）。

植物分带在地形上不是线性分布的，同样这些植被也不是离散的。图 11.6 是美国东南部冲积河漫滩的微观横断面图。在现实中，复杂的微地形并不表现出从一个区域到下一个区域的平滑变化。事实上，由于高程的波动，靠近河流的天然堤（图 11.6）往往是漫滩上最多样化的部分之一。

## 干旱和半干旱的河岸森林

美国西部半干旱草原和干旱地区的河岸森林植被与美国东部、南部湿润地区有所不同。该地区的自然高地生态系统是草原、沙漠或其他非森林生态系统，因此河岸带是该景观的一个显著特征。美国西部河岸生态系统树种为潜水植物（phreatophyte），也就是说，它们是从潜水（phreatic，地下水或地下水的毛细管边缘）中获取水分的植物。许多物种在幼苗生长时利用地表水（因此萌发时需要裸露、潮湿的土壤），但它们的根变得长而深时，需要从地下水吸收水分。杨树（*Populus* spp.）被认为是专性的潜水植物，而牧豆树（*Prosopis pubescens*）和外来物种柽柳（*Tamarix ramisissima*）都是兼性的，柽柳是一种引进树种，在许多地区正迅速取代杨树。

## 冰川地区沼泽

森林沼泽遍布于冰川覆盖的美国中西部。但事实上，俄亥俄州、印第安纳州和伊利诺伊州等的大部分湿地都是森林湿地，它们发育在孤立的洼地或农田中的洪泛区（表 11.3）。这里的沼泽通常是由冰川形成的池塘逐渐被填充并被森林覆盖（真正的水生演替过程）而形成的。然而，沼泽也可以发育在矿质水成土的潮湿盆地中，而不是泥炭沉积物上。与红枫树沼泽一样，由于自然演替或人工排水，这些树木通常已经取代了曾经占据这些地方的草本沼泽。目前对于这些系统的演替了解不多。

**表 11.3　美国俄亥俄州中部一片阔叶森林沼泽中的典型植被 [a]**

| 树种 | 湿地指标状态 [b] |
| --- | --- |
| **乔木** | |
| 沼生栎（*Quercus palustris*） | FACW |
| 二色栎（*Quercus bicolor*） | FACW |
| 银白槭（*Acer saccharinum*） | FACW |
| 美国红枫（*Acer rubrum*） | FAC |
| 美国榆（*Ulmus americana*） | FACW |
| 美国红梣（*Fraxinus pennsylvanica*） | FACW |
| **灌木/林下植被** | |
| 山胡椒（*Lindera benzoin*） | FACW |
| 风箱树（*Cephalanthus occidentalis*） | OBL |
| 野蔷薇（*Rosa multiflorac*）[c] | FACU |
| 美洲鹅耳枥（*Carpinus caroliniana*） | FAC |
| **草本植物** | |
| 蓼（*Polygonum* spp.） | FAC/OBL |
| 臭菘（*Symplocarpus foetidus*） | OBL |
| 浮萍（*Lemna* spp.） | OBL |
| 泽泻（*Alisma plantago-aquatica*） | OBL |
| 紫菀（*Aster* spp.） | FAC/FACW |
| 薹草（*Carex* spp.） | FACW/OBL |
| 毛茛（*Ranunculus septentrionalis*） | OBL |
| 沼泽虎耳草（*Saxifraga pennsylvanica*） | OBL |
| 球子蕨（*Onoclea sensibilis*） | FACW |
| 狼把草（*Bidens comosa*） | FACW |
| 大狼杷草（*Bidens frondosa*） | FACW |
| 藨草属一种（*Scirpus atrovirens*） | OBL |
| 蒯草（*Scirpus cyperinus*） | FACW |

注：a. 美国俄亥俄州富兰克林县高汉森林自然保护区的湿地物种
　　b. 美国东北部湿地指标状态的使用。按湿到干的顺序：OBL =专性湿地植物；FACW=兼性喜湿植物；FAC=兼性植物；FACU=兼性陆地植物
　　c. 外来物种

## 树木的适应性

　　维管植物，特别是树木，在连续淹水条件下难以生存。在北美洲，只有少数几种树种可以在持续淹水条件下生存。即便如此，这些树木的生长速度一般也很缓慢。生长在淡水沼泽中的树木虽然承受着潮湿环境的压力，但这些树木已经找到了适应的方法。这里讨论森林沼泽中主要树种最显著的适应性。

### 森林沼泽中的火灾？

　　由于积水或土壤水分饱和，火灾在沼泽地区通常并不常见，但在干旱或人工排水的沼泽地区，火灾可能是一个重要的生态因素。一般来说，火灾在美国佛罗里达州的森林沼泽比其他任何地方都要频繁，因为闪电风暴更频繁，也因为这里可以预测到旱季。1970～1977 年，佛罗里达州南部的大柏树国家保护区（Big Cypress National Preserve）发生过 4 次火灾，平均每次火灾会影响 5km$^2$ 的森林沼泽。2009 年 4～5 月，一场更大面积（120km$^2$）的火灾烧毁了这个保护区西北部的大片森林（Watts et al.，2012）。在大多数冲积河沼泽中火灾是罕见的，但是在落羽杉穹顶或矮柏沼泽中火灾发生频率较高，平均每个世纪可能会发生几次火灾。

　　火灾对佛罗里达州中北部落羽杉穹顶的树木有"净化"作用，因为火灾选择性地杀死了几乎所有入侵落羽杉穹顶的高地松树和阔叶树，但未造成落羽杉伤害（Ewel and Mitsch，1978）。这表明，火对一些落羽杉生态系统在消除耐水性差的竞争方面可能存在优势。Casey 和 Ewel（2006）认为，火灾严重程度是影响佛罗里达池杉沼泽树木演替的关键因素。在它们的广义演替模型中，排除火灾（由于地貌条件的原因）会促进月桂-落羽杉混合群落的形成，而周期性的适度火灾则会促进落羽杉-蓝果树或落羽杉单一群落的形成。严重的火灾会导致灌木或草本沼泽环境。

　　火对白杉木沼泽也有影响。如果水位很低，火的破坏力会很大，会杀死白杉木，并使泥炭大量燃烧。如果水位高，小火可以起到净化作用，清除矮树和灌木，有利于白杉木幼苗的萌发（Laderman，1989）。在大西洋沿岸的白杉木沼泽，高度易燃的白杉木树叶在欧洲人定居前频繁燃烧（每 100～200 年发生 5 次火灾）；欧洲人定居后火灾变得比较罕见，白杉木沼泽就变成了今天所见到的生长密集、单一物种的生态系统（Motzkin et al.，1993）。

　　Watts（2013）、Watts 和 Kobziar（2013）描述了湿地火灾，如落羽杉沼泽，通常是阴燃或地面火灾，而不是典型的高地森林明火火灾。这些火灾可以持续许多天甚至几个月，比一般的明火火灾更难控制，无论白天还是晚上，都会产生大量的烟雾，并给人类带来危害。

### 膝状根和呼吸根

　　落羽杉（*Taxodium distichum*）、池杉（*Taxodium distichum* var.*imbricatum*）、紫花蓝果树（*Nyssa aquatica*）和多花蓝果树（*Nyssa sylvatica*）是具有呼吸根的几种湿地植物。在深水沼泽中，这些器官从根系延伸到超过平均水位的地方（图 11.7a）。落羽杉的"膝状根"呈圆锥形，高度通常小于 1m，但是一些落羽杉的膝状根可高达 3～4m。落羽杉的膝状根通常比紫花蓝果树的更突出一些。落羽杉穹顶中多花紫树的呼吸根实际上是呈拱形或"扭结"在一起的，外观近似于落羽杉膝状根。膝状根的功能已经被研究了一个多世纪。最初人们认为，膝状根是用来固定树木的，因为膝状根下次生根系的外观与树木的主根系相似，但比主根系小。1990 年飓风"雨果"袭击美国南卡罗来纳州后，对沼泽和高地破坏的观察表明，落羽杉依然挺立，而阔叶树和松树则为倒伏状态。这一研究成果支持了落羽杉根、膝状根和板状根系统固定树木的理论（K. Ewel，个人通信）。

彩图请扫码

彩图请扫码

彩图请扫码

图 11.7　落羽杉沼泽植被的几个特征：（a）落羽杉膝状根；（b）落羽杉板状根；（c）落羽杉高大、寿命长

其他关于落羽杉膝状根功能的讨论集中在可能将根用作气体交换。Penfound（1952）认为，落羽杉膝状根并不生长在最需要它的深水中，而且落羽杉膝状根的木质部分并不具备通气性。也就是说，细胞间没有气体空间能够将氧气输送到根系。然而，气体交换确实发生在膝状根。S. L. Brown（1981）估计，在落羽杉穹顶膝状根的气体排放量为 0.040.12g C/(m$^2$·年)，在河流冲积沼泽中气体排放量为 0.23g C/(m$^2$·年)。这些气体排放量占整个树木呼吸总量的 0.3%～0.9%，但是占估计的木质组织（树干和膝状根）呼吸量的 5%～15%。然而，二氧化碳（$CO_2$）在膝状根进行交换这一事实并不能证明氧气在膝状根运输，也不能证明 $CO_2$ 是根系中厌氧产生的有机化合物氧化的产物。

### 板状根

在淹水条件下生长的落羽杉属（*Taxodium*）、蓝果树属（*Nyssa*）植物及美国尖叶扁柏（*Chamaecyparis thyoides*），通常会产生膨大的基部或板状根（buttress，茎的过度肥大）（图 11.7b）。根据湿地的水文周期，基部膨大可从土壤以上不到 1m 延伸至数米。膨大通常发生在植物淹水的部分，至少是季节性的淹水，尽管造成膨大的淹水持续时间和频率还是未知的。有一种理论认为，板状根的高度是对通气的反应：膨大最突出的地方发生在树干持续湿润和淹水的地方，但这里的树干要高于正常水位（Kurz and Demaree，1934）。板状根膨大对生态系统生存能力的价值尚不清楚，这可能只是一种对植物几乎没有用处的残留反应。

### 种子的萌发和扩散

沼泽树木的种子需要氧气才能萌发。例如，落羽杉种子和幼苗需要潮湿但不淹水的土壤才能发芽与存活。偶尔的水位降低，即使发生的频率不高，对这些沼泽中树木的生存也是必要的。否则，持续的淹水将最终形成开放的池塘，除非发育了植物浮毯。

许多沼泽树木种子的扩散和生存取决于水文条件。Schneider 和 Sharitz（1986）在研究美国南卡罗来纳州的落羽杉-紫花蓝果树沼泽种子库时发现，存活的种子数量相对较少。在森林沼泽中发现的木质树种（88%为落羽杉或紫花蓝果树）平均种子密度为 127 粒/m$^2$，而在附近的洼地阔叶林中，种子密度为 233 粒/m$^2$。

作者推测，落羽杉-紫花蓝果树沼泽中持续的洪水导致种子生存能力的下降。Huenneke 和 Sharitz（1986）进一步阐述了水媒传播（hydrochory，种子由水进行扩散）在这些沼泽中的重要性。水文条件，特别是洪水泛滥，是决定河流岸边环境中种子组成、扩散和存活的重要因素。种子的传输距离较远，种子密度最高的地方集中在障碍物附近，如原木、树桩、落羽杉膝状根和树干等，而种子密度最低的地方主要在开阔水域。

### 寿命

一些沼泽树木可以存活几个世纪，并且长得很高大（图 11.7c）。在美国佛罗里达州西南部的螺旋沼泽鸟兽禁猎区，一株落羽杉寿命已有约 700 年。Laderman（1998）发现，落羽杉属（*Taxodium*）树木的最大年龄约为 1000 年。相比之下，白杉木的寿命约 300 年（Clewell and Ward，1987）。成熟的落羽杉通常高 30~40m，直径 1~1.5m。Anderson 和 White（1970）在伊利诺伊州南部一个落羽杉沼泽内发现一棵巨大的落羽杉，胸径为 2.1m。C. A. Brown（1984）总结了几篇报道，记录了胸径在 3.6~5.1m 的落羽杉。

### 浅根或不定根

有些物种，如美国红枫（*Acer rubrum*），可能因为表层土壤最接近大气而容易获取氧，淹水时根系很浅。而在有空气的土壤中，同一物种的根会扎得很深。其他沼泽中的物种，如柳（*Salix sp.*）、美国红梣（*Fraxinus pennsylvanica*）和美洲黑杨（*Populus deltoides*），为适应淹水会从茎的地上部分长出不定根。

### 气体扩散

木本植物在被洪水淹没时，根际会遇到一个特殊的问题，那就是如何将氧气输送到根际，很少有物种能在持续的淹水中存活下来。沼泽中生长的树木，包括落羽杉属（*Taxodium*）、蓝果树属（*Nyssa*）、桤木属（*Alnus*）和梣属（*Fraxinus*）等，有能力为其根系提供足够数量的氧气，以满足根际需要。太阳辐射会使树干升高几摄氏度，导致光诱导的气体流动，这种气体流动在选定的沼泽幼苗中可能比在黑暗中相同的树木快得多：这种热诱导的空气通过维管植物流动的过程被一些研究者称为热渗透（thermo-osmosis）（Grosse et al.，1998），并通过通气的茎和根系组织发育而得到增强（见第 7 章"湿地植被与演替"）。

## 消费者

### 无脊椎动物

关于无脊椎动物群落，特别是底栖大型无脊椎动物，已经在几个落羽杉-紫花蓝果树沼泽中进行了分析。在永久淹水的沼泽中发现了种类丰富、数量众多的无脊椎动物，种类包括小龙虾、蛤蜊、寡毛纲蠕虫、蜗牛、淡水虾、片脚类、蠓和各种未成熟的昆虫。Batzer 和 Wissinger（1996）的研究发现，昆虫特别是蠓可以成为森林湿地优势种，可能达到较高的种群密度。这些无脊椎动物中有许多都直接或间接地依赖于这些系统中发现的大量碎屑。

寡毛类动物和摇蚊科（Chironomidae）昆虫都能忍受低溶解氧条件，而在浮萍等水生植物中大量存在的 *Hyalella azteca* 等片脚类动物通常在冲积河沼泽的无脊椎动物群落中成为优势物种。在贫营养的落羽杉穹顶中，底栖动物以摇蚊科为主，但也有小龙虾、等足类和其他双翅目物种。溶解氧含量低和周期性下降造成的压力是造成这些落羽杉穹顶多样性低、物种数量少的原因。

深水沼泽中木本植物的生产为无脊椎动物提供了丰富的基质，但很少有人研究这种基质在沼泽中对无脊椎动物的重要性。Thorp 等（1985）发现，当蓝果树属（*Nyssa*）植物原木被放置在溪流流入沼泽的地方时，其无脊椎动物个体数量是沼泽本身或沼泽出流地方的三倍，类群数量是两倍。沼泽入水处的蜉蜉目（Ephemeroptera）、襀翅目（Plecoptera）、摇蚊类（chironomid）及毛翅目（Trichoptera）昆虫种群数量巨大，而在沼泽内部寡毛类动物（oligochaete）的数量最多，据推测是由缺氧、水体不流动的环境条件造成的。沼泽中的林下植物对各种无脊椎动物群也很重要。

## 鱼类

鱼类在冲积河沼泽中，既是临时居民又是永久居民。一些研究指出，在洪水季节，泥沼、漫滩沼泽对鱼类和贝类的产卵与觅食很有价值。当洪水结束后，森林沼泽经常成为鱼类的重要生境，由于水位波动和偶尔的溶解氧水平低，静止的水体不适合水生生物生存。一些鱼类，如弓鳍鱼（Amia calva）、雀鳝（Lepisosteus sp.）和某些重要的小型鱼类[如鳉（Fundulus spp.）和食蚊鳉（Gambusia affinis）]，通过利用大气中的氧气，能够更好地适应周期性缺氧。几种食草鲤常成为冲积河沼泽中的优势物种，在那里大型鱼类是湿地的临时居民。由于缺少持续的静水，较浅的落羽杉穹顶、白杉木沼泽、美国红枫沼泽中几乎没有鱼。

## 爬行动物和两栖动物

由于爬行动物和两栖动物都具有适应水位波动的能力，因此这些动物在沼泽中很常见。在美国东南部的很多落羽杉-桉树沼泽中，经常可以见到有 9 种或 10 种青蛙，而在这一地区的深水沼泽中最令人关注的两种爬行动物是美洲短吻鳄（Alligator mississippiensis）和食鱼蝮（Agkistrodon piscivorus）。短吻鳄的地理分布范围从美国北卡罗来纳州一直到路易斯安那州。在那里，河流冲积形成的落羽杉沼泽和河岸浅滩的落羽杉森林通常是它们理想的栖息地。食鱼蝮是一种口腔内部呈白色的有毒水蛇，它遍布落羽杉沼泽的大部分地区，也是许多曾在沼泽中生活过的人们口中"蛇故事"的主题。然而，其他几种水蛇，尤其是北美洲几种水蛇，在种群数量和生物量方面更重要，常被误认为是食鱼蝮。蛇主要以青蛙、小鱼、蝾螈和小龙虾为食。

美国红枫沼泽是美国东北部林区中爬行动物和两栖动物繁殖与捕食的重要区域。DeGraaf 和 Rudis（1986）在新英格兰地区为期一年的实验中发现，有 45 种爬行动物和两栖动物需要森林来提供遮蔽，而在研究的 11 种类型的森林中，美国红枫是 45 种爬行动物和两栖动物中 12 种动物的首选栖息地。以后的研究中，DeGraaf 和 Rudis（1990）发现，有溪流的美国红枫沼泽中的爬行动物和两栖动物种群数量是没有溪流的美国红枫沼泽的两倍，其中美洲林蛙（Rana sylvatica）、红背蝾螈（Plethodon cinereus）和美国蟾蜍（Bufo americanus）占 90%。

# 生态系统功能

本节将淡水沼泽生态系统功能概括为 4 个方面进行讨论。
1）沼泽生产力与其水文条件密切相关。
2）养分输入，往往加上水文条件，是沼泽生产力的主要影响因素。
3）无论营养物质是来自天然还是人工，沼泽都是营养物质的"汇"。
4）沼泽中木质和非木质材料的分解受到水文状况及随后的厌氧程度的影响。

## 初级生产力

洪水脉冲对沼泽生产力的重要性（W. E. Odum 等的洪水稳定性概念，1995）见图 11.8a。在美国伊利诺伊州南部的冲积河沼泽中，落羽杉的胸高横断面积的增长与邻近河流的年流量密切相关。从图中可以看出，当沼泽被洪水淹没的频率高于平均水平或被营养丰富的河流淹没的时间更长时，这片湿地中树木的生产力更高。当使用其他表示淹水程度的自变量时，也得到了类似的相关性。

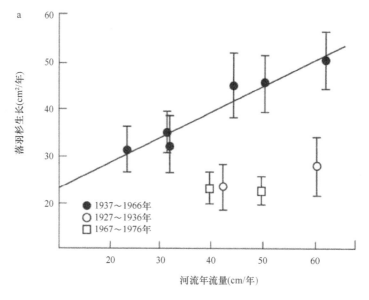

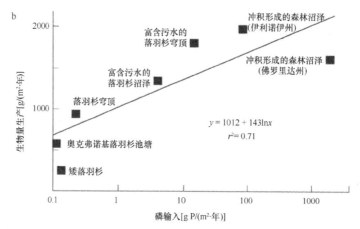

图 11.8　水文条件与落羽杉沼泽树木生产力之间的关系：（a）美国伊利诺伊州南部冲积河落羽杉胸高横断面面积的增长和 5 年河流年流量的关系；（b）几个落羽杉沼泽生物量生产与磷输入的关系。（a）数据点表示均值；柱状表示标准误（a：模仿自 Mitsch et al.，1979；b：模仿自 Brown，1981）

营养物质的流入及水文条件对落羽杉沼泽生产力的重要性一般如图 11.8b 所示。大多数沼泽中的水的流入和养分输入是耦合的，因此图 11.8 中的两幅图反映了同样的现象。据报道，森林沼泽的生产力范围很广，几乎所有的研究都是在美国东南部进行的（表 11.4）。初级生产力取决于水文和营养条件，与永久淹水或没有淹水相比，脉冲水文支持的生态系统更加高产。另外一些研究报道了洪水对森林的重要性，将树木的年生长与洪水的发生联系起来（Conner and Day，1976；Robertson et al.，2001；Stromberg，2001；Anderson and Mitsch，2008）。

根据补贴-压力（subsidy-stress）模型（E. P. Odum et al.，1979），在淹水频繁或持续淹水时间长到足以补贴养分和改善生长条件时，洪泛平原的树木生长应该最大化，但不能使洪水成为树木的生理胁迫。通过比较沿湿度梯度分布的森林群落来证明这一模型的尝试常是不确定的。Megonigal 等（1997）调查了美国东南部洪泛平原沼泽的生产力，得出结论：虽然永久淹水的洪泛平原沼泽的生产力确实较低，但没有证据表明季节性水位波动的沼泽比明显处于高地的沼泽生产力高（图 11.9）。他们认为，Mitsch 和 Rust（1984）的模型（见第 4 章"湿地水文学"图 4.18）可能更适合于描述森林湿地的生产力。

**表 11.4　美国东南部深水沼泽的生物量和净初级生产力**

| 地点/森林类型 | 树木现存生物量（kg/m²） | 枯落物 [g/(m²·年)] | 茎秆生长 [g/(m²·年)] | 地上净初级生产力[a] [g/(m²·年)] | 参考文献 |
|---|---|---|---|---|---|
| **路易斯安那州** | | | | | |
| 河边洼地阔叶森林沼泽 | 16.5[b] | 574 | 800 | 1374 | Conner and Day，1976 |
| 落羽杉-紫花蓝果树沼泽 | 37.5[b] | 620 | 500 | 1120 | Conner and Day，1976 |
| 人为控制的积水沼泽 | 32.8[b, c] | 550 | 1230 | 1780 | Conner et al.，1981 |
| 自然控制的积水沼泽 | 15.9[b, c] | 330 | 560 | 890 | Conner et al.，1981 |
| 紫花蓝果树纯林 | 36.2[b] | 379 | — | — | Conner and Day，1982 |
| 落羽杉纯林 | 27.8[b] | 562 | — | — | Conner and Day，1982 |
| 落羽杉森林（n=7） | | 425±164 | 269±117 | 765±245 | Megonigal et al.，1997 |
| 洼地阔叶森林（n=7） | | 670±109 | 440±135 | 1110±177 | Megonigal et al.，1997 |
| **北卡罗来纳州** | | | | | |
| 紫花蓝果树沼泽 | — | 609~677 | — | — | Brinson，1977 |
| 河漫滩沼泽 | 26.7[d] | 523 | 585 | 1108 | Mulholland，1979 |
| **南卡罗来纳州** | | | | | |
| 落羽杉森林（n=2） | | 385±98 | 242±64 | 625±35 | Megonigal et al.，1997 |
| 洼地阔叶森林（n=10） | | 720±98 | 488±122 | 1208±198 | Megonigal et al.，1997 |
| **弗吉尼亚州** | | | | | |
| 白杉木沼泽 | 22.0[b] | 758 | 441 | 1097[j] | Dabel and Day，1977；Gomez and Day，1982；Megonigal and Day，1988 |
| 美国红枫沼泽 | 19.6[b] | 659 | 450 | 1050[j] | Megonigal and Day，1988 |
| 落羽杉沼泽 | 34.5[b] | 678 | 557 | 1176[j] | Megonigal and Day，1988 |
| 混合阔叶森林沼泽 | 19.5[b] | 652 | 249 | 831[j] | Megonigal and Day，1988 |
| **佐治亚州** | | | | | |
| 贫营养落羽杉沼泽 | 30.7[e] | 328 | 353 | 681 | Schlesinger，1978 |
| **伊利诺伊州** | | | | | |
| 河漫滩森林 | 29.0 | — | — | 1250 | F. L. Johnson and Bell，1976 |
| 河漫滩森林 | | 491 | 177 | 668 | S. L. Brown and Peterson，1983 |
| 落羽杉-紫花蓝果树沼泽 | 45[d] | 348 | 330 | 678 | Mitsch，1979；Dorge et al.，1984 |
| **俄亥俄州** | | | | | |
| 洼地阔叶森林（水文恢复前后） | | | | 531~641（恢复前）807±86（恢复后） | Cochran，2001；Anderson and Mitsch，2008 |
| **肯塔基州** | | | | | |
| 落羽杉-梣树沼泽 | 31.2 | 136 | 498 | 634 | Mitsch et al.，1991 |
| 落羽杉沼泽 | 10.2 | 253 | 271 | 524 | Mitsch et al.，1991 |
| 积水的落羽杉沼泽 | 9.4 | 63 | 142 | 205 | Mitsch et al.，1991 |
| 洼地森林 | 30.3 | 420 | 914 | 1334 | Mitsch et al.，1991 |
| 洼地森林 | 18.4 | 468 | 812 | 1280 | Mitsch et al.，1991 |
| **佛罗里达州** | | | | | |
| 落羽杉-紫花蓝果树群落（6个样点） | 19±4.7[f] | — | 289±58[f] | 760[g] | Mitsch and Ewel，1979 |
| 落羽杉-阔叶树木群落（4个样点） | 15.4±2.9[f] | — | 336±76[f] | 950[g] | Mitsch and Ewel，1979 |
| 落羽杉纯林（4个样点） | 9.5±2.6[f] | — | 154±55[f] | — | Mitsch and Ewel，1979 |
| 落羽杉-松树群落（7个样点） | 10.1±2.1[f] | — | 117±27[f] | — | Mitsch and Ewel，1979 |
| 河漫滩沼泽 | 32.5 | 521 | 1086 | 1607 | S. L. Brown，1978 |
| 自然森林穹顶[h] | 21.2 | 518 | 451 | 969 | S. L. Brown，1978 |
| 废水森林穹顶[i] | 13.3 | 546 | 716 | 1262 | S. L. Brown，1978 |
| 落羽杉灌木 | 7.4 | 250 | — | — | S. L. Brown and Lugo，1982 |
| 排水的森林 | 8.9 | 120 | 267 | 387 | Carter et al.，1973 |

| 地点/森林类型 | 树木现存生物量（kg/m²） | 枯落物[g/(m²·年)] | 茎秆生长[g/(m²·年)] | 地上净初级生产力 [a][g/(m²·年)] | 参考文献 |
|---|---|---|---|---|---|
| 未排水的森林 | 17.1 | 485 | 373 | 858 | Carter et al.，1973 |
| 范围较大的落羽杉森林 | 60.8 | 700 | 196 | 896 | Duever et al.，1984 |
| 落羽杉幼树森林 | 24.0 | 724 | 818 | 1542 | Duever et al.，1984 |
| 废水丰富的落羽杉森林 | 28.6 | 650 | 640 | 1290 | Nessel，1978 |

注：a. NPP =净初级生产力=枯落物+茎秆生长

　　b. 所选树木胸径（DBH）>2.54cm

　　c. 只有落羽杉、紫花蓝果树、栎树

　　d. 所选树木胸径（DBH）>10cm

　　e. 所选树木胸径（DBH）>4cm

　　f. 仅为落羽杉的均值±标准误

　　g. 估计值

　　h. 平均 5 个自然森林穹顶

　　i. 平均 3 个自然森林穹顶；穹顶吸收富营养的废水

　　j. 由于一些茎叶在测量时被当作枯落物，因此地上净初级生产力小于枯落物和茎秆生长

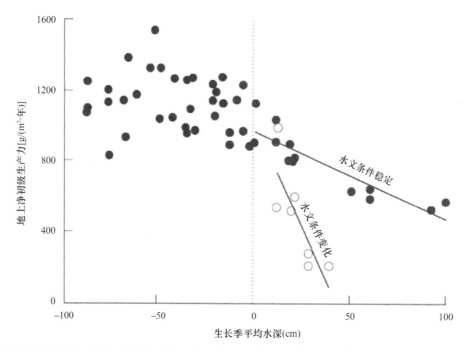

图 11.9　美国东南部洪泛平原洼地阔叶林净初级生产力与生长季平均水深的关系（模仿自 Megonigal et al.，1997）

　　在几乎所有这些研究中，仅对地上生产力进行了估算。Powell 和 Day（1991）对地下生产力进行了直接测量，发现混合阔叶森林沼泽的地下生物量最高[989g/(m²·年)]。淹水更加频繁的白杉木沼泽[366g/(m²·年)]、落羽杉沼泽[308g/(m²·年)]和美国红枫-桉树沼泽[59g/(m²·年)]的地下生物量要比混合阔叶森林沼泽低。这些结果表明，分配到根系的碳随洪水增加而减少。

　　在未被改变的森林湿地中，树木的年死亡率往往较低。Conner 等（2002）监测了 1987～1999 年美国南卡罗来纳州和路易斯安那州森林湿地结构的年变化。未改变地区的树木死亡率很低（2%）；然而，在路易斯安那州水位上升显著的地区，树木年死亡率更高（高达 16%）。作者还发现，严重的风暴会增加短期死亡率，但这些事件也会导致长期死亡率上升，因为受损的树木最终会死亡。

## 能量流

　　深水沼泽的能量流主要是由林冠的初级生产力决定，能量消耗主要通过碎屑分解完成。然而，贫营养沼泽（矮柏沼泽、落羽杉穹顶）和富营养沼泽（落羽杉冲积河沼泽）在能量流模式之间存在显著差异（表 11.5）。所有落羽杉沼泽的自养生产力都超过呼吸作用。冲积河沼泽由于较丰富的养分输入，因此总生产力、净初级生产力和净生态系统生产力都是最高的。有机物质的积累和（或）输出是所有这些深水沼泽的特征，而冲积河沼泽在这些方面是更加明显的。在贫营养沼泽中外来物质（allochthonous）输入较少，同时初级生产者一级的能量流相对较低。冲积河流的落羽杉-紫花蓝果树沼泽更加依赖外来物质和能量流输入，特别是地表径流和洪水淹水。冲积河流的深水沼泽中的水生植被生产力通常很高，然而在落羽杉穹顶内的水生植被生产力通常较低。

**表 11.5　选定的美国佛罗里达州落羽杉沼泽 [a] 能量流[kcal/(m²·d)]**

| 参数 | 矮柏沼泽 | 落羽杉穹顶 | 冲积河沼泽 |
| --- | --- | --- | --- |
| 总初级生产力 [b] | 27 | 115 | 233 |
| 植物呼吸 [c] | 18 | 98 | 205 |
| 净初级生产力 | 9 | 17 | 28 |
| 土壤或水体呼吸 | 7 | 13 | 18 |
| 净生态系统生产力 | 2 | 4 | 10 |

注：a. 假定 1g C = 10kcal
　　b. 假定总初级生产力= 白天净光合作用+夜晚叶片呼吸作用
　　c. 植物呼吸作用= 2×夜晚叶片呼吸作用+茎呼吸+膝状根呼吸作用
　　数据来源：S. L. Brown，1981

## 营养收支

　　Kitchens 等（1975）通过对美国南卡罗来纳州一个冲积河沼泽进行冬春季初步调查后，首次提出森林湿地作为营养汇的功能。他们发现，当河水经过沼泽时，水体中磷的含量显著降低，并认为这是水生植物群落生物吸收的结果。在路易斯安那州的一项类似研究中，J. W. Day 等（1977）发现，当水体流经巴拉塔里亚湾（Barataria Bay）的湖泊沼泽群进入下游河口时，水中的氮含量和磷含量分别减少 48%、45%。他们将营养物质的减少归因于沉积物间的相互作用，包括硝酸盐储存/反硝化作用和黏土沉积物对磷的吸附。从 1973 年开始，H. T. Odum 等（1977）及其同事及学生调查了佛罗里达州中北部的落羽杉穹顶和其他沼泽处理废水的效果。后来 Ewel 和 Odum（1984）对大部分的工作进行了总结。从那时起，大量的研究表明了森林湿地在去除营养物质方面的潜力，其中也包括路易斯安那州的几项研究（Mitsch and Day，2004；Day et al.，2004；Rivera-Monroy et al.，2013）。

　　从接收和输出大量物质的"开放性"冲积河沼泽到与周围环境"隔离"的落羽杉穹顶，深水沼泽的营养收支各不相同（表 11.6）。Mitsch 等（1979）计算了伊利诺伊州南部冲积河沼泽的营养收支，同时发现，在河水泛滥期间沉积物中沉积的磷[3.6g P/(m²·年)]是一年其余时间从沼泽返回到河流中的磷的 10 倍（见第 6 章"湿地生物地球化学"，图 6.18）。在那一年的洪水期间，这片沼泽是大量磷和沉淀物的汇，尽管滞留率很低（3%～4.5%），因为在洪水期间有大量的水流经这片沼泽。Noe 和 Hupp（2005）评估了流入切萨皮克湾（Chesapeake Bay）沿岸河漫滩森林中养分的净积累。碳的平均累积率为 61～212g C/(m²·年)，氮为 3.5～13.4g N/(m²·年)，磷为 0.2～4.1g P/(m²·年)。在他们的研究中，流域土地利用是一个重要影响因素。沉积物和营养物质的最大积累发生在弗吉尼亚州里士满（Richmond）市区下游的奇克哈默尼（Chickahominy）河。

**表 11.6　美国输入森林沼泽的磷含量[g P/(m²·年)]**

| 沼泽类型 | 降水 | 地表输入 | 河流洪泛沉积物 | 参考文献 |
|---|---|---|---|---|
| **佛罗里达州** | | | | |
| 矮柏沼泽 | 0.11 | — | 0 | S. L. Brown，1981 |
| 落羽杉穹顶 | 0.09 | 0.12 | 0 | |
| 冲积河沼泽 | — | — | 3.1 | S. L. Brown，1981 |
| **伊利诺伊州** | | | | |
| 冲积河沼泽 | 0.11 | 0.1 | 3.6 | Mitsch et al.，1979 |
| **北卡罗来纳州** | | | | |
| 河流冲积紫花蓝果树沼泽 | 0.02~0.04 | 0.01~1.2 | 0.2 | Yarbro，1983 |
| **弗吉尼亚州** | | | | |
| 河漫滩森林 | — | — | 0.2~4.1 | Noe and Hupp，2005 |

## 河岸生态系统和河流的交换

生态学家从生态功能角度对河流系统进行了研究，并提出了两种方法来描述流动水体系统。河流连续体与沿小溪、河流纵向延伸的生态总体差异有明显关系。这些概念主要是在对美国河流的小支流研究发展而来的，但很少有人关注支流与周边其他系统的横向连接以及两个洪泛平原之间的关系。然而，基于对亚马孙河及其支流进行的研究，洪水脉冲的概念突出了河流流量的季节性模式的重要性，以及河流及其与河岸生态系统之间横向交换的重要性。

### 河流连续体概念

河流连续体概念（river continuum concept，RCC）是 20 世纪 80 年代初发展起来的一个理论，用于描述在河流、小溪中发现的生物群的纵向模式（Vannote et al.，1980；Minshall et al.，1983，1985）。根据河流连续体概念，大部分有机物是从上游源头区输入河流、小溪的陆源物质（图 11.10）。生产/呼吸比（*P/R*）<1

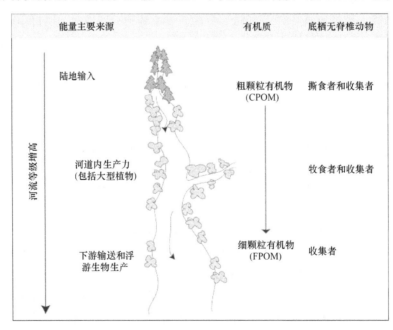

图 11.10　河流连续体概念显示了从小的一阶河流到非常大的十一阶河流的过渡。左图显示了陆地、河流或上游能量对水生食物链的相对重要性。右图显示了无脊椎动物不同摄食类群的相对重要性（引自 Mitsch and Jørgensen，2004；模仿自 Johnson et al.，1995）

（溪流是异养的），撕食者和收集者无脊椎动物占优势。生物多样性受到低温、低光照和低营养的限制。在河流中游，有更多的光照，浮游植物生长旺盛，生物多样性最高，这里的 $P/R>1$。来自上游的有机质较多，滤食动物占优势。然而，在辫状河段或河漫滩较宽的地方，河岸生境拦截了树枝、原木，形成了碎屑物质堆积的堤坝，减缓了水的流速，增加了溪流生境的多样性。河岸粗碎屑输入的增加提高了食物多样性，提升了异养水平。生产/呼吸比（$P/R$）<1。最后，在高等级河流中，河岸凋落物的输入量很小，浑浊度降低了初级生产力。因此，该系统再次以异养为主（$P/R<1$），多样性往往很低。回水、牛轭湖和河漫滩对于河流生态系统生态功能的重要作用在河流连续体概念中几乎被忽略。

### 洪水脉冲概念

　　河流连续体概念认为，小的低等级河流受遮阴和大量外来有机质的影响，河岸带的重要性只是间接的。Junk 等（1989）根据他们在世界温带和热带地区的经验，提出了河漫滩-大型河流系统的洪水脉冲概念（flood pulse concept，FPC）（图 11.11）。他们认为河流连续体概念是一个普遍适用的理论，因为：①该理论的大部分是从低等级温带溪流的经验发展而来的；②该概念主要局限于永久的栖息地。在洪水脉冲概念中，河流流量的脉冲是控制河漫滩生物群落的主要力量，河漫滩与河道之间的横向交换和河漫滩内的养分循环"对生物群落的影响比河流连续体概念中讨论的营养螺旋（nutrient spiraling）概念作用更直接"（Junk et al.，1989）。因此，洪水脉冲概念认为河流-河漫滩交换在决定河流和相邻沿岸的生产力方面具有重要意义。交替的干-湿循环优化了沿岸带和邻近森林的生产力，分解了所有产生的物质，进而帮助鱼类产卵和生长。

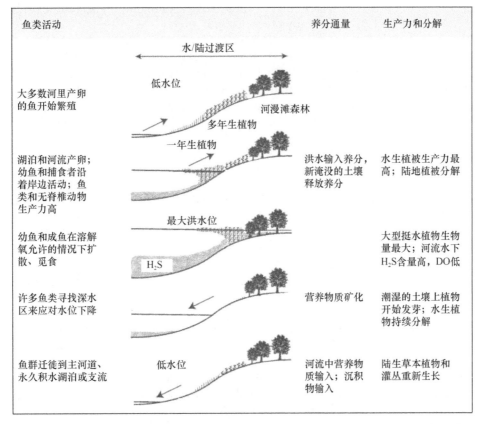

图 11.11　河流及其河漫滩的洪水脉冲概念，图中显示了河流湿润和干旱的 5 个时期（引自 Mitsch and Jørgensen，1995；模仿自 Bayley，1995 和 Junk et al.，1989）

## 推荐读物

Messina, M. G., and W. H. Conner, eds. 1998. *Southern Forested Wetlands*. Boca Raton, FL: Lewis Publishers.

## 参考文献

Anderson, C. J., and W. J. Mitsch. 2008. The influence of flood connectivity on bottomland forest productivity in central Ohio, USA. *Ohio Journal of Science* 108 (2): 2–8.

Anderson, R. C., and J. White. 1970. A cypress swamp outlier in southern Illinois. *Illinois State Acad. Sci. Trans.* 63: 6–13.

Batzer, D. P., and S. A. Wissinger. 1996. Ecology of insect communities in nontidal wetlands. *Annual Review of Entomology* 41: 75–100.

Bayley, P. B. 1995. Understanding large river-floodplain ecosystems. *BioScience* 45:153–158.

Brinson, M. M. 1977. Decomposition and nutrient exchange of litter in an alluvial swamp forest. *Ecology* 58: 601–609.

Brinson, M. M., B. L. Swift R. C. Plantico, and J. S. Barclay. 1981. Riparian Ecosystems: Their Ecology and Status, U.S. Fish and Wildlife Service, *Biol. Serv. Prog.*, FWS/OBS-81/17, Washington, DC, 151pp.

Brown, C. A. 1984. Morphology and biology of cypress trees. In K. C. Ewel and H. T. Odum, eds., *Cypress Swamps*. University Presses of Florida, Gainesville.

Brown, S. L. 1978. A Comparison of Cypress Ecosystems in the Landscape of Florida. Ph.D. dissertation, University of Florida, 569 pp.

Brown, S. L. 1981. A comparison of the structure, primary productivity, and transpiration of cypress ecosystems in Florida. *Ecological Monographs* 51: 403–427.

Brown, S. L., and A. E. Lugo. 1982. A comparison of structural and functional characteristics of saltwater and freshwater forested wetlands. In B. Gopal, R. E. Turner, R. G. Wetzel, and D. F. Whigham, eds. *Wetlands: Ecology and Management*. National Institute of Ecology and International Scientific Publications, Jaipur, India, pp. 109–130.

Brown, S. L., and D. L. Peterson. 1983. Structural characteristics and biomass production of two Illinois bottomland forests. *American Midland Naturalist* 110: 107–117.

Carter, M. R., L. A. Bums, T. R. Cavinder, K. R. Dugger, P. L. Fore, D. B. Hicks, H. L. Revells, and T. W. Schmidt. 1973. *Ecosystem Analysis of the Big Cypress Swamp and Estuaries*. U.S. Environmental Protection Agency 904/9–74, Region IV, Atlanta.

Casey, W. P., and K. C. Ewel. 2006. Patterns of succession in forested depressional wetlands in North Florida, USA. *Wetlands* 26: 147–160.

Clewell, A. F., and D. B. Ward. 1987. White cedar in Florida and along the northern Gulf Coast. In A.D. Laderman, ed., *Atlantic White Cedar Wetlands*. Westview Press, Boulder, CO, pp. 69–82.

Cochran, M. 2001. Effect of hydrology on bottomland hardwood forest productivity in central Ohio (USA). Master's thesis, Natural Resources, The Ohio State University, Columbus.

Conner, W. H., and J. W. Day, Jr. 1976. Productivity and composition of a bald cypress-water tupelo site and a bottomland hardwood site in a Louisiana swamp. *American Journal of Botany* 63: 1354–1364.

Conner, W. H., J. G. Gosselink, and R. T. Parrondo. 1981. "Comparison of the vegetation of three Louisiana swamp sites with different flooding regimes." American Journal of Botany 68: 32–331.

Conner, W. H., and J. W. Day, Jr. 1982. The ecology of forested wetlands in the southeastern United States. In B. Gopal, R. E. Turner, R. G. Wetzel, and D. F.

Whigham, eds., *Wetlands: Ecology and Management*. National Institute of Ecology and International Scientific Publications, Jaipur, India, pp. 69–87.

Conner, W. H., I. Mihalia, and J. Wolfe. 2002. Tree community structure and changes from 1987 to 1999 in three Louisiana and three South Carolina forested wetlands. *Wetlands* 22: 58–70.

Dabel, C. V., and F. P. Day, Jr. 1977. Structural composition of four plant communities in the Great Dismal Swamp, Virginia. *Torrey Botanical Club Bulletin* 104: 352–360.

Day, F. P. 1984. Biomass and litter accumulation in the Great Dismal Swamp. In K. C. Ewel and H. T. Odum, eds., *Cypress Swamps*, University of Florida Press, Gainesville, pp. 386–392.

Day, J. W., Jr., T. J. Butler, and W. G. Conner. 1977. Productivity and nutrient export studies in a cypress swamp and lake system in Louisiana. In M. Wiley, ed., *Estuarine Processes*, vol. II, Academic Press, New York, pp. 255–269.

Day, J. W., Jr., J. Ko, J., Rybczyk, D. Sabins, R. Bean, G. Berthelot, C. Brantley, L. Cardoch, W. Conner, J. N. Day, A. J. Englande, S. Feagley, E. Hyfield, R. Lane, J. Lindsey, J. Mistich, E. Reyes, and R. Twilley. 2004. The use of wetlands in the Mississippi delta for wastewater assimilation: A review. *Ocean and Coastal Management* 47: 671–691.

DeGraaf, R. M. and D. D. Rudis. 1986. New England Wildlife: Habitat Natural History, and Disturbance. General Technical Report NE-108, Northeastern Forest Experiment Station, Forest Service, U.S. Department of Agriculture, Washington, DC, 491 pp.

DeGraaf, R. M., and D. D. Rudis. 1990. Herpetofaunal species composition and relative abundance among three New England forest types. *Forest Ecology and Management* 32: 155–165.

Denny, G. C., and M. A. Arnold. 2007. Taxonomy and nomenclature of baldcypress, pondcypress, and Montezuma cypress: One, two, or three species? *HortTechnology* (Jan-Mar 2007) 17(1): 125–127.

Dorge, C. L., W. J. Mitsch, and J. R. Wiemhoff. 1984. Cypress wetlands in southern Illinois. In K. C. Ewel and H. T. Odum, eds., *Cypress Swamps*, University Presses of Florida, Gainesville, pp. 393–404.

Duever, M. J., J. E. Carlson, and L. A. Riopelle. 1984. Corkscrew Swamp: A virgin cypress strand. In K. C. Ewel and H. T. Odum, eds., *Cypress Swamps*. University Presses of Florida, Gainesville, pp. 334–348.

Ewel, K. C., and W. J. Mitsch. 1978. The effects of fire on species composition in cypress dome ecosystems. *Florida Scientist* 41: 25–31.

Ewel, K. C., and H. T. Odum, eds. 1984. *Cypress Swamps*. University Presses of Florida, Gainesville, FL.

Ewel, K C., and L. P. Wickenheiser. 1988. Effects of swamp size on growth rates of cypress (*Taxodium distichum*) trees. *American Midland Naturalist* 120: 362–370.

Golet, F. C., and D. J. Lowry. 1987. Water regimes and tree growth in Rhode Island Atlantic white cedar swamps. In A. D. Laderman, ed., *Atlantic White Cedar Wetlands*. Westview Press, Boulder, CO, pp. 91–110.

Golet, F. C., A. J. K. Calhoun, W. R. DeRagon, D. J. Lowry, and A. J. Gold. 1993. *Ecology of Red Maple Swamps in the Glaciated Northeast: A Community Profile. Biological Report* 12, U.S. Fish and Wildlife Service, Washington, DC. 151 pp.

Gomez, M. M., and F. P. Day, Jr. 1982. Litter nutrient content and production in the Great Dismal Swamp. *American Journal of Botany* 69: 1314–1321.

Grosse, W., H. B. Büchel, and S. Lattermann. 1998. Root aeration in wetland trees and its ecophysiological significance. In A. D. Laderman, ed., *Coastally Restricted Forests*. Oxford University Press, New York, pp. 293–305.

Heimburg, K. 1984. Hydrology of north-central Florida cypress domes. In K. C. Ewel and H. T. Odum, eds., *Cypress Swamps*. University Presses of Florida, Gainesville, pp. 72–82.

Huenneke, L. F., and R. R. Sharitz. 1986. Microsite abundance and distribution of woody seedlings in a South Carolina cypress-tupelo swamp. *American Midland Naturalist* 115: 328–335.

Johnson, F. L., and D. T. Bell. 1976. Plant biomass and net primary production along a flood-frequency gradient in a streamside forest. *Castanea* 41: 156–165.

Johnson, B. L., W. B. Richardson, and T. J. Naimo. 1995. Past, present, and future concepts in large river ecology. *BioScience* 45: 134–141.

Junk, W. J., P. B. Bayley, and R. E. Sparks. 1989. The flood pulse concept in river-floodplain systems. In D. P. Dodge, ed., *Proceedings of the International Large River Symposium. Special issue of the Journal of Canadian Fisheries and Aquatic Sciences* 106: 11–127.

Kitchens, W. M., Jr., J. M. Dean, L. H. Stevenson, and J. M. Cooper. 1975. The Santee Swamp as a nutrient sink. In F. G. Howell, J. B. Gentry, and M. H. Smith, eds., *Mineral Cycling in Southeastern Ecosystems*, ERDA Symposium Series 740513. U.S. Government Printing Office, Washington, DC, pp. 349–366.

Kurz, H., and D. Demaree. 1934. Cypress buttresses in relation to water and air. *Ecology* 15: 36–41.

Kurz, H., and K. A. Wagner. 1953. Factors in cypress dome development. *Ecology* 34: 17–164.

Laderman, A. D. 1989. The ecology of the Atlantic white cedar wetlands: A community profile. *Biology Reports* 8S (7.21). U.S. Fish and Wildlife Service, Washington, DC. 114 pp.

Laderman, A. D., ed. 1998. *Coastally Restricted Forests*. Oxford University Press, Oxford, UK, 334 pp.

Leopold, L. B., M. G. Wolman, and J. E. Miller. 1964. *Fluvial Processes in Geomorphology*. W. H. Freeman, San Francisco. 522 pp.

Little, E. L., Jr. 1971. *Atlas of United States Trees*, vol. 1, Conifers and important hardwoods, Misc. Pub. No. 1146, U.S. Department of Agriculture—Forest Service, USGPO, Washington, DC.

Lockaby, B. G., and M. R. Walbridge. 1998. Biogeochemistry. In M. G. Messina and W. H. Conner, eds., *Southern Forested Wetlands: Ecology and Management*. Lewis Publishers, Boca Raton, FL, pp. 149–172.

Megonigal, J. P., and F. P. Day, Jr. 1988. Organic matter dynamics in four seasonally flooded forest communities of the Dismal Swamp. *American Journal of Botany* 75: 1334–1343.

Megonigal, J. P., W. H. Conner, S. Kroeger, and R. R. Sharitz. 1997. Aboveground production in southeastern floodplain forests: A test of the subsidy–stress hypothesis. *Ecology* 78: 370–384.

Minshall, G. W., R. C. Peterson, K. W. Cummins, T. L. Bott, J. R. Sedall, C. E. Cushing, and R. L. Vannote. 1983. Inter-biome comparison of stream ecosystem dynamics. *Ecological Monographs* 53–1–25.

Minshall, G. W., K. W. Cummins, R. C. Peterson, C. E. Cushing, D. A. Bruins, J. R. Sedall, and R. L. Vannote. 1985. Development in stream ecosystem theory. *Canadian Journal of Fisheries and Aquatic Sciences* 37:130–137.

Mitsch, W. J. 1979. Interactions between a riparian swamp and a river in southern Illinois. In R. R. Johnson and J. F. McComlick, tech. coords., *Strategies for the Protection and Management of Floodplain Wetlands and Other Riparian Ecosystems*, Proceedings of a Symposium, Calaway Gardens, U.S. Forest Service General Technical Report WO-12, Washington, DC, pp. 63–72.

Mitsch, W. J., and K. C. Ewel. 1979. Comparative biomass and growth of cypress in Florida wetlands. *American Midland Naturalist* 101: 417–426.

Mitsch, W. J., C. L. Dorge, and J. R. Wiemhoff. 1979. Ecosystem dynamics: A phosphorus budget of an alluvial cypress swamp in southern Illinois. *Ecology* 60: 1116–1124.

Mitsch, W. J., and W. G. Rust. 1984. Tree growth responses to flooding in a bottomland forest in northeastern Illinois. *Forest Science* 30: 499–510.

Mitsch, W. J., J. R. Taylor, and K. B. Benson. 1991. Estimating primary productivity of forested wetland communities in different hydrologic landscapes. *Landscape Ecology* 5: 75–92.

Mitsch, W. J., and J. G. Gosselink. 2000. *Wetlands*, 3rd ed. John Wiley & Sons, New York, 920 pp.

Mitsch, W. J., and J. W. Day, Jr. 2004. Thinking big with whole ecosystem studies and ecosystem restoration—A legacy of H.T. Odum. *Ecological Modelling* 178: 133–155.

Mitsch, W. J., and S. E. Jørgensen. 2004. *Ecological Engineering and Ecosystem Restoration*. John Wiley and Sons, Hoboken, NJ. 411pp.

Motzkin, G., W. A. Patterson, and N.E.R. Drake. 1993. Fire history and vegetation dynamics of a *Chamaecyparis thyoides* wetland on Cape Cod, Massachusetts. *Journal of Ecology* 81: 391–402.

Mulholland, P. J. 1979. Organic Carbon in a Swamp-Stream Ecosystem and Export by Streams in Eastern North Carolina. Ph.D. dissertation, University of North Carolina, Chapel Hill.

The Nature Conservancy. 1992. The forested wetlands of the Mississippi River: An ecosystem in crisis. The Nature Conservancy, Baton Rouge, LA, 25 pp.

Nessel, J. K. 1978. Distribution and Dynamics of Organic Matter and Phosphorus in a Sewage Enriched Cypress Strand. Masters thesis, University of Florida, Gainesville, FL, 159 pp.

Noe, G. P., and C. R. Hupp. 2005. Carbon, nitrogen, and phosphorus accumulation in floodplains of Atlantic Coastal Plain rivers, USA. *Ecological Applications* 15: 1178–1190.

Odum, E. P., J. T. Finn, and E. H. Franz. 1979. Perturbation theory and the subsidy-stress gradient. *BioScience* 29: 349–352.

Odum, H. T. 1982. Role of wetland ecosystems in the landscape of Florida in Ecosystem Dynamics in Freshwater Wetlands and Shallow Water Bodies, vol. 11. D. O. Logofet and N. K Luckyanov, eds., SCOPE and UNEP Workshop, Center of International Projects, Moscow, USSR, pp. 33–72.

Odum, H. T., K. C. Ewel, W. J. Mitsch, and J. W. Ordway. 1977. Recycling treated sewage through cypress wetlands in Florida. In F. M. D'Itri, ed., *Wastewater Renovation and Reuse*. Marcel Dekker, Inc., New York, pp. 35–67.

Odum, W. E., E. P. Odum, and Odum, H. T. 1995. Nature's pulsing paradigm. *Estuaries* 18: 547–555.

Penfound, W. T. 1952. Southern swamps and marshes. *Botanical Review* 18: 413–446.

Powell, S. W., and F. P. Day. 1991. Root production in four communities in the Great Dismal Swamp. *American Journal of Botany* 78: 288–297.

Rivera-Monroy, V. H., B, Branoff, E, Meselhe, A. McCorquodale, M. Dortch, G. D. Steyer, J. Visser, and H. Wang. 2013. Landscape-level estimation of nitrogen removal in coastal Louisiana wetlands: Potential sinks under different restoration scenarios. *Journal of Coastal Research* 67(sp1): 75–87.

Robertson, A. I., P. Y. Bacon, and G. Heagney. 2001. The response of floodplain primary production to flood frequency and timing. *Journal of Applied Ecology* 38: 126–136.

Schlesinger, W. H. 1978. Community structure, dynamics, and nutrient ecology in the Okefenokee Cypress Swamp-Forest. *Ecological Monographs* 48: 43–65.

Schneider, R. L., and R. R. Sharitz. 1986. Seed bank dynamics in a southeastern riverine swamp. *American Journal of Botany* 73: 1022–1030.

Sheffield, R. M., T. W. Birch, W. H. McWilliams, and J. B. Tansey. 1998. *Chamaecyparis thyoides* (Atlantic white cedar) in the United States. In A. D. Laderman, ed., *Coastally Restricted Forests*. Oxford University Press, New York, pp. 111–123.

Stromberg, J. C. 2001. Influence of stream flow regime and temperature on growth rate of the riparian tree, *Platanus wrightii*, in Arizona. *Freshwater Biology* 46: 227–239.

Thorp, J. H., E. M. McEwan, M. F. Flynn, and F. R. Hauer. 1985. Invertebrate colonization of submerged wood in a cypress-tupelo swamp and blackwater stream. *American Midland Naturalist* 113: 56–68.

Vannote, R. L., G. W. Minshall, K W. Cummins, J. R. Sedell, and C. E. Cushing. 1980. The river continuum concept. *Canadian Journal of Fisheries and Aquatic Sciences* 37:130–137.

Vernon, R. O. 1947. Cypress domes. *Science* 105: 97–99.

Villa, J. A. and W. J. Mitsch. 2014. Methane emissions from five wetland plant communities with different hydroperiods in the Big Cypress Swamp region of Florida Everglades. *Ecohydrology & Hydrobiology* 14: 253–266.

Villa, J. A., and W. J. Mitsch 2015. Carbon sequestration in different wetland plant communities in Southwest Florida. *International Journal for Biodiversity Science, Ecosystems Services and Management*. doi.org/10.1080/21513732.2014.973909

Watts, A. C. 2013. Organic soil combustion in cypress swamps: Moisture effects and landscape implications for carbon release. *Forest Ecology and Management* 294C: 178–187.

Watts, A. C., L. N. Kobziar, and J. R. Snyder. 2012. Fire reinforces structure of pond-cypress (*Taxodium distichum* var. *imbricarium*) domes in a wetland landscape. *Wetlands* 32: 430–448.

Watts, A. C., and L. N. Kobziar. 2013. Smoldering combustion and ground fires: Ecological effects and multi-scale significance. *Fire Ecology* 9: 124–132.

Wharton, C. H., W. M. Kitchens, E. C. Pendleton, and T. W. Sipe. 1982. *The Ecology of Bottomland Hardwood Swamps of the Southeast: A Community Profile*. U.S. Fish and Wildlife Service, Biological Services Program, FWS/OBS-81/37. 133 pp.

Whigham, D. F., and C. J. Richardson. 1988. Soil and plant chemistry of an Atlantic white cedar wetland on the Inner Coastal Plain of Maryland. *Canadian Journal of Botany* 66: 568–576.

Wright, R. B., B. G. Lockaby, and M. R. Walbridge. 2001. Phosphorus availability in an artificially flooded southeastern floodplain forest soil. *Soil Science Society of America Journal* 65: 1293–1302.

Yarbro, L. A. 1983. The influence of hydrologic variations on phosphorus cycling and retention in a swamp stream ecosystem. In T. D. Fontaine and S. M. Bartell, eds., *Dynamics of Lotic Ecosystems*. Ann Arbor Science, Ann Arbor, MI, pp. 223–245.

彩图请扫码

爱沙尼亚北部的泥炭地

# 第 12 章　泥　炭　地

　　泥炭地，包括雨养泥炭沼泽和矿养泥炭沼泽，主要分布在世界上凉爽、水分盈余的北方地区。雨养泥炭沼泽和矿养泥炭沼泽有几种形成方式，它们或起源于水域生态系统，由水域生态系统的演替而形成，如颤沼；或起源于陆地系统，由陆地系统的演替而形成，如披盖式泥炭沼泽。尽管很多泥炭地非常易于辨识，但是通常根据化学条件将泥炭地定义为三种类型：①矿质营养型（单一的矿养泥炭沼泽）；②雨养型（隆起泥炭沼泽）；③过渡类型（养分贫瘠的泥炭沼泽）。泥炭地具有很多特征，包括与苔藓阳离子交换导致的酸性、硫化物和有机酸氧化、营养和初级生产力低、分解缓慢、适应性的养分循环途径和泥炭积累。有许多关于泥炭地能量和养分收支的理论成果，林德曼 1942 年的能量收支理论是最早的生态科学能量收支理论之一。泥炭地是地球上最大的陆地碳库，如果泥炭地水文受到干扰或受到气候变化的影响，它们被视为大气中潜在的碳源。

　　这里所定义的泥炭地包括世界北方地区的深厚泥炭沉积。雨养泥炭沼泽和矿养泥炭沼泽是两种主要的泥炭地类型，表现为古湖盆深厚的泥炭沉积或地表景观上的披盖式泥炭沼泽。许多这样的湖盆都是末次冰川作用形成的，而泥炭地被认为是填充过程的最后阶段。雨养泥炭沼泽是酸性泥炭沉积形成的，没有大量的地表水或地下水的流入或流出，支持耐酸（喜酸）植被，特别是苔藓。矿养泥炭沼泽则与之相反，通常是一个开放性的泥炭地系统，会得到来自周围矿质土壤的水分补给，一般生长禾草、莎草或芦苇。它们在许多方面处于草本沼泽和雨养泥炭沼泽之间的过渡阶段。矿养泥炭沼泽的重要之处在于它是雨养泥炭沼泽发育中的一个演替阶段。

　　世界范围内对雨养泥炭沼泽和矿养泥炭沼泽的研究及描述比任何其他类型的淡水湿地都更为广泛，欧洲和北美洲的生态学文献中关于泥炭地的研究尤为丰富。泥炭地因其在温带气候区的广泛分布、独特的生物群和演替模式、泥炭作为燃料和土壤改良剂的经济重要性及最近在全球大气碳平衡中的重要性而得到深入研究。几个世纪以来，诸如斯堪的纳维亚铁器时代"沼泽人"的发现，引起了世人对沼泽的好奇和困惑，这些"沼泽人"在未分解的泥炭中完好无损地保存了 2000 年（如 Glob，1969；Coles and Coles，1989）。

　　由于沼泽和其他泥炭地在北欧和北美洲随处可见，现在许多用来定义湿地或描述湿地的词汇（有些很不幸）都起源于描述沼泽的术语；在使用如雨养泥炭沼泽（bog）、矿养泥炭沼泽（fen）、森林沼泽（swamp）、德语中的季节性淹水泥炭地（moor）、藓类泥炭沼泽（muskeg）、灌丛泥炭沼泽（heath）、季节性淹水泥炭沼泽（mire）、草本沼泽（marsh）、高位沼泽（highmoor）、低位沼泽（lowmoor）及泥炭地（peatland）等术语来描述这些生态系统时，有时也比较混乱。本书将使用"泥炭地"（peatland）一词，尤其是雨养泥炭沼泽（bog）、矿养泥炭沼泽（fen），包括深厚的泥炭沉积，主要分布在北美洲和欧亚大陆寒冷、森林覆盖的北方地区。泥炭沉积也发生在暖温带、亚热带或热带地区，特别是美国东南沿海平原。

## 地理范围

　　雨养泥炭沼泽和矿养泥炭沼泽主要分布在北半球湿度大的寒温带气候区（图 12.1）。这些地区的降水量超过蒸散发量，从而导致水分积聚。在南半球的南美洲和新西兰同样有泥炭地分布。但大面积的雨养泥炭沼泽和矿养泥炭沼泽主要分布在斯堪的纳维亚半岛（即欧洲东部）、西伯利亚西部、美国阿拉斯加州和加拿大。其中泥炭沼泽在地表景观中占比例较大的地区有：加拿大的哈得孙湾低地、北欧的芬诺斯坎迪亚地盾及西西伯利亚鄂毕河（Ob River）和额尔齐斯河（Irtysh River）周边的低洼地。

　　世界上泥炭地面积约为 $3.5 \times 10^6 km^2$（Gorham，1991），包括了独联体国家的 $1.6 \times 10^6 km^2$（Botch et al.，1995），其中 900 000km² 分布在西西伯利亚低地（Kremenetski et al.，2003），220 000km² 分布在芬诺斯坎迪亚（Fennoscania）地区。在北美洲，加拿大的泥炭沼泽面积约为 $1.1 \times 10^6 km^2$。美国（包括阿拉斯加州）的泥炭沼泽面积估计为 $0.55 \times 10^6 km^2$（见表 10.1），整个北美洲的泥炭沼泽面积约 $1.65 \times 10^6 km^2$，占世界泥炭沼泽的近一半。

　　图 12.1 中未显示出分布于南美洲南部和新西兰的南半球泥炭沼泽。与北半球相比，这些泥炭沼泽面积相对较小。新西兰国土资源清单（Cromarty and Scott，1996）列出的全国湿地面积为 3113km²，其中许多是泥炭沼泽，包括 "pakihi" 灌丛沼泽（薄层石楠灌丛泥炭地）439km²，还有 356km² 森林沼泽，其中一些还生长泥炭藓（*Sphagnum* spp.）（Buxton et al.，1996）。发育在新西兰的隆起泥炭沼泽以灯心草一类的植物和帚灯草科植物共同为优势物种为特征，与北半球泥炭沼泽以常见的泥炭藓或杜鹃花为特征不同。

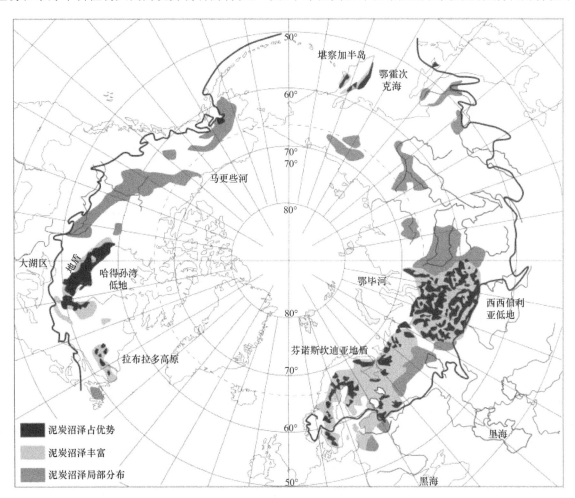

图 12.1　北半球北方地区（泰加林带）丰富的泥炭地。北方地区相当于山区的亚高山带。树线（实线）以南，森林苔原或亚高山带向北延伸至虚线（模仿自 Wieder et al.，2006）

　　在美国，泥炭沼泽从明尼苏达州北部一直分布到缅因州北部，进而绵延深入内陆。在美国东北部的缅因州、纽约州和佛蒙特州，雨养泥炭沼泽和矿养泥炭沼泽很常见。在西弗吉尼亚州的阿特拉斯山脉也普遍分布有泥炭沼泽，如在多莉草皮荒野（Dolly Sods Wilderness）中，那里生长了只有在加拿大东部海岸才会发现的植物物种。雨养泥炭沼泽和矿养泥炭沼泽最远分布到美国中北部更新世冰川覆盖的盆地地区的伊利诺伊州、印第安纳州和俄亥俄州。大西洋中部海岸平原是一片广阔的泥炭地，排水能力很差，称为"波可辛"（pocosin）浅沼泽。与北部地区泥炭地相似的是，它们营养贫乏，以常绿木本植物为主，如越桔、蔓越莓、石南花和属于杜鹃科的加茶杜香。浅沼泽曾经覆盖了 12 000km²，其中 70%在北卡罗来纳州，然而北卡罗来纳州 1/3 的浅沼泽已经被摧毁了（Richardson，2003）。

## 水文和泥炭地发育

泥炭地发育需要的两个主要过程是水分正平衡和泥炭积累。首先，水分正平衡即降水量大于蒸散发量，对于泥炭地发育和生存至关重要。矿养泥炭沼泽、雨养泥炭沼泽和浅沼泽的水量收支情况表明（见第 4 章"湿地水文学"），蒸散发量一般只占降水量的 50%～70%。降水量及其季节分配很重要，因为泥炭沼泽需要全年湿润。在季节性潮湿并伴有寒冷的气候条件下，如美国中西部的明尼苏达州、威斯康星州和密歇根州，泥炭地并不常见，因为这些地方的夏季炎热干燥。关于南部泥炭沼泽及其物种的限制因素，一般认为，当夏季降水和湿度足以支撑沼泽发育时，泥炭沼泽及其物种种类是由夏季的太阳辐射强度决定的。

一些泥炭地还依赖当地的河流系统来维持水分状况。Banaszuk 和 Kamocki（2008）报道了波兰东北部纳雷夫河谷中河流补给的泥炭地受到地下水水位降低、芦苇（Phragmites spp.）扩张和土壤下沉（subsidence）的影响。造成这一现象的原因可能是在过去几十年里气候变暖、变干，导致河流径流量减少。

泥炭沼泽发育的第二个条件是泥炭生产超过分解，或者累积大于分解（A>D）。虽然北方地区泥炭沼泽的初级生产与其他生态系统相比普遍较低，但分解更为缓慢，这是贫营养泥炭沼泽发育的必要条件（见本节后面的描述）。生态系统的持续发育与盈余的水和泥炭量直接相关。例如，在凉爽、潮湿的海洋气候区，泥炭地几乎可以在任何基质上发育，即使是在山坡上也可以发育。相比之下，在蒸散发速率和分解速率都高的温暖气候下，即使出现降水量过剩也很少发育泥炭地。沼泽一旦形成，就对改变水平衡和泥炭累积条件的影响因素具有显著的抵抗力。泥炭地淹水水位、泥炭的蓄水能力和低 pH 形成了一个微气候，在大的环境波动下可以保持稳定。

考虑到水分盈余和泥炭的积累，泥炭地的发育是通过陆地化（terrestrialization）过程（浅水湖泊的填充）或沼泽化（paludification）过程（过度生长的泥炭地植被覆盖了陆地生态系统）实现的。泥炭沼泽三种常见的形成过程是：①颤沼演替；②沼泽化；③连续演替。

### 颤沼演替

颤沼演替是陆地化的经典过程，正如大多数的植物学或湖泊学课程所描述的那样。在一些湖盆中，随着沼泽的发育，湖泊从表层到湖底逐渐被泥炭填满，形成了颤沼（quaking bog，德语中称为 schwing-moor；图 12.2）。上面生长的植物，只有部分植物扎根于湖底，部分根系相互交织在一起像一个"浮毯"漂浮在水面，逐渐从边缘向湖中心发展。芦苇、莎草、禾草和其他草本植物组成的"垫状"植被沿着漂浮的泥炭"浮毯"前缘生长，泥炭藓和其他沼泽植物很快会在这里定植并成为优势种。除水文隔离外，漂浮的泥炭"浮毯"具备了隆起泥炭沼泽的一切特征。较老的泥炭沼泽常先被灌木占据，然后是松树、美洲落叶松和云杉之类的树木，这些树木在不断扩展的"浮毯"周围形成均匀的同心环。

这些泥炭地只在波浪作用很小的小湖中发育形成；它们的名字来自在漂浮的"浮毯"上行走所引起的整个表面颤动。积累的泥炭不断加厚，当露出上覆水面后，泥炭藓这一优势物种便从营养供给中隔离出来，泥炭沼泽的营养就变得越来越贫乏。上覆水水位的变化同样将泥炭地与地下水和营养更新隔离。结果产生了一个同心的或者偏心的、隆起的贫营养泥炭沼泽。

研究发现，隆起泥炭沼泽的水文条件远比想象中的要复杂，特别是位于北方地区边缘的雨养泥炭沼泽。对美国明尼苏达州阿加西湖地区的研究表明，雨养泥炭沼泽和矿养泥炭沼泽是区域水文条件的一部分，矿养泥炭地接受地下水补给，而隆起泥炭沼泽地（即雨养泥炭沼泽）通常补给地下水（图 12.3a）。

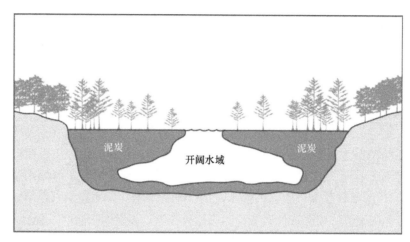

图 12.2  颤沼的典型剖面

隆起泥炭沼泽通常被认为与地下水没有水力联系，仅由降水作为营养补充。在一般湿润的气候下，这种沼泽的水文模式是真实的，因为过量的降水向下流动，地表以下矿物土壤中向上移动的地下水发生偏转（图 12.3b）。这一过程加速了泥炭积累，反过来又维持了泥炭的稳定，形成了水文因素驱动的"泥炭丘"，成为地表景观的一部分。在干旱时期，北方地区边缘的泥炭地经常发生干旱，地下水可以向上移动到距泥炭表面 1～2m 的位置（图 12.3c），并极大地影响泥炭地的化学性质。

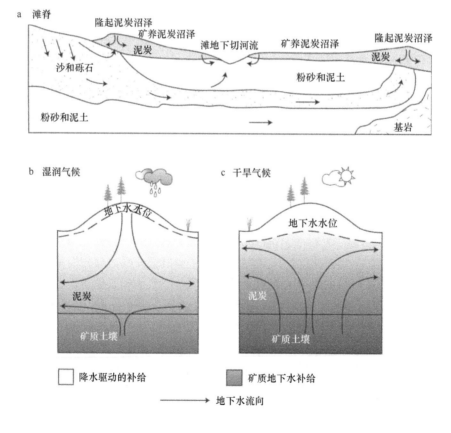

图 12.3  （a）美国明尼苏达州阿加西湖地区（约 10km 长、30m 厚）的地下水和隆起泥炭沼泽之间的区域联系。（b）湿润气候和（c）干旱气候下隆起泥炭沼泽表层地下水的运动模式。在湿润期，降水驱动的水分补给维持泥炭地的隆起部分，将营养物质丰富的地下水挤压到泥炭下层。在干旱时期，水文驱动形成的隆起部分下沉，矿物质丰富的地下水可向上移动到隆起泥炭沼泽中（模仿自 Siegel et al.，1995；Glaser et al.，1997a）

## 沼泽化

当披盖式泥炭沼泽在发育过程中，其范围超出洼地边界并侵占原本干旱的陆地时，就会发生第二种类型的泥炭沼泽演化。沼泽化可以通过气候变化、地貌变化、河狸筑坝、森林砍伐或泥炭沼泽的自然发育来实现。通常下层的泥炭被压缩，变得不透水，导致土壤表面的上层滞水水位下降，产生了潮湿的酸性条件，可以杀死或阻碍树木生长，只允许雨养泥炭沼泽的物种存在。在某些情况下，从森林到雨养泥炭沼泽的演替过程可能仅通过几代树木的生长就能完成（Heilman，1968）。

## 连续演替

陆地化和沼泽化之间的过程是连续演替[也称为正向发育（topogenous development）]，在这个过程中泥炭地发育改变了地表水的流动模式，它涉及沼泽的发育。从一个湖盆开始，原来有不断流入和流出的地表水与地下水。随着泥炭的继续发育，主要的水流可能会被分流，原来水流淹没的地方会暴露在空气中，只有在强降雨时才会被淹没。这样的地方可能会发育泥炭。在最后阶段，沼泽保持在地下水水位以上，形成真正的雨养泥炭沼泽。

# 泥炭地的分类

泥炭地发育是气候、水文、地形、化学和植被发育（演替）相互作用的复杂过程。由于形成泥炭地的物理和生物过程是复杂的，并且在不同地区有所差异，因此在过去一个世纪里提出了许多不同的分类体系（表 12.1）。这些分类方案至少基于以下 7 个特征。

1）植物区系。
2）植被结构。
3）地貌（演替或发育）。
4）水文。

**表 12.1　历史上泥炭地分类体系**

| 主要分类指标 | 矿质影响的泥炭地 | 过渡型泥炭地 | 以降水补给为主的泥炭地 | 参考文献 |
|---|---|---|---|---|
| 地形 | 矿养泥炭沼泽 | | 雨养泥炭沼泽或隆起泥炭沼泽 | 通用 |
| | 低位泥炭沼泽 | 中位泥炭沼泽 | 高位泥炭沼泽 | Weber，1907 |
| 水文 | 地理起源 | | 降水形成的 | von Post and Granlund，1926；Sjörs，1948；Du Rietz，1949；Damman，1986 |
| | 湖沼 | | | |
| | 地形 | | | |
| | 地表水 | | | |
| | 河流补给 | 过渡型泥炭沼泽 | 降水形成的 | Kulczynski，1949 |
| | 地表水补给 | | 降水形成的 | Walter，1973 |
| | 地下水补给 | | 降水形成的 | Warner and Rubec，1997 |
| 水化学 | 矿质营养丰富的矿养泥炭沼泽 | 矿质营养贫乏的矿养泥炭沼泽 | 雨养泥炭沼泽 | 通用；Sjörs，1948 |
| | 矿质营养 | 中营养 | 雨养降水 | Moore and Bellamy，1974 |
| | 河流补给 | | 雨养降水 | Moore and Bellamy，1974 |
| 营养 | 富营养 | 中营养 | 贫营养 | Weber，1907 |
| | 富营养 | 中营养 | 贫营养 | Weber，1907；Pjavchenko，1982 |
| 植被组成 | 挺水植物或矿养森林泥炭沼泽 | 过渡类型 | 藓类-地衣或雨养森林泥炭沼泽 | Cowardin et al.，1979；Gorham and Janssens，1992 |

资料来源：修改自 Bridgham et al.，1996

5）化学。

6）地层学。

7）泥炭特性。

最后一条主要用于经济开发，而另外 6 个特征密切相关，反映了泥炭地的自然特征。

## 景观分类

上述泥炭地发育过程决定着泥炭地大尺度发育的景观模式，分为以下 4 种景观类型。

1）隆起泥炭沼泽（raised bog）。这些泥炭沉积填满了整个湖盆，高于地下水水位，并从降水中获取营养物质。主要分布于北方地区和北部的落叶生物群落中。当发育沼泽的洼地和泥炭沼泽的最高处形成同心圆模式时，被称为同心圆状隆起沼泽（concentric domed bog）。在以前坡地上的洼地上发育的沼泽和与坡地垂直排列的土丘、水塘发育的沼泽，被称为偏心隆起沼泽（excentric raised bog）。在欧洲，前者主要分布在波罗的海附近，后者主要分布在芬兰的北卡累利阿（North Karelian）地区。

2）阿巴泥炭地（Aapa peatland）。这类湿地也被称为条带状沼泽（patterned fen，图 12.4），分布于整

图 12.4　两张北美洲条带状泥炭沼泽的航拍照片：（a）美国威斯康星州西南部的锡达堡雨养泥炭沼泽的航拍影像，照片下部显示了平行的条带状泥炭垄岗与积水洼地相间的分布模式；（b）加拿大拉布拉多（Labrador）的一处矿养泥炭沼泽。在泥炭藓上面生长了杜鹃科灌木和矮木林而明显区别于其他湿地。积水边缘以泥炭藓和草本植物为优势植被（a：　由 G. Guntenspergen 经过许可翻拍；b：由 D. Wells 经过许可翻拍于 C. Rubec，同时翻拍于 Mitsch et al.，1994，p. 30，Fig. 30，经由 Elsevier Science 授权）

个北方地区，通常分布在隆起泥炭沼泽更北的区域。这些湿地的主要特征就是隆起的泥炭丘呈狭长分布，呈垄岗状，这些湿地的主要特征是隆起的泥炭丘[串珠（string）]呈现狭长排列，与山脊垂直分布于山坡上，并被深水洼地分隔（瑞典语为 flark）。从外观上看，这类泥炭地类似于山坡上的梯田。泥炭地和周边的水塘沿着垂直于水流的方向发育。首先在坡面上沿下坡向发育零星散布的池塘，边缘比较湿润。这些池塘逐渐相连，形成由许多湿地斑块构成的条带状地貌，泥炭在此累积。分解过程增强了不透水性。在宽阔的条带状湿地中，岛状林似乎是沼泽森林的残余物，在湿地扩张过程中逐渐被莎草所取代。

3）帕萨泥炭沼泽（Paalsa bog）。位于苔原带生物群的南缘，是由泥炭构成的大高原（长、宽 20～100m，高 3m），通常被冻结的泥炭和淤泥覆盖。泥炭的作用就像一个隔热毯，防止地下冰融化，成为不连续永久冻土的最南端。在加拿大，多达 40%的陆地面积受到低温影响。当泥炭覆盖在冰冻沉积物上时，会影响地貌格局。许多独特的形态与欧洲的阿巴泥炭地类似，只是嵌入在泥炭连续覆盖的陆地景观中。

4）披盖式泥炭沼泽（blanket bog）。这些湿地沿欧洲西北海岸和整个不列颠群岛分布，是上述沼泽化的结果。有利的大西洋湿润气候可以使泥炭形成"地毯"一样的形状，扩展到距离泥炭开始积累处较远的地区，大面积分布。这类泥炭沼泽通常可以在坡度为 18%的斜坡上发育。在爱尔兰西部甚至发现了在坡度为 25%的坡地上发育的披盖式泥炭沼泽。

## 基于水化学的分类

前面描述的泥炭沼泽发育过程导致了泥炭沼泽与地表水、地下水及其矿物质的隔离。根据泥炭沼泽的补给水源产生了一个简单的分类，这可能是今天最常用的分类。这个分类基于地下水补给的程度，而不仅仅考虑降水补给。

1）矿质营养泥炭地（minerotrophic peatland）。这些泥炭地是真正的矿养沼泽（fen），它们接受矿质土壤水的补给。这些泥炭地通常具有较高的地下水水位，分布在洼地中相对低而平缓的位置，一般也被称为矿养泥炭地（rheotrophic peatland）或植物种类丰富的矿养泥炭沼泽（rich fen）。

2）中营养泥炭地（mesotrophic peatland）。这些泥炭沼泽位于矿养（矿质营养）和雨养（贫营养）泥炭沼泽之间。在本书中通常称为过渡型泥炭地或养分贫瘠的矿养泥炭沼泽。

3）雨养泥炭地（ombrotrophic peatland）。这些是真正的隆起泥炭沼泽，所发育的泥炭层要高于周边的地形，只通过降水来吸收养分和其他矿物质。

另一个泥炭地"营养"（trophic）分类是在欧洲早期文献（Weber，1907）中发现的，最初是为了区分泥炭地与湖泊（Hutchinson，1973）。这个分类方法是湖泊学家所熟悉的三级营养分类方法。

1）富营养泥炭地（eutrophic peatland）。营养丰富的泥炭地，Weber（1907）将其描述为 Nährstoffreichere（德语，富营养）。

2）中营养泥炭地（mesotrophic peatland）。和前面的分类一样，被 Weber（1907）称为 Mittelreiche（德语，中间型）。

3）贫营养泥炭地（oligotrophic peatland）。营养贫乏的泥炭地，被 Weber（1907）称为 Nährstoffearme（德语，贫营养）。

Hutchinson（1973）提出，可以将泥炭地发育过程称为贫营养化过程。在 Weber（1907）将富营养和贫营养这两个术语用于泥炭地 12 年后，Naumann（1919）将这两个术语应用于湖泊及现代湖沼学研究。俄罗斯科学家 Pjavchenko（1982）、Bazilevich 和 Tishkov（1982）直到 20 世纪 80 年代仍然使用这两个术语。

Bridgham 等（1996）主张，在对泥炭地分类中应该谨慎地使用"营养的"（-trophic）这个后缀，因为传统意义上泥炭地从矿质营养到雨养是渐变的，但地表水化学性质如 pH、电导率和碱度不一定与富营养到贫营养的渐变相关，它们定义的是养分（如氮、磷和钾）的有效性。Bridgham 等（1998）发现的证据表明，雨养泥炭沼泽中磷的有效性较高，而矿养泥炭沼泽中氮的有效性较高。换句话说，还没有建立可溶性矿物质和养分有效性之间严格的相关关系。他们建议重新使用"富营养"和"贫营养"这两个术语，这两个术语在今天的泥炭地文献中很少使用，因为它们显然指的是营养物质，而不是其他矿物质。他们的建议并没有实现。

## 基于水文的分类

"地表水成因"（soligenous）、"降水成因"（ombrogenous）等术语实际上是指泥炭地的水文、地形起源，而不是补给水的矿物质条件。图 12.5 显示了真正意义上的两类泥炭地水文分类。

1）降水形成的泥炭地（ombrogenous peatland）。仅有降水补给。

2）地理环境形成的泥炭地（geogenous peatland）。除降水以外的其他水源补给。

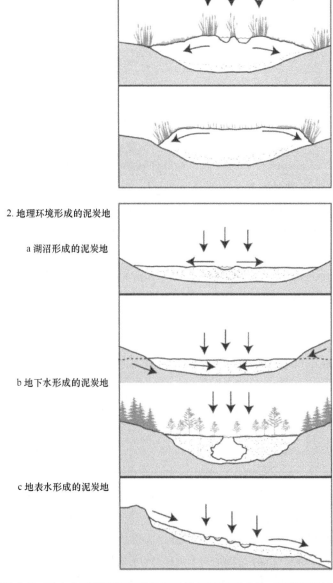

图 12.5　基于水文的泥炭沼泽分类。两个主要类型的泥炭地都是地理环境形成的。两类泥炭地都由地表径流和地下水补给。而降水形成的泥炭地仅由降水补给（模仿自 Damman，1986）

a. 湖沼形成的泥炭地（limnogenous peatland）。沿水流缓慢的河流或湖泊发育。

b. 地下水形成的泥炭地（topogenous peatland）。在至少有部分区域地下水流动的洼地中发育。

c. 地表水形成的泥炭地（soligenous peatland）。在区域汇流和地表径流共同作用下发育。

## 加拿大分类

加拿大湿地分类系统（Warner and Rubec，1997）是针对一般湿地和泥炭地开发的较为完整的分类系统之一。在水化学分类上，使用了矿质营养和雨养的术语；在水文分类上，使用了地下水补给和降水补给的术语。这个简单的泥炭地分类如下。

1）雨养泥炭沼泽（bog）。泥炭地只从降水中获得水分，不受地下水影响，泥炭藓为优势植被。

2）矿养泥炭沼泽（fen）。泥炭地的补给水源富含可溶性矿物质，植被主要由禾草和棕色藓类组成。

3）森林沼泽（swamp）。泥炭地的优势植物为乔木、灌木和草本植物，富含可溶性矿物质的水体。

# 生物地球化学

土壤和水化学是泥炭地生态系统发育过程与结构中最重要的因素之一。pH、矿物质浓度、养分有效性和阳离子交换能力等因素影响植被类型及其生产力。相反，植物群落则影响土壤水化学性质。很少有湿地像北方地区泥炭地那样相互依存。下面将要讨论泥炭沼泽生物地球化学的主要特征。

## 酸度和可交换阳离子

随着矿养泥炭沼泽到雨养泥炭沼泽的发育，泥炭沼泽的 pH 通常随着有机质含量的增加而逐渐减小（图 12.6）。矿养泥炭沼泽受周边富含矿物质的土壤的影响，而雨养泥炭沼泽则依赖于大气降水中稀少的矿物质供应。因此，随着沼泽由矿养到雨养的发育，金属阳离子（$Ca^{2+}$、$Mg^{2+}$、$Na^+$、$K^+$）的数量会急剧下降。同时由于分解速度降低，泥炭的有机质含量增加，土壤吸附和阳离子交换能力增强。这些变化都

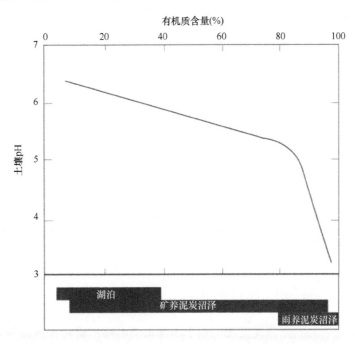

图 12.6　土壤 pH 与有机质含量的函数关系（模仿自 Gorham，1967）

是由氢离子驱动的，并且 pH 会急剧下降。与此相反，由于地下水流量和化学性质的作用，沼泽的变化范围从微酸性（养分贫乏的矿养泥炭沼泽）到强碱性（养分丰富的矿养泥炭沼泽）不等（Bedford and Godwin, 2003）。Gorham（1967）发现，英国湖区的雨养泥炭沼泽 pH 为 3.8～4.4，非钙质的矿养泥炭沼泽 pH 为 4.8～6.0。俄罗斯科学家 Pjavchenko（1982）提出贫营养泥炭沼泽的 pH 为 2.6～3.3，中营养泥炭沼泽的 pH 为 4.1～4.8，富营养（矿质营养）泥炭沼泽的 pH＞4.8。

仅 10%的地下水补给也可能将一个雨养泥炭沼泽的 pH 从 3.6 变为 6.8，即从贫营养泥炭地演化为矿质营养丰富的泥炭地。在美国明尼苏达州的一个隆起泥炭沼泽中，地下水的 pH 和电导率在干旱年份要比湿润年份明显升高。

沼泽的酸性变化原因尚不完全清楚，但是通常认为沼泽 pH 低有以下 5 方面原因。

1）阳离子交换。阳离子交换可能是泥炭地产生酸性的最重要机制。pH 和泥炭中交换性氢之间存在直接关系，可能是植物代谢活动的结果。泥炭地中的泥炭藓具有很高的交换性氢。泥炭藓泥炭具有高的交换性氢，因此 pH 低于莎草占优势的泥炭。

2）硫化物氧化成硫酸。泥炭中的有机硫可能被氧化成酸性化合物。

3）大气沉降。硫沉降是泥炭酸化的一个重要来源，取决于硫的氧化状态和沼泽的位置。除靠近大气污染源外，来自降水和干沉降的酸度通常较小。

4）植物对阳离子的生物吸收。泥炭地水体中的离子因蒸散发作用而浓度升高，同时苔藓植物会对离子进行选择性吸收，这会影响泥炭地的酸度，如通过吸收与植物中氢离子交换的阳离子来维持电荷平衡。

5）有机酸分解。Gorham 等（1984）提出了支持导致沼泽酸性原因的证据。有机酸有助于缓冲系统，防止雨水和当地径流带来的金属阳离子导致的碱性。

明尼苏达州一个泥炭沼泽复合体的氢离子详细收支，说明了养分吸收是酸度的主要来源（表 12.2）。约 15%的氢来自泥炭藓细胞壁离子交换。大部分的酸度被分解过程中释放的阳离子中和，其余的大部分酸度是由有机质不完全氧化形成的富里酸和其他有机酸所产生的，这些酸度降低了泥炭沼泽的 pH，全世界沼泽的 pH 约为 4。除分解外，与酸中和的物质主要来源于铁和铝的风化过程，以及径流。

**表 12.2　美国明尼苏达州雨养泥炭沼泽复合体的酸度平衡**

| 来源 | 酸度[meq/(m²·年)] |
| --- | --- |
| 干湿沉降 | −0.20±10.7 |
| 高地地表径流 | −44.3±18.6 |
| 养分吸收 | 827±248 |
| 有机酸产生 | 263±50 |
| 合计 | 1044 |
| 汇 | |
| 反硝化作用 | 12.2 |
| 降解作用 | 784 |
| 风化作用 | 76 |
| 流出 | 142±50 |
| 合计 | 1044 |

注：meq 为毫当量

资料来源：Urban et al.，1985

## 营养限制

雨养泥炭沼泽植物的有效养分极度贫乏；地下水和地表补给的矿养泥炭沼泽通常具有较多的养分。雨养泥炭沼泽的营养缺乏导致两个显著的结果，本章后面将更详细地讨论：①营养贫乏的雨养泥炭沼泽生产力低于营养丰富的矿养泥炭沼泽；②特有的植物、动物和微生物对低营养条件有许多特殊的适应性。许多研究试图找出影响雨养泥炭沼泽初级生产力的最终限制因素。这可能是一个复杂的学术问题，因为所有可利用养分供应不足，而且生长季节短、温度低。尽管钙和钾已被证明是限制因子，但氮和磷是泥炭沼泽生产力的主要限制性化学物质。当这些营养物质被大量添加到泥炭地时，主要植被就会发生变化；在刈割等管理措施下，限制因子由氮转化为磷。泥炭沼泽形成后期，基本上局限于由降水带来的养分。发达国家化石燃料燃烧向大气中增加的氮对泥炭地的影响尚未得到充分评估。

# 植被

雨养泥炭沼泽植被可以简单地划分为泥炭藓、泥炭藓-莎草、泥炭藓-灌木、沼泽森林，或者任何喜酸性植物，无论数量多少或如何组合。藓类植物主要是泥炭藓属（*Sphagnum*）植物，是雨养泥炭沼泽最主要的造碳植物。生长的藓类植物像海绵垫的形状，含水量高，有时比毛细作用持水量还要高。泥炭藓仅在表层发芽、生长（生长速率每年 1～10cm），而下层逐渐死亡并转化为泥炭。

在北美洲泥炭地中，泥炭藓（*Sphagnum* spp.）经常与白毛羊胡子草（*Eriophorum vaginatum*）、各种薹草（*Carex* spp.）及某些杜鹃科的灌木，如石南花（*Calluna vulgaris*）、地桂（*Chamaedaphne calyculata*）、越桔（*Vaccinium* spp.）和杜香（*Ledum palustre*）生长在一起。在雨养泥炭沼泽中常见的乔木有欧洲赤松（*Pinus sylvestris*）、岩高兰（*Empetrum* spp.）、云杉（*Picea* spp.）及美洲落叶松等。这些乔木常单独生长，并且发育不良，几百年的生长高度一般不会超过 1m。美国的矿养泥炭沼泽植物群落多样性丰富，这和北方地区的泥炭地有很大区别。常见的植物通常包括苔藓植物、薹草属（*Carex*）、莎草科（Cyperaceae）和双子叶草本植物（Amon et al.，2002；Bedford and Godwin，2003）。

## 美国明尼苏达州泥炭地的植被模式

1970 年 Heinselman 在明尼苏达州北部的阿加西湖泥炭地记录了 7 个北美洲典型的植被群落。这些群落像马赛克一样复杂地镶嵌在一起形成独特景观，这一独特景观反映了这一地区的地形、化学特征及早期历史。植被群落和下面发育的泥炭有明显相关性，同时也反映了群落分布区目前的营养状况。这 7 个主要植被群落如下。

1）营养丰富的沼泽森林。这些在湿地上发育的森林环绕在泥炭地周边非常潮湿的地方，呈狭窄条带状分布。林冠层北美香柏（*Thuja occidentalis*）为优势物种；同时还有一些梣树（*Fraxinus* spp.）、美洲落叶松和云杉。下部的灌木层常生长欧洲桤木、齿叶桤木（*Alnus rugosa*），泥炭藓在地面会形成藓丘。

2）营养贫乏的沼泽森林。这种森林沼泽一般分布在营养丰富的森林沼泽的下坡向，是一种养分贫瘠的生态系统，也是阿加西湖区最常见的泥炭地类型。美洲落叶松是冠层的主要树种。矮毛桦（*Betula pumila*）和岩高兰则构成了林下植被，泥炭藓形成 0.3～0.6m 高的藓丘。

3）北美香柏雨养泥炭沼泽及矿养泥炭复合体。这个群落形态类似于第 2 种群落，不同的是森林边缘的矿养泥炭沼泽与在垄岗上生长着北美香柏（*Thuja occidentalis*）的雨养泥炭沼泽、生长着各种薹草（*Carex* spp.）的垄岗间洼地交替分布。

4）落叶松雨养泥炭沼泽和矿养泥炭沼泽。在这种条带状分布的雨养泥炭沼泽，上面的群落 2 和 3 两种类型相似，泥炭垄岗上的优势种为美洲落叶松（*Larix* spp.）。

5）黑云杉-赤茎藓森林。这是一种成熟的黑云杉（*Picea mariana*）森林群落，林卜为赤茎藓属

（*Pleurozium*）和其他苔藓所形成的地毯状覆被物。树木高大、茂密、林龄相近。这种泥炭地常发育在贫营养泥炭沼泽的边缘，一般情况下没有积水。

　　6）泥炭藓-黑云杉-地桂雨养泥炭沼泽森林。这是一种北美洲北部常见的湿地类型。低矮的黑云杉是唯一的乔木，同时山月桂形成了较为茂密的灌木层。在黑云杉的林间空隙，加茶杜香（*Ledum groenlandicum*）生长在云杉斑块之间"枕头状"的泥炭藓上，这种组合现象出现在地势凸起的地方，与含矿物质的水没有联系。

　　7）泥炭藓-地桂-山月桂-黑云杉群落。泥炭藓形成的连绵不断的"地毯状"结构是这种类型最显著的特征。有 5%～10%的地区分布着低矮的灌木层和发育不良的乔木（通常是黑云杉）。群落 6 和 7 常发育在隆起泥炭沼泽。

　　根据本章前面关于水化学分类的论述，群落 1～4 可以划分为矿质营养型，群落 5 可以划分为过渡型，而群落 6 和 7 则可以划分为贫营养型。

　　泥炭藓（*Sphagnum* spp.）是沼泽中形成泥炭的特有地被植物，莎草也是养分贫瘠的矿养沼泽植物。在从矿质营养贫乏到矿质营养丰富、从低 pH 到高 pH 的化学梯度上，很大程度上会出现物种重叠。通过分析明尼苏达州北部的雨养泥炭沼泽和矿养泥炭沼泽中的维管植物，发现一种渐变现象：薹草属植物 *Carex oligosperma* 和白毛羊胡子草（*Eriophorum vaginatum*）的盖度伴随泥炭矿物质丰富度降低而下降，而美洲落叶松（*Larix laricina*）的物种丰富度在显著上升。黑云杉和杜鹃科的加香杜茶及地桂则呈现出双峰的形态，这表明这些物种的分布并不是受到水体中矿物质组成的影响发生变化，而是通过其他方式发生的渐变过程如水位的变化或氮或磷的可利用性而发生变化。

　　Nicholson 等 1996 年通过研究加拿大西北部马更些河流域的气候和生态梯度及它们如何影响苔藓植物的分布发现，影响苔藓植物物种分布的重要因素包括水化学（$Mg^{2+}$、$Ca^{2+}$、$H^+$）、地下水水位高度、降水量和年温度。为了验证这种梯度，分别在一个洼地中 7 块泥炭地的 82 个观测点进行了相关实验，这 7 块泥炭地分别为：①营养贫乏的矿养泥炭沼泽；②具有热融沉陷的泥炭高原；③低洼的北部雨养泥炭沼泽；④不具备热融沉陷的泥炭高原和雨养泥炭沼泽；⑤北方低洼地营养贫乏的矿养泥炭沼泽；⑥湿度适中、营养丰富的矿养泥炭沼泽；⑦极度潮湿、营养丰富的矿养泥炭沼泽。热融沉陷是永冻层的特征，永久冻土层的冻土融化形成了沉陷漏斗、浅洼地、沉陷盆地、土丘等凹凸不平的地形。

　　Locky 等 2005 年研究了加拿大马尼托巴省北方地区南部的黑云杉（*Picea mariana*）森林沼泽、矿养泥炭沼泽和雨养泥炭沼泽。他们强调了黑云杉沼泽与这一地区其他泥炭沼泽之间的区别，主要集中在逐渐变化的坡度、与相邻水体的联系、容纳更大冠层的树木及较浅的泥炭层厚度。从化学组成方面区分，这些沼泽与养分适中的矿养泥炭沼泽相似。

　　Gorham 和 Janssens（1992）在另一个关于植被和水体化学相互关系的研究中，通过对北美洲北部 440 个地点中泥炭藓科（Sphagnaceae）和柳叶藓科（Amblystegiaceae）植物（图 12.7）的调查研究发现，在泥炭地中苔藓植物的分布呈现出明显的双峰分布，泥炭藓科（Sphagnaceae）植物最常见于低 pH 泥炭地（pH 4.0～4.25），而柳叶藓科（Amblystegiaceae）植物则常出现在高 pH 泥炭地中（pH 6.76～7.0）。

## 黑云杉泥炭地

　　加拿大和美国阿拉斯加州针叶林带的黑云杉泥炭地是世界上主要的森林湿地之一。黑云杉（*Picea mariana*）通常与美洲落叶松（*Larix laricina*）共生，它们是北美洲北方地区森林泥炭地最主要的树种。据估计，阿拉斯加州的沼泽化灌丛及灌丛湿地约有一半面积是黑云杉泥炭地，约 $14 \times 10^6 hm^2$。黑云杉主要生长在贫营养泥炭沼泽，很少生长在营养丰富的矿养泥炭沼泽。在雨养泥炭沼泽，常发现黑云杉与

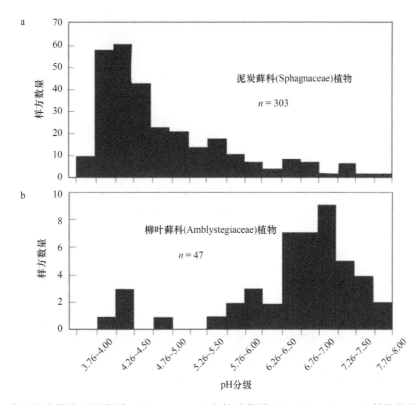

图 12.7　北美洲 440 个泥炭地样地泥炭藓科（Sphagnaceae）和柳叶藓科（Amblystegiaceae）植物的地表水 pH 比较。如果至少有一种或某一科植物的覆盖面积占总面积的 25% 以上，则计算地块。双峰模式表明泥炭地的分类方式是基于苔藓植被差异而确定的（模仿自 Gorham and Janssens，1992）

地桂（*Chamaedaphne calyculata*）、杜香（*Ledum* spp.）、山月桂（*Kalmia latifolia*）、越桔（*Vaccinium* spp.）及青姬木属植物沼泽迷迭香（*Andromeda polifolia*）等植物群丛。当然，泥炭藓被认为是雨养泥炭沼泽中的特有地被植物。在阿拉斯加州，常见的湿地植物群丛有黑云杉（*Picea mariana*）-笃斯越桔（*Vaccinium uliginosum*）群丛、加茶杜香（*Ledum groenlandicum*）群丛、赤茎藓（*Pleurozium schreberi*）+黑云杉（*Picea mariana*）-泥炭藓（*Sphagnum* spp.）群丛，以及鹿蕊（*Cladina* spp.）群丛（Post，1996）。在广阔的永冻层地区，黑云杉泥炭地常分布在帕萨沼泽泥炭丘上。

## 卡罗来纳浅滩沼泽

　　与北部泥炭地相比，浅滩沼泽更加靠近美国东南部沿海地区北卡罗来纳州和南卡罗来纳州。主要的植被群落通常为常绿乔木和灌木丛。这里有两种主要植被群落分布，其生长和火灾发生的频率、土壤类型及水文周期有关。一种群落是松树-杜鹃花（松树和灌丛）群落，发育在土壤有机质深厚、水文周期较长、频繁发生火灾的地方，可以细分为三个群丛：①晚松（*Pinus serotine*）占据林冠层，而沼泽鞣木（*Cailla racemiflora*）和粉姬木（*Zenobia pulverulenta*）占据林下层；②晚松（*Pinus serotine*）和大头茶属植物 *Gordonia lasianthus* 占据林冠层，而亮叶南烛（*Lyonia lucida*）占据林下层；③晚松（*Pinus serotine*）占据林冠层，而沼泽鞣木（*Cailla racemiflora*）和亮叶南烛（*Lyonia lucida*）占据林下层。另一种群落是针叶林和阔叶林群落，这种群落主要分布在土壤有机质层较薄、水文周期较短的浅滩沼泽中。这一群落包含以下两种共生植物群丛：①晚松（*Pinus serotine*）占据林冠层，而沼泽鞣木（*Cailla racemiflora*）、亮叶南烛（*Lyonia lucida*）、美国红枫（*Acer rubrum*）、多花蓝果树（*Nyssa sylvatica*）占据林下层；②晚松（*Pinus serotine*）和美国水松（*Taxodium distichum* var. *nutans*）占据林冠层，而美国红枫（*Acer rubrum*）、沼泽鞣木（*Cailla racemiflora*）、亮叶南烛（*Lyonia lucida*）、多花蓝果树（*Nyssa sylvatica*）占据林下层。

## 泥炭地的适应性

雨养泥炭沼泽及其他泥炭地的植被受到自身物理和化学环境条件的制约。在这里讨论泥炭地需要适应的一些环境条件。

### 淹水

很多在雨养泥炭沼泽中的植物或湿地中的一般植物在解剖学和形态学方面都具有对淹水厌氧环境的适应性。这些包括：①发育了用于供氧的大细胞间隙（通气组织或腔隙）；②减少氧气消耗；③根部氧气渗漏形成的根区局部有氧环境。然而相反的是，泥炭藓属（Sphagnum）植物在形态上适应于淹水条件。紧凑的生长习性、重叠的叶子和卷曲的枝叶，通过毛细作用吸收和保持水分，这些适应性使得泥炭藓能够保持其干重的 15～23 倍的水分。

### 外部间隙水的酸化

泥炭藓具有独特的能力使其环境酸化，可能是通过生成有机酸特别是位于细胞壁上的多聚半乳糖醛酸使环境酸化。细胞壁中的半乳糖醛酸残基使其阳离子交换能力增强到其他苔藓植物的两倍。泥炭藓这种特有的适应性的意义尚不清楚。尽管初级生产力低，但酸性环境阻碍细菌分解凋落物，仍能使泥炭积累。有研究发现，高的阳离子交换能力还使得植物在活细胞中比在周围水体中保持更高、更稳定的 pH 和阳离子浓度。

### 对营养缺乏的适应

许多雨养泥炭沼泽植物适应营养供应不足，使得这些植物能够得以生存并积累营养。雨养泥炭沼泽植物的适应性包括常绿、硬叶（sclerophylly），或通过增加植物表皮厚度而避免被食草动物吃掉、摄取氨基酸及较高的根系生物量。一些雨养泥炭沼泽植物，如羊胡子草（Eriophorum spp.），在秋季落叶之前将营养物质转移到多年生器官。这些营养储备可用于下一年的成长和幼苗繁殖。其他雨养泥炭沼泽植物的根部深入泥炭层，将养分带到地面。已有研究证明，沼泽凋落物释放钾和磷的速度比其他营养物质快，而钾和磷通常是主要营养限制因子，这是一种适应，使这些营养物质保持在泥炭的上层。许多杜鹃花科植物（Ericaceous plants）通过在低 pH 条件下有效地利用铵态氮代替有限的硝态氮，有效地利用氮甚至利用有机氮源来适应低浓度的氮。一些雨养泥炭沼泽植物也进行共生固氮。沼泽香杨梅（Maica gale）和欧洲桤木就衍生出具有固氮特征的根瘤，并且已被证明可以固定沼泽环境中的大气氮。

### 肉食植物

雨养泥炭沼泽植物另一个适应养分贫乏的特征就是食肉植物能够捕获和消化昆虫的能力。这种特殊的能力可以在几个独特的食虫沼泽植物中看到，包括猪笼草（Sarracenia purpurea；图 12.8）和茅膏菜（Drosera spp.）。在美国明尼苏达州针对紫瓶子草营养限制的研究表明，虽然营养和昆虫的添加没有增加生物量，但植物叶片中的营养物质有所增加。据估计，植物捕获的昆虫约占植物氮、磷需求的 10%（Chapin and Pastor，1995）。猪笼草比其他沼泽植物更加依赖于捕食无脊椎动物（Rymal and Folkerts，1982）。如图 12.8 所示的植物草图中，装满"水"的植物"捕虫器"中有一只蚊子、一只蠓、两只果蝇和一只螨虫。一只蚜虫和三只蛾子专门以这些组织为食，而其他昆虫与植物的其他部分有关。

### 泥炭藓类植物的过度生长

许多开花植物还面临着另外一个问题，那就是随着泥炭藓生长的厚度和覆盖面积的增加，它们会被

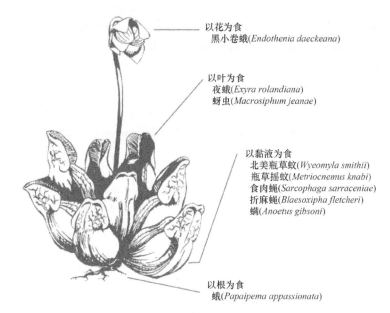

以花为食
黑小卷蛾（*Endothenia daeckeana*）

以叶为食
夜蛾（*Exyra rolandiana*）
蚜虫（*Macrosiphum jeanae*）

以黏液为食
北美瓶草蚊（*Wyeomyla smithii*）
瓶草摇蚊（*Metriocnemus knabi*）
食肉蝇（*Sarcophaga sarraceniae*）
折麻蝇（*Blaesoxipha fletcheri*）
螨（*Anoetus gibsoni*）

以根为食
蛾（*Papaipema appassionata*）

图 12.8　猪笼草（*Sarracenia purpurea*）及其相关的无脊椎动物（模仿自 Damman and French，1987）

泥炭藓覆盖。植物必须通过延长根状茎或生长不定根来提高其茎基部。松树、桦树和云杉等树木常因泥炭藓生长和基质贫瘠而严重发育不良；它们在泥炭藓垂直生长停止的沼泽中生长得更好。

## 消费者

### 哺乳动物

雨养泥炭沼泽的生产力较低，同时沼泽内的植被并不适于动物采食，导致在雨养泥炭沼泽中动物的物种数量普遍较低。动物种群密度与泥炭沼泽内的植被结构及植物多样性密切相关。例如，森林覆盖的泥炭地往往可以承载更多的小型哺乳动物，特别是那些生境靠近内陆的物种。而大型哺乳动物则更倾向于在较大的湿地景观范围内活动，因此这些哺乳动物并不会刻意地选择泥炭地的类型。在美国明尼苏达州北部和新英格兰地区，麋鹿（*Alces alces*）常见于面积较小的泥炭地中。常可以发现大量的白尾鹿（*Odocoileus virginianus*）在冬季出现在雨养泥炭沼泽的白杉木林中。而黑熊（*Ursus americanus*）则将泥炭地作为逃生时的避难所及食物的来源场所。作为泥炭地中体型最大的哺乳动物，林地驯鹿（*Rangifer tarandus*）的主要活动范围仅限于泥炭地内。但在 1936 年，可能是来自狩猎的干扰，这种大型哺乳动物从明尼苏达州消失。据报道，在北美洲的泥炭地中有几种大型掠食性哺乳动物栖息，其中包括灰狼（*Canis lupus*）、红狼（*Canis rufus*）、美洲豹（*Felis concolor cougar*）和灰熊（*Ursus arctos horriblis*）（Bedford and Godwin，2003）。较小的哺乳动物则与泥炭沼泽的关系相对更为密切，如美洲河狸（*Castor canadensis*）、猞猁（*Lynx canadensis*）、貂属物种 *Martes pennant* 和北美野兔（*Lepus americanus*）。河狸是最近才进入明尼苏达州泥炭沼泽生活的动物，它的活动范围仅限于水渠周围，很少会深入泥炭地深处，但是河狸对明尼苏达州北部的泥炭地淹水过程有着显著影响（Naiman et al.，1991）。森林内的泥炭沼泽正在成为大量哺乳动物唯一的栖息地，如黑熊、水獭及水貂等都被发现栖息于森林内的泥炭沼泽（Sharitz and Gibbons，1982；L. D. Harris，1989）。与其说是因为泥炭地为野生动物提供了栖息地，不如说是因为人类对陆地森林的大量采伐导致只有泥炭地中的大片森林得以保留。

### 两栖动物和爬行动物

Glaser（1987）的研究发现，在明尼苏达州北部泥炭地仅存在 7 种两栖动物和 4 种爬行动物。pH 低于 5 的酸性水体似乎是限制这些生物在雨养泥炭沼泽大量繁殖生长的主要因素。矿养泥炭沼泽可能具有更多样化的动物种类，甚至有几种是稀有物种。Bedford 和 Godwin（2003）通过对美国矿养泥炭沼泽进行综述后发现，牟氏水龟（*Clemmys muhlenbergii*）和响尾蛇（*Sisturus catenatus*）作为联邦保护名录（当物种种群受到威胁、濒危时考虑将其列入保护名录）中的爬行动物，在矿养泥炭沼泽中出现的频率更高。另外还有一些与矿养泥炭沼泽相关的稀有或不常见的物种，如在阿巴拉契亚山脉的矿养泥炭沼泽中经常发现的钝口螈（*Ambystomia talpoideum*）和四趾蝾螈（*Hemidactylium scutatum*）（Murdock，1994）。

## 鸟类

一年中不同时期在泥炭地中能看到许多鸟类（图 12.9）。例如，Warner 和 Wells（1980）的研究发现，

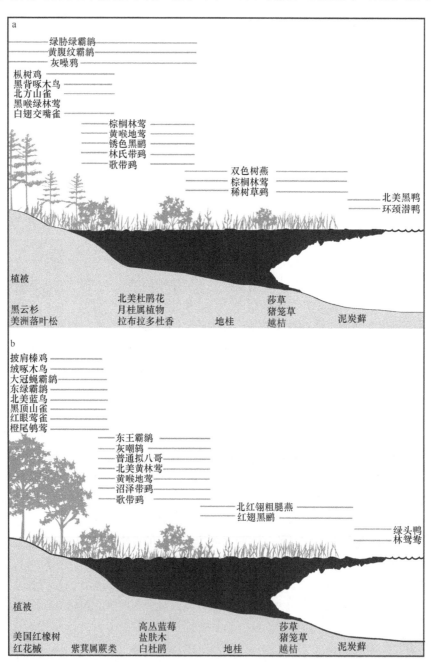

图 12.9　美国东北部的北部和南部典型湖泊边缘雨养泥炭沼泽鸟类分布比较（模仿自 Damman and French，1987）

在繁殖期约有 70 种鸟类。大多数鸟类在高地是很常见的,但有一些则是依赖于泥炭地生存,如沙丘鹤(*Grus candensis*)、大灰猫头鹰(*Strix nebulosa*)、短耳猫头鹰(*Asio flammeus*)、黑脸田鸡(*Porzana carolina*)及尖尾麻雀(*Ammospiza caudacuta*)。在新英格兰地区,沿着加拿大边界向南侧移动时,物种随之发生变化。但是新物种在环境渐变过程中具有相应的位置(图 12.9)。在美国东南部的浅滩沼泽中成熟的晚松(*Pinus serotine*)为濒危的红顶啄木鸟(*Picoides borealis*)提供了生境(Richardson,2003)。

# 生态系统功能

泥炭地的动态变化反映出其严酷的物理环境和矿质营养缺乏这一现实,这些条件导致以下三个主要特点。

1)雨养泥炭沼泽是初级生产力低下的生态系统;矿养泥炭沼泽的生产力一般较高;泥炭藓在雨养泥炭沼泽中经常占主导地位,其他植被生长发育迟缓。

2)雨养泥炭沼泽和矿养泥炭沼泽是泥炭的生产者。其积累速率受复杂的水文、化学和地形因素共同控制。这种泥炭含有大量的营养物质,并且大部分在根区以下,因此植物无法利用。

3)寒冷气候下的贫营养泥炭地已经衍生出几种获取、存储和循环利用营养物质的独特途径。活体生物量中的营养物质很少。低温导致营养循环缓慢,枯落物中的营养成分不易降解,与此同时底层又有大量的淹水。当泥炭生产停滞时或当雨养泥炭沼泽获得更多养分时,这一过程会更加活跃。

## 初级生产力

雨养泥炭沼泽的主要有机物来自维管植物、苔类、藓类、地衣植物的初级生产。在维管植物中,杜鹃科灌木和薹草是最重要的初级生产者。其大部分生物量来自地下。苔藓,特别是泥炭藓,占总产量的 1/3~1/2。雨养泥炭沼泽和矿养泥炭沼泽通常比大多数其他类型的湿地生产效率低,且雨养泥炭沼泽和矿养泥炭沼泽通常还会比其所在气候区域的生态系统生产力低,如雨养泥炭沼泽和矿养泥炭沼泽是针叶林的 1/2、落叶森林的 1/3(表 12.3)。根据 Pjavchenko(1982)的研究,森林覆盖的泥炭地有机质产量为 260~400g/(m²·年)。这样的有机质产量在贫营养的雨养泥炭沼泽中的价值较低,而在富营养的矿养泥炭沼泽中具有较高价值。Malmer(1975)的研究发现,欧洲西部生长乔木的隆起泥炭沼泽的有机质产量为 400~500g/(m²·年)。相比之下,Lieth(1975)估计美国北方森林(包括雨养泥炭沼泽中的森林及内陆森林)的初级生产力平均为 500g/(m²·年),而在温带森林中平均为 1000g/(m²·年)。美国明尼苏达州的实验对照样方的地上生物量在四年内为(87±2)~(459±34)g/(m²·年),地下生物量(2001 年估计)为(470±79)g/m²(Weltzin et al.,2005)。

表 12.3　欧洲和北美洲泥炭沼泽的净初级生产力

| 位置 | 泥炭地类型 | 活体生物量<br>(g 干重/ m²) | 净初级生产力<br>[g 干重/(m²·年)] | 参考文献 |
|---|---|---|---|---|
| **欧洲** | | | | |
| 欧洲西部 | 无森林覆盖的隆起泥炭沼泽 | 1 200 | 400~500 | Malmer,1975 |
| 欧洲西部 | 森林覆盖的隆起泥炭沼泽 | 3 700 | 340 | Moore and Bellamy,1974 |
| 俄罗斯 | 富营养森林覆盖的泥炭沼泽 | 9 700~11 000 | 400 | Pjavchenko,1982 |
| | 中营养森林覆盖的泥炭沼泽 | 4 500~8 900 | 350 | |
| | 贫营养森林覆盖的泥炭沼泽 | 2 200~3 600 | 260 | |
| 俄罗斯 | 中营养松树-泥炭藓雨养泥炭沼泽 | 8 500 | 393 | Bazilevich and Tishkov,1982 |
| 英格兰 | 披盖式泥炭沼泽 | | 659±53[a] | Forrest and Smith,1975 |
| 英格兰 | 披盖式泥炭沼泽 | | 635 | Heal et al.,1975 |

续表

| 位置 | 泥炭地类型 | 活体生物量（g 干重/ m²） | 净初级生产力 [g 干重/(m²·年)] | 参考文献 |
|---|---|---|---|---|
| **欧洲** | | | | |
| 爱尔兰 | 披盖式泥炭沼泽 | | 316 | Doyle，1973 |
| **北美洲** | | | | |
| 美国密歇根州 | 富营养矿养泥炭沼泽 | | 341[b] | Richardson et al.，1976 |
| 美国明尼苏达州 | 森林泥炭地 | 15 941 | 1014 | Reiners，1972 |
| | 沼泽化森林 | 9 808 | 651[b] | |
| 加拿大马尼托巴省 | 藓沼泥炭沼泽 | | 1943 | Reader and Stewart，1972 |
| 加拿大艾伯塔省 | 雨养泥炭沼泽 | | 280[b] | Szumigalski and Bayley，1996a |
| | 贫养矿养泥炭沼泽 | | 310[b] | |
| | 中营养矿养泥炭沼泽 | | 360[b] | |
| | 湖成莎草泥炭沼泽 | | 214[b] | |
| | 富营养薹草泥炭沼泽 | | 245[b] | |
| 加拿大艾伯塔省 | 雨养泥炭沼泽 | | 390[b] | Thormann and Bayley，1997 |
| | 漂浮莎草泥炭沼泽 | | 356[b] | |
| | 湖岸莎草泥炭沼泽 | | 277[b] | |
| | 河岸莎草泥炭沼泽 | | 409[b] | |
| 加拿大魁北克省 | 贫营养矿养泥炭沼泽 | | 114[b] | Bartsch and Moore，1985 |
| | 富营养矿养泥炭沼泽 | | 335[b] | |
| | 中营养矿养泥炭沼泽 | | 176[b] | |

注：a. 平均值±7 个点的标准差
b. 仅有地上生物量

　　泥炭藓的生长或初级生产力测量中所遇到的问题在其他植物生产力测量中并没有遇到。植物的茎被拉长，下部逐渐死亡脱落，而后变成枯落物，最终形成泥炭。从脱落到枯落物的变化过程十分难以测量。同样难以测量的是任意时刻植物生物量的测量，这是由于在泥炭中很难区分哪些物质是活体哪些已经死亡。以下两种关于泥炭藓生长的测量方法具有可以比较的结果：①使用"天生的"时间标记，如苔藓的某些解剖或形态学特征；②直接测量质量变化。通过这两种技术测定的泥炭藓的生长速率通常在 300～800g/(m²·年)（表 12.4）。虽然 Damman 1979、Wieder 和 Lang（1983）认为年生产力应随纬度的增加而增加，但是表 12.4 中只有中位泥炭藓（*S. magellanicum*）显示出这样的趋势，显然局地和区域因素比纬度更重要。

**表 12.4　随纬度下降顺序比较选择的泥炭藓物种生产力变化**

| 物种[a] | 生长高度（mm/年） | 生产力[g/(m²·年)] | N | 地点 | 年均降水量（mm） | 年均温（℃） | 参考文献 |
|---|---|---|---|---|---|---|---|
| fus | 1.4～3.2 | 70 | 68°22′ | 瑞典北部 | 600 | 2.9 | Rosswall and Heal，1975 |
| fus | — | 250 | 63°09′ | 芬兰南部 | 532 | 3.5 | Silvola and Hanski，1979 |
| fus | — | 220～290 | 63°09′ | 芬兰南部 | 532 | 3.5 | K. Tolonen, in Rochefort et al.，1990 |
| fus | 7～16 | 195 | 60°62′ | 芬兰南部 | 632 | 4～4.8 | Pakarinen，1978 |
| mag | 9.5 | 70 | 59°50′ | 挪威南部 | 1250 | 5.9 | Pedersen，1975 |
| ang | 14.7 | 500 | — | | — | — | |
| fus | 9.8 | 90 | 56°05′ | 瑞典南部 | 800 | 7.9 | Damman，1978 |
| mag | 7.8 | 100 | — | | — | — | |
| mag | 10～18 | 50～100 | 55°09′ | 英格兰 | 1270 | 9.3 | S. B. Chapman，1965 |
| ang | 28～34 | 110～240 | 54°46′ | 英格兰 | 1980 | 7.4 | Clymo and Reddaway，1971 |
| mag | 14～15 | 230 | 54°46′ | 英格兰 | 1980 | 7.4 | Forrest and Smith，1975 |
| ang | | 240～330 | — | | — | — | |

续表

| 物种[a] | 生长高度（mm/年） | 生产力[g/(m²·年)] | N | 地点 | 年均降水量（mm） | 年均温（℃） | 参考文献 |
|---|---|---|---|---|---|---|---|
| ang | 38～43 | 110～440 | 54°46′ | 英格兰 | 1980 | 7.4 | Clymo，1970 |
| fus | 6～7 | 75～83 | 54°43′ | 加拿大魁北克省 | 790 | 4.9 | Bartsch and Moore，1985 |
| ang | 4～17 | 19～127 | — | — | — | — | T. R. Moore，1989 |
| fus | — | 270 | 54°28′ | 英格兰 | 1375 | 7.4 | Bellamy and Rieley，1967 |
| fus | 30 | 424～801 | 54°20′ | 德国北部 | 714 | 8.4 | Overbeck and Happach，1957 |
| mag | 35～51 | 252～794 | — | | | | |
| ang | 120～160 | 488～1656 | | | | | |
| fus | — | 50 | 49°53′ | 加拿大马尼托巴省南部 | 517 | 2.5 | Reader and Stewart，1971 |
| fus | 17～24 | 240 | 49°52′ | 加拿大安大略省东北部 | 858 | 0.8 | Pakarinen and Gorham，1983 |
| fus | 7～31 | 69～303 | 49°40′ | 加拿大安大略省西北部 | 714 | 2.6 | Rochefort et al.，1990 |
| mag | 11～34 | 52～240 | — | | | | |
| ang | 20～39 | 97～198 | | | | | |
| mag | 62 | 540 | 39°07′ | 美国西弗吉尼亚州 | 1330 | 7.9 | Wieder and Lang，1983 |

注：a. fus=锈色泥炭藓（*Sphagnum fuscum*）；mag=中位泥炭藓（*Sphagnum magellanicum*）；ang =小叶泥炭藓（*Sphagnum angustifolium*）

数据来源：Rochefort et al.，1990

通常泥炭地的营养受到限制，但对不同植物和群落的影响不同。Chapin 等（2004）在美国明尼苏达州北部的雨养泥炭沼泽和矿养泥炭沼泽进行实验，将氮、磷和碳酸钙（用于提升 pH）同时添加到湿地，并测定植物群落和物种的生产力。在雨养泥炭沼泽中，碳酸钙和较少的氮[2g N/(m²·年)]都会增加植物的地上净初级生产力，而较高的氮[6g N/(m²·年)]负荷则会抑制植物生长。矿养泥炭沼泽中禾本科植物的生长是对增加的磷所做出的响应。在雨养泥炭沼泽和矿养泥炭沼泽中，植物类型和物种之间的差异同时会对实验条件产生影响。所以说，尽管泥炭地的营养可利用性较低，但并不一定意味着泥炭沼泽的营养就一定少。

## 分解

泥炭在雨养泥炭沼泽中的积累是由枯落物的生产（初级生产）和有机物的分解决定的。与初级生产一样，由于淹水条件、低温及酸性条件，枯落物在雨养泥炭沼泽中的分解速率通常较低。事实上，泥炭的积累更多地是由于分解过程的缓慢，而不是植物的净初级生产力高。除导致泥炭积累外，缓慢分解还会导致在营养有限的系统中，营养物质缓慢回收。

在有氧条件的地表附近，泥炭分解速率最高。深度为 20cm 时，其速率约为地表速率的五分之一。这种模式是由厌氧条件造成的。虽然这些湿地土壤中的细菌总数比通气土壤少得多，但泥炭沼泽中发生的有机分解大部分是由微生物引起的。随着 pH 的降低，分解者食物链中的真菌成分相对于细菌种群变得更为重要。Verhoeven 等（1994）通过使用棉条分解的方法，发现贫营养雨养泥炭沼泽与其他泥炭地及矿质土壤湿地相比，其分解速率相对较低。分解速率和总磷（正相关）及土壤有机质（负相关）的关系解释了分解速率衰减率的 75%。因此，贫营养和高有机质（保持土壤减少）与雨养泥炭沼泽的低分解速率显著相关（significant nexus）。Szumigalski 和 Bayley（1996b）发现艾伯塔省中部泥炭沼泽的枯落物衰减率如下：薹草>桦木>苔藓。分解速率最高的植物通常是氮含量最高的植物。使用毛薹草（*Carex lasiocarpa*）作为标准枯落物时，不同湿地的分解速率如下：养分贫乏的矿养泥炭沼泽>养分丰富的矿养木本泥炭沼泽>雨养泥炭沼泽>开阔的养分丰富的矿养泥炭沼泽>莎草矿养泥炭沼泽。

Bayley 和 Mewhort（2004）在同一地区比较了积累泥炭的草本沼泽及养分适中的矿养泥炭沼泽。虽然这些湿地看起来有着相似的外观，但是矿养泥炭沼泽的分解速率明显比草本沼泽慢，这是由草本沼泽的水位较高导致的。

对于泥炭地外貌形成已经有大量猜测。泥炭地的外形具有不同图案，或具有高低起伏的形态，都似乎和不同的泥炭积累速率有关系。Rochefort 等（1990）在加拿大安大略省西北部的贫营养矿养泥炭沼泽中发现，泥炭的积累差异是由泥炭分解速率的差异而不是初级生产力的差异引起的。同时，在小丘上的泥炭藓生长速率约等于泥炭藓在山谷中的生长速率，或小于山谷中的矿质土壤中的。在小山丘上的泥炭藓分解速率要比那些在小山谷中的泥炭藓慢很多。因此，泥炭在山丘要比山谷分解快，并且在山丘上泥炭积累所需要的条件可能会比在山谷多。

## 泥炭积累

在欧洲雨养泥炭沼泽和矿养泥炭沼泽中泥炭的垂向积累速率分别约为 20cm/1000 年和 80cm/1000 年（Moore and Bellamy，1974）。然而 Cameron（1970）发现北美洲雨养泥炭沼泽中泥炭的积累速率为 100～200cm/1000 年。而 Nichols（1983）的研究发现，在温暖且生产力高的地区泥炭的积累速率为 150～200cm/1000 年。Malmer 在 1975 年的研究中发现西欧典型泥炭的垂向积累速率为 50～100cm/1000 年。假设泥炭的平均密度为 50mg/mL，这样的速率相当于泥炭积累速率为 25～50g/($m^2$·年)。Hemond（1980）的研究发现，美国马萨诸塞州索罗雨养泥炭沼泽中泥炭积累速率约为 430cm/1000 年，相当于 180g/($m^2$·年)。

### 两个大洲雨养泥炭沼泽能量流的比较与估算

任何生态系统最初的能量收支都是基于 Lindeman（1942）在美国明尼苏达州北部一个小的雨养泥炭沼泽的经典研究（图 12.10a）。虽然这种能量收支的计算方式相对简单，但能经受住时间的考验。光合作用中所吸收的太阳辐射很少（<0.1%）。有机能量流的两个最大来源，一个是呼吸作用（26%），另一个是泥炭储存（70%）。在简化的食物网中，能量主要流向食草动物（13%），约 3.5%会流向分解者。如下两项最近的估算显示，泥炭的储存期限非常长，分解损失可能被低估了。

Bazilevich 和 Tishkov（1982）及 Alexandrov 等（1994）的研究详细勾勒出俄罗斯欧洲部分的中等营养水平（过渡型）雨养泥炭沼泽中的能量流动方向（图 12.10b）。所选取的雨养泥炭沼泽以泥炭藓-欧洲赤松（*Sphagnum girgenoshnii-Pinus sylvestris*）群落为主，同时长有其他一些灌木丛[如黑果越桔（*Vaccinium mytillus*）]。据估算，储存在这个雨养泥炭沼泽中的总能量超过 137kg 干有机质/$m^2$，死亡的有机质（泥炭深度为 0.6m）占 94%，生物量（8.5kg/$m^2$）约占有机质储量的 6%。总初级生产力为 987g/($m^2$·年)，或约 4400kcal/($m^2$·年)（假设有机质的能量为 4.5kcal），植物呼吸消耗约 60%。净初级生产的构成如下：乔木（39%）、藻类（28%）、灌木（21%）、苔藓和地衣（9%）及草（3%）。净初级生产主要由分解者消耗，这样的消耗与捕食食物链相比，所消耗的食物就少很多。泥炭的净积累量为 100g/($m^2$·年)[或约 450kcal/($m^2$·年)]。主要的有机质损失除生物降解外，其余是化学氧化和表面与地下的流动。

比较俄罗斯和美国这两个国家相隔几十年的能量收支可以发现，首先，林德曼（Lindeman）的雪松雨养泥炭沼泽比 Bazilevich 和 Tishkov 的俄罗斯泥炭地生产力约高出四分之一。可能的解释是俄罗斯的样点被描述为从雨养泥炭沼泽向矿养泥炭沼泽过渡的类型。其次，美国的雨养泥炭沼泽所积累的泥炭沼泽比俄罗斯的泥炭地多。这些结果既反映了当时测量技术的复杂性，又反映了从矿养泥炭沼泽转变为真正的雨养泥炭沼泽的真实情况。林德曼给出了以泥炭方式长期储存生产力的高百分比。假设泥炭密度为 50g/L，林德曼给出的泥炭积累速率为 350cm/1000 年，而在俄罗斯研究中的泥炭积累速率为 200cm/1000 年。

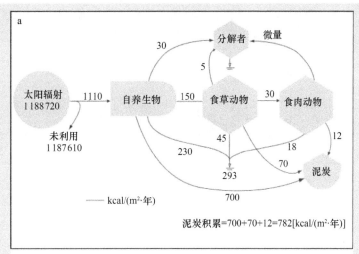

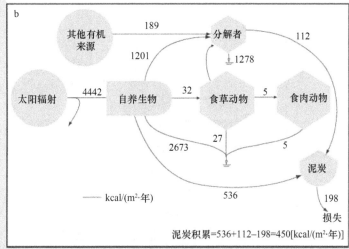

图 12.10　泥炭地能量流动图：（a）美国明尼苏达州雪松雨养泥炭沼泽；（b）俄罗斯过渡型泥炭地。能流计算单位为 kcal/($m^2$·年)。（a）能量流单位最初以卡路里表示，而（b）中的能量流以每克干重为单位，并将能量单位转换为 4.5kcal/g（a：模仿自 Lindeman，1942；b：模仿自 Bazilevich and Tishkov，1982；Alexandrov et al.，1994）

## 养分收支

### 氮

图 12.11 是对两块泥炭地氮收支进行的一个有趣比较，一块是美国马萨诸塞州的索罗（Thoreau）雨养泥炭沼泽，另一块是明尼苏达州的隆起雨养泥炭沼泽复合体。尽管两个生态系统的总氮输入量相当，但是明尼苏达州的沼泽系统接收了一些周围陆地的径流，而固氮是索罗沼泽中生物活性氮的最大来源。此外，尽管雨养泥炭地的类型或地理位置不同，但其收支都是相似的。两者都在泥炭中积累氮，并通过地表径流损失相当大的一部分。反硝化是一个不确定的术语。

泥炭地经常被认为是多样化的湿地。养分增加的同时似乎也减少了泥炭地多样性。Drexler 和 Bedford 2002 年在纽约市中心一个农场附近的一块小泥炭地进行了养分示踪实验。研究发现，农田是养分的主要来源，其中磷和钾主要来自地表径流而氮主要来自地下水。泥炭中钾、磷的含量及地下水中硝酸根和氮元素及 $NH_4$-N 都与植物多样性呈负相关。营养负荷使维管植物如拂子茅属植物 *Calamagrostis canadensis*、薹草属植物 *Carex lacustris*、柳叶菜（*Epilobium hirsutum*）及宽叶香蒲（*Typha latifolia*）高大，形成单一优势种，但损失了植物多样性。

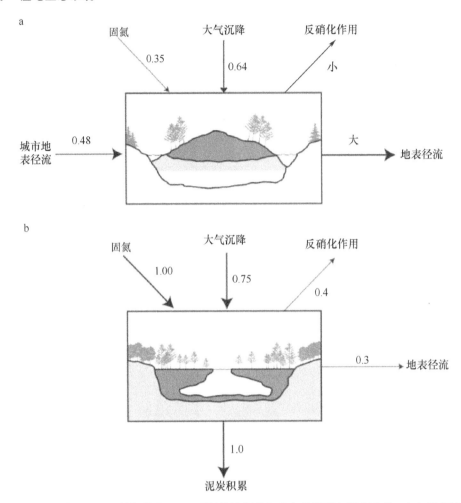

图 12.11 两个美国北部雨养泥炭沼泽的氮收支：(a)明尼苏达州北部隆起的泥炭沼泽复合体；(b)马萨诸塞州浮毯状泥炭藓雨养泥炭沼泽（索罗雨养泥炭沼泽）。计量单位为 g N/(m²·年)（数据来自 Hemond，1983；Urban and Eisenreich，1988）

　　Hemond（1983）的研究发现，泥炭地似乎具有反硝化能力，但是其具体量级大小并不确定。最近一些研究集中在泥炭地氮循环动态变化方面。Wray 和 Bayley（2007）的研究发现，加拿大艾伯塔省中北部草本沼泽和雨养泥炭沼泽反硝化率分别为 11g N/(m²·年)和 24g N/(m²·年)，氮成为主要产物。

　　Bridgham 等（2001）沿着贫营养到富营养变化梯度，对明尼苏达州北部 16 个泥炭地中养分的有效性进行了研究，他们发现，氮有效性通常沿着这一梯度增加。他们发现了氮有效性的季节模式，$NO_3$-N 在夏季更有效，$NH_4$-N 则在冬季更有效。磷有效性最高的地区为森林沼泽和河狸栖息的草甸，最低的地区是雨养泥炭沼泽和矿养泥炭沼泽。

### 碳

　　考虑到全球生态系统中碳动态变化的重要性，泥炭地的碳收支已经引起了很大的关注（具体参见第 17 章 "湿地和气候变化"）。已经知道，高纬度地区的泥炭地会储存大量碳。Kremenetski 等（2003）的研究发现，在西西伯利亚低地，泥炭地泥炭平均深度为 2.6m，碳储量超过 $5.38 \times 10^7$ t。人们普遍认为，北方地区泥炭地曾经是碳汇，但很少有人认为它们是当代的碳汇。碳收支是为面积较小的泥炭地及以泥炭地占优势的流域而设计的（Rivers et al.，1998），后者是一个面积为 1500km² 的流域，位于明尼苏达州阿加西湖，发育有泥炭地湖。这个 "泥炭地流域" 净碳储量为 12.7g C/(m²·年)。但是流域作为碳 "源"与 "汇"，存在脆弱的平衡。碳主要来自地表径流、降水及群落净生产力。碳的释放则以地下水、地表径流及甲烷排放等形式。根据一项同步研究（Glaser et al.，1997b），泥炭以 1mm/年（100cm/1000 年）

的速率积累。这样的碳收支水平说明准确的水文测量及生物生产力测量在确定养分收支中的重要性。Mitsch 等（2013）同时对 8 个北方泥炭地固碳和甲烷排放进行研究发现，北方泥炭地的净固碳速率约为（29±8）g C/(m²·年），这样的速率远低于温带或热带湿地的净固碳速率。

由于 $CH_4$ 作为温室气体的潜在影响因素及泥炭地中储存了大量的碳，泥炭地 $CH_4$ 排放同样受到密切的关注。年降水量和水位似乎是影响泥炭地中 $CH_4$ 排放的主要因素（Heikkinen et al.，2002；Huttunen et al.，2003；Smemo and Yavitt，2006）。在芬兰的雨养泥炭沼泽中，观测到的 $CH_4$ 排放为 8～330mg/(m²·d)，同时还发现 $CH_4$ 排放与水位呈正相关（Huttunen et al.，2003）。Bubier 等（2005）发现类似的 $CH_4$ 排放季节平均变化范围[10～350mg/(m²·d)]，但强调存在相当大的空间异质性，同时还发现，水位和平均 $CH_4$ 通量之间密切相关（图 12.12）。他们注意到，$CH_4$ 通量与水位呈对数线性关系。这表明，要大幅增加 $CH_4$ 排放，水位只需要小幅升高。Trettin 等（2006）通过回顾森林泥炭地文献总结出，水位降低将导致泥炭表面 $CH_4$ 排放减少而 $CO_2$ 排放增加。该研究同时强调，这并不意味着这些泥炭地的土壤碳库必然会减少，这些差异可能会通过植物演替的变化和生产力的提高来弥补。

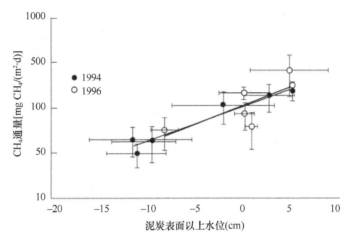

图 12.12　加拿大泥炭地甲烷通量与平均水位的函数关系。水位表示泥炭表面以下（负值）深度或以上（正值）高度。误差棒是标准差（模仿自 Bubier et al.，2005）

## 推荐读物

Rochefort, L., M. Strack, M. Poulin, J. S. Price, and C. Lavoie. 2012. Northern Peatlands. In: D. R. Batzer and A. H. Baldwin, eds., *Wetland Habitats of North America: Ecology and Conservation Concerns*, pp. 119–134. Los Angeles: University of California Press.

Wieder, R. K., and D. H. Vitt, eds., 2006. *Boreal Peatlands Ecosystems*. Berlin: Springer-Verlag.

## 参考文献

Alexandrov, G. A., N. I. Bazilevich, D. A. Logofet, A. A. Tishkov, and T. E. Shytikova. 1994. Conceptual and mathematical modeling of mater cycling in Tajozhny Log Bob ecosystem (Russia). In B. C. Patten, ed. *Wetlands and Shallow Continental*

*Water Bodies*, Vol. 2. SPB Academic Publishing, The Hague, the Netherlands, pp. 45–93.

Amon, J. P., C. A. Thompson, Q. J. Carpenter, and J. Miner. 2002. Temperate zone fens of the glaciated midwestern USA. *Wetlands* 22: 301–317.

Banaszuk, P., and A. Kamocki. 2008. Effects of climatic fluctuations and land-use changes on the hydrology of temperate fluviogenous mire. *Ecological Engineering* 32: 133–146.

Bartsch, I., and T. R. Moore. 1985. A preliminary investigation of primary production and decomposition in four peatlands near Schefferville, Quebec. *Canadian Journal of Botany* 63: 1241–1248.

Bayley, S. E., and R. L. Mewhort. 2004. Plant community structure and functional differences between marshes and fens in the southern boreal region of Alberta, Canada. *Wetlands* 24: 277–294.

Bazilevich, N. I., and A. A. Tishkov. 1982. Conceptual balance model of chemical element cycles in a mesotrophic bog ecosystem. In *Ecosystem Dynamics in Freshwater Wetlands and Shallow Water Bodies*, Vol. 2. SCOPE and UNEP, Centre of International Projects, Moscow, USSR, pp. 236–272.

Bedford, B. L., and K. S. Godwin. 2003. Fens of the United States: Distribution, characteristics, and scientific connection versus legal isolation. *Wetlands* 23: 608–629.

Bellamy, D. J., and J. Rieley. 1967. Some ecological statistics of a "miniature bog." *Oikos* 18: 33–40.

Botch, M. S., K. I. Kobak, T. S. Vinson, and T. P. Kolchugina. 1995. Carbon pools and accumulation in peatlands of the former Soviet Union. *Global Biogeochemical Cycles* 9: 37–46.

Bridgham, S. D., J. Pastor, J. A. Janssens, C. Chapin, and T. J. Malterer. 1996. Multiple limiting gradients in peatlands: A call for a new paradigm. *Wetlands* 16: 45–65.

Bridgham, S. D., K. Updegraff, and J. Pastor. 1998. Carbon, nitrogen, and phosphorus mineralization in northern wetlands. *Ecology* 79: 1545–1561.

Bridgham, S. D., K. Updegraff, and J. Pastor. 2001. A comparison of nutrient availability indices along an ombrotrophic-minerotrophic gradient in Minnesota wetlands. *Soil Science Society of America Journal* 65: 259–269.

Bubier, J., T. Moore, K. Savage, and P. Crill. 2005. A comparison of methane flux in a boreal landscape between a dry and a wet year. *Global Biogeochemical Cycles* 19: GB1023.

Buxton, R. P., P. N. Johnson, and P. R. Espie. 1996. Sphagnum Research Programme: The Ecological Effects of Commercial Harvesting. Science for Conservation: 25. New Zealand Department of Conservation, Wellington, 33 pp.

Cameron, C. C. 1970. Peat deposits of northeastern Pennsylvania U.S. Geological Survey Bull. 1317-A, 90 pp.

Chapin, C. T., and J. Pastor. 1995. Nutrient limitations in the northern pitcher plant *Sarracenia purpurea*. *Canadian Journal of Botany* 73: 728–734.

Chapin, C. T., S. D. Bridgham, and J. Pastor. 2004. pH and nutrient effects on above-ground net primary production in a Minnesota, USA bog and fen. *Wetlands* 24: 186–201.

Chapman, S. B. 1965. The ecology of Coom Rigg Moss, Northumberland: Some water relations of the bog system. *Journal of Ecology* 53: 371–384.

Clymo, R. S. 1970. The growth of *Sphagnum*: Methods of measurement. *Journal of Ecology* 58: 13–49.

Clymo, R. S., and E. J. F. Reddaway. 1971. Productivity of *Sphagnum* (bog-moss) and peat accumulation. *Hydrobiologia (Bucharest)* 12: 181–192.

Coles, B., and J. Coles. 1989. *People of the Wetlands, Bogs, Bodies and Lake-Dwellers*. Thames & Hudson, New York. 215 pp.

Cowardin, L. M., V. Carter, F. C. Golet, and E. T. LaRoe. 1979. *Classification of Wetlands and Deepwater Habitats of the United States*. FWS/OBS-79/31. U.S. Fish and Wildlife Service, Washington, DC. 103 pp.

Cromarty, D., and D. Scott. 1996. *A Directory of Wetlands in New Zealand*. Department of Conservation, Wellington, New Zealand.

Damman, A. W. H. 1978. Distribution and movement of elements in ombrotrophic peat bogs. *Oikos* 30: 480–495.

Damman, A. W. H. 1979. Geographic patterns in peatland development in eastern North America. In *Proceedings of the International Symposium of Classification of Peat and Peatlands*. Hyytiala, Finland, International Peat Society, pp. 42–57.

Damman, A. W. H. 1986. Hydrology, development, and biogeochemistry of ombrogenous peat bogs with special reference to nutrient relocation in a western Newfoundland bog. *Canadian Journal of Botany* 64: 384–394.

Damman, A. W. H., and T. W. French. 1987. *The ecology of peat bogs of the glaciated northeastern United States: A community profile*. U.S. Fish and Wildlife Service, Washington, DC. 100 pp.

Doyle, G. J. 1973. Primary production estimates of native blanket bog and meadow vegetation growing on reclaimed peat at Glenamoy, Ireland. In L. C. Bass and F. E. Wielgolaski, eds., *Primary Production and Production Processes, Tundra Biome*. Tundra Biome Steering Committee, Edmonton, Canada, pp. 141–151.

Drexler, J. Z., and B. L. Bedford. 2002. Pathways of nutrient loading and impacts on plant diversity in a New York peatland. *Wetlands* 22: 263–281.

Du Rietz, G. E. 1949. Huvudenheter och huvudgränser i Svensk myrvegetation. *Svensk Botanisk Tidkrift* 43: 274–309.

Forrest, G. I., and R. A. H. Smith. 1975. The productivity of a range of blanket bog types in the Northern Pennines. *Journal of Ecology* 63: 173–202.

Glaser, P. H. 1987. *The Ecology of Patterned Boreal Peatlands of Northern Minnesota: A Community Profile*. U.S. Fish and Wildlife Service Biological Report 85 (7.14), Washington, DC, 98 pp.

Glaser, P. H., D. I. Siegel, E. A. Romanowicz, and Y. P. Shen. 1997a. Regional linkages between raised bogs and the climate, groundwater, and landscape of northwestern Minnesota. *Journal of Ecology* 85: 3–16.

Glaser, P. H., P. C. Bennett, D. I. Siegel, and E. A. Romanowicz. 1997b. Palaeo-reversals in groundwater flow and peatland development at Lost River, Minnesota, USA. *Holocene* 6: 413–421.

Glob, P. V. 1969. *The Bog People: Iron Age Man Preserved*, trans. by R. Bruce-Mitford. Cornell University Press, Ithaca, NY. 200 pp.

Gorham, E. 1967. Some chemical aspects of wetland ecology. Technical Memorandum 90, Committee on Geotechnical Research, National Research Council of Canada, pp. 2–38.

Gorham, E. 1991. Northern peatlands: Role in the carbon cycle and probable responses to climatic warming. *Ecological Applications* 1: 182–195.

Gorham, E., and J. A. Janssens. 1992. Concepts of fen and bog reexamined in relation to bryophyte cover and the acidity of surface waters. *Acta Societatis Botanicorum Poloniae* 61: 7–20.

Gorham, E., S. J. Eisenreich, J. Ford, and M. V. Santelmann. 1984. The chemistry of bog waters. In W. Stumm, ed. *Chemical Processes in Lakes*. John Wiley & Sons, New York, pp. 339–363.

Harris, L. D. 1989. The faunal significance of fragmentation of southeastern bottomland forests. In D. D. Hook and R. Lea, eds., *Proceedings of the Symposium the Forested Wetlands of the Southern United States*, U.S. Department of Agriculture, Forest Service, Southeastern Forest Experiment Station, Asheville, NC, pp. 126–134.

Heal, O. W., H. E. Jones, and J. B. Whittaker. 1975. Moore House, U.K. In T. Ross-wall and O. W. Heal, eds., *Structure and function of tundra ecosystems. Ecological Bulletin 20*. Swedish Natural Science Research Council, Stockholm, pp. 295–320.

Heikkinen J. E. P., V. Elsakov, and P. J. Martikainen. 2002. Carbon dioxide and methane dynamics and annual carbon budget in tundra wetland in NE Europe, Russia. *Global Biogeochemical Cycles* 16. doi:10.1029/2002GB0001930

Heilman, P. E. 1968. Relationship of availability of phosphorus and cations to forest succession and bog formation in interior Alaska. *Ecology* 49: 331–336.

Heinselman, M. L. 1970. Landscape evolution and peatland types, and the Lake Agassiz Peatlands Natural Area, Minnesota. *Ecological Monographs* 40: 235–261.

Hemond, H. F. 1980. Biogeochemistry of Thoreau's Bog, Concord, Mass. *Ecological Monographs* 50: 507–526.

Hemond, H. F. 1983. The nitrogen budget of Thoreau's Bog. *Ecology* 64: 99–109.

Hutchinson, G. E. 1973. Eutrophication: The scientific background of a contemporary practical problem. *American Scientist* 61: 269–279.

Huttunen, J. T., H. Nykänen, J. Turunen, and P. J. Martikainen. 2003. Methane emissions from natural peatlands in the northern boreal zone in Finland, Fennoscandia. *Atmospheric Environment* 37: 147–151.

Kulczynski, S. 1949. Peat bogs of Polesie. *Acad. Pol. Sci. Mem.*, Ser. B, No. 15. 356 pp.

Kremenetski, K. V., A. A. Velichko, O. K. Borisova, G. M. MacDonald, L. C. Smith, K. E. Frey, and L. A. Orlova. 2003. Peatlands of Western Siberian lowlands: Current knowledge on zonation, carbon content and Late Quaternary history. *Quaternary Science Review* 22: 703–723.

Lieth, H. 1975. Primary production of the major units of the world. In H. Lieth and R. H. Whitaker, eds., *Primary Productivity of the Biosphere*. Springer-Verlag, New York, pp. 203–215.

Lindeman, R. L. 1942. The trophic-dynamic aspect of ecology. *Ecology* 23: 399–418.

Locky, D. L., S. E. Bayley, and D. H. Vitt. 2005. The vegetational ecology of black spruce swamps, fens, and bogs in southern boreal Manitoba, Canada. *Wetlands* 25: 564–582.

Malmer, N. 1975. Development of bog mires. In A. D. Hasler, ed. *Coupling of Land and Water Systems*. Ecology Studies 10. Springer-Verlag, New York, pp. 85–92.

Mitsch, W. J., R. H. Mitsch, and R. E. Turner. 1994. Wetlands of the Old and New Worlds—Ecology and Management. In W. J. Mitsch, ed. *Global Wetlands: Old and New*. Elsevier, Amsterdam, the Netherlands, pp. 3–56.

Mitsch, W. J., B. Bernal, A. M. Nahlik, U. Mander, L. Zhang, C. J. Anderson, S. E. Jørgensen, and H. Brix. 2013. Wetlands, carbon, and climate change. *Landscape Ecology* 28: 583–597.

Moore, P. D., and D. J. Bellamy. 1974. *Peatlands*. Springer-Verlag, New York. 221 pp.

Moore, T. R. 1989. Growth and net production of *Sphagnum* at five fen sites subarctic eastern Canada. *Canadian Journal of Botany* 67: 1203–1207.

Murdock, N. A. 1994. Rare and endangered plants and animals of southern Appalachian wetlands. *Water, Air, and Soil Pollution* 77: 385–405.

Naiman, R. J., T. Manning, and C. A. Johnston. 1991. Beaver population fluctuations and tropospheric methane emissions in boreal wetlands. *Biogeochemistry* 12: 1–15.

Naumann, E. 1919. Nagra sypunkte angaende planktons ökilogi. Med. Sarskild hänsyn till fytoplankton. *Svensk Botanisk Tidkrift* 13: 129–158.

Nichols, D. S. 1983. Capacity of natural wetlands to remove nutrients from wastewater. *Journal of the Water Pollution Control Federation* 55: 495–505.

Nicholson, B. J., L. D. Gignac, and S. E. Bayley. 1996. Peatland distribution along a north-south transect in the Mackenzie River Basin in relation to climatic and environmental gradients. *Vegetatio* 126: 119–133.

Overbeck, F., and H. Happach. 1957. Über das Wachstum und den Wasserhaushalt einiger Hochmoor Sphagnum, *Flora* 144: 335–402.

Pakarinen, P. 1978. Production and nutrient ecology of three Sphagnum species in southern Finnish raised bogs, *Annales Botanici Fennici* 15: 15–26.

Pakarinen, P., and E. Gorham. 1983. Mineral Element Composition of *Sphagnum fuscum* peats collected from Minnesota, Manitoba, and Ontario. In *Proceedings of the International Symposium on Peat Utilization*. Bemidji State University Center for Environmental Studies, Bemidji, MN, pp. 417–429.

Pedersen, A. 1975. Growth measurements of five *Sphagnum* species in South Norway. *Norwegian Journal of Botany* 22: 277–284.

Pjavchenko, N. J. 1982. Bog ecosystems and their importance in nature. In D. O. Logofet and N. K. Luckyanov, eds., *Proceedings of International Workshop on Ecosystems Dynamics in Wetlands and Shallow Water Bodies, Vol. 1, SCOPE and UNEP Workshop*. Center for International Projects, Moscow, USSR, pp. 7–21.

Post, R.A. 1996. Functional Profile of Black Spruce Wetlands in Alaska. Report EPA 910/R-96-006, U.S. Environmental Protection Agency, Seattle, WA, 170 pp.

Reader, R J., and J. M. Stewart. 1971. Net primary productivity of the bog vegetation in southeastern Manitoba. *Can. J. Bot.* 49:1471–1477.

Reader, R. J., and J. M. Stewart. 1972. The relationship between net primary production and accumulation for a peatland in southeastern Manitoba. *Ecology* 53: 1024–1037.

Reiners, W. A. 1972. Structure and energetics of three Minnesota forests. *Ecological Monographs* 42: 71–94.

Richardson, C. J. 2003. Pocosins: Hydrologically isolated or integrated wetlands on the landscape? *Wetlands* 23: 563–576..

Richardson, C. J., W. A. Wentz, J. P. M. Chamie, J. A. Kadlec, and D. L. Tilton. 1976. Plant growth, nutrient accumulation and decomposition in a central Michigan peatland used for effluent treatment. In D. L. Tilton, R. H. Kadlec, and C. J. Richardson, eds., *Freshwater Wetlands and Sewage Effluent Disposal*. University of Michigan, Ann Arbor, pp. 77–117.

Rivers, J. S., D. I. Siegel, L. S. Chasar, J. P. Chanton, P. H. Glaser, N. T. Roulet, and J. M. McKenzie. 1998. A stochastic appraisal of the annual carbon budget of a large circumboreal peatland, Rapid River Watershed, northern Minnesota. *Global Biogeochemical Cycles* 12: 715–727.

Rochefort, L., D. H. Vitt, and S. E. Bayley. 1990. Growth, production, and decomposition dynamics of Sphagnum under natural and experimentally acidified conditions. *Ecology* 71: 1986–2000.

Rosswall, T., and O. W. Heal. 1975. Structure and function of tundra ecosystems. *Ecological Bulletin (Sweden)* 20: 265–294.

Rymal, D. E., and G. W. Folkerts. 1982. Insects associated with pitcher plants (Sarracenia, salraceniaceae), and their relationship to pitcher plans conservation: A review. *Journal of Alabama Academy of Sciences* 53: 131–151.

Sharitz, R. R., and J. W. Gibbons, eds. 1982. *The Ecology of Southeastern Shrub Bogs (Pocosins) and Carolina Bays: A Community Profile*, U.S. Fish Wildlife Service, Division of Biological Services, Washington, DC, FWS/OBS-82/04.

Siegel, D. I., A. S. Reeve, P. H. Glaser, and E. A. Romanowicz. 1995. Climate-driven flushing of pore water in peatlands. *Nature* 374: 531–533.

Silvola, J., and I. Hanski. 1979. Carbon accumulation in a raised bog. *Oecologia* (Berlin) 37: 285–295.

Sjörs, H. 1948. Myrvegetation i bergslagen. *Acta Phytogeographica Suecica* 21: 1–299.

Smemo, K. A., and J. B. Yavitt. 2006. A multi-year perspective on methane cycling in a shallow peat fen in central New York State, USA. *Wetlands* 26: 20–29.

Szumigalski, A. R., and S. E. Bayley. 1996a. Net above-ground primary production along a bog-rich fen gradient in central Alberta, Canada. *Wetlands* 16: 467–476.

Szumigalski, A. R., and S. E. Bayley. 1996b. Decomposition along a bog to rich fen gradient in central Alberta, Canada. *Canadian Journal of Botany* 74: 573–581.

Thormann, M. N., and S. E. Bayley. 1997. Aboveground net primary productivity along a bog-fen-marsh gradient in southern boreal Alberta, Canada. *Ecoscience* 4: 374–384.

Trettin, C. C., R. Laiho, K. Minkkinen, and J. Laine. 2006. Influence of climate change factors on carbon dynamics in northern forested peatlands. *Canadian Journal of Soil Science* 86: 269–280.

Urban, N. R., S. J. Eisenreich, and E. Gorham. 1985. Proton cycling in bogs: geographic variation in northeastern North America. In T. C. Hutchinson and K. Meema, eds., *Proceedings of the NATO Advanced Research Workshop on the Effects of Acid Deposition on Forest, Wetland, and Agricultural Ecosystems.* Springer-Verlag, New York, pp. 577–598.

Urban, N. R., and S. J. Eisenreich. 1988. Nitrogen cycling in a forested Minnesota bog, *Canadian Journal of Botany* 66: 435–449.

Verhoeven, J. T. A., D. F. Whigham, M. van Kerkhoven, J. O'Neill, and E. Maltby. 1994. Comparative study of nutrient-related processes in geographically separated wetlands: Toward a science base for functional assessment procedures. In W. J. Mitsch, ed., *Global Wetlands: Old World and New*. Elsevier, Amsterdam. pp. 91–106

von Post, L., and E. Granlund. 1926. Södra Sveriges Torvtillgångar. Sveriges Geologiska Undersökning Ser. C Avhandlingar och uppsater, No. 355. *Arsbok* 19 (2): 1–127.

Warner, B. G., and C. D. A. Rubec, eds. 1997. *The Canadian Wetland Classification System*. National Wetlands Working Group, Wetlands Research Centre, University of Waterloo, Waterloo, Ontario, Canada.

Warner, D., and D. Wells. 1980. Bird population structure and seasonal habitat use as indicators of environment quality of peatlands. Minnesota Department of Natural Resources, St. Paul, MN, 84 pp.

Weber, C. A. 1907. Aufbau und Vegetation der Moore Norddutschlands. *Beibl. Bot. Jahrbüchern.* 90: 19–34.

Weltzin, J. F., J. K. Keller, S. D. Bridgham, J. Pastor, P. B. Allen, and J. Chen. 2005. Litter controls plant community composition in a northern fen. *Oikos* 110: 537–546.

Wieder, R. K., and G. E. Lang. 1983. Net primary production of the dominant bryophytes in a Sphagnum-dominated wetland in West Virginia. *Bryologist* 86: 280–286.

Wieder, R. K., D. H. Vitt, and B. W. Benscoter. 2006. Peatlands and the boreal forest. In R. K. Wieder and D. H. Vitt, eds., *Boreal Peatland Ecosystems*. Springer Verlag, Berlin, pp. 1–8.

Wray, H. E., and S. E. Bayley. 2007. Denitrification rates in marsh fringes and fens in two boreal peatlands in Alberta, Canada. *Wetlands* 27: 1036–1045.

# 第 4 部分

## 传统湿地管理

# 第13章　湿地分类

  湿地分类开始于 20 世纪初北美洲和欧洲的泥炭地分类。美国鱼类及野生动物管理局开发了两套主要的分类系统，作为湿地调查的基础。早期（1956 年）的分类系统基于淹水水深、优势植被类型和盐度，将湿地分为 20 种类型。在 1979 年出版的《美国湿地和深水生境分类》中，采用基于系统、亚系统、类、亚类、优势型和特殊体的层次分析方法来精确定义湿地生境与深水生境。加拿大、国际湿地分类系统分别划分了 49 种和 32 种不同湿地类型，替代美国已有的分类体系。近些年来，基于湿地功能的分类方法得到发展，其中最有代表性的为水文地貌分类方法。目前湿地调查采用航空照片和卫星影像作为数据平台，在不同尺度上开展调查。

  为了在区域尺度上掌握湿地的变化，湿地科学家和管理者发现，有必要对千差万别的现存湿地进行分类并确定它们的范围和分布。这些研究的第一步是对湿地分类，第二步是编制湿地清单。最早的一些努力是为了寻找可以排干水分供人类使用的湿地，后来的分类和调查主要是为了比较某一地区不同类型的湿地，通常是为了了解它们对水鸟的价值。湿地的多重生态价值保护起步较晚，这是目前湿地分类和清查最主要的原因。认识到湿地的价值，人们开始根据保护的优先次序进行湿地分类，对价值最高的湿地给予最高级别的保护。与其他技术一样，分类和编目只有在用户熟悉其应用范围与限制条件时才有价值。

  本书将湿地生态系统类型简单地分为 5 章（第 8～12 章），可分为两大类：①滨海——潮汐沼泽（盐沼和潮汐淡水沼泽）和红树林沼泽；②内陆——淡水草本沼泽、淡水森林沼泽及泥炭地（见表 8.1 和表 10.1）。其他类型的湿地，如内陆盐沼，可能会在这个简单的湿地分类中被遗漏，但这五类湿地已经涵盖了目前世界上已知的大部分湿地。

## 为什么要对湿地分类？

  人们曾多次尝试根据湿地的结构和功能特征将其分类。这些分类依赖于一个易于理解的一般湿地定义（见第 2 章"湿地定义"），尽管一个分类中包含了对不同湿地类型的定义。根据 Cowardin 等（1979）的观点，湿地分类的一个主要目标是在自然生态系统上划定界限，以便进行调查、评估和管理。这些作者认为，一个分类系统应包括以下 4 个主要目标。

  1）描述具有一定同质自然属性的生态单元。

  2）根据湿地特征描述，将这些单元在统一的框架内进行排列，这将有助于资源管理。

  3）确定分类单元，以便编制清单和制图。

  4）提供统一的概念和术语。

  第一个目标涉及的重要任务是对具有相似特征的生态系统进行分组，其方式与分类学家在分类中对物种进行分组的方式非常相似。经常用来对湿地进行分组和比较的湿地属性包括地貌和水文状况、植被特征及植物和（或）动物物种。

  第二个目标是帮助湿地管理者以不同方式对湿地进行分类。分类（定义不同类型的湿地）使湿地管理人员能够处理不同区域、不同时期的湿地管理和保护问题。分类还使湿地管理人员能够有选择地更多关注那些最受威胁或在功能上对某一地区最有价值的湿地类型。

第三和第四个目标,即制定和使用清单、地图、概念与术语方面的一致性,在湿地管理中也很重要。在湿地科学领域,需要使用相同的术语来定义某一特定类型的湿地(见第 2 章"湿地定义")。这些术语应统一应用于湿地清单和制图,使得不同地区的湿地可以相互比较,也可以使湿地科学家、湿地管理人员和湿地所有者对湿地类型有一个共同的认识。

# 湿地分类

## 泥炭地分类

许多早期的湿地分类是围绕欧洲和北美洲的北部泥炭地开展的。在美国,由 Davis 于 1907 年建立了早期泥炭地的分类方法,根据三个标准来描述密歇根附近的雨养泥炭沼泽:①雨养泥炭沼泽形成的地形,如浅水湖盆或河流三角洲;②雨养泥炭沼泽发育的方式,如自下而上或从岸边向内陆发育;③表面植被,如美国落叶松或苔藓。根据 Weber(1907)、Potonie(1908)、Kulczynski 等(1949)及其他一些在欧洲的研究,Moore 和 Bellamy(1974)描述了基于水流条件的 7 种泥炭地类型。三种基本类型分别是流水补给型、过渡型、雨养型,描述了泥炭地受外部水体的影响程度。更现代的术语是矿质营养型、过渡型和雨养型泥炭地(见第 12 章"泥炭地")。大多数泥炭地仅限于北温带气候区,不能包括北美洲的全部甚至大部分湿地。然而,这些分类可作为更广泛的分类模型。它们意义重大,因为其将湿地的化学和物理条件与植被特征相结合,提出了一种较全面的湿地分类方法。

## "通告 39"中的分类方法

20 世纪 50 年代初,美国鱼类及野生动物管理局认识到,有必要对全国湿地进行清查,以确定"剩余湿地的分布、范围和质量与其作为野生动物栖息地的价值之间的关系"(Shaw and Fredine,1956)。针对湿地清单开发了一套分类系统(Martin et al.,1953),清单和分类方案的结果在美国鱼类及野生动物管理局通告 39 中公布(Shaw and Fredine,1956),将湿地分为四大类 20 种类型(表 13.1)。

**表 13.1 早期美国鱼类及野生动物管理局"通告 39"湿地分类**

| 类型编号 | 湿地类型 | 特征 |
|---|---|---|
| **内陆淡水区域** | | |
| 1 | 季节性淹水洼地或沼泽 | 土壤不定期被水淹或水分饱和,但在生长季大部分时间排水良好;位于高地的低洼处或洼地 |
| 2 | 淡水草甸 | 生长季地表无积水;土壤水分饱和深度仅有几厘米 |
| 3 | 浅积水淡水沼泽 | 生长季土壤水分饱和;经常淹水深度≥15cm |
| 4 | 深积水淡水沼泽 | 土壤淹水深度 15cm 至 1m |
| 5 | 开阔淡水水域 | 水深小于 2m |
| 6 | 灌丛沼泽 | 土壤水分饱和;经常淹水深度≥15cm |
| 7 | 森林沼泽 | 土壤水分饱和;经常淹水深度 30cm;分布在流速缓慢的溪流两侧、平坦的高地、浅湖盆 |
| 8 | 雨养泥炭沼泽 | 土壤水分饱和;覆盖有松软的藓类植物 |
| **内陆盐碱区域** | | |
| 9 | 盐渍化平地 | 强降水后地表淹水;在生长季水分饱和深度只有几厘米 |
| 10 | 盐化草本沼泽 | 生长季土壤水分饱和;淹水深度一般 0.7~1m;如浅湖盆 |
| 11 | 开阔的盐化水域 | 长期被盐化水体淹没;水深会有变化 |

| 类型编号 | 湿地类型 | 特征 |
| --- | --- | --- |
| **滨海淡水区域** | | |
| 12 | 浅积水淡水沼泽 | 生长季土壤水分饱和；涨潮时淹水深度约为 15cm；位于向陆地一侧，沿着潮汐河流、海峡、三角洲深水沼泽分布 |
| 13 | 深积水淡水沼泽 | 涨潮时水深度 15cm 至 1m；沿潮汐河流和海湾分布 |
| 14 | 开阔淡水水域 | 开阔水域的浅水部分，沿岸分布有淡水潮汐河流和海峡 |
| **滨海盐化区域** | | |
| 15 | 盐滩 | 生长季土壤水分饱和；有时被非常有规律的涨潮潮水淹没；分布于盐化草甸及盐沼向陆、向岛一侧 |
| 16 | 盐化草甸 | 生长季土壤水分饱和；几乎不会被潮水淹没；分布于盐沼向陆一侧 |
| 17 | 不定期淹水盐沼 | 生长季不定期被不规律的风潮潮水淹没；沿着几乎封闭的海湾、海峡等分布 |
| 18 | 定期淹水盐沼 | 涨潮时淹水深度至少为 15cm；沿开阔海域和海峡分布 |
| 19 | 海峡和海湾 | 非常浅的海峡和海湾，甚至可以筑坝和填埋；向陆地一侧的分界线为平均低潮线 |
| 20 | 红树林沼泽 | 平均高潮时淹水深度 15cm 至 1m；分布于美国佛罗里达州南部海岸 |

资料来源：Shaw and Fredine，1956

其中类型 1 至类型 8 是淡水湿地，包括洼地阔叶森林（类型 1）、不常见的淹水草甸（类型 2）、淡水非潮汐沼泽（类型 3 和类型 4）、水深小于 2m 的开阔水域（类型 5）、灌丛沼泽（类型 6）、森林沼泽（类型 7）和雨养泥炭沼泽（类型 8）。类型 9 至类型 11 是具有盐碱土壤的内陆湿地，这些湿地的类型是根据其淹水程度来确定的。类型 12 至类型 14，这些类型湿地中虽然有淡水，但非常靠近海岸，会受到潮汐影响。类型 15 到类型 20 是滨海湿地，既受盐水影响又受潮汐作用影响。这些湿地包括盐滩和盐化草甸（类型 15 和类型 16）、真盐沼（类型 17 和类型 18）、开阔的海湾（类型 19）和红树林沼泽（类型 20）。

这种湿地分类在 1979 年之前是美国最广泛使用的，之后采用了现行的国家湿地清查分类。早期的湿地分类系统至今仍被一些湿地管理人员作为参考，与后来的分类系统相比，许多人认为早期的湿地分类系统非常简单，主要利用植被的外貌（physiognomy，生活型）和淹水深度来划分湿地类型。盐度是唯一使用的化学参数，尽管在通告 39 中提到了湿地土壤，但湿地土壤并没有被用来定义湿地类型。

## 滨海湿地分类

H. T. Dodum 等（1974）通过主要的强迫作用（如阳光和温度的季节性变化节律）及压力（如冰）来描述滨海生态系统（图 13.1）。沿海生态系统分类中，包括盐沼和红树林沼泽。盐沼在分类系统中，位于具有季节性节律的天然温带生态系统类型 C 中。"较小的潮汐变化"及"冬季寒冷"为这一类型的强迫作用及压力。红树林沼泽被划分在类型 B（天然热带生态系统）中，因为它们光照充足、压力小，并且季节变化不明显。另外三种类型，A 型（纬向范围宽的自然压力系统）、D 型（有冰压力的自然北极生态系统）和 E 型（与人类活动有关的新生系统）也包括在这个分类之内。最后一类，包括由污染形成的新生系统，如杀虫剂和石油泄漏，是一个有趣的概念，仍然可以应用于其他湿地分类。

## 美国湿地和深水生境的分类

美国鱼类及野生动物管理局于 1974 年开始对美国的湿地进行调查并编制清单。由于编制清单是为了实现一些科学和管理目标而设计的，因此开发了一个比通告 39 涵盖类型更加广泛的新的分类方案——《美国湿地和深水生境分类》（Cowardin et al.，1979），并于 1979 年发布。由于湿地和深水生态系统是连续分

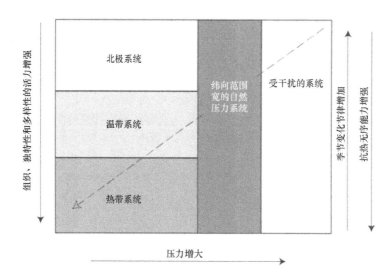

图 13.1　基于纬度（及太阳能）和主要压力的滨海生态系统分类体系（模仿自 H. T. Odum et al., 1974）

布的，在新分类方法中同时涉及了湿地和深水生态系统这两个类别。因此，新的分类方法是对所有大陆水生和半水生生态系统的综合分类。正如 1979 年出版的出版物中所述：

　　　　这个分类系统将用于美国湿地和深水生境新的清单的编制，目的是描述生态系统分类单元，并将其排列在对资源管理者有用的系统中，还可作为制图单元，保证概念和术语的一致性。湿地是由植物（水生植物）、土壤（水成土）和淹水频率来定义的。在生态上相关的深水区，传统上不被认为是湿地，被列为深水生境。

　　这种分类方法类似于分类学上区分植物和动物物种的层次分析方法。图 13.2 显示了分类层次的前三个层次。第一层次是"系统"：湿地和深水生境的复合体，共同受到相似的水文、地貌、化学或生物因素的影响。因此，系统、子系统和类主要是基于地质及某种程度上的水文考虑的。植被类型主要包括在类这一级别上（如多年生的、挺水的、森林、灌丛或苔藓）。图 13.2 所示的系统包括以下 5 种。

　　1）滨海湿地（marine）。大陆架上覆的开阔海洋及其与大陆架相连的高能量海岸线。

　　2）河口湿地（estuarine）。深水潮汐生境和相邻的潮汐湿地。通常是半封闭的，但有开放的、部分阻塞的或零星进入海洋的通道，其中海水至少偶尔会被陆地上的淡水径流稀释。

　　3）河流湿地（riverine）。同一水道内湿地和深水生境的复合体，有两个例外：①湿地优势植被为森林、灌丛、多年生挺水植物、出露水面的苔藓或地衣；②深水生境水体含盐量比海洋海水高 0.5ppt。

　　4）湖泊湿地（lacustrine）。具有以下所有特征的湿地和深水生境：①位于洼地或筑坝的河道；②缺少乔木、灌丛、多年生挺水植物、出露水面的苔藓或地衣，其面积覆盖率大于 30%；③总面积大于 8hm²。由活跃的波浪形成的岸线或具有基岩岸线特征的岸线构成边界的全部或部分，或低水位时最大水深超过 2m、面积小于 8hm² 的类似湿地也包括在湖泊湿地中。

　　5）非潮汐湿地（palustrine）。所有以乔木、灌丛、多年生挺水植物、出露水面的苔藓或地衣为优势植被的非潮汐湿地，以及海水盐浓度低于 0.5ppt 的潮汐区域的湿地，还包括缺少上述这样的植被但具有以下特征的湿地：①面积小于 8hm²；②缺乏由活跃的波浪形成的岸线或具有基岩岸线特征的岸线；③低水位时洼地最深处水深小于 2m；④受海水影响，盐度小于 0.5ppt。

　　如图 13.2 所示，子系统对系统给出了进一步的定义，包括以下 8 方面。

　　1）潮下带。基质长期被淹没。

　　2）潮间带。受潮汐作用基底周期性暴露或淹没，包括干湿交替区。

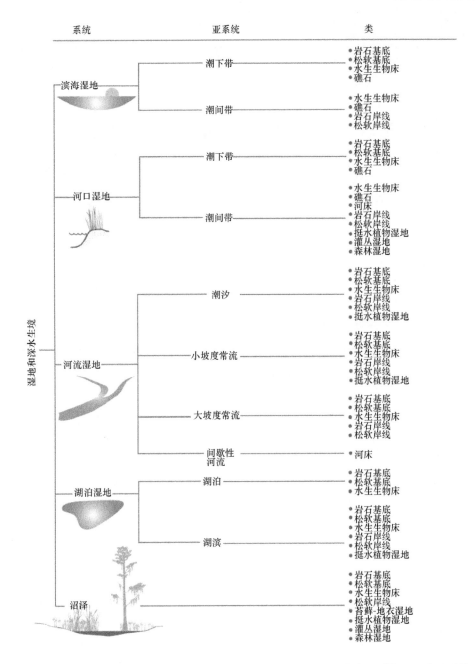

图 13.2 目前美国鱼类及野生动物管理局的湿地和深水生境分类体系，共包含 5 个主要系统、10 个子系统及若干类（模仿自 Cowardin et al.，1979）

3）潮汐。对于河流系统，在潮汐作用下，水位梯度低、流速波动大。

4）小坡度常流。水流连续、坡度低、无潮汐影响的河流湿地。

5）大坡度常流。水流连续、坡度大、无潮汐影响的河流湿地。

6）间歇性河流。一年中部分时间没有水的河流系统。

7）湖泊。湖泊中的所有深水生境。

8）湖滨。湖滨系统的湿地生境从湖岸延伸到水深 2m 的区域或挺水植物分布于向湖心一侧的边界。

特定的湿地或深水生境"类"描述了生态系统的一般外在特征，包括优势植被生活型或基底类型。当植被覆盖面积超过 30%时，则采用植被类型进行分类（如灌丛湿地）。当植被覆盖面积少于 30%时，则采用基底类型进行分类（如松软基底）。图 13.3 显示了沼泽系统"类"的典型划分。

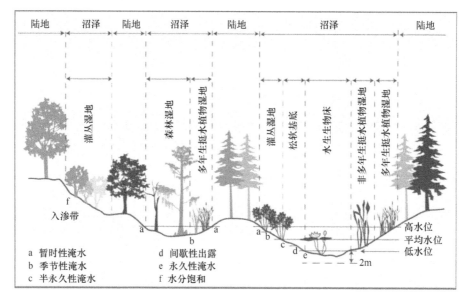

图 13.3　沼泽系统中湿地类和水文特殊体的特征及实例（模仿自 Cowardin et al.，1979）

　　大多数内陆湿地都属于沼泽系统，分为苔藓-地衣湿地、挺水植被湿地、灌丛湿地或森林湿地。滨海湿地在划分类型时，与河口系统和潮间带系统属于同一类群，只有生长非多年生挺水植物的湿地才被归入其他系统。

　　通过使用亚类（subclass）、优势型（dominance type）和特殊体（modifier），可以进一步描述湿地和深水生境。亚类 "多年生" 和 "非多年生" 等对一类湿地做了进一步划分，如挺水植被。"型" 是指特定的优势植物种（如落羽杉，一种针叶落叶森林沼泽），或优势定居动物、固着动物种类[如美洲巨牡蛎（Crassostrea virginica）形成的软体动物礁]。在 "类" 和 "亚类" 下一级采用 "特殊体"（表 13.2）来更加精确地描述水文情势、盐度、pH 和土壤。对于许多湿地而言，对于环境的补充说明增加了大量有关其物理和化学特性的信息。 但不幸的是，这些参数难以在大规模调查（如湿地清查）中进行一致的测量。

## 加拿大的湿地分类系统

　　加拿大的湿地分类系统既具有实用性又具有层次性（Warner and Rubec，1997）。这一分类系统的三个主要特征如下。

　　1）类。以湿地的自然特征为基础，而不是以湿地的各种用途为分类基础。可以直接应用于面积较大的湿地分布区。湿地类这一分类单元是根据湿地系统整体 "遗传起源" 和湿地环境性质来确定的。划分湿地类时，可以在野外随时识别并绘制在图上。类也是数据存储、检索和解释的比较方便的分类单元。

　　2）型。根据地表形态、水体类型和下层矿质土壤的形态特征对类的进一步细分。有些型可以进一步细分为亚型。型是很容易识别的景观特征，也是湿地制图的基本单元。

　　3）体。根据湿地植被群落的外在形态特征对湿地型和亚型的进一步细分。体这一级划分相当于美国鱼类和野生动物服务分类系统的特殊体。类型划分在评价湿地的价值及收益、管理湿地水文及野生动物生境、保护和培育濒危物种中十分有用。体这一级单元对湿地价值及效益的评估、湿地水文与野生生物栖息地的管理、珍稀濒危物种的保护非常有用。

　　尽管目前该分类系统没有采用地貌、水文和化学特征的指标，但这套分类系统已将湿地分为 5 个湿地类（雨养泥炭沼泽、矿养泥炭沼泽、森林沼泽、草本沼泽、浅水草本沼泽）49 个湿地型 75 湿地亚型。

**表 13.2　目前美国鱼类及野生动物管理局在湿地和深水生境分类中使用的特殊体**

**水文情势特殊体（潮汐）**

潮下带——基质被潮水永久淹没

不定期暴露——受潮汐影响，地表暴露在空气中的次数少于每日一次

定期淹水——至少每天淹水和暴露交替出现

不定期淹水——地表淹水一般少于每日一次

**水文情势特殊体（非潮汐）**

永久淹水——地表常年被水覆盖

间歇性暴露——除非极端干旱年份，一般年份地表全年被水覆盖

半永久淹水——大多数年份的整个生长季节地表都积水；当没有地表水时，地下水水位位于地表或近地表

季节性淹水——地表水存在的时间很长，特别是在生长季节初期，但在生长季节末期没有地表积水

水分饱和——在生长季节，基质长时间处于水分饱和状态，但很少会地表积水

暂时性淹水——生长季节很短的一段时间会地表积水，但地下水水位低于土壤表面

间歇性淹水——基质通常暴露在空气中，地表积水的时间是变化的，没有季节周期性

**盐度特殊体**

| 海洋和河口 | 河流湿地、湖泊湿地和沼泽 | 盐度（ppt） |
|---|---|---|
| 超高盐度 | 超高盐度 | >40 |
| 高盐度 | 高盐度 | 30～40 |
| 混合盐水（半咸水） | 混合盐水（半咸水） | 0.5～30 |
| 多盐性 | 多盐性 | 18.0～30 |
| 中盐性 | 中盐性 | 5.0～18 |
| 寡盐性 | 寡盐性 | 0.5～5 |
| 淡水 | 淡水 | <0.5 |

**pH 特殊体**

| | | |
|---|---|---|
| | 酸性 | pH <5.5 |
| | 中性 | pH 5.5～7.4 |
| | 碱性 | pH >7.4 |

**土壤物质特殊体**

| | |
|---|---|
| 矿物质 | 1. 有机碳含量<20%，且数日内土壤水分不饱和 |
| | 2. 土壤水分饱和或人为排水 |
| | 　a. 如果黏土含量≥60%，有机碳含量<18% |
| | 　b. 如果土壤中没有黏土，有机碳含量<12% |
| | 　c. 如果土壤中黏土含量在0～60%，有机质含量在12%～18%（按照相应比例关系） |
| 有机质 | 除上述矿物质外 |

资料来源：Cowardin et al., 1979

## 国际湿地分类系统

　　表 13.3 比较了《拉姆萨公约》的湿地分类系统与美国和加拿大的湿地分类系统。拉姆萨系统有 32 个类别，可分为浅海/滨海组和内陆湿地组。拉姆萨系统试图全球化，包括了美国和加拿大分类系统中没有的类型，如地下岩溶系统和绿洲。美国的湿地系统是层次化的，在系统和子系统分类水平种类较少，但是使用"特殊体"来识别特定的湿地类型。加拿大的湿地系统也只有 5 类，但通过型和亚型对湿地进行分类，共有 70 多个不同的湿地单元。在本书的第 15 章"湿地法律与湿地保护"中对《拉姆萨公约》有更详细的介绍。

**表 13.3**　《拉姆萨公约》湿地分类系统与美国鱼类及野生动物管理局的湿地、深水生境分类及加拿大湿地分类系统比较

| 《拉姆萨公约》代码及名称 | | 美国鱼类及野生动物管理局分类系统[a] | 加拿大分类系统[b] |
|---|---|---|---|
| **浅海/滨海湿地** | | | |
| A | 浅海水域<6m | 浅海潮下带 | 浅水（<2m）沼泽 |
| B | 浅海潮下带海草床 | 浅海海草床 | |
| C | 珊瑚礁 | 浅海潮下带珊瑚礁 | — |
| D | 石质海岸 | 浅海潮间带岩石基底 | — |
| E | 沙质海岸 | 浅海潮间带松软基底 | — |
| F | 河口水域 | 河口潮下带 | 河口沼泽、水体 |
| G | 潮间带盐滩 | 河口潮间带松软基底 | 河口水体、潮水 |
| H | 潮间带沼泽 | 河口潮间带挺水植物湿地 | 潮汐草本沼泽 |
| I | 潮间带森林湿地 | 河口潮间带森林湿地 | 潮汐森林沼泽 |
| J | 滨海碱水潟湖 | 河口潮下带松软基底，咸水 | 河口水体 |
| K | 滨海淡水潟湖 | 河口潮下带松软基底，淡水 | 河口水体 |
| Zk（a） | 海滨岩溶 | 河口潮下带岩石岸线 | — |
| **内陆湿地** | | | |
| L | 永久性内陆三角洲 | 永久性河流湿地<br>河口三角洲沼泽<br>河流三角洲浅水 | 河流三角洲沼泽 |
| M | 永久性河流 | 永久性河流森林沼泽，草本沼泽 | 浅水河流水体 |
| N | 间歇性河流/溪流 | 间歇性河流湿地 | — |
| O | 永久性淡水湖<br>河边水域（牛轭湖） | 湖泊、湖滨 | 浅水湖泊水体 |
| P | 间歇性淡水湖 | 湖滨或河滨 | — |
| Q | 永久性盐湖 | 松软的湖滨带，盐碱 | — |
| R | 间歇性盐湖 | 间歇性湖滨带，盐碱 | — |
| Sp | 永久性盐沼/盐池 | 挺水植物沼泽湿地或松软基底，盐碱 | 河口沼泽，内陆咸水森林沼泽 |
| Ss | 间歇性盐沼/盐池 | 挺水植物沼泽湿地或松软基底，间歇性 | 泉水、缓坡、洼地沼泽 |
| Tp | 永久性淡水沼泽/池塘（<8hm$^2$） | 挺水植物沼泽湿地或松软基底，淡水 | 浅积水洼地水体，湖成沼泽 |
| Ts | 间歇性淡水沼泽/池塘，无机土壤 | 挺水植物沼泽湿地，间歇性淹水 | 浅积水洼地水体 |
| U | 无林泥炭地 | 挺水植物沼泽湿地，永久性 | 泥炭沼泽 |
| Va | 高山湿地 | 挺水植物沼泽湿地，永久性 | — |
| Vt | 苔原湿地 | 挺水植物沼泽湿地，永久性 | 泥炭沼泽，浅积水洼地水体 |
| W | 灌丛为优势的湿地 | 灌丛沼泽 | 岸边、平地、坡地上发育的森林沼泽 |
| Xf | 无机土壤上发育的淡水森林湿地 | 森林沼泽 | 河岸森林沼泽 |
| Xp | 森林泥炭地 | 森林或灌丛沼泽 | 平坦泥炭沼泽、平坦或隆起泥炭地 |
| Y | 淡水泉，绿洲 | — | 丘状草本沼泽 |
| Zg | 地热湿地 | — | — |
| Zg（b） | 内陆地下岩溶系统 | — | — |

注：a. 《拉姆萨公约》国际湿地分类系统近似于"特殊体"

b. 仅注明了"类"和"型"；"亚型"和《拉姆萨公约》国际湿地分类系统更接近。术语"浅"指较浅的草本沼泽"类"

## 水文地貌湿地分类

　　Mark Brinson（1993）开发了一种基于水文地貌分类系统的红树林湿地（见第 9 章"红树林沼泽"）和落羽杉湿地分类系统（见第 11 章"淡水森林沼泽及河岸生态系统"）。这一分类系统于 20 世纪 70 年代在佛罗里达大学 H. T. Odum 的项目资助下研发出来，目的是用来评估湿地的功能，目前正在用来评估湿

地物理、化学和生物功能。它有助于比较一个功能类别内湿地的功能完整性水平，或评估人类活动对湿地的影响和减缓措施（图 13.4，表 13.4）。

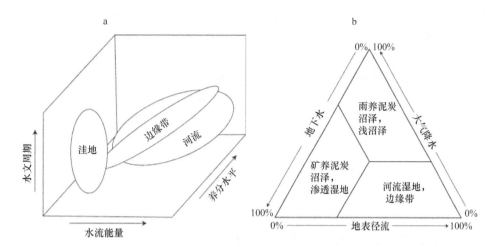

图 13.4　基于水文地貌（HGM）的分类系统：（a）地貌环境（洼地、边缘带和河流）与水文周期、水流能量和养分水平三个核心要素的关系；（b）大气降水、地下水和地表径流三种水源对湿地类型的相对贡献（模仿自 Brinson，1993）

表 13.4　根据地貌、水源和水动力对湿地功能的分类

| 核心组分 | 描述 | 实例 |
| --- | --- | --- |
| **地貌环境** | 景观中湿地所处的地形位置 | |
| 洼地 | 洼地中的湿地通过降水获得主要水分补给，因此常养分贫瘠；发育在干燥、潮湿的气候条件下 | 坑、壶穴、春池、卡罗来纳湾、地下水边坡湿地 |
| 广阔的泥炭地 | 泥炭基质将湿地与矿物基质隔离；泥炭主导水分和化学物质的运动与储存 | 披盖式泥炭沼泽、草丛苔原 |
| 河岸 | 景观中呈线条状；主要受单向地表径流的影响 | 沿河流分布的湿地 |
| 边缘带 | 具有双向地表径流的河口和湖泊湿地 | 河口潮汐湿地、受风、波浪、湖面水位波动影响的湖泊边缘 |
| **补给水源** | 三种湿地主要补给水源的相对重要性 | |
| 大气降水 | 以降水补给为主的湿地的主要水源；由于蒸散发作用，水位会有变化 | 贫养雨养泥炭沼泽，浅沼泽 |
| 地下水补给 | 主要来自区域或局地矿物质地下水 | 矿养泥炭沼泽，地下水边坡湿地 |
| 地表径流 | 地表径流为主要补给水源 | 冲积平原沼泽、潮汐湿地、山区溪流湿地 |
| **水动力** | 水体运动和做功的能力 | |
| 垂直波动 | 蒸散发和降水或地下水补给导致的水位垂直波动 | 一般为洼地湿地沼泽、雨养泥炭沼泽（年际）、草原壶穴（年内） |
| 单向流 | 单向地表流或近地表流；流速与地形坡度有关 | 一般为河流湿地 |
| 双向流 | 主要由潮汐和风导致的湿地水位波动 | 一般为边缘带湿地 |

来源：Brinson，1993

　　这种分类主要基于在 4 种地貌环境中作用的水动力差异。因此，分类系统的三个核心组分是地貌环境、补给水源和水动力（表 13.4）。地貌环境是湿地在景观中所处的地形位置。4 种地貌环境可以分为洼地、河岸、边缘带、广阔的泥炭地，可以发现前三种类型显然与水文环境有关，而广阔的泥炭地与前三种地貌环境不同，泥炭地中对水文影响较大的是生物积累。补给水源为大气降水、地表水或近地表水径流、地下水补给（进入湿地）。术语"水动力学"（hydrodynamics）是指湿地内水体运动的方向和强度。这三个核心组分高度相互依赖，不能只描述任何一个组分而忽略另外两个组分。作为一个整体，这三个核心组分可以形成 36 个组合，但由于相互依赖，并不是所有的组合都能在自然界中找到。从表 13.4 可以看出三个核心组分之间的相互关系。尽管雨养泥炭沼泽主要依靠降水补给，矿养泥炭沼泽和渗透湿地主要通过地下水补给，河流湿地和边缘带湿地主要由地表径流补给，但进入湿地的水很少单纯来自三种水

源（降水、地下水补给、地表径流）中的任意一种。

核心组分水动力是驱动系统的河流能量。其范围从典型低洼湿地的低能量水位波动到河流湿地的单向流动，再到潮汐和高能湖泊湿地系统的双向流动。单向和双向表面流的能量范围很广，从难以察觉的运动到强烈的侵蚀性流。结合地理环境，水动力可以产生一系列不同的湿地类型。

这个分类系统的目的在于不依赖植物群落，因为它取决于湿地的地貌和水文特性。然而在实践中，植被往往为研究水文地貌的作用提供重要线索。由于大多数以清查为目的的现代分类系统都在一定程度上以水文地貌为基础，而为了达到这一目的则需要在水文地貌等方面有一定的基础，因此它们的分类通常会提供重要的功能线索。

## 湿地等级评价

自从将法律和法规引入湿地保护以来，特别是在美国，人们对评价湿地社会价值有相当大的兴趣，以简化湿地许可证的发放；也就是说，高价值湿地一般会获得比低价值湿地更多的保护。另外，当湿地损失正在减轻时，重要的是要比较正在丧失的功能和减缓湿地损失策略所获得的功能。美国几乎每个州都有湿地评价程序。这里举三个例子。

### 示例一　华盛顿州

华盛顿州是最早开发出湿地"等级评价"体系的地方之一。它的评价体系把国家划分为两个水文地貌区，分别是西部和东部。并且根据每一个湿地对干扰的敏感性、重要性、稀缺性、替代它们的可能性及它们提供的功能，分为 4 个等级（Hruby，2004）。

等级一：独特、稀有、不可替代或价值功能水平高的湿地。

等级二：湿地虽然难以替代，但并非不可能。

等级三：功能水平中等的湿地。

等级四：价值功能水平最低且受到严重干扰。

评分依据水质、水文功能和栖息地功能（Hruby，2004）。从 2015 年开始，华盛顿州修改了 2004 年评级体系中存在的一些问题。详见 http://www.ecy.wa.gov/programs/sea/wetlands/ratingsystems/2014 updates.html。

### 示例二　俄亥俄州

俄亥俄州在华盛顿模型早期版本的基础上开发了一种类似的湿地评估技术。俄亥俄州湿地快速评估法（Ohio rapid assessment method，ORAM）将湿地功能分为三个等级，与华盛顿系统等级排序相反（Mack，2001）。

等级一：提供最小功能或栖息地的湿地。

等级二：湿地功能适中，以本地物种为主。

等级三：湿地功能优越，生物多样性丰富，是珍稀濒危物种的栖息地。

基于野外和遥感数据、取值 0~100 的定量排序系统是这一评价体系的核心。确定湿地得分的 6 个指标如下。

1）湿地面积。

2）内陆缓冲区和周围的土地利用。

3）水文条件。

4）生境改变与发育。

5）特殊的湿地。

6）植物群落。

详情转载于 Mack（2001），可在 www.epa.state.oh.us/dsw/401/ecology.aspx 上查阅。

### 示例三  佛罗里达州

除阿拉斯加州外，佛罗里达州目前的湿地面积比其他任何一个州的湿地面积都大，也是美国人口增长率最高的州之一，在平衡人类发展、湿地保护及减缓湿地丧失方面面临重大挑战（见第 18 章"湿地建造与恢复"中关于减缓湿地损失的讨论）。为了量化和比较湿地损失与减轻这些损失所产生的效益，州政府开发了一种全州范围内的湿地评估方法，被称为统一湿地替代性补偿评估方法（uniform mitigation assessment method，UMAM）。这一评价方法于 2004 年生效，旨在评估对湿地任何类型的影响和减缓作用，包括湿地保护、生态功能增强、湿地恢复和人工湿地创建，以及替代性补偿库的评估与使用（http://sfrc.ufl.edu/ecohydrology/UMAM_Training_Manual_ppt.pdf）。从以下三个方面对湿地进行定量评估，每一项按 0～10 分进行赋分（如比较现状和减缓后的预期状况）。

1）地理位置和景观支撑——湿地系统发挥作用的生态状况。

2）水环境——水文条件，包括水文条件被改变和受损害的程度。

3）群落结构[植被和（或）底栖生物/固着动物群落]——植被评价指标包括植被覆盖、物种名录、外来入侵物种、植物生长条件和地形特征；底栖生物和固着生物群落结构的评估是在水下生物群落存在的地方进行的，如在牡蛎礁、珊瑚和河流系统等松软基底系统中进行。

在建议减轻湿地损失时，比较上述三个因素的预期值使用保护因子（a preservation factor）、时间延迟因子（a factor for time lag）和包含预期风险的因子（a factor that incorporates the anticipated risk）进行调整。有关湿地评估方法的详情，请浏览网站 http://www.dep.state.fl.us/water/wetlands/mitigation/ umam，有关 UMAM 的培训手册可查阅 http://sfrc.ufl.edu/ecohydrology/UMAM_Training_Manual_ppt.pdf。

## 湿地遥感与湿地清单

湿地分类的主要目的之一是能够清楚地了解一个地区湿地的位置、范围和类型。编制清单可以小流域、小规模行政单位如县或教区、整个州或省，以及整个国家为单元。无论要调查的区域面积有多大，湿地清单必须基于一些以前定义的分类，并且能满足特定湿地信息使用者的需求。一般而言，清单不仅需要有关湿地类型和范围的信息，还需要记录湿地的地理位置和边界。为了实现这个目标，"远程平台（remote platform）—飞机和（或）卫星—成像—照片或数字信息"这一系统一般被用来制作影像，必须通过解译才能识别出影像上的湿地位置、边界和类型。

### 遥感平台

在湿地分类的早期，湿地图是根据调查者的记录和船只测量而绘制的。后来，对低空航空照片的解译与现场核查的结合，使这个过程更快、更准确。高空影像的获取曾经是 U-2 飞机的专利，但卫星图像的迅速普及使卫星成为获取高空影像的常用工具。现在常用的卫星系统主要有陆地卫星多光谱扫描（MSS）、陆地卫星主题映射器（TM）及地表观测系统（SPOT）等。现在已经有一些高分辨率的环境卫星加入进来（表 13.5）。这些遥感卫星平台是获取大规模湿地数据的有效途径。卫星可以重复提供地表的覆盖范围，同时可以对湿地进行季节性监测并提供周围景观变化的数据。这些数据可以很容易转换成地理信息系统（GIS）格式（Ozesmi and Bauer，2002）。选择使用哪个遥感卫星平台取决于所需的分辨率、覆盖区域的面积及数据获取的成本。对范围小的区域来说，低空飞机调查提供了相对便宜和非常有效的方式。高空飞行器的每景影像（照片）覆盖范围要大得多，当影像解译费用包括在内时，每单位面积的成本可能会低于低空飞机。卫星遥感的局限性主要集中在缺乏区分不同湿地类型的能力方面，甚至无法将湿地与内陆森林或农田区分开。

**表 13.5　近期用于湿地调查和研究的卫星空间分辨率、重访时间和轨道高度**

|  | IKONOS | QuickBird | OrbView-3 | WorldView-1 | GeoEye-1 | WorldView-2 |
|---|---|---|---|---|---|---|
| 传感器 | Space Imaging | Digital Globe | Orbimage | Digital Globe | GeoEye | Digital Globe |
| 发射时间 | 1999 年 9 月 | 2001 年 10 月 | 2003 年 6 月 | 2007 年 9 月 | 2008 年 9 月 | 2009 年 10 月 |
| 空间分辨率（m）（可见光） | 1.0 | 0.61 | 1.0 | 0.5 | 0.41 | 0.5 |
| 空间分辨率（m）（多光谱） | 4.0 | 2.44 | 4.0 | 不适用 | 1.65 | 2 |
| 景幅宽度（km） | 11.3 | 16.5 | 8 | 17.6 | 15.2 | 16.4 |
| 重访时间（d） | 2.3~3.4 | 1~3.5 | 1.5~3 | 1.7~3.8 | 2.1~8.3 | 1.1~2.7 |
| 轨道高度（km） | 681 | 450 | 470 | 496 | 681 | 770 |

资料来源：Klimas，2013

自 1972 年发射第一颗陆地卫星以来，轨道卫星一直在为地球资源分类提供数据。如今，几颗适用于湿地调查和管理的高效卫星绕地球运行（Klimas，2013）。早期卫星的一个问题是分辨率差（Landsat 的分辨率为 30m）。今天的卫星（表 13.5）可以将地球表面特征的分辨率提高到小于 1m，但高分辨率并不是一件好事。它需要具有传输和处理大量数据的能力，因为每当分辨率加倍时，给定表面积的数据就会增加 4 倍。

## 遥感影像

除选择遥感平台外，湿地科学家或管理者还可以从不同类型的传感器中选择几种类型的影像。尽管黑白摄影已经取得了一些成功，但机载彩色摄影和彩色红外摄影在湿地分类调查中已经使用很多年（Shuman and Ambrose，2003）。彩色红外胶片和现在的数字图像提供了植物群落的良好清晰度，是胶片的首选。卫星和一些飞机可以在一个或多个电磁光谱波段收集数字数据。例如，表 13.5 所列的大多数卫星遥感具有全色、包括红外在内的几个彩色波段和多光谱性能。美国国家湿地清单（见方框）在一定程度上依赖于图像解译，然而卫星图像的计算机解译越来越多地用于湿地制图方面，特别是农业景观。

---

**美国国家湿地清单**

美国国家湿地清单（National Wetlands Inventory，NWI）是大面积湿地制图项目的一个很好的例子，它说明了任何制图都会遇到的一些问题。Cowardin 等（1979）的分类方案为美国国家湿地清单提供了制图的基本单元，美国鱼类及野生动物管理局使用了数十年。该机构宣布，截至 2014 年 5 月，美国本土 48 个州、夏威夷州和附属地区及阿拉斯加州的 35%区域内，所有湿地都已经完成数字化制图（www.fws.gov/wetlands/Documents/Completion-of-National-Wetlands-Database-News-Release.pdf），用户现在可以通过在线湿地地图服务访问湿地数据和湿地分布图。

在美国国家湿地清单中，比例尺从 1∶60 000 到 1∶130 000 的航拍是主要的数据来源，彩色红外相片提供了理想的湿地边界（Wilen and Pywell，1981；Tiner and Wilen，1983）。在 20 世纪 70 年代，地图主要是基于 1∶80 000 比例的黑白相片绘制而成。现在美国环境系统研究所公司卫星图像对其进行了补充，为美国提供了 1m 或更高的分辨率，然后根据湿地分类系统，使用照片解译和现场核查来确定湿地边界。基于美国鱼类及野生动物分类系统的字母数字系统，在基础地图上将信息汇总（Cowardin et al.，1979）。

如今，用户可以在美国国家湿地清单网站 www.fws.gov/wetlands/index.html 使用其"湿地制图仪"系统（图 13.5）制作任意比例的湿地地图。图 13.5 中突出显示了两种类型的湿地，一种是河口系统中的大规模红树林沼泽，另一种是沼泽系统中的落羽杉沼泽和硬木林沼泽组合。

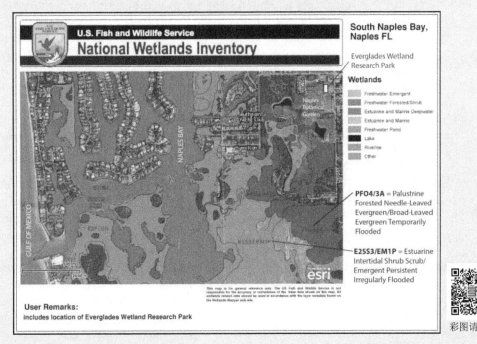

图 13.5　美国佛罗里达州那不勒斯湿地地图示例。由 www.fws.gov//index.html 上的美国国家湿地清单创建，显示了两种分类注记，一种表示河口潮间带灌丛（＝红树林沼泽），另一种表示硬木林沼泽（＝落羽杉沼泽）。地图还显示了位于那不勒斯植物园的大沼泽地湿地研究园（http://fgcu.edu/swamp）的位置

## 推荐读物

Brinson, M. M. 1993. *A Hydrogeomorphic Classification for Wetlands*. Wetlands Research Program Technical Report WRP-DE-4. Vicksburg, MS: U.S. Army Corps of Engineers Waterways Experiment Station.

Cowardin, L. M., V. Carter, F. C. Golet, and E. T. LaRoe. 1979. *Classification of Wetlands and Deepwater Habitats of the United States*. Washington, DC: U.S. Fish and Wildlife Service, FWS/OBS-79/31.

Tiner, R. W. 1999. *Wetland Indicators: A Guide to Wetland Identification, Delineation, Classification, and Mapping*. Boca Raton, FL: CRC Press.

U.S. National Wetland Inventory web page: www.fws.gov/wetlands/index.html.

## 参考文献

Brinson, M. M. 1993. *A Hydrogeomorphic Classification for Wetlands*. Wetlands Research Program Technical Report WRP-DE-4, U.S. Army Corps of Engineers Waterways Experiment Station, Vicksburg, MS.

Cowardin, L. M., V. Carter, F. C. Golet, and E. T. LaRoe. 1979. *Classification of Wetlands and Deepwater Habitats of the United States*. Washington, DC: U.S. Fish and Wildlife Service, FWS/OBS-79/31.

Davis, C. A. 1907. Peat: Essays on its origin, uses, and distribution in Michigan. In *Report of the State Board Geological Survey Michigan for 1906*, pp. 95–395.

Hruby, T. 2004. Washington state wetland rating system for western Washington—Revised. Publication # 04–06–025. Washington State Department of Ecology, Olympia, 113 pp. + appen.

Klimas, V. 2013. Using remote sensing to select and monitor wetland restoration sites: An overview. *Journal of Coastal Research* 29: 958–970.

Kulczynski, S. 1949. Peat bogs of Polesie. *Acad. Pol. Sci. Mem.*, Ser. B, No. 15. 356 pp.

Mack, J. J. 2001. Ohio Rapid Assessment Method for Wetlands, v. 5. User's Manual and Scoring Forms, Ohio EPA Technical Report WET/2001–1. Ohio Environmental Protection Agency, Division of Surface Water/Wetland Ecology Unit, Columbus, Ohio, 66 pp. + forms.

Martin, A. C., N. Hutchkiss, F. M. Uhler, and W. S. Bourn. 1953. *Classification of Wetlands of the United States*. Special Science Report—Wildlife 20, U.S. Fish and Wildlife Service, Washington, DC. 14 pp.

Moore, P. D., and D. J. Bellamy. 1974. *Peatlands*. Springer-Verlag, New York. 221 pp.

Odum, H. T., B. J. Copeland, and E. A. McMahan, eds. 1974. *Coastal Ecological Systems of the United States*. Conservation Foundation, Washington, DC. 4 vols.

Ozesmi, S. L., and M. E. Bauer. 2002. Satellite remote sensing of wetlands. *Wetlands Ecology and Management* 10: 381–402.

Potonie, R. 1908. Aufbau und Vegetation der Moore Norddeutschlands. *Englers botanische jahrbücher 90*. Leipzig, Germany.

Shaw, S. P., and C. G. Fredine. 1956. Wetlands of the United States, their extent, and their value for waterfowl and other wildlife. Circular 39, U.S. Fish and Wildlife Service, U.S. Department of Interior, Washington, DC. 67 pp.

Shuman, C. S., and R. F. Ambrose. 2003. A comparison of remote sensing and ground-based methods for monitoring wetland restoration success. *Restoration Ecology* 11: 325–333.

Tiner, R. W., and B. O. Wilen. 1983. U.S. Fish and Wildlife Service National Wetlands inventory project. Unpublished report, U.S. Fish and Wildlife Service, Washington, DC. 19 pp.

Warner, B. G., and C. D. A. Rubec, eds. 1997. The Canadian Wetland Classification System. National Wetlands Working Group, Wetlands Research Centre, University of Waterloo, Ontario.

Weber, C. A. 1907. Aufbau und Vegetation der Moore Norddutschlands. *Beibl. Bot. Jahrbüchern*. 90: 19–34.

Wilen, B. O., and H. R. Pywell. 1981. *The National Wetlands Inventory*. Paper presented at In-Place Resource Inventories: Principles and Practices—A National Workshop, Orono, ME, August 9–14. 10 pp.

# 第14章 人类对湿地的影响和管理

湿地影响包括湿地改变和湿地破坏。在早期，湿地排水被认为是管理湿地的唯一政策。湿地最常见的改变是排水、疏浚和填充湿地；水文情势的改变；公路建设；采矿；水污染。世界上估计有1.9万亿t的泥炭资源在许多国家被用作燃料和园艺材料。湿地还可以在接近其自然状态的地方进行管理，以实现某些目标，如促进鱼类和野生动物的生长、农业和水产养殖生产、改善水质和防洪。随着潜在的海平面上升，为保护沿海而对湿地进行管理变得更加重要。

湿地管理的概念在不同时期、不同学科、不同地区有着不同的含义。直到20世纪中叶，对许多政策制定者来说，"湿地管理"（Wetland management）一词通常意味着湿地排水，只有少数资源管理者管护湿地以供狩猎、捕鱼和保护水鸟及野生动物。政府鼓励土地所有者通过填平和排干湿地，使土地适于农业和其他用途。为开发土地而进行的疏浚和填埋破坏了无数的沿海与内陆湿地。

直到20世纪的最后25年，人们对湿地的固有价值还知之甚少，只有那些认识到湿地是野生动物栖息地尤其是水鸟栖息地的人，才开始关注湿地。在20世纪中叶，围绕"维持特定水文条件以优化鱼类或水禽种群"的思想，发展了一门完整的科学——沼泽管理。

直到20世纪70年代中期，人们才开始认识到湿地在防洪、海岸保护、水质改善等方面的价值。当然，湿地遭到破坏，也引发了一些灾害，如1993年密西西比河上游流域的洪水、2004年印度洋海啸对沿岸的破坏及2005年新奥尔良的卡特里娜飓风所产生的洪水等，这些灾害引发了社会对如下问题的关注：如果水陆分界地段存在湿地缓冲系统，那我们就可以挽救更多生命并使财产损失降到最小。

如今，湿地管理通常意味着根据湿地管理者的优先事项、当前的环境法规及涉及的众多利益相关者的愿望设定若干目标。在某些情况下，防止污染物进入湿地和利用湿地作为改善水质的场地等目标可能相互冲突。许多河漫滩湿地现在被管理和分区，以尽量减少人类的入侵和最大限度地滞留洪水。沿海湿地现在被列入防止风暴的海岸带保护计划，并作为河口动物的避难所和保护地。与此同时，世界各地的湿地继续被改变或破坏，这些活动包括排水、填埋、改作农业用地、污染水体和矿物开采。

甚至可以说，至少在美国，因为《湿地》（*Wetland*）（第一版）（Mitsch and Gosselink，1986）的出现，我们才有幸见证了湿地破坏速度的减慢。我们并不十分确定世界湿地破坏的速度正在放缓，但我们都知道，较之以前，国际上对湿地价值的认可度得以大幅提升。尽管如此，为了确保湿地价值继续受到保护，必须保持警惕。湿地的保护甚至湿地的恢复与建造（这类湿地管理的详情参见第18章"湿地建造与恢复"）正在加速。而此前这种情况在发达国家的过去40年间并不多见，不过世界上也有少数发展中国家对湿地破坏或污染做出了规定和限制，这可能是湿地保护的下一个前沿领域。

## 湿地管理的早期历史

湿地管理的早期历史，至今仍影响着许多人，是由这样一种误解所驱动的，即湿地是应该躲避的荒地，如果可能，应该排干并填满。在世界范围内，只要有人类存在，就会使景观中的水文发生改变。正如Joe Larson和Jon Kusler（1979）所总结的：在大部分有记录的历史中，湿地即使不是令人绝望的沼泽、害虫的家园、不法分子和叛逆者的避难所，湿地也被视为荒地。一个好的湿地应该排水疏干且不涉及其他复杂社会因素。

在美国,这种对湿地和浅水生境的看法导致了美国48个州超过一半的湿地在200年的时间内被破坏。在新西兰,欧洲人在19世纪中期开始定居,在相对较短的时间内,湿地减少了90%。初步估计表明,在人类历史上,全球约一半的湿地已经消失(见第3章"世界湿地")。

超过70%的世界人口居住在海岸线及其周边地区,沿海湿地长期以来由于过度捕捞、水文状况改变和海堤建设、沿海开发、污染及其他人类活动而遭到破坏。同样,内陆湿地也不断受到干扰,特别是由水文条件的改变、农业和城市发展带来的影响。人类活动,如农业、林业、河流渠道化、水产养殖、水坝及堤坝和海堤建设、采矿、水污染和地下水抽取,都对湿地产生了影响,有些影响非常严重(表14.1)。河流泥沙格局的变化、水文条件变化、公路建设和地面沉降(表14.2)也间接导致湿地的退化、破坏。第三种可能是由自然原因造成的湿地丧失(表14.3),湿地通常是具有弹性的系统,可以从自然事件中恢复。例如,许多在2004年印度洋海啸或2005年摧毁新奥尔良大部分地区的飓风中被破坏的沿海湿地早已恢复。

**表14.1 造成湿地直接丧失和退化的人为活动 [a]**

| 影响因素 | 河口 | 洪泛平原 | 淡水沼泽 | 湖泊、湖滨带 | 泥炭地 | 森林沼泽 |
|---|---|---|---|---|---|---|
| 农业、林业、杀虫剂、排水 | ×× | ×× | ×× | × | ×× | ×× |
| 河道疏浚工程;防洪 | × | | × | | | |
| 倾倒固体废弃物;道路;开发 | ×× | ×× | ×× | × | | |
| 转化为水产养殖/海水养殖场 | ×× | | | | | |
| 各种堤坝、海堤修建 | ×× | × | × | × | | |
| 城市和农业带来的水污染 | ×× | ×× | ×× | ×× | | |
| 开采泥炭和其他资源 | × | × | | ×× | ×× | ×× |
| 抽取地下水 | | × | ×× | | | |

注:a. ××=湿地丧失和退化的常见与重要原因
×=湿地丧失和退化的原因,但不是主要原因
空白表示影响一般不存在,除非在特殊情况下
资料来源:Dugan,1993

**表14.2 间接导致湿地丧失和退化的人为活动 [a]**

| 影响因素 | 河口 | 洪泛平原 | 淡水沼泽 | 湖泊、湖滨带 | 泥炭地 | 森林沼泽 |
|---|---|---|---|---|---|---|
| 水坝或其他构筑物导致的泥沙淤积 | ×× | ×× | ×× | | | |
| 道路、渠道等引起的水文变化 | ×× | ×× | ×× | ×× | | |
| 地下水、资源开采或河道变化引起的地面沉降 | ×× | ×× | ×× | | | |

注:a. ××=湿地丧失和退化的常见与重要原因
×=湿地丧失和退化的原因,但不是主要原因
空白表示影响一般不存在,除非在特殊情况下
资料来源:Dugan,1993

东方国家对湿地的常用做法有别于西方,东方国家通常不像西方国家那样完全疏干宝贵的湿地,但主要围绕水景观进行管理,尽管是以一种严格管理的方式。Dugan(1993)对"水力文明"(起源于欧洲,hydraulic civilization)和"水文明"(起源于亚洲,aquatic civilization)进行了有趣的对比,发现前者通过护堤、堤坝、水泵、排水管来控制水流;后者更好地适应了水资源丰富的泛滥平原和三角洲的环境,这是观察人类利用湿地的一个有趣方法。前一种控制自然而不是利用自然的方法在今天的世界上正变得越来越占主导地位,这就是为什么在世界范围内湿地大量丧失的原因。

表 14.3　湿地丧失或退化的自然因素 [a]

| 影响因素 | 河口 | 洪泛平原 | 淡水沼泽 | 湖泊、湖滨带 | 泥炭地 | 森林沼泽 |
|---|---|---|---|---|---|---|
| 地表沉降 | × | | | × | × | × |
| 海平面上升 | ×× | | | | | ×× |
| 干旱 | ×× | ×× | ×× | × | × | × |
| 飓风、海啸及其他风暴 | ×× | | | × | × | |
| 土壤侵蚀 | ×× | × | | | × | |
| 生物影响 | | ×× | ×× | ×× | | |

注：a. ××=湿地丧失和退化的常见与重要原因
××=湿地丧失和退化的原因，但不是主要原因
空白表示影响一般不存在，除非在特殊情况下
资料来源：Dugan，1993

## 美国湿地的疏干历史

如果不是政治干预，乔治·华盛顿可能已经在 18 世纪中叶就成功地排干了弗吉尼亚州的大沼泽（见第 3 章"世界湿地"），而非领导一个新的国家。从欧洲人首次在北美洲地区落户开始，排干沼泽和其他湿地都是可以接受的，甚至这样做是众望所归。实际上，美国的公共法律是鼓励湿地排水的。美国国会于 1849 年通过的《沼泽土地法案》（Swamp Land Act）中规定，为控制密西西比河流域的洪水，路易斯安那州有权在全州境内管控沼泽地和泛滥土地。在 1850 年，该法案的适用范围扩大到亚拉巴马州、阿肯色州、加利福尼亚州、佛罗里达州、伊利诺伊州、印第安纳州、艾奥瓦州、密歇根州、密西西比州、密苏里州、俄亥俄州和威斯康星州。明尼苏达州和俄勒冈州也于 1860 年接受了这一法案。该法案旨在通过将联邦政府所有的湿地转为各州所有来减少联邦政府参与控制洪水和排水疏干活动，各州通过筑堤和排水等活动来"重新宣称"对湿地的所有权。

到 1954 年，大约 26 000km² 的土地被出让给上述 15 个州进行开垦。具有讽刺意味的是，尽管联邦政府通过了《沼泽土地法案》来摆脱防汛业务，但是各州将这些土地以每亩几个硬币的价格出售给个人，私营业主随后成功游说联邦政府和各州政府为防止洪水应该保护这些土地。如今政府出于保护的目的不惜支付巨额资金买回当初卖出的土地。尽管目前政府的政策一般是直接反对《沼泽土地法案》的，但是人们常忽略的是，该法案中有关最初的湿地政策是倾向于消除湿地的。

其他一些行为也引发了美国湿地的急剧萎缩。据估计，在美国农业部 1940～1977 年开展的农业保护计划中，包括一些湿地在内的 2300 万 hm² 多的水农田都被排干了。仅在密西西比河上游流域的 7 个州，估计就有 1860 万 hm² 土地被排干，其中大部分是湿地。大萧条时期（1929～1933 年）公共事业振兴署（Working Progress Administration）、水土保持局（Soil Conservation Service）和其他一些联邦机构推进的项目也加速了湿地的排干进度。沿海沼泽变为其他用地或被排干，用于沿海间运输、住宅开发、蚊虫控制，甚至用于盐沼干草生产。内陆湿地主要被改造为城市建设用地、道路建设用地和农业用地。

### 往南走，年轻人？

20 世纪中期对湿地的普遍态度，可以从 Norgress（1947）讨论路易斯安那州落羽杉沼泽的"价值"时窥见一斑。

目前路易斯安那州有 1 628 915 英亩的落羽杉沼泽，如何利用这些土地，使理想的落羽杉沼泽能够给土地所有者带来投资回报，是未来一个严重的问题……

伐木工人很快意识到这样一个事实：从他们的土地上砍伐木材，他们已经迈出了第一步，

> 朝着实现其真正功能——农业的方向前进。
>
> 只要到这片沼泽地带去一趟，就能克服这样的偏见，即开垦是行不通的。数百万美元投入到道路建设中。到处都可以看到挖泥船在沼泽中挖出排水的渠道。
>
> 在收获了木材后，路易斯安那州的伐木工人终于意识到，在收获多年前自然生长的树木时，他们为子孙后代留下了这片土地，是一笔具有永久价值的资产，这才是财富的真正基础。
>
> 落羽杉伐木先驱者的时代已经过去了，但是我们今天在路易斯安那州需要的是另一种类型——能够帮助开垦大片适合农业种植的落羽杉林地的拓荒者。这对路易斯安那州、美国南部甚至整个国家都很重要。但愿有那么一天，霍拉斯·格莱利能用清脆的声音对今天的年轻农民喊道："往南走，年轻人；去南方！"

伊利诺伊州在 1879 年通过了《伊利诺伊州排水堤法案》（*Illinois Drainage Levee Act*）和《农场排水法案》（*Farm Drainage Act*），作为州政府行动导致湿地排水的一个例子，该法案允许各县建立排水区，以巩固财政资源。这一行动加快了排水速度，使伊利诺伊州和印第安纳州 30%、艾奥瓦州和俄亥俄州 20% 的湿地现在都处于某种形式的排水中，这些州几乎所有的原始湿地（80% 到 90%）都被破坏了。第 3 章"世界湿地"描述了美国上述区域内两块非常大的湿地——印第安纳州的坎卡基大沼泽和俄亥俄州的黑土森林沼泽，这些湿地已经几乎不复存在，而那里确实进行过排水的活动。

## 湿地变化

从某种程度上说，湿地的变化或破坏也是湿地管理的一种极端情况。湿地变化的模型之一（图 14.1）认为，影响湿地生态系统健康的三大因素主要是水位、养分状况和自然干扰。人类行为引发上述三者之中的任何一项发生变化，都会对湿地造成直接或间接的改变。例如，排水或填埋带来的水位降低可以引起湿地破坏，在河流下游建坝阻碍水流所引起的水位升高也会破坏湿地。控制河流上游的洪水会影响湿地的营养状况，进而会降低养分输入的频率，增加来自农业的营养负荷。

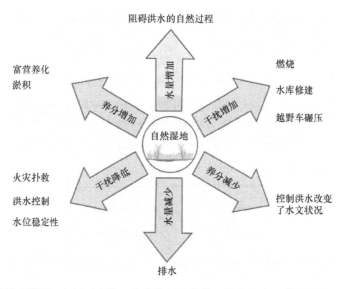

图 14.1　人类活动对湿地的影响模型，包括对水位、养分状况和自然干扰的影响。增加或减少这些因素中的任何一个，湿地都可以被改变（模仿自 Keddy，1983）

最常见的湿地变化包括：①湿地的排水、疏浚和填埋；②水文情势的改变；③高速公路建设；④采矿和其他资源开采；⑤水污染。这些湿地改变的具体细节将在下文中进行具体叙述。

## 湿地改变：排水、疏浚和填埋

湿地退化的主要诱因还是被转化为农业用地。在 20 世纪的大多数时间内，平均每年有 490 000hm$^2$ 的湿地被排水疏干，改造成农业用地（图 14.2a）。20 世纪 30 年代美国经济大萧条期间及二战时期，湿地排水疏干并不多见。湿地被排水疏干首先出现在美国中西部广袤的产粮区，这些产粮区生产了美国大部分的粮食。当今世界上最肥沃的产粮区之一的前身，就是位于俄亥俄州、印第安纳州、伊利诺伊州、艾奥瓦州及明尼苏达州南部的湿地。如果对湿地排水疏干并精心管理，草原壶穴沼泽和得克萨斯州东部干盐湖肥沃的土壤也会产出优良的作物。随着灌溉渠道和现代化设施的出现，人们已经可以对从前是湿地的地方进行常规耕种（图 14.3）。较之早期的设备和黏土排水管系统，如今现代化的农业设备和大规模生产的塑料排水管使湿地抽干的面积超过以往任何时期。

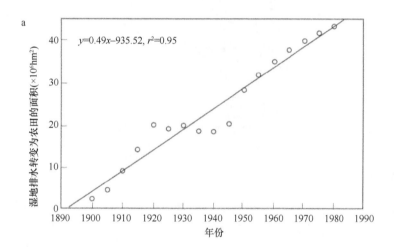

图 14.2　美国人工排水的土地：（a）1900～1980 年变化趋势；（b）20 世纪 80 年代中期之前的排水范围和地点。每个点代表 8000hm$^2$（约 20 000 英亩），总排水的土地面积为 4300 万 hm$^2$（a：模仿自 Gosselink and Maltby，1990；b：模仿自 Dahl，1990）

图 14.3　照片是每天能排干几十公顷湿地的现代化排水设备：（a）设备外形；（b）设备运行 1min 的结果，新的渠道及排水塑胶管已安装完毕（W. J. Mitsch 拍摄）

　　湿地面积丧失最快的地方是密西西比河下游河漫滩冲积扇的洼地阔叶森林（图 14.4）。随着沿河流域人口的增加，人们对河漫滩的排水和筑堤促成了湿地的疏干，进而变得适合居住。自殖民时代以来（16 世纪晚期），河漫滩便提供了优质农田，尤其适于种植棉花和甘蔗。然而，农业种植仅限于地势较高的天然河堤上。春季降雨和上游冰雪融化后常将这些河堤淹没，但排水速度很快，足以让农民种植庄稼。春汛为河堤上的土壤提供了天然养分，因此农民不需要额外施肥就可以实现作物高产。排水和防洪的结果之一是增加了额外施肥的费用。防洪堤的外侧由于太湿而无法耕作，只能生长用于生产木材的森林。随着对耕地需求的压力增加，这些农田周边的森林以前所未有的速度消失。农业种植在一定程度上是可行的，因为大豆品种的生长发育非常迅速，可以在 6 月甚至 7 月初的严重洪水过后开始种植。开垦的土地得到防洪堤保护，多余的水分利用水泵排水，使土壤保持干燥。对洼地森林的砍伐仍在进行。阿肯色州和田纳西州大部分可用的湿地已经被改造成农田；密西西比州和路易斯安那州正在经历巨大的损失。

　　美国沿海地区，特别是东西部沿海地区，湿地丧失的主要原因是城市和工业发展过程中对湿地的排水与填埋，以及地面沉降造成的湿地损失。与被改造成农业用地的湿地相比，这种湿地丧失数量还很少。然而，在某些沿海州内，尤其是加利福尼亚州，几乎所有的沿海湿地都已经消失。1954～1974 年加利福尼亚州滨海湿地损失的速度与人口密度紧密相关。这一发现凸显了两个事实：①世界人口的三分之二在海岸附近生活；②随着人口的不断增长，人口密度对沿海湿地产生了巨大的压力。二战之后对于沿海湿地的开发进入最快的发展期，特别是几大机场都建在沿海湿地。随着联邦立法确立控制湿地开发，人为改造湿地的速度已经放缓。

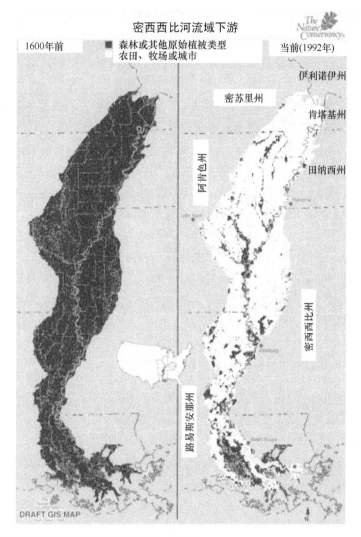

图 14.4　密西西比河河漫滩洼地森林沼泽历史和现状分布（模仿自 The Nature Conservancy，1992）

## 水文条件改变

挖沟、排水、建设堤坝等被特别设计用于抽干湿地的措施改变了湿地的水文条件。其他的水文条件变化每年破坏或改变了成千上万公顷的湿地。一般来说，引起这些水文变化的行为本身并不是要破坏湿地，也就是说湿地的破坏是一个意外的结果。建设运河、沟渠和防洪堤的三个主要目的如下。

1）**防洪**。大部分与湿地相关的运河和堤坝都是为了防洪。设计运河的主要目的是让洪水从邻近的高地上尽快流走。湿地的正常排水是缓慢的表层流；直而深的运河排水效率更高。为了控制蚊虫或增加生物量而疏通沼泽和排水是一个特殊的例子，目的是降低湿地水位。美国大多数主要河流沿岸都修建了防洪大堤，以防止河流洪水泛滥。20 世纪 20 年代和 30 年代的灾难性洪水之后，美国国会开展了防洪立法，随后美国陆军工程兵团建造了大部分的防洪堤［关于 1927 年的大洪水及其造成的破坏，以及洪灾带来的社会、政治影响导致的防洪立法的精彩描述，参见 Barry（1997）的精彩描述］。这些防洪堤将河流与河漫滩分开，隔离了湿地，这样就可以迅速排水。例如，在密西西比河下游，堤坝的建造使得农民需要更多的洪泛区排水。农民的反映和需求是可预见的，农民购买了洪泛区，并清除了上面生长的森林，期待着下一轮的防洪工程。

2）航运和交通。通航运河往往比排水渠大。它们穿越湿地，主要是为了提供通往港口的水路交通，并改善港口之间的运输状况。例如，在墨西哥湾北部沿岸数百英里的湿地中挖掘航道。此外，当在湿地上修建高速公路时，通常是挖掘道路两侧的泥土作为高速公路路基的材料，这样就形成了一条与高速公路平行的沟渠。

3）工业活动。为了能深入湿地内部进行打钻油井、建立地表矿井等类似的开发活动，人们疏浚了许多沟渠。通常，穿越湿地的管道都铺设在沟渠中，这些沟渠再也不会回填。

所有这些活动的结果可能是形成一个运河、沟渠纵横交错的湿地，墨西哥湾北部沿岸的广阔滨海湿地就是例子。这些运河、沟渠改变了正常的水文格局，影响着湿地生态的方方面面。在浅海湾、湖泊和沼泽中，又直又深的沟渠截断径流、蓄积水量，使河流失去了自然特征。沟渠在水文上是有效的，水流速度比普通的浅而弯曲的自然河道更快。其结果是水位的波动比自然沼泽要快，最低水位也更低，导致了沼泽干涸。此外，当这些又直又深的沟渠将低盐区与高盐区连接起来时，就像许多大型航道一样，潮汐水及其盐分会向上游侵入更远的地方，将淡水湿地变成咸水湿地。在极端情况下，不耐盐的植被会死亡，在沼泽被侵蚀成浅水湖之前，这一过程不会改变。路易斯安那州海岸的自然沉降速率很高；湿地经历一个生长、分解的自然循环过程，变为开阔的水域。在那里，沟渠滞留了湿地的自然沉积物和输入的养分，从而加快了海岸的沉降速率。

## 公路建设

公路建设对湿地的水文条件有很大的影响。虽然很少有明确的研究能够证明高速公路对湿地的破坏程度，但高速公路的主要影响包括水文情势的改变、泥沙量的增加和湿地的直接占用。一般来说，湿地对公路建设比陆地更敏感，特别是由于水文条件的破坏。许多早期研究（Clewell et al., 1976; Evink, 1980; Adamus, 1983）发现，公路建设通过水文隔离对湿地产生负面影响。除太阳能以外，湿地最重要的驱动力是水文，包括潮汐、梯度流（如河流）、地表径流和地下水。在高速公路建设中，保护水文情势的重要性可参考第 4 章 "湿地水文学" 中的论点，即湿地的水文是湿地结构和功能的最重要的决定因素。

## 泥炭开采

世界上的泥炭资源主要分布于北半球泥炭地，估计为 $1.9 \times 10^{12}$t。其中独联体国家泥炭资源约 $770 \times 10^9$t，加拿大泥炭资源约 $510 \times 10^9$t。美国大部分州都有泥炭，约 $310 \times 10^9$t，储量约占世界总量的 16%。对一些欧洲国家，尤其是爱尔兰和欧洲东部、东北部国家来说，自 18 世纪以来泥炭的地表开采是司空见惯的行为（图 14.5）。这些国家的泥炭储量占世界的近 75%，而且其中一些泥炭现在仍然被用作电力生产的燃料。过去几个世纪，爱尔兰的泥炭（脱水泥炭）被大量用于家庭供暖，尽管目前已经停止用作燃料（见第 1 章 "湿地利用与湿地科学"）。2012 年全世界的泥炭开采量约为 $25.5 \times 10^6$t/年，与前几年相比有所下降，与 14 年前的泥炭产量大致相同（表 14.4）。

2012 年美国全年开采的泥炭约 448 000t，居世界第 12 位。北美洲的泥炭开采，自其出现就主要用于园艺和农业。泥炭的纤维结构和多孔性使泥炭既具有保水性，又具有排水性，这使得泥炭在盆栽土壤、草坪和花园土壤改良剂方面用处很大，泥炭还可以用于高尔夫球场的草坪维护。泥炭也可用作过滤介质，清除废水、废水和雨水中的有毒物质及病原体。美国的泥炭大部分为芦苇-莎草形成的泥炭，而从加拿大进口的泥炭，通常是一种弱分解的泥炭藓泥炭，具有更高的市场价值。美国大约 95% 的国内泥炭用于园艺/农业，按重要性排序，包括一般土壤改良、盆栽土壤、蚯蚓养殖、苗圃、高尔夫球场维护和建设。

彩图请扫码

图 14.5　爱沙尼亚塔尔图附近的泥炭矿。远处为发电厂燃烧泥炭冒出的黑烟（引自 J. S. Aber；经许可转载）

**表 14.4　1998 年和 2012 年世界泥炭产量**

| 国家 [a] | 1998 年泥炭产量（×10³t） | | | 2012 年泥炭产量（×10³t） | | |
|---|---|---|---|---|---|---|
| | 燃烧用 | 园艺用 | 合计 | 燃烧用 | 园艺用 | 合计 |
| 芬兰 | 7 000 | 400 | 7 400 | 4 000 | 760 | 4 760 |
| 爱尔兰 | 4 500 | 300 | 4 800 | 1 452 | 500 | 1 952 |
| 俄罗斯 | 3 000 | | 3 000 | | | 1 300 |
| 德国 | 180 | 2 800 | 2 980 | | 3 048 | 3 048 |
| 加拿大 | | 1 127 | 1 127 | | 973 | 973 |
| 瑞典 | 800 | 250 | 1 050 | 1880 | 1 420 | 3 300 |
| 乌克兰 | 1 000 | | 1 000 | | | 735 |
| 爱沙尼亚 | | | 1 000 | 360 | 567 | 927 |
| 美国 | | 676 | 676 | | 488 | 488 |
| 英国 | | 500 | 500 | | | 1 |
| 拉脱维亚 | | | 450 | | | 13 800 |
| 白俄罗斯 | 300 | | 300 | 250 | 3 000 | 3 250 |
| 荷兰 | | 300 | 300 | | | |
| 摩尔多瓦 | | | | | | 475 |
| 丹麦 | | 205 | 205 | 15 | 130 | 130 |
| 法国 | | 200 | 200 | | 200 | 200 |
| 波兰 | | 200 | | | | 736 |
| 立陶宛 | | 195 | | 15 | 371 | 386 |
| 西班牙 | | 60 | | | 60 | 60 |
| 匈牙利 | | 45 | 45 | | 25 | 25 |
| 挪威 | | 31 | 31 | | 440 | 440 |
| 澳大利亚 | | 15 | 15 | | | 无数据 |
| 阿根廷 | | 5 | 5 | | 6 | 6 |
| 布隆迪 | | 5 | 5 | | 8 | 8 |
| 土耳其 | | | | | | 150 |
| 卢旺达 | | | | | 19 | 19 |
| 合计 | 16 800 | 6 900 | 25 500 | 11 200 | 9 200 | 25 500 |

注：a. 除上述国家外，奥地利、智利、冰岛、意大利和罗马尼亚的泥炭产量很小

资料来源：Jasinski，1999；United States Geological Survey，2013

### 开采矿产和地下水

除泥炭外，其他矿藏的地表开采活动也经常影响主要湿地区。在美国佛罗里达州中部的磷矿开采面积超过 120 000hm$^2$，对该地区的湿地产生了重大影响（Brown，2005）。仅由于这一活动，佛罗里达州中部就可能丧失了数千公顷的湿地，尽管在开采磷酸盐的矿区重建湿地已成为一种常见的做法。H. T. Odum 等（1981）认为，矿区"管理下的生态演替"可能是一种比较经济的替代方法，可以替代目前昂贵的大规模运土和种植的复垦技术。

露天煤矿也影响了美国部分地区的湿地（Brooks et al.，1985）。20 世纪 80 年代初，肯塔基州西部有 64 000hm$^2$ 湿地，大部分是河滨低地硬木林，都受到或可能受到了露天煤矿开采的影响。与人们的高预期不同，由于严格界定了土地恢复原貌的措施和责任问题，并没有太多人认识到湿地修复属于煤矿开采的一部分且可能存在潜在利益（图 14.6）。这与佛罗里达州在磷矿矿区重建湿地被广泛接受形成了对比。

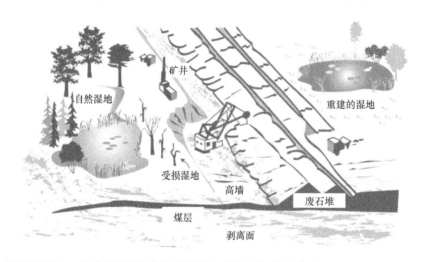

图 14.6　露天采煤对湿地的影响，以及利用湿地在煤矿复垦中改善野生动植物栖息地和控制矿井排水的可能性

在美国的部分地区，从地下水含水层或利用深井收取地下水，导致地面下沉速度加快，使沼泽和建筑区的高程下降，有时下降幅度很大。地面沉降也会导致湖泊和湿地的形成，这是佛罗里达州常见的地质现象。通常，从喀斯特（karst）沉积中抽取大量的水，就会发生地下塌陷，导致地表沉降。一些人认为，地下石灰岩的裂隙和溶解导致轻微的地表塌陷及随后的湿地发育，是佛罗里达州中北部的落羽杉湿地形成、发育自然过程的间接结果。

### 水污染

来自流域上游或当地径流中的污染物影响着湿地，进而改变了从湿地内流出的水体的水质。湿地净化水质的能力受到研究和开发领域的广泛关注，本书的其他部分对此进行了讨论。虽然美国几个地区已经建立了湿地水质标准，但是污染的水体对湿地的影响很少受到重视。

湿地富营养化也会改变物种组成。例如，有人认为是富含磷的农业径流增加，导致了长苞香蒲（*Typha domingensis*）在美国佛罗里达州原始的大沼泽地（Everglades）保护区内蔓延（图 14.7）。香蒲的蔓延又增加了人们的恐慌，担忧磷最终会导致香蒲入侵大沼泽地国家公园，取代本土物种克拉莎属植物 *Cladium jamaicense*（见第 18 章"湿地建造与恢复"案例研究 1 和第 19 章"湿地与水质"案例研究 3）。

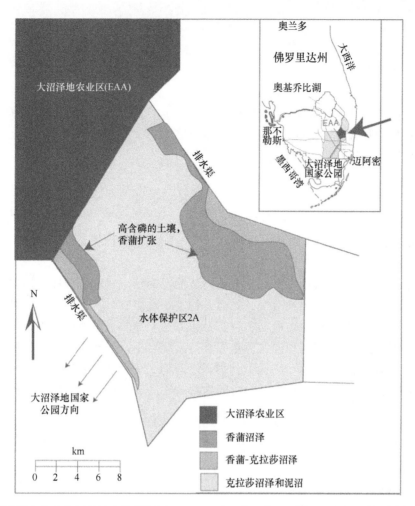

图 14.7　美国佛罗里达州南部的大沼泽地水体保护区 2A（44 700hm²）。自 20 世纪 60 年代开始，图中所示区域的地表径流来自农业区养分含量高的水体。从大沼泽地农业区（EAA）到西北部区域，过量的养分已经导致了香蒲的蔓延，面积超过了 8000hm²（图中阴影区域）（模仿自 Koch and Reddy，1992）

　　当污染物是金属、油类或其他有毒有机化合物时，对湿地的影响可能是巨大的，如 2010 年墨西哥深水地平线海湾石油泄漏，那里约 1800km 的沿海湿地受到影响（NRC，2013）。湿地污染的另一个案例发生在 20 年前，当时硫酸盐被排放到佛罗里达州的一片森林湿地中（J. Richardson et al.，1983）。已经证明，煤矿和废弃矿井排出的酸性水对湿地的影响是严重的。在对肯塔基州西部正在开采的煤矿附近地表湿地进行的研究中，Mitsch 等（1983a，1983b，1983c）描述了低 pH、高含铁、高含硫的水从矿井排放到湿地或流经湿地时，可能引发的多种生态破坏。

　　加利福尼亚州圣华金谷的克特森国家野生动物保护区（Kesterson National Wildlife Refuge）湿地水污染是最广为人知、最引人瞩目的案例之一，农场径流中的硒污染了沼泽（Ohlendorf et al.，1986，1990；Presser and Ohlendorf，1987；Harris，1991），导致野生动物大量死亡和畸形。于 20 世纪 80 年代中期，在一片争议声中受污染的沼泽最终"关闭了"（湿地最终丧失功能）。

## 湿地的目标管理

　　湿地管理是为了环境保护、娱乐和美学，以及生产可再生资源。目前仍然适用的湿地管理的 12 个目标如下。

1）保持水质。

2）减少侵蚀。

3）抵御洪水和风暴灾害。

4）提供一个自然系统来处理空气中的污染物。

5）在城市住宅区和工业区之间提供缓冲带，以改善气候、减缓如噪声等物理影响。

6）维持沼泽植物的基因库，提供一个完整自然群落的例子。

7）为人类提供审美及良好的心理支持。

8）保护野生动物。

9）控制昆虫种群数量。

10）为鱼类产卵和其他食用有机体提供栖息地。

11）生产食物、纤维和饲料（如木材、蔓越莓、用于纤维的香蒲等）。

12）促进科学探究。

一种管理方法是在湿地上设置栅栏来保护湿地，虽然很简单，但这是一种保护宝贵的自然生态系统的行动，不涉及管理实践的任何实质性改变。然而，管理通常需要有一个或多个积极操纵环境的具体目标。最大限度地实现一个目标的努力可能与实现其他目标是相悖的，尽管近年来大多数管理目标已广泛说明是为了实现多种目标。多目标管理通常侧重于支持系统水平，而不是单个物种。这通常是通过操纵植物物种来间接实现的，因为植物为动物提供食物和遮蔽物。在管理许多相邻的小微湿地时，采用不同的方式或交错式周期管理，使不同湿地在同一时间内得到不同的处理，不仅增加了更大的景观多样性，还吸引了野生动物。

## 水禽和野生动物管理

最好的湿地管理措施是加强湿地生态系统的自然过程。为实现这一目标，方法之一就是尽可能保持湿地水文的自然特征，包括与相邻的河流、湖泊和河口的水文连通。不幸的是，这在湿地野生动物管理时很难实现，因为自然条件变幻莫测，又以水文条件尤其，使得管理计划困难重重。因此，针对野生动物特别是水禽的沼泽管理通常意味着对水位的控制。用堤坝（蓄水池）、堰（维持沼泽出流最低水位的固体结构）、闸门和水泵控制水位。一般来说，管理活动的结果取决于水位控制与维持的好坏，而控制取决于当地降雨和控制装置的复杂程度。例如，围堰主要用于最低水平的控制，目的是维持最低水位。水泵调控的成本虽然远高于固定围堰，但它可以在期望的时间内主动控制排水或淹水深度，且往往可以实现管理目标。

Baldassarre 和 Bolen（2006）总结了几种用于水禽的湿地管理技术。他们得出结论认为，这些做法分为两大类：①自然管理，利用湿地的自然属性，如种子库、植物演替、水位波动和食草作用；②人工管理，包括种植、挖沟和造岛等。最常用的管理技术之一是"水位下降"，也许是以上两类方法的结合。为了促进未分解的有机物养分循环，进行"水-土管理"以增强湿地种子库的植被再生，有时为了维持大型无脊椎动物（鸭科种蛋白质的重要来源）群落的多样性，采用"水位下降"技术。通常情况下，水位管理有利有弊。

为了说明湿地管理对野生动物保护的利弊，图 14.8 展示了对伊利湖（美国俄亥俄州）沿海湿地水位控制的基本情况。土壤湿润的地方是迁徙野生动物对沼泽利用程度最高的地方，但这里也为入侵植物的潜在入侵提供了最佳条件，这样的环境对当地的植物与动物种群的总体丰富度和多样性并不十分有利。浅水环境（沼泽管理者称为半淹水环境，夏季约 15cm 水深）通常使得植物物种多样性最大、鱼和长期生活在这里的野生动物利用程度最高，但迁徙野生动物较少。深水环境（水深>30cm）最不适宜一年生挺水植物和入侵植物的生长，但是对于迁徙水禽却是理想的生境。Kroll 等（1997）和 Gottgens 等（1998）

指出，由于在湖水水位较高时沼泽向陆地扩展受到人类开发活动的限制，而且由于湖中鲤（*Cyprinus carpio*）[①]的存在，湖水水位长期处于平均水位以上，这意味着，将五大湖周边的堤坝拆除可能对湖边的湿地植被造成不可逆转的损失。Mitsch 等（2001）发现，在 20 世纪有 50% 以上的时间里，堤坝包围的现有沼泽只有 25% 具有适当的条件，可发育为以挺水植被为主的沼泽。

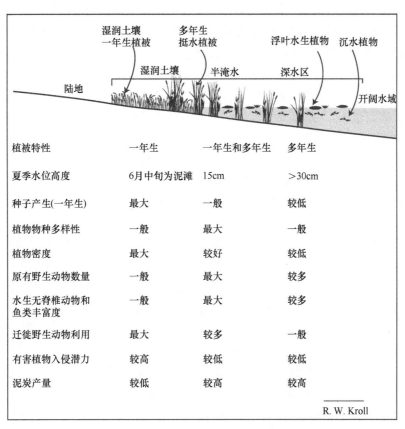

| 植被特性 | 一年生 | 一年生和多年生 | 多年生 |
|---|---|---|---|
| 夏季水位高度 | 6月中旬为泥滩 | 15cm | >30cm |
| 种子产生(一年生) | 最大 | 一般 | 较低 |
| 植物物种多样性 | 一般 | 最大 | 一般 |
| 植物密度 | 最大 | 较好 | 较低 |
| 原有野生动物数量 | 一般 | 最大 | 较多 |
| 水生无脊椎动物和鱼类丰富度 | 一般 | 最大 | 较多 |
| 迁徙野生动物利用 | 最大 | 较多 | 一般 |
| 有害植物入侵潜力 | 较高 | 较低 | 较低 |
| 泥炭产量 | 较低 | 较高 | 较高 |

R. W. Kroll

图 14.8　美国俄亥俄州北部伊利湖附近的蓄水湿地水位管理对植被、野生动物以及其他特性的影响（引自 Roy Kroll，尚未发表，已获授权使用）

Weller（1978）对美国中北部和加拿大中南部的草原壶穴沼泽提出的一套管理建议是野生动物保护多重目标的又一例证，这些建议模拟了北美洲中部沼泽的自然循环，虽然看起来可能很激进，但其后果是完全自然的。这 6 种做法依次如下。

1）当壶穴处于开放阶段时，很少有挺水植被出现，循环将从水量减少开始，这将刺激暴露在泥土表面的幼苗发芽。

2）水位下降后的缓慢上升维持了耐淹苗的生长，浑浊的水体没有淹没幼苗。浅水地区在冬天吸引着鸭子嬉水。

3）第二年应重复这样的水位下降周期，促使挺水植物生长良好。

4）低水位应维持几个季节，以促进香蒲属（*Typha*）等多年生的植物生长。

5）几年内应保持稳定而适度的水深，以促进多年生植物根系生长发育及相关的底栖动物生长，这些动物是水禽的优良食物。在此期间，挺水植被将逐渐消失，取而代之的是浅水水域。当这种情况发生时，可以再次启动循环，如步骤 1 所述。

6）以交错循环方式维持不同湿地区域，同时提供沼泽循环的所有阶段，最大限度地增加生境多样性。

Weller（1994）对水位的完全降低和部分降低做了区分。水位的完全降低是指，一项管理活动开始之

---

[①] 译者注：鲤在五大湖为入侵物种

前，针对水位高、食草动物啃食、冬季寒冷或植物病害造成植被完全消失的管理；而水位的部分降低是指，针对植被减少但没有完全消失或野生动物减少但没有完全消失的管理。

尽管管理的效果在短周期内不太明显，但美国路易斯安那州等沿海盐沼地区的野生动物管理都采用了类似的策略。常见的做法是，鼓励种植鸭子喜欢食用的幼苗和其他多年生植物，到秋季和冬季则升高水位以吸引鸭子聚居。事实上，人们普遍认为稳定水位不是一个好的管理方法，尽管我们的社会似乎直觉地认为稳定是一件好事。湿地在循环中茁壮成长，尤其是洪水循环，而抑制这些循环的做法也会降低野生动物的生产力。虽然上述管理措施提高了水禽产量，但由于湿地与邻近河口之间的自由连通受到限制，它们通常对依赖于湿地的沿海湿地渔业有害；湿地在调节水质方面的作用也常未得到充分发挥。

当以目标管理湿地时，人们往往想要控制所有的外部变量。这种想法虽然可以理解，但当食草动物（如鹅、水獭、海狸或麝鼠）"入侵"受管理的湿地时，管理者想控制这些物种的想法体现得特别强烈，他们会阻止这些动物的进入，或捕获这些动物，以使它们对植被的影响降到最低。但必须记住，这些动物根本不是入侵者，它们只是来到了一个通常很符合它们需要的栖息地。在生态系统方面，这些动物通常是大自然的生态系统工程师，并提供许多功能。从长远来看，可能会改善沼泽生态系统结构。海狸和人类一样会造成水位波动。麝鼠和鹅虽然使得大面积植被消失，但使系统更加开放，允许其他植被进入湿地。

生态系统管理者的管理是否明智是一个复杂的问题。例如，在路易斯安那州的沿海地区，麝鼠尤其是从南美洲迁移来的麝鼠，会"吃净"大面积的沼泽植被，由于海平面上升和部分由人类活动引起的高地沼泽沉降率加大，这些地区无法恢复。管理者通过捕鼠来控制啮齿动物的数量，但是全球范围内的毛皮销售下降，使得捕鼠不再有利可图，啮齿动物的数量正在迅速增加。

Baldassarre 和 Bolen（2006）提出了 7 个基本原则，为湿地管理者提供了一套有用的规则。第 18 章"湿地建造与恢复"中的许多湿地恢复案例反映了这些湿地的管理原则。

1）保护湿地综合体，包括不同湿地水文周期和不同斑块大小的湿地。
2）保护小微湿地，因为这些湿地及其独特的生物群最容易消失。
3）在管理湿地时，要考虑所有依赖于湿地的野生动物，而不仅仅是一两个物种。
4）保护大片湿地，因为有些物种需要大面积的栖息地。
5）认识到湿地综合体对具有复杂生活史需求的物种的重要性。
6）认识到保护地往往需要直接的管理干预来保护野生动物的价值。
7）保护和修复与湿地相连的高地生境。

## 农业和水产养殖

当湿地被排干水用于农业生产时，它们便不再会发挥湿地的功能。正如当地农民说的那样，"植物快速生长的土地"不受周期性淹水的影响，可以种植陆地生长、不耐水淹的作物。未受干扰的湿地或多或少也可以发挥农业生产作用，但作用其微。在美国东北部的新英格兰地区，从高地盐沼上收获的狐米草（*Spartina patens*）是制作床垫的高档材料，也是家畜的饲料。事实上，在 1650 年以前，新英格兰地区许多城镇选址时的一个主要因素就是附近的淡水沼泽和盐沼。随后，在沼泽中修建沟渠，使潮水能够进入沼泽，促进盐沼植物的生长，但人们并未记录这种活动所波及的范围。在墨西哥湾沿岸的部分地区，那里的沼泽地仍然被广泛用于放牧牲畜。为了行走方便，在这些沼泽中堆起一些土路。

古墨西哥人发明了一种独一无二的做法，在墨西哥北部海岸的淡水湿地中，旱季时，小面积湿地被用来种植高产且耐水淹的本地玉米品种。在收获玉米后（有时在收获前）雨季到来时，这些湿地又重新淹水，天然植被重新生长，直到下一个旱季。虽然今天已经不用这种方法，但有人对这种恢复做法很有兴趣。

在全球范围内，在进行管理的湿地生产的大米占世界粮食供应的主要部分。世界上约有 $1.3\times10^{6}km^{2}$ 的稻田（见第 3 章"世界湿地"），其中 90% 在亚洲。在北美洲，特别是在美国明尼苏达州，有几个商业化野生稻［如水生菰（*Zizania aquatica*）］的种植区。几个世纪以来，美洲原住民部落一直在天然沼泽内收获野生稻。

在 20 世纪 50 年代初，鱼类和贝类养殖年产量不到 $1\times10^{6}t$，而现在的产量为 7000 万 t，几乎占世界鱼类和贝类总捕捞量的一半［$160\times10^{6}t$/年（图 14.9）］。据联合国粮食及农业组织（http://www.fao.org/fishery/topic/13540/en）估计，为了保持目前的人均消费水平，到 2050 年全球水产养殖产量需要达到 8000 万 t。亚洲是水产养殖生产的重要地区，迄今为止中国是最大的生产国。美国则是水产养殖产品的主要消费国，但是其产量在全球仅占很小比例，且主要产品是鲑鱼和小龙虾。

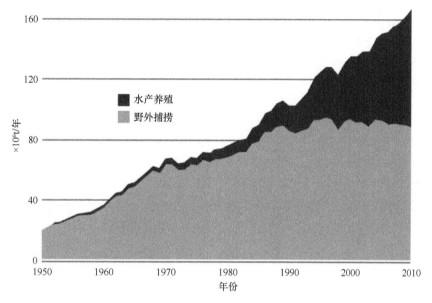

图 14.9　1950～2010 年全球渔业捕捞量，图中显示了水产养殖业对渔业总产量的贡献（引自 http://en.wikipedia.org/wiki/Seafood）

各地养鱼的方法不尽相同。最环保的方法类似于前面描述的墨西哥的做法，即贝类与水稻类作物的间作。最典型的实例就是美国的克氏原螯虾（*Procambarus clarkii*）和印度对虾（*Penaeus indicus*）的养殖与水稻的轮作，这种做法是专门为美国南部的小龙虾而设计的。小龙虾作为可口的美味佳肴享誉美国南部和许多其他国家，它们生长在浅水区的洞穴中，如沼泽森林和稻田。它们会在年初带着幼虾出来觅食。幼虾在几周内就能长到可以食用的大小，并在春季收获。

当洪水退去时，小龙虾开始建造洞穴，并一直居住在那里直至下一个冬季汛期来临。在小龙虾养殖区域，人们通过控制水位稳固这种自然循环。森林沼泽养殖区冬、春两季淹水，夏季干燥无水，这样的水文周期有助于小龙虾苗壮成长。为了提高产量，养殖者被限定在这一特定区域内活动。此外，水文周期的循环也有利于林木生长。由于这一地区与滨河洪泛区的水文循环类似，因此林木生产力高，而且夏季水位下降使得苗木长势良好。物种组成则接近典型的滨河洼地硬木林树种。

一些稻农也发现，他们可以利用种植水稻时的年内淹水周期，将水稻种植和小龙虾养殖结合起来。稻田在夏、秋两季排水，这是水稻生长和收获的季节。水稻收获后水田重新灌水，这时小龙虾可以从稻田田埂的洞穴中钻出来，在收获后的水田中觅食。小龙虾捕获结束后，田里重新种植水稻。当实施这种轮作时，必须格外小心杀虫剂的使用。

最密集的水产养殖技术控制生产的各个方面。通过控制水泵，湿地、盐沼、红树林甚至高品质农田被疏浚成池塘。幼体和虾苗都在单独的孵化场中培养。幼虾在池塘中喂养商业渔场提供的合成饲料。人们监测水质、对池塘曝气，所有的废弃物通过最复杂的操作进行处理。通过这样的管理，虾的产量可达每公顷数吨，而且在热带地区每年预计可收获两季。

虽然亚洲的水产养殖场历来都是由当地农民管理的小型养殖场，但由于对水产品的强烈需求，世界范围内的水产养殖业蓬勃发展，许多国家为此提供了大量激励措施，以建立新的养鱼场，并吸引大型企业投资该行业。全世界有 5 万个虾场，占地面积超过 10 000km$^2$。这导致了湿地的严重丧失（沿海湿地是大多数商业海鱼的栖息地），尤其是红树林。这些渔场不仅破坏了自然生态系统，还带来了疾病，造成了巨大的废弃物问题，耗尽了浅水区的氧气，降低了水质。这些干扰被认为是虾养殖区商业渔业下降的原因之一。

## 改善水质

一些研究表明，自然湿地是某些化学物质特别是沉积物和营养物质的汇聚之地。现在，人们普遍认为自然湿地具有改善水质的功能，这是人们保护湿地的最重要原因之一。许多研究也探讨了将家庭废水、工业和农业废水、淤泥甚至城市和农村径流排入湿地，以利用其吸收营养物质的想法。这些处理湿地的基本原则和实践在第 19 章"湿地与水质"中有详细介绍。

## 防洪和抵御暴雨

湿地在水文循环中的作用，导致湿地的管理往往是被动地进行。湿地的水文价值包括增加径流量、补给地下水、潜在的供水能力和防洪。现在并不清楚湿地如何实现这些功能，也不清楚是否所有湿地都具有这些功能。众所周知，湿地不一定总是能增加径流量或补给地下水。然而，由于湿地具有保持水分的功能，并在低水位期间将水分缓慢释放到地表水和地下水系统，因此一些湿地应该且经常受到保护。如果湿地通过蓄积更多的洪水减轻洪水对下游的压力，作为系统对新的水文条件的适应，植被会发生相当大的变化。在第 16 章"湿地生态系统服务"中将更详细地讨论用于"海岸线保护"和"减轻洪水"的湿地价值。

## 推荐读物

Baldassarre, G. A., and E. G. Bolen. 2006. *Waterfowl Ecology and Management*, 2nd ed. Malabar, FL: Krieger.

## 参考文献

Adamus, P. R. 1983. *A Method for Wetland Functional Assessment, Vol. 1: Critical Review and Evaluation Concepts, and Vol. 2: FHWA Assessment Method.* Federal Highway Reports FHWA-IP-82–83 and FHWA-IP-82–84, U.S. Department of Transportation, Washington, DC. 16 pp. and 134 pp.

Baldassarre, G. A., and E. G. Bolen. 2006. *Waterfowl Ecology and Management*, 2nd ed. Krieger Publishing, Malabar, Florida, 567 pp.

Barry, J. M. 1997. *Rising Tide: The Great Mississippi Flood of 1927 and How It Changed America.* Simon & Schuster, New York.

Brooks, R. P., D. E. Samuel, and J. B. Hill, eds. 1985. *Wetlands and Water Management on Mined Lands.* Proceedings of a conference, October 23–24, 1985. Pennsylvania State University Press, University Park. 393 pp.

Brown, M. T. 2005. Landscape restoration following phosphate mining: 30 years of co-evolution of science, industry, and regulation. *Ecological Engineering* 24: 309–329.

Clewell, A. F., L. F. Ganey, Jr., D. P. Harlos, and E. R. Tobi. 1976. *Biological Effects of Fill Roads across Salt Marshes.* Report FL-E.R-1–76. Florida Department of

Transportation, Tallahassee.

Dahl, T. E. 1990. Wetlands losses in the United States, 1780s to 1980s. U.S. Department of Interior, Fish and Wildlife Service, Washington, DC. 21 pp.

Dugan, P. 1993. *Wetlands in Danger*. Michael Beasley, Reed International Books, London. 192 pp.

Evink, G. L. 1980. *Studies of Causeways in the Indian River, Florida*. Report FL-ER-7–80. Florida Department of Transportation, Tallahassee. 140 pp.

Gosselink, J. G., and E. Maltby. 1990. Wetland losses and gains. In M. Williams, ed., *Wetlands: A Threatened Landscape*. Basil Blackwell Ltd., Oxford, pp. 296–322.

Gottgens, J. F., B. P. Swartz, R. W. Kroll, and M. Eboch. 1998. Long-term GIS-based records of habitat changes in a Lake Erie coastal marsh. *Wetlands Ecology and Management* 6: 5–17.

Harris, T. 1991. *Death in the Marsh*. Island Press, Washington, DC. 245 pp.

Jasinski, S. M. 1999. Peat. In *Minerals Yearbook 1999: Volume 1—Metals and Minerals*. Minerals and Information, U.S. Geological Survey, Reston, VA.

Keddy, P. A. 1983. Freshwater wetland human-induced changes: Indirect effects must also be considered. *Environmental Management* 7: 299–302.

Koch, M. S., and K. R. Reddy. 1992. Distribution of soil and plant nutrients along a trophic gradient in the Florida Everglades. *Soil Science Society of America Journal* 56: 1492–1499.

Kroll, R. W., J. F. Gottgens, and B. P. Swartz. 1997. Wild rice to rip-rap: 120 years of habitat changes and management of a Lake Erie coastal marsh. *Transactions of the 62nd North American Wildlife and Natural Resources Conference* 62: 490–500.

Larson, J. S., and J. A. Kusler. 1979. Preface. In P. E. Greeson, J. R. Clark, and J. E. Clark, eds., *Wetland Functions and Values: The State of Our Understanding*. American Water Resources Association, Minneapolis, MN.

Mitsch, W. J., J. R. Taylor, and K. B. Benson. 1983a. Classification, modelling and management of wetlands—A case study in western Kentucky. In W. K. Lauenroth, G. V. Skogerboe, and M. Flug, eds., *Analysis of Ecological Systems: State-of-the-Art in Ecological Modelling*. Elsevier, Amsterdam, the Netherlands, pp. 761–769.

Mitsch, W. J., J. R. Taylor, K. B. Benson, and P. L. Hill, Jr. 1983b. *Atlas of Wetlands in the Principal Coal Surface Mine Region of Western Kentucky*. FWS/OBS-82/72, U.S. Fish and Wildlife Service, Washington, DC. 135 pp.

Mitsch, W. J., J. R. Taylor, K. B. Benson, and P. L. Hill, Jr. 1983c. Wetlands and coal surface mining in western Kentucky—A regional impact assessment. *Wetlands* 3: 161–179.

Mitsch, W. J., and J. G. Gosselink. 1986. *Wetlands*. Van Nostrand Reinhold, New York. 539 pp.

Mitsch, W. J., N. Wang, and V. Bouchard. 2001. Fringe wetlands of the Laurentian Great lakes: Effects of dikes, water level fluctuations, and climate change. *Verh. Internat. Verein. Limnol.* 27: 3430–3437.

National Research Council (NRC). 2013. *An Ecosystem Services Approach to Assessing the Impacts of the Deepwater Horizon Oil Spill in the Gulf of Mexico*. The National Academies Press, Washington DC.

Norgress, R. E. 1947. The history of the cypress lumber industry in Louisiana. *Louisiana Historical Quarterly* 30: 979–1059.

Odum, H. T., P. Kangas, G. R. Best, B. T. Rushton, S. Leibowitz, J. R. Butner, and T. Oxford. 1981. *Studies on Phosphate Mining, Reclamation, and Energy*. Center for Wetlands, University of Florida, Gainesville. 142 pp.

Ohlendorf, H. M., D. J. Hoffman, M. K. Saiki, and T. W. Aldrich. 1986. Embryonic mortality and abnormalities of aquatic birds: Apparent impacts of selenium from irrigation drainwater. *Science of the Total Environment* 52: 49–63.

Ohlendorf, H. M., R. L. Hothem, C. M. Bunck, and K. C. Marois. 1990. Bioaccumulation of selenium in birds at Kesterson Reservoir, California. *Archives of*

*Environmental Contamination and Toxicology* 19: 495–507.

Presser, T. S., and H. M. Ohlendorf. 1987. Biogeochemical cycling of selenium in the San Joaquin Valley. *Environmental Management* 11: 805–821.

Richardson, J., P. A. Straub, K. C. Ewel, and H. T. Odum. 1983. Sulfate-enriched water effects on a floodplain forest in Florida. *Environmental Management* 7: 321–326.

The Nature Conservancy. 1992. *The Forested Wetlands of the Mississippi River: An Ecosystem in Crisis*. The Nature Conservancy, Baton Rouge, LA, 25 pp.

U.S. Geological Survey. 2013. *2012 Minerals Yearbook: Peat* (advanced release). Edited by L. E. Apodaca. http://minerals.usgs.gov/minerals/pubs/commodity/peat/myb1–2012-peat.pdf.

Weller, M. W. 1978. Management of freshwater marshes for wildlife. In R. E. Good, D. F. Whigham, and R. L. Simpson, eds., *Freshwater Wetlands: Ecological Processes and Management Potential*. Academic Press, New York, pp. 267–284.

Weller, M. W. 1994. *Freshwater Marshes*, 3rd ed. University of Minnesota Press, Minneapolis. 192 pp.

# 第 15 章　湿地法律与湿地保护

湿地现在受到美国众多法律法规和一些国际条约的保护。美国保护湿地的依据主要包括：联邦行政命令、法院裁决、"零净损失"（No Net Loss）政策及《清洁水法案》（Clean Water Act）的部分条款。随着一些湿地保护计划的实施，以及湿地识别发展为一种划定湿地的正式技术，湿地保护得以进一步强化。虽然 21 世纪美国联邦最高法院通过了三项法案，限制了联邦政府对某些湿地的保护权限，但也说明了美国法律界对这些生态系统的重视程度。近年来，随着决策者认识到一个地方的湿地的功能是跨国界的，特别是《拉姆萨公约》和"北美水禽管理计划"的生效、实施，湿地保护国际合作得到加强。

湿地现在是全世界许多组织、机构和法律保护的重点。正由于全世界普遍重视湿地保护，如同根据生态原则指导应用一样，人们开始从法律、法规上定义湿地。第 2 章"湿地定义"中，回顾了美国和国际上对湿地的主要定义。其中一些定义是科学的，但也有些定义的出发点主要是让湿地得到法律保护。从动物、植物保护到土地利用和分区限制，再到疏浚、填埋湿地等的方方面面，各种政策、法律和规章已经有明文规定，实施了相关保护措施。在美国，湿地保护历来是一项国家行动，通常各州提供组织实施。在国际上，已经过谈判达成协议，保护世界各地具有重要生态价值的湿地，这些协议的重要性与日俱增。

## 美国湿地的法律保护

在美国历史上，疏干湿地的政策曾执行了 120 多年。正如在第 14 章"人类对湿地的影响和管理"中所描述的那样，1849 年、1850 年和 1860 年的《沼泽土地法案》（Swamp Land Act），给美国的湿地政策带来了史上最迅速、最富戏剧性的变化，尽管这些行为几乎没有达到其预期成效（National Research Council，1995）。到 20 世纪 70 年代中期，48 个州中大约一半的湿地被排干了（见第 3 章"世界湿地"）。20 世纪 70 年代初，科学家开始认识到湿地的价值并对这些价值进行量化（现在称为"生态系统服务"），也就是说，从那时起人们开始显现出对湿地保护的兴趣。在美国联邦政府层面也可以看到这种对湿地保护的兴趣，它体现为对现行法律、法规和公共政策的解释。在此之前，联邦政府对湿地的政策是模糊和矛盾的，如美国陆军工程兵团（U.S. Army Corps of Engineers）、水土保持局（Soil Conservation Service，现为自然资源保护局，Natural Resources Conservation Service）和农垦局（Bureau of Reclamation）等机构的政策，是鼓励破坏湿地。而长期以来，美国内政部的政策则是鼓励保护湿地，特别是保护美国的渔业和野生动物。20 世纪 70 年代，一些州还制定了法律和政策用以保护内陆与沿海湿地。

在表 15.1 中，列出了美国联邦政府保护湿地的主要机制。联邦政府会采取重大行动，从而统一湿地保护政策。具体来说，包括总统签署保护湿地和管理洪泛区的命令、颁布规定，没有许可证不得疏浚或填埋湿地；制定沿海区管理政策，并由各机构从本部门管辖范围的角度发布倡议和规章。尽管所有这些活动都与联邦政府的湿地管理有关，但需要强调指出两点。

1）美国没有具体的国家湿地法。湿地管理和保护主要依赖于为其他目的而制定的法律。湿地的管辖权也分散在几个部门，总的来说，联邦政策不断变化，需要相当多的部门参与协调。

2）单独采取这两种方法都不能形成全面的湿地政策。这种管理上的分离，反映了许多湿地生态学家所注意到的科学上的分歧，他们必须在水生和陆地系统方面发展专业知识。很少有人同时具备这两方面的专业知识。

**表 15.1　主要的管理和保护湿地的美国联邦法律、方针和条例**

| | | 日期（年） | 联邦政府责任机构 |
|---|---|---|---|
| **方针或法令** | | | |
| 《河流与港口法案》第 10 条 | Rivers and Harbors Act，Section 10 | 1899 | 美国陆军工程兵团 |
| 《鱼类与野生动物协调法案》 | Fish and Wildlife Coordination Act | 1967 | 美国鱼类及野生动物管理局 |
| 《水土保持基金法案》 | Land and Water Conservation Fund Act | 1968 | 美国鱼类及野生动物管理局、美国土地管理局、美国国家森林局、美国国家公园管理局 |
| 《国家环境政策法案》 | National Environmental Policy Act | 1969 | 美国环境质量委员会 |
| 经修订的《联邦水污染控制法案》（PL92-500）（《清洁水法案》） | Federal Water Pollution Control Act (PL 92-500) as amended (Clean Water Act) | 1972，1977，1982 | |
| 第 404 条——疏浚和填充许可证计划 | Section 404—Dredge-and-Fill Permit Program | | 美国陆军工程兵团联合美国环境保护署、美国鱼类及野生动物管理局 |
| 第 208 条——区域范围的水质规划 | Section 208—Areawide Water Quality Planning | | 美国环境保护署 |
| 第 303 条——水质标准 | Section 303—Water Quality Standards | | 美国环境保护署 |
| 第 401 条——水质认证 | Section 401—Water Quality Certification | | 美国环境保护署（及各州机构） |
| 第 402 条——国家污染物排放 | Section 402—National Pollutant Discharge | | 美国环境保护署（或各州机构） |
| 《沿海地区管理法案》 | Coastal Zone Management Act | 1972 | 美国商务部海岸带管理办公室 |
| 《洪水灾害保护法案》 | Flood Disaster Protection Act | 1973，1977 | 联邦紧急事务管理署 |
| 《联邦援助野生动物恢复法案》 | Federal Aid to Wildlife Restoration Act | 1974 | 美国鱼类及野生动物管理局 |
| 《水资源开发法案》 | Water Resources Development Act | 1976，1990 | 美国陆军工程兵团 |
| 行政命令第 11990 号——保护湿地 | Executive Order 11990—Protection of Wetlands | 1977 年 5 月 | 所有政府机构 |
| 行政命令第 11988 号——河漫滩管理 | Executive Order 11988—Floodplain Management | 1977 年 5 月 | 所有政府机构 |
| 《食品安全法案》，沼泽终结者的规定 | Food Security Act，swampbuster provisions | 1985 | 美国农业部自然资源保护局 |
| 《紧急湿地资源法案》 | Emergency Wetland Resources Act | 1986 | 美国鱼类及野生动物管理局 |
| 行政命令第 12630 号——受宪法保护的财产权 | Executive Order 12630—Constitutionally Protected Property Rights | 1988 | 所有政府机构 |
| 《湿地中分布的国家植物物种清单》（初稿和最新稿） | National list of Plant Species that Occur in Wetlands (original and update) | 1988，2012 | 美国鱼类及野生动物管理局、美国陆军工程兵团 |
| 《湿地划定手册》（各种修订） | Wetlands Delineation Manual (various revisions) | 1987，1989，1991 | 所有政府机构 |
| "零净损失"政策 | "No Net Loss" Policy | 1988 | 所有政府机构 |
| 《北美湿地保护法案》 | North American Wetlands Conservation Act | 1989 | 美国鱼类及野生动物管理局 |
| 《沿海湿地规划、保护和恢复法案》 | Coastal Wetlands Planning，Protection and Restoration Act | 1990 | 美国陆军工程兵团 |
| 《湿地保护计划》（WRP） | Wetlands Reserve Program (WRP) | 1991 | 美国农业部自然资源保护局 |
| 行政命令第 12962 号——休渔期保护水生渔业系统 | Executive Order 12962—Conservation of Aquatic Systems for Recreational Fisheries | 1995 | 所有政府机构 |
| 《联邦农业改进和改革法案》 | Federal Agriculture improvement and Reform Act | 1996 | 美国农业部自然资源保护局 |
| 《农业保护地役权计划》（将湿地保护计划与其他计划合并） | Agricultural Conservation Easement Program (consolidates WRP with other programs) | 2014 | 美国农业部自然资源保护局 |

续表

| | | 日期 | 联邦政府责任机构 |
|---|---|---|---|
| **政策和技术指导** | | | |
| 水质标准指南 | Water Quality Standards Guidance | 1990 | 美国环境保护署 |
| 非点源指南 | Non-Point Source Guidance | 1990 | 美国环境保护署 |
| 减缓/替代性补偿库 | Mitigation/Mitigation Banking | 1990，1995 | 美国陆军工程兵团 |
| 农业用地湿地，协议备忘录 | Wetlands on Agricultural Lands，memo of agreement | 1990，1994 | 美国陆军工程兵团、美国农业部 |
| 湿地和林业指导 | Wetlands and Forestry Guidance | 1995 | 美国陆军工程兵团、美国农业部 |
| 关于湿地替代的监管指导意见 | Regulatory Guidance Letter on Wetland Mitigation | 2001，2002 | 美国陆军工程兵团 |
| 替代性补偿的最终规则 | Final Rules for Compensatory Mitigation | 2008 | 美国陆军工程兵团、美国环境保护署 |
| 湿地划界的区域补充 | Regional Supplements to Wetland Delineation | 2009～2014 | 美国陆军工程兵团 |
| 根据《清洁水法案》定义"美国水域"的拟议规则 | Proposed rule to define "Waters of the United States" under the *Clean Water Act* | 2014 | 美国陆军工程兵团、美国环境保护署 |

## 早期的总统令

时任美国总统吉米·卡特（President Jimmy Carter）在 1977 年 5 月发布了两项行政命令，明确了保护湿地和河岸系统是联邦政府的官方政策。行政命令 11990 号"保护湿地"要求所有联邦机构都需将湿地保护作为其政策的重要部分：

> 各机构应发挥领导作用并采取行动，最大限度地减少湿地的破坏、丧失或退化，并履行以下职责：①获取、管理和处置联邦土地及设施时，保护与提高湿地的自然和有益价值；②由联邦政府承担、资助或协助建设和改进；③开展影响土地利用的联邦活动和项目，包括但不限于水和相关土地资源规划、调控和许可活动。

行政命令第 11988 号"河漫滩管理"，颁布了一项保护河漫滩的联邦政策，要求各机构尽可能避免在河漫滩开展活动。此外，还指示各机构修改规程，避免人为活动可能对洪水的影响，并在其他替代方案不可行时不要直接或间接支持洪泛区的发展。

这两项行政命令意义重大，因为它们启动了几乎所有联邦机构对湿地和洪泛区政策的审查。美国环境保护署（USEPA）和水土保持局等机构在发布这些行政命令之前就制定了湿地保护政策。而许多其他机构，如土地管理局，则被迫对已有政策进行审查，制定湿地和洪泛区的政策。

## 零净损失

1987 年，美国保育基金会根据美国环境保护署的要求召开了一次国家湿地政策论坛，以调查美国的湿地管理问题（National Wetlands Policy Forum，1988）。出席这个论坛的 20 位杰出成员（其中包括三位州长、州立法委员、州和地方机构负责人、环境组织和企业的首席执行官、农民、牧场主和本书的合作者之一 James G. Gosselink）发表了一份报告，报告为美国现存的湿地设定了重要目标。论坛制定了一个总体目标：实现国家现存湿地总体上没有净损失，在可行的情况下建造和恢复湿地，增加和提高国家湿地资源基础的数量与质量（National Wetlands Policy Forum，1988）。

该小组建议，作为一个临时目标，美国的湿地资源不应进一步减少，也不应出现净损失；作为一个长期目标，湿地的数量和质量应净增加。在 1988 年的总统竞选活动和 1990 年向国会的预算报告中，时任美国总统乔治·布什（President George H. W. Bush）提出的"零净损失"概念作为国家目标，这一概念改变了许多机构的政策，如美国内政部、美国环境保护署、美国陆军工程兵团和美国农业部实现了统一、看似简单的目标。当然，除因经济或政治原因另有规定外，预计美国的湿地损失将不会完全停止。因此，在这个概念中隐含的是用恢复及建造新的湿地取代被破坏的湿地。"零净损失"概念成为美国湿地保护的基石，时至今日仍然如此。

## 《清洁水法案》

40 年来，美国湿地保护和管理的主要工具一直是 1972 年《联邦水污染控制法案》（FWPCA）修正案（PL 92-500）的 404 条款（也被称为《清洁水法案》）。第 404 条款规定，任何在"美国水域"疏浚或填埋的人必须向美国陆军工兵团申请许可。这一要求是 1899 年《河流与港口法案》的延伸，根据该法案，海军陆战队有责任规范通航水域的疏浚和填埋。

使用 404 条款对湿地进行保护一直存在争议，下级法院和最高法院不断采取行动，修改相关法规。令人惊讶的一点是，第 404 条款并没有直接提到湿地。起初，该指令被美国陆军工程兵团狭义地解释为仅适用于可航行的水域。后来，美国水域的定义在 1974～1975 年的两项法院判决（美国诉荷兰案及美国自然资源保护协会诉卡洛韦案）中被扩大，包括了湿地。这些判决和第 11990 号"保护湿地"行政命令一起，使得美国陆军工程兵团正式成为美国湿地保护的中心。1975 年 7 月 25 日，该兵团发布了修订版的第 404 条款，阐述了美国关于湿地的政策：

> 作为环境至关重要的区域，湿地是一种宝贵的公共资源，不应随意改变或破坏，以免损害公众利益。
>
> ——1975 年 7 月 25 日《联邦公报》

这些法规将湿地定义为沿海湿地（沼泽和浅水区及……那些被盐水或微咸水定期淹没的区域，一般特征为耐盐或耐微咸水植物能普遍生长和繁殖）和淡水湿地（定期被淡水淹没的地区，通常在水分饱和土壤条件中进行生长和繁殖的植被为优势群落）（1975 年 7 月 25 日联邦公报）。通过这些行动，美国陆军工程兵团的管辖范围扩大到 600 000km² 湿地，其中有 45%在阿拉斯加州。自 1975 年以来，美国陆军工程兵团多次发布了疏浚和填埋许可的修订条例。1985 年，美国联邦最高法院在"美国诉河滨景区房屋"一案的裁决中，驳回了国会不打算将湿地保护纳入《清洁水法案》的论点。

在湿地进行疏浚和填埋活动，取得"404 许可证"的程序十分复杂。在初始阶段，如果存在可行的替代方案，则不允许在湿地中排水疏浚或填埋湿地。因此，在初步筛选涉及湿地潜在影响的项目时，应依照顺序评估以下三种态度的可能性。

1）避免。在可行的情况下采取措施避免湿地受到影响。

2）最小化。尽量减少对湿地的潜在影响。

3）缓解。通过恢复或建造湿地，补偿剩余湿地所受到的影响（见第 18 章"湿地建造与恢复"）。

一般来说，需要对可能会产生潜在重大影响的项目发放单独的第 404 条款许可证，但对于许多危害小的项目，美国陆军工程兵团只需发放普通许可证。兵团区域工程师负责颁发许可证，他们通常会考虑几个因素，如保护、经济、美学和其他因素。美国环境保护署、美国鱼类及野生动植物管理局、国家海洋渔业局和各州机构在办理湿地疏浚和填埋许可证过程中，向该兵团提供援助。美国环境保护署有法定权力来指定湿地的许可，并对陆军工程兵团的决定拥有否决权。有些州对湿地开发既需要州政府许可又需要陆军工程兵团的许可。根据陆军工程兵团的规定，如果湿地旨在为公众提供如各类生物制品、设立野生动物保护区、抵御飓风、储存洪水、地下水补给或水质净化等方面的重要功能，地方工程师不应对其发放许可证。除非当地方工程师确定"改变后的效益超过对湿地资源的损害，且改变湿地是实现这些效益的必要手段"时，方可例外（联邦公报，1977 年 7 月 19 日）。第 404 条款项目的有效性自该计划开始以来就各不相同，同时也存在地区差异。

## 《食品安全法案》中的湿地保护条款

在许可证计划的头十年，正常的农业和造林活动不受第 404 条款许可证要求的限制，因此仍然允许在农场和商业森林中进行湿地排水。允许这种豁免在联邦政府内部产生了矛盾：美国陆军工程兵团和美国环境保护署通过《清洁水法案》鼓励湿地保护，农业部通过为排水项目提供联邦补贴鼓励湿地排水。作为 1985 年《食品安全法案》（Food Security Act）的一部分，国会通过了一项湿地保护条款，该条款拒绝为任何在法案生效后有意将湿地改造成农田的农场主提供联邦补贴，从而结束了这场冲突。该条款将美国水土保持局（即现在的自然资源保护局，简称 NRCS）纳入联邦湿地管理的范畴，主要是作为一个顾问机构，帮助农民在他们的农场中识别湿地。自然资源保护局还管理着 1990 年为获得联邦地役权而设立的湿地保护计划（WRP）。

1993 年 8 月，时任美国总统克林顿（President Bill Clinton）的行政部门发布了一份题为《保护美国湿地：公平、灵活、有效的方法》的文件。重申需要确保湿地没有净损失，明确了 2150 万 $hm^2$（约 5300万英亩）以前转化的湿地不会受到法规制约。确立了美国自然资源保护局为牵头机构，根据《清洁水法案》和《食品安全法案》中的湿地保护条款识别农业用地中的湿地。这项政策是在 1994 年 1 月 6 日由参与美国湿地政策的 4 个主要联邦机构（美国鱼类及野生动物管理局、自然资源保护局、美国陆军工程兵团和美国环境保护署）签署的一份协议备忘录中达成的。从那时起，一些合作已经减少，机构的行动再次出现分歧。

## 湿地划界

为了确定一块土地是不是湿地，如果要进行疏浚或填埋必须申请第 404 条款许可，从美国陆军工程兵团开始，一些联邦机构开发了湿地边界划定指南，用于湿地边界的确定，这一过程被称为湿地划界（wetland delineation）。1987 年，美国陆军工程兵团发布了湿地划定的技术手册（1987 年《湿地划定手册》）。将一块土地认定为湿地，该手册规定了三个强制性的技术标准——水文、土壤和植被 （详见下面方框）。随后，美国环境保护署、水土保持局和美国鱼类及野生动物管理局分别为各自在湿地保护中的作用制定了各自的文件。

经过几个月的政治和科学辩论及各机构之间的谈判，4 个联邦机构于 1989 年 8 月联合发布了一份关于识别和划定管辖湿地的联邦手册草案，以统一政府对湿地的管理方法。1989 年的这本手册虽然也要求遵照三个强制性技术标准来判别湿地，但是它允许从一个标准推断另一个标准（从已知的土壤含水量情况推断水文条件）。该手册还提供了一些指导，如如何使用现场指标、从树木上的水印或叶片上的污渍确定最近的淹水状况，判断湿地植被组成情况（根据已公布的名录），通过斑点判断水成土特征。

可以说《湿地划定手册》的制定过程，使 1989～1992 年这段时间变成了美国湿地历史上公认的一段有争议和令人兴奋的时期（参见图 15.1 的政治漫画），美国政府接连推出了 1989 年的手册（较为宽泛的湿地定义）和 1991 年的手册（较为保守的湿地定义）。在开发商、农业学家和工业家的不断游说下，1991 年的手册获得了美国环境保护署的行政许可，手册中放宽了湿地的定义以减轻私营部门的监管负担。该手册于 1991 年 8 月出版发行征询公众意见，但由于缺乏科学性,并存在不可行性（Environmental Defense Fund and World Wildlife Fund, 1992），受到了很大的批评。该手册最终于 1992 年被废弃了，此后不久，许多人建议将确定湿地的职能由政府部门转交至非政治性的美国国家科学院（National Academy of Sciences，NAS）。美国国家科学院最终的研究结果将在后面的"美国国家科学院的研究"一节中呈现。

目前，一般认为 1987 年的技术手册（美国陆军工程兵团于 1987 年颁发）从生态和政治上看是介于 1989 年"宽泛定义"手册和 1991 年"保守定义"手册之间的版本，继续作为官方的方式确定湿地，相信在不久的将来也不会改变。但是在 2009～2010 年湿地划定的过程中出现了一个重大变化，根据美国国家研究委员会（NRC，1995）的建议，制定了《湿地划定手册》的区域"附录"，以更好地适应遍布美国的不同的生物群落和生态系统。以 10 个生态区域为基础的 10 个附录（图 15.2）都已在其第二版中公布，并且可以在 www.usace.army.mil/Missions/CivilWorks/RegulatoryProgramandPermits/reg_supp.aspx 中找到。

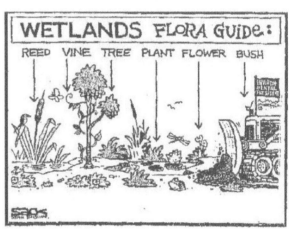

图 15.1　20 世纪 90 年代初，湿地政治漫画在美国频繁出现，当时湿地保护和管理成为头版新闻（上图由 Henry Payne 于 1991 年创作，版权为联合传媒所有；下图由 Steve Sack 创作，版权为《明尼阿波利斯明星论坛报》所有）

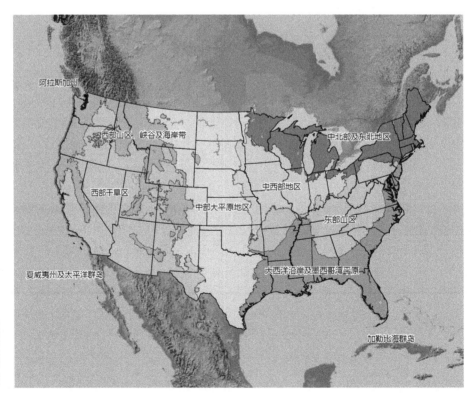

彩图请扫码

图 15.2　1987 年美国《湿地划定手册》附录中的 10 个区域（地图及出处：www.usace.army.mil/Missions/CivilWorks/Regulatory ProgramandPermits/reg_supp.aspx）

## 美国湿地划定

指南遵循美国陆军工程兵团对湿地的定义（联邦公报，1980 年；联邦公报，1982 年；见第 2 章"湿地定义"）：湿地是指这样的区域，即地表水和地下水按一定的频率淹水或土壤水分饱和并持续一定时间 [水文]，能够支持（在正常环境下确实供养）那些适于水分饱和土壤[土壤]环境下生活的植被[植被]（加括号表示强调）。这个定义是指：①适应湿地的植被；②土壤；③淹水或饱和的水文条件。根据 1987 年手册（U.S. Army Corps of Engineers，1987），湿地划定取决于必须满足这三个参数的区域边界。

## 植被

湿地植被指适于在淹水或水分饱和条件下生活的典型大型植物。植物可分为五类（表 15.2）：①专性湿地植物（OBL）；②兼性湿地植物（FACW）；③兼性植物（FAC）；④兼性陆地植物（FACU）；⑤专性陆地植物（UPL）。为了满足湿地植被的概念，50%以上的优势种必须是 OBL、FACW 或 FAC。有一些渠道可以获取这些植物名录（U.S. Army Corps of Engineers，1987），当然还可以利用湿地植物的其他特征作为指标，如形态、生理和生殖适应（支柱根、呼吸根、不定根和皮孔扩大）。此外，技术文献中也有关于植物耐受水分饱和土壤能力的其他信息。

**表 15.2　指示湿地划界的植物指标特征**

| 指标类别 | 参数缩写 | 定义 |
| --- | --- | --- |
| 专性湿地植物 | OBL | 自然条件下几乎总是在湿地出现的植物(估计概率>99%)，但在非湿地中也可能很少出现(估计概率<1%)，如互花米草（*Spartina alterniflora*）、落羽杉（*Taxodium distichum*） |
| 兼性湿地植物 | FACW | 通常在湿地中出现的植物（估计概率 67%～99%），也会在非湿地中出现（估计概率 1%～33%），如美国红梣（*Fraxinus pennsylvanica*）、偃伏梾木（*Cornus stolonifera*） |
| 兼性植物 | FAC | 在湿地和非湿地出现的概率相似的植物（估计概率 33%～67%），如美国皂荚（*Gleditsia triacanthos*）、圆叶菝葜（*Smilax rotundifolia*） |
| 兼性陆地植物 | FACU | 偶尔在湿地中出现的植物（估计概率 1%至小于 33%），在非湿地中更常见（估计概率 67%～99%），如北美红栎（*Quercus rubra*）、尖齿委陵菜（*Potentilla arguta*）等 |
| 专性陆地植物 | UPL | 自然条件下在湿地中很少出现的植物（估计概率<1%），但在非湿地中总是出现（估计概率>99%），如萌芽松（*Pinus echinata*）、毛雀麦（*Bromus mollis*）等 |

资料来源：U.S. Army Corps of Engineers，1987

## 水成土

水成土（hydric soil）是在生长季土壤水分饱和、淹水或积水时间足够长而形成厌氧环境的土壤，有利于水生植被生长及再生（见第 5 章"湿地土壤"）。除未分解的有机土壤外，所有的有机土都是水成土。其他一些土壤也是水成的，尤其是排水不畅、土壤水分饱和、在生长季积水（通常积水深小于 15cm）超过一周的土壤，可使用第 5 章所述的芒塞尔（Munsell®）土色卡来确定矿质土壤的含水状况。当水成土被排干后，就不能被称为水成土，除非生长的植被是水生植物且水文指标支持才将其认定为水成土。还可以通过一些附加指标（在手册中有详细的定义）认定水成土，如低渗透性、适当的土壤色度、斑点的形成及铁或锰的结核。

## 湿地水文

具有明显湿地水文特征的区域是指在厌氧和还原性条件下，水的存在对植被和土壤的特征有显著影响的地区。一般来说，湿地水文特征取决于淹水或土壤水分饱和的频率、时间和持续时间，如表 15.3 所示。I 区是水域，VI 区是陆地。II～IV 区是湿地。V 区可以认定为湿地，也可以不被认定为湿地，这取决于其他指标。其他湿地水文指标可以使用来自河流、湖泊或潮汐测量仪的记录数据、洪水预报和洪水历史数据。目视观察也可以作为指标，如土壤水分饱和度、树木或其他物体上的水印、漂移线、沉积物沉积和排水模式。

**表 15.3  非潮汐区域湿地划界的水文分区及其指标**

| 分区 | 名称 | 淹水持续时间[a] | 备注 |
|---|---|---|---|
| I | 永久淹水区 | 100% | 平均水深>2m，水域，不是湿地 |
| II | 半永久到永久淹水或土壤水分饱和区 | 75%～100%（不包括 100%） | 平均水深<2m |
| III | 定期淹水或土壤水分饱和区 | 25%～75% | |
| IV | 季节性淹水或土壤水分饱和区 | 12.5%～25% | |
| V | 不定期淹水或土壤水分饱和区 | 5%～12.5% | 许多具有这样水文特征的地区都不是湿地 |
| VI | 间歇性或无淹水或土壤水分饱和区 | <5% | 具有这样水文特征的地区不是湿地 |

注：a. 生长季的淹水时间和（或）土壤水分饱和时间
资料来源：U.S. Army Corps of Engineers，1987

**湿地划界流程**

常规的划定方法需要收集、整理已有的办公室资料和野外实地数据，并结合野外实地考察，补充数据。图 15.3 是具体流程图，首先，确定是否需要进行现场考察；其次，如果没有必要，确定该区域是否为管辖湿地。对于特殊敏感区域，需要采用综合划定方法，通常需要大量的时间和精力来获得所需的定量数据。

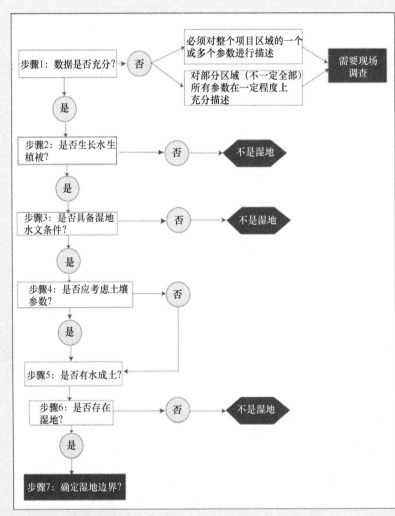

图 15.3  当无须进行实地考察时，确定湿地边界的流程（U.S. Army Corps of Engineers，1987）

所有方法都需要先收集可用的当地数据，如美国地质调查局（USGS）的标准地形图、美国国家湿地清单（NWI）中的湿地分布图、植物调查和土壤调查的数据、测绘数据、环境评估或影响报告、遥感数据、当地专家意见、申请人的调查计划和工程设计（通常与地形调查一起进行）。综合分析上述数据，初步确定已有信息是否满足对整个湿地进行描述。

1987 年的手册还根据项目地区的大小，详细说明了在现有数据不足时进行现场评价的方法。例如，这些方法可能包括横断面法，区域面积太大、无法进行全部调查时采用。现场调查的强度取决于当地已有的信息、预期的项目类型、该地区的生态敏感性和其他因素。实地调查的目的是获取足够的数据，以确定项目范围全部或部分是否符合湿地的标准，如果是，进一步确定湿地边界在哪里。

## 美国国家科学院的研究

应联邦政府的要求，由美国国家科学院（NAS）的运行部门和美国国家研究委员会（NRC）于 20 世纪 90 年代开展了两项与湿地有关的著名研究。美国国家科学院是由亚伯拉罕·林肯在 19 世纪成立的一个非政府机构，旨在为联邦政府选定和提供资金支持的项目提供科学评价。它的优势在于不受政府的影响，能够从全国任何地方招聘科学家和工程师组建其委员会。

美国国家研究委员会的第一项研究是关于湿地划定的合理流程，这已经成为 1989~1992 年三个湿地划定手册出台期间的一个热门政治问题。在那个时候，许多科学家开始呼吁国家科学院回答"什么是湿地"这一问题。1993 年 4 月，美国环境保护署应美国国会的要求，要求美国国家研究委员会任命一个委员会，对湿地特征的科学内涵进行探究。1993 年夏季，经选举产生了由 17 名成员组成的委员会，任期为两年。委员会负责审议：①湿地的定义；②评估湿地功能的水文学方法、生物学方法和其他方法是否足够科学；③区域差异。该委员会的报告（NRC，1995）提出了湿地的新定义（见第 2 章"湿地定义"），并提出了 80 项建议，如微调划定程序、处理特别有争议的湿地、区划、绘图、建模、行政问题和湿地功能评估。该报告基本上认为，使用 1987 年的手册是适宜的，只是进行了一些小的修改。该报告发布于 1995 年初，当时美国国会正在审议两项有关湿地的法案（众议院 961 号法案和参议院 851 号法案），这两项法案将彻底改变美国对湿地的定义和管理（图 15.4）。这可能是 NRC 报告公布的结果，也可能只是巧合，但这两项法案都没有成为法律。

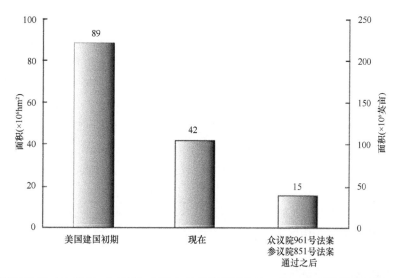

图 15.4　美国 48 个州建国初期（18 世纪 80 年代）和现在的湿地面积估计。第 3 章"世界湿地"中已经介绍了上图中的前两种，并将其与 1995 年众议院 961 号法案和参议院 851 号法案通过后受保护的湿地范围进行了比较。每一项提案都包含了湿地的正式定义。这些拟议的法律只保护了美国 1100 万~1500 万 $hm^2$ 的"合法"湿地。这两项法案都没有通过，但是美国国会重新定义了湿地所带来的潜在"损失"，结果表明，湿地可能会因为排水或法律重新定义而消失

美国国家研究委员会在 20 世纪 90 年代末进行的第二项研究是为了回答这样一个问题：根据"零净损失"政策，为了减轻湿地损失而建造和恢复的湿地是否能代替原有湿地的生态功能？该研究报告（NRC，2001）得出以下结论。

1）尽管在过去 20 年中湿地缓解计划取得了进展，但是从湿地功能上看没有实现湿地净损失的目标。

2）采用分水岭方法有助于许可决策。

3）第 404 条款许可决策的预期效果往往不明确，而且难以保证实现。

美国陆军工程兵团是对湿地划定和减轻湿地损失感兴趣的主要机构，其对美国国家研究委员会的两份报告都做出了响应，规范了划定程序和替代湿地的标准。但不久之后，美国联邦最高法院的裁决再次束缚了陆军工程兵团的手脚，至少在界定湿地的问题上是如此。

## 其他联邦的行动

自 20 世纪 70 年代以来，美国还有其他一些联邦法律和活动对湿地保护做出规定。根据 1972 年《沿海地区管理法案》（Coastal Zone Management Act）建立的海岸带管理计划，该计划已经为各州提供了高达 80%的配套资金赠款，用于制定以保护湿地为重点的海岸带管理计划。国家洪水保险计划通过为各州和地方政府提供联邦补贴的洪水保险，为沿岸和沿海湿地提供一定程度的保护，这些州和地方政府制定了针对洪水易发区进行开发的地方法规。《清洁水法案》除支持第 404 条款方案外，还支持美国鱼类及野生动物管理局完成美国湿地清单（见第 13 章"湿地分类"）。1986 年国会通过的《紧急湿地资源法案》（Emergency Wetlands Resource Act）要求美国鱼类及野生动物管理局每 10 年更新一次关于湿地状况和趋势的报告（迄今为止这些报告的结论，可参见第 3 章"世界湿地"）。

《北美湿地保护法案》（North American Wetlands Conservation Act）的目的是鼓励自愿、公私合作伙伴关系来保护北美湿地生态系统。这项法律于 1989 年通过，主要为国家机构、私人及公共组织提供经费补助，用以管理、恢复湿地生态系统，提升湿地生态系统功能，从而有利于野生动植物保护。1991～1999 年，加拿大、墨西哥和美国的近 650 个项目获得批准。在美国和加拿大，约 $3.5 \times 10^4 \mathrm{km}^2$ 的湿地和相关的陆地得到恢复或功能得到提升。该法案还为墨西哥湿地保护教育和管理计划项目提供了大量资金。

## "剥夺"（征收）问题

评估和保护湿地所面临的难题之一是，湿地的价值一般属于公众，但很少碰巧属于拥有湿地的土地所有者个人。如果保护湿地或其他自然资源的政府法律导致私人土地所有者失去对该土地的使用，对该土地使用的限制被称为"剥夺"（taking，个人使用其财产的权利）。许多法律学者认为，湿地和其他土地利用法律可能导致"剥夺"，从而违反美国宪法第五修正案。在 1992 年 6 月的一项重大裁决（卢卡斯诉南卡罗来纳海岸委员会）中，美国联邦最高法院裁定，否认"在经济上可行的土地利用"的法规都要求对土地所有者进行补偿，无论保护湿地还是其他自然资源为公众利益提供了多大的服务（Runyon, 1993）。这个案件被发回南卡罗来纳州，以确定开发商戴维·卢卡斯（David Lucas）是否被拒绝对其土地进行经济开发（根据 1980 年的《沿海地区管理法案》，南卡罗来纳州重新划定了海滨地产的区域）。美国联邦最高法院关于湿地法律保护的最终裁决原本被认为是重要的，但结果大多是不确定的。湿地问题在美国联邦最高法院作为重要内容的日子还没有到来。

## 美国联邦最高法院在 21 世纪的裁决

美国联邦最高法院在 21 世纪至少已裁定了三起湿地法规案件。无论这种对湿地重视的荣誉是否存在争议，其他生态系统并没有得到同等的待遇。这的确表明，在美国，湿地这一生态实体可能会成为一个法律实体。

## 2001 年：北库克县固体废物处理局诉美国陆军工程兵团案（伊利诺伊州库克郡）

2001 年 1 月，美国联邦最高法院以 5 票赞成、4 票反对的结果，对北库克县固体废物处理局（SWANCC）诉美国陆军工程兵团一案做出裁决，将该部队第 404 条款的权限限制在"孤立的湿地"。该案由芝加哥郊区市政府的北库克县固体废物处理局提起，当时兵团禁止它们使用一个 2.16km$^2$ 的垃圾填埋场。这里是一个树木繁茂的湿地群，有 200 多个永久和季节性池塘、湿地及大量的野生动植物，其中包括 121 种鸟类。北库克县固体废物处理局提出的基本问题是，湿地并未与州际的溪流有特定的联系，不应受联邦政府的管辖，而应该由伊利诺伊州负责。美国陆军工程兵团拒绝了北库克县固体废物处理局提出的申请垃圾填埋场许可证的请求，部分原因是湿地已成为伊利诺伊州东北部苍鹭的第二大生境，且垃圾填埋场可能对场地下面的饮用水含水层造成影响（Downing et al.，2003）。

在本案中美国联邦最高法院认为，军团制定的"候鸟规则"超越了其职能范围。1996 年，美国陆军工程兵团通过了一项迁徙鸟规则，其中规定州际水域属于第 404 条款管辖范围，也包括这些区域：①已经是或可能是受候鸟条约保护的候鸟栖息地；②已经是或可能是跨越各州迁飞的其他候鸟栖息地。在最高法院否认这一规则的效力之前，兵团分别利用水域和鸟类来证明湿地与州际贸易有关。法院裁决的真正问题在于，它重新将湿地与"美国通航水域"联系起来，而这正是《清洁水法案》（Downing et al.，2003）第 404 条款的最初依据。

这一裁决引发的结果是，与通航水域有"重要关联"（significant nexus）一词成为湿地的一般词汇。在接下来的最高法院的裁决中，这个词的使用变得更加突出。

## 2006 年：Rapanos 和 Carabell 案例（密歇根）

在 21 世纪美国联邦最高法院第二次讨论关于湿地的案件中，最高法院同意听取来自密歇根州的两个关于"美国水域"的案件：一件是 Rapanos 诉美国联邦政府案，另一件是 Carabell 诉美国陆军工程兵团案，最高法院在 2006 年 6 月对这两个案件做出了裁决。最高法院以 5 票赞成、4 票反对的结果，维持对工程兵团根据《清洁水法案》对孤立湿地进行监管提出的质疑。5 票赞成、4 票反对的投票结果使得案件转交至低一级的密歇根州法院。州法院裁决中的三个主要观点非但没有使事件明朗化，反而引起了更多的混乱。4 名法官对《清洁水法案》中的州际湿地持狭义的观点，认为该法案应该只考虑"那些与其他州受监管水域"有连续表面联系的湿地（大法官 Scalia 对 Rapanos 诉美国案的意见，126 S. Ct. 2208，2006）；而其他 4 名法官对该法案的管辖范围有更广泛的看法，遵守了兵团当前对所有支流及其邻近湿地的分类规定（Murphy，2006）。

第九位法官——肯尼迪法官，采取中立立场，拒绝了上述两种观点，并认为水体需要与可通航水域有重要关联，这种关联需要根据具体情况确定。肯尼迪法官给出了"关联"的定义：

> 湿地与水域具有重要关联，因此属于法定用语"可通航水域"，如果湿地单独或与该地区类似位置的土地结合，显著影响了上覆水体的化学、物理和生物的完整性，更容易理解为"可通航的"。
> 相反，如果湿地对水质的影响是推测性的或非实质性的，它们就不属于法定通航水域的范围。
> ——来自大法官 Kennedy 的意见，Rapanos 诉美国案，126 S. Ct. 2208

因为他的观点是中立的，所以肯尼迪法官的观点得到了最广泛的关注。这一决定的总体效果尚不清楚，但"重要关联"将为未来对特定湿地案例的许多决定提供参考。正如 Murphy（2006）在对这一判决的回顾中指出的那样：法院的判决，用只有水务律师才会喜欢的话来表述，是相当混乱的。

## 2013 年：Koontz 诉圣约翰斯河水管理区案（佛罗里达州）

21 世纪最高法院裁决的第三起湿地案，是 2013 年 6 月 25 日的 Koontz 诉圣约翰斯河水管理区案。开发商 Coy Koontz 在 1972 年被拒绝开发佛罗里达州奥兰多东部一块 6hm$^2$（约 14.9 英亩）的土地，理由是缓解计划不够完善。与此同时（1972 年），佛罗里达州颁布了《水资源法案》（*Water Resources Act*），将该州划分为 5 个水资源管理区。该法案要求申请人获得地表水管理和储存（MSSW）许可。佛罗里达州还在 1984 年通过了《亨德森保护法案》（*Henderson Protection Act*），该法案规定，在没有湿地资源管理（WRM）许可的情况下，对地表水进行疏浚和填埋是非法的。Koontz 在 1984 年申请了 MSSW 和 WRM 的许可证，在同一土地上开发 1.5hm$^2$，同时将 4.4hm$^2$ 土地划归国家作为保护地役权。圣约翰斯河水管理区认为，仅地役权是不够的，并提出了几项附加要求。Koontz 不同意这些附加要求并提起诉讼。佛罗里达州地方法院同意 Koontz 的意见，并推翻了管理区的决定。2011 年，州最高法院推翻了这一决定。这个案件被提交到美国联邦最高法院，最高法院受理了这个案子，因为它涉及联邦法律。

最高法院裁定，圣约翰斯河水管理区在其缓解要求上干涉了土地所有者的宪法权利。《佛罗里达时报联盟》记者 Steve Patterson（2013 年 6 月 26 日 http://jacksonville.com/news/metro/2013-06-26/story/supreme-court-ruling-unsettles-water-management-districts-wetlands-rule）认为，这一裁决可能会在全国范围内改变政府如何监管发展的标准，这受到财产权倡导者的欢迎。其他人则认为，这将使土地利用规划变得更加困难，更有可能的是，为了避免法律纠纷，政府机构会直接拒绝相关请求。

Koontz 案中最高法院关于湿地的裁定成为 2013 年 11 月在斯泰森大学法学院（Stetson University College of Law）举办的研讨会的主题。大会发言的部分内容发表在 *National Wetlands Newsletter*（2014 年 3 月/ 4 月第二期，第 36 页）上。Gardner（2014）总结了裁决中的 10 项决定，他认为这可能导致联邦和州政府机构对"减缓"的要求不那么严格，我们应该期待更多类似的湿地诉讼。Goldman-Carter（2014）从自身视角出发，总结了最高法院案件的 5 个关键结果。

1）法院承认国家对湿地及河漫滩进行保护和"减缓损失"的关注。

2）目前，一般将水域开发的影响和减缓这些影响所需的许可条件之间的"重要关联""大致均衡"的责任推给国家及地方资源管理人员。

3）水资源管理者必须非常小心地提出主张。他们现在必须证明存在这种关联及其合理性。即使在 Koontz 案中，他们也可能会与开发商讨论可能的减缓损失的条件，试图颁发一个对环境负责任的开发许可。

4）在 Koontz 案之后，对水资源管理者来说，谨慎做法可能仅是说不。提出创新、灵活的减缓条件可能是一个陷阱，这将使得国家和地方政府陷入昂贵、浪费的诉讼。

5）不应该发生的是，水资源管理机构仅批准在湿地和洪泛区的开发项目，而放弃了保护公众利益的职责，使社区和野生动物处于危险之中。

## 国际湿地保护

### 《湿地公约》

国际湿地公约全称为《关于特别是作为水禽栖息地的国际重要湿地公约》（也称《湿地公约》或《拉姆萨公约》），是政府间湿地保护合作的先驱。1971 年在伊朗拉姆萨举行的国际会议上通过了《湿地公约》，该公约为国际上保护湿地提供了框架，保护将湿地作为栖息地的迁徙动物跨国界迁徙，为依赖于湿地的人类造福。公约的使命是"通过地方、区域和国家行动及国际合作，保护和合理利用所有湿地，为实现世界可持续发展做出贡献"（www.ramsar.org，2014）。常设秘书处成立于 1987 年，总部设在瑞士世界自然保护联盟（IUCN）。秘书处负责管理该公约，并通过了一项根据联合国会费分摊配额编制的预算。

签署《湿地公约》的国家需要承担的具体义务如下。

1）成员国应制定和实施其规划，以促进其领土上所有湿地的"合理利用"，并制定国家湿地政策。

2）成员国应在其境内至少指定一处湿地列入"国际重要湿地名录"。所谓的拉姆萨湿地（国际重要湿地）应在生态学、植物学、动物学、湖沼学、水文学等方面具有国际意义。

3）成员国应就湿地的共有物种和影响湿地的发展援助方面开展合作。

在《湿地公约》推进的早期，其重点是保护迁徙动物，特别是水禽。湿地对许多其他生物功能的重要性最近才被认识到，目前有 8 个标准被用来评估可能被正式指定为"具有国际重要性"的具体湿地（表 15.4）。A 组湿地必须符合标准 1，包括典型性、稀有或独特的湿地类型。B 组湿地在保护物种多样性方面具有重要的国际意义，评判标准包括 7 个方面，涉及稀有和濒危群落、生物多样性、水禽栖息地、本地鱼类栖息地、食物来源等。

**表 15.4　《湿地公约》规定的国际重要湿地标准**

| | |
|---|---|
| **A 组标准：区域内包含典型性、稀有或独特的湿地类型** | |
| 标准 1： | 如果一块湿地包含在一个适当的生物地理区域内称得上典型、稀有或独特的自然或近自然的湿地类型，那么就应该考虑其国际重要性 |
| **B 组标准：在保护物种多样性方面的国际重要性** | |
| **基于物种和生态群落的标准** | |
| 标准 2： | 如果一块湿地支持着易受攻击、易危、濒危物种或受威胁的生态群落，那么就应该考虑其国际重要性 |
| 标准 3： | 如果一块湿地支持着对于一个特定生物地理区域物种多样性维持有重要意义的动植物种群，那么就应该考虑其国际重要性 |
| 标准 4： | 如果一块湿地支持着某些动植物物种生活史的一个重要阶段，或者可以为它们处在恶劣生存条件时提供庇护场所，那么就应该考虑其国际重要性 |
| **基于水禽的标准** | |
| 标准 5： | 如果一块湿地规律性地支持着 20 000 只或更多水禽的生存，那么就应该考虑其国际重要性 |
| 标准 6： | 如果一块湿地规律性地支持着一个水禽物种或亚种种群 1% 的个体的生存，那么就应该考虑其国际重要性 |
| **基于鱼类的标准** | |
| 标准 7： | 如果一块湿地支持着很大比例的当地鱼类属、种或亚种的生活史阶段、种间相互作用或因支持着能够体现湿地效益或价值的典型的鱼类种群而有利于全球生物多样性，那么就应该考虑其国际重要性 |
| 标准 8： | 如果一块湿地是某些鱼类重要的觅食场所、产卵场、保育场或者是鱼类洄游通道（无论这些鱼是否生活在这块湿地里），那么就应该考虑其国际重要性 |

截至 2015 年年初，《湿地公约》的缔约方已达 168 个，有 2186 块湿地被指定为国际重要湿地，总面积近 $2.1 \times 10^6 km^2$（这些数据的更新信息请参见附录 B 中湿地公约网站 www.ramsar.org）。该计划在国际上得到迅速发展（图 15.5），如 1993 年世界上有 582 个国际重要湿地，面积近 370 000km²。这个面积仅占 22 年后的 2015 年国际重要湿地总面积的 18%。在 2000 年有 117 个缔约国，湿地数量和面积仅为当前的 50%，即 1021 个国际重要湿地，总面积为 $7.48 \times 10^5 km^2$。而到 2006 年有成员国 154 个，国际重要湿地面积共 $1.5 \times 10^6 km^2$。总体而言，《湿地公约》在唤起世界各地充分重视湿地和保护湿地方面做出了令人信服的工作。

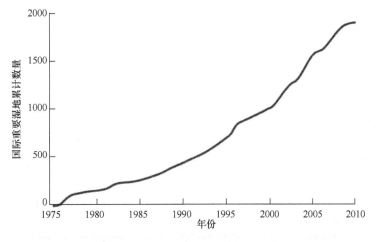

图 15.5　1975～2010 年《湿地公约》所确定的国际重要湿地的累计数量（引自 Ramsar Convention，2011）

## 北美水禽管理计划

作为《湿地公约》合作成果的一部分，美国和加拿大于 1986 年启动了北美水禽管理计划，以便在加拿大和美国保护与恢复约 24 000km² 的水禽栖息的湿地生境。自 20 世纪 80 年代以来，加拿大和美国水禽数量急剧下降的趋势十分明显，该计划也是对这一现象做出的一种响应(见第 16 章"湿地生态系统服务")。这项双边条约由美国鱼类及野生动植物管理局和加拿大野生动物管理局共同管理，但也有公众和私人团体（如"不受约束的人"团体）参与。墨西哥于 1994 年参加了该计划。到目前为止，该计划已经联合私人和公共企业投资 75 亿美元，用来保护、恢复约 89 000km² 的水禽生境，提升栖息地质量，其中主要是湿地。计划的重点是跨国界地区，包括大草原壶穴地区、大湖区下游-圣劳伦斯河流域和大西洋海岸线的中上部区域。

## 推荐读物

Connolly, K. D., S. M. Johnson, and D. R. Williams. 2005. *Wetlands Law and Policy*. Chicago: American Bar Association.

National Research Council. 1995. *Wetlands: Characteristics and Boundaries*. Washington, DC: National Academy Press.

National Research Council. 2001. *Compensating for Wetland Losses under the Clean Water Act*. Washington, DC: National Academy Press.

Ramsar Convention on Wetlands Web site: www.ramsar.org

## 参考文献

Downing, D. M., C. Winer, and L. D. Wood, 2003. Navigating through Clean Water Act Jurisdiction: A Legal Review. *Wetlands* 23: 475–493.

Environmental Defense Fund and World Wildlife Fund. 1992. *How Wet Is a Wetland? The Impact of the Proposed Revisions to the Federal Wetlands Delineation Manual*. Environmental Defense Fund and World Wildlife Fund, Washington, DC. 175 pp.

Gardner, R. C. 2014. Contemplating Koontz: Ten takeaways. *National Wetlands Newsletter* 36(2): 9–11.

Goldman-Carter, J. 2014. U.S. Supreme Court to water resource managers: Be careful what you ask for. *National Wetlands Newsletter* 36(2): 12–14.

Murphy, J. E. 2006. *Rapanos v. United States*: Wading through murky waters. *National Wetlands Newsletter* 28(5): 1.

National Research Council. 1995. *Wetlands: Characteristics and Boundaries*. National Academy Press, Washington, DC. 306 pp.

National Research Council. 2001. *Compensating for Wetland Losses under the Clean Water Act*. National Academy Press, Washington, DC. 158 pp.

National Wetlands Policy Forum. 1988. *Protecting America's Wetlands: An Action Agenda*. Conservation Foundation, Washington, DC. 69 pp.

Ramsar Convention. 2011. Ramsar's Liquid Assets, 40 years of the Convention on Wetlands. Ramsar Wetland Convention, Gland, Switzerland, 36 pp.

Runyon, L. C. 1993. *The Lucas Court Case and Land-Use Planning*. National Conference of State Legislators, Denver, CO, Supplement to State Legislatures, vol. 1, no. 10 (March).

U.S. Army Corps of Engineers. 1987. Corps of Engineers Wetlands Delineation manual. Technical Report Y-87–1. U.S. Army Corps of Engineers Waterways Experiment Station, Vicksburg, MS. 100 pp. and appendices.

# 第 5 部分

## 生态系统服务

# 第16章　湿地生态系统服务

　　湿地为人类提供多种多样的服务和商品。如果使用千年生态系统评估指标对湿地进行评价，湿地的供给服务包括收获依赖于湿地的鱼类、贝类、毛皮动物、水鸟、木材、泥炭。湿地调节生态系统服务包括减缓洪水的影响、改善水质、保护海岸线免受风暴与飓风及海啸的破坏、调节气候和补给地下水。生态系统文化服务包括美学价值、遗产价值及古文化和可持续文化的保存。评估湿地价值的技术包括非货币价值法、比较不同湿地或同一湿地不同的管理方案的加权评估法，以及统一命名法（即将各种价值简化为一些常用术语，如美元、固化能或能值）。许多评估方法已被大多数人接受，包括支付意愿、替代价值、能量分析和能值分析。这些方法没有一个是没有问题的，对它们的使用也没有达成普遍的共识。但是，与其他生态系统或景观的作用相比，湿地的可持续生态系统服务往往是所有生态系统中最高的。

　　在关于湿地的讨论中，"价值"和"服务"这两个术语是以人类为中心的。在日常用语中，这些词指对人类有价值、值得追求或有用的东西。湿地经常受到法律保护的原因与它们对社会的价值有关，而与湿地中复杂的生态过程无关，这就是本章中使用"价值"和"服务"这两个词的意义。感知价值产生于前几章描述的功能性生态过程，但也取决于人类的感知、特定湿地的位置、人类对湿地形成的人口压力和资源分布范围。

　　区域湿地通常是更大景观的组成部分，如流域（或）河口。对身处其中的人类而言，湿地的功能和价值取决于它们的范围与位置。因此，森林湿地的价值是变化的。与湿地、河流相互隔离相比，如果湿地位于河流旁边，则可能在净化河流水质、调节下游洪水中发挥更大的作用。同样，如果湿地位于溪流的源头，其功能与河口附近的湿地不同，它所支持的动物群取决于动物的活动范围和湿地的大小。因此，在某种程度上，每个湿地在生态上都是独一无二的，这使其价值的评估复杂化。

## 湿地生态系统服务

　　在 2005 年被称为千年生态系统评估（Millennium Ecosystem Assessment，2005）的一系列出版物中指出了有关人类和地球生态系统的 4 项主要发现，强调了自然生态系统的重要性。

　　1）人类在 20 世纪最后 50 年对地球这一行星生态系统的改变超过了历史任何时期。

　　2）对生态系统的改变促进了人类福祉和人类经济发展的巨大增长，但代价是生态系统也丧失了许多服务。

　　3）预计 21 世纪前半叶，生态系统的恶化会大大加剧。

　　4）扭转生态系统的退化将涉及政策、实践和体制方面的重大变化。

　　在 1986 年本书的第一版中所使用的"生态系统价值"（ecosystem value）这一概念被"生态系统服务"（ecosystem service）这一术语取代。在以前的版本中，我们将湿地的价值分为生态学家熟悉的三个等级，即种群、生态系统和全球。种群价值包括为毛皮动物、水鸟及其他狩猎和观赏鸟类提供栖息地，鱼、贝类生产，获得木材和泥炭，以及拯救濒危和受威胁物种等。生态系统价值包括改善水质、减缓风暴和洪水、补给地下水乃至维持人类文化。全球价值包括在比生态系统更广阔的范围内维持水和空气质量，尤其是在氮、硫、碳的区域循环和全球循环中的作用。

　　千年生态系统评估报告（Millennium Ecosystem Assessment，2005）中的现行生态系统服务范式也将生态系统服务分为三类，不过其中有一类与人类福祉有关（图 16.1）。

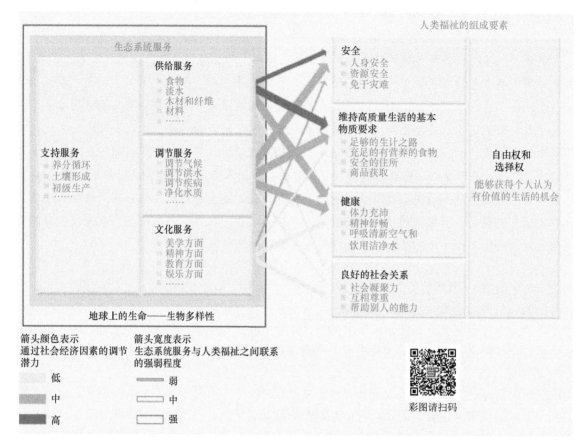

图 16.1　生态系统服务（供给、调节、文化）与人类福祉的相互关系（引自 Millennium Ecosystem Assessment，2005，世界资源研究所版权所有，经许可转载）

　　1）供给服务。包括从生态系统中获得的产品，如食物、水、木材、纤维或基因资源。

　　2）调节服务。包括调节空气质量、调节气候、净化水质、调节疾病、调控有害生物、授粉和调节自然灾害。

　　3）文化服务。包括人们从生态系统中获得的好处，如丰富精神生活、娱乐、生态旅游、美学享受、正式和非正式教育、获取灵感和文化遗产。

　　在这一版书中我们即采用这一体系描述湿地生态系统服务。

## 生态系统供给服务

### 毛皮动物

　　为获得皮草，世界许多地方的人们去捕获能够提供毛皮的哺乳动物，甚至去捕捉短吻鳄、淡水鳄。与大多数具有商业价值的湿地物种相反，这些动物通常活动范围有限，它们的生活地点离出生地很近。在美国湿地资源利用的历史上，人们收获数量最多的皮草是麝鼠的毛皮。在美国各地的湿地中几乎都可以见到麝鼠（*Ondatra zibethicus*）（图 16.2a）。奇怪的是，在美国南部的大西洋沿岸却没有它们的身影。这些动物喜欢内陆淡水沼泽，但在墨西哥湾北部海岸的咸水沼泽中更为丰富。美国的麝鼠约 50% 生活在美国本土的中西部，另有 25%生活在墨西哥湾北部（主要是路易斯安那州）。海狸鼠（*Myocastor coypus*）是仅次于麝鼠的最丰富的物种。它很像麝鼠，但更大更有活力（图 16.2b）。1938 年，这一物种从南美洲被引进到路易斯安那州，并从圈养中逃了出来，迅速在该州沿海沼泽地区蔓延开来。在 20 世纪 40 年代，美国各州利用海狸鼠来控制各种水生杂草，特别是凤眼蓝（*Eichhornia crassipes*）。目前，海狸鼠在内陆淡水沼泽和沿海淡水沼泽中大量存在，从而可能使得麝鼠迁往更多的半咸水地区，并且海狸鼠正在向大西洋沿岸各州蔓延，远远超出了路易斯安那州。按照数量降序排列，美国其他数量较多的毛皮动物是河狸、貂和水獭。而美洲河狸（*Castor canadensis*）（图 16.2c）曾一度有 6000 万只，这与殖民时期的河狸捕获业有关。那时美洲河狸常被用来制作欧洲女士的毛皮服饰和男女士帽子，当时主要由生活在加拿大（现在的美国中西部）的法国人捕获。目前，美洲河狸与森林湿地关系密切，特别是在中西部地区。明尼苏达州的美洲河狸捕获量在美国河狸捕获总量中占有很高比例。现在捕获美洲河狸也是为了提取河狸香，即一种从成熟河狸的香囊中渗出的真菌，河狸香可用于制作香水、药品和食品添加剂。

彩图请扫码

彩图请扫码

彩图请扫码

图 16.2　湿地中的三种毛皮动物：（a）麝鼠（*Ondatra zibethicus*）；（b）海狸鼠（*Myocastor coypus*）；（c）美洲河狸（*Castor canadensis*）

### 水鸟和其他鸟类

　　鸟类，作为我们与曾经漫步地球的恐龙之间仅存的进化联系，可能正是因为湿地而在恐龙灭绝中幸存下来（Gibbons，1997；Weller，1999）。虽然当前并非所有鸟类都需要将湿地作为它们的主要栖息地，但是许多种类的鸟确实有这种需求，并且其中一些鸟类正是以其生存的湿地来命名的（图 16.3 和图 16.4）。在美国有 80%的繁殖鸟类和 800 种受保护候鸟的半数以上依赖于湿地生活。有些湿地可能以水鸟丰富著称，这些湿地也为大型、有价值的休闲狩猎产业提供了支持。我们使用"产业"这一术语的原因在于，捕猎者花费了大量的资金如购买枪支、弹药、狩猎服及到狩猎地点的车旅费、食品和住宿费用等。

　　大多数被猎杀的鸟类都是在遥远的北方沼泽中孵化出来的，有时甚至在北极圈以内。它们在冬季迁徙到美国南部和中美洲的途中被猎杀。当然也有例外，如美洲木鸭（*Aix sponsa*）在整个美洲大陆繁殖。但大多数鸟类是迁徙的，不同的雁、鸭对栖息地具有不同偏好，这些偏好随着它们的成熟和季节而变化。

　　多样性的湿地生境类型对水鸟的成功繁育很重要。北美洲的淡水草原壶穴沼泽是北美洲水鸟的主要繁殖地。据估计，有 50%～80%的主要陆地物种均可以在此见到。美洲木鸭喜欢森林湿地，在冬季人们可在半咸水沼泽内发现潜鸭（*Aythya* spp.）和硬尾鸭（*Oxyura* spp.）的鸭群，尤其是在水深的池塘和湖泊附近。而其他一些鸭属动物（*Anas* spp.）喜欢淡水沼泽，经常在附近的稻田和非常浅的沼泽池塘中以草为食。例如，赤膀鸭（*Anas strepera*）就喜欢有沉水植被的浅水池塘。

a

彩图请扫码

b

彩图请扫码

图 16.3　两种在世界范围内闻名的水鸟：（a）绿头鸭（*Anas platahynchos*）；（b）加拿大黑雁（*Branta canadensis*）（Alan 和 Elaine Wilson 拍摄）

北美洲草原壶穴（见第 3 章"世界湿地"）等湿地内的水鸟的价值是不容忽视的。比较 30 年间草原壶穴地区的水鸟普查数据和每年 5 月草原壶穴淹水的数量，发现水鸟数量和草原壶穴淹水的数量之间呈显著正相关。这说明了湿地的水文条件对于水鸟成功繁育的重要性。从平均状况来说，在该地区有将近 2200 万只水鸟（包括潜鸭和硬尾鸭），主要是野鸭。总的来说，北美洲鸭的数量呈现出 10～20 年的增减周期，在 20 世纪 60 年代初和 90 年代达到低谷，在 50 年代中期、70 年代中期和 90 年代后期达到高峰（表 16.1）。在表 16.1 所列的 10 种鸭子中，有 9 种在 1987～1991 年干旱年份后的数量低于历史平均水平，而在 1995～1998 年湿润年份后，这 10 种鸭子中有 7 种的种群数量高于历史平均水平。从干旱到湿润这个阶段，鸭的总数增加了 60%。对于绿头鸭、绿翅鸭、蓝翅鸭、琵嘴鸭和帆背潜鸭来说，干旱期其种群数量低于平均水平、湿润期种群数量高于平均水平的趋势尤其明显。气候变化所影响的繁殖地池塘数量每年的变化，似乎是导致鸭群年际波动的主要原因。

图 16.4　鹭是世界各地湿地完美的象征。在世界部分地区，主导着这一涉水生态位的鹭包括：（a）北美洲的大蓝鹭（*Ardea herodias*）；（b）南美洲的黑冠白颈鹭（*Ardea cocoi*）；（c）非洲东部的黑头鹭（*Ardea melanocephala*）；（d）澳大利亚、新西兰地区的白脸鹭（*Egretta novaehollandiae*）；（e）欧洲和非洲地区的苍鹭（*Ardea cinerea*）（a：T. Daniel 拍摄，美国俄亥俄州立自然资源部；b、c：W. J. Mitsch 拍摄；d：B. Harcourt 拍摄，新西兰自然保护署；e：P. Marion 拍摄；经许可后使用）

## 鱼和贝类

包括海洋捕捞、淡水捕捞和池塘养殖在内的世界上许多的渔业生产，已经说明了虾类和鱼类的捕获与湿地之间的直接关系（图 16.5）。在美国商业捕捞的鱼类和贝类中，超过 95% 的物种都依赖于湿地（Feierabend and Zelazny，1987）。对湿地的依赖程度随物种种类和湿地类型的不同有很大差异。例如，一些重要的物种是湿地的永久居民，其他可能只是在机会成熟时短暂居住在湿地中。一些较浅的湿地可能几乎没有鱼，但它可能表现出湿地的其他价值。而另一些类型如积水较深的湿地和滨海湿地则可能作为重要的养殖水域与饲养区。

表 16.1 北美草原壶穴地区最常见的 14 种繁殖鸟类（10 种鸭类、4 种雁类）在干旱年（1991 年）和湿润年（1998 年）的种群数量

| 物种名称 | 种群数量（×1000） | | 百分比变化 | |
|---|---|---|---|---|
| | 1991 年（干旱年） | 1998 年（湿润年） | 1991 年 [a] | 1998 年 [b] |
| 合计 | 24 200 | 39 100 | | 20 |
| 绿头鸭（*Anas platahynchos*） | 5 353 ± 188 | 9 640 ± 302 | −27 | +32 |
| 赤膀鸭（*Anas strepera*） | 1 573 ± 94 | 3 742 ± 206 | +22 | +149 |
| 绿眉鸭（*Anas americana*） | 2 328 ± 135 | 2 858 ± 145 | −14 | 5 |
| 绿翅鸭（*Anas crecca*） | 1 601 ± 88 | 2 087 ± 139 | −4 | +16 |
| 蓝翅鸭（*Anas discors*） | 3 779 ± 245 | 6 399 ± 332 | −10 | +36 |
| 琵嘴鸭（*Anas clypeata*） | 1 663 ± 84 | 4 120 ± 194 | −8 | +106 |
| 针尾鸭（*Anas acuta*） | 1 794 ± 199 | 3 558 ± 194 | −62 | −36 |
| 美洲潜鸭（*Aythya americana*） | 437 ± 37 | 918 ± 77 | −26 | +48 |
| 帆背潜鸭（*Aythya valisineria*） | 463 ± 57 | 689 ± 57 | −16 | +28 |
| 其他潜鸭（*Aythya* spp.） | 5 247 ± 333 | 4 122 ± 234 | −7 | −35 |
| 10 种鸭类均值 | | | −15 | +34 |
| 加拿大黑雁（*Branta canadensis*） | 3 750 | 4 683 | | |
| 雪雁（*Anser caerulescens*） | 2 440 | 3 776 | | |
| 白额雁（*Anser albifrons*） | 492 | 941 | | |
| 黑雁（*Branta bernicla*） | 275 | 276 | | |

注：a. 与 1955～1990 年的平均值相比
b. 与 1955～1997 年的平均值相比
资料来源：美国鱼类及野生动物管理局。在夏季对繁殖地鸭类调查；在夏、秋、冬季对鹅类调查

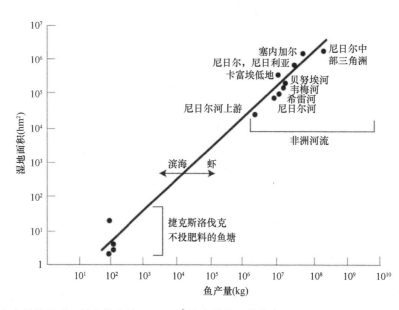

图 16.5 湿地面积与鱼产量的关系。斜率代表约 60kg/hm² 的产量线（模仿自 Turner，1982）

几乎所有的淡水物种都在一定程度上依赖于湿地，通常春季汛期它们在湖泊周边的沼泽或岸边森林中产卵。虽然当地也有一些小规模的商业捕捞，但是这些物种主要还是为人们提供休闲娱乐。咸水物种则更倾向于在近海产卵，在滨海沼泽中成长，进入成熟期后游向大海。这类鱼对商业性和娱乐性渔业通常很重要。鲱鱼的捕捞是纯商业性的，但是虾、青蟹、牡蛎、鲇鱼、鳟鱼和条纹鲈的商业化捕捞与作为体育活动的垂钓之间的竞争日趋白热化。溯河产卵（anaerobic）的鱼对湿地的利用可能少于其他两类。然而，溯河性鱼类的幼鱼有时栖息在河口和附近的沼泽内，而后从繁育它们的淡水小河移居到海洋。

对湿地渔业产量的分析表明休闲渔业的重要性。虽然通常情况下商业性捕捞量更多，但有些研究表明，对某些物种来说休闲渔业捕捞量远超过其商业捕捞量。此外，由于休闲渔业在每一条鱼上花费的成本要高于商业捕捞，因此休闲渔业的经济价值往往远大于商业捕捞的价值。

## 木材和其他植被的收获

湿地经常为当地经济提供大量的建筑材料和食物。来自森林沼泽的木材是美国东南部经济的主要来源之一。美国内战之前，南方的房屋通常是由从附近沼泽中砍伐的巨大的落羽杉修建的。密西西比河冲积平原和进入南大西洋的河流形成的冲积平原是以落叶树木为主的森林湿地，而美国北部各州森林湿地内的树木主要是常绿的。以落叶树木为主的森林湿地在美国南部分布更加广泛，由于美国南部的经济增长速度较快，因此以落叶树木为主的森林湿地更具潜在的商业价值。

除收获木材外，沼泽中草本植物也是能源、纤维和其他商品的潜在来源。人们虽然未在北美洲就其前景进行广泛探索，但在其他一些地方得到利用。例如，在中国，从恢复和天然的盐沼及淡水沼泽中获得了许多商业化产品。许多湿地物种，如互花米草（*Spartina alterniflora*）、芦苇（*Phragmites australis*）、香蒲（*Typha* spp.）、凤眼蓝（*Eichhornia crassipes*）、纸莎草（*Cyperus papaus*）的产量与高产的农作物类似。

## 泥炭的开采

除每年从湿地植被中获利外，世界各地还存在大量的埋藏在地下的泥炭。泥炭的开采在第 14 章“人类对湿地的影响和管理”中有详细描述。埋藏的泥炭是一种不可再生资源，并且在开采时会破坏原有湿地生境。在美国和加拿大，泥炭的开采主要用于园艺。但在世界上其他地方，如几个独联体国家及芬兰，人们利用泥炭已有数百年，主要用于发电、生产家用煤块、气化或液化后生产甲醇和工业燃料。

## 濒危和受威胁物种

湿地生境对于数量较大的濒危和受威胁物种来说是十分必要的。表 16.2 总结了相关统计数据，但没有提供所涉及的具体物种名称、分布位置、湿地生境需求、对湿地的依赖程度和加速其消亡的因素等相关信息。虽然湿地仅约占美国土地面积的 3.5%，但是在美国境内 200 多种被列为濒危动物中的约 50% 依靠湿地生存。几乎三分之一的北美洲原生淡水鱼类都处于濒危状态，其生存状态受到威胁引起了人们的特别关注，这些鱼类基本上都受到生境丧失的不利影响。美国南部的森林湿地中有 63 种植物和 34 种动物被认定为处于濒危状态，其生存状态受到威胁或被列为候选濒危物种。其中，两栖动物和许多爬行动物与湿地关系尤为密切。在佛罗里达州，两栖动物和爬行动物物种的数量约与哺乳动物及繁殖鸟类的数量相等，18% 的两栖动物和 35% 的爬行动物被认为受到威胁或濒临灭绝，或生存状态未知（Harris and Gosselink，1990）。

**表 16.2　与湿地有关的受威胁和濒危物种**

| 类型 | 濒危物种数量 | 受威胁物种数量 | 占美国受威胁或濒危物种总数的百分比（%） |
| --- | --- | --- | --- |
| 植物 | 17 | 12 | 28 |
| 哺乳动物 | 7 | — | 20 |
| 鸟类 | 16 | 1 | 68 |
| 爬行动物 | 6 | 1 | 63 |
| 两栖动物 | 5 | 1 | 75 |
| 无脊椎动物 | 20 | — | 66 |
| 鱼类 | 26 | 6 | 48 |
| 昆虫 | 1 | 4 | 38 |
| 合计 | 98 | 25 | |

资料来源：Niering，1988

　　这里讨论一个依赖于湿地生存的濒危物种的命运，以说明濒危物种的生态复杂性，以及恢复濒危物种的希望。美洲鹤（*Grus americana*）在加拿大西北地区的湿地筑巢，春天和夏天在 0.3～0.6m 深的水中筑巢。秋天时，它们会迁徙到美国得克萨斯州的阿肯萨斯国家野生动物保护区，在迁徙路线上的河边沼泽停歇。在得克萨斯州，它们在潮汐沼泽中过冬。这三种类型的湿地对它们的生存都很重要。这种曾经大量存在的物种的数量减少，归因于狩猎和栖息地的丧失。1889 年后，美国境内就未曾发现美洲鹤巢穴。而到了 1941 年，鹤群仅包括 13 只成年美洲鹤和 2 只美洲鹤幼鸟。从那时起，美洲鹤的种群又逐渐恢复，现今野生的和圈养的美洲鹤约有 600 只。

## 美国鳄鱼：从濒危到兴盛

　　美洲短吻鳄（*Alligator mississippiensis*）（图 16.6）从灭绝的边缘恢复到健康种群，是一个引人注目的成功案例。在美国西南部，尤其是佛罗里达州和路易斯安那州，短吻鳄在淡水和微咸水的湖泊与溪流中繁殖，并在附近的沼泽中筑巢。短吻鳄在湿地中扮演着有趣的角色，它们依赖于湿地生存，作为回报，至少在佛罗里达州南部的大沼泽地，短吻鳄塑造了湿地的特征。它们是生态系统工程师的另一个例子（见第 7 章"湿地植被与演替"）。随着每年旱季的临近，短吻鳄会挖鳄鱼洞。在洞周围堆积的建洞材料形成了一个足够高的堤坝，足以让原本荒芜的草原长出乔木和灌木。树木为昆虫、鸟类、乌龟、蛇提供了庇护所和繁殖地。鳄鱼洞可以让短吻鳄在里面度过整个旱季，直到冬季降雨来临。同时这些洞穴还为密集的鱼类和贝类提供了一个避难场所（最高达到 $1600/m^2$）。这些生物反过来又吸引了顶级的食肉动物，所以鳄鱼洞是生物活动集中的地方，对许多物种的生存可能是重要的。

彩图请扫码

图 16.6　美国佛罗里达州那不勒斯市螺旋沼泽鸟兽禁猎区的美洲短吻鳄（*Alligator mississippiensis*）（W. J. Mitsch 拍摄）

　　由于捕猎和偷猎，美洲短吻鳄的数量锐减，在 20 世纪 70 年代被宣布为濒危物种。

　　这个种群面临的严重胁迫来自狩猎，而非栖息地丧失。当这种胁迫消除时，它的种群数量便迅速增加。现在狩猎或商业养殖鳄鱼只能在路易斯安那州和佛罗里达州进行，并且受到严格的监管。每年在路易斯安那州野外和农场中会捕获约 25 万头鳄鱼，不过鳄鱼种群的数量会保持不变或略有增加。路易斯安那州的鳄鱼狩猎和养殖活动已经在急剧增加。1992 年野生和养殖的鳄鱼带来的价值为 1600 万元，而到 2004 年这一价值增长为 2600 万美元。

　　佛罗里达州允许限制性狩猎，其野生和农场捕获量远低于路易斯安那州。但是鳄鱼和人口迅速增长的兼容性不断受到挑战。考虑到佛罗里达州短吻鳄的数量和人口数量都很高，近 50 年来，只有不到 20 起确认的短吻鳄对人类的致命袭击事件，这可能是不寻常的。

　　除获得鳄鱼肉外，来自佛罗里达州和路易斯安那州的鳄鱼皮在世界各地销售。特别是用作高档豪华手提包、钱包、皮带和靴子。显然，随着人们对湿地和野生动物兴趣的增加，时尚界已经兴起了"爬行动物热"。

## 调节服务

### 调节洪水

　　第 4 章"湿地水文学"论述了水文在确定湿地特征中的重要性。此外，湿地影响区域水文。一种方法是拦截暴雨径流并储存雨水，从而在较长时间内将急剧的径流峰值变为较慢的排放（图 16.7）。由于洪涝灾害通常是由洪峰流量造成的，因此湿地的作用是减少洪涝灾害的发生。河流湿地在这方面特别有价值。在一项关于马萨诸塞州查尔斯河（Charles River）的经典研究中，美国陆军工程兵团认为洪泛区湿地对防洪非常有效，因此购买了它们，而不是建造昂贵的防洪设施来保护波士顿（U.S. Army Corps of Engineers，1972）。这一决定所依据的一项研究成果表明，如果查尔斯河流域的 3400hm² 湿地被排干并填平，洪水造成的损失每年将增加 1700 万美元。

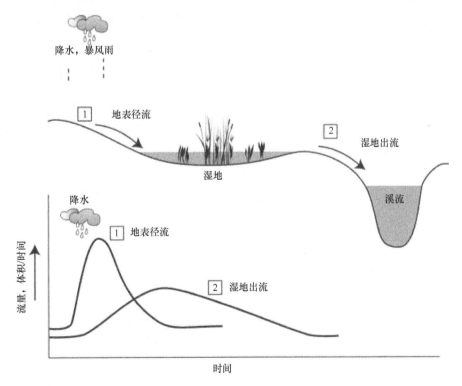

图 16.7　湿地对河流和暴雨径流的一般影响

　　在欧洲人来北美洲大陆定居前，密西西比河沿岸的洼地阔叶森林沼泽储存的洪水相当于约 60d 的河流径流量。但如今由于河流堤坝的建设及河漫滩的减少，其储存能力已经减少到只有约 12d 的河流径流量。河流被限制在一个狭窄的水道中，丧失了储存洪水的能力，这也是密西西比河下游洪水泛滥的主要原因。

Novitzki（1985）分析了洪峰与湖泊和湿地面积占流域面积比例的关系。在切萨皮克湾流域，湿地面积占流域面积的 4%，洪峰流量仅为没有湿地存在情况下的 50%。然而，威斯康星河流域的 40% 是湖泊和湿地，其春季洪峰流量是没有湿地存在情况下的 140%。这种明显的异常现象可能与渗入土壤的降水比例减少及在春汛期间湖泊和湿地已经蓄满水而缺乏额外的储存空间有关。因此，湿地在流域中的位置可能使下游的响应复杂化。例如，某个支流的下游湿地中的滞留水可以与来自另一个支流的水流汇合，这样就使洪水峰值得到了增强，而不是减少洪峰流量。

Ogawa 和 Male（1983，1986）使用水文模拟模型研究了上游湿地消失与下游洪水之间的关系。他们的研究发现，对于罕见的百年一遇或更大的洪水，当湿地消失时，所有大小河流的流量峰值都显著增加。他们认为，湿地在减少下游洪水流量方面的作用随着以下因素增强：①湿地面积的增加；②湿地距下游的距离；③洪水的规模；④与上游湿地距离近；⑤缺乏如上游水库等其他蓄水空间。

### 减少风暴影响和海岸保护

当海洋风暴登陆时，滨海湿地经受海洋风暴的第一波猛烈侵袭（图 16.8）。盐沼和红树林湿地是巨大的风暴缓冲器（Barbier et al.，2013；Das and Crépin，2013；Marois and Mitsch，2015），这一价值可以从湿地保护与开发的关系中得到体现。天然的沼泽和红树林沼泽在风暴中几乎没有受到永久性的破坏，这样就可以保护内陆的发达地区。沿海的建筑物和其他建筑设施容易受到风暴的袭击，世界上的飓风和台风造成的破坏几乎每年都在增加。不可避免的是，公众通过公共救助征税、重建公共服务设施（如道路和公共设施）及联邦担保的保险支付了大部分损失。21 世纪头十年的两次沿海灾害深刻地说明了滨海湿地对海岸保护的价值（见方框）。在这两种情况下，随着对灾难的记忆逐渐淡去，人们又回到过去的做法。

图 16.8 滨海湿地可以保护海岸，缓冲了飓风、台风和海啸带来的浪涌对海岸线的破坏

### 红树林沼泽与 2004 年 12 月印度洋海啸

2004 年 12 月 26 日，地震引发的海啸在整个印度洋区域造成了前所未有的破坏和人员伤亡（估计有 23 万人死亡或失踪）。这次地震活动的中心位于印度尼西亚苏门答腊西海岸，所以该地区受损情况最严重。这个节礼日海啸被称为"有记录以来史上最危险的自然灾害之一"（http://en.wikipedia.

org/wiki/2004 Indian Ocean earthquake）。

虽然任何海岸防御体系都无法缓冲海浪形成的 10m 高 "水墙" 的侵袭，但很明显，将红树林沼泽改造为养虾池、旅游区、住宅区，至少要对这场屠杀负部分责任。红树林沼泽也暂时遭受了严重的破坏，但它们已经进化到能经受住狂风暴雨的摧折，并能自我修复。然而，在以前的红树林沼泽地区建造的人类定居点就不是这样了。

在印度洋海啸事件发生前一年，仿真模型已经表明，一个宽阔（100m）的茂密红树林带（简称 "绿带"）可以降低 90% 以上的海啸压力流（Hiraishi and Harada，2003）。而这些信息没有迅速得到公开，印度洋海啸也几乎没有任何预警。在海啸灾害最严重的 5 个国家中，1980～2000 年，至少有 150 万 $hm^2$ 的红树林沼泽（占红树林覆盖率的 26%）被破坏（FAO，2003；Check，2005）。

红树林沼泽在印度洋海啸中起到的保护作用，海啸之后在印度泰米尔纳德邦东南沿海地区得到了验证（Danielsen et al.，2005）。在没有红树林沼泽和沿海木麻黄种植园地区，一个沙咀被完全清除，当地部分村庄被摧毁；而有红树林和人工林的区域则 "显著降低了损失"。Danielsen 等（2005）总结出，保护、重建沿海红树林和绿带可为未来海啸灾难提供缓冲。我们当然希望这样的海啸灾难永远不会再发生，但为了保护沿海地区，保护和恢复红树林沼泽现在已得到所有热带与亚热带国家的关注（见第 18 章 "湿地建造与恢复"）。

### 2005 年卡特里娜飓风和新奥尔良市的湿地 "潜水衣"

2005 年 8 月底，卡特里娜飓风袭击了美国路易斯安那州的海岸线和路易斯安那州的新奥尔良市，并造成了巨大的生命和财产损失。引发大规模破坏的原因之一是，路易斯安那州因自然和人为因素引起的地面沉降使得密西西比河三角洲湿地不复存在。对路易斯安那州长达 50 多年的研究得出的结论是，新奥尔良市抵抗灾害的能力在逐年下降（Costanza et al.，2006）。在卡特里娜飓风期间，6m 高的风暴潮淹没了新奥尔良市的防洪堤系统，原本环绕新奥尔良市的广阔盐沼和其他湿地本可以提供一些海岸保护。形成于 6000～7000 年前的密西西比河三角洲，自从 20 世纪 30 年代以来，几近 $4800km^2$ 的滨海湿地已经消失（Day et al.，2005）。

由于沼泽植物能够滞留沉积物（Cahoon et al.，1995），减少沉积物的再悬浮（Harter and Mitsch，2003），因此能保持浅水区的深度。其中植被的作用体现在以下两个方面：①通过减少浪涌和波浪；②通过保持浅层深度来达到同样的效果。由于湿地积水浅，湿地植被的存在也是新奥尔良地区和其他人类居住区受保护程度的 "指示器"。虽然很少有实验研究或模拟滨海沼泽对风暴潮的影响，但是 1992 年在路易斯安那州安德鲁飓风[①]之后累积的零星数据表明，飓风形成的风暴潮在其经过沼泽中每千米减少了 4.7cm（Louisiana Coastal Wetlands Conservation Task Force and Wetlands Conservation and Restoration Authority，1998）。从这个数字推测，影响新奥尔良地区南部的风暴如果在到达城市之前穿过 80km 的沼泽，那么风暴潮的高度可能会下降 3.7m。Barbier 等（2013）发现，路易斯安那州密西西比河三角洲湿地与开阔水域面积之间的比例每上升 1%，可能会将风暴潮的影响降低 8%～11%。这相当于每增加 9～13km 长的湿地，风暴潮就能减少 1m。他们认为风暴潮的下降会使路易斯安那州东南部的财产损失大幅减少。而把新奥尔良地区周围消失的沼泽称为这座城市的 "潜水衣" 并不是不恰当的。

### 气候调节

湿地可能是全球氮循环、硫循环和碳循环的重要因素。生态上可利用氮的天然来源是由一小部分植

---

① 译者注：1992 年安德鲁飓风是美国历史上损失最严重的自然灾害之一，灾难影响超过卡特丽娜飓风

物和微生物将大气中的氮气（N₂）转化为有机形式。目前，用于肥料的氨是由 N₂ 制造的，其固定速率是自然界固氮速率的两倍多。通过反硝化作用可以将一部分多余的氮返回到大气中，所以湿地的作用也很重要。反硝化过程需要在有氧区附近的还原环境下进行，如沼泽表层，以及具有有机碳源来源，而有机碳在大多数湿地中含量丰富。由于大多数温带湿地是富含肥料的农业径流的接收者，并且是反硝化的理想环境，因此它们对于世界可用氮平衡来说很重要。目前，在全世界范围内广泛出现了沿海水域氮富集导致"死亡区"或缺氧（低温下溶解氧<2.0mg/L）的现象（见第 6 章"湿地生物地球化学"中"氮循环、湿地和缺氧"一节）。人们通常将流域内的湿地进行恢复或重建作为解决这类富营养化现象的基本方法（Mitsch et al.，2001；Mitsch and Day，2006）。

湿地和全球的碳循环紧密相关。由于湿地中储存了大量的碳，因此湿地特别是北半球高纬度的泥炭沼泽与全球碳循环的关系尤为重要。当这些泥炭沼泽受到保护且它们的水位不受影响时，这些碳基本上能永久储存下来。当这些泥炭被氧化时，无论作为燃料直接燃烧还是间接地通过改变水文条件使泥炭排干、氧化，泥炭沼泽都会成为大气中二氧化碳的重要来源。如果湿地土壤中持续生产泥炭、积累碳，则湿地可能成为碳的"汇"。热带地区的湿地和已恢复湿地及建造湿地能在土壤中形成碳库，与陆地生态系统中土壤缓慢积累有机碳相比是一个显著的优点。第 17 章"湿地和气候变化"中对湿地碳汇和温室气体排放有更详细的讨论。

### 蓄水层补给

湿地与水文条件相关的另一种价值是对地下水进行补给。人们很少关注这个功能，同时这种现象的规模也没有得到很好的记录。一些水文学家认为，虽然一些湿地可以补给地下水系统，但大多数湿地并没有这样的现象。缺乏补给的原因是大多数湿地下面的土壤不透水。在少数研究中，补给主要发生在湿地边缘，并且补给量与湿地边缘的体积比有关。因此，与大型湿地相比，小型湿地（如草原壶穴）的补给显得更为重要。这些小型湿地对区域地下水的补给具有重要作用。

### 净化水质

在有利的条件下，湿地已被证明可以去除流经湿地的水中的有机和无机营养物质及有毒物质。第 6 章"湿地的生物地球化学循环"讨论了湿地作为化学物质汇的概念，第 19 章"湿地与水质"详细讨论了利用湿地进行废水处理和改善水质的实践。湿地有 6 个属性，它们影响着流经湿地的水体中的化学物质，无论这些化学物质是自然存在的还是人工添加的。

1）当水流进入湿地后，湿地能降低水流速度，导致沉积物和吸附在沉积物上的化学物质从水中分离出来。

2）许多厌氧和好氧过程发生在湿地附近，促进反硝化过程、化学沉淀和其他化学反应，从水中去除某些化学物质。

3）许多湿地的生产力高，可导致植物吸收矿物质的比率高，并在植物死亡后将其埋藏于沉积物中。

4）湿地沉积物中存在多种分解者和分解过程。

5）湿地积水较浅，水体与沉积物接触面较大，会引起明显的"沉积物与水体"之间的物质交换。

6）有机泥炭在许多湿地中累积，从而形成了化学物质的永久埋藏。

### 生态系统文化服务

#### 美学

湿地的美学价值是真实存在却也难以开发的。这种价值常隐现于非消耗性使用价值（nonconsumptive

use value）的枯燥无味的术语中，它意味着人们喜欢并享受在湿地中的生活。湿地美学的利用有很多方面。例如，湿地是优秀的"生物实验室"，小学、中学和接受高等教育的学生可以亲身学习自然历史。由于湿地的生态系统多样性，它们在观感和教育方面为人类提供了丰富的素材。湿地的复杂性也使得它们成为科学研究首选的研究对象。许多到湿地的游客借狩猎和钓鱼之名体验湿地的野性与孤独，以此来释放潜藏在我们每个人内心深处的拓荒本能。此外，湿地是了解我们文化遗产的丰富信息源。史前印第安人村庄的遗迹和一堆堆的贝壳有助于我们了解印第安人的文化与湿地的历史。

许多艺术家，如美国佐治亚州诗人 Sidney Lanier、画家 John Constable 和 John Singer Sargent 及其他从事绘画与摄影的人都曾将湿地作为创作对象。其中有两名艺术家，一名摄影师和一名画家，于 2004 年和 2005 年在路易斯安那三角洲进行了为期一年的湿地之旅（Lockwood and Gary，2005），他们的作品包括精美的照片和画作，在美国的几个博物馆展出。

### 生活用品

在世界许多地区，湿地为当地居民提供了丰富的生活用品。在这些地区，湿地是乡村经济赖以生存的主要资源。这些社区经过许多代人生活，已经适应并融入当地的生态系统。其中一些文化，包括法国的卡马尔格人、美国路易斯安那州的卡津人（Cajuns）和伊拉克的沼地阿拉伯人文化，在第 1 章"湿地利用与湿地科学"中都有所描述。

## 生态系统服务的量化

40 多年来，人们一直在努力量化湿地为社会提供的"免费服务"和便利设施。从 20 世纪 60 年代和 20 世纪 70 年代开始，H. T. Odum 的能量经济学方法兴起，进而影响了新一代的科学家。在此基础上，相继出版了《南部河流沼泽——多用途环境》（*The Southern River Swamp—A Multiple-Use Environment*）（Wharton，1970）和《潮汐沼泽的价值》（*The Value of the Tidal Marsh*）（Gosselink et al.，1974）两部生态经济学的重要文献，它将湿地的价值归因于它们所提供的服务。Costanza 等（1997，2014）通过估算包括湿地在内的所有地球生态系统的公共服务功能，将这些服务功能的计算又向前推进了一步。这些研究和其他人的一些研究产生了关于生态系统价值的新词汇，包括公共服务功能、自然资本、环境服务、生态系统产品和服务等，这些词汇本质上具有相同的意义。包括湿地在内的自然生态系统，为人类提供了巨大价值。当湿地受到威胁或保护时，需要认识其价值（Söderquist et al.，2000；Mitsch and Gosselink，2000）。

已经提出了几种评价湿地的方法。由于前文所述的复杂性，人们未对哪种方法更好地达成共识。在某种程度上，评估方法的选择取决于具体情况。评估大致分为两类：生态（或功能）评估和经济（或货币）评估。通常先进行前一种评估才能进行后一种评估；生态功能是货币价值产生的原因。

### 生态价值

#### 生境评价程序

表 16.3 是美国鱼类及野生动物管理局的生境评价程序（habitat evaluation procedure，HEP）在落羽杉森林沼泽生态系统不同开发计划中的应用实例。对于有代表性的一群陆生动物或水生动物，沼泽的存在价值可以用生境适宜性指数进行评价（基线条件）。生境适宜性指数（habitat suitability index，HSI）的范围为 0～1。评价结果显示，陆生动物的 HSI 平均为 0.8，水生动物的 HSI 平均为 0.4。将这一基线条件与 50 年和 100 年预测的生境条件在三种规划方案下进行比较：计划 A、计划 B 和无项目计划。结果表明，

计划 A 对环境有害，计划 B 对陆生生境价值无影响，对水生生境价值有改善作用。是否着手进行这两个计划中的任何一项，需要权衡项目的预期环境影响和预期经济效益。

**表 16.3　美国东南部落羽杉-紫花蓝果树沼泽在两种项目计划及无项目计划下的生境评价 [a]**

| 物种名称 | 基线条件 | 计划 A 的未来预测 [b] | | 计划 B 的未来预测 [c] | | 无项目计划的未来预测 | |
| --- | --- | --- | --- | --- | --- | --- | --- |
| | | 50 年 | 100 年 | 50 年 | 100 年 | 50 年 | 100 年 |
| **陆生动物** | | | | | | | |
| 浣熊 | 0.7 | 0.5 | 0.6 | 0.8 | 0.8 | 0.7 | 0.9 |
| 水獭 | 0.7 | 0.2 | 0.2 | 0.4 | 0.3 | 0.6 | 0.4 |
| 沼泽兔 | 0.7 | 0.2 | 0.2 | 0.8 | 0.8 | 0.7 | 0.4 |
| 绿鹭 | 0.9 | 0.2 | 0.1 | 0.8 | 0.9 | 0.9 | 1.0 |
| 绿头鸭 | 0.8 | 0.3 | 0.2 | 1.0 | 0.9 | 0.9 | 1.0 |
| 北美鸳鸯 | 0.8 | 0.3 | 0.2 | 0.9 | 1.0 | 1.0 | 0.9 |
| 蓝翅黄森莺 | 0.8 | 0.3 | 0.1 | 0.6 | 0.7 | 0.8 | 0.9 |
| 鳄龟 | 0.9 | 0.4 | 0.3 | 0.8 | 0.7 | 0.8 | 0.9 |
| 牛蛙 | 0.9 | 0.3 | 0.2 | 0.8 | 0.9 | 1.0 | 1.0 |
| 陆生动物 HSI 总数 | 7.1 | 2.7 | 2.1 | 6.9 | 7.0 | 7.4 | 7.5 |
| 陆生动物 HSI 均值 | 0.8 | 0.3 | 0.2 | 0.8 | 0.8 | 0.8 | 0.8 |
| **水生动物** | | | | | | | |
| 斑点叉尾鮰 | 0.3 | 0.3 | 0.4 | 0.4 | 0.4 | 0.4 | 0.4 |
| 大嘴鲈鱼 | 0.4 | 0.2 | 0.3 | 0.7 | 0.8 | 0.4 | 0.4 |
| 水生动物 HSI 总数 | 0.7 | 0.5 | 0.7 | 1.1 | 1.2 | 0.8 | 0.8 |
| 水生动物 HSI 均值 | 0.4 | 0.3 | 0.4 | 0.6 | 0.6 | 0.4 | 0.4 |

注：a. 表中数字为生境适宜性指数（HSI），最大值为 1，表示生境最佳
　　b. 为了农业开发进行修渠、清除沼泽，减少湿地面积 324hm²
　　c. 在不损失湿地面积的前提下，在沼泽周围建造防洪大堤
资料来源：Schamberger et al.，1979

　　分析中一个经常被忽视的特征是不同物种的 HSI 聚合效应。尽管总体上来说，计划 B 似乎在环境影响方面与无项目计划相当，但是细看表 16.3 可知，计划 B 预期将改善沼泽兔和大嘴鲈鱼的生境，但会降低蓝翅黄森莺和鳄龟的生境价值。这种详细的调查可能很重要，因为它能表明环境质量的变化，但是当"苹果和橘子"被结合成"水果"时，人们往往会忽略这样的聚合结果。

## 水文地貌分析

　　第 13 章"湿地分类"所述的水文地貌分类也可以对湿地的功能进行量化。它的独特之处在于对自然湿地功能的量化，而不考虑其对社会的意义。这是通过将要研究的目标湿地与具有同类水文地貌（hydrogeomorphic，HGM）特性的参考湿地（reference wetland）进行比较来实现的。Brinson 等（1994）总结了评估程序如下。

1）将湿地划分为具有共同特性的水文地貌类别（分类已在第 13 章中讨论）。

2）界定水文地貌特性与湿地功能之间的关系。其目标是选择与湿地 HGM 特性有明确逻辑联系的，具有水文、地貌和生态意义的功能。这个步骤说明了湿地功能的科学基础。

3）为每类湿地建立功能说明。这些数据可以是描述性的叙述，也可以是涵盖许多观测点的多元数据集。

4）利用每类湿地的参考湿地的指标和特征资料，编制一个表，以刻画各类湿地的功能。这些表是每类湿地的基准。参考湿地应包括因各种自然和人为压力与干扰而引起的变化。

5）制定评估方法。评估依赖于指标，这些指标用来揭示被评估的功能在该类湿地中存在的可能性，同时也依赖于参考湿地来进行评价。参考湿地也被用来作为制定补偿湿地功能损失的依据。

## 美国北卡罗来纳州用 HGM 技术评估替代方案

为了说明评估一个项目或恢复对湿地功能影响的方法，Rheinhardt 等（1997）应用 HGM 方法评估了北卡罗来纳州矿质土壤长叶松（*Pinus palustris*）沼泽的缓解策略。用 14 个变量来评估研究的目标湿地和参考湿地的功能（表 16.4）。然后，将这些变量（如树木的密度）的绝对值转换为 0.0～1.0 的等级指数，与参考湿地的功能进行比较，将这些指数用于模型函数中，如表 16.5 所示的"维持水文情势"等模型函数中，这样就可以评估人类对湿地的影响。表 16.5 显示了一个假设的情况，即假设机场的建设正在破坏湿地（总体损失指数为 0.71，而附近对照湿地的损失指数为 1.0），需要考虑两个湿地恢复备选方案的合理性。数据分析表明，将耕地恢复为湿地（恢复方案 1）将是一个很好的选择，因为目前农田在维持水文情势方面的功能指数为 0.0。因此，减缓每公顷因机场建设而损失的湿地（损失=−0.71），估计只需要将 1hm$^2$ 耕地（增益= +0.71）恢复为湿地即可。这样就达到了 1∶1 的减缓比（湿地恢复面积与湿地损失面积的比例）。

**表 16.4　美国北卡罗来纳州东南部森林湿地 HGM 评估中，用于评估生态系统功能的野外参数**

| 变量 | 具体内容 |
| --- | --- |
| **水文、地形** | |
| $V_{DITC}$ | 附近没有沟渠（<50m） |
| $V_{MICR}$ | 微地貌复杂 |
| **草本植被** | |
| $V_{GRAM}$ | 禾本科植物覆盖率 |
| $V_{FORB}$ | 非禾本科植物覆盖率 |
| **冠层植被** | |
| $V_{TREE}$ | 乔木基底总面积（m$^2$/hm$^2$；胸径>10cm） |
| $V_{TDEN}$ | 林冠层密度（株/hm$^2$；胸径>10cm） |
| $V_{TDIA}$ | 树木平均直径（m） |
| $V_{CVEG}$ | 冠层重要值索伦森相似度指数 |
| **亚冠层植被** | |
| $V_{SUBC}$ | 亚冠层密度（株/hm$^2$） |
| $V_{SDLG}$ | 小于 1m 高的乔木和灌木的覆盖率 |
| $V_{SVEG}$ | 亚冠层重要值索伦森相似度指数 |

续表

| 变量 | 具体内容 |
|---|---|
| **枯落物、立枯物** | |
| $V_{LTR}$ | 枯落物厚度（cm） |
| $V_{SNAG}$ | 立枯物密度 （株/hm²） |
| $V_{CWD}$ | 粗木质残体体积（cm³/hm²） |

资料来源：Rheinhardt et al.，1997

**表 16.5** 假设在一个湿地建设机场，预测水文功能的变化，以及两种不同湿地修复方案所需的减缓措施比较（变量定义见表 16.4）

| 变量 | 参考湿地 | | 湿地被毁坏 | | | | 恢复方案 1[a] | | | | 恢复方案 2[b] | | | |
|---|---|---|---|---|---|---|---|---|---|---|---|---|---|---|
| | | | 现状 | | 建设后 | | 现状 | | 建设后 | | 现状 | | 建设后 | |
| | 原始值 | 指数 | 原始值 | 指数 | 原始值 | 指数 | 原始值 | 指数 | 原始值 | 指数 | 原始值 | 指数 | 原始值 | 指数 |
| $V_{TREE}$ | 14.7 | 1.0 | 14.6 | 1.0 | — | 0.0 | 0.0 | 0.0 | 0.0 | 0.0 | 15.3 | 1.0 | 10.0 | 0.7 |
| $V_{SUBC}$ | 12 550 | 1.0 | 13 314 | 1.0 | — | 0.0 | 0.0 | 0.0 | 6 963 | 0.5 | 18 402 | 0.5 | 9 800 | 0.8 |
| $V_{MICR}$ | 2.5 | 1.0 | 2.5 | 1.0 | — | 0.0 | 0.0 | 0.0 | 2 | 1.0 | 4.2 | 1.0 | 4.2 | 1.0 |
| $V_{DITC}$ | 1.0 | 1.0 | 0.5 | 0.5 | — | 0.0 | 0.0 | 0.0 | 0.5 | 0.5 | 0.5 | 0.5 | 1.0 | 1.0 |
| 功能指数[c] | | 1.0 | | 0.71 | | 0.0 | | 0.0 | | 0.71 | | 0.64 | | 0.91 |
| 相对影响 | | | | | −0.71 | | | | +0.71 | | | | +0.27 | |
| 减缓比[d] | | | | | | | 0.71/0.71=1：1 | | | | 0.71/0.27=2.6：1 | | | |

注：a. 将一个农田（原为湿地）恢复为森林湿地
b. 将一个松树种植园恢复为湿地
c. 水文功能指数＝[(($V_{TREE}+V_{SUBC}+V_{MICR}$)/3)±$V_{DITC}$]$^{1/2}$
d. 湿地必须要恢复到被破坏前的湿地面积，才能达到功能等效的水文情势
资料来源：Rheinhardt et al.，1997

不过，要将现有松树种植园恢复为天然松树湿地可能会更容易。就功能而言，种植园已经具备了一些理想的湿地价值（恢复前它的功能指数为 0.64，在恢复之后其指数为 0.91，净变化量为+0.27）。因此，恢复策略为，损失 1hm² 的湿地需要恢复 2.6hm²（0.71 / 0.27）的松树种植园（减缓比＝ 2.6：1）。

## 经济评价

试图将自然湿地与人类经济系统进行比较的评估系统通常将所有价值都简化为货币形式（从而忽略了其中的差异）。传统经济理论认为，在自由经济中，商品的经济效益是公众愿意为拥有商品或服务而支付的美元。

虽然在最传统的经济条件下，价值的这种特征是合理的，但是它带来了非市场商品（如纯水和空气）货币化的实际问题，以及湿地定价问题。因为这种价值体系中湿地的市场价值取决于其作为房地产的价值，而不是湿地对社会的"免费服务"价值，因此，试图将湿地价值货币化，会强调湿地能提供的商业产业：鱼类、贝类、毛皮、娱乐性捕鱼和狩猎，因为这些都可以提供定价方法。这种定价忽视了与清洁

空气、水及其他生命支持功能相关的生态系统和全球生态系统服务。即使在市场商品来自湿地的情况下，现有数据也不足以形成可靠的需求曲线（demand curve）。

经济学家认识到，"价值"有 4 个或多或少相互独立的方面，它们对总价值有贡献。这些方面如下。

1）使用价值。总价值中最具体的部分，来源于对个人来说可识别的直接利益，如狩猎、捕鱼和自然研究都是例子。

2）社会价值。那些给社会群体而不是个人带来的利益，如改善水质、防洪及维持全球的硫平衡。

3）选择价值。给可预见的未来带来的利益。

4）存在价值。不管有价值的资源是否被利用，只要根据常识可知道资源的存在能带来益处，那么这就是存在价值。例如，现存湿地保护生物多样性的能力是一种存在价值。

正如我们所看到的，使用价值是最容易被评估的。其他三个价值更难量化，通常也反映了更长期的观点，经济学家使用了其他替代方法来解决，如下所示。

## 支付意愿法

在没有完善的自由市场条件替代方案的情况下，可采用一些定价方法。支付意愿法即是方法之一，它或多或少为非市场商品或服务建立了假设（应急）市场。"支付愿意"（willingness to pay）或更准确地说，净（net）支付意愿，是指社会愿意为产品支付的和（或）超出其实际支付的数量（Scodari，1990）。对该原则说明如下：假设渔民愿意每天支付 30 美元来使用特定的渔场，但每天只需支付 20 美元的旅费和相关费用。那么对于渔民来说，每天在打鱼选址的渔场的净收益或经济价值不是 20 美元的开支，而是他愿意花费和他实际花费的金额之间的 10 美元差额。如果现场的捕鱼机会被取消，渔民将失去价值 10 美元的令人满意的钓鱼活动，而他本可以支付的 20 美元的费用可用于其他方面。在商品如捕到的鱼的例子中，湿地的总价值是消费者的净收益与生产者（渔民）的净收益之和。

## 机会成本法

在没有自由市场模式的情况下，资源评估的第二种方法是机会成本（opportunity cost）法。一般来说，与资源相关的机会成本是利用该资源生产其他最佳替代品的净值。例如，保护一个湿地区域的机会成本是净收益，它可能来自对必须放弃的区域的最佳替代使用，以保持其自然状态（Bardeck，1987）。因为确定与湿地保护相关的机会成本需要评估湿地提供的各项服务及识别和评估最佳替代用途的价值，所以，实际上来说，全面评估湿地保护的机会成本是远不可能的。但对于特定湿地功能的估价来说，它可能行之有效。

## 替代价值

如果能够计算出替代湿地提供的各种服务的最经济的价值，并且确保如果湿地被破坏这些服务必须被替代，那么得到的数字即替代价值（replacement value）。用于替代湿地过程所提供服务的一些技术见表 16.6。替代成本法的样本计算如表 16.7 所示。在这个例子中，鱼类孵化场用于计算渔业产量，防洪水库用于计算防洪抗旱，清理沉积物用于估计泥沙淤积，废水处理用于估计水质提升。

**表 16.6　湿地提供的社会支持价值的一些替代技术**

| 社会支持 | 替代技术 |
| --- | --- |
| **泥炭积累** | |
| 积累并储存有机质（泥炭） | 人造肥料 |
| | 人造洪水 |
| **水文功能** | |
| 维持饮用水水质 | 输水 |
| | 从水源地修建长距离管线 |

续表

| 社会支持 | 替代技术 |
|---|---|
| 维持地下水水位 | 打井 |
| | 咸水淡化 |
| 维持地表水水位 | 修建灌溉水坝 |
| | 向大坝提水 |
| | 灌溉管道及设备 |
| | 为家畜输送水 |
| 调节水流强度 | 调节闸门 |
| | 向河流泵水 |
| **生物地球化学功能** | |
| 处理废水、净化营养成分和化学物质 | 机械化处理废水 |
| | 废水输送 |
| | 污水处理厂 |
| | 彻底清除沟渠河道内杂物 |
| 维持饮用水水质 | 水质检测制度 |
| | 建立净水厂 |
| | 家畜粪便的贮存、处理 |
| | 氮过滤 |
| | 输水 |
| 净化沿海水质 | 污水处理厂除氮 |
| **食物链功能** | |
| 为人类和家畜提供食物 | 农业生产 |
| | 进口食物 |
| 提供遮蔽物 | 屋顶材料 |
| 维持溯河产卵的鲑鱼数量 | 增殖放流 |
| | 养殖鲑鱼 |
| 维持其他鱼类及依赖湿地的动植物群体 | 非营利组织的工作 |
| 物种多样性；基因库 | 无法替代 |
| 观鸟、钓鱼、划船和其他娱乐活动 | 无法替代 |
| 美学和精神价值 | 无法替代 |

资料来源：Folke，1991

**表 16.7　利用替代成本法和能量分析对美国伊利诺伊州北部坎卡基河旁一个 770hm$^2$ 的河岸湿地进行的生态价值估算**

| 替代成本法 | 美元/年 | 总价值 |
|---|---|---|
| **生态系统功能（替代技术）** | | |
| 渔业产量（鱼类孵化场） | 91 000 | |
| 防洪抗旱（防洪水库） | 691 000 | |
| 沉积物控制（清理沉积物） | 100 000 | |
| 水质提升（废水处理） | 57 000 | |
| 总替代成本 | 939 000 | |
| 价值/面积 [939 000 美元/(770hm$^2$·年)] = | | 1 219 美元/(hm$^2$·年) |
| **能量流方法** | | |
| 能量流参数 | 数量 | 总价值 |
| 生态系统总初级生产力 [kcal/(m$^2$·年)] | 20 000 | |
| 能量质量转换（kcal GPP/kcal 化石燃料） | 20 | |
| 美国经济中能源转换（kcal 化石燃料/美元） | 14 000 | |
| 价值/面积= | | 714 美元/(hm$^2$·年) |

资料来源：Mitsch et al.，1979

这些方法中有一些被传统经济学家所接受。与本节讨论的其他评价方法相比，替代成本法对某些功能会给出非常高的值。例如，废水的三级处理（tertiary treatment）是非常昂贵的，对幼鱼和贝类来说，替代沼泽育苗场的功能成本也很高。然而，有人提出疑问，如果湿地被摧毁，湿地的这些功能是否会被污水处理厂和养鱼场所取代？一些生态学家和经济学家认为，从长远来看，要么湿地的功能被替代，要么人类生活的质量会恶化。另外有人认为，这种说法不能令人信服。

## 能量分析

另外一种完全不同的方法则是运用生态系统能量流的概念或固化能（embodied energy）概念。"固化能"概念（Costanza，1980）和"能值"（emergy=energy memory；H. T. Odum，1988，1989，1996）都试图估计生产某种产品所需的总能量，然后将能量分析转化为经济术语。能值被认为是反映生态系统整体功能的有效指标，同样适用于人类系统。通过这种方式，自然和人类系统都可以在一个共同的基础上进行能量评估。因为在我们的社会中，能量和金钱之间有着明确的关系，所以在评估结束时，能量流可以被转换成更熟悉的美元货币。

对美国伊利诺伊州的一个低地森林湿地的年能量流进行了简单计算，结果如表 16.7 所示。在这里，估计 20 000kcal/($m^2$·年)的生态系统能量流（总初级生产力，GPP）产生的价值约为 714 美元/($hm^2$·年)。能量分析方法给出的结果约为替代价值的 60%。在这种算法中，使用能量"质量"的概念来区分生态系统中的能量流（基于总初级生产力）和以人为基础的化石燃料经济中的能量流。这也是下面将讨论的目前能值方法的序曲。

---

**美国路易斯安那州滨海湿地：能量分析与经济分析的比较**

Costanza 等（1989）的研究显示，在对路易斯安那州滨海沼泽进行分析时，经济学家采取的"支付意愿"和"能量分析"两种方法的结果非常相似，尽管上述两种方法都产生了很大的不确定性（表16.8）。能量分析方法得到更高的湿地价值，但价值范围有重叠。传统分析方法和能量分析方法对选择贴现率的敏感度也在这次比较中得到了证明，贴现率在过去几十年的"成本-效益"研究结果中一直是至关重要的。能量分析方法的基础是以自然生态系统捕获的总能量作为衡量其做有用工作（为自然和社会）的能力。典型的滨海沼泽系统的总初级生产力（GPP）为 48 000～70 000kcal/($m^2$·年)，乘以换算系数 0.05（换算系数=单位化石燃料能量/单位 GPP 能量），再除以能源/货币比率（15 000kcal 化石燃料/1983 美元）得到其经济价值。计算结果显示，沿海湿地价值估计约为 1560 美元/($hm^2$·年)，当将其转换为现值时，用表 16.8 的贴现率得出其资本化价值为 16 000～70 000 美元/($hm^2$·年)。

相比之下，路易斯安那州滨海湿地按支付意愿法评估，价值的合理区间为 6000～22 000 美元/($hm^2$·年)，随着贴现率的不同现值而有变动。

**表 16.8　根据支付意愿法和能量分析方法估算的美国路易斯安那州滨海湿地价值（美元/$hm^2$）**

| 方式 | 贴现率 | |
| --- | --- | --- |
| | 3% | 8% |
| 支付意愿 | | |
| 商业捕捞 | 2 090 | 783 |
| 毛皮生产（水貂和河狸） | 991 | 373 |
| 娱乐产业 | 447 | 114 |
| 抵抗风暴 | 18 653 | 4 732 |
| 支付意愿总价值 | 22 181 | 6 002 |
| 能量分析 | 42 000～70 000 | 16 000～26 000 |
| 最佳预测结果 | 22 000～42 000 | 6 000～16 000 |

资料来源：Costanza et al.，1989

> Costanza 等（1989）采用支付意愿法和能量分析方法进行了分析，认为路易斯安那州滨海湿地每年的损失对社会造成的损失每年达 7700 万至 5.44 亿美元。

## 能值分析

"能值分析"（emergy analysis）是能量分析的变体（这两个术语都是由佛罗里达大学的 H. T. Odum 在 20 世纪 70 年代和 20 世纪 80 年代提出的）。能值分析的关键是确定能量转换率或允许将一种形式的能量转换为另一种形式的比率，正如上述例子中提到的初级生产力和化石燃料能源。这些比率通常用太阳能焦耳每焦耳（sej/J，或类似单位）等基础能量或生态系统能值流表达。下框是一个用于湿地的能值流分析实例。

### 美国佛罗里达湿地的能值分析

研究了佛罗里达州三种类型的湿地：森林湿地、灌丛湿地和草本沼泽（Bardi and Brown, 2001），以比较它们的生态系统服务。服务不仅限于初级生产力，还包括地表水向地下水的渗透（地下水补给）和蒸腾作用。此外，还考虑了自然资本的储存（储存水、生物量和盆地结构）。首先将所有的环境服务和自然资本换算成太阳能焦耳（sej），然后再将其换算为美元（表 16.9）。数据显示，$1hm^2$ 森林湿地的价值约是同等面积草本沼泽价值的 2.4 倍。此外，分析指出，每公顷湿地的价值为 64 万～150 万美元。当时，在佛罗里达州湿地缓解信贷的市场价格为 187 000 美元/$hm^2$。因此，缓解信贷支付的比例是这些湿地计算价值的 1/8 到 1/3。根据这一估计，湿地被以过低的价格出售。

表 16.9 美国佛罗里达州三种湿地的环境服务和自然资本能值分析结果（价值单位：美元/$hm^2$）

| 生态系统类型 | 环境服务 [a] | 自然资本 [b] | 总价值 |
|---|---|---|---|
| 森林湿地 | 231 880 | 1 322 723 | 1 554 603 |
| 灌丛湿地 | 31 831 | 1 075 536 | 1 107 366 |
| 草本沼泽 | 13 173 | 626 645 | 639 817 |

注：a. 环境服务包括：总初级生产力、入渗、蒸腾
b. 自然资本包括：活生物量、泥炭、水及盆地结构（地质过程形成）
资料来源：Bardi and Brown, 2001

虽然因为需要很多转换系数等因素，能量分析和能值分析不精确，但许多科学家认为这种分析比传统的成本核算方法更令人满意。因为它们是基于生态系统的固有功能而不是基于随时空变化的感知价值的差异。

## 评估生态系统产品和服务

Costanza 等（1997）写过一篇关于生态系统产品和服务价值的论文，被引用次数很多，并认为世界生态系统每年价值为 33 万亿美元（根据 1995 年美元价值）。根据 2007 年美元价值，这相当于每年 46 万亿美元。该研究使用的生态系统单位估计值表明，湿地特别是内陆沼泽和洪泛平原的价值，比湖泊、河流、森林和草地的价值更高（表 16.10）。在 1997 年的研究中，只有沿海河口的单位价值高于内陆和滨海湿地。

Balmford 等（2002）认为应该估算生态系统的净边际效益（net marginal benefit），而不是 Costanza 等（1997）提出的生态系统产品和服务的总量，因为这些总量通常只是简单的替代价值。净边际效益是指相对完整的生态系统价值与转化为人类利用同一生态系统对人类的价值之差。在调查了 300 多个案例后，Balmford 等（2002）在世界范围内提出了 5 项研究，在这些研究中两种情况下的经济评估是可用

**表 16.10　不同生态系统的单位价值（所有数据都归一化为 2007 年美元价值）**

| 生态系统 | 1997 年单位价值 [美元/(hm²·年)] | 2011 年单位价值 [美元/(hm²·年)] |
| --- | --- | --- |
| 河口 | 31 509 | 28 916 |
| 内陆沼泽、洪泛平原 | 27 021 | 25 681 |
| 潮汐沼泽、红树林 | 13 786 | 193 843 |
| 湖泊、河流 | 11 727 | 12 512 |
| 森林 | 1 338 | 3 800 |
| 草地 | 321 | 4 166 |

资料来源：Costanza et al.，2014；1997 年单位价值来自 Costanza 等（1997）但以 2007 年美元价值进行归一化处理

的——完好的生态系统和受到严格管理的同一景观。这 5 项研究中有两个是针对湿地的研究（图 16.9）。对泰国红树林沼泽的经济分析表明，沼泽转变为水产养殖地在短期内具有经济意义，但从长远来看，一个完好的红树林沼泽的总经济价值为 60 400 美元，是将沼泽转化为虾类养殖价值的 3.6 倍左右。天然红树林沼泽提供的价值包括木材、木炭、非木材森林产品、近海渔业和风暴时对沿岸的保护。在类似的比较中，加拿大淡水沼泽的经济价值为每公顷 8800 美元，约为将湿地转变为集约农业用地所实现价值的 2.4 倍。在这里，自然湿地的主要价值是可持续的狩猎和捕鱼等。Balmford 等（2002）的估算被几年后公布的千年生态系统评估（Millennium Ecosystem Assessment，2005）广泛使用，这是全世界仅有的 4 个研究案例中的两个，这些研究案例表明，可持续管理的生态系统比转化为农业和水产养殖系统提供了更多的经济效益。

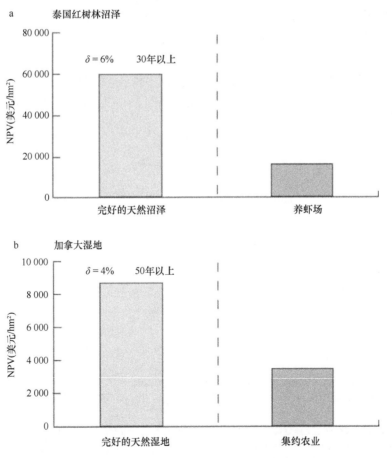

图 16.9　两个案例研究，即自然湿地的边际效益与将湿地转化为集约化的人类产业：（a）泰国南部素叻他尼（Surat Thani）的红树林系统；（b）加拿大的淡水湿地。δ 为贴现率；NPV 为 2000 年以美元/hm² 表达的净现值（引自 Balmford et al.，2002）

DeGroot 等与联合国资助的千年生态系统评估项目的一些工作人员于 2012 年修正了一些单位价值，Costanza 等（2014）使用这些单位价值重新评估了其在 1997 年论文中的计算。生态系统的单位价值见表 16.10 的最后一列。内陆沼泽、洪泛平原的单位价值大致相同，而潮汐沼泽、红树林单位价值则增加了 13 倍，这主要是因为关于潮汐湿地抵御风暴、防止侵蚀和废物处理价值的新研究成果。世界生态系统的总价值，在 Costanza 等（1997）的论文基础上进行了更新，由 1997 年每年 125 万亿美元更新为 2014 年 145 万亿美元（Costanza et al., 2014）。这种对"什么是自然的价值"的重新调查得到媒体的广泛报道，如《纽约时报》[*]中 Zimmer（2014）的报道和《大西洋报》[**]中 Rosen（2014）的报道。

## 湿地价值量化的问题和矛盾

不管采用哪种生态系统评价方法，都应该认识到量化湿地价值的 8 个共性问题和矛盾。

1）术语"价值"和"服务"是以人为中心的。因此，对不同的自然过程赋值通常反映了人类的感知和需求，而不是内在的生态过程。

2）湿地最有价值的产品是公共设施，但这一点对于私人湿地所有者来说并没有商业价值。

3）湿地的生态价值不一定是经济价值，取决于湿地在景观中的联系。

4）湿地面积、周围人口和边际价值（marginal value）之间的关系是复杂的。

5）商业价值是有限的，而湿地的价值是永恒的。

6）将经济短期收益与湿地长期的价值进行比较往往是不恰当的。

7）对价值和服务的估计，就其性质而言，会受到个人和社会的偏见及经济制度的影响。

8）从湿地景观角度看，需要对建造和管理湿地的价值做出明智的判断。

如果忽略功能生态系统替代的技术问题，那么替代这一想法会吸引许多人，因为经济学家普遍认为任何商品都可以被替代。一种产品的稀缺性推动了价格上涨，自由市场的创造力必将导致一个更便宜的替代品的出现。然而，生态系统并非如此。生态系统的许多价值，特别是像湿地这样开放系统的价值，取决于其景观环境和景观各部分之间的强烈相互作用。因此，河岸森林的价值取决于它们与同一河流及与河流另一侧的高地或森林的生态联系。

## 浮士德交易

由于本章记录的许多问题与自然生态系统服务价值有关，许多生态学家反对对生态系统进行经济价值评估。对生态系统进行经济价值评估意味着自然生态系统可以在市场上等同于其他市场产品。然而，如本章所述，尝试给自然生态系统赋予货币价值，提高了公众对高价值商品和自然服务的认识（Zimmer，2014；Rosen，2014），这种方式有助于保护自然资源。因此，生态学家便陷入了一场与邪恶势力的浮士德交易，他们一方面试图使用我们文明的通用货币来证明生态系统服务的合理性，另一方面又清楚地说明了保护自然生态系统不应依赖于自由市场力量来运作的理由。这个困境没有简单的答案。

## 推荐读物

Costanza, R., R. de Groot, P. Sutton, S. van der Ploeg, S. J. Anderson, I. Kubiszewski, S. Farber, and R. K. Turner. 2014. Changes in the Global Value of Ecosystem Services. *Global Environmental Change* 26: 152–158.

Millennium Ecosystem Assessment. 2005. *Ecosystems and Human Well-Being: Synthesis*. Washington, DC: Island Press.

---

[*] www.nytimes.com/2014/06/05/science/earth/putting-a-price-tag-on-natures-defenses.html?_r=2

[**] www.theatlantic.com/business/archive/2014/06/how-much-are-the-worlds-ecosystems-worth/ 372862/

# 参考文献

Balmford, A., A. Bruner, P. Cooper, R. Costanza, S. Farber, R. E. Green, M. Jenkins, P. Jefferiss, V. Jessamy, J. Madden, K. Munro, N. Myers, S. Naeem, J. Paavola, M. Rayment, S. Rosendo, J. Roughgarten, K. Trumper, and R. K. Turner. 2002. Economic reasons for conserving wild nature. *Science* 297: 950–953.

Barbier, E. B., I. Y. Georglou, B. Enchelmeyer, and D. J. Reed. 2013. The value of wetlands in protecting Southeast Louisiana from hurricane storm surges. *PLoS ONE* 8 (3): e58715.

Bardecki, M. J. 1987. *Wetland Evaluation: Methodology Development and Pilot Area Selection*. Report 1, Canadian Wildlife Service and Wildlife Habitat Canada, Toronto.

Bardi, E., and M. T. Brown, 2001. Emergy evaluation of ecosystems: A basis for environmental decision making. In M. T. Brown, ed., *Emergy Synthesis: Theory and Applications of the Emergy Methodology*. Proceedings of a conference held at Gainesville, FL, September 1999. Center for Environmental Policy, University of Florida, Gainesville, pp. 81–98.

Brinson, M. M., W. Kruczynski, L. C. Lee, W. L. Nutter, R. D. Smith, and D. F. Whigham. 1994. Developing an approach for assessing the functions of wetlands. In W. J. Mitsch, ed., *Global Wetlands: Old World and New*. Elsevier, Amsterdam, the Netherlands, pp. 615–624.

Cahoon, D. R., D. J. Reed, and J. W. Day, Jr. 1995. Estimating shallow subsidence in microtidal salt marshes of the southeastern United States—Kaye and Barghoorn revisted. *Marine Geology* 128: 1–9.

Check, E. 2005. Roots of recovery. *Nature* 438: 910–911.

Costanza, R. 1980. Embodied energy and economic evaluation. *Science* 210: 1219–1224.

Costanza, R., S. C. Farber, and J. Maxwell. 1989. Valuation and management of wetland ecosystems. *Ecological Economics* 1: 335–361.

Costanza, R., R. d'Arge, R. de Groot, S. Farber, M. Grasso, B. Hannon, K. Limburg, S. Naeem, R. V. O'Neill, J. Paruelo, R. G. Raskin, P. Sutton, and M. van den Belt. 1997. The value of the world's ecosystem services and natural capital. *Nature* 387: 253–260.

Costanza, R., W. J. Mitsch, and J. W. Day. 2006. A new vision for New Orleans and the Mississippi delta: Applying ecological economics and ecological engineering. *Frontiers in Ecology and the Environment* 4: 465–472.

Costanza, R., R. de Groot, P. Sutton, S. van der Ploeg, S. J. Anderson, I. Kubiszewski, S. Farber, and R. K. Turner. 2014. Changes in the global value of ecosystem services. *Global Environmental Change* 26: 152–158.

Danielsen, F., M. K. Sørensen, M. F. Olwig, V. Selvam, F. Parish, N. D. Burgess, T. Hiraishi, V. M. Karunagaran, M. S. Rasmussen, L. B. Hansen, A. Quarto, and N. Suryadiputra. 2005. The Asian tsunami: A protective role for coastal vegetation. *Science* 310: 643.

Das, S, and A-S. Crépin. 2013. Mangroves can provide protection against wind during storms. *Estuarine, Coastal and Shelf Science* 134: 98–107.

Day, J. W., Jr., J. Barras, E. Clairain, J. Johnston, D. Justic, G. P. Kemp, J.-Y. Ko, R. Lane, W. J. Mitsch, G. Steyer, P. Templet, and A. Yañez-Arancibia. 2005. Implications of global climatic change and energy cost and availability for the restoration of the Mississippi Delta. *Ecological Engineering* 24: 253–265.

deGroot, R., Brander, L., van der Ploeg, S., Costanza, R., Bernard, F., Braat, L., Christie, M., Crossman, N., Ghermandi, A., Hein, L., Hussain, S., Kumar, P., McVittie, A., Portela, R., Rodriguez, L.C., ten Brink, P., and van Beukering, P. 2012. Global estimates of the value of ecosystems and their services in monetary units. *Ecosystem Services* 1: 50–61.

Feierabend, S. J., and J. M. Zelazny. 1987. Status report on our nation's wetlands. National Wildlife Federation, Washington, DC. 50 pp.

Folke, C. 1991. The societal value of wetland life-support. In C. Folke and T. Kaberger, eds., *Linking the Natural Environment and the Economy*. Kluwer Academic Publishers, Dordrecht, the Netherlands, pp. 141–171.

Food and Agriculture Organization of the United Nations (FAO). 2003. *State of the World's Forests*. FAO, Rome, Italy.

Gibbons, A. 1997. Did birds fly through the K–T extinction with flying colors? *Science* 275: 1068.

Gosselink, J. G., E. P. Odum, and R. M. Pope. 1974. The value of the tidal marsh. Publication LSU-SG-74–03. Center for Wetland Resources, Louisiana State University, Baton Rouge. 30 pp.

Harris, L. D., and J. G. Gosselink. 1990. Cumulative impacts of bottomland hardwood forest conversion on hydrology, water quality, and terrestrial wildlife. In J. G. Gosselink, L. C. Lee, and T. A. Muir, eds., *Ecological Processes and Cumulative Impacts*. Illustrated by Bottomland Hardwood Wetland Ecosystems. Lewis Publishers, Chelsea, MI, pp. 259–322.

Harter, S. K., and W. J. Mitsch. 2003. Patterns of short-term sedimentation in a freshwater created marsh. *Journal of Environmental Quality* 32: 325–334.

Hiraishi, T., and K. Harada. 2003. Greenbelt tsunami prevention in south-Pacific region. Report of the Port and Airport Research Institute, vol. 24, no. 2. EqTAP Project, Japan. www.drs.dpri.kyoto-u.ac.jp/eqtap/report/papua/tsunam_prevention/tsunami_pari_report3.pdf.

Lockwood, C. C., and R. Gary. 2005. *Marsh Mission: Capturing the Vanishing Wetlands*. Louisiana State University Press, Baton Rouge. 106 pp.

Louisiana Coastal Wetlands Conservation and Restoration Task Force and the Wetlands Conservation and Restoration Authority. 1998. *Coast 2050: Toward a Sustainable Coastal Louisiana, an Executive Summary*. Louisiana Department of Natural Resources, Baton Rouge. 12 pp.

Marois, D. and W. J. Mitsch. 2015. Coastal protection from tsunamis and cyclones provided by mangrove wetlands—a review. *International Journal for Biodiversity Science, Ecosystems Services and Management*, doi.org/10.1080/21513732.2014.997292.

Millennium Ecosystem Assessment, 2005. *Ecosystems and Human Well-Being: Synthesis*. Island Press and World Resources Institute, Washington, DC. 137 pp.

Mitsch, W. J., M. D. Hutchison, and G. A. Paulson. 1979. The Momence Wetlands of the Kankakee River in Illinois—an assessment of their value. Document 79/17, Illinois Institute of Natural Resources, Chicago. 55 pp.

Mitsch, W. J., and J. G. Gosselink. 2000. The value of wetlands: Importance of scale and landscape setting. *Ecological Economics* 35: 25–33.

Mitsch, W. J., J. W. Day, Jr., J. W. Gilliam, P. M. Groffman, D. L. Hey, G. W. Randall, and N. Wang. 2001.Reducing nitrogen loading to the Gulf of Mexico from the Mississippi River Basin: Strategies to counter a persistent ecological problem. *BioScience* 51: 373–388.

Mitsch, W. J., and J. W. Day, Jr. 2006. Restoration of wetlands in the Mississippi-Ohio-Missouri (MOM) River Basin: Experience and needed research. *Ecological Engineering* 26: 55–69.

Niering, W. A. 1988. Endangered, threatened and rare wetland plants and animals of the continental United States. In D. D. Hook et al., eds., *The Ecology and Management of Wetlands, Vol. 1: Ecology of Wetlands*. Timber Press, Portland, OR, pp. 227–238.

Novitzki, R. P. 1985. The effects of lakes and wetlands on flood flows and base flows in selected northern and eastern states. In H. A. Groman, D. Burke, T. Henderson, and H. Groman, eds., *Proceedings of a Conference—Wetlands of the Chesapeake*.

Environmental Law Institute, Washington, DC, pp. 143–154.

Odum, H. T. 1988. Self-organization, transformity, and information. *Science* 242: 1132–1139.

Odum, H. T. 1989. Ecological engineering and self-organization. In W. J. Mitsch and S. E. Jørgensen, eds., *Ecological Engineering*. John Wiley & Sons, New York, pp. 79–101.

Odum, H. T. 1996. *Environmental Accounting: Energy and Environmental Decision Making*. John Wiley & Sons, New York. 370 pp.

Ogawa, H., and J. W. Male. 1983. *The Flood Mitigation Potential of Inland Wetlands*. Publication 138, Water Resources Research Center, University of Massachusetts, Amherst. 164 pp.

Ogawa, H., and J. W. Male. 1986. Simulating the flood mitigation role of wetlands. *Journal of Water Resource Planning and Management* 112: 114–128.

Rheinhardt, R. D., M. M. Brinson, and P. M. Farley. 1997. Applying wetland reference data to functional assessment, mitigation, and restoration. *Wetlands* 17: 195–215.

Rosen, R. J. 2014. How much are the world's ecosystems worth? *The Atlantic*, June 16, 2 pp. www.theatlantic.com/business/archive/2014/06/how-much-are-the-worlds-ecosystems-worth/372862/.

Schamberger, M. L., C. Short, and A. Farmer. 1979. Evaluation wetlands as a wildlife habitat. In P. E. Greeson, J. R. Clark, and J. E. Clark, eds., *Wetland Functions and Values: The State of Our Understanding*. American Water Resources Association, Minneapolis, MN, pp. 74–83.

Scodari, P. F. 1990. *Wetlands protection: The role of economics*. Environmental Law Institute, Washington, DC. 89 pp.

Söderqvist, T., W. J. Mitsch, and R. K. Turner, eds. 2000. The Values of Wetlands: Landscape and Institutional Perspectives. *Special issue of Ecological Economics* 35: 1–132.

Turner, R. E. 1982. Protein yields from wetlands. In B. Gopal, R. E. Turner, R. G. Wetzel, and D. F. Whigham, eds., *Wetlands: Ecology and Management*. National Institute of Ecology and International Scientific Publications, Jaipur, India, pp. 405–415.

U.S. Army Corps of Engineers. 1972. Charles River Watershed, Massachusetts. New England Division, Waltham, MA. 65 pp.

Weller, M. W. 1999. *Wetland Birds*. Cambridge University Press, Cambridge, UK.

Wharton, C. H. 1970. *The Southern River swamp—A multiple-use environment*. Bureau of Business and Economic Research, Georgia State University, Atlanta. 48 pp.

Zimmer, C. 2014, June 5. Putting a price tag on nature's defenses. *New York Times*. http://www.nytimes.com/2014/06/05/science/earth/putting-a-price-tag-on-natures-defenses.html?_r=1.

# 第17章　湿地和气候变化

　　地球的气候正在发生着变化，特别是在过去的三四十年间，大气温度不断升高，积雪和冰所覆盖的区域不断缩减，海平面上升。湿地向地球大气排放的甲烷占全球总量的 20%～25%，但在所有生态系统中，湿地通过永久封存来保留碳的能力最强。这两个过程都对气候变化有影响。在地球土壤有机碳的总储存量中，有 20%～30%乃至更多储存在湿地中。如果气候变暖或变干，土壤中储存的有机碳会回到大气中。我们的估计表明，世界湿地对气候变化是积极的，也就是说，甲烷排放对气候的负面影响可以通过泥炭或湿地土壤固碳得到充分补偿。

　　如果海平面上升，气候变化对沿海湿地的影响可能会很大，特别是在已经出现地表沉降的大型河流三角洲，湿地向内陆的扩展受到人类开发活动的阻拦，这一过程也被称为沿海挤压（coastal squeeze）。对于内陆湿地来说，降水模式的变化和温度的升高同样可能对湿地功能产生不利影响。

湿地在全球碳循环中发挥着重要作用，但人们仍未充分认识到这些作用。湿地所处的地理位置也决定了气候变化对它们的影响比其他大多数生态系统大。因此，湿地扮演着气候变化参与者和承受者的双重角色，这也是本章的主题。

## 气候变化

　　毫无疑问，气候正在经历着重大变化。政府间气候变化专门委员会（IPCC）的数百名科学家已达成共识，认为一些重要的发现应该引起任何对我们的星球及其未来感兴趣的人的关注。政府间气候变化专门委员会是由世界气象组织和联合国环境规划署建立的，旨在评估科学、技术和社会经济信息，以了解气候变化及其潜在影响，以及适应和缓解气候变化的各种选择。最近的多卷报告和摘要中的一些主要结论（IPCC，2013，2014a，2014b；The Royal Society and The National Academy of Sciences，2014）如下。

　　1）1880～2012 年全球平均地表温度增加了约 0.85℃。图 17.1 说明了这一趋势。温带地区的增温幅度比 IPCC（2001）在 20 世纪估计的温度（0.6℃）高出了约 0.25℃。20 世纪的增温幅度也是过去 1000 年中最大的。

　　2）在过去的 30 年里，地球表面的温度比 1850 年以来的任何十年都要高。在北半球，1983～2012 年可能是过去 1400 年里最热的 30 年。

　　3）1992～2005 年，75m 深度的海水每 10 年升温 0.11℃。带来的结果可能是：自 20 世纪 50 年代以来，在高盐度区域，由于蒸散发量（ET）远大于降水量（$P$），海水变得更咸；而在潮湿区域，降水量（$P$）大于蒸散发量（ET），海水变得更淡。

　　4）1971～2009 年，除冰盖外围冰川外，世界冰川平均冰损失率极有可能为 $226 \times 10^9$t/年；而在 1993～2009 年极有可能为 $275 \times 10^9$t/年。在过去 20 年中，格陵兰和南极冰盖一直在减少，世界范围内的冰川在继续缩小，北极海冰和北半球的春季积雪也持续减少。

　　5）1901～2010 年，全球海平面上升了约 1.7mm/年（共 19cm）。而 1993～2010 年，海平面上升了 3.2mm/年（图 17.2）。冰川的大量损失和海洋热膨胀是全球 75%的海平面上升的原因。

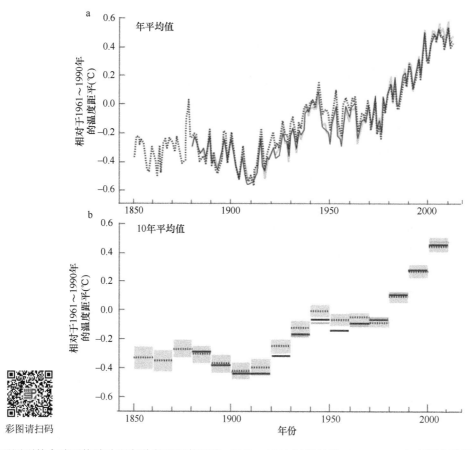

彩图请扫码

图 17.1  观测到的全球平均陆地和海洋表面温度距平,1850～2012 年相对于 1961～1990 年有两个数据集:(a)年平均值;(b)黑线表示 10 年均值的不确定性(引自 IPCC,2013)

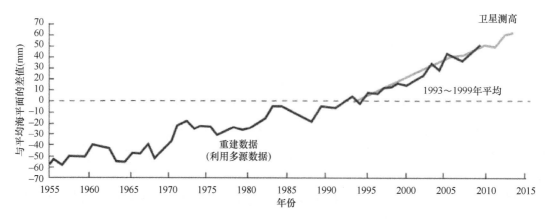

图 17.2  1955～2014 年全球平均相对海平面(灰色线表示根据几个数据集按 1993 年数值进行校准后重建的曲线,1993 年是卫星测高的第一年)(引自 Royal Society and the National Academy of Sciences,2014)

## 气候变化的原因

气候变化的原因是大气中所谓的温室气体浓度的增加,这主要是由人为排放造成的。这些气体吸收长波辐射中的几个波段,如果气体浓度增加,便会导致地球变暖。主要的温室气体二氧化碳($CO_2$),通过燃烧化石燃料及生产水泥释放到大气中。自 18 世纪中叶以来,大气中的 $CO_2$ 浓度估计增加了 30%以上。大气 $CO_2$ 浓度连续观测最长记录开始于 1958 年 3 月,是由斯克里普斯海洋学研究所(Scripps Institution of

Oceanography）的 C. David Keeling 利用美国国家海洋和大气管理局（NOAA）的一个设施，在夏威夷冒纳罗亚火山（Mauna Loa）进行的观测（图 17.3a）。2009～2013 年，大气中 $CO_2$ 浓度以 2.2ppm/年的速率增长，这一速率是 20 世纪 60 年代增长速率的两倍多。2014 年春季月平均浓度达到 400ppm（图 17.3b）。

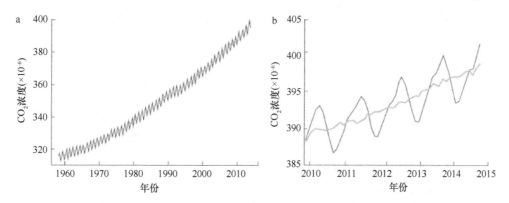

图 17.3　（a）在夏威夷冒纳罗亚山（Mauna Loa）观测站测得的 1958～2014 年中期大气中的 $CO_2$ 浓度；（b）过去 4 年 $CO_2$ 浓度季节性波动。峰值出现在北半球初期，之后光合作用会降低 $CO_2$ 浓度，直到生长季节结束（数据来源：斯克里普斯海洋学研究所和美国国家海洋和大气管理局地球系统研究实验室）

除化石燃料燃烧外，还有许多关于 $CO_2$ 来源的讨论，如热带森林砍伐和燃烧。IPCC（2013）估计，在化石燃料燃烧和水泥生产过程中，以碳排放的形式向大气释放了 375Pg（=petagram=Gt=$10^{15}$g）的 $CO_2$，而森林砍伐和其他土地利用变化带来的排放，估计为 180Pg $CO_2$。化石燃料消耗量也在不断上升，从 2000 年中期的 6.7Pg/年上升到 2013 年的 10Pg/年。第二个重要的温室气体实际上是水蒸气，但其趋势或变化尚不明确。水蒸气是对流层中最丰富的气体之一，当水蒸气和其他气溶胶凝结时，它们对大气具有净负辐射强迫，进而抵消了大部分来自其他温室气体的全球平均辐射强迫（IPCC，2013）。

第三个重要的温室气体是甲烷（$CH_4$）。据估计，从工业革命前的 720ppb（十亿分之一）上升到 2011 年的 1803ppb，其浓度增加了一倍以上。假定在 1980 年以前大气中 $CH_4$ 浓度稳定，那么在 1978～1999 年增加了 13%（Whalen，2005）。在第 6 章"湿地生物地球化学"中，将湿地描述为 $CH_4$ 气体的"源"，在本章后面的其他"源"和"汇"中进一步讨论。需要指出的是，如果有人认为，过去 100 年人类活动导致地球上一半以上的湿地消失，同时 $CH_4$ 浓度在不断增加，这就有点难以说通了。如果湿地是 $CH_4$ 的主要来源，那么在过去 100 年里，大气中的 $CH_4$ 含量就会减少。

第四个重要的温室气体是氧化亚氮（$N_2O$），同样也来自湿地。它是硝化作用尤其是反硝化作用的产物（见第 6 章"湿地生物地球化学"）。虽然 $N_2O$ 是反硝化作用的正常产物，但它在反硝化产物中所占比例很低，因为大部分硝酸盐转化为了氮气（$N_2$）。自工业化以来，大气中 $N_2O$ 增加了约 20%。

## 全球碳循环中的湿地

虽然湿地土壤中的碳被认为是全球碳收支和未来气候变化中的重要组成部分，但是很少有人研究湿地在这其中的作用，特别是温带和热带地区的湿地在全球碳循环中的作用。包括湿地在内的全球碳收支显示在图 17.4 中，图中也显示了湿地的相对贡献。下面我们将讨论湿地在碳收支中的作用，包括泥炭中的碳储存、泥炭和有机土壤开发中的固碳及 $CH_4$ 排放。本书中的碳收支是对《湿地》第四版中碳收支的重大修订（Mitsch and Gosselink，2007）。本版中的主要变化基于来自世界各地几个湿地的新数据（Mitsch et al.，2013），数据显示世界湿地固碳量有着显著增长，达到 1Pg/年 [=1000Tg（teragram）=$10^{15}$g/年]，并且化石燃料燃烧的碳排放量持续增加（从 2005 年左右的 6.3Pg/年增长到目前的 10Pg/年），本书前后两个版本的排放量增加了 60%。

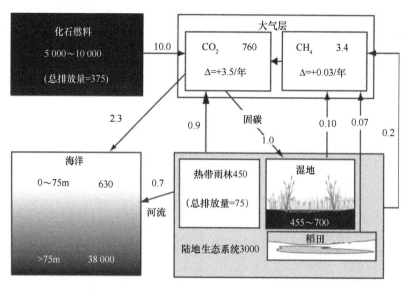

图 17.4 全球碳预算，评估湿地在碳循环中的作用。通量单位 Pg/年，储量单位 Pg，Pg=$10^{15}$g（$CH_4$ 从湿地和稻田中排放的数据来自 Bloom et al.，2010；陆地生态系统和化石燃料燃烧排放的 $CO_2$ 数据来自 IPCC，2013；湿地固碳数据来自 Mitsch et al.，2013）

## 泥炭储存和全球碳收支

世界湿地中的泥炭沉积物，特别是在北方高纬度地区和热带地区，是岩石圈中碳（C）的重要储存库。地球土壤中的泥炭总储存量为 1400～2500Pg C（Pg=$10^{15}$g），其中 20%～30%的碳储存在湿地中（Mitsch and Wu，1995；Roulet，2000；Hadi et al.，2005；Lal，2008）。然而，这些泥炭沉积物如果受到干扰，可能对全世界大气 $CO_2$ 水平提高有显著贡献，贡献大小则取决于泥炭沉积物的排水、氧化与有活力的湿地中泥炭形成之间的平衡。

## 固碳

目前许多研究都在估算各种温带和热带环境下湿地的固碳，以补充北半球泥炭地固碳的数据（表 17.1）。

对于北部泥炭地来说，泥炭垂直积累速率为 20～200cm/1000 年（见第 12 章 "泥炭地"），相当于泥炭沼泽每年的固碳速率为 10～50g C/($m^2$·年）。这样的速率是泥炭地固碳速率的典型区间（表 17.1）。在对世界上最近测量泥炭地碳沉积速率的 8 篇文献综述后发现，29g C/($m^2$·年)是泥炭地固碳速率合理的平均值（表 17.1）。

热带/亚热带湿地和沿海红树林及盐沼的固碳速率大多在 150～250g C/($m^2$·年)（表 17.1）。沿海湿地（盐沼、红树林、海草床）的固碳现在已经获得了国际的广泛支持和认可，部分原因是在文献和流行的报刊中将其称为 "蓝碳"（Mcleod et al.，2011；Vaidyanathan，2011；World Wildlife Fund，2012；http://thebluecarboninitiative.org/）。一些热带湿地固碳速率较高，如乌干达的莎草（*Cyperus*）湿地（Saunders et al.，2007），但哥斯达黎加和博茨瓦纳的季节性淹水湿地的固碳速率相对较低（Bernal and Mitsch，2013b）。在热带地区的长期研究中，Page 等（2004）调查了来自印度尼西亚加里曼丹地区的一个热带泥炭沼泽中 9.5m 长的泥炭柱芯，分析表明该地区的平均固碳速率在 24 000 年间为 56g C/($m^2$·年)，在过去 500 年间，土柱上层的固碳速率为 94g C/($m^2$·年)（表 17.1）。热带湿地中泥炭的累积可能更多的是由于在稳定的高含水量条件下，根系和木质材料中难分解的木质素分解缓慢，而不是因为高生产力（Chimner and Ewel，2005）。季节性淹水的热带湿地的固碳速率较低，可能是由于全年高温，特别是在旱季或者火灾的情况下，会引起一些碳被氧化。

**表 17.1　湿地的固碳速率**

| 湿地类型 | 固碳速率［g C/(m²·年)］ | 参考文献 |
|---|---|---|
| **北部泥炭地** | | |
| 北方泥炭地 | 29±13（n＝8） | Mitsch et al.，2013 |
| 北方泥炭地 | 15～26 | Turunen et al.，2002 |
| 温带泥炭地 | 10～46 | Turunen et al.，2002 |
| 俄罗斯苔原泥炭地 | −8～38 | Heikkinen et al.，2002 |
| **滨海湿地** | | |
| 北美红树林 | 180 | Chmura et al.，2003 |
| 北美盐沼 | 220±20 | Chmura et al.，2003 |
| 北美淡水潮汐湿地 | 140 | Craft，2007；Craft et al.，2009 |
| 北美咸水沼泽 | 240±30 | Craft，2007；Craft et al.，2009 |
| 北美盐沼 | 190±40 | Craft，2007；Craft et al.，2009 |
| 东南亚红树林沼泽 | 90～230 | Suratman，2008 |
| 澳大利亚东南未干扰的滨海湿地 | 105～137 | Howe et al.，2009 |
| 澳大利亚东南受干扰的滨海湿地 | 64～89 | Howe et al.，2009 |
| 红树林（全球） | 160±40 | Breithaupt et al.，2012 |
| 红树林（全球） | 226±39 | Mcleod et al.，2011 |
| **热带、亚热带淡水湿地** | | |
| 热带、亚热带湿地 | 194±56（n＝6） | Mitsch et al.，2013 |
| 佛罗里达大沼泽地（一般值） | 86～387 | Reddy et al.，1993 |
| 印度尼西亚热带淡水湿地 | 56（土芯年龄 24 000 年） | Page et al.，2004 |
| 印度尼西亚热带淡水湿地 | 94（土芯年龄 500 年） | Page et al.，2004 |
| 乌干达莎草（Cyperus）湿地 | 480 | Saunders et al.，2007 |
| 美国佛罗里达州落羽杉沼泽 | 122 | Craft et al.，2008 |
| 美国佐治亚州落羽杉沼泽 | 36 | Craft et al.，2008 |
| 美国佛罗里达大沼泽地克拉莎（Cladium） | 19～46 | Craft et al.，2008 |
| 哥斯达黎加热带流水沼泽 | 222～465（3 点均值=306） | Bernal and Mitsch，2013b |
| 哥斯达黎加热带森林盆地湿地 | 61～131（3 点均值=84） | Bernal and Mitsch，2013b |
| 哥斯达黎加热带季节性干旱洪泛平原湿地 | 80～89（3 点均值=84） | Bernal and Mitsch，2013b |
| 博茨瓦纳热带季节性淹水洪泛平原湿地 | 33～53（3 点均值=42） | Bernal and Mitsch，2013b |
| 美国佛罗里达大沼泽地——落羽杉纯林 | 98 | Villa and Mitsch，2015 |
| 美国佛罗里达大沼泽地——美国水松纯林 | 64 | Villa and Mitsch，2015 |
| 美国佛罗里达大沼泽地——湿草甸 | 39 | Villa and Mitsch，2015 |
| 美国佛罗里达大沼泽地——陆地淹水松林 | 22 | Villa and Mitsch，2015 |
| **温带淡水沼泽** | | |
| 温带湿地 | 278±42（n＝7） | Mitsch et al.，2013 |
| 美国俄亥俄州北部温带流水湿地 | 140±16（n＝3） | Bernal and Mitsch，2012 |
| 美国俄亥俄州洼地沼泽 | 317±93（n＝3） | Bernal and Mitsch，2012 |
| 丹麦芦苇（Phragmites）沼泽 | 504 | Brix et al.，2001 |
| **建造湿地和恢复湿地** | | |
| 北美壶穴湿地 | | Euliss et al.，2006 |
| 恢复后的壶穴湿地（半永久淹水） | 305 | |
| 参考湿地 | 83 | |
| 荷兰废弃泥炭草甸 | 280 | Hendriks et al.，2007 |
| 美国俄亥俄州温带建造河边流水湿地 | | |
| 建造 10 年后 | 181～193 | Anderson and Mitsch，2006 |
| 建造 15 年后 | 219～267 | Bernal and Mitsch，2013a |
| 参考湿地 | 140 | Bernal and Mitsch，2013a |

资料来源：更新自 Mitsch et al.，2013

在 Mitsch 等（2013）调查的三种气候中，温带淡水湿地的固碳速率最高。温带地区湿地的固碳速率为 230~320g C/(m²·年)（表 17.1）。根据 Brix 等（2001）的估算，丹麦一个高生产力的芦苇沼泽的固碳速率高达 500g C/(m²·年)以上。

建造湿地和恢复湿地可能是固碳的最佳机会。在美国俄亥俄州两个人工建造的低洼湿地中，湿地建成 10 年后的固碳速率为 180~190g C/(m²·年)（Anderson and Mitsch，2006），而到 15 年时，固碳速率增加到 220~270g C/(m²·年)（Bernal and Mitsch，2013a；图 17.5）。大约四分之一的碳以无机碳的形式固存下来，且由于水柱中的巨大力量，它们沉淀为方解石和（或）碳酸钙（CaCO₃）。Euliss 等（2006）比较了几个已经恢复十几年的北美草原壶穴湿地的固碳速率，发现固碳速率为 305g C/(m²·年)，为表 17.1 中最高的数字之一。这一结果并不难理解，因为在这些情况下，湿地恢复意味让农田重新淹水、再湿，使有机碳再次在土壤中积累。为了方便比较，Euliss 等（2006）基于 2mm/年的平均碳积累速率，估算出了该地区参考（自然）沼泽的固碳速率为 83g C/(m²·年)。

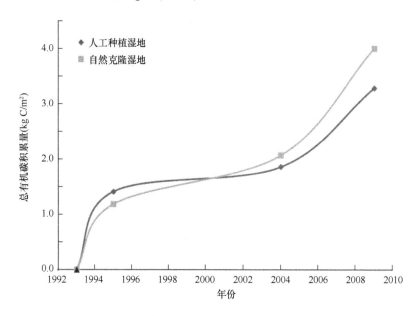

图 17.5 美国俄亥俄州中部一个 15 年以上的 1hm² 建造湿地中，两种原生演替、流水湿地总有机碳积累量的变化[其中 1995 年碳的数据来自 Nairn（1996）；2004 年的数据来自 Anderson 等（2005）、Anderson 和 Mitsch（2006）；2009 年的数据来自 Bernal 和 Mitsch（2013a）]"人工种植湿地"在 1994 年 5 月种植 13 种 2500 株本土植物，另一个"自然克隆湿地"为自然无性繁殖，作为未种植对照组；两个湿地以相同的水文条件运行 15 年（Mitsch et al.，2012；引自 Bernal and Mitsch，2013a）

## 甲烷排放

湿地排放的甲烷占目前全球甲烷排放量的 20%~25%，为 115~170Tg CH₄/年（Tg = 10¹²g；表 17.2）。因此，在关于湿地与气候变化的讨论中，这些"自然排放"常常最受关注。此外，稻田基本上是家庭湿地，其甲烷排放量为 60~80Tg CH₄/年。其他一些人为排放源占甲烷排放量的大部分。据估计，100 年后，CH₄ 在分子水平上的全球增温潜能是 CO₂ 的 25 倍，因此甲烷排放是一个值得关注的问题。

近来有研究表明，热带湿地的甲烷排放比最初认为的更重要（IPCC，2013）。Bloom 等（2010）提出，湿地和稻田甲烷排放总量（227Tg CH₄/年；表 17.2）的 58%（132Tg CH₄/年）来自热带地区。Sjögerstenetd 等（2014）通过对现有文献等进行网络分析，估算出热带湿地甲烷排放量为（90±77）Tg CH₄/年。他们认为，热带地区矿质土壤湿地的甲烷排放量大于有机质土壤湿地的甲烷排放量。

**表 17.2  湿地及其他排放源的甲烷排放量（Tg CH₄/年）[a]**

| 排放源 | Megonigal 等（2004） | Whalen（2005） | Bloom 等（2010） |
|---|---|---|---|
| **自然湿地** | 115 | 145 | 170 |
| 热带 | 65 | | |
| 北方高纬度地区 | 40 | | |
| 其他 | 10 | | |
| **其他自然排放源 [b]** | 45 | 45 | |
| **人为活动** | | | |
| 水稻田 | 60 | 80 | 57 |
| 其他 [c] | 315 | 330 | |
| **合计** | 535 | 600 | |

注：a. Tg = 10¹²g

b. 其他自然排放源包括：白蚁、海洋、淡水及地质活动

c. 其他人为排放源包括：化石燃料燃烧、垃圾填埋、废水处理、动物粪便、反刍动物肠道发酵及生物质燃料燃烧

$CH_4$ 排放实际上是微生物群落同时进行的两个竞争过程的结果（参见第 6 章 "湿地生物地球化学"中 "产甲烷过程"和 "甲烷氧化"两部分内容）（图 17.6）。有氧呼吸对有机物的降解在能量传递方面是相当有效的。由于湿地土壤缺氧的性质，能量传递效率较低的厌氧过程发生在有氧过程附近。当产甲烷菌微生物使用 $CO_2$ 作为用于产生气态 $CH_4$ 的电子受体时，或使用来自甲基的有机化合物这类低质量的有机化合物时，就会生成甲烷。$CH_4$ 产生需要苛刻的还原条件，在其他末端电子受体氧（$O_2$）、硝酸盐（$NO_3^-$）和硫酸盐（$SO_4^{2-}$）已经被还原后，氧化还原电位小于–200mV 时方可产生。

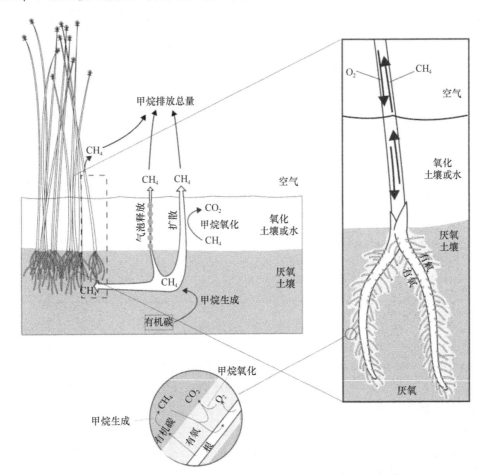

图 17.6  在湿地土壤和植物维管系统中 $CH_4$ 排放、气泡释放及 $CH_4$ 氧化的概念模型（引自 Conrad，1993；Whalen，2005）

相反，非水淹的旱地土壤（如森林、草地、耕地）被认为是大气中 $CH_4$ 的主要生物汇（总体上是对流层光化学产生的 $CH_4$ 的汇）。专性好氧甲烷氧化菌使用分子氧将 $CH_4$ 氧化成 $CO_2$ 和多孔碳。大气中 $CH_4$ 的消耗是两个生理上截然不同的微生物群作用的结果：①具有膜结合酶系统的甲烷氧化菌；②自养硝化菌群落。其中甲烷氧化菌的消耗量约为 30Tg $CH_4$/年（Whalen，2005）。

淡水湿地中的 $CH_4$ 排放量比盐水湿地高得多。盐水湿地中 $CH_4$ 排放量低的一个主要原因是淡水中的硫酸盐与碳氧化合物的相互竞争，从而使海水中的硫酸盐浓度高于淡水中的硫酸盐浓度（见第 6 章"湿地生物地球化学"中"碳-硫交互作用"部分）。对世界各地淡水湿地研究的结果表明，$CH_4$ 排放量的波动范围相当大（表 17.3），并且给出湿地 $CH_4$ 排放准确测量结果的很少，所有研究结果都呈正态分布。甲烷的气泡释放（图 17.6）很常见，但如果频率很高则测定很困难。总之，在湿地内进行准确、可重复的 $CH_4$ 排放测定是非常困难的。

**表 17.3　淡水湿地的甲烷排放**

| 气候及湿地类型 | 甲烷排放量 [g C/(m²·年)] | 参考文献 |
|---|---|---|
| **北半球高纬度地区的湿地** | | |
| 泥炭地（一般值） | $19 \pm 7$ ($n=8$) | Mitsch et al.，2013 |
| 加拿大泥炭地 | <7.5 | Moore and Roulet，1995 |
| 俄罗斯泥炭地 | $-1.2 \sim 12$ | Heikkinen et al.，2002 |
| **热带、亚热带淡水湿地** | | |
| 热带、亚热带湿地 | $119 \pm 40$ ($n=6$) | Mitsch et al.，2013 |
| 巴西亚马孙雨林 | $40 \sim 215$ | Devol et al.，1988 |
| 巴西亚马孙雨林 | 30 | Melack et al.，2004 |
| 委内瑞拉奥里诺科洪泛平原 | 9 | Smith et al.，2000 |
| 哥斯达黎加热带流水湿地 | $33 \pm 5$ | Nahlik and Mitsch，2011 |
| 哥斯达黎加热带受干扰的洪泛平原湿地 | $263 \pm 64$ | Nahlik and Mitsch，2011 |
| 哥斯达黎加雨林盆地湿地 | $220 \pm 64$ | Nahlik and Mitsch，2011 |
| 博茨瓦纳季节性淹水草本沼泽 | $72 \pm 8$ | Mitsch et al.，2013 |
| 美国佛罗里达州西南亚热带落羽杉纯林（4 个湿地群落） | $1 \sim 49$ | Villa and Mitsch，2014 |
| **温带淡水湿地** | | |
| 温带湿地 | $58 \pm 15$ ($n=7$) | Mitsch et al.，2013 |
| 澳大利亚死水潭 | $12 \sim 22$ | Sorrell and Boon，1992 |
| 温带森林沼泽 | 35 | Bartlett and Harriss，1993 |
| 美国弗吉尼亚州淡水草本沼泽 | 62 | Whiting and Chanton，2001 |
| 美国路易斯安那州淡水草本沼泽 | $3 \sim 225$ | Delaune and Pezeshki，2003 |
| 美国路易斯安那州洼地硬木林 | 10 | Yu et al.，2008 |
| 美国密西西比州泉水补给湿地 | 51 | Koh et al.，2009 |
| 美国俄亥俄州流水湿地（边缘区全年脉冲和稳定水流） | $19 \pm 6$ | Altor and Mitsch，2008 |
| 美国俄亥俄州流水湿地（脉冲水流在淹水区整年持续流动） | $49 \pm 9$ | Altor and Mitsch，2008 |
| 美国俄亥俄州持续有河水流入的湿地（全年持续淹水区水流稳） | $97 \pm 19$ | Altor and Mitsch，2008 |
| 美国俄亥俄州温带建造草本沼泽 | $30 \pm 14$ | Nahlik and Mitsch，2010 |
| 美国俄亥俄州参考流水湿地 | $57 \pm 18$ | Nahlik and Mitsch，2010 |

资料来源：数据更新自 Mitsch et al.，2013

大多数早期的 $CH_4$ 排放研究都是在气候寒冷的北半球高纬度地区的泥炭沼泽（雨养泥炭沼泽和矿养泥炭沼泽）中进行的。Moore 和 Roulet（1995）认为，加拿大每年 $CH_4$ 排放量测量值大多小于 10g $CH_4$/(m²·年)，其主要控制机制是土壤温度、水位的位置或两者的结合。根据最近使用的现代野外和实验室方法的研究，我们估计北方湿地的 $CH_4$ 排放量一般为 $15 \sim 25$g C/(m²·年)（表 17.3）。Gorham（1991）为了确定北方泥炭地甲烷排放对全球的贡献，对甲烷排放的早期估计是 28g C/(m²·年)。一般来说，泥炭沼泽的 $CH_4$ 排放量远低于矿质营养丰富的沼泽。Aselmann 和 Crutzen（1989）认为，$CH_4$ 排放量由低到高的排列顺序为：雨养泥炭沼泽、矿养泥炭沼泽、森林沼泽、草本沼泽、水稻田。温带湿地的甲烷排放量通常在 $40 \sim 75$g C/(m²·年)（表 17.3），尽管数值经常变化很大。

Nahlik 和 Mitsch（2010）对温带人工建造湿地和自然湿地进行了比较，得出一项有趣的发现：美国俄亥俄州天然流水参考湿地的 $CH_4$ 排放量几乎是该州建造 15 年人工流水湿地排放量的 2 倍［分别为 57g C/(m²·年) 和 30g C/(m²·年)；表 17.3］。这表明，建造和恢复湿地的 $CH_4$ 排放，即使建造 15 年后，可能也无法与自然湿地相比。

几年前，在俄亥俄州这些建造湿地上，利用 6 个水泵供水，在 2004 年正常雨季即 1～6 月每月淹水一次，并在下一年（2005 年）全年保持水位稳定。季节性脉冲淹水期间的 $CH_4$ 排放通量比稳定淹水年的 $CH_4$ 排放通量要低得多（Altor and Mitsch，2008）（图 17.7）。湿地连续淹水区和间歇淹水区边缘 $CH_4$ 排放通量两年间也有较大差异（图 17.7）。这些结果意味着保持河流和河流湿地水体自由流动与周期性淹水对减少甲烷排放具有重要意义，而不是保持水位和流量长期稳定。洪水有助于减少 $CH_4$ 排放。

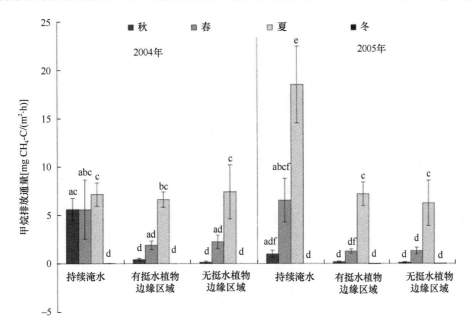

图 17.7　水体流动情况下，脉冲淹水年（2004 年）和稳定淹水年（2005 年）美国俄亥俄州中部河边实验湿地平均甲烷排放通量。不同字母表示不同样地、季节或年份间的显著性差异（$P < 0.05$），竖棒表示标准误差（引自 Altor and Mitsch，2008）

### 苹果和橘子的比较：湿地甲烷生产和固碳的净平衡

湿地保护人员、恢复和建造湿地的生态工程师及气候学家对于湿地如何适应气候变化都有一些迷惑之处。一方面，湿地正在制造一种温室气体 $CH_4$（并且一直在这样做），另一方面，世界上的湿地正在固存碳，并且有些湿地的固碳速率很高。事实上，现在我们经济运行中的一些化石燃料来自沼泽固存的有机碳。湿地对气候变化是好是坏？

Mitsch 等（2013）建立了一个包括土壤固碳和 $CH_4$ 排放的动态碳模型（图 17.8）来研究这个问题。该模型的特点是涉及湿地与大气的碳交换两个过程：湿地向大气排放 $CH_4$ 和大气中的 $CO_2$ 与湿地发生的交换。模型参数包括半衰期为 7 年的 $CH_4$、$CH_4$ 的全球增温潜势（GWP）。输入数据包括世界各地 16 个自然湿地的 $CH_4$ 排放和固碳数据，然后进行模拟。二氧化碳当量（$CO_2$ eq）确定为

$$CO_2eq = CO_2 + (GWP_M \times M_{CH_4}) \tag{17.1}$$

式中：

　$CO_2$=大气中的二氧化碳，g $CO_2$/m²

　$M_{CH_4}$=大气中的甲烷，g $CH_4$/m²

　$GWP_M$=甲烷全球增温潜势=100 年为 25

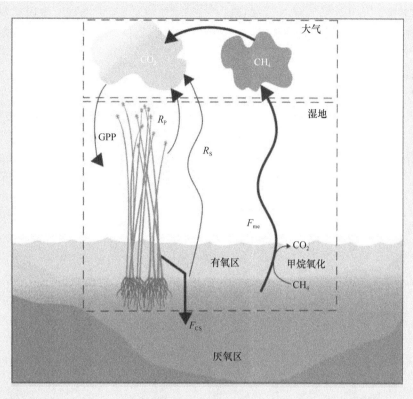

彩图请扫码

图 17.8　根据 $CH_4$ 相对于 $CO_2$ 的全球增温潜势（GWP），以及 $CH_4$ 在大气中的线性衰减设计的湿地碳模拟模型，用于估算固碳和 $CH_4$ 排放随时间的净效应（GPP=总初级生产力；$R_P$=植物呼吸；$R_S$=土壤呼吸；$F_{CS}$=净固碳量；$F_{me}$=甲烷排放）（引自 Mitsch et al., 2013）

　　模型模拟的结果显示，在 100 年内，16 个湿地中大部分成为辐射强迫的净汇。这是因为 $CH_4$ 排放对大气的影响是暂时的，$CH_4$ 最终衰减为 $CO_2$，并被永久埋藏在湿地土壤中。在这组模拟中，16 个湿地只有 2 个仍然是辐射源。而这两个"源"都是俄罗斯的泥炭地，两者都因被排干已经成为 $CO_2$ 的源了。如果一个湿地是 $CO_2$ 的源，那么它将永远是一个辐射源。该模型结果表明，如果湿地的自然水文情况完好无损，并且湿地从大气中吸收了一部分 $CO_2$，那么毫无疑问，它将成为辐射强迫的净汇，从而有利于气候。

## 气候变化反馈

　　一个有趣的问题是，北方气候区大量储存的泥炭与气候变化可能存在潜在的正反馈。世界土壤中储存的碳比大气中多得多（图 17.4），如果气候变暖并加速泥炭地的分解，那么这些泥炭地就有可能通过有氧呼吸和可能的火灾，成为大气中碳的另一个主要来源。Davidson 和 Janssens（2006）总结了排水和通气良好的陆地与排水差、土壤厌氧的泥炭地之间的比较。他们认为，与陆地土壤相比，泥炭地土壤非常容易受到气候变化的影响（表 17.4），尽管泥炭地土壤在地球景观中所占比例相对较小。到 2100 年，泥炭地将释放 1000 亿 t 碳（Pg C），这意味着在未来几年内，碳的释放速度将与目前化石燃料释放的速度相当。如果泥炭地的生产力随着温度的升高而增加，它可能抵消这种正反馈，甚至导致负反馈，即更多的碳被固定而不是释放。

　　Christensen（1991）预测，如果全球变暖 5%，苔原将从 $CO_2$ 的净"汇"变为碳排放量高达 1.25Pg/年的净排放源，主要是由于热融侵蚀、多年冻土区活动层加深、水位降低及温度升高。Tarnocai（2006）更直接地预测了亚北极和加拿大北方地区的北部冻结泥炭地将严重退化，加拿大北方地区的南部将出现严

表 17.4　世界地下碳储量及其到 2100 年因全球变暖造成的潜在损失

| 碳库 | 碳库大小（Pg C） | 到 2100 年，全球变暖造成的潜在损失 |
| --- | --- | --- |
| 陆地碳库（3m 深） | 2300 | 0～40 |
| 泥炭地碳库（3m 深） | 450 | 100 |
| 永久冻土 | 400 | 100 |

资料来源：Davidson and Janssens，2006

重干旱。到 21 世纪末，这一地区的气温将升高 3～5℃，海洋温度将升高 5～7℃。受影响的地区约占加拿大所有湿地有机碳总量的 50%。

一般来说，温度的升高和水位的变化是湿地产生 $CH_4$、$CO_2$ 的重要变量，但人们对 $CH_4$ 产生的重要性了解较少。Roulet 等（1992）使用了一个亚北极沼泽模型，输入参数为：温度升高 3℃、地下水水位下降 14～22cm，由此估算出温度升高使 $CH_4$ 通量提高了 5%～40%，但是水位下降使 $CH_4$ 通量降低了 74%～81%。在干燥条件下，引起 $CH_4$ 通量降低的原因是产甲烷活跃区的减少和好氧层中 $CH_4$ 氧化作用的增强。因此，全球温度升高的影响在局部地区将取决于诱导水文变化的气温升高。

## 碳收支

鉴于泥炭地生态系统在全球碳动态中的重要性，泥炭地的碳收支已经引起了人们的极大兴趣。第 6 章 "湿地生物地球化学" 已经给出了单个人工湿地的碳收支。人们普遍认为北方泥炭地曾经是碳汇，但很少有人认为它们是当代的碳汇。泥炭地碳收支既包括小型泥炭地（Carroll and Crill，1997；Waddington and Roulet，1997），又包括以大规模泥炭地为优势的流域（Rivers et al.，1998）。在后者中，美国明尼苏达州阿加西湖(Agassiz Lake)以泥炭地为优势的面积为 1500km$^2$ 的集水区净碳储量为 12.7g C/(m$^2$·年)，但该集水区在固碳和碳排放之间存在微弱平衡（图 17.9）。碳输入的来源是地下水、降水和群落净生产力，而碳输出则是地下水、地表径流和 $CH_4$ 排放。根据一项配套研究（Glaser et al.，1997）的估计，泥炭地正以 1mm/年（100cm/1000 年）的速率积累。这一收支情况说明准确的水文测量及生物生产力测量在准确确定湿地和湿地景观的碳收支方面的重要性。

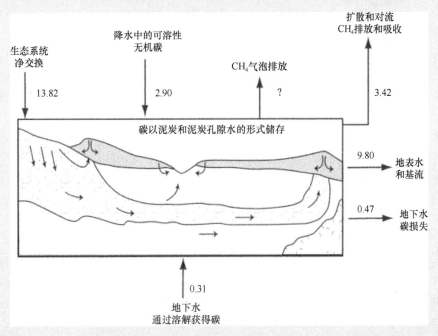

图 17.9　美国明尼苏达州北部阿加西湖泥炭地 1500km$^2$ 湍急的河流集水区的碳收支 [通量单位 g C/(m$^2$·年)]（模仿自 Rivers et al.，1998）

# 气候变化对湿地的影响

湿地可能是缓解化石燃料排放对气候的影响的关键生态系统。相反，海平面和温度的变化可能会对滨海湿地与内陆湿地产生重大影响。

## 滨海湿地

气候变化对湿地造成的主要影响之一是海平面上升对沿海湿地的影响。据估计，下个世纪海平面将上升 50～200cm（图 17.2 显示，当前海平面上升速度为 32cm/世纪）。据估计，如果海平面上升 100cm，则《湿地公约》中的国际重要湿地半数将受到威胁（Nicholls，2004）。到 2080 年海平面上升 44cm 后，滨海湿地面积丧失风险最大的区域如图 17.10 所示。如果海平面上升，但沼泽沉积没有以同样的速度增加沼泽的高度，那么滨海沼泽将由于淹水、侵蚀和盐水入侵而逐渐消失。因为世界上大部分的海岸线都已经开发了，所以通过建造防水墙或防浪堤坝来保护陆地免受海水淹没的努力将会加剧这个问题。实质上，湿地被困在海平面不断上升的大海和受到保护的陆地之间，这种情况在荷兰和中国已经持续了几个世纪。这种效应被称为海平面上升的"沿海挤压"（Nicholls，2004）。即使在大部分滨海湿地分布的地区没有防浪堤坝，湿地上方的坡度也比湿地陡，因此，海平面上升会导致湿地面积的净损失（Titus，1991）。

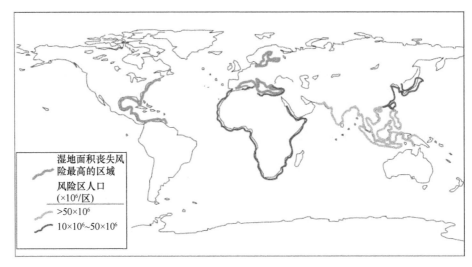

图 17.10 到 2080 年海平面上升 44cm 后，滨海湿地面积丧失风险最高的区域（引自 IPCC，2001）

对美国沿海湿地损失的估计各不相同，其中许多变化取决于假定的海平面上升和不惜一切代价对陆地的保护程度（表 17.5）。如果没有海岸线保护，海平面上升 1m 将使滨海湿地减少 26%～66%。如果出台的政策是保护所有陆地，那么根据预测，湿地损失将急剧增加到 50%～82%。这些数据在多大程度上可以外推到世界上其他地区，目前尚不清楚。在长期开发的海岸线，如欧洲和远东，损失可能会小一些。

**表 17.5　美国滨海湿地随海平面上升而丧失的湿地百分比预测**

| | 海平面上升 | | |
| --- | --- | --- | --- |
| | 0.5m | 1m | 2m |
| 如果没有海岸线保护 | 17%～43% | 26%～66% | 29%～76% |
| 如果高强度开发的陆地得到保护 | 20%～45% | 29%～69% | 33%～80% |
| 如果所有的陆地都得到保护 | 38%～61% | 50%～82% | 66%～90% |

资料来源：Titus，1991

美国路易斯安那州的密西西比河三角洲可能是观察全球海平面上升对滨海湿地的影响的一个典范。在这里，海平面的"明显"上升已经达到 1m/100 年（1cm/年），这主要是因为沉积物的沉积，而不是海平面的实际上升。在这个三角洲沼泽内，沉积物垂直建造与沉积速率并不匹配，部分原因是密西西比河当前的产沙量仅为 1850 年的 20%（Kesel and Reed，1995），密西西比河的河水被束缚在堤坝内，春汛期间河流沉积物无法输送到湿地。因此，这个地区是美国湿地损失率最高的地区。Day 等（2005）描述了全球气候变化对三角洲正在进行的湿地恢复活动的影响。到 2100 年，海平面可能会上升 30～50cm，相对的海平面上升速率将从 1cm/年（主要是由于地面沉降）增加到 1.3～1.7cm/年，这将加剧路易斯安那三角洲的湿地损失，使情况进一步恶化。此外，Day 等（2005）指出，由于气温已经变暖，在三角洲的几个地方，红树林沼泽开始取代它们在温带的类型——盐沼。这种红树林沼泽的扩张是亚热带地区的另一种预期效果，而以前这些地区主要是盐沼。红树林沼泽和盐沼是宝贵的沿海生态系统，但这种生态系统替代的总体影响尚不清楚。

### 滨海湿地管理

面对海平面上升，几乎没有管理沿海湿地的可能性。图 17.11 显示了两种未来的情况。在方案 1 中，海平面上升时修建防水墙保护房屋，盐沼消失或被"挤出"。在第二种情况下，房屋被移至更高的陆地上，给湿地留出了空间，这时如果坡度较缓并有足够的沉积物来源，就会开始形成湿地。

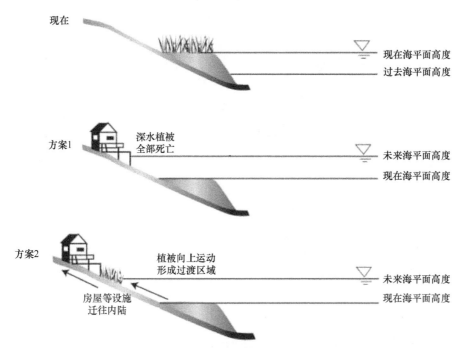

图 17.11　面对海平面上升的滨海湿地管理方案：不将人类的住所迁往内陆（方案 1）；人类活动全部前往内陆，为湿地提供空间（方案 2）（引自 Titus，1991）

方案 2 模型类似北美洲五大湖的湿地，几个世纪以来，这些湿地都是"滑板上的湿地"，随着湖水位频繁（几十年的周期）变化，湿地向陆地、湖区移动（Mitsch，1992）。在过去的一个世纪里，随着湖岸线的稳定，筑堤保护五大湖沿岸的湿地成为当地居民生存的必要条件。

Day 和 Templet（1989）、Day 等（2005）在对美国路易斯安那州明显上升的海平面广泛调查后得出结论：通过综合性长期规划，应用生态工程原理，依靠自然能量（如上游河流沉积物、淡水、植被生产力、风、水流和潮汐等，越多越好），我们可以在海平面上升时期管理海岸。

## 内陆湿地

海平面上升引起的气候变化，特别是温度变化（图 17.1），不仅会影响滨海湿地，还可能会影响内陆湿地的功能和分布。在苔原地区，永久冻土的任何融化都将导致湿地的丧失。在北方和温带地区，气候变化将导致降雨模式的改变，从而影响补给湿地的径流和地下水。一般来说，降水减少或蒸散发增加，可能不会改变湿地类型，但会使现有湿地的洪水发生频率降低。更大的降水模式将增加内陆湿地洪水时间长度和淹水深度。最易受降水影响的是洼地湿地，这些湿地汇水区较小，并且位于干旱和中等湿度气候区之间，如北美洲的草原壶穴湿地。

Johnson 等（2005）研究了气候变化对北美洲草原壶穴区（prairie pothole region，PPR）的影响。这些湿地正好处在降水丰沛的东部地区和干旱的西部地区中间，供养了北美洲大陆 50%～80%的鸭群。

Johnson 等（2005）通过湿地模拟模型，预测了三种气候情景下壶穴区域中的哪些具体区域会拥有优越的水资源：①温度升高 3℃，降水量不变；②温度升高 3℃，降水量增加 20%；③温度升高 3℃，降水量减少 20%（图 17.12）。基本上，任何温度的升高加上降水量的减少都会使适宜鸭子生活的区域往东移。总体而言，气候变化会削弱北美洲草原壶穴区中西部湿地保育的效益。模拟结果进一步表明，为了改善气候变化对水禽种群的潜在影响，恢复北美洲草原壶穴区湿润边缘地带湿地可能是必要的（Johnson et al.，2005）。

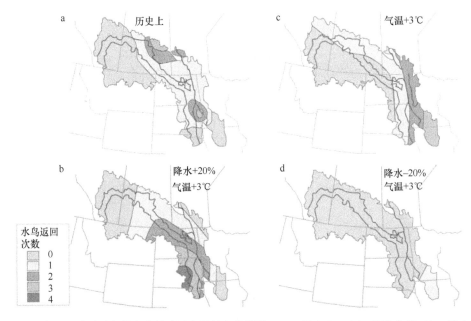

图 17.12　北美洲草原壶穴湿地最适宜的水鸟繁殖区和覆被条件模拟：（a）历史上；（b）温度升高 3℃，降水量不变；（c）温度升高 3℃，降水量增加 20%；（d）温度升高 3℃，降水量减少 20%（引自 Johnson et al.，2005，经许可转载）

## 内陆湿地管理

有限的试验，特别是在稻田中的试验，提出了一些适于内陆湿地的管理方法，特别是减少 $CH_4$ 排放。Sass 等（1992）观测了美国得克萨斯州一些稻田中 4 种不同的水管理方式对甲烷排放的影响，发现暂时排水（季节中期排水和多次曝气）减少了 $CH_4$ 排放，这是由好氧层中 $CH_4$ 的消耗增加和 $CH_4$ 的生成下降造成的。这种管理可能只有在对水位有充分控制的地势平坦的湿地系统中才可行。

养分和堆肥管理也可以减少甲烷排放。湿地中有机质碳氮比（C∶N）与 $CH_4$ 排放之间可能存在一定关系，但趋势尚不明确。Yagi 和 Minami（1990）在日本的稻田中发现，稻田施用碳氮比低（富氮）的堆肥比施用碳氮比高的稻草，甲烷排放量更低。而 Schutz 等（1989）则得出了相反结论，它们发现在施用堆肥的稻田中甲烷排放量高。因硫酸盐与甲烷生成此消彼长，所以加强硫酸盐还原通常被认为是减少 $CH_4$ 排放的一种管理方法，这一直被认为是咸水湿地甲烷生成低于淡水湿地的主要原因之一。

将淡水湿地的 $CH_4$ 排放量降至最低的简单管理方法之一，是让湿地保持自然波动的水文周期，或在某些情况下保持脉冲式水文条件。上述 Altor 和 Mitsch（2006，2008）的研究表明，脉冲式水文条件下的 $CH_4$ 排放量远低于永久淹水条件下的 $CH_4$ 排放量。

目前我们无法非常肯定地估计湿地是重要的全球碳"源"还是碳"汇"。然而，在湿地中管理 $CO_2$ 和 $CH_4$ 排放的管理机会不多，不足以对全球碳平衡产生重大影响。

## 推荐读物

Mitsch, W. J., B. Bernal, A. M. Nahlik, U. Mander, L. Zhang, C. J. Anderson, S. E. Jørgensen, and H. Brix. 2013. Wetlands, carbon, and climate change. *Landscape Ecology* 28: 583–597.

The Royal Society and the National Academy of Sciences. 2014. *Climate Change: Evidence and Causes.* An overview from the Royal Society and the US National Academy of Sciences. London and Washington DC: Royal Society and US NAS.

Whalen, S. C. 2005. Biogeochemistry of methane exchange between natural wetlands and the atmosphere. *Environmental Engineering Science* 22: 73–94.

## 参考文献

Altor, A. E., and W. J. Mitsch. 2006. Methane flux from created riparian marshes: Relationship to intermittent versus continuous inundation and emergent macrophytes. *Ecological Engineering* 28: 224–234.

Altor, A. E., and W. J. Mitsch. 2008. Pulsing hydrology, methane emissions, and carbon dioxide fluxes in created marshes: A 2-year ecosystem study. *Wetlands* 28: 423–438.

Anderson, C. J., W. J. Mitsch, and R. W. Nairn. 2005. Temporal and spatial development of surface soil conditions in two created riverine marshes. *Journal of Environmental Quality* 34: 2072–2081.

Anderson, C. J., and W. J. Mitsch. 2006. Sediment, carbon, and nutrient accumulation at two 10-year-old created riverine marshes. *Wetlands* 26: 779–792.

Aselmann, I., and P. J. Crutzen. 1989. Global distribution of natural freshwater wetlands and rice paddies, their net primary productivity, seasonality and possible methane emissions. *Journal of Atmospheric Chemistry* 8: 307–358.

Bartlett, K. B., and R. C. Harriss. 1993. Review and assessment of methane emissions from wetlands. *Chemosphere* 26: 261–320.

Bernal, B., and W. J. Mitsch. 2012. Comparing carbon sequestration in temperate freshwater wetland communities. *Global Change Biology* 18: 1636–1647.

Bernal, B., and W. J. Mitsch. 2013a. Carbon sequestration in two created riverine wetlands in the Midwestern United States. *Journal of Environmental Quality* 42: 1236–1244.

Bernal. B., and W. J. Mitsch. 2013b. Carbon sequestration in freshwater wetlands of Costa Rica and Botswana. *Biogeochemistry*. 115: 77–93.

Bloom, A. A., P. I. Palmer, A. Fraser, D. S. Reay, and C. Frankenberg. 2010. Large-scale controls of methanogenesis inferred from methane and gravity spaceborne data. *Science* 327: 322–325.

Breithaupt, J. L., J. M. Smoak, T. J. Smith, C. J. Sanders, and A. Hoare 2012, Organic carbon burial rates in mangrove sediments: Strengthening the global budget. *Global Biogeochem.* Cycles 26: GB3011.

Brix, H., B. K. Sorrell, and B. Lorenzen. 2001. Are *Phragmites*-dominated wetlands a net source or net sink of greenhouse gases? *Aquatic Botany* 69: 313–324.

Carroll, P., and P. Crill. 1997. Carbon balance of a temperate poor fen. *Global Biogeochemical Cycles* 11: 349–356.

Chimner, R. A., and K. C. Ewel. 2005. A tropical freshwater wetland: II. Production, decomposition, and peat formation. *Wetlands Ecology and Management* 13: 671–684.

Chmura, G. L., S. C. Anisfeld, D. R. Cahoon, and J. C. Lynch. 2003. Global carbon sequestration in tidal, saline wetland soils. *Global Biogeochemical Cycles* 17:1111.

Christensen, T. 1991. Arctic and sub-Arctic soil emissions: Possible implications for global climate change. *Polar Record* 27: 205–210.

Conrad, R. 1993. Controls of methane production in terrestrial ecosystems. In M. O. Andreae and D. S. Schimel, eds. *Exchange of Trace Gases between Terrestrial Ecosystems and the Atmosphere*. John Wiley & Sons, New York, pp. 39–58.

Craft, C. 2007. Freshwater input structures soil properties, vertical accretion, and nutrient accumulation of Georgia and U.S. tidal marshes. *Limnology and Oceanography* 52:1220–1230.

Craft, C., C. Washburn, and A. Parker. 2008. Latitudinal trends in organic carbon accumulation in temperate freshwater peatlands. In J. Vymazal, ed. *Wastewater Treat Plant Dynamics and Management in Constructed Natural Wetlands*. Springer, Dordrecht, the Netherlands, p. 23–31.

Craft, C., J. Clough, J. Ehman, J. Samantha, R. Park, P. Pennings, H. Guo, and M. Machmuller. 2009. Forecasting the effects of sea-level rise on tidal marsh ecosystem services. *Frontiers in Ecology and the Environment* 7:73–78.

Davidson, E. A., and I. A. Janssens. 2006. Temperature sensitivity of soil carbon decomposition and feedbacks to climate change. *Nature* 440: 165–173.

Day, J. W., Jr., and P. H. Templet. 1989. Consequences of sea level rise: Implications from the Mississippi Delta. *Coastal Management* 17: 241–257.

Day, J. W., Jr., J. Barras, E. Clairain, J. Johnston, D. Justic, G. P. Kemp, J.-Y. Ko, R. Lane, W. J. Mitsch, G. Steyer, P. Templet, and A. Yañez-Arancibia. 2005. Implications of global climatic change and energy cost and availability for the restoration of the Mississippi Delta. *Ecological Engineering* 24: 253–265.

Delaune, R. D., and S. Pezeshki. 2003. The role of soil organic carbon in maintaining surface elevation in rapidly subsiding U.S. Gulf of Mexico coastal marshes. *Water, Air and Soil Pollution* 3: 167–179.

Devol, A. H., J. E. Richey, W. A. Clark, S. L. King. 1988. Methane emissions to the troposphere from the Amazon floodplain. *Journal of Geophysical Research* 93: 1492–1583.

Euliss, N. H., R. A. Gleason, A. Olness, R. L. McDougal, H. R. Murkin, R. D. Robarts, R. A. Bourbonniere, and B. G. Warner. 2006. North American prairie wetlands are important nonforested land-based carbon storage sites. *Science of the Total Environment* 361: 179–188.

Glaser, P. H., P. C. Bennett, D. I. Siegel, and E. A. Romanowicz. 1997. Palaeo-reversals in groundwater flow and peatland development at Lost River, Minnesota, USA. *Holocene* 6: 413–421.

Gorham, E. 1991. Northern peatlands: Role in the carbon cycle and probable responses to climatic warming. *Ecological Applications* 1: 182–195.

Hadi, A., K. Inubushi, Y. Furukawa, E. Purnomo, M. Rasmadi, and H. Tsuruta. 2005. Greenhouse gas emissions from tropical peatlands of Kalimantan, Indonesia. *Nutrient Cycling in Agroecosystems* 71: 73–80.

Heikkinen J. E. P., V. Elsakov, and P. J. Martikainen. 2002. Carbon dioxide and methane dynamics and annual carbon budget in tundra wetland in NE Europe, Russia. *Global Biogeochemical Cycles* 16. doi:10.1029/2002GB0001930

Hendriks, D. M. D., J. van Huissteden, A. J. Dolman, and M. K. van der Molen. 2007. The full greenhouse gas balance of an abandoned peat meadow. *Biogeosciences* 4: 411–424.

Howe, A. J., J. F. Rodriguez, and P. M. Saco. 2009. Surface evolution and carbon sequestration in disturbed and undisturbed wetland soils of the Hunter Estuary, southeast Australia. *Estuarine, Coastal and Shelf Science* 84: 75–83.

Intergovernmental Panel on Climate Change (IPPC). 2001. *Climate Change 2001: The Scientific Basis.* Published for the Intergovernmental Panel on Climate Change. Cambridge University Press, UK.

Intergovernmental Panel on Climate Change (IPCC). 2013. *Climate Change 2013: The Physical Science Basis. Contribution of Working Group I to the Fifth Assessment Report of the Intergovernmental Panel on Climate Change*, ed. T. F. Stocker, D. Qin, G.-K. Plattner, M. Tignor, S. K. Allen, J. Boschung, A. Nauels, Y. Xia, V. Bex, and P. M. Midgley. Cambridge University Press, Cambridge, UK. 1535 pp.

Intergovernmental Panel on Climate Change. 2014a. *Climate Change 2014: Impacts, Adaptation, and Vulnerability. Parts A and B.* Cambridge University Press, Cambridge, UK. 1132 pp and 688 pp.

Intergovernmental Panel on Climate Change, 2014b. *Climate Change 2014: Mitigation of Climate Change, Working Group III Contribution to the IPCC 5th Assessment Report.* IPCC, http://www.ipcc.ch/report/ar5/wg3/. 99 pp.

Johnson, W. C., B. V. Millett, T. Gilmanov, R. A. Voldseth, G. R. Guntenspergen, and D. E. Naugle. 2005. Vulnerability of northern prairie wetlands to climate change. *BioScience* 55: 863–872.

Kesel, R., and D. J. Reed. 1995. Status and trends in Mississippi River sediment regime and its role in Louisiana wetland development. In D. J. Reed, ed. *Status and Historical Trends of Hydrologic Modification, Reduction in Sediment Availability, and Habitat Loss/Modification in the Barataria–Terrebonne Estuarine System.* BT/NEP Publication 20, Barataria–Terrebonne National Estuary Program, Thibodaux, LA, pp. 80–98.

Koh, H.-S., C. A. Ochs, and K. Yu. 2009. Hydrologic gradient and vegetation controls on $CH_4$ and $CO_2$ fluxes in a spring-fed forested wetland. *Hydrobiologia* 630: 271–286.

Lal, R. 2008. Carbon sequestration. *Philosophical Transactions of the Royal Society* B 363: 815–830.

Mcleod, E., G. L. Chmura, S. Bouillon, R. Salm, M. Björk, C. M. Duarte, C. E. Lovelock, W. H. Schlesinger, and B. R Silliman. 2011. A blueprint for blue carbon: toward an improved understanding of the role of vegetated coastal habitats in sequestering $CO_2$. *Frontiers of Ecology and the Environment* 9: 552–560.

Megonigal, J. P., M. E. Hines, and P. T. Visscher. 2004. Anaerobic metabolism: Linkages to trace gases and aerobic processes. In W. H. Schlesinger, ed. *Biogeochemistry*. Elsevier-Pergamon, Oxford, UK, pp. 317–424.

Melack, J. M., L. L. Hess, M. Gastil, B. R. Forsberg, S. K. Hamilton, I. B. T. Lima, and E. M. L. M. Novo. 2004. Regionalization of methane emissions in the Amazon Basin with microwave remote sensing. *Global Change Biology* 10:530–544.

Mitsch, W. J. 1992. Combining ecosystem and landscape approaches to Great Lakes wetlands. *Journal of Great Lakes Research* 18:552–570.

Mitsch, W. J., and X. Wu. 1995. Wetlands and global change. In R. Lal, J. Kimble, E. Levine, and B. A. Stewart, eds. *Advances in Soil Science, Soil Management, and Greenhouse Effect*. CRC Press/Lewis Publishers, Boca Raton, FL, pp. 205–230.

Mitsch, W. J., and J. G. Gosselink. 2007. *Wetlands*, 4th ed. John Wiley & Sons, Hoboken, New Jersey, 582 pp.

Mitsch, W. J., L. Zhang, K. C. Stefanik, A. M. Nahlik, C. J. Anderson, B. Bernal,

M. Hernandez, and K. Song. 2012. Creating wetlands: Primary succession, water quality changes, and self-design over 15 years. *BioScience* 62: 237–250.

Mitsch, W. J., B. Bernal, A. M. Nahlik, U. Mander, L. Zhang, C. J. Anderson, S. E. Jørgensen, and H. Brix. 2013. Wetlands, carbon, and climate change. *Landscape Ecology* 28: 583–597.

Moore, T. R., and N. T. Roulet. 1995. Methane emissions from Canadian peatlands. In R. Lal, J. Kimble, E. Levine, and B. A. Stewart, eds. *Advances in Soil Science: Soils and Global Change*. CRC Press, Boca Raton, FL, pp. 153–164.

Nahlik, A. M., and W. J. Mitsch. 2010. Methane emissions from created riverine wetlands. *Wetlands* 30: 783–793. Erratum in *Wetlands* (2011) 31: 449–450.

Nahlik, A. M., and W. J. Mitsch. 2011. Methane emissions from tropical freshwater wetlands located in different climatic zones of Costa Rica. *Global Change Biology* 17: 1321–1334.

Nairn, R. W. 1996. Biogeochemistry of newly created riparian wetlands: Evaluation of water quality changes and soil development. Ph.D. dissertation, Graduate Program in Environmental Science, Ohio State University, Columbus.

Nicholls, R. J. 2004. Coastal flooding and wetland loss in the 21st century: Changes under the SRES climate and socio-economic scenarios. *Global Environmental Change* 14: 69–86.

Page, S. E., R. A. J. Wust, D. Weiss, J. O. Rieley, W. Shotyk, and S. H. Limin. 2004. A record of late Pleistocene and Holocene carbon accumulation and climate change from an equatorial peat bog (Kalimantan, Indonesia): Implications for past, present, and future carbon dynamics. *Journal of Quaternary Science* 19: 625–635.

Reddy, K. R., R. D. DeLaune, W. F. DeBusk, and M. S. Koch. 1993. Long-term nutrient accumulation rates in the Everglades. *Soil Science Society of America Journal* 57: 1147–1155.

Rivers, J. S., D. I. Siegel, L. S. Chasar, J. P. Chanton, P. H. Glaser, N. T. Roulet, and J. M. McKenzie. 1998. A stochastic appraisal of the annual carbon budget of a large circumboreal peatland, Rapid River Watershed, northern Minnesota. *Global Biogeochemical Cycles* 12: 715–727.

Roulet, N. T. 2000. Peatlands, carbon storage, greenhouse gases, and the Kyoto Protocol: Prospects and significance for Canada. *Wetlands* 20: 605–615.

Roulet, N. T., T. R. Moore, J. Bubier, and P. Lafleur. 1992. Northern fens: CH4 flux and climate change. *Tellus* 44B: 100–105.

Sass, R. L., F. M. Fisher, Y. B. Wang, F. T. Turner, and M. F. Jund. 1992. Methane emission from rice fields: The effect of floodwater management. *Global Biogeochemical Cycles* 6: 249–262.

Saunders M. J., M. B. Jones, and F. Kansiime. 2007. Carbon and water cycles in tropical papyrus wetlands. *Wetlands Ecology and Management* 15: 489–498.

Schutz, H., A. Holzapfel-Pschorn, R. Conrad, H. Rennenberg, and W. Seiler. 1989. A three year continuous record on the influence of daytime, season and fertilizer treatment on methane emission rates from an Italian rice paddy field. *Journal of Geophysical Research* 94: 16405–16416.

Sjögersten, S., C. R. Black, S. Evers, J. Hoyos-Santillan, E. L. Wright, and B. L. Turner. 2014. Tropical wetlands: A missing link in the global carbon cycle? *Global Biogeochem.* Cycles 28. doi:10.1002/2014GB004844.

Smith, K.A., K.E. Dobbie, B.C. Ball, et al. 2000. Oxidation of atmospheric methane in Northern European soils, comparison with other ecosystems, and uncertainties in the global terrestrial sink. *Global Change Biology* 6: 791-803.

Sorrell, B. K., and P. I. Boon. 1992. Biogeochemistry of billabong sediments. II. Seasonal variations in methane production. *Freshwater Biology* 27: 435–445.

Suratman, M. H. 2008. Carbon sequestration potential of mangroves in southeast Asia. In F. Bravo, V. LeMay, R. Jandl, and K. von Gadow, eds., *Managing Forest Ecosystems. The Challenge of Climate Change.* Springer Science, Dordrecht, Netherlands, pp. 297–315.

Tarnocai, C. 2006. The effect of climate change on carbon in Canadian peatlands. *Global and Planetary Change* 53: 222–232.

The Royal Society and the National Academy of Sciences. 2014. *Climate Change: Evidence and Causes.* An overview from the Royal Society and the US National Academy of Sciences, Royal Society and US NAS, London and Washington DC.

Titus, J. G. 1991. Greenhouse effect and coastal wetland policy: How Americans could abandon an area the size of Massachusetts at minimum cost. *Environmental Management* 15: 39–58.

Turunen, J., E. Tomppo, K. Tolonen, and E. Reinkainen. 2002. Estimating carbon accumulation rates of undrained mires in Finland: Application to boreal and subarctic regions. *The Holocene* 12: 79–90.

Vaidyanathan, G. 2011. "Blue carbon" plan takes shape. *Nature*. doi:10.1038/news.2011.112

Villa, J. A. and W. J. Mitsch. 2014. Methane emissions from five wetland plant communities with different hydroperiods in the Big Cypress Swamp region of Florida Everglades. *Ecohydrology & Hydrobiology* 14: 253–266.

Villa, J. A. and W. J. Mitsch. 2015. Carbon sequestration in different wetland plant communities in Southwest Florida. *International Journal for Biodiversity Science, Ecosystems Services and Management*. doi.org/10.1080/21513732.2014.973909.

Waddington, J. M., and N. T. Roulet. 1997. Groundwater flow and dissolved carbon movement in a boreal peatland. *Journal of Hydrology* 191: 122–138.

Whalen, S. C. 2005. Biogeochemistry of methane exchange between natural wetlands and the atmosphere. *Environmental Engineering Science* 22: 73–94.

Whiting, G. J., and J. P. Chanton. 2001. Greenhouse carbon balance of wetlands: Methane emission versus carbon sequestration. *Tellus* 53B: 521–528.

World Wildlife Fund. 2012. Blue carbon: A new concept for reducing the impacts of climate change by conserving coastal ecosystems in the Coral Triangle. WWF-Australia, Brisbane, Queensland, Australia. 20 pp.

Yagi, K., and K. Minami. 1990. Effect of organic matter application on methane emission from some Japanese paddy fields. *Soil Science and Plant Nutrition* 36: 599–610.

Yu, K., S. P. Faulkner, and M. J. Baldwin. 2008. Effect of hydrological conditions on nitrous oxide, methane, and carbon dioxide dynamics in a bottomland hardwood forest and its implication for soil carbon sequestration. *Global Change Biology* 14: 798–812.

# 第18章　湿地建造与恢复

世界各地湿地的高丧失率及随后人们对湿地价值的认识，成为人们对湿地生态系统进行恢复与建造的动机和原因。美国的湿地"零净损失"等政策使得湿地的恢复和建造真正成为一项产业。湿地恢复包括将湿地恢复到原来或以前状态，而湿地建造则包括将陆地或浅水开放系统转换成有植被覆盖的湿地生境。湿地的恢复与建造可用于减缓栖息地的损失、海岸恢复和开采泥炭地恢复。当前替代性补偿已经丧失的湿地的方法受到许多限制，湿地替代性补偿库（mitigation bank）虽然可以克服这些限制，但是利用补偿库的方法是有争议的。一般来说，湿地的建造和恢复首先需要建立或恢复适宜的自然水文条件，然后建立适宜的植被群落。虽然许多新建湿地和恢复湿地已经具备一定的生态功能，但也有一些失败的案例，通常是由于缺乏适当的水文条件。湿地的建造和恢复应该基于自我设计理论，可以引入任意数量的本地繁殖体，但是生态系统需根据物理约束进行适应和调整，而且应当意识到成功并不仅仅以特定植物和动物的出现为标准。给这些系统足够的时间来进行自我设计，是另一个通常被忽视的因素。

对于有兴趣参与湿地恢复和建造的人，可以从以下两方面入手。

1）首先要学习和理解湿地科学及其原理。

2）拓宽你的视野，不要局限于你所熟悉的领域，这样你就能抵抗住对你所建造和恢复的湿地进行过度设计、过度植物化或过度动物化的诱惑。

湿地恢复和建造的原则与实践是基于湿地科学（水文、生物地球化学循环、适应和演替）。如果您对湿地的建造和恢复感兴趣，我们建议您首先成为湿地科学方面的专家，了解真正的湿地是如何运作的。这就是本书前17章的意图。只有了解了自然湿地的结构和功能，你才有资格建造和恢复湿地。

第二点是需要向所有的行业强调的。我们中的大多数人在生活和工作中会接受这样的教导：我们可以改变自然。事实上，人类文明就是建立在这个前提之上的。但是，当我们试图建设或重建自然生态系统时，自然之母在控制着湿地恢复和建造，人类对湿地的设计应该保持简单，并努力保持在自然景观所建立的范围内。

湿地恢复和建造的文献大量涌现，我们不可能在一章中囊括所有可能的原则、案例研究和技术，因此我们仅列出部分。美国国家科学院报道发表了对美国湿地恢复与建造的政策和技术评论（NRC，2001）。Mitsch（2013）总结了世界各地湿地恢复和建造的情况，并提供了世界各地的几个案例研究，在本书中对一些研究案例的最新进展进行了更新。这些案例研究中的一部分后来经过检查，通过了"中期考核"（Mitsch，2014）。值得注意的是，一些著名的论文讨论了湿地建造和恢复的具体项目，如潮汐盐沼（Alphin and Posey，2000；Craft et al.，2002；Edwards and Proffitt，2003；Callaway and Zedler，2004；Peterson et al.，2005）、红树林湿地（Lewis，2005；Lewis and Gilmore，2007）、淡水沼泽（Atkinson et al.，2005；Mitsch et al.，2012，2014）、泥炭地（Gorham and Rochefort，2003）和森林湿地（Rodgers et al.，2004）。

## 定义

有几个术语经常用于湿地的恢复和建造。准确的定义是很重要的，而常见情况是经常混淆湿地建造、湿地恢复和一些相关术语的确切含义（Lewis，1990a）。Bradshaw（1996）也认为，我们必须清楚我们正在讨论的内容。

> 湿地恢复（wetland restoration）是指将湿地从人类活动造成的干扰、改变的状态恢复到原来的状态。湿地可能已经退化或水文条件已发生改变，恢复可能包括重建水文条件、重建以前的植被群落。
>
> 湿地建造（wetland creation）是指通过人类活动将永久的陆地或浅水区转换为湿地。
>
> 湿地增强（wetland enhancement）是指人类增加一个或多个现有湿地的功能。
>
> 净化湿地（constructed wetland）是建造湿地的一种，是指以去除废水或径流中杂质或污染物为主要目的的湿地。
>
> 最后一种湿地也称为处理湿地（treatment wetland），是第 19 章"湿地与水质"讨论的主要内容。

现在，人们努力的重点集中在自发地恢复与建造湿地。人们对湿地恢复与建造的兴趣有一部分来自这样一个事实：我们正在失去或已经失去了这么多珍贵的生境（见第 3 章"世界湿地"）。通常情况下，人们对湿地恢复与建造往往不是完全自愿的，而更多是为了响应政府政策，如美国的"零净损失"政策，该政策要求用湿地去替代那些不可避免丧失的湿地。新西兰已经失去了 90%的湿地，正在大力恢复北岛及南岛基督城附近的怀卡托河（Waikato River）附近的沼泽及其他湿地。在澳大利亚东南部，恢复墨累-达令（Murray-Darling）流域，特别是修复河边死水潭（billabong）已成为一项重要任务，而澳大利亚西南部滨海平原湿地的恢复和建造正在进行中。

在越南湄公河三角洲、南美洲沿岸及印度洋沿岸，人们正齐心协力恢复红树林，因为那里的养虾业已经摧毁了数千公顷的红树林，在海啸和台风袭击时，红树林为海岸提供防护。中国东部沿海地区已经建造了潮汐沼泽，在上海长江三角洲、长江三峡大坝上游正在进行湿地恢复与建造。湿地恢复和建造的计划及正在开展的湿地恢复与建造项目，应该在大尺度上进行，以防止现有湿地（美国佛罗里达大沼泽地）的进一步恶化、减轻渔业损失（美国东部的特拉华湾）、减少土地流失，保护海岸线免受飓风侵袭（美国路易斯安那州的密西西比河三角洲）、稳定水文条件且改善水质（丹麦斯凯恩河），并解决沿海地区水体营养富集的严重情况（斯堪的纳维亚的波罗的海、美国的墨西哥湾、圣劳伦斯河）。

## 减缓湿地生境的损失

美国及其他地方的湿地保护法规要求建造、恢复或增强湿地，以替代在高速公路建设、沿海排水和填埋或商业开发等项目中损失的湿地。这被称为"减缓"（mitigating）原有湿地损失的过程，这些"新"的湿地通常被称为"减缓湿地"（mitigation wetland）（注意："减缓"指减轻、缓解受到的伤害）。因此，"减缓湿地"或"湿地减缓"用词并不恰当，应该提到减少湿地的损失。也许把这些湿地称为"替代性补偿湿地"（replacement wetland）更合适。

图 18.1 从概念上说明了应如何衡量替代性补偿湿地的成功。"法律意义上的成功"包括将损失的湿地的功能和面积与替代性补偿湿地的功能和面积进行比较。"生态意义上的成功"包括将替代性补偿湿地与参考湿地（相同环境中同一类型的自然湿地或符合区域湿地功能公认"标准"的湿地）进行比较。"总体上成功"通过结合法律和生态意上的比较来衡量。虽然这个模型代表了一种理想，但是很少对这两个标准进行比较。

事实上，通常会根据湿地损失的大小和其他一些因素来判断替代性补偿湿地的成功率。替代性补偿湿地的设计规模至少与损失的湿地相当，但更常见的情况是采用替代性补偿率（mitigation ratio），从而建造和（或）恢复的湿地比丧失的湿地多。例如，替代性补偿率为 2∶1 意味着因开发而损失的 1hm² 湿地，将恢复和（或）建造 2hm² 湿地。例如，在美国，对损失的湿地进行替代性补偿是否能够成功存在相当大的争议，或者说基本不可能（NRC，2001）。Robb（2002）回顾了几年来在美国印第安纳州为减轻湿地损失进行替代性补偿方面做出的努力，并基于不同建造和恢复湿地类型的失败率提出了替代性补偿率的建议，即湿草甸为 7.6∶1，森林湿地为 3.5∶1，淡水草本沼泽为 1.2∶1，开放水域生态系统为 1∶1。

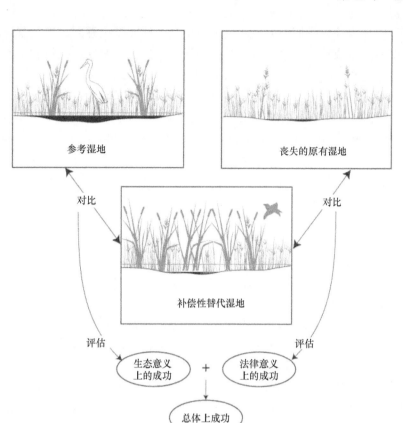

图 18.1　通过适当的减缓措施，替代性补偿湿地与丧失的原有湿地（法律意义上的成功）和区域参考自然湿地（生态意义上的成功）的比较（引自 Wilson and Mitsch，1996）

　　从报告上看，美国陆军工程兵团在过去 20 年中实施的湿地"零净损失"的美国政策（见第 15 章"湿地法律与湿地保护"）似乎正在发挥作用。在 1993～2012 年的 20 年期间，为了减少湿地损失实施的《清洁水法案》，使得美国的湿地面积和相关陆地面积的净增量约达到 8000hm$^2$/年（图 18.2）。该兵团每年颁发许可证总计开发 8000hm$^2$ 的湿地，为了弥补这 8000hm$^2$ 的损失，每年又通过恢复、增强、建设或保护 16 000hm$^2$ 的湿地和相关的陆地。在这 20 年的记录中，美国损失了 16 1000hm$^2$ 的湿地，同时"获得"了 318 000hm$^2$ 的补偿信贷。

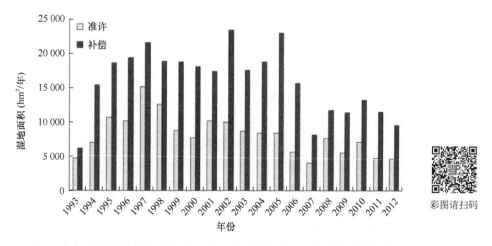

彩图请扫码

图 18.2　美国 1993～2012 年 20 年间美国替代性补偿模式。"准许"是指在某一年获准排水的湿地面积；"补偿"是指需要作为替代性补偿的湿地面积（数据引自美国华盛顿特区美国陆军工程兵团公共事务办公室）

　　有两个原因可以解释为什么我们不应该对湿地净增加的计算结果感到高兴。首先，我们不可能从这些数字中看出湿地交易有多成功，因为很少有数据能说明丧失了哪些功能又得到了哪些功能。在本章的最后，有一些关于这方面的讨论。其次，20 年增加 1570km² 的湿地面积，相对于美国从人类定居前到 20 世纪 80 年代湿地面积减少 $4.7 \times 10^5 km^2$ 来说影响不大。此外，还应注意到由于被允许排水的湿地数量较少，因此最近几年替代性补偿湿地的数量也比较少（图 18.2）。2007～2012 年，恢复和（或）建造的湿地约为 11 000hm²/年，而 1996～2005 年恢复和（或）建造的面积为 20 000hm²/年。近期数值较低的部分原因可能是由于 2001 年和 2006 受到美国联邦最高法院裁决的影响（见第 15 章 "湿地法律与湿地保护" 中所提及），也有部分原因是美国的经济衰退，因此在 2005 年后，住房和其他开发项目减少了。

## 补偿库

　　私营部门和政府机构制定了一种更有趣的策略来缓解湿地丧失所带来的损失，提出了 "替代性补偿库"（mitigation bank）的概念。"补偿库" 的定义是：为弥补湿地受到的影响，进行恢复并加以保护的湿地（USEPA and U.S. Army Corps of Engineers，2008）。

　　在这种方法中，通常在诱发湿地损失的开发活动前建造湿地，以替代性补偿将丧失的湿地，而新增加的湿地可以出售给有替代性补偿需求的人。补偿库被视为简化这一过程的方法。在许多情况下，补偿库会提供一个大规模、功能完备的湿地，而不是在损失的湿地的附近建造一个小型、有问题的湿地。可以通过发行债券以确保补偿库合规。同时通过保护地役权或将湿地的所有权转让给资源机构，可以使补偿库更容易永久保存。可预先安排财政资源，以监察湿地银行的运作。缓解库可以是公有的，也可以是私有的，但如果公共机构经营补偿库，就可能存在利益冲突。公共机构可以参与执行有关补偿湿地损失的规定，然后引导获得许可的人使用自己的补偿库，而不是私人的补偿库。

　　1992 年，美国只有 46 个替代性补偿库。而到了 2002 年，已经有 219 个私人或公共的替代性补偿库，覆盖了美国 29 个州的 50 000hm²（Spieles，2005）。截至 2013 年 8 月，在美国注册的湿地补偿库超过 1800 个。在佛罗里达州曾一度拥有 62 家正式的补偿库（已经提出的和运营中的）和数百家准补偿库（Ann Redmond，个人通信）。如果补偿湿地损失继续是国家的政策，如果补偿库的操作公平且不复杂，那么在 21 世纪，使用补偿库来解决 "湿地替代性补偿" 的情况将继续增加。

　　2008 年，美国陆军工程兵团和美国环境保护署制定了补偿湿地损失的新规定（U.S. Army Corps of Engineers and USEPA，2008）。这些规定旨在提高湿地补偿库的有效性，并加强替代费用的使用要求（USEPA and U.S. Army Corps of Engineers，2008）。图 18.2 中的数据显示，在 2008 年之后替代性补偿率并无明显改善。

## 农业土地的恢复

　　在美国，几十年来鼓励人们建设农场池塘来为家畜提供饮用水，实现农场的其他功能。虽然每个农场池塘面积不大（通常约 0.2hm²），但建造的农场池塘数目不少。几年前，以每年约 50 000 个的速度建造池塘。很多池塘的周边都形成了沼泽，还有一些池塘已经演替为沼泽。许多池塘面积较大的浅水区吸引了众多水鸟，这些浅水区已成为典型的壶穴沼泽。

　　Dahl（2006）估计，1998～2004 年，美国湿地面积增加了 280 000hm²，增长了 12.6%。大部分增加的湿地（141 000hm²）位于非农业高地上，29 000hm² 建造在农田上。许多非农业池塘建在住宅区和商业开发区，特别是在佛罗里达州还建造了雨水径流池塘。有人质疑这些新建池塘的生态价值，如一些管理机构不喜欢池塘，因为这些池塘内有鱼，因此不能支持两栖动物。

　　20 世纪 90 年代颁布的湿地保护计划，鼓励美国农民在自己的土地上恢复湿地。无论是美国农业部

（USDA）的保护性储备计划（conservation reserve program，CRP）还是湿地保护计划（wetlands reserve program，WRP），都使得大量的湿地得到恢复和保护。1997 年公布的保护性储备计划指南进一步强调了种植湿地（cropped wetland，即种植作物但在作物不生长时发挥湿地功能的湿地）的登记和恢复。保护性储备计划还鼓励恢复湿地，特别是通过恢复水文条件来恢复湿地。

湿地保护计划（WRP）是 1992 年启动的专门用于湿地恢复的自愿性计划。这项计划为土地所有者提供了保护、恢复和改善湿地的机会，并为农民提供资金。美国农业部自然资源保护局为土地所有者提供技术和财政支持。保护、恢复和增强湿地与相关陆地的湿地保护计划包括永久地役权、30 年地役权或 10 年恢复费用分摊协议。截至 2012 年，美国约有 9000km² 的湿地和相邻的陆地纳入湿地保护计划，其中密西西比河下游各州和佛罗里达州的参与程度最高。2014 年在《美国农业法案》（U.S. Agricultural Act）的指引下，美国农业部开展了农业保护地役权计划（agricultural conservation easement program，ACEP）。该法案废除了湿地保护计划，但不影响在 2014 年 2 月 7 日之前签订的任何湿地保护计划协议或条款的有效性。湿地保护区地役权，继续在农业保护地役权计划下，恢复、保护和改善湿地。这一行政变化对湿地保护和恢复的长期影响是未知的。

# 森林湿地的恢复

虽然森林湿地特别是美国东南部的森林湿地的损失速度惊人，但与草本沼泽相比，人们对于森林湿地恢复和重建的经验相对较少。森林湿地的恢复和重建与沼泽不同，因为森林的更新需要几十年而非几年，而且结果的不确定性更大。美国河岸森林湿地的恢复大部分集中在密西西比河下游 10×10⁶hm² 的冲积河谷，其中重新造林面积超过 182 000～220 000hm²（Haynes，2004），以洼地阔叶树种为主，其次为深水沼泽树种。但是植树工作对密西西比河冲积平原的恢复贡献甚微，据估算，7.2×10⁶hm² 的洼地阔叶林已经消失（Hefner and Brown，1985）。

## 湿地水文恢复

恢复与建造湿地究竟是为了恢复栖息地还是为了改善水质和水文条件，这两者之间的界限往往模糊不清。事实上，大多数恢复与建造湿地都是出于这两个原因。世界上规模最大的淡水湿地恢复之一正在佛罗里达大沼泽地中开展，恢复工作至少在一定程度上恢复了当地剩余沼泽的自然水文条件（见案例研究 1）。伊拉克美索不达米亚沼泽地的恢复（案例研究 2）也是一个例子，这块具有非凡文化意义的排干湿地得以恢复。在当地，萨达姆·侯赛因政权蓄意破坏当地的水文条件，而伊拉克上游邻国的河流管理也间接破坏了当地的水文条件。在一些国际援助的支持下，伊拉克人民正在对这个有着重要历史文化意义的湿地进行水文恢复（见第 1 章 "湿地利用与湿地科学"）。

**案例研究 1：恢复佛罗里达大沼泽地**

美国佛罗里达大沼泽地是世界上面积最大的湿地之一，事实上，是指占佛罗里达州南部三分之一面积（4.6×10⁶hm²）的基西米-奥基乔比-大沼泽（Kissimmee-Okeechobee-Everglade，KOE）地区，恢复工作涉及几个单独的项目（图 18.3）。湿地恢复的基本规划拟将 KOE 地区的水文条件恢复到接近原始状态（图 18.3a，b），主要方法是减少流域上游向西部的卡卢萨哈奇河（Caloosahatchee River）和东部的圣露西运河（St. Lucie Canal）的输水量，并将更多的水引流到奥基乔比湖（Lake Okeechobee）南部的大沼泽地。

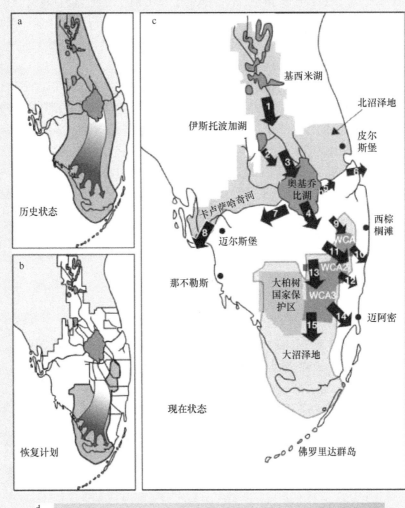

彩图请扫码

图 18.3 美国佛罗里达大沼泽地恢复示意图：（a）大沼泽地在人类定居前的水文历史状况；（b）大沼泽地规划恢复后的水流流向；（c）2012 年和 2013 年大沼泽地的水流情况，其中大部分水仍然是向东和向西流入大海，而不是向南流入大沼泽地（表 18.1 给出了不同编号的水流路径流量）；（d）大沼泽地中捕获的入侵物种缅甸蟒（*Python molurus bivittatus*），缅甸蟒入侵是持续发生的物种入侵事件的象征（a、b：Mitsch and Jørgensen，2004；c：South Florida Water Management District（SFWMD，2014）；d：Mike Rochford，经许可后印刷）

　　2012 年和 2013 年水的实际水文流量（图 18.3c 和表 18.1）既没有接近图 18.3a 的历史目标，又没有接近 18.3b 的恢复目标。尽管 2012 年降水量略低于正常水平，2013 年降水量几乎与正常水平相当（1350mm/年），但 2013 年奥基乔比湖很大一部分湖水仍然向西分流到卡卢萨哈奇河、向东分流到圣露西运河东部，共计 746 000m$^3$，也可以说每年 128.5 万 m$^3$ 水量的 58%转向南流入佛罗里达大沼泽地。在墨西哥湾和大西洋的入海口已经出现了严重的污染与生态问题，因为这些过量的淡水从奥基乔比湖向东和向西流动，而不是像图 18.2c 所示的那样，最初的恢复目标是湖水穿过佛罗里达大沼泽地向南流动。

**表 18.1　如图 18.3c 所示，2012～2013 年佛罗里达大沼泽地的水流情况（流量×1000m$^3$/年），水流路径编号与图 18.3c 相对应**

|  | 大沼泽地水流路径 | 2013 水文年 | 2012 水文年 |
|---|---|---|---|
| 1 | 基西米河出水 | 543 | 1004 |
| 2 | 伊斯托波加湖出水 | 347 | 281 |
| 3 | 奥基乔比湖入水 | 2590 | 2246 |
| 4 | 奥基乔比湖出水 | 1285 | 920 |
| 5 | 由奥基乔比湖流入圣露西运河 | 128 | 58 |
| 6 | 经由圣露西运河流入圣露西河口 | 189 | 0 |
| 7 | 由奥基乔比湖流入卡卢萨哈奇河 | 618 | 222 |
| 8 | 由卡卢萨哈奇运河流入卡卢萨哈奇河口 | 1404 | 739 |
| 9 | 水资源保护区 1 入流 | 449 | 210 |
| 10 | 水资源保护区 1 出流 | 597 | 19 |
| 11 | 水资源保护区 2 入流 | 1325 | 476 |
| 12 | 水资源保护区 2 出流 | 1151 | 466 |
| 13 | 水资源保护区 3 入流 | 1631 | 1110 |
| 14 | 水资源保护区 3 出流 | 1511 | 704 |
| 15 | 大沼泽地国家公园入流 | 1847 | 918 |

资料来源：SFWMD, 2014

　　佛罗里达大沼泽地恢复中出现的具体问题有 4 个原因。

1）奥基乔比湖和大沼泽地的过量养分主要来自农业径流。

2）城市发展和农业开发造成湿地生境丧失与破碎化。

3）香蒲属（*Typha*）植物、五脉白千层（*Melaleuca quinquenervia*）的扩张，以及沼泽地里其他外来入侵物种取代了本地植被。

4）由美国陆军工程兵团与其他部门为防洪建造的大量沟渠和裁弯取直的河流系统改变了水文状况，这些水利设施由水务局负责维护。

　　KOE 地区的一项主要恢复项目是基西米河的恢复，该项目最初受到了广泛关注。由于 20 世纪 60 年代的河流渠道化，一条 166km 长的河流变成了 90km 长、100m 宽的沟渠，沿河湿地面积减少了 65%（表 18.2）。水禽种群也由于河流渠道化而减少了 90%（Blake, 1980）。基西米河的恢复是一项重大任务,目的是将人为变直的河道重新恢复到其自然蜿蜒的状态。河流恢复工作预计于 2019 年分阶段完成,在河岸带恢复 $50km^2$ 失去的湿地生境,重建 64km 的河流,预计总成本约为 10 亿美元(Koebel and Bousquin,2014)。此外,它还将吸收、净化进入下游奥基乔比湖的营养物,否则这些营养物将导致下游奥基乔比湖的富营养化加剧。《恢复生态学》(*Restoration Ecology*)的特刊探讨了迄今为止的恢复情况(Bousquin,2014)。NRC(2014)的结论认为,基西米河的恢复可能是佛罗里达大沼泽地中最先进的自然系统实质性恢复,而且对恢复进程的长期监测为佛罗里达大沼泽地的其他恢复项目提供了有价值的参考。

表 18.2　美国佛罗里达州南部的基西米河(Kissimmee River)沟渠化导致沿岸的湿地发生变化(1962～1972 年,将一条 166km 长的蜿蜒河流变成了一条 90km 长、10m 深、100m 宽的运河)

| 湿地类型 | 渠化前（$hm^2$） | 渠化后（$hm^2$） | 面积变化比（%） |
| --- | --- | --- | --- |
| 草本沼泽 | 8 892 | 1 238 | −86 |
| 湿草甸 | 4 126 | 2 128 | −48 |
| 灌丛湿地 | 2 068 | 1 003 | −51 |
| 森林湿地 | 150 | 243 | +62 |
| 其他 | 533 | 919 | +72 |
| 合计 | 15 769 | 5 531 | −65 |

资料来源：Toth et al.，1995

目前大沼泽地的恢复还包括利用低养分的克拉莎属植物 *Cladium jamaicense* 阻止高养分植被长苞香蒲(*Typha domingensis*)在大沼泽内的扩展,目前克拉莎在大沼泽地已成为优势群落(见第 14 章"人类对湿地的影响和管理"中沼泽地的水污染问题和第 19 章"湿地与水质"中通过建造和恢复湿地来解决这个问题的描述)。

总体而言,美国陆军工程兵团目前计划的沼泽地恢复工程预算超过 200 亿美元,可能还需要几十年才能完成。

在佛罗里达大沼泽地恢复中,如何处理盘踞在这里一个世纪的入侵物种也是恢复的一部分内容,在过去的一个世纪里,大量入侵物种在这里占据了优势地位。佛罗里达大沼泽地生态系统中约有 250 种非本地植物,约占物种总数的 16%。其中,有 12 种被认为对大沼泽地的恢复特别重要(Rodgers et al.,2014)。这个名单包括过去特意引入佛罗里达州南部的植物,而它们现在是大沼泽地及其周边地区需要持续清除的目标,如为了加强大沼泽地排水 1906 年从澳大利亚引入的千层属(*Melaleuca*)植物,以及在 19 世纪中叶作为观赏植物从南美洲引入的巴西胡椒木(*Schinus terebinthifolius*)。

缅甸蟒(*Python molurus bivittatus*)是新闻媒体关注最多的入侵动物(图 18.3d)。这种蟒的长度可达 5.5m,有人认为它们在佛罗里达州南部的数量多达数千条(M. Dorcas,个人通信,2014 年)。Dorcas 等(2012)指出,自 2000 年以来,大沼泽地国家公园中超过 90% 的浣熊、负鼠、牛羚和兔子等哺乳动物种群数量减少与蟒蛇种群数量显著增加有关。得益于这项研究和后续媒体对这个问题的关注,2013 年冬季在佛罗里达州南部发起一项"巨蟒挑战赛",来自美国和加拿大各地的数百名猎人花了一个月的时间试图捕捉、杀死这种爬行动物。最终,只有 68 条蟒蛇被杀死、捕获(http://phys.org/news/2013-02-python-everglades-nets.html)。

美国国家科学院评估了佛罗里达大沼泽地恢复的进展（NRC，2014），并讨论了可能影响进一步恢复的具体科学问题及工程问题。他们建议设立专门的资金渠道，以便对恢复目标的进展情况进行长期、全面的监测和评估。报告还为恢复活动、项目管理策略、外来入侵物种管理和具有优先级别高的研究需求提出了建议。这些建议包括寻找解决方案以克服当前与授权、资金和水质许可相关的限制，并以更加有计划的方式应对气候变化和海平面上升。报告认为，这些问题为恢复大沼泽地生态系统提供了更大的动力。该报告还强调了处理沼泽地入侵物种的重要性，在 20 世纪的排水工程之前，这个问题并不存在。报告的结论是，迄今为止，大沼泽地综合计划（comprehensive everglades wetland plan，CERP）项目在恢复方面的进度仍然相当有限。事实上，作者注意到最重要的进展实际上是基西米河（Kissimmee River）的修复和戴德县（Dade County）南部 C111 运河工程，但这两个项目都不属于大沼泽地综合计划。

**案例研究 2：美索不达米亚沼泽地的恢复**

我们在第 1 章 "湿地利用与湿地科学"、第 3 章 "世界湿地" 中对伊拉克南部和伊朗的美索不达米亚沼泽地进行过描述。历史上这些湿地位于底格里斯河和幼发拉底河的交汇处，在 20 世纪 70 年代初面积为 15 000～20 000km$^2$。但是在 20 世纪 90 年代，特别是 2000 年，由于人为排干和筑堤，湿地面积已经不到 70 年代初的 10%。其中的主要原因是 20 世纪 80 年代、90 年代建造的上游水坝和排水系统彻底改变了河流流量，使得维持湿地的洪水脉冲过程消失了。

自从 2003 年以来，伊拉克和国际社会一直在努力恢复沼泽地（Richardson et al.，2005）。随着当地居民拆除堤坝、清除行洪障碍，湿地得到了恢复。遥感图像显示，到 2005 年，至少有 37%的湿地得到恢复。《生态学与环境前沿》（*Frontiers in Ecology and the Environment*，2005 年 10 月第 3 卷第 8 期）的研究指出，在对伊拉克的沼泽调查中发现了至少有 74 种迁徙水鸟和许多地方特有鸟类。该研究同时还发现，多达 9 万名沼地阿拉伯人已经返回湿地（Azzam Alwash，个人通信）。

阿勒瓦什是重建湿地伊甸园行动的负责人，他认为最多可以恢复 75%的沼泽地（图 18.4）。

彩图请扫码

图 18.4　恢复后的美索不达米亚沼泽地的照片（Azzam Alwash）

但是考虑到河流水量是否充足，来自土耳其、叙利亚、伊朗和伊拉克内部的竞争，以及沼泽地景观连通性是否可以重建等问题，是否能够全面恢复湿地仍然具有不确定性（Richardson and Hussain，2006）。

# 泥炭地的恢复

泥炭地恢复是一种相对较新的湿地恢复类型，可能是最困难的（Gorham and Rochefort，2003）。早期的泥炭地恢复出现在欧洲，特别是在芬兰、德国、英国和荷兰。随着加拿大等国家泥炭开采量的增加，人们越来越关心泥炭开采后的泥炭地能否恢复及如何恢复。当露天开采的泥炭地被废弃后，如果没有进行恢复，很少能通过次生演替恢复到以泥炭藓为优势群落的系统（Quinty and Rochefort，1997）。泥炭地的恢复有成功的希望（Rochefort and Lode，2006），但是地表开采导致当地水文环境发生重大变化，泥炭以极其缓慢的速度累积，其恢复进程将以几十年为衡量单位而不是以几年为单位。

在 20 世纪 60 年代和 70 年代，加拿大魁北克省南部和新不伦瑞克省的泥炭块状开采被真空开采所取代，因此需要开发不同的泥炭沼泽修复技术。传统的泥炭块状切割留下了高低起伏的地面和壕沟，而真空开采后，地表相对平坦，周围有排水沟。与真空开采后的废弃地相比，块状开采后的废弃地似乎更容易重新发现泥炭地物种，而真空开采泥炭的废弃地则会保持裸露状态十年或更长时间（Rochefort and Campeau，1997）。案例研究 3 介绍了位于魁北克省的泥炭地恢复研究野外实验室，那里正在研究恢复泥炭地的最佳方法。

**案例研究 3：魁北克省布瓦贝尔的泥炭地恢复研究**

尽管泥炭地在世界上分布十分广阔，但对这类湿地进行恢复研究的全生态系统（whole-ecosystem）实验不多见。布瓦贝尔（Bois-des-Bel）泥炭地位于魁北克市东北约 200km 处，圣劳伦斯河南岸（图 18.5）。那里是一个完整的生态系统研究基地，科学家正在评估泥炭开采后泥炭地恢复的速度（Rochefort et al.，2003；Waddington et al.，2008）。整个沼泽地面积约 210hm$^2$，研究占地 11.5hm$^2$。1972 年泥炭地排水疏干，并在 1973～1980 年采用真空开采技术开采泥炭。当采矿停止后，留下一个 2m 深的废弃泥炭矿床。恢复工程于 1999 年开始，首先选取其中的 8.4hm$^2$ 进行恢复，其余的作为未恢复对照组。恢复区被分为 4 个小区，每个小区都有两个浅水池（13m×5m×1.5m 最大深度）作为水生生物和两栖动物栖息地。Line Rochefort 和她在拉瓦尔大学及其他加拿大大学的学生与同事已经将这里建设为长期的生态系统研究场所，以调查开采的泥炭地植被恢复情况（Price et al.，1998；Rochefort et al.，2003，2012；Waddington et al.，2003，2008；Isselin-Nondedeu et al.，2007）。恢复工作包括建成阶梯状地表以改善水的分布、重新引入从附近自然湿地中采集的泥炭藓繁殖体、阻塞排水沟使废弃泥炭矿床再湿。到 2007 年泥炭藓覆盖厚度增加了约 12cm，是 2003 年厚度的三倍。到 2005 年，泥炭藓覆盖面积占恢复区面积的 60%，而未恢复对照区泥炭藓的覆盖面积仅 0.25%（Isselin-Nondedeu et al.，2007）。恢复区比未恢复区输出溶解有机碳少了一半（Waddington et al.，2008）。现在这一地区已经进行了近十年恢复后的监测（Rochefort et al.，2013）。

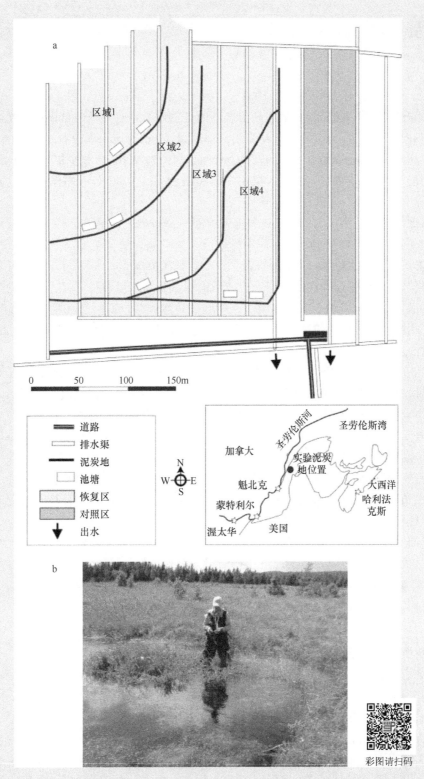

图 18.5 加拿大魁北克省圣劳伦斯河南岸的布瓦贝尔实验泥炭地：（a）实验泥炭地在地图上的位置，西侧为恢复区，东侧为对照区。恢复区分为 4 个小区，每个小区内都建造了池塘，以便进行植被监测；（b）恢复区域内为水生动物和两栖动物栖息而建造的浅水池塘[a：Waddington et al.，2008；b：L. Rochefort 拍摄，Peatland Ecology Research Group（PERG），Université Laval，Québec City，Canada，获得许可后印刷]

# 滨海湿地恢复

## 盐沼恢复

人们对海岸线恢复有很大的兴趣。早期盐沼恢复的开创性工作有欧洲（Lambert，1964；Ranwell，1967）、中国（Chung，1982，1989）、美国的北卡罗来纳州海岸线（Woodhouse，1979；Broome et al.，1988）、加拿大的切萨皮克湾地区（Garbisch et al.，1975；Garbisch，1977，2005）、波多黎各（Lewis，1990b，1990c）和美国的加利福尼亚州（Zedler，1988，2000b；Josselyn et al.，1990）。一些滨海湿地恢复已用于发展新的生境，以减缓滨海开发项目对湿地的影响。

对于美国东部的滨海盐沼，人们主要选择互花米草（*Spartina alterniflora*）作为恢复滨海沼泽的理想物种。虽然是同一物种，但在北美洲西海岸不受欢迎，人们认为这种植物是入侵物种。欧洲、新西兰和中国曾经用过唐氏米草（*Spartina townsendii*）、大米草（*Spartina anglica*）以及互花米草（*Spartina alterniflora*）恢复盐沼，尽管这些物种中有一些在当地被认为是入侵物种。这些生长在盐沼上的植物容易通过种子进行扩散，如果一旦被引入，只要生长的区域是潮间带，即一般高潮位和低潮位之间，那么这些植物的扩散会相当迅速。成功建造滨海湿地的具体方法依具体地点而不同，但以下 6 方面内容在大多数时候都是有效的。

1）沉积物高度是决定植被和植物物种成功建立与存活的最关键因素。地点必须是潮间带。

2）一般来说，植被在潮间带的上半部分比地势低的下半部分生长得更快。

3）沉积物组成似乎不是植物定植的关键因素，除非沉积物几乎是纯沙，在地势高处易迅速干燥。

4）恢复区要防止海浪的影响，在波浪大的区域（高能量区）植被定植是困难或不可能的。

5）如果地势高程适宜，波浪能量适中，大多数地点的植物都能从种子开始自然重新生长。在一些情况下，幼苗移栽是比较成功的方法，在潮间带的上半部分种子撒播也已经成功。

6）第一个生长季就会形成较好的群落结构，尽管两个生长季后泥沙才会趋于稳定。在 4 年后，成功种植植被的地点往往与自然湿地无明显区别。

早期的几项研究强调了恢复潮汐条件（包括盐度）对沼泽区的重要性，这些地区由于与海洋隔绝水体变淡。在这种情况下，恢复是简单的：清除任何阻碍潮汐交换的障碍。案例研究 4 介绍了一个盐沼恢复，已经取得了一定进展：当自然潮汐的水文过程恢复后，植被和水生物种随之而来。案例研究 5 介绍了纽约市区沿海河流/湿地综合体数十年的恢复过程。

**案例研究 4：特拉华湾盐沼恢复**

美国东北部新泽西州和特拉华州特拉华湾面积为 5000hm² 的滨海盐沼的恢复、增强和保护工作（图 18.6a），是美国东部的一个大型滨海湿地恢复项目。该项目由新泽西电力公司[公共服务企业集团（Public Service Enterprise Group，PSEG）]在科学家和顾问团队的建议下开展，替代性补偿该公司核电站的单程冷却塔带来的潜在环境影响。理由是，一次冷却通过卷吸和撞击对鳍鱼的影响可以被恢复盐沼所增加的渔业产量抵消。由于这种生态交换存在不确定性，要恢复的面积估计为补偿电厂对鳍鱼影响的盐沼面积乘以安全系数 4。该项目采用了三种不同的方法来恢复特拉华湾海岸线。

1）重新淹水。其中最重要的一项恢复措施，是重新将潮汐引入堤坝包围的面积约 1800hm² 的盐化干旱草场。沿着特拉华湾，许多沼泽已经被堤防与海湾隔离，有的长达几个世纪，并用于米草属植物 *Spartina patens* 的商业生产。水文条件的恢复是通过挖掘堤坝中的裂缝来实现的。在大多数情况下，将这些新的潮汐入口与重建的潮沟系统和现有运河系统连接起来。

2）重新挖掘潮汐盐沼。另外的恢复工作是挖掘这些重新淹水的盐沼中起着"干流"作用的潮水溪流来促进排水，增强潮汐循环。这对以前有滨海堤防的沼泽特别重要，因为与大海隔绝，以前的潮沟、潮水溪流被填满。这些潮沟初步建立后，预计系统将自行设计更多的潮沟，增加潮沟、溪流密度。

3）降低芦苇优势。在特拉华州和新泽西州的另一处恢复地点，恢复工作包括在 2100hm² 未蓄水的滨海湿地中，降低具有侵略性的入侵植物芦苇（*Phragmites australis*）的覆盖度。具体方法包括改变水文条件，如挖掘渠道、拆除残余堤坝、改变微地形；刈割、种植及施用除草剂。

这项研究的结果分别以报告和研究论文形式发表在不同刊物中，包括 Teal 和 Weinstein（2002），以及几篇发表在 *Ecological Engineering* 特刊上的论文（Peterson et al.，2005）。从水动力学的角度来看，在潮汐水文循环得到恢复的沼泽中，从最初建造的潮汐溪流形成了复杂的潮汐溪流系统，溪流密度惊人，令人印象深刻。图 18.6b 说明了一个新近恢复的沼泽区——丹尼斯镇（Dennis Township）的水系发展情况。1996~2004 年，潮沟等级数量从 5 个甚至更少增加到 20 多个，潮水重新淹没的 3 个"盐干草场"，等级低的小潮沟数量从几十条增加到数百条。项目的前三年中，潮沟等级以较快速度从 3 升级到 9；在接下来的三年中，潮沟等级以同样的速度从 10 增加到 16（注意：该定义使用的"潮沟等级"将作为干流的潮沟指定为等级 1）。水文设计确实是以自我设计的方式进行的，只是在 1 级潮沟建设初期进行了切割、挖掘。

对于重新淹水的盐干草场，主要的恢复目标包括两个，一个是预期植被的高覆盖率（如互花米草）和开阔水域相对低的覆盖率，另一个目标是没有芦苇的入侵。这一滨海恢复项目受到法律、水文和生

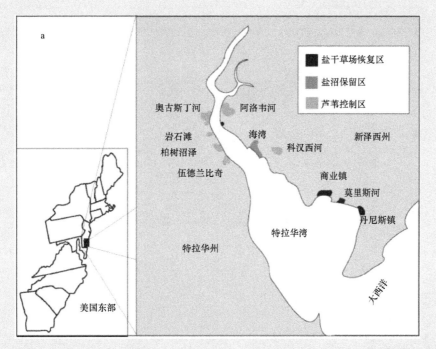

图18.6　美国特拉华湾盐沼1995年至今恢复状况：(a)新泽西州和特拉华州之间的特拉华湾区地图，图中显示了5800hm²盐沼恢复的位置，恢复目的是减少核电站一次冷却通过卷吸和撞击造成的鳍鱼损失，湿地被保护起来。通过重新引入潮汐淹水恢复"盐干草场"，并通过去除芦苇使湿地功能增强；(b)丹尼斯镇（1996~2004 年）和商业镇（1997~2013年）恢复的特拉华湾盐沼中不同等级的潮汐溪流数量；(c)恢复之前的 1995 年植被覆盖情况（白色区域为无植被覆盖区域）；(d)低等级的潮汐小溪逐渐恢复、人工堤坝被逐渐拆除，恢复 7 年后（2003 年）地表覆盖情况（灰色区域为恢复的互花米草及其他理想的沼泽植被）；(e)项目顾问 John Teal 在特拉华湾观察了恢复 10 年以上的 641hm² 的沼泽地，利用除草剂（主要为草甘膦）将芦苇大部分恢复为互花米草（b：经许可后使用，Kenneth A. Strait，PSEG Service Corporation，Salem，NJ；c、d：Hinkle and Mitsch，2005；e：W. J. Mitsch 拍摄）

态方面的限制,目前也正在通过将恢复的地点与自然参考沼泽进行比较来估计其成功与否。近 20 年来,这个恢复项目取得了令人鼓舞的成果。在以前的盐化干地上,互花米草和其他理想的植被恢复迅速而广泛。

在丹尼斯镇仅两个生长季之后,约 70%的区域优势植被为互花米草(*Spartina alterniflora*),在随后的第五年覆盖率达到近 80%(图 18.6c,d)。莫里斯河(Maurice River)地区潮汐湿地恢复工程已于 1998 年完成,面积是丹尼斯地区的两倍。互花米草和一些盐角草已经成为优势植被,经过 4 个生长季后,71%的区域都呈现出理想的植被。第三个也是最大的盐干草场恢复地点位于商业镇,面积比丹尼斯镇恢复区大 5 倍,重新出现的植被在海湾开始迅速生长。这项研究表明,盐沼恢复的速度取决于三个主要因素。

1)潮汐"循环系统"在沼泽中运行的有效程度。

2)正在恢复的区域面积大小。

3)米草和其他理想的物种初次出现的时间。

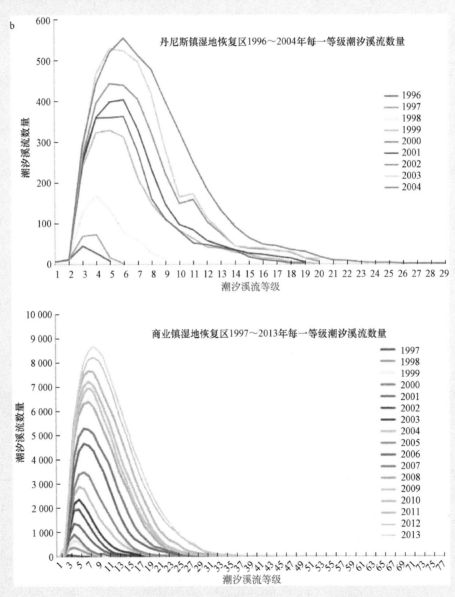

彩图请扫码

图 18.6(续)

图 18.6（续）

　　在有潮汐作用的区域并不需要人工种植米草，因为米草种子可以通过潮汐传播，所以恢复场地设计时，允许潮汐连通（对于潮汐作用而言，恢复场地合适的高程很重要）至关重要。植物的自我设计在繁殖条件适宜时会发挥作用。在沼泽上大量建造池塘，尤其是在商业镇的恢复区，会有最大的面积-边缘比，阻碍了米草在一些地点的重建（Teal and Weinstein, 2002）。只有引入其他的水流或恢复潮汐作用产生相同的效果，最终才会使这些区域重新形成潮汐循环，米草属（Spartina）植物才能自我建立群落。

　　在特拉华州和新泽西州的另一组微咸水沼泽恢复区，使用除草剂降低芦苇的优势需要多年的努力，但是现在已经有相当大的沼泽面积恢复了理想植被，其中就包括互花米草。如图 18.6e 所示，新泽西州阿洛韦河（Alloway Creek）的沼泽中，芦苇覆盖面积从 1996 年的 60%下降到 2013 年的不到 5%。

**案例研究 5：美国纽约市区的城市海岸恢复**

　　哈肯萨克草甸湿地（Hackensack Meadowland）（图 18.7a）毗邻高度工业化和商业化的新泽西州纽

瓦克湾（Newark Bay），这里是美国污染最严重的水域之一。

哈得孙河和曼哈顿岛位于纽约市（图 18.7b）。一个多世纪以来，挖沟、填埋、排水和筑堤，已经将哈肯萨克河的下游区域，从潮汐盐沼和半咸水沼泽变成了高度城市化的住宅与工业用地混合区，其间点缀着潮汐溪流、沼泽和泥滩。哈肯萨克河流域有 4 个重点区域：2 个发电厂、3 个污水处理厂，以及在河流 4km 处有一个面积约 1000hm² 的垃圾填埋场。这条河流本身是咸水河，下游的盐度更高。潮汐闸阻止了来自河流干流的咸水的自由混合。靠近海湾的主河道盐度最高（12～15ppt），潮汐闸后及潮汐溪流上游盐度最低（<1ppt），这里混合了城市废水和污水厂排出的淡水（Shin et al.，2013）。沿着哈肯萨克河，在低洼处发育了草本沼泽，以高大健壮的互花米草为优势群落，夹杂着裸露的泥滩；优势植被为七河灯心草（*Juncus gerardii*）伴生矮小的互花米草。高盐沼泽以狐米草（*Spartina patens*）和海滨盐草（*Distichlis spicata*）为优势物种。由芦苇（*Phragmites australis*）组成的芦苇床遍布哈肯萨克盐沼（Artigas and Pechmann，2010）。

图 18.7　美国纽约市旁边新泽西州哈肯萨克草甸湿地：（a）新泽西州哈肯萨克草甸湿地所在区域的地图和湿地恢复项目位置；（b）哈肯萨克草甸湿地及远处的纽约市照片 [a：地图由 New Jersey Meadow-lands Commission(NJMC)/ Meadowlands Environmental Research Institute 提供；b：W. J. Mitsch 拍摄]

彩图请扫码

图 18.7（续）

　　哈肯萨克湿草甸的 11 个湿地恢复区如图 18.7a 所示，恢复区面积不到 300hm²。自 1983 年建成第一个替代性补偿湿地以来，该地区已有 23 个替代性补偿湿地（R. M. Feltes，2014，个人通信）。几乎所有在整个哈肯萨克草甸湿地上进行的恢复措施都是为了减少潮汐咸水的不良影响。新泽西州哈肯萨克草甸湿地委员会将替代性补偿费（in-lieu-fee）用于实现、增强哈瑞尔草地（Harrier Meadow）（1998年建造）、斯科特溪沼泽（Skeetkill Creek Marsh）（1998 年补偿）、米尔溪沼泽（Mill Creek Marsh）（1999年补偿）和斯考克斯高中湿地的生态功能（SHSWES）（2007 年补偿）。虽然米尔溪沼泽和斯考克斯高中湿地的项目区为几个不同的许可证（包括公共许可证和私人许可证）履行替代性补偿义务，但它们并不是正式的替代性补偿库。哈肯萨克草甸湿地替代性补偿库包括 1 期和 2 期。2001 年完成了沼泽植被种植，并继续对入侵物种进行监测和管理。Richard P. Kane 自然区域替代性补偿库在 2012 年建成，占地面积 87hm²，主要是为潮间带互花米草低地沼泽而设计的，但在设计和财务方面面临着诸多挑战（R. M. Feltes，个人通信，2014）。此外，2012 年还建造了一个面积为 20hm² 的常绿植物的替代性补偿库 3 期。该委员会与罗格斯大学（Rutgers University）达成协议，对哈瑞尔草地、斯科特溪沼泽和米尔溪沼泽等替代性补偿所修复的湿地进行更广泛的监测。

## 红树林恢复

　　在热带地区修复红树林沼泽与修复盐沼有些相似，在适当的潮间带建立植被是成功的关键。不过，两者的相似之处也就仅此而已。红树林沼泽的修复是更国际化的，因为这项工作可以试图将热带和亚热带国家联系在一起（Lewis，2005）。盐沼的恢复则主要在北美洲东部和中国的海岸线开展，在一定程度上也在欧洲和北美洲西海岸进行。盐沼的恢复往往依赖于潮间带种子随水传播、扩散就可以实现，而红树林恢复通常涉及种树，尽管最近的研究表明这些种植常失败（Samson and Rollon，2008；Lewis，2009）。在越南等国家，红树林的减少要归因于越南战争期间喷洒的除草剂、移民到沿海地区的居民为获得木材和木炭而砍伐红树林，以及将红树林大面积改造成养虾塘。

　　在越南和世界上其他许多国家的热带海岸线附近，人们以前所未有的速度大幅砍伐红树林来建造水产养殖区的行为已经持续了几十年（Benthem et al.，1999；Lewis and Brown，2014）。美国和日本销售的大部分食用虾都产于泰国、印度尼西亚、越南的红树林沼泽中的人工养殖塘。将红树林大规模改造成水产养殖区，这些水产的价格在美国和日本十分低廉。目前这些国家有超过 100 000hm$^2$ 原来是红树林的废弃养殖池塘（R. Lewis，个人通信）。在越南，为保护沿海地区和沿海渔业，正在恢复和保护红树林。尽管菲律宾总统宣布禁止砍伐红树林，但据估计，在 20 世纪 90 年代末该国的红树林仍然以 3000hm$^2$/年（2.4%/年）（deLeon and White，1999）的速度消失。不过，美国、日本和其他几个发达国家对虾的需求欲壑难填，造成了对红树林的持续摧毁。养虾塘的寿命只有 5~6 年，这能使其中的硫含量达到毒性水平，之后这个养殖区就会被废弃，随之而来的会有更多红树林被摧毁。这些废弃的养殖区对红树林的恢复提出了挑战。最近在印度尼西亚开展的基于群落的红树林生态修复已证明是成功的，并且正对这些生境进行更大规模的恢复（Brown et al.，2014）。

Lewis（2005）、Lewis 和 Gilmore（2007）、Lewis 和 Brown（2014）的研究认为，常用的生态工程方法在恢复红树林沼泽方面的效果最好，应该多采用分析的方法，少采用"园艺"方法。他们提出了 7 个正确恢复红树林的原则。

1）搞清楚水文。

2）不要一开始就建造苗圃，而是需要仔细确定在拟开展恢复的区域缺少天然红树林的原因。

3）看看是否可以改善阻碍红树林自然定植的因素，如果不能，选择另一个地点作为恢复区。

4）检查作为修复对照的参考红树林沼泽的正常水文和地形状况，将参考湿地作为恢复的模板。

5）红树林沼泽没有平坦的地面，但有微妙的地形模式。

6）建造潮沟以方便淹水和排水，使鱼类和无脊椎动物能顺畅进入红树林湿地，为当地渔民提供捕捞通道。

7）在项目规划的早期评估恢复的成本，使项目尽可能具有成本效益。

两本指导红树林恢复区设计和建设的手册（Primavera et al.，2012；Lewis and Brown，2014）介绍了所谓的"生态红树林恢复"（ecological mangrove restoration，EMR）。生态红树林恢复采用分阶段的方法进行大规模的红树林恢复，通常避免在苗圃中培育红树林所浪费的时间和金钱，而是依靠红树林种子和繁殖体的自然补充来进行适当的恢复。案例研究 6 介绍了曾经世界上最大的红树林恢复项目之一的宏伟愿望和失败情况。

---

**案例研究 6：2004 年印度洋海啸后的红树林恢复**

2004 年 12 月下旬由于印度尼西亚苏门答腊海岸发生地震，印度洋周围发生大规模海啸，估计有 23 万人丧生（见第 16 章"湿地生态系统服务"中"红树林沼泽与 2004 年 12 月印度洋海啸"部分）。2004 年印度洋海啸使人们忽然意识到红树林沼泽和其他沿海生境能在海啸或其他潮汐浪涌到来之际保护沿海区域。在接下来的重建工作中，最先引起人们注意的是在被海啸摧毁的区域恢复红树林沼泽和其他滨海生态系统。清理工作刚一开始，整个世界就意识到，先前对红树林的破坏要为大量的人类生命损失和文化影响承担部分责任。不久之后，红树林和其他沿海植被恢复被确定为地方政府确保类似灾难不再发生的最佳途径。许多国家和地区采取了这一战略，并在印度洋周围开展了恢复工作。仅马来西亚、印度和印度尼西亚三国政府就承诺，将投放 5500 万美元用于恢复滨海红树林。

红树林恢复实际上是一项生态工程，许多恢复的红树林由于种植在潮汐和水文条件不适宜的地区而失败（Lewis，2005，2010）。对海啸后大面积种植红树林成功与否的后续调查显示，尽管种植了约 3000 万棵红树林幼苗，但收效甚微（UNEP，2007，2008）。在短短几年内，至少有一半的种植失败。事实上，Lewis（2010）认为，几乎没有证据表明红树林曾经得到大规模恢复。他将原因归结为两个关于红树林恢复的错误假设：①红树林只能通过种植来恢复；②潮下泥滩适合种植红树林，而事实上这里可能根本就不适合种植红树林。

全球浪费了数百万美元去恢复红树林，部分原因是土地管理者未能认识到自我设计在红树林恢复中"压倒一切"的重要性，未能理解红树林植被的基本生态。这个项目的另一个负面影响是，随着海啸 10 周年的过去，人们对恢复红树林的兴趣几乎消失了。Check（2005）报道，尽管一些地区重新种植了红树林，国际组织（如联合国）也为当地重新种植红树林提供了大量公共援助，但是许多热带沿海地区又回到了过去破坏红树林的老路，为了短期有利可图的水产养殖而破坏红树林，使得这些地区比以前更容易受到热带风暴和海啸的影响。

## 三角洲的恢复

当大江大河入海时，会形成支流密布的三角洲，河流穿过三角洲流入大海。从埃及的古尼罗河三角洲到美国路易斯安那州的现代密西西比河三角洲土壤肥沃，也是世界上重要的生态区和经济区。三角洲地区应该有两大生态资源目标：①在地质动态框架内保护和恢复三角洲生态系统的功能；②控制污染物使其不进入下游湖泊、海洋及海湾。如果可能，三角洲的恢复应同时重视两个方面，一个是三角洲自身的生态系统改善，另一个是下游沿海水质的改善。当"土地建设"成为必要的先决条件时，三角洲恢复的最佳策略是恢复河流向外扩散沉积物的能力，扩散面越宽阔越好，尤其在洪水期间，不阻塞（或促进，甚至建造）河流支流。当受到航运要求或居民点所限而不能大规模地分流河水时，恢复和建造河流湿地，使河流改道，将河水引到邻近的土地，可能是最大限度地保留养分和沉积物的最佳选择。在一些情况下，会涉及将农地改回湿地；而在另外一些情况下，则需要仔细拆除"保护"野生动物的池塘池埂或在河道中为保留河流而建的堤坝，允许河流在洪水季节形成横向流。有关湿地和水质改善的双重目的，请参阅有关三角洲恢复的进一步讨论，可参考第 19 章"湿地与水质"中案例研究 4 的内容。

## 河流恢复

与海洋共同形成三角洲的河流，正在世界各地得到迅速恢复（Bernhardt et al.，2005）。在过去的 10 年里，河流恢复的模式发生了转变。以前的努力集中在恢复溪流的蜿蜒形状，在溪流中添加物理结构来改善溪流中的生境，如在溪流中增加人造浅滩（Hart et al.，2002）。目前的努力包括恢复整个河流及其走廊，这才是真正的生态工程（Palmer et al.，2014）。这种恢复总是包括建造和恢复河流与浅水湿地的复合体，通常重点是恢复河流边缘的河岸带。Palmer 等（2005）提出了衡量河流恢复成功与否的 5 个标准。

1）生态河流恢复工程应该以当地一条更有活力、更健康的河流为参照，进行设计。

2）必须切实改善这条河的生态状况。

3）河流系统必须具有更强的自我维持性和对外部干扰的弹性，以便后续的维护成本最低。

4）在建设阶段，不应该对生态系统造成持久的损害。

5）必须进行前评估和后评估，数据必须公开。

现在的重点是恢复整个河流生态系统，包括实现河流—洪泛区—洪泛区湿地的重新连通，恢复所在的流域（Mitsch et al.，2008；Kristensen et al.，2014）。案例研究 7 介绍了欧洲最大、最完整的河流恢复工程之一，其中包括河流本身和河漫滩湿地的恢复。这里也进行了长期的监测，并提供了重要的机会来评估恢复工作是否可能在十年内取得成功。

### 案例研究 7：丹麦斯凯恩河的恢复

位于日德兰半岛中西部的斯凯恩河（Skjern River）流域面积为 2490km²，是丹麦流域面积最大的河流。在丹麦有史以来最大的排水工程中，4000hm²的湿草甸（图 18.8a）被改造成耕地，斯凯恩河下游蜿蜒的河道全部被裁弯取直。到 20 世纪 80 年代末，这条河基本上与北海的灵克宾峡湾（Ringkobing Fjord）成为一条直线，丧失了数千公顷的草本沼泽、湿草甸和河流生境（图 18.8b）。人为挖掘使河流渠道化，建成了人工运河，安装了水泵，将陆地的水快速排到下游。整个公共工程项目耗资 3000 万丹麦克朗（约 360 万美元），最初农业社区认为这是一个成功的项目，因为可以在以前潮湿的地区种植谷物。但是为这条人造河，付出了沉重的环境代价。河流的自净能力减弱，下游峡湾受到营养物质和沉积物的污染，由于泥炭的氧化和一些地区地表 1m 多深的积水被排到下游，地表开始下沉。丹麦环境和能源部（DMEE，1999）认为，人类对这条河的干扰是"北欧最严重的"。在排水之后的短短几年内，似乎有必要进行另一项排水工程，并要求提供公共资金。相反，丹麦议会（Folketing）在 1998 年以绝对多数通过了一项《公共工程法案》（*Public Works Act*），要求恢复斯凯恩河下游区域，并为此项目拨出约 4000 万美元（约 2.54 亿丹麦克朗）的资金。该项目在三个河段分三期实施。在这种情况下，河流恢复需要注意以下几点。

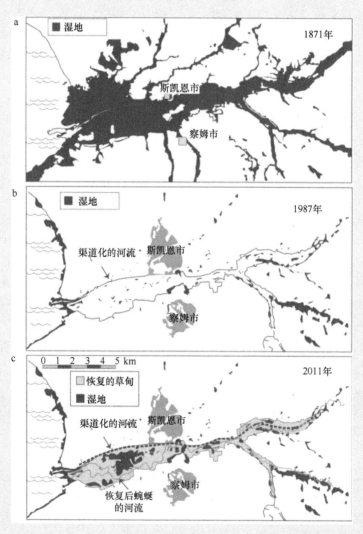

图 18.8　丹麦西部斯凯恩河（Skjern River）及其洪泛平原湿地的恢复：（a）河流渠道化前的草甸和沼泽地（1871 年）；（b）恢复工程实施之前的渠道化河流（1987 年）；（c）恢复近 10 年后的河流、草甸和沼泽地（2011 年）；（d）2012 年 6 月，恢复 10 年后的斯凯恩河和洪泛平原的照片（a、b、c：DMEE，1999；Kristensen et al.，2014；d：W. J. Mitsch 拍摄）

彩图请扫码

图 18.8（续）

1）尽可能恢复成蜿蜒的河流。

2）拆除沿河堤坝，让相邻的草地再次淹水。

3）在远离河流的地方修筑堤坝，以防止工程区外的农田被淹。

　　具体的恢复工程包括将 19km 的渠道化河流重新改造成 26km 长的自然蜿蜒河流（Pedersen et al.，2007a，2007b）。1998～2002 年，约有 2200hm$^2$ 的河谷湿地得到恢复，方法是清除附近的堤坝，并在远离河流的地方筑堤，以保护工程范围以外的农田。在恢复项目早期，该项目成功地大幅增加了大型水生植物、无脊椎动物、两栖动物和哺乳动物（如水獭）的生物多样性（Pedersen et al.，2007a）。Kristensen 等（2014）比较了三个时期河道内生境、侵蚀/沉积及与洪泛平原的重新连接：①2000 年——恢复前；②2003 年——恢复刚结束；③2011 年——恢复后 10 年（图 18.8c，d）。研究发现，除 2003 年恢复后立即发生的变化外，他们没有发现河道内生境的长期显著变化。恢复后的河流两岸都有净侵蚀，但河床上有净沉积；总的来说，恢复之后，2011 年的河流比 2001 年更宽、更浅。

　　重塑渠道的过程是缓慢的，可能需要几个世纪。河流与洪泛平原和河道之间的重新连接是短时间内可以做到的，611hm$^2$ 的河岸生态系统在 10% 的时间里处于淹水状态，大部分时间是在冬季；在 5～8 月的生长季节，河岸生态系统的淹水时间很短（<1%）（图 18.8d）。除非采用恢复工程来加快恢复失去的生境，否则在洪泛平原上失去的生境（如岛屿、回水区和牛轭湖等）可能需要几个世纪才能重现（Kristensen et al.，2014）。

# 湿地建造与恢复技术

## 定义目标

　　设计一个合适的湿地或一系列湿地，无论是为生境重建、非点源污染的控制，还是废水处理，都应该从建造或恢复湿地的整体目标开始。一种观点认为，湿地的设计应使生态系统的寿命和效率最大化，并使成本最小化。在选择建造或恢复地点或开始设计湿地之前，应该确定目标或一系列目标。如果确定了几个目标，必须选择一个作为主要目标。

### 将湿地融入自然景观

在某些情况下，特别是在选择生境替代地点时，在景观中有许多地点可供选择，以确定恢复或建造的湿地的位置。以洪水或河流为主要水源的河岸湿地的自然设计（图 18.9a），包括河流洪水在湿地季节性淹水的地方形成沉积物和化学物质的沉积，并使多余的水量再流回河流。因为在河流的主要河段一般都有天然河堤或建造的堤坝，所以经常可以用最少的工程就可以建造这样一个湿地。设计该湿地的目的是蓄积洪水和滞留沉积物，并使在洪水过后湿地中蓄积的水分缓慢释放回河流，或蓄积洪水并利用闸门将水保留。

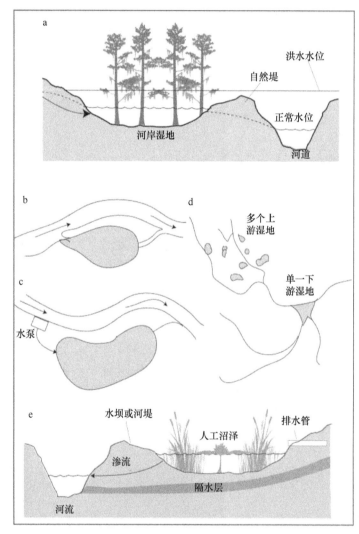

图 18.9　在河流环境中建造和恢复的湿地的景观位置：（a）河岸湿地，它既能截流来自高地的地下水，又能接收邻近河流每年的洪水脉冲；（b）具有洪水过程的河岸湿地；（c）安装了水泵的河岸湿地；（d）多个上游湿地与单一下游湿地；（e）侧向湿地拦截排水管携带的地下水

湿地可设计为河流系统的一部分，方法是在河流中加入控制装置，或将河流的支流蓄水（图 18.9b）。只在溪流源头阻塞整条溪流是一种合理的选择，通常不具成本效益或生态上可取。这种设计在洪水期间特别脆弱，它的稳定性可能是不可预测的。但它的优势在于，它可能会处理流经该区域的大部分水。维持控制装置和分流，可能意味着对这一设计要承担管理义务。

由水泵供水的河岸湿地（图 18.9c）为湿地创造了最可预测的水文条件，但在设备和维护方面的成本明显较高。如果人工湿地预期的主要目标是开发一个研究项目，以确定该流域未来湿地建设的设计参数，那么用水泵给湿地补水是一个很好的设计。这类湿地主要用于研究和教育，有两个例子，分别是美国伊利诺伊州东北部的德斯普兰斯河（Des Plaines River）湿地（Sanville and Mitsch, 1994）和俄亥俄州中部的奥伦坦吉河（Olentangy River）湿地（Mitsch et al., 1998，2012，2014）。如果其他的目标更重要，那么大型水泵的使用通常是不合适的，除非湿地被限制在一个没有资源的城市环境中。

应该考虑在小溪流建造一些规模较小的湿地或在流域上游河段建截水沟渠（但不是在河流本身），而不是在下游建造数量少、面积大的湿地（图 18.9d）。湿地在削减洪峰方面的作用随湿地距下游距离的增加而增加。

图 18.9e 展示了一个设计方案，沿水流建造一个湿地，用来拦截农田排水。在这个设计方案中，溪流没有改道，水、沉积物和营养物质经过小支流、洼地，特别是经过瓦片衬砌的排水沟渠进入湿地，否则会直接排入河流。如果能够在上游找到排水沟渠，并对其进行拆除或堵塞，以防止其流入支流，也可以将沟渠改道，使其成为有效的管道，为人工湿地提供足够的水。由于瓦片排水管内的水通常是高浓度化学物质的来源，如来自农田的硝酸盐，侧向湿地将是控制某些非点源污染的有效手段，同时也是在农业环境中建造的一种湿地生境。

## 位置选择

几个重要的因素最终决定了选址。当目标确定后，恰当的选址应该保障实现目标的最大可能性、成本合理、系统运行可预测，以及长期维护系统的成本不要过高。下面详细阐述这 12 个因素。

1）湿地恢复比湿地建造更可行。

2）考虑周围的土地利用和未来的土地规划。

3）对该地进行详细的水文条件调查，包括确定地下水与拟恢复的湿地之间的潜在相互作用。

4）寻找一个经常被洪水淹没的地方。

5）对土壤进行详细的诊断和特征记录，以确定土壤的渗透性、质地和土层。

6）确定可能影响恢复区水质的土壤、地下水、地表径流、河流洪水和潮汐的化学成分。

7）评估恢复区及其附近的种子库，以确定它们的生存能力和对水文条件的响应。

8）确定是否有必要的填料、植物种苗，以及是否有可利用的基础设施（如道路、电力）。

9）确定土地的所有权和价格。

10）为了促进野生动物活动和渔业发展，要确定恢复区是否位于生态走廊内，如候鸟迁徙路线或鱼的产卵路线。

11）评估恢复区道路通达情况。

12）确保有足够的土地，以满足目标实现。

## 建造和维护适当的水文条件

恢复与建造湿地的关键是开发适当的水文条件。人们往往希望用地下水作为湿地的水源，因为地下水更具可预测性，一般不会随季节变化。河流形成的洪水给湿地带来了季节性的淹水，但在没有洪水的情况下，这些湿地会长时间保持干燥。来自地表径流和支流的水量可能是最难预测的。在这种条件下形成的湿地，通常是孤立的池塘或蚊子的潜在聚居地，在生长季节的大部分时间里都是如此；这些湿地的设计应该仔细斟酌。一般认为，在曾经是湿地的地方建造湿地是最适宜的，因为那里的水文条件仍然适合湿地的生存。但是砖结构的排水沟、沟渠和河流下切经常改变当地的水文状况。大多数生物学家难以估计水文条件，而工程师常过度设计需要大量维护、不可持续的控制装置。

建造湿地的汇水区常用以下两种方式：一种是在汇水区周边修建堤坝，并在汇水区内部分地区进行适当下挖；另一种方式是不修建堤坝，通过挖掘形成洼地。建筑工程师经常会注意到，如果用挖出的泥土筑堤，可以节省大量的经费，因为挖掘往往是湿地恢复或建造的最大成本。这种堤坝的建设通常不是一个好主意，因为堤坝肯定存在泄漏的问题，而且世界上很多地方生存着像麝鼠（*Ondatra zibethicus*）一样喜欢挖洞的动物。

无论是否有堤坝，湿地汇水区的出口往往需要某种控制装置，控制湿地向外的排水量。三种控制装置如图 18.10 所示：①溢流管；②插板式立管；③圆柱式立管（溢流管与插板式立管的组合）。

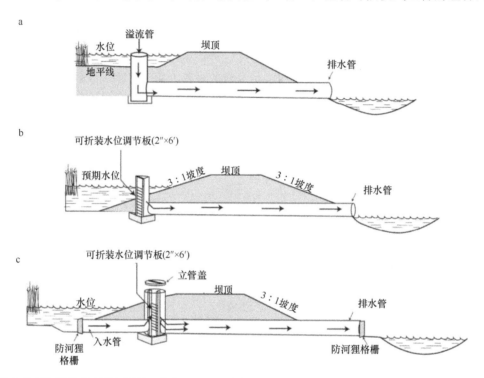

图 18.10　建造和恢复湿地的控制装置设计，包括：（a）溢流管；（b）插板式立管；（c）圆柱式立管（引自 Massey，2000）

每种设备都有自己的优点和缺点。溢流管是最不灵活的，因为它不能进行水位操纵。插板式立管更灵活，但容易被损坏。圆柱式立管更安全一些，可以用来控制河狸，但它的价格要贵一些。在最后两种情况下，立管包括可拆装的挡水板，可以手动调节水位。当湿地汇水区的水文情况尚不清楚时，可以选择这种方法，因为它的灵活性更大。

但是这些类型的控制装置有几个缺点，它们需要偶尔进行维护，即使只是为了清除堆积的植物碎片和重新安装挡水板。此外，损坏挡水板是破坏者最喜欢的消遣方式。放置立管这样的控制装置的位置也是自然生态工程师——美洲河狸（*Castor canadensis*）最喜欢的位置。河狸为实现它们对水资源管理的愿望，通常会阻塞管道，使水位升高 1m 或者更高，戏剧性地改变植被格局。

最好的设计是，当地的地形条件允许湿地在没有控制装置的情况下自然被淹没，但这种情况很少，很难作为湿地的一种稳定水源。相对于地表水来说，地下水对季节性变化不那么敏感。此外，由地下水补给的湿地水质通常较好，同时所挟带的沉积物通常较少。

## 土壤

恢复与建造湿地的选址通常受到土地所有权的限制。如果可以选择，在原来湿地（水成）土壤上修复湿地比在旱地土壤上建造湿地更好。由于长期处于淹水状态，土壤在厌氧条件下会呈现特定的颜色和化学形态。由于铁和锰已转化为还原性可溶态，并已从土壤中浸出（见第 5 章"湿地土壤"），因此矿质水成土的颜色大多为黑色。在大多数情况下，在水成土上发育的湿地有三个优点。

1）水成土的存在，说明该地点仍然具有或可能具有恢复湿地的适当水文条件。

2）水成土可能是在土壤中生长的湿地植物种子库（seed bank）。

3）水成土可能具有适当的土壤化学性质，对某些湿地过程有促进作用。例如，矿质水成土比矿质非水成土的碳含量高。反过来，土壤碳又会刺激湿地的反硝化和甲烷生成过程。

否则，在旱地土壤上建造湿地也是有可能的。但从长远来看，这些会形成典型的水成土的特征，如有较高的碳含量和种子库（见案例研究 8）。

有人认为，由于缺乏种子库，高地土壤很难形成植物群落多样性，往往会成为香蒲沼泽。香蒲占优势是由于建造/恢复湿地之前，这里农业种植多年，已经变得富营养化。富营养条件必然导致高产、低多样性的系统。这里再次说明，利用水成土进行湿地恢复和建造的主要优点是，其是适宜水文条件的指标。

## 引入植被

在建造和恢复的湿地中引入哪些植物种类取决于预期的湿地类型、所在区域和气候及前述的设计特点。表 18.4 总结了主要在美国境内用于建造和恢复湿地的植物物种。Vymazal（2013）在对 43 个国家的 643 个表面流人工湿地的文献检索中发现了 150 种植物。最常用的属有香蒲属（*Typha*）、藨草属（*Scirpus*）、水葱属（*Schoenoplectus*）、芦苇属（*Phragmites*）、灯心草属（*Juncus*）及荸荠属（*Eleocharis*）。更多详情请参考第 19 章"湿地与水质"有关改善水质的植物。

---

**案例研究 8：建造湿地中的水成土发育与化学封存（固定）**

人们直到最近才知道，旱地土壤需要多长时间才能发育成湿地条件，根据土壤类型和水文状况，一般认为需要十年以上甚至一个世纪。1994 年在美国俄亥俄州奥伦坦吉河湿地研究园（Olentangy River Wetland Research Park，ORW）建造了两块人工湿地。在对其的研究中发现，持续淹水两年后，土壤具有了水成土的特征（Mitsch et al.，2005）。实验样片首次淹水前，土壤颜色的色调一般为 10YR，明度与彩度比值在 3/3～3/4 变化。而彩度在 3～4 表示不是水成土（见第 5 章"湿地土壤"对这些土壤色彩术语的说明）。1995 年，也就是淹水约 18 个月后，彩度一般为 3 或更小（中值= 3/2）。土壤表层样品的中值为 3/2，下层样品的中值为 4/2。1996 年，即开始淹水两年后，土壤彩度开始稳定在 2 或以下。截至 2006 年，在土壤淹没 13 年后，几乎所有的实验湿地样品的表层沉积物中都显示出 2 或更小的色度。

土壤中缺乏有机碳通常是湿地建造项目的一个缺点。自 1994 年首次注水以来，这些实验湿地表层土壤中的有机质含量在第一个十年内稳定增加（图 18.11；表 18.3）。表层土壤（0～8cm）中的有机物含量从 1993 年的 5.3%±0.1%（注水之前）增加到 1995 年的 6.1%±0.1%（湿地建造后 18 个月），到 2004 年又增加到 8.9%±0.2%（湿地建成后 10 年）（Anderson et al.，2005）。总碳含量从 1993 年的 1.57%±0.04%增加到 1995 年的 2.06%±0.12%，到 2004 年达到 3.76%±0.12%。换句话说，这些湿地表层沉积物中的有机质含量和总碳含量在十年间分别增加了 67%、139%。虽然人们认为大部分增加的碳是由于藻类和大型植物的生产力，但是从这些湿地的其他研究中可以清楚地看出（Wu and

Mitsch，1998；Liptak，2000；Tuttle et al.，2008），碳的大量积累可能是由于无机碳酸钙/方解石（CaCO₃）的存在（见表 18.3 中的无机碳积累），由于这些湿地水体的高生产力，碳在生长季以较高的速率沉淀。本研究对新建造湿地的初步推测为：新建造湿地表层土壤中的有机质含量每三年增加约 1 个百分点。

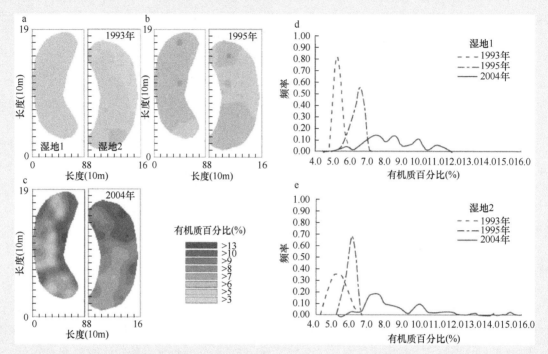

图 18.11　在奥伦坦吉河湿地研究园内，两个面积 1hm² 的建造湿地土壤有机质经过 12 年发育。左图：湿地 1、湿地 2 土壤有机质空间分布图：（a）1993 年，在注水之前，但在挖掘之后；（b）1995 年，开始淹水 18 个月后；（c）2004 年，开始淹水 10 年后。右图：1993 年、1995 年和 2004 年两块人工湿地土壤有机质频率分布曲线：（d）种植湿地 1；（e）未种植湿地 2。1993 年在无水冲积的平原土壤上开挖湿地，自 1994 年 3 月 4 日起，水就不断地注入这两块湿地（引自 Anderson et al.，2005）

表 18.3　1994～2004 年美国俄亥俄州奥伦坦吉河湿地研究园两个实验湿地中碳和营养物质的平均积累速率

| 参数 | 年均积累速率 [g/(m²·年)] |
| --- | --- |
| 总碳 | 181～193 |
| 有机碳 | 152～166 |
| 无机碳 | 23～26 |
| 总氮 | 16.2～16.6 |
| 总磷 | 3.3～3.5 |
| 总钙 | 80.8～86.3 |

资料来源：Anderson and Mitsch，2006

表 18.4　湿地建造和恢复中常用的植物

| 拉丁名 | 中文名 | 拉丁名 | 中文名 |
| --- | --- | --- | --- |
| **淡水草本沼泽——挺水植物** | | | |
| *Acorus calamus* | 菖蒲 | *Pontederia cordata* | 梭鱼草 |
| *Cladium jamaicense* | 大克拉莎 | *Sagittaria rigida* | 慈姑属一种 |
| *Carex* spp. | 薹草 | *Sagittaria latifolia* | 宽叶慈姑 |
| *Eleocharis* spp. | 荸荠 | *Saururus cernuus* | 三白草 |

续表

| 拉丁名 | 中文名 | 拉丁名 | 中文名 |
|---|---|---|---|
| *Glyceria* spp. | 甜茅 | *Schoenoplectus tabernaemontani** | 水葱 |
| *Hibiscus* spp. | 木槿 | *Scirpus acutus* | 水毛花 |
| *Iris pseudacorus* | 黄菖蒲 | *Scirpus americanus* | 藨草属一种 |
| *Iris versicolor* | 变色鸢尾 | *Scirpus cyperinus** | 蒯草 |
| *Juncus effusus* | 灯心草 | *Scirpus fluviatilis* | 荆三棱 |
| *Leersia oryzoides* | 蓉草 | *Sparganium eurycarpum* | 黑三棱属一种 |
| *Panicum virgatum* | 柳枝稷 | *Spartina pectinata* | 米草属一种 |
| *Peltandra virginica* | 朦潭草 | *Typha angustifolia** | 狭叶香蒲 |
| *Phalaris arundinacea* | 藕草 | *Typha latifolia** | 宽叶香蒲 |
| *Phragmites australis** | 芦苇 | *Zizania aquatica* | 水生菰 |
| *Polygonum* spp. | 蓼 | | |
| **淡水草本沼泽——沉水植物** | | | |
| *Ceratophyllum demersum* | 金鱼藻 | *Potamogeton pectinatus* | 篦齿眼子菜 |
| *Elodea nuttallii* | 美国水蕴草 | *Vallisneria* spp. | 苦草 |
| *Maiophyllum aquaticum* | 聚藻 | *Najas guadalupensis** | 小竹节 |
| **淡水草本沼泽——浮叶植物** | | | |
| *Azolla caroliniana* | 卡洲满江红 | *Nuphar luteum* | 欧亚萍蓬草 |
| *Eichhornia crassipes** | 凤眼蓝 | *Pistia stratiotes* | 大漂 |
| *Hydrocotyle umbellata* | 伞花天胡荽 | *Salvinia rotundifolia* | 槐叶苹属一种 |
| *Lemna* spp. | 浮萍 | *Wolffia* sp. | 无根萍属一种 |
| *Nymphaea odorata* | 香睡莲 | | |
| **森林湿地或洼地湿地** | | | |
| *Acer rubrum* | 美国红枫 | *Gordonia lasianthus* | 大头茶属一种 |
| *Acer floridanum* | 佛罗里达槭 | *Liquidambar staacifula* | 北美枫香 |
| *Acer saccharinum* | 银白槭 | *Platanus occidentalis* | 一球悬铃木 |
| *Alnus* spp. | 桤木 | *Populus deltoides* | 美洲黑杨 |
| *Carya illinoensis* | 美国山核桃 | *Quercus falcata* var. *pagodifolia* | 樱皮镰状栎 |
| *Celtis occidentalis* | 美洲朴 | *Ulmus americana* | 美国榆 |
| *Cephalanthus occidentalis* | 风箱树 | *Quercus nigra* | 黑栎 |
| *Cornus stolonifera* | 偃伏梾木 | *Quercus nuttallii* | 纳塔栎 |
| *Fraxinus caroliniana* | 卡州白蜡木 | *Quercus phellos* | 柳叶栎 |
| *Fraxinus pennsylvanica* | 美国红梣 | *Salix* spp. | 柳 |
| **深水森林沼泽** | | | |
| *Nyssa aquatica* | 紫花蓝果树 | *Taxodium distichum* | 落羽杉 |
| *Nyssa sylvatica* var. *biflora* | 多花蓝果亚种 | *Taxodium distichum* var. *nutans* 又称 *Taxodium distichum* var. *imbricatum* | 美国水松 |
| **盐沼** | | | |
| *Distichlis spicata* | 海滨盐草 | *Spartina foliosa* | 太平洋米草 |
| *Salicornia* sp. | 盐角草属一种 | *Spartina patens* | 狐米草 |
| *Spartina alterniflora* | 互花米草 | *Spartina townsendii* | 唐氏米草 |
| *Spartina anglica* | 大米草 | | |
| **红树林沼泽** | | | |
| *Rhizophora mangle* | 美洲红树 | *Laguncularia racemosa* | 对叶榄李 |
| *Avicennia germinans* | 黑皮红树 | | |

*常用于处理湿地

## 淡水草本沼泽

淡水草本沼泽常用的植物包括藨草（*Scirpus* spp.）、水葱（*Schoenoplectus* spp.）、香蒲（*Typha* spp.）、薹草（*Carex* spp.），浮叶水生植物如睡莲（*Nymphaea* spp.）、萍蓬草（*Nuphar* spp.）等。沉水植物在湿地设计中不常见，而且在湿地恢复初期，它们的繁殖常受到浑浊水体和藻类生长的阻碍。

## 滨海草本沼泽

对于滨海盐沼，互花米草（*Spartina alterniflora*）是美国东部滨海沼泽恢复的主要选择；在欧洲和中国，大米草（*Spartina townsendii*）和互花米草也被用来恢复盐沼。虽然滨海湿地建造成功需要选择恰当的具体地点，但在大多数情况下，一些通用方法似乎还是有效的。

## 森林湿地

森林湿地的恢复和建造通常需要种植幼苗。在美国东南部，种植典型洼地森林的阔叶落叶树种，包括纳塔栎（*Quercus nuttallii*）、樱皮镰状栎（*Quercus falcata* var. *pagodifolia*）、柳叶栎（*Quercus phellos*）、黑栎（*Quercus nigra*）、美洲黑杨（*Populus deltoides*）、一球悬铃木（*Platanus occidentalis*）、美国红梣（*Fraxinus pennsylvanica*）、美国枫香（*Liquidambar staacifula*）、美国山核桃（*Carya illinoensis*）等。在湿地恢复中较少使用落羽杉（*Taxodium distichum*）和紫花蓝果树（*Nyssa aquatica*）等深水植物，尽管落羽杉曾经是美国佛罗里达州许多湿地恢复中引入的主要树种（Clewell, 1999）。在佛罗里达州，湿地内各种各样的栎树、月桂、紫花蓝果树、桦树及松树也被用于森林湿地的恢复。

## 湿地植物种植技术

将植物引入湿地的方法有多种：可以通过移植根、根茎、块茎、幼苗或整株植物来实现，也可以通过播种从商业或其他地点获得的种子，还可以通过从附近的湿地引入土壤基质及其种子库，或者完全依靠原生种子库和周边的种子库。如果采取种植的方法而不是引入种子库，那么最好从野生种群而不是苗圃中选择植物，因为前者通常能更好地适应建成湿地的环境条件。植物应尽可能来自附近区域，并应在采集后 36 小时内种植。如果使用苗木植物，通常应当选自气候条件相同的地方并通过快递运送，以尽量减少损失。遵循一定的密度要求种植，以确保快速建立植被种群，保障充足的种子来源，与不需要的植物（如香蒲）展开有效竞争。具体而言，这可能意味着每公顷湿地需要种植 2000～5000 株植物。

对于挺水植物来说，建议使用茎部至少 20～30cm 的种植材料，最成功的是栽植整株植物、根茎或块茎，而不是种子。在温带气候条件下，对于某些物种来说，秋季和春季种植都可以。但春季种植通常会比较成功，因为这是一个较好的时机，可以最大限度地减少冬季迁徙动物对植物的破坏性牧食，以及冰冻对新种植植物的连根拔起。

另一种成功的技术是从现有湿地中移植土柱（直径 8～10cm），它会将各种湿地植物的种子、芽和根带到新恢复或建造的湿地中。

如果在湿地植被恢复时使用种子和种子库，必须采取几项预防措施：应当对种子库中的种子活力和现存物种进行评估。在建造湿地中，如果新湿地的水文条件相似，利用附近其他地点的种子库是促进湿地植物生长的一种有效方式。种子库移植已经在许多物种上获得成功，包括薹草（*Carex* spp.）、慈姑（*Sagittaria* spp.）、水毛花（*Scirpus acutus*）、水葱和香蒲（*Typha* spp.）等。此外，还必须考虑到这种方法对获取种子库的湿地的破坏。

当种子直接用于湿地种植时，必须在种子成熟时收集，并在必要时对它们进行分等。如果购买商业种子，应确定种子的纯度。种子可以条播，或利用船只、飞机撒播。当湿地中几乎没有积水时，撒播种子最有效。

### 自然演替与园艺管理

为了使恢复的湿地后期维护成本低，需要促进自然演替过程。最好的策略通常是通过播种和种植，尽可能依靠自然选择，在自然过程中及时筛选物种和群落。通过这种方法恢复或建造的湿地称为"自我设计湿地"（self-design wetland）。在开始时可能需要为选择过程提供一些帮助（如选择性除草），但是最终系统需要依靠其自己的演替模式生存，除非采用劳动密集型管理才有可能生存。另一种稍微不同的方法称为"设计师湿地"（designer wetland），种植选定的植物物种后，这些植物的成功生存或死亡被用作湿地恢复成功或失败的指标。这类似于园艺。

湿地设计着重考虑的一个问题是：是否允许植物材料从初始播种和种植中自然生长，或是否还需要对期望的植物进行持续的园艺化选择。W. E. Odum（1987）认为：在许多淡水湿地，种植对野生动物有很高价值的物种可能是一种昂贵的时间浪费。比较明智的做法是可能是简单地接受干扰种，这是一种较便宜但不太有吸引力的解决办法。如上所述，Samson 和 Rollon（2008）及 Lewis（2009）发现，种植红树林幼苗往往是一个巨大的时间和资源浪费。在案例研究 4 中描述了特拉华湾盐沼恢复的成功案例（Teal and Weinstein，2002；Hinkle and Mitsch，2005），不需要任何播种或种植植物。Reinartz 和 Warne（1993）发现，植被的建立方式会影响替代性补偿湿地系统的多样性和价值。他们的研究表明，湿地植物多样性的早期引入可能会增加湿地植被的长期多样性。这项研究调查了美国威斯康星州东南部 11 个人工建造湿地中植物的自然定植情况。所研究的湿地是小型、孤立的洼地湿地。对这些建造 1～3 年的湿地进行了为期两年的抽样调查，将自然定植湿地与引入 22 个物种的 5 块播种湿地进行了比较。植物自然定植的湿地植物多样性和丰富度随年龄、规模及与最近湿地源的距离而增加。在定植地，1 年的湿地中有 15% 的植被为香蒲，3 年的湿地中有 55% 的植被为香蒲，在定植湿地中，随着时间的推移，香蒲有可能形成单一种。两年后，播种湿地物种多样性和丰富度较高。两年后，这些地点的香蒲覆盖率低于定植湿地。

另一项研究是在美国俄亥俄州中部的两块 $1hm^2$ 的试验湿地进行的，研究人员观察了种植多年植被和不种植植被的效果（表 18.5；参见上面的案例研究 8）。一个湿地种植 2500 株植物，共计 13 种大型水生植物；另一个是植物自然定植的控制湿地。本质上，这两块湿地都是不同程度的自我设计，因为没有对最终覆盖面积提出预期目标，所以一直没有任何"园艺"管理。三年后，两块湿地的主要植物都是水葱（*Schoenoplectus tabernaemontani=Scirpus validus*），呈现出相似性（Mitsch et al.，1998）。然而 6 年后，在人工种植的样地仍然有一些植被群落存活，但是未种植植被的样地因为缺乏植被间的竞争而长满了品种单一的高产香蒲（*Typha* spp.）（Mitsch et al.，2005）。到 2013 年，这两块湿地基本被香蒲覆盖。湿地在种植后 10 年或更长时间内，功能上确实存在一些差异，这些差异可以追溯到最初种植的影响（Mitsch et al.，2005，2012，2014）。在种植 20 年后，当初种植的 13 种植物有 9 种还在湿地中生长，尽管比较稀少（只有 2 种植物"跃迁"到未种植植被的样地内）（Mitsch et al.，2014）。由于自然定植（未种植）的湿地具有较高的生产力，因此其碳汇和甲烷排放量一直较高（Nahlik and Mitsch，2010；Sha et al.，2011；Mitsch et al.，2012，2014；Bernal and Mitsch，2013）。而其他生态指标，如大型植物群落多样性，在人工种植

表 18.5 通过 17 年的研究，总结了美国俄亥俄州中部两块 $1hm^2$ 的湿地的植被物种丰富度。这两块湿地都是在 1994 年建造的。"人工种植湿地"（W1）种植了 13 种、2500 株本地湿地植物，W2 是未进行种植控制湿地

| 湿地年龄 | 年份 | 物种数量 | | | 湿地物种数量 | | | 人工种植物种数量 | | 木本物种数量 | | 入侵物种数量 | |
|---|---|---|---|---|---|---|---|---|---|---|---|---|---|
| | | W1 | W2 | 合计 | W1 | W2 | 合计 | W1 | W2 | W1 | W2 | W1 | W2 |
| 3 | 1996 | 67 | 56 | 72 | 43 | 31 | 44 | 9 | 1 | 5 | 7 | 1 | 1 |
| 5 | 1998 | 96 | 87 | 99 | 56 | 46 | 57 | 9 | 2 | 15 | 15 | 4 | 4 |
| 15 | 2008 | 101 | 97 | 116 | 55 | 52 | 61 | 9 | 2 | 18 | 21 | 7 | 9 |
| 17 | 2010 | 99 | 97 | 118 | 51 | 49 | 63 | 9 | 2 | 18 | 21 | 7 | 10 |

资料来源：Mitsch et al.，2012

湿地中几乎总是较高。种植起初对水质几乎没有影响，但是对 15 年养分通量数据的分析表明，种植整体提高了磷的滞留量，但减少了总氮的滞留量（见第 19 章 "湿地与水质" 的案例研究 5）。

　　如果需要实现植物多样性，那么种植是有意义的。如果需要高生产力和固碳，除非没有植物繁殖体的来源（如种子库或流入的河流），否则种植可能是对付出的努力的一种白白浪费。在这两种情况下，植物的引入对生态系统功能的长期影响似乎在湿地种植 20 年后仍然存在，但这种影响被自然繁殖体的投入和自我设计的巨大影响掩盖。

### 外来或不受欢迎的植物物种

　　在某些情况下，某些植物因其对野生动物的价值或其美学价值不同被认为是受欢迎或不受欢迎的。芦苇在欧洲的建造湿地中经常受到青睐，欧洲湖泊和池塘周边芦苇的大量死亡也引起了人们的担忧。但是芦苇在北美洲东部大部分地区被认为是一种入侵、不受欢迎的植物，特别是在沿海淡水和半咸水沼泽中（Philipp and Field，2005）。互花米草是北美洲东海岸盐沼恢复的理想植物，但在西海岸和中国，互花米草被认为是一种入侵公害。

　　有些植物被认为是湿地中不受欢迎的，因为它们是具有侵略性的竞争者。在热带和亚热带的许多地方，漂浮的水生植物凤眼蓝（*Eichhornia crassipes*）和喜旱莲子草（*Alternanthera philoxeroides*）被认为是不受欢迎的植物。在北美洲东部，特别是在五大湖周围，出现的千屈菜（*Lythrum salicaria*）被认为是湿地中不受欢迎的外来植物。在美国各地，香蒲（*Typha* spp.）受到一些人欢迎，而被另一些人鄙视，因为它是一种快速的 "殖民者"，对野生动物的价值有限。在世界上其他地方，香蒲被认为是一种完全可以接受的湿地恢复植物。在新西兰，几种柳正在入侵沼泽和其他湿地，为此人们也制订了很多根除它们的计划。

## 估计是否成功

　　尽管已经开发了许多好方法，但是文献中对湿地的建造和恢复并没有更多的正面分析。我们相信湿地可以（也应该）建造与恢复，问题是那些对湿地功能有正确认识的人并不是那些签订了工程咨询合同、参加建造与恢复湿地的人。

　　目前几乎没有令人满意的方法来确定已建造或恢复的湿地是否成功，甚至也没有方法来确定已建造或恢复缓解性替代湿地是否成功地替代了原有湿地的功能。图 18.1 从概念上说明了如何替代性补偿湿地。从建造和恢复湿地的几个研究中可以清楚地看出，有些案例是成功的，但仍有太多的失败案例，无法满足人们的期望。图 18.12 和表 18.6 显示了 20 世纪 90 年代在美国佛罗里达州南部、伊利诺伊州东北部和俄亥俄州进行的此类研究案例。在某些情况下，人们的期望是不合理的；在其他情况下，原来的自然湿地本来就不应该消失。如果人们的预期结果在生态学上是合理的，人们会乐观地认为湿地可以建造和恢复，湿地的功能可以被替代。

表 18.6　美国俄亥俄州调查的 5 个功能补偿恢复湿地许可证的要求和实际遵守情况

| 位置（俄亥俄州的县） | 湿地面积（hm²） | | | 所需替换面积的百分比（%） |
| --- | --- | --- | --- | --- |
| | 损失面积 | 需求面积 | 实际面积 | 位置（俄亥俄州的县） |
| 特拉华 | 3.7 | 5.4 | 约 4.0 | 74 |
| 富兰克林 | 15 | 28 | 3.2 | 11 |
| 高卢 | 0.5 | 0.8 | 0.7 | 88 |
| 杰克逊 | 4.8 | 7.2 | 7.5 | 105 |
| 波蒂奇 | 0.4 | 0.6 | 0.6 | 100 |
| 合计 | 24.4 | 42 | 约 16.0 | 38 |

　　资料来源：Wilson and Mitsch，1996

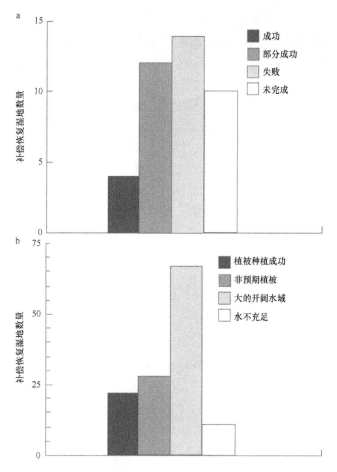

图 18.12 评估美国两个地区的缓解性替代湿地项目:(a)佛罗里达州南部的 40 个缓解项目,涉及湿地的建造、补偿和保护。这些项目的平均年龄不到三年。"成功"意味着该项目达到了所有既定目标,而"失败"则意味着几乎没有达到目标,或新建/恢复的湿地与参考湿地没有同等的功能;(b)伊利诺伊州芝加哥周围 6 县区 61 个许可证要求的 128 个湿地替代点。许可证是在 1990~1994 年颁发的,这项研究是在 1996 年开始的(a:引自 Erwin,1991;b:引自 Gallihugh and Rogner,1998)

Moreno-Mateos 等(2012)通过对 621 个湿地样点进行荟萃分析(meta-analysis),发现生物结构(主要是植物群落)和生物地球化学功能(主要是湿地土壤中的碳积累)分别比对照的自然湿地降低了 26%、23%。他们还发现,大型湿地(>100hm$^2$)、热带/温带湿地和河流湿地的表现分别好于小型湿地、寒冷气候下的湿地与洼地湿地。

Hopple 和 Craft(2013)比较了美国印第安纳州西北部冰川覆盖地区的 4 个恢复湿地和 4 个自然湿地,其中包括排水的坎卡基(Kankakee)沼泽地区的恢复湿地和自然湿地(见第 3 章"世界湿地")。研究发现,10 年后恢复湿地和自然湿地的植物具有类似的丰富度(分别为 33.8 + 2.3 种和 27 + 6.4 种)与植物区系质量评价指数。他们得出的结论是,恢复湿地样地植物多样性与自然湿地具有可比性,应主要归因于恢复期间使用了管理手段(如播种、有计划的燃烧和除草处理),提高了物种丰富度和多样性,缩短了恢复湿地所需的时间,使得恢复湿地与自然湿地达到相当的水平。

与 20 年前相比,如今的湿地恢复与建造似乎更加智能。在我们看来,早期的不良结果是由三个因素造成的。

1)恢复与建造湿地的人对湿地功能的了解很少。

2)湿地科学发展的时间较短。

3)生物学家和工程师完全没有认识到或低估了大自然自我设计的能力。

要恢复与建造湿地就需要充分了解湿地,需要在植物、土壤、野生动物、水文、水质和工程设计方面进行大量的培训。替代湿地项目和其他淡水沼泽恢复需要足够的时间，5 年是远远不够的，需要近 15 年或 20 年的时间。恢复与建造森林湿地、沿海湿地或泥炭地可能需要更多的时间。泥炭地的恢复可能需要几十年或更长时间，森林湿地恢复通常需要我们终其一生才能看到结果。最后，我们应该认识到，人类并不是这些过程的唯一参与者。自然仍然是自我设计、生态系统发育和生态系统维护的主体。有时，我们将这些成功恢复与建造的生态系统依据自然的自我设计和时间要求称为"自然为母""时间为父"（Mitsch and Wilson，1996；Mitsch et al.，1998，2012）。

湿地科学家和湿地工程师都需要向彼此学习，才能使湿地这一领域的工作取得成功（Mitsch，2014）。湿地科学将继续为减少预测湿地是否成功的不确定性做出重要贡献。湿地建造和恢复需要成为应用生态科学的一部分，而不应是没有理论基础的技术。科学家需要通过定量、严密设计的实验来建立结构（如植被密度和多样性）与功能（如生产力、野生动物利用、有机沉积物积累与营养物滞留）之间的联系。工程师和管理者需要认识到，长期来看，强调自我设计和可持续结构的系统比严格管理的系统在生态上更可行。

正如 Mitsch（2014）总结的：

> 目前全世界实施的生态系统恢复是由缺乏湿地设计经验的从业者（科学家研究系统，但他们不设计系统）和不了解生态系统自我设计的工程师完成的（工程是一个致力于消灭不确定性和控制自然过程的领域）。然而许多恢复的方法是由工程建设委员会提出的，或者是由工程师用不可持续的技术过度设计的，导致项目没有预期的那么成功。

## 对原则的总结

下面概述适用于湿地恢复与建造生态工程的 7 项一般原则（Mitsch and Jørgensen，2004）。
1）设计系统时尽量减少维护，一般依靠自我设计。
2）设计的系统可利用自然能源如溪流的势能作为系统的自然补贴。
3）设计系统时，应考虑水文、生态景观和气候。
4）设计的系统可以实现多个目标，但至少确定一个主要目标和若干次要目标。
5）不急于求成，给系统时间。
6）设计系统是为了功能，而不是为了形式。
7）不要将湿地过度设计成长方形盆地、刚性结构和水渠及规则的形态。

当然，也可以引用许多其他原则，但上述几点是最基本的原则。Zedler（2000a）提出了湿地恢复应遵循的 10 项生态原则，与前 7 项原则相吻合。

1）景观环境和位置是湿地恢复的关键。参见前面列表中的设计原则 3：湿地总是在它们所处的流域和生态环境中发挥一定的功能。

2）自然生境类型是适宜的参考系统。这提示我们：虽然我们可能知道如何建造池塘，但我们更应该考虑的是"尽管池塘会使水鸟增加，但这些池塘还是该地区的自然栖息地吗"等问题。

3）具体的水文情势对于恢复生物多样性和功能至关重要。参见设计原则 2 和 3。在许多情况下，如佛罗里达大沼泽地，恢复时就面临着景观水文特征的巨大变化。

4）生态系统属性以不同的速度发展。需要给系统的建造和恢复留出时间，见设计原则 5。水文改变会很迅速，植被的发育需要几年，而土壤发育需要几十年。然而，常在几年后就对建造和恢复的湿地进行评审、批评。

5）营养供应速率影响生物多样性恢复。湿地系统有低营养和高营养两种（见第 7 章"湿地植被与演替"）。低营养湿地通常更难建造或恢复。我们生活在一个富营养的环境中，很难有例外（博茨瓦纳的奥卡万戈三角洲可能是一个例外）。高营养物质流入往往会导致湿地有活力，却不能促进湿地的生物多样性。

6）特定的干扰可以增加物种丰富度。如果我们将"干扰"一词的内涵扩展到洪水脉冲、火灾甚至热带风暴时，情况就很明显了。

7）种子库的缺乏和扩散会限制植物物种丰富度的恢复。这就是为什么利用种子库恢复湿地如此重要。另一种解决方案是建立一个水文或生物"开放"系统，该系统可能会有大量繁殖体（植物、动物、微生物）输入。

8）恢复生物多样性必须考虑环境条件和生活史特征。

9）湿地恢复预测从演替理论入手。同样，设计原则 5 提到我们需要给系统留出时间。在没有其他影响时，生态演替不可能加速。这也符合我们的观点：一个人必须先了解湿地科学，然后才能尝试建造和恢复湿地。

10）基因型影响生态系统的结构和功能。这是湿地恢复的一条重要原则，但经常被忽略。物种并不是到处都一样，这在普通的互花米草（*Spartina alterniflora*）（Seliskar，1995）和潮汐淡水沼泽中的灯心草（*Juncus effusus*）中得到了证实（Weihe and Mitsch，2000）。芦苇是一种半咸水/淡水湿地植物，具有多种基因型，已经入侵了美国的许多自然湿地和恢复湿地。

## 推荐读物

Carey, J. 2013. Architects of the Swamp. *Scientific American* 309 (6): 74–79.

Mitsch, W. J. 2013. Wetland Creation and Restoration. *Encyclopedia of Biodiversity*, 2nd ed. pp. 367–383. S. Levin, ed. Amsterdam: Elsevier.

Weinstein, M. P. and J. W. Day (eds.) 2014. Restoration Ecology in a Sustainable World. *Special Issue of Ecological Engineering* 65: 1–158.

## 参考文献

Alphin, T. D., and M. H. Posey. 2000. Long-term trends in vegetation dominance and infaunal community composition in created marshes. *Wetlands Ecology and Management* 8: 317–325.

Anderson, C. J., W. J. Mitsch, and R. W. Nairn. 2005. Temporal and spatial development of surface soil conditions in two created riverine marshes. *Journal of Environmental Quality* 34: 2072–2081.

Anderson, C. J., and W. J. Mitsch. 2006. Sediment, carbon, and nutrient accumulation at two 10-year-old created riverine marshes. *Wetlands* 26: 779–792.

Artigas, F., and I. C. Pechmann. 2010. Balloon imagery verification of remotely sensed *Phragmites australis* expansion in an urban estuary of New Jersey, USA. *Landscape and Urban Planning* 95: 105–112.

Atkinson, R. B., J. E. Perry, and J. Cairns, Jr. 2005. Vegetation communities of 20-year-old created depressional wetlands. *Wetlands Ecology and Management* 13: 469–478.

Benthem, W., L. P. van Lavieren, and W. J. M. Verheugt. 1999. Mangrove rehabilitation in the coastal Mekong Delta, Vietnam. In W. Streever, ed., *An International Perspective on Wetland Rehabilitation*. Kluwer Academic Publishers, Dordrecht, the Netherlands, pp. 29–36.

Bernal, B., and W. J. Mitsch. 2013. Carbon sequestration in two created riverine wetlands in the Midwestern United States. *Journal of Environmental Quality* 42: 1236–1244.

Bernhardt, E. S., M. A. Palmer, J. D. Allen, G. Alexander, K. Barnas, S. Brooks, J. Carr, S. Clayton, C. Dahm, J. Follstad-Shah, D. Galat, S. Gloss, P. Goodwin, D. Hart, B. Hassett, R. Jenkinson, S. Katz, G. M. Kondolf, P. S. Lake, R. Lave, J. L. Meyer,

T. K. O'Donnell, L. Pagano, B. Powell, and E. Sudduth. 2005. Synthesizing U.S. river restoration efforts. *Science* 308: 636–637.

Blake, N. M. 1980. *Land into Water—Water into Land: A History of Water Management in Florida*, University Press of Florida, Gainesville, 344 pp.

Bousquin, S. G.. ed. 2014. Kissimmee River restoration project. *Special section of Restoration Ecology* 22: 345–434.

Bradshaw, A. D. 1996. Underlying principles of restoration. *Canadian Journal of Fisheries and Aquatic Sciences* 53 (Suppl. 1): 3–9.

Broome, S. W., E. D. Seneca, and W. W. Woodhouse, Jr. 1988. Tidal salt marsh restoration. *Aquatic Botany* 32: 1–22.

Brown, B., R. Fadilla, Y. Nurdin, I. Soulsby and R. Ahmad. 2014. Community based ecological mangrove rehabilitation (CBEMR) in Indonesia. *SAPIENS* 7(2): 53–64.

Calloway, J. C., and J. B. Zedler. 2004. Restoration of urban salt marshes: Lessons from southern California. *Urban Ecosystems* 7: 107–124.

Check, E. 2005. Roots of recovery. *Nature* 438: 910–911.

Chung, C. H. 1982. Low marshes, China. In R. R. Lewis III, ed., *Creation and Restoration of Coastal Plant Communities*. CRC Press, Boca Raton, FL, pp. 131–145.

Chung, C. H. 1989. Ecological engineering of coastlines with salt marsh plantations. In W. J. Mitsch and S. E. Jörgensen, eds. *Ecological Engineering: An Introduction to Ecotechnology*. John Wiley & Sons, New York, pp. 255–289.

Clewell, A. F. 1999. Restoration of riverine forest at Hall Branch on phosphate-mined land, Florida. *Restoration Ecology* 7: 1–14.

Craft, C., S. Broome, and C. Campbell. 2002. Fifteen years of vegetation and soil development after brackish-water marsh creation. *Restoration Ecology* 10: 248–258.

Dahl, T. E. 2006. Status and trends of wetlands in the conterminous United States, 1998 to 2004. U.S. Department of the Interior, Fish and Wildlife Service, Washington, DC. 112 pp.

Danish Ministry of Environment and Energy (DMEE). 1999. The Skjern River Restoration Project, DMEE and National Forest and Nature Agency. Copenhagen, Denmark, 32 pp.

deLeon, R. O. D., and A. T. White. 1999. Mangrove rehabilitation in the Philippines. In W. Streever, ed., *An International Perspective on Wetland Rehabilitation*. Kluwer Academic Publishers, Dordrecht, the Netherlands, pp. 37–42.

Dorcas, M. E., J. D. Willson, R. N. Reed, R. W. Snow, M. R. Rochford, M. A. Miller, W. E. Meshaka, P. T. Andreadis, F. J. Mazzotti, C. M. Romagosa, and K. M. Hart. 2012. Severe mammal declines coincide with proliferation of invasive Burmese pythons in Everglades National Park. *Proceedings of the National Academy of Sciences* 109: 2418–2422.

Edwards, K. R., and C. D. Proffitt. 2003. Comparison of wetland structural characteristics between created and natural salt marshes in southwest Louisiana, USA. *Wetlands* 23: 344–356.

Erwin, K. L. 1991. *An Evaluation of Wetland Mitigation in the South Florida Water Management District,* Vol. 1. Final Report to South Florida Water Management District, West Palm Beach, FL. 124 pp.

Gallihugh, J. L., and J. D. Rogner. 1998. *Wetland Mitigation and 404 Permit Compliance Study,* Vol. 1. U.S. Fish and Wildlife Service, Region III, Burlington, IL, and U.S. Environmental Protection Agency, Region V, Chicago. 161 pp.

Garbisch, E. W. 1977. *Recent and Planned Marsh Establishment Work throughout the Contiguous United States: A Survey and Basic Guidelines.* CR D-77–3, U.S. Army Corps of Engineers Waterways Experiment Station, Vicksburg, MS.

Garbisch, E. W. 2005. Hambleton Island restoration: Environmental Concern's first wetland creation project. *Ecological Engineering* 24: 289–307.

Garbisch, E. W., P. B. Woller, and R. J. McCallum. 1975. *Salt Marsh Establishment and Development.* Technical Memo 52. U.S. Army Coastal Engineering Research Center, Fort Belvoir, VA.

Gorham, E., and L. Rochefort. 2003. Peatland restoration: A brief assessment with special reference to Sphagnum bogs. *Wetlands Ecology and Management* 11: 109–119.

Hart, D. D., T. E. Johnson, K. L. Bushaw-Newton, R. J. Horwitz, A. T. Bednarek, D. F. Charles, D. A. Kreeger, and D. J. Velinsky. 2002. Dam removal: Challenges and opportunities for ecological research and river restoration. *BioScience* 52: 669–681.

Haynes, R. J. 2004. The development of bottomland forest restoration in the Lower Mississippi River alluvial valley. *Ecological Restoration* 22: 170–182.

Hefner, J. M., and J. D. Brown. 1985. Wetland trends in the southeastern United States. *Wetlands* 4: 1–11.

Hinkle, R., and W. J. Mitsch. 2005. Salt marsh vegetation recovery at salt hay farm wetland restoration sites on Delaware Bay. *Ecological Engineering* 25: 240–251.

Hopple, A., and C. Craft. 2013. Managed disturbance enhances biodiversity of restored wetlands in the agricultural Midwest. *Ecological Engineering* 61P: 505–510.

Isselin-Nondedeu, F., L. Rochefort, and M. Poulin. 2007. Long-term vegetation monitoring to assess the restoration success of a vacuum-mined peatland *International Conference on Peat and Peatlands 2007*, 23: 153–166. Fédération des Conservatoires d'Espaces Naturels, Quebec, Canada.

Josselyn, M., J. Zedler, and T. Griswold. 1990. Wetland mitigation along the Pacific coast of the United States. In J. A. Kusler and M. E. Kentula, eds. *Wetland Creation and Restoration.* Island Press, Washington, DC, pp. 3–36.

Koebel, J. W., and S. G. Bousquin. 2014. The Kissimmee River restoration project and evaluation program, Florida, U.S.A. *Restoration Ecology* 22: 345–352.

Kristensen, E. A., B. Kronvang, P. Wiberg-Larsen, H. Thodsen, C. Nielsen, E. Amor, N. Friberg, M. L. Pedersen, and A. Baattrup-Pedersen. 2014. 10 years after the largest river restoration project in Northern Europe: Hydromorphological changes on multiple scales in River Skjern. *Ecological Engineering* 66: 141–149.

Lambert, J. M. 1964. The *Spartina* story. *Nature* 204: 1136–1138.

Lewis, R. R. 1990a. Wetland restoration/creation/enhancement terminology: Suggestions for standardization. In J. A. Kusler and M. E. Kentula, eds. *Wetland Creation and Restoration.* Island Press, Washington, DC, pp. 1–7.

Lewis, R. R. 1990b. Creation and restoration of coastal plain wetlands in Florida. In J. A. Kusler and M. E. Kentula, eds. *Wetland Creation and Restoration.* Island Press, Washington, DC, pp. 73–101.

Lewis, R. R. 1990c. Creation and restoration of coastal plain wetlands in Puerto Rico and the U.S. Virgin Islands. In J. A. Kusler and M. E. Kentula, eds. *Wetland Creation and Restoration.* Island Press, Washington, DC, pp. 103–123.

Lewis, R. R. 2005. Ecological engineering for successful management and restoration of mangrove forests. *Ecological Engineering* 24: 403–418.

Lewis, R. R. 2009. Methods and criteria for successful mangrove forest restoration. In G. M. E. Perillo, E. Wolanski, D. R. Cahoon, and M. M. Brinson, eds. *Coastal Wetlands: An Integrated Ecosystem Approach.* Elsevier, Amsterdam, the Netherlands, pp. 787–800.

Lewis, R. R. 2010. Mangrove field of dreams: If we build it, will they come? *Wetland Science and Practice* 27(1): 15–18.

Lewis, R. R., and R. G. Gilmore. 2007. Important considerations to achieve successful mangrove forest restoration with optimum fish habitat. *Bulletin of Marine Science* 80(3): 823–837.

Lewis, R. R., and B. Brown. 2014. *Ecological mangrove rehabilitation—a field manual for practitioners. Version 3.* Mangrove Action Project Indonesia, Blue Forests, Canadian International Development Agency, and OXFAM. 275 pp.

Liptak, M. A. 2000. Water column productivity, calcite precipitation, and phosphorus dynamics in freshwater marshes. Ph.D. dissertation, The Ohio State University, Columbus.

Massey, B. 2000. *Wetlands Engineering Manual.* Ducks Unlimited, Southern Regional Office, Hackson, MS, 16 pp.

Mitsch, W. J. 2013. Wetland creation and restoration. In S. Levin, ed., *Encyclopedia of Biodiversity*, 2nd ed. Elsevier, Amsterdam, pp. 367–383.

Mitsch, W. J. 2014. When will ecologists learn engineering and engineers learn ecology? *Ecological Engineering* 65: 9–14.

Mitsch, W. J., and R. F. Wilson. 1996. Improving the success of wetland creation and restoration with know-how, time, and self-design. *Ecological Applications* 6: 77–83.

Mitsch, W. J., X. Wu, R. W. Nairn, P. E. Weihe, N. Wang, R. Deal, and C. E. Boucher. 1998. Creating and restoring wetlands: A whole-ecosystem experiment in self-design. *BioScience* 48: 1019–1030.

Mitsch, W. J., and S. E. Jørgensen. 2004. *Ecological Engineering and Ecosystem Restoration.* John Wiley & Sons, Hoboken, NJ. 411 pp.

Mitsch, W. J., L. Zhang, C. J. Anderson, A. Altor, and M. Hernandez. 2005. Creating riverine wetlands: Ecological succession, nutrient retention, and pulsing effects. *Ecological Engineering* 25: 510–527.

Mitsch, W. J., L. Zhang, D. F. Fink, M. E. Hernandez, A. E. Altor, C. L. Tuttle and A. M. Nahlik. 2008. Ecological engineering of floodplains. *Ecohydrology & Hydrobiology* 8: 139–147.

Mitsch, W. J., L. Zhang, K. C. Stefanik, A. M. Nahlik, C. J. Anderson, B. Bernal, M. Hernandez, and K. Song. 2012. Creating wetlands: Primary succession, water quality changes, and self-design over 15 years. *BioScience* 62: 237–250.

Mitsch, W. J., L. Zhang, E. Waletzko, and B. Bernal. 2014. Validation of the ecosystem services of created wetlands: Two decades of plant succession, nutrient retention, and carbon sequestration in experimental riverine marshes. *Ecological Engineering* doi.org/10.1016/j.ecoleng.2014.09.108.

Moreno-Mateos, D., M. E. Power, F. A. Comın , and R. Yockteng 2012. Structural and functional loss in restored wetland ecosystems. *PLoS Biol* 10(1): e1001247. doi:10.1371/journal.pbio.1001247

Nahlik, A. M., and W. J. Mitsch. 2010. Methane emissions from created riverine wetlands. *Wetlands* 30: 783–793. *Erratum in Wetlands* (2011) 31: 449–450.

National Research Council. 2001. *Compensating for Wetland Losses under the Clean Water Act.* National Academy Press, Washington, DC. 158 pp.

National Research Council. 2014. *Progress toward Restoring the Everglades: The Fifth Biennial Review.* National Academies Press, Washington, DC. 240 pp.

Odum, W. E. 1987. Predicting ecosystem development following creation and restoration of wetlands. In J. Zelazny and J. S. Feierabend, eds. *Wetlands: Increasing Our Wetland Resources. Proceedings of the Conference Wetlands: Increasing Our Wetland Resources.* Corporate Conservation Council, National Wildlife Federation, Washington, DC, pp. 67–70.

Palmer, M. A., E. S. Bernhardt, J. D. Allan, P. S., Lake, G. Alexander, S. Brooks, J. Carr, S. Clayton, C. N. Dahm, J. Follestad Shan, D. L. Galat, S. G. Loss, P. Goodwin, D. D. Hart, B. Hassett, R. Jenkinson, G. M. Kondolf, R. Lave, L. J. Meyr,

T. K. O'Donnell, L. Pagano, and E. Sudduth. 2005. Standards for ecologically successful river restoration. *Journal of Applied Ecology* 42: 208–217.

Palmer, M. A., S. Filoso, and R.M. Fanelli. 2014. From ecosystems to ecosystem services: Stream restoration as ecological engineering. *Ecol. Eng.* 65: 62–70.

Pedersen, M. L., J. M. Andersen, K. Nielsen, and M. Linnemann. 2007a. Restoration of Skjern River and its valley: Project description and general ecological changes in the project area. *Ecological Engineering* 30: 131–144.

Pedersen, M. L., Friberg, N., Skriver, J., Baattrup-Pedersen, A., 2007b. Restoration of Skjern River and its valley—short-term effects on river habitats, macrophytes and macroinvertebrates. *Ecol. Eng.* 30: 145–156.

Peterson, S. B., J. M. Teal, and W. J. Mitsch, eds. 2005. Delaware Bay Salt Marsh Restoration. *Special issue of Ecological Engineering* 25: 199–314.

Philipp, K. R., and R. T. Field. 2005. *Phragmites australis* expansion in Delaware Bay salt marshes. *Ecological Engineering* 25: 275–291.

Price, J., L. Rochefort, and F. Quinty. 1998. Energy and moisture considerations on cutover peatlands: Surface microtopography, mulch cover and Sphagnum regeneration. *Ecological Engineering* 10: 293–312.

Primavera, J. H., J. D. Savaris, B. Bajoyo, J. D. Coching, D. J. Curnick, R. Golbeque, A. Guzman, J. Q. Henderin, R. V. Joven, R. A. Loma, and H. J. Koldewey. 2012. *Manual on Community-Based Mangrove Rehabilitation*. Mangrove Manual Series No. 1. Zoological Society of London, London, UK. viii +240 pp.

Quinty, F., and L. Rochefort. 1997. Plant reintroduction on a harvested peat bog. In C. C. Trettin, M. F. Jurgensen, D. F. Grigal, M. R. Gale, and J. K. Jeglum, eds. *Northern Forested Wetlands: Ecology and Management*. CRC Press/Lewis Publishers, Boca Raton, FL, pp. 133–145.

Ranwell, D. S. 1967. World resources of *Spartina townsendii* and economic use of *Spartina* marshland. *Coastal Zone Management Journal* 1: 65–74.

Reinartz, J. A., and E. L. Warne. 1993. Development of vegetation in small created wetlands in southeast Wisconsin. *Wetlands* 13: 153–164.

Richardson C. J., P. Reiss, N. A. Hussain, A. J. Alwash, and D. J. Pool. 2005. The restoration potential of the Mesopotamian marshes of Iraq. *Science* 307: 1307–1311.

Richardson, C. J., and N. A. Hussain. 2006. Restoring the Garden of Eden: An ecological assessment of the marshes of Iraq. *BioScience* 56: 447–489.

Robb, J. T. 2002. Assessing wetland compensatory mitigation sites to aid in establishing mitigation ratios. *Wetlands* 22: 435–440.

Rochefort, L., and S. Campeau. 1997. Rehabilitation work on post-harvested bogs in south-eastern Canada. In L. Parkyn, R. E. Stoneman, and H. A. P. Ingram, eds. *Conserving Peatlands*. CAB International, Walingford, UK, pp. 287–284.

Rochefort, L., G. Quinty, S. Campeau, K. Johnson, and T. Malterer. 2003. North American approach to the restoration of *Sphagnum* dominated peatlands. *Wetlands Ecology and Management* 11: 3–20.

Rochefort, L., and E. Lode. 2006 Restoration of degraded boreal peatlands. In R. K. Wieder and D. H. Vitt, eds. *Boreal Peatland Ecosystems*. Springer, Berlin, Germany, pp. 381–424.

Rochefort, L., M. Strack, M. Poulin, J. S. Price, M. Graf, A. Desrochers, and C. Lavoie. 2012. Northern peatlands. In D. R. Batzer and A. H. Baldwin, eds. *Wetland Habitats of North America: Ecology and Conservation Concerns*. University of California Press, Los Angeles, pp. 119–134.

Rochefort, L., F. Isselin-Nondedeu, S. Boudreau, and M. Poulin. 2013. Comparing survey methods for monitoring vegetation change through time in a restored peatland. *Wetlands Ecology and Management* 21: 71–85.

Rodgers, H. L., F. P. Day, and R. Atkinson. 2004. Root dynamics in restored and naturally regenerated Atlantic white cedar wetlands. *Restoration Ecology* 16: 401–411.

Rodgers, L., M. Bodle, D. Black, and F. Laroche. 2014. Status of nonindigenous species. In *2014 South Florida Environmental Report, Volume 1: The South Florida Environment*. South Florida Water Management District, West Palm Beach, Chapter 7, pp. 7-1–7-55.

Samson, M. S., and R. N. Rollon. 2008. Growth performance of planted red mangroves in the Philippines: Revisiting forest management strategies. *Ambio* 37(4): 234–240.

Sanville, W., and W. J. Mitsch, eds. 1994. Creating Freshwater Marshes in a Riparian Landscape: Research at the Des Plaines River Wetland Demonstration Project. *Special Issue of Ecological Engineering* 3(4): 315–521.

Sartoris, J. J., J. S. Thullen, L. B. Barber, and D. E. Salas. 2000. Investigation of nitrogen transformations in a southern California constructed wastewater treatment wetland. *Ecological Engineering* 14: 49–65.

Seliskar, D. 1995. Exploiting plant genotypic diversity for coastal salt marsh creation and restoration. In M. A. Khan and I. A. Ungar, eds. *Biology of Salt-Tolerant Plants*. Department of Botany, University of Karachi, Pakistan, pp. 407–416.

Sha, C., W. J. Mitsch, Ü. Mander, J. Lu, J. Batson, L. Zhang and W. He. 2011. Methane emissions from freshwater riverine wetlands. *Ecological Engineering* 37: 16–24.

Shin, J. Y., F. Artigas, C. Hobble, and Y. S. Lee. 2013. Assessment of anthropogenic influences on surface water quality in urban estuary, northern New Jersey: Multivariate approach. *Environmental Monitoring and Assessment* 185: 2777–2794.

South Florida Water Management District. 2014. *South Florida Environmental Report 2014, Executive Summary*. SFWMD, West Palm Beach, FL. 28 pp.

Spieles, D. J. 2005. Vegetation development in created, restored, and enhanced mitigation wetland banks of the United States. *Wetlands* 25: 51–63.

Teal, J. M., and M. P. Weinstein. 2002. Ecological engineering, design, and construction considerations for marsh restorations in Delaware Bay, USA. *Ecological Engineering* 18: 607–618.

Toth, L. A., D. A. Arrington, M. A. Brady, and D. A. Muszick. 1995. Conceptual evaluation of factors potentially affecting restoration of habitat structure within the channelized Kissimmee River ecosystem. *Restoration Ecology* 3: 160–180.

Tuttle, C. L., L. Zhang, and W. J. Mitsch. 2008. Aquatic metabolism as an indicator of the ecological effects of hydrologic pulsing in flow-through wetlands. *Ecological Indicators* 8: 795–806.

United Nations Environmental Programme. 2001. *The Mesopotamian Marshlands: Demise of an Ecosystem*. UNEP/DEWA/TR.01–3 Revision 1. UNEP, Nairobi, Kenya.

United Nations Environmental Programme. 2007. *After the Tsunami—Coastal Ecosystems Restoration—Lessons Learnt*. UNEP, Nairobi, Kenya. iii +55 pp.

United Nations Environmental Programme. 2008. *UNEP Post-Tsunami Recovery Activities 2004–2007*. UNEP, Nairobi, Kenya. ii +68 pp.

U.S. Army Corps of Engineers and U.S. Environmental Protection Agency. 2008. *Compensatory Mitigation for Losses of Aquatic Resources; Final Rule*. Federal Register (April 10, 2008) 73 (70): 19594–19705.

U.S. Environmental Protection Agency and U.S. Army Corps of Engineers. 2008. *Wetlands Compensatory Mitigation Rule*. http://water.epa.gov/lawsregs/guidance/wetlands/upload/MitigationRule.pdf.

Vymazal, J. 2013. Emergent plants used in free water surface constructed wetlands: A review. *Ecological Engineering* 61P: 582–592.

Waddington, J. M., M. J. Greenwood, R. M. Petrone, and J. S. Price. 2003. Mulch decomposition impedes recovery of net carbon sink function in a restored peatland. *Ecological Engineering* 20: 199–210.

Waddington, J. M., K. Tóth, and R. Bourbonniere. 2008. Dissolved organic carbon export from a cutover and restored peatland. *Hydrologic Processes* 22: 2215–2224.

Weihe, P. E., and W. J. Mitsch. 2000. Garden wetland experiment demonstrates genetic differences in soft rush obtained from different regions (Ohio). *Ecological Restoration* 18: 258–259.

Wilson, R. F., and W. J. Mitsch. 1996. Functional assessment of five wetlands constructed to mitigate wetland loss in Ohio, USA. *Wetlands* 16: 436–451.

Woodhouse, W. W. Jr. 1979. *Building Salt Marshes along the Coasts of the Continental United States.* Special Report 4, U.S. Army Coastal Engineering Research Center, Fort Belvoir, VA.

Wu, X. and W. J. Mitsch. 1998. Spatial and temporal patterns of algae in newly constructed freshwater wetlands. *Wetlands* 18: 9–20.

Zedler, J. B. 1988. Salt marsh restoration: Lessons from California. In J. Cairns, ed., *Rehabilitating Damaged Ecosystems*, Vol. 1. CRC Press, Boca Raton, FL, pp. 123–138.

Zedler, J. B. 2000a. Progress in wetland restoration ecology. *TREE* 15: 402–407.

Zedler, J. B. 2000b. *Handbook for Restoring Tidal Wetlands.* CRC Press, Boca Raton, FL, 464 pp.

# 第 19 章　湿地与水质

专门用于改善水质的建造湿地（created wetland），一般称为处理湿地。处理废水或雨水的湿地有三种类型：自然湿地、表流净化湿地、潜流净化湿地。利用潜流净化湿地的研究始于 20 世纪 60 年代的欧洲。美国佛罗里达州和密歇根州于 20 世纪 70 年代使用自然湿地处理废水，开创了使用表流净化湿地的先河。处理湿地已用于消除生活废水、矿井排水、面源污染、雨水径流、垃圾渗滤液和含饲牲畜产生的污染物等对下游水质的威胁。处理湿地的设计需要特别注意水文条件、化学负荷、土壤物理和化学条件及湿地植被。净化湿地的管理问题包括野生动物的控制与吸引、蚊虫和病原体的控制、温室气体和水位管理。处理湿地的建造和运行费用并不便宜，但它们的成本通常比化学和物理处理系统低得多。

利用湿地处理废水和污水是一个有趣的概念，涉及人类（排放的废弃物）和生态系统（湿地）之间的伙伴关系。因此，它是生态工程的范例［参见 Mitsch 和 Jørgensen（2004）、Mitsch（2012）对该领域的定义与应用］。在本章中，我们讨论湿地的使用，以去除水体中不需要的化学物质，如城市废水、面源径流或其他形式的污染。

正如第 6 章"湿地生物地球化学"中描述的那样，湿地是大量化学物质的源、汇或中转站。如果湿地可以净保留某种元素或某种元素的具体形式（如有机或无机）即输入大于输出时，它就起到了"汇"的作用。理想的处理湿地应能最大限度地发挥湿地作为化学（有时是生物）汇的能力。

德国科学家研究了用大型植物建造的湿地进行废水净化。后来，美国佛罗里达州和密歇根州的研究人员调查了自然湿地在处理废水中的作用，然后回收清洁的水，再循环回地下水和地表水。这两种不同的方法，一种是利用人工系统，另一种是利用自然湿地，已经成为处理湿地（treatment wetland）的一般方法（Kadlec and Wallace，2009）。目前该领域包括湿地的建造和（或）使用，用于大量的水质净化。虽然改善水质是处理湿地的主要目标，但它们也为多种动植物提供生境，并可提供本书所述的湿地的其他功能和服务。

## 废水处理湿地的分类

### 三种通用分类

用于处理废水的湿地有三种类型。第一种类型是有意将废水引入现有的自然湿地（而不是净化湿地）中（图 19.1）。20 世纪 70 年代，美国的密歇根州（Kadlec，2009b）和佛罗里达州（Odum et al.，1977；Ewel and Odum，1984）湿地资源丰富。当时，对于湿地的法律保护并未制度化，而这些开创性的研究提升了公众和政府机构的意识，使得他们认识到湿地作为"自然之肾"的重要性。随后这种重要性在一定程度上被转化为保护湿地的法律。这些法律现在禁止向自然湿地排放废水或污水。

两种类型的净化湿地（constructed wetland）可作为自然湿地的替代品：表流净化湿地（surface-flow constructed wetland）（图 19.1b）模拟自然湿地，由于全年大部分时间（如果不是全年的话）水体不流动，可成为某些湿地物种较好的栖息地；与湿地相比，潜流净化湿地（subsurface-flow constructed wetland）（图 19.1c）则更像污水处理厂。在这种系统中，废水水平或垂直流过沙子或砂砾等多孔介质，通常仅支撑着有限的几种大型植物（如芦苇）。当废水横向流过介质时，潜流湿地系统中很少有静止水体。

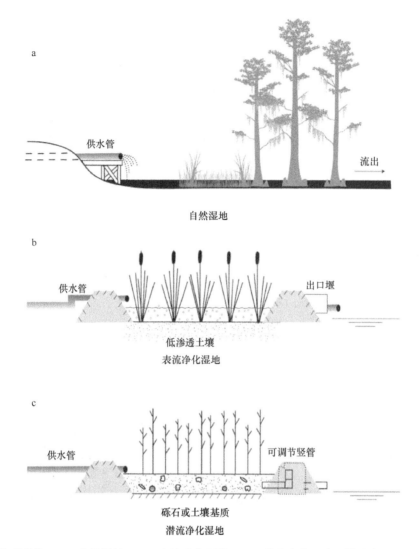

图 19.1　三种湿地处理系统：（a）自然湿地；（b）表流净化湿地；（c）潜流净化湿地（模仿自 Kadlec and Knight，1996 和 Kadlec and Wallace，2008）

20 世纪 50 年代，德国的马克斯-普朗克学会（Max-Planck Institute）开始研究潜流净化湿地。Käthe Seidel 博士对许多大型挺水植物尤其是沼生水葱（*Schoenoplectus lacustris*）开展了许多实验，发现这些植物能够减少细菌、有机和无机化学物质（Seidel，1964，1966）。基于这一过程，建成了砾石床大型植物系统，这就是人们后来熟知的马克斯-普朗克学会过程（Max-Planck Institute process）或克雷菲尔德系统（Krefeld system）（Seidel and Happl，1981；Brix，1994）。潜流湿地在欧洲得到进一步发展，开发了一种种植芦苇的潜流水槽系统。这些系统又被称为根区废水处理系统（root-zone method）。荷兰的 DeJong（1986）、丹麦的 Brix（1987）及许多其他欧洲科学家不断开发和改进潜流湿地系统。欧洲热衷于这种更为"人工"的湿地（与之相对的是北美洲的自由水面湿地）有两个原因：①欧洲的自然湿地较少，仅存的自然湿地需要进行保护；②欧洲土地更加稀缺，能提供建造潜流湿地的土地更少。

## 根据植被的分类

处理湿地还可以根据植被的生活型分类，分为 5 个系统。

1）自由浮动的大型植物系统，如凤眼蓝（*Eichhornia crassipes*）、浮萍（*Lemna* spp.）。

2）大型挺水植物系统，如芦苇、香蒲。

3）沉水水生植被系统。

4）森林湿地系统。

5）多种藻类系统，特别是藻类清除系统。

潜流净化湿地仅限于大型挺水植物，而表流净化湿地常利用浮水植物、挺水植物和沉水植物的组合。森林湿地处理系统通常不是净化湿地，而是废水被排放到湿地内，它们往往会发育成包含其他植被类型的大规模群落。

## 处理湿地的类型

可依据处理废水的类型对处理湿地进行分类。虽然从传统上来说，许多系统常用于处理城市废水，但人们仍对湿地处理城市暴雨、煤矿的酸性矿水排水、农村地区的面源污染、畜牧和水产养殖废水、工业废水有着浓厚的兴趣。

### 城市废水处理湿地

在欧洲，大多数潜流净化湿地的开发主要是为了替代一级和二级处理（primary and secondary treatment），降低生化需氧量（biochemical oxygen demand，BOD）、去除悬浮物和无机营养物。在欧洲，已经建造了数以百计的潜流湿地处理系统，用来处理城市废水，特别是英国（Cooper and Findlater，1990）、丹麦（Brix and Schierup，1989a，1989b；Brix，1998；Brix and Arias，2005）、捷克共和国（Vymazal，1995，1998，1995，1998；Vymazal and Kropfelova，2005）、挪威（Braskerud，2002a，2002b）、西班牙（Solano et al.，2004）和爱沙尼亚（Teiter and Mander，2005）。这项技术在澳大利亚（Mitchell et al.，1995；Greenway et al.，2003；Greenway，2005；Headley et al.，2005；Davison et al.，2006）、新西兰（Cooker，1992；Tanner，1992；Nguyen et al.，1997；Nguyen，2000）和哥斯达黎加（Nahlik and Mitsch，2006）也得到广泛应用。

在北美洲，大多数（绝非全部）用于城市废水处理的湿地都是表流湿地。人们对美国佛罗里达州（Knight et al.，1987；J. Jackson，1989）、加利福尼亚州（Gerheart et al.，1989；Gerheart，1992；Sartoris et al.，2000；Thullen et al.，2005）、路易斯安那州（Boustany et al.，1997；Day et al.，2004）、亚利桑那州（Wilhelm et al.，1989）、肯塔基州（Steiner et al.，1987；Steiner and Freeman，1989）、宾夕法尼亚州（Conway and Murtha，1989）、俄亥俄州（Spieles and Mitsch，2000a，2000b）、北达科他州（Litchfield and Schatz，1989）和加拿大艾伯塔省（Litchfield and Schatz，2000）废水处理湿地的位置进行过详细研究。建造湿地处理废水是控制有机物（BOD）、悬浮沉积物和营养物质最有效的方法。它们在控制微量金属和其他有毒物质方面的价值更具争议性，这并不是因为这些化学物质没有被滞留在湿地中，而是因为担心这些物质会在湿地基质和动物体内富集。

有数据记录以来运行时间最长的处理湿地之一，是始建于 20 世纪 70 年代早期的美国密歇根州霍顿湖处理湿地。在案例研究 1 中详细介绍。

### 矿井排水处理湿地

湿地常被用作矿井的下游处理系统，图 19.3 描述了美国俄亥俄州东南部的一个系统。酸性的矿山废水 pH 低，并且含有高浓度的铁、硫酸盐、铝和微量金属，是世界上许多煤矿区主要的水污染问题，使用净化湿地是一种可行的处理方法。在没有其他植被生长的恶劣环境下，在酸性渗滤液的附近观察到野生香蒲湿地时，可能首先考虑利用湿地来控制煤矿排水。到 20 世纪 80 年代，仅在美国东部就新建了数以百计的湿地来处理矿井排水。这些处理系统的普遍目标通常是去除水体中的铁以避免其排放至下游。另外，硫酸盐还原和缓解极端酸性条件也是适当的目标（Wieder and Lang，1984；Brodie et al.，1988；Fennessy and Mitsch，1989；Mitsch and Wise，1998；Tarutis et al.，1999）。

**案例研究 1：美国密歇根州霍顿湖处理湿地的长期效果**

  20 世纪 70 年代初开始的几项研究，激发了人们对利用表流湿地进行水质管理的兴趣。在其中一项研究中，密歇根大学的研究人员对密歇根州的泥炭地进行了湿地处理废水能力的调查（图 19.2）。在霍顿湖一个 700hm² 的矿养泥炭沼泽中，每天处理 380m³（每天 100 000 加仑[①]）二次处理后的废水。废水从排放点流经湿地后，显著降低了氨氮和总可溶性磷，氯化物等惰性物质没有发生变化。1978 年，扩大了处理湿地的面积，流量增加到约 5000m³/d（基本上使用了当地污水处理厂的所有废水）。30 年运行的数据表明，湿地在去除总磷（图 19.2b，c）和无机氮（图 19.2d）方面长期保持有效。约 100hm² 的泥炭地是灌溉区（图 19.2a），水质大部分得到了改善（Kadlec，2009b）。磷下降了 94%，溶解无机氮下降了 95%。磷的截留量为 1.76g P/(m²·年)，溶解无机氮的截留量为 4.39g N/(m²·年)（Kadlec，2009b）。泥炭沼泽本身没有受到影响，灌溉地区植被从莎草-柳群落变为香蒲群落，群落中有些地方出现了植被浮毯（Kadlec，2009b）。

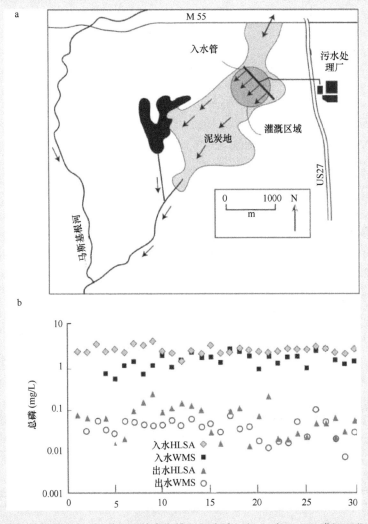

图 19.2 美国密歇根州霍顿湖处理湿地，经过处理的废水排入泥炭地已经 30 年：（a）灌溉区位置、范围；（b）由霍顿湖下水道管理局（HLSA）和湿地管理服务中心（WMS）测量的进水口、出水口总磷；（c）磷的流入和流出通量；（d）可溶性无机氮的流入和流出通量（模仿自 Kadlec，2009b）

---

 ① 1 加仑=3.785 43L

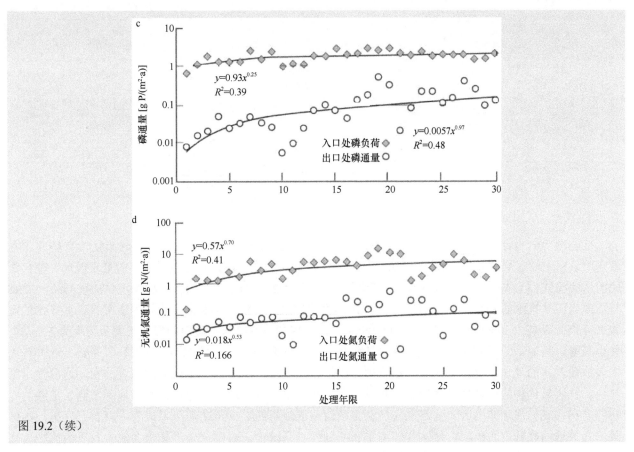

图 19.2（续）

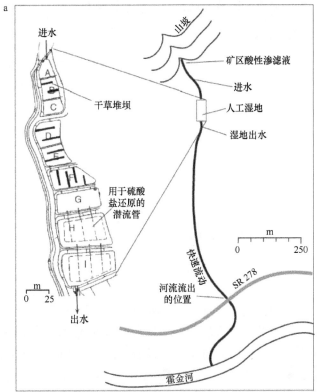

图 19.3 （a）美国俄亥俄州东南部一个面积 0.4hm² 的处理矿井酸性废水的处理湿地；（b）建成前后湿地及下游水体的总铁含量（模仿自 Mitsch and Wise，1998）

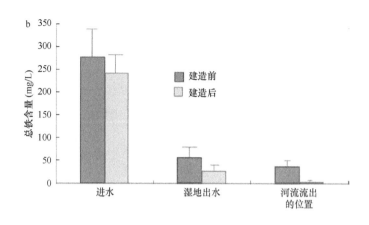

图 19.3（续）

这些湿地的设计标准已经制定，但它们在不同地点之间既不一致，又不被普遍接受。有些建议见表 19.1。Stark 和 Williams（1995）发现，强化除铁和降低酸度的设计要点包括宽阔的处理湿地、非渠道化的水流模式、植物多样性高、向南曝光、低流速与低负荷及水深较浅。要达到极高的除铁率（85%～90%）时，或当矿井排水的 pH<4 时，建造净化湿地的性价比就显得没有那么高。设计用于酸性矿井排水的湿地水力负荷率高达 29cm/d，虽然 Fennessy 和 Mitsch（1989）建议这种湿地的保守水力负荷率为 5cm/d，最小滞留时间为 1d，不过滞留时间越长，除铁效果越好（表 19.1）。尽管看起来香蒲（Typha spp.）作为优势植被群落的处理系统在矿井排水系统中可以生存几十年，但人们对湿地处理系统的长期适应性了解甚少。铁氢氧化物的积累最终会导致矿井排水系统必须要进行清理，除非设计和管理考虑到了足够的存储能力和（或）清除能力。一些研究人员认为，这些湿地历经数十年之后可以成为"有自己产出"的矿藏，有效地回收其中的矿物，使这些矿物重新回到经济系统中，否则这些矿物将会流失到下游流域。如果没有其他可行的替代方案，利用湿地减少这种严重的水污染是一个合理、低成本的替代方法。

**表 19.1 处理煤矿废水的净化湿地设计参数**

| 参数 | 设计参考值 | 参考文献 |
| --- | --- | --- |
| 水力负荷率（cm/d） | 5 | Fennessy and Mitsch，1989 |
| 滞留时间（d） | >1 | Fennessy and Mitsch，1989 |
| 铁负荷[g Fe/(m²·d)] | | |
| pH<5.5 | 0.72 | Brodie et al.，1988 |
| pH>5.5 | 1.29 | Brodie et al.，1988 |
| 去除90%，pH=6 | 2～10 | Fennessy and Mitsch，1989 |
| 去除50%，pH=6 | 20～40 | Fennessy and Mitsch，1989 |
| pH=3.5，出水<3.5mg-Fe/L | 2.5 | Manyin et al.，1997 |
| 流域特征 | | |
| 深度（m） | <0.3 | |
| 处理单元数量 | >3 | |
| 植物材料 | 香蒲（Typha spp.） | |
| 基质材料 | 上覆黏土的有机泥炭；蘑菇栽培废弃物 | |

## 城市雨水处理湿地

利用湿地对暴雨水体污染的控制是湿地生态工程的一种有效方法，日益得到应用。与城市废水不同的是，暴雨及其他面源污染是季节性、零散的，而且水质随季节和近期的土地利用而变化。湿地是城市径流控制系统的几种选择之一，更传统的方法包括建造仅在风暴期间填满的干式蓄水池或通常为深水系统的湿式蓄水池，它们的边缘通常是石质结构，植物往往难以生长。

城市地区的雨水汇集过程尤为迅速，因为它来自不透水表面，如屋顶、停车场、高速公路等。雨水处理湿地系统的特点之一是强风暴对湿地的处理效果有显著影响。高强度暴雨导致雨水的高流通量，通常使得营养物质和其他化学物质在汇入湿地的水体中所占比例较低，有时暴雨会造成营养物质的净释放。

这种突然而又短暂的雨水脉冲特性使得管理这些系统特别困难。

　　一个理想的雨水处理湿地设计（图 19.4）显示，深水池塘和沼泽的组合可能最合理。第一个水池是深水池塘，通常没有植被，旨在抑制快速的雨水脉冲，使得下游湿地以更有效的方式"处理"径流。多个单元的沼泽和深水池塘的小水流有助于提升系统的有效性。对沉积物的拦截能力也是这些湿地的强项，但如果上游有重大建设项目，这种能力也会暂时或永久受到抑制。案例研究 2 即是这种设计的应用。

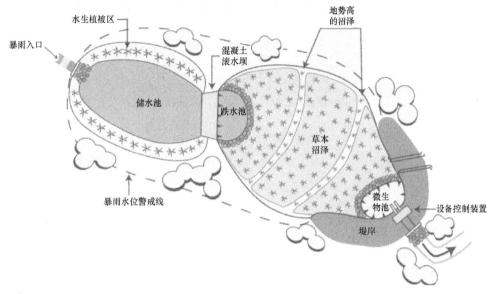

图 19.4　处理雨水的处理湿地的一般设计（模仿自 Schueler，1992）

**案例研究 2：自由公园（Freedom Park）——美国佛罗里达州城市湿地公园拦截城市径流**

　　被人们称为自由公园的 $20hm^2$ 的净化湿地群于 2007～2008 年在佛罗里达州那不勒斯城的一个废弃柑橘林建成，以处理城市雨水径流（图 19.5）。建设总成本是 1000 万美元，设计处理废水能力为 757 000$m^3$/年，设计的平均水力负荷率（hydraulic loading rate，HLR）为 7.6m/年（即 2cm/d）。

彩图请扫码

图 19.5　美国佛罗里达州那不勒斯自由公园的雨水处理湿地：（a）照片西侧，前面是恢复的高地森林和森林湿地，远处是雨水处理湿地；（b）自由公园地图，左边为雨水处理池和湿地，右边为恢复的森林湿地，此图还显示了连通处理系统和游客中心的木栈道；（c）系统处理前后的雨水总氮浓度；（d）系统处理前后的雨水总磷含量（a、c、d：由 Jim Bays 提供，CH2M-Hill，坦帕，佛罗里达）

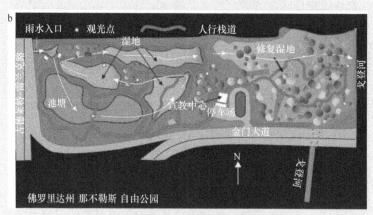

彩图请扫码

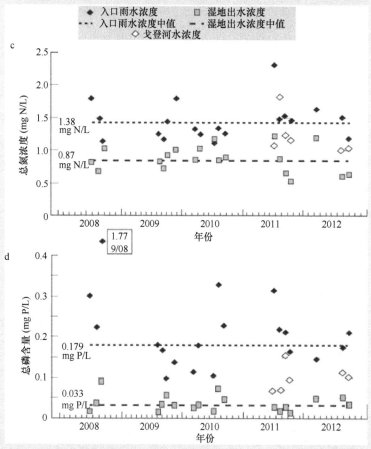

图 19.5（续）

　　处理系统针对处理夏天雨季城市雨水径流而设计，这个时期的平均流量是旱季的 10～100 倍。在雨季，系统设计要求平均水的滞留时间为 18d。湿地系统包括一个初始面积为 1.9hm² 的深水池塘，接收并暂时储存脉冲雨水，还有一个 2.7hm² 的较浅、生长植被的湿地，旨在改善水质（图 19.5b）。湿地上种植了萍蓬草属（*Nuphar*）、睡莲属（*Nymphaea*）、水竹芋属（*Thalia*）、梭鱼草属（*Pontederia*）、荸荠属（*Eleocharis*）、慈姑属（*Sagittaria*）、克拉莎属（*Cladium*）及其他沉水植物。最后一个处理单元较浅，石灰岩铺底，生长周丛生物——荸荠属（*Eleocharis*）群落，以强化除磷。人工塘/湿地的出水以表面径流的方式流经约 6hm² 已恢复的森林湿地，继而流入戈登河（Gordon River）。2008～2012年水质结果显示，这一系统使得总氮平均减少了 37%（图 19.5c），总磷平均减少了 81%（图 19.5d）。

　　对这两种营养物质的去除十分重要，因为戈登河首先向南流入那不勒斯湾的"那不勒斯老城"，然后流入墨西哥湾的沿海水域。处理湿地所在地也是一个拥有游客中心的城市/县公园，有着绵延几千米的 2m 宽栈道，以及许多注释性标志。2013 年估计有 25 000 名游客到访自由公园（J. Bays，个人通信）。

## 农业雨水处理湿地

　　湿地处理系统最重要的应用之一，是使用湿地处理非点源雨水和农田径流，但在理解设计问题方面，它的应用仍然落后于市政处理湿地。澳大利亚东南部（Raisin and Mitchell，1995；Raisin et al.，1997），西班牙东北部（Comin et al.，1997），美国伊利诺伊州（Kadlec and Hey，1994；Phipps and Crumpton，1994；Mitsch et al.，1995；Kovacic et al.，2000；Larson et al.，2000；Hoagland et al.，2001）、佛罗里达州（Moustafa，1999；Reddy et al.，2006）、俄亥俄州（Fink and Mitsch，2004），以及瑞典（Leonardson et al.，1994；Jacks et al.，1994；Arheimer and Wittgren，1994）开展了一些项目研究，以说明这些类型的湿地在农业流域的效果和功能。

　　多年的研究发现，一些湿地已受到同等程度的非点源污染，但仍在一定程度上控制了水文条件（如河流泛滥淹没岸边带）。Moustafa 等（1996）对位于佛罗里达州南部基西米河（Kissimmee River）沿岸人工建造的博尼沼泽（Bony marsh）进行了为期 9 年（1978～1986 年）的湿地对于河水营养截留情况的研究，结果发现该湿地持续作为氮和磷的汇，但汇的水平较低。

　　正如在第 14 章"人类对湿地的影响和管理"和第 18 章"湿地建造与恢复"中描述的那样，佛罗里达大沼泽地的水质受到来自大沼泽地农业区（everglade agricultural area，EAA）高营养物质的威胁。案例研究 3 介绍了可能是世界上最大的湿地处理系统组合。它们的作用是拦截来自农业雨水径流中的磷，以免它们进入佛罗里达大沼泽地。

---

**案例研究 3：建造处理湿地，保护佛罗里达大沼泽地下游湿地**

　　美国佛罗里达大沼泽地正在进行着一项"雄心勃勃"的计划，利用湿地处理农业雨水。在那里已经建造了 23 000hm² 的湿地，称为雨水处理湿地（stormwater treatment area，STA），用于控制上游农业区排放的磷。正如第 14 章"人类对湿地的影响和管理"所述，长苞香蒲（*Typha domingensis*）在以大克拉莎（*Cladium jamaicense*）为优势种的佛罗里达贫营养大沼泽地上蔓延的主要原因是营养丰富，尤其是来该流域农业区排放的磷丰富。

　　STA 是一个占地 1544hm² 的处理湿地组合体，被称为大沼泽地营养物质去除项目（everglades nutrient removal，ENR）。人们首先对其进行了设计和测试，研究结果发表在 *Ecological Engineering* 的专刊上（Reddy et al.，2006）。用水泵将水从相邻的排水沟渠泵入大沼泽地养分去除湿地群。在该项目第一个六年执行计划中（1994～1999 年），湿地将入水中的总磷和总氮分别削减了 26%、79%（Gu et al.，2006）。在这期间，出水中磷的平均浓度为 21ppb（=μg P/L）（Kadlec，2006）。

　　由于 ENR 项目的成功，已经建造了 6 个完整的 STA 来处理来自奥基乔比湖南部的农业径流（图 19.6）。其中一些系统现在已经运行了近 20 年（图 19.6b）。总的来说，从开始运行到 2012 年，这些湿地将入水中的磷减少了 73%，平均磷浓度从 140ppb 降低到 37ppb（Pietro，2012）（图 19.6c）。许多研究人员对这些雨水处理湿地中磷的动态变化进行了研究（Newman and Pietro，2001；Juston and DeBusk，2006，2011；Dierberg and DeBusk，2008；Paudel et al.，2010；Paudel and Jawitz，2012；Entry and Gottlieb，2014）。Juston 和 DeBusk（2006）提出，磷的质量负荷等于或低于 1.3g P/(m²·年)时，有很大的可能性实现水总磷（TP）浓度低于 30μg/L。从历史湿地（非农业湿地）中恢复的沉水植被湿地和挺水植被湿地，当磷负荷不高于 2g P/(m²·年)时，出水中磷浓度持续在 10～20ppb 波动，磷的去除率将保持在 85% 以上。2008～2012 年，雨水处理湿地入水中磷浓度为 191ppb，平均流出浓度是 35ppb，平均去除率达到 82%，平均

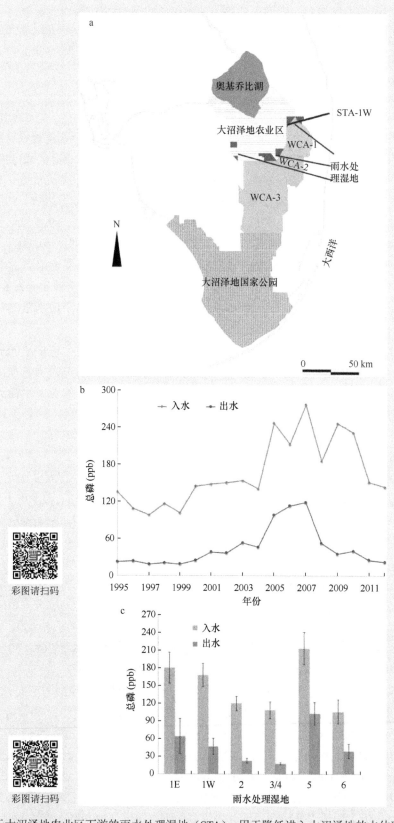

彩图请扫码

彩图请扫码

图 19.6　位于大沼泽地农业区下游的雨水处理湿地（STA），用于降低进入大沼泽地的水体磷浓度：（a）雨水处理湿地位置图；（b）雨水处理湿地 1 号湿地（STA-1W）在 1995～2012 年入水和出水中的总磷浓度；（c）6 个雨水处理湿地系统入水和出水总磷浓度对比。WCA. 水资源保护区（数据授权自美国佛罗里达州西棕榈滩南佛罗里达水务局）

1.25g P/(m²·年)的磷截留速率与 Mitsch 等（2000）总结的低营养入水（城市废水）的"可持续性"处理湿地对于磷的截留速率范围［0.5～5g P/(m²·年)］恰好一致。这些雨水处理湿地最初规划的目标，是将磷含量降低至 50ppb，即将浓度降低 60%～75%（Chimney and Goforth，2006）。

　　根据当前联邦政府的减排要求，磷排放量需降低至 10ppb，基本上相当于贫营养大沼泽地中磷的本底浓度。达到规定的总磷排放浓度 10ppb 的阈值与 STA 的设计没有任何一致性。一项多年的生态系统围隔研究调查了不同的植物群落对 STA 出水磷浓度降低至 10ppb 的影响。结果表明，只有当湿地入水来自 STA 且水力负荷率远低于 STA 时，才具有这种可能（Mitsch et al.，2015）。

## 农业废水处理湿地

　　除上述所讨论的农业非点源污染外，世界上许多地区都有严重的水污染问题，这是由舍饲动物特别是牛和猪的养殖活动造成的（Tanner et al.，1995；Cronk，1996；Knight et al.，2000）。为增加粮食产量，单位面积聚集了越来越多的动物，导致了废水问题的恶化，公众和水污染控制当局公布的废水浓度与总量引发了越来越多的关注。动物饲养场中有机物、有机氮、氨氮、磷、粪大肠菌群（coliforms）的浓度远超过大多数市政排水系统的浓度。美国东部的两个案例展示了湿地处理奶牛场废水的有效性（表 19.2）。结果表明，尽管经过处理后康涅狄格州湿地氨氮大量增加，马里兰州湿地中的硝态氮增加了 80%，但废水中大多数污染物均显著减少。除陆地农业畜禽养殖废弃物外，净化湿地还用于处理水产养殖场的废水（包括泰国的虾池塘和英国的罗非鱼池塘）。

表 19.2　处理重污染乳制品厂废水的两个净化湿地在水文和水质方面的比较

| | 美国康涅狄格州[1] | | 美国马里兰州[2] | |
|---|---|---|---|---|
| 湿地面积（m²） | 400 | | 1160 | |
| 流量（m³/周） | 18.8 | | — | |
| 滞留时间（d） | 41 | | — | |
| | 入水 | 出水 | 入水 | 出水 |
| BOD（mg/L） | 2 680 | 611 | 1 914 | 59 |
| 总氮 | 103 | 74 | 170 | 13 |
| 氨氮 | 8 | 52 | 72 | 32 |
| 硝态氮 | 0.3 | 0.1 | 5.5 | 10 |
| 总磷（mg/L） | 26 | 14 | 53 | 2.2 |
| TSS（mg/L） | 1 284 | 130 | 1 645 | 65 |
| 大肠杆菌（#/100mL） | 557 000 | 13 700 | — | — |

　　注：TSS 为总悬浮固体
　　1. Newman et al.，2000
　　2. Schaafsma et al.，2000

## 导流湿地

　　另外一种有稍许不同的湿地净化水的方法，是让河水流经相邻泛滥平原或回水区的湿地。在世界各地河流均会在河岸边发育类似牛轭湖或死水潭湿地，这些湿地已被证明可以持续改善水质。这些湿地与农业径流湿地类似，但通常营养物质浓度较低，河流泥沙含量可能很高，有时甚至可以超过农业径流的泥沙含量。美国路易斯安那州的密西西比河三角洲大规模建造了导流湿地（见案例研究 4），而美国中西部建立的导流湿地规模要小得多，主要供改善水质的科学研究（diversion wetland，见案例研究 5）。在这两种情况下，随着将水导流到冲积平原和三角洲湿地，可以看到河水水质得到显著改善。

### 案例研究 4：将密西西比河水导流到路易斯安那三角洲

　　在美国路易斯安那三角洲，将密西西比河水导流到三角洲地区，以恢复三角洲的活力，减缓湿地植被的损失，这已经在沿河的几个地方实施。一段时间以来，人们还意识到，恢复三角洲可能导致营养特别是氮负荷的减少——墨西哥湾缺氧的主要原因（见第 6 章 "湿地生物地球化学"）。据估计，河流导流处的淡水沼泽可以使得脱氮率高达 110t N/(km²·年)，总体上每年可使得进入海湾的硝酸盐氮通量降低 25%，即 956 000t N/年（Rivera-Monroy et al.，2013）。作为《2012 年海岸管理计划》（*2012 Coastal Management Plan*）的一部分，美国陆军工程兵团已经并将继续投资数亿美元开发路易斯安那三角洲的导流系统。为了恢复密西西比河三角洲日益恶化的湿地，在新奥尔良南部河东岸卡那封郡（Caernarvon）进行了最大的河流导流工程（图 19.7）。它的最大流量为 226m³/s，但平均流量只有 21m³/s（Lane et al.，2006，2007）。1991 年 8 月开始导流，迄今为止洪峰流量出现在 2007 年 3 月，达到 140m³/s（Day et al.，2013）。夏天引水流速通常接近最低值，冬季流速则可达到最大流速的 50%～80%（Lane et al.，2004）。流入卡那封郡 260km² 的淡水湿地后，最终排入墨西哥湾面积更大的布雷顿湾（Breton Sound）咸水湿地。

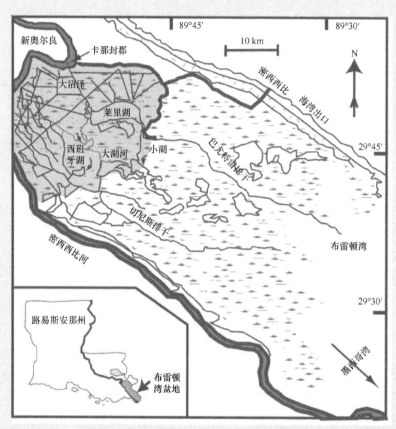

图 19.7　卡那封郡导流区，从密西西比河直接顺流而下到新奥尔良，再向下到路易斯安那三角洲的布雷顿湾。图中灰色阴影区域为最高沉积区域，其中硝态氮浓度平均下降 55%，总体上布雷顿湾河口区拦截的无机氮在 79%（秋季）～98%（引自 Mitsch et al.，2005b）

　　一个有趣的问题是这些下游湿地是否也拦截了营养物质，鉴于墨西哥湾的缺氧问题，这一点尤为重要，本书在其他部分讨论过这个问题（见第 6 章 "湿地生物地球化学"）。卡那封郡湿地，尤其是下游布雷顿湾的氮负荷为 3.5g N/(m²·年)，其中总的去除率秋天最高（98%）、冬天最低（74%）（Lundberg et al.，2014）。

　　但正如 Deegan 等（2012）对马萨诸塞州盐沼进行的多年全生态系统研究所显示的那样，我们必须十分小心，增高三角洲地表高程来恢复湿地并拦截营养物质的方法以保护下游深水沿海生态系统的好处，不能被过量营养物质对盐沼稳定的负面影响所抵消。关于河水引流长期效果的讨论仍在继续。一些研究表明，三角洲的高营养输入削弱了盐沼的植物结构，导致植物生根浅，进而导致飓风发生时的植被覆盖率下降（Kearney et al.，2011；Teal et al.，2012）。这种沼泽植物死亡的假设受到了 Day 等（2013）的质疑，他们调查了 2005 年卡特里娜飓风后 2006～2007 年卡那封郡下游河流导流后湿地植被的生产力。他们发现，地上生物量低于飓风之前，但地上净初级生产力与对照组沼泽的数值接近，为 329～1265g/(m²·年)，平均 840g/(m²·年)。最重要的是，地下活体生物量相当高（靠近河水引流处达到 17.9kg/m²，均值为 11.2kg/m²），泥沙沉积物增长的平均速率保持在 1cm/年。Morris 等（2013）在回顾上述争论时总结如下：

> 人们掌握的硝酸盐对厌氧土壤的影响的知识是不完整的，但衡量所有证据（包括现有的导流研究、对已开发土地上的沉积情况的长期实验研究）后发现：来自密西西比河的引水和沉积物对湿地恢复、保持湿地稳定确实有效。采取行动恢复湿地迫在眉睫，并设计一个全面、严密的监测方案，以此为指导，推进将挟带泥沙的河水导流至湿地的计划。

**案例研究 5：肾形河岸湿地扮演着自然之肾的角色**

在美国中西部，首先在伊利诺伊州东北部的德斯普兰斯河湿地建造了河岸湿地（Kadlec and Hey，1994；Phipps and Crumpton，1994；Mitsch et al.，1995）。随后，在位于俄亥俄州中部俄亥俄州立大学的奥伦坦吉河湿地研究园开展了类似工作（Mitsch et al.，1998，2005a，2005c，2008，2012，2014；Fink and Mitsch，2007），经过多年研究，已经展示了其对于营养物质和沉积物的拦截模式。这两处湿地均经历了抽水淹水和溢流淹水，因此可模拟河流牛轭湖湿地受到洪水稀释后的面源污染情况。17 年间（1994～2010 年），俄亥俄州肾形实验湿地（图 19.8）使总磷和可溶性磷酸盐、硝态氮浓度减少了 20%～60%（图 19.8b～d）。滞留在湿地中的总磷和可溶性磷酸盐在这 17 年间呈现下降趋势（Mitsch et al.，2012），实际上湿地在这一年中（2003 年）将总磷完全排出。过去 6 年的研究显示，湿地对于硝态氮的滞留基本处于一种稳定模式。虽然两块实验湿地均为 1994 年建造，但其中一块进行了人工种植植物（见第 7 章"湿地植被与演替"案例研究 2 和第 18 章"湿地建造与恢复"案例研究 8），另一块则是自然演替形成。自 1994 年起，两块实验湿地在去除营养物质方面几乎没有差异。Mitsch 等（2014）调查了 17 年间这两块湿地的养分通量，发现人工种植湿地滞留的磷含量较高、氮含量较低。最近的调查数据显示，过去几年里湿地对于营养物质的滞留出现逆转的趋势，而湿地确实逐渐提高了滞留营养物质的能力。

图 19.8　奥伦坦吉河湿地研究园（Olentangy River Wetland Research Park，ORW）：（a）美国俄亥俄州中部奥伦坦吉河岸自然淹水和人工提水导流湿地照片（照片中间的肾形湿地于 1993～1994 年修建，1994 年 3 月开始提水，直到 2010 年 12 月根据河流流量按比例进行提水）（Mitsch et al.，2012）。1994～2010 年，两块湿地的营养物质去除率：（b）总磷；（c）可溶性磷酸盐；（d）硝态氮。每一个数据点表示通过每周抽样得到的从入水至出水的年平均浓度下降值（W. J. Mitsch 拍摄；Mitsch et al.，2012）

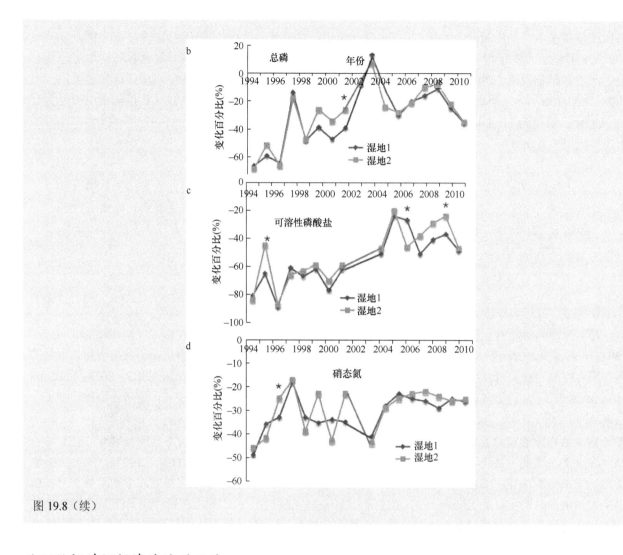

图 19.8（续）

### 处理垃圾填埋场渗滤液的湿地

使用防渗衬垫收集通过垃圾填埋场的地下水。一般来说，这种渗滤液的水质变化很大，但通常有很高浓度的铵态氮和化学需氧量（Kadlec，1999）。这就给垃圾填埋场运营商带来了问题，同时更严格的水质标准也促使必须采用更为先进的处理措施。湿地是渗滤液管理的几项备选之一，其他选项包括喷灌技术、物理及化学处理、生物处理、填埋管道使其流污水处理厂等。Mulamoottil 等（1999）对几十个分布在加拿大、美国和欧洲各国的处理垃圾渗滤液的净化湿地案例进行了归纳总结。

## 水质湿地设计

湿地设计的严谨程度因场地和用途的不同而有很大的差别。从长远来看，通常使用自然过程来实现目标的设计，这是更便宜和更令人满意的解决方案。然而，"自然"设计的湿地可能不会像严密设计的系统那样发展。设计在很大程度上受制于选址和目标。在欧洲和北美洲的很多地方，潜流湿地被设计为长方形盆地，有着非常具体的设计标准。相比之下，在美国路易斯安那州的沿海地区，现在有几个项目将湿地作为三级处理系统来处理废水中的营养物质。在接下来的部分中，我们将重点介绍设计严谨的湿地，部分原因是湿地设计需要更复杂的生态技术。

## 水文

水文条件是湿地设计中的一个重要变量。如果构建了适当的水文条件，那么化学和生物条件会相应地做出响应。不当的水文条件则会导致建造湿地的失败，原因在于水文无法像系统中包容度更高的生物组分一样不断自我调整。湿地水文条件最终决定着湿地的功能。用于描述处理湿地水文条件的参数包括水文周期和水深、季节性脉冲、水力负荷率、水力停留时间。

### 水文周期和深度

湿地中，水文周期是湿地水深或水位随时间的变化（见第 4 章"湿地水文学"）。水深具有季节性波动的湿地最有可能成为多种植物、动物的栖息地，生物地球化学过程复杂。在建造的净化废水的湿地中，废水每天的流入量大致相等，水位几乎不随季节变化（除非有暴雨流入）。在净化湿地的运行初期，需要较低水位以避免新生植物被淹没。净化湿地启动阶段植被的建立需要两到三年时间并需要密切关注水位。

虽然暴雨和季节性洪水很少影响为市政净化废水而建造的湿地（除非暴雨是下水道排水的一部分），但它们可以显著影响为控制面源径流而设计的湿地的性能。对用于控制面源污染的湿地来说，旱涝交替的水文周期变化是一种自然循环，水位波动也是一种自然特征。水位波动可以提供有机沉积物所需的氧化条件，在某些情况下，能够使系统恢复到较高的化学物质滞留水平。根据 Fink 和 Mitsch（2004）的描述，一块位于美国俄亥俄州的农业湿地有着明确的季节周期，在冬春两季的暴雨中水位显著升高。此外，生物因素对于湿地类型的重要性也应引起关注，由于麝鼠（*Ondatra zibethicus*）的挖掘活动，该湿地中一块洼地水位下降了近 30cm。

### 水力负荷率

作为处理湿地的最重要变量之一，水力负荷率定义为

$$q = 100Q/A \tag{19.1}$$

式中：

$q$ =水力负荷率（HLR）（cm/d）

$Q$ =进水率（$m^3/d$）

$A$ =湿地面积（$m^2$）

表 19.3 归纳总结了用于处理废水的表流和潜流处理湿地水力负荷参数设计上的建议及测量方法。小城市表流处理湿地的水力负荷为每天 1.4～22cm，而潜流处理湿地的水力负荷为每天 1.3～26cm。Knight（1990）考察了几十个用于处理废水的湿地，发现 2.5～5.0cm/d 的水力负荷可作为表流处理湿地的推荐值，6.0～8.0cm/d 的水力负荷可作为潜流处理湿地的推荐值。Kadlec（2009a）在 20 年后进一步考察了 800 多个处理湿地，发现表流和潜流处理湿地的中位数均为上述区间的中间值。

**表 19.3　处理湿地水力负荷率（HLR）的推荐值和实际值**

| 湿地类型 | 推荐值（cm/d） | 水力负荷率（cm/d） | 水力负荷率中间值（cm/d） |
|---|---|---|---|
| 表流处理湿地 | 2.5～5.0 | 5.4±1.7（$n=15$） | 3.0（$n=205$） |
| 潜流处理湿地 | 6.0～8.0 | 7.5±1.0（$n=23$） | 6.8（$n=634$） |

### 停留时间

处理湿地的停留时间计算公式为

$$t = Vp/Q \qquad (19.2)$$

式中：

  $t$ =理论停留时间（d）

  $V$ =湿地容积（m³）（表流湿地中为水体的体积，潜流湿地中为基质的体积）

  $p$ =基质孔隙度（如潜流湿地中的沙子或砾石）

   =1.0（表流湿地取值）

  $Q$ =在湿地中的流速（m³/d）

城市废水处理中，建议的最佳停留时间（或理论停留时间）为 5～14 天。美国佛罗里达州湿地管理条例要求湿地永久池塘的容量必须提供至少 14 天的停留时间。由式（19.2）计算出的停留时间或最佳停留时间并不总是符合实际的，因为当水通过湿地时，会发生分流和无效扩散。对湿地水流的示踪研究，说明了在设计处理湿地时不要过分依赖于理论停留时间的重要性。并非所有在特定时间进入湿地的水都会同时离开湿地。在某些情况下，一些水会分流通过湿地，而其他水停留在回水区的时间也会远超过理论停留时间。

## 地貌形态

在设计湿地时，必须考虑与净化湿地所处的洼地地貌有关的几个方面。例如，佛罗里达州对奥兰多地区的规定要求沿岸地区的坡度为 6∶1，延伸至水面以下 60～77cm 处。坡度为 10∶1 或更为平坦的缓坡更好。平坦的滨海地带能够最大限度地为挺水植物提供适宜的水深区域，从而使更多的湿地植物更快速地发展并扩大不同植物群落范围。如果湿地实际流量高于设计水平而导致水位上升，或为了加强处理效果，植物也将有"上坡"的空间。对于控制径流的湿地，推荐使用坡度低于1%的底坡，而对于用于处理废水的表流净化湿地，则推荐湿地入口到出口的基质坡度为 0.5%或更低。

水流条件的有效设计，能使净化湿地更有效地滞留营养物质和沉积物。这一目标的实现需要多个入水口及相应的湿地配置，以避免水流渠道化。如果人为引水进入湿地系统，长宽比（aspect ratio，$L/W$）（称为纵横比）应至少为 10∶1。对于处理废水的表流湿地来说，推荐的最小纵横比应为 2∶1 至 3∶1。

最好将湿地设计为深浅不同的区域。深水区（>50cm）对连续的挺水植被而言太深，却为鱼类提供了栖息地；增加了湿地滞留沉积物的能力，促进了硝化作用，如果除氮是设计目标，还可为下一步反硝化反应提供前期基础；能够提供水流重新分配的低流速区。浅水区（<50cm）为某些化学反应（如反硝化作用）提供了最大的土壤-水接触面积，并能容纳更加多样化的挺水维管植物。

单个的湿地单元，无论是在湿地系统中并联还是串联，通常提供了有效的设计来创建不同的栖息地环境或实现不同的湿地功能。湿地单元可以是平行的，这样可以实现水位的交替降低，以控制蚊虫或增强氧化还原反应，或者在一系列湿地单元中增强生物过程。

## 化学负荷

水流入湿地时，它挟带的化学物质可能对湿地功能有益，也可能对湿地功能有害。在农业流域，废水中的化学物质包括氮、磷等营养物质和沉积物及可能存在的杀虫剂。城市废水则可能含有所有这些化学物质及其他污染物质，如油脂类和盐类物质。废水进入湿地时，含有高浓度的营养物质，另外在不完全的预处理下，也会含有高浓度的有机物和悬浮物。湿地曾一度受到所有这些化学物质的影响，往往是这些物质的有效 "汇"。湿地的大小可以通过设计图形、标准滞留率或经验模型来确定。

## 设计图形

评估湿地对营养物质或其他化学物质滞留的最简单模型是使用设计图形，给出化学物质滞留与化学负荷之间的关系，无论是面积［如 g/(m²·年)］还是体积［如 g/(m³·年)］。例如，如果湿地的设计是为了滞留养分，那么我们就需要知道各种养分流入时的滞留效果如何。北美洲和欧洲大量湿地的数据显示了湿地中营养物质的滞留情况。例如，在图 19.9 中，从密西西比河流域湿地收集的数据通过两种方法说明美国中西部湿地硝态氮去除率与水负荷的关系：①单位面积的滞留量；②按浓度计算的滞留率。每个数据点都是基于美国中西部或路易斯安那河流三角洲地区的湿地的全年数据。

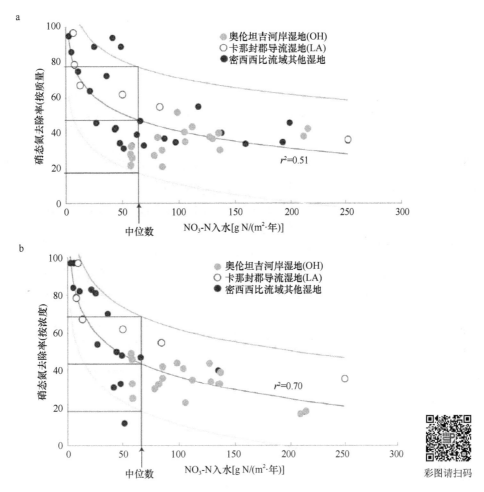

图 19.9　密西西比河流域建造并加以管理的湿地对于硝态氮的削减：（a）质量；（b）浓度［每个数据点表示湿地一整年的数据，外部的线为 95% 置信区间，竖线为负荷中位数 60g N/(m²·年)］（Mitsch et al.，2005b，Elsevier 版权持有，经许可后印刷）

## 滞留率

估算营养物质滞留的另一种方法是简单地比较一些研究结果，并评估湿地中持续发生的化学物质的滞留。表 19.4 为多个处理废水的净化湿地数据的平均值。一般来说，根据表 19.3 中的水力负荷推荐数据，潜流湿地能够接收更多的废水，沉积物和化学物质的负荷也较大。在潜流湿地中，硝态氮较高的去除率是由于潜流湿地的高污染物负荷，而不是因为这些系统对硝态氮的拦截去除能力更强。需要注意的是，表流湿地对硝态氮的去除率要远高于潜流湿地，而潜流湿地对磷的滞留能力与表流湿地相比，变化较大。

**表 19.4　处理废水的净化湿地对于营养物质和沉积物的去除率及效率**

| 湿地类型及参数 | 负荷 [g/(m²·年)] | 滞留 [g/(m²·年)] | 滞留百分比（%） |
|---|---|---|---|
| **表流净化湿地** | | | |
| 硝态氮 | 29 | 13 | 44.4 |
| 总氮 | 277 | 126 | 45.6 |
| 总磷 | 4.7～56 | 2.1～45 | 46～80 |
| 悬浮物 | 107～6520 | 65～5570 | 61～98 |
| **潜流净化湿地** | | | |
| 硝态氮 | 5767 | 547 | 9.4 |
| 总氮 | 1058 | 569 | 53.8 |
| 总磷 | 131～631 | 11～540 | 8～89 |
| 悬浮物 | 1500～5880 | 1100～4930 | 49～89 |

　　资料来源：Kadlec and Knight，1996

　　表 19.5 中显示了几个截留非点源污染湿地对于污染物的滞留率（retention rate）。根据经验，这种类型的湿地对磷的滞留始终维持在 0.5～5g P/(m²·年)，氮的滞留量为 10～40g N/(m²·年)（Mitsch et al.，2000）。为维持植物群落的生物多样性，应取这些负荷率的下限。本章案例研究 1 中提到的已建成 30 年的霍顿湖湿地对磷和氮的长期滞留率及案例研究 2、3 中佛罗里达州南部处理城市污水与农业雨水湿地对磷的滞留率，正是在上述范围内。季节性寒冷气候区接收面源污染物的淡水沼泽对硝态氮的滞留率为 3～93g N/(m²·年)，而对磷的滞留率为 0.1～6g P/(m²·年)（表 19.5）。一般来说，"营养不良"的湿地对于营养物质的滞留率也较低，较高的滞留率通常是周期性的，因此不适用于湿地的设计。

**表 19.5　净化湿地和自然湿地对低浓度营养物质（如非废水、河流、泛滥洪水、非点源污染的营养负荷）的滞留率**

| 湿地位置及类型 | 湿地面积（hm²） | 氮 [g N/(m²·年)] | 磷 [g P/(m²·年)] | 参考文献 |
|---|---|---|---|---|
| **温暖气候** | | | | |
| 美国佛罗里达州大沼泽地 | 8000 | — | [1]0.4～0.6 | Richardson and Craft，1993；Richardson et al.，1997 |
| 美国佛罗里达州大沼泽地雨水处理湿地（STA） | 23 000 | — | 1.25 | 见本章案例研究 2 |
| 美国佛罗里达州博尼沼泽 | 49 | 4.9 | 0.36 | Moustafa et al.，1996 |
| 美国佛罗里达州南部大沼泽地养分清除计划 | 1 545 | 10.8 | 0.94 | Moustafa，1999 |
| 西班牙地中海三角洲恢复沼泽 | 3.5 | 69 | — | Comin et al.，1997 |
| 澳大利亚维多利亚州乡村建造湿地 | 0.045 | 23 | 2.8 | Raisin et al.，1997 |
| 美国路易斯安那州布雷顿湾 | 110 000 | 3.5 | — | Lundberg et al.，2014 |
| **寒冷气候** | | | | |
| 美国密歇根州霍顿湖（30 年） | 100 | [2]4.39 | 1.76 | Kadlec，2009b |
| 美国伊利诺伊州净化湿地 | | | | Phipps and Crumpton，1994；Mitsch et al.，1995 |
| 　河流供给，高流量 | 2 | [2]11～38 | 1.4～2.9 | |
| 　河流供给，低流量 | 2～3 | [2]3～13 | 0.4～1.7 | |

| 湿地位置及类型 | 湿地面积（hm²） | 氮 [g N/(m²·年)] | 磷 [g P/(m²·年)] | 参考文献 |
|---|---|---|---|---|
| 瑞典南部人工淹水草甸 | 180 | 43~46 | — | Leonardson et al., 1994 |
| 挪威净化湿地 | 0.035~0.09 | 50~285 | 26~71 | Braskerud, 2002a, 2002b |
| 美国华盛顿州淡水湖泊沼泽 | | | | Reinhelt and Horner, 1995 |
| 　城区部分 | 2 | — | 0.44 | |
| 　乡村部分 | 15 | — | 3 | |
| 美国俄亥俄州河道内建造湿地 | 6 | — | 2.9 | Niswander and Mitsch, 1995 |
| 美国俄亥俄州河岸建造湿地 | 2 | 38.8 | 2.4 | Mitsch et al., 1998, 2014; Spieles and Mitsch, 2000a; Nairn and Mitsch, 2000 |
| 美国俄亥俄州建造的导流湿地 | 3 | 32 | 4.5 | Fink and Mitsch, 2007; Mitsch et al., 2008 |
| 美国俄亥俄州农业湿地 | 1.2 | 39 | 6.2 | Fink and Mitsch, 2004 |
| 美国伊利诺伊州农业湿地 | 0.3~0.8 | [2]33 | 0.1 | Kovacic et al., 2000 |
| 加拿大艾伯塔省天然沼泽 | 360 | — | [1]0.43 | White et al., 2000 |

注：1. 通过磷在土壤中的积累估算
2. 仅硝态氮

## 经验模型

第三种估算湿地对化学物质滞留能力的方法，是采用具有理论基础或经过大量实际数据验证过的方程。其中之一，是最初由 Kadlec 和 Knight（1996）及其他人基于质量平衡方法开发的"$k$-$C^*$ 模型"，计算公式为

$$q\,(\mathrm{d}C/\mathrm{d}y) = k_A(C - C^*) \tag{19.3}$$

式中：

$y$ =从入口到出口的距离比例（无量纲）

$C$ =化学物质浓度（g/m³）

$k_A$=面积去除率常数（m/年）

$C^*$=化学物质浓度残余值或背景值（g/m³）

$q$=水力负荷（m/年）

这个方程基于这样一个假设：去除过程可以用面积来描述。因此，系数 $k_A$ 具有速度单位，可以被看作类似于沉降模型中使用的沉降速度系数。$C^*$ 代表某化学物质或组成的背景浓度，一般认为低于该浓度则处理湿地起不到净化效果。将该方程在整个湿地长度上进行积分，所求得的解可表达为一个一阶面积模型

$$\left[(C_o - C^*)/(C_i - C^*)\right] = e^{-k_A q} \tag{19.4}$$

式中：

$C_o$=出水浓度（g/m³）

$C_i$=入水浓度（g/m³）

$q$=水力负荷（m/年）

表 19.6 中列出了计算这个模型需要的两个参数 $C^*$ 和 $k_A$。这个方程并不是对所有的参数都适用，但它确实提供了一种估算面积的方法，用以计算达到污染物质的某种去除程度所需要的湿地面积。重新整理公式（19.4）和（19.1），得到了给定污染物去除效果的湿地面积（$A$）计算公式

$$A = Q\ln\left[(C_o - C^*)/(C_i - C^*)\right]/k_A \tag{19.5}$$

式中：

$Q$=湿地流量（m³/年）

**表 19.6　净化水湿地中适用于一阶面积模型的几种组分（表流湿地和潜流湿地作为湿地类型给出）**

| 组分及湿地类型 | $k_A$（m/年） | $C^*$（g/m³） |
|---|---|---|
| BOD（表流） | 34 | $3.5+0.053C_i$ |
| BOD（潜流） | 180 | $3.5+0.053C_i$ |
| 悬浮物（表流） | 1000 | $5.1+0.16C_i$ |
| 总磷（表流及潜流） | 12 | 0.02 |
| 总氮（表流） | 22 | 1.5 |
| 总氮（潜流） | 27 | 1.5 |
| 氨氮（表流） | 18 | 0 |
| 氨氮（潜流） | 34 | 0 |
| 硝态氮（表流） | 35 | 0 |
| 硝态氮（潜流） | 50 | 0 |

资料来源：Kadlec and Knight，1996

　　为避免模型没有足够的数据支持或不能正常工作，又建立了出水浓度（$C_o$）与入水浓度（$C_i$）和水力负荷（$q$）之间严格的经验关系函数（表 19.7）。

**表 19.7　基于进水浓度和水力停留时间估算出水浓度或湿地面积的经验公式** [$r^2$ 为相关系数，$n$ 为分析所用的湿地数量，$C_i$ 为进水浓度（g/m³），$C_o$ 为出水浓度（g/m³），$A$ 为湿地面积（hm²），$Q$ 为在湿地中的流速（m³/d），$q$ 为水力负荷（cm/d）]

| 组分 | 公式 | $r^2$（$n$） |
|---|---|---|
| **BOD** | | |
| 表流湿地 | $C_o=4.7+0.173C_i$ | 0.62（440） |
| 潜流湿地（土壤） | $C_o=1.87+0.11C_i$ | 0.74（73） |
| 潜流湿地（砾石） | $C_o=1.4+0.33C_i$ | 0.48（100） |
| **悬浮物** | | |
| 表流湿地 | $C_o=5.1+0.158C_i$ | 0.23（1582） |
| 潜流湿地 | $C_o=4.7+0.09C_i$ | 0.67（77） |
| **氨氮** | | |
| 表流湿地 | $A=0.01Q/\exp[1.527\ln C_o-1.05\ln C_i+1.69]$ | |
| 表流草本沼泽 | $C_o=0.336C_i^{0.728}q^{0.456}$ | 0.44（542） |
| 潜流湿地 | $C_o=3.3+0.46C_i$ | 0.63（92） |
| **硝态氮** | | |
| 表流草本沼泽 | $C_o=0.093C_i^{0.474}q^{0.745}$ | 0.35（553） |
| 潜流湿地 | $C_o=0.62C_i$ | 0.80（95） |
| **总氮** | | |
| 表流草本沼泽 | $C_o=0.409C_i+0.122q$ | 0.48（408） |
| 潜流湿地 | $C_o=2.6+0.46C_i+0.124q$ | 0.45（135） |
| **总磷** | | |
| 表流草本沼泽 | $C_o=0.195C_i^{0.91}q^{0.53}$ | 0.77（373） |
| 表流森林沼泽 | $C_o=0.37C_i^{0.70}q^{0.53}$ | 0.33（166） |
| 表流湿地 | $C_o=0.51C_i^{1.10}$ | 0.64（90） |

其他化学物质

虽然对湿地效率的评价大多数关注于去除营养物质、沉积物及有机碳的能力，但也有一些关于其他化学物质的文献，如铁、镉、锰、铬、铜、铅、汞、镍和锌。湿地土壤或生物群或两者共同作用，都容易滞留金属。将湿地作为这些化学物质的储存库存在一个最基本的问题：这些化学物质可以在食物链中积累。

## 土壤

对净化湿地的总体功能来说，表层土壤至关重要（图 19.10）。它是支持有根植被生长的主要介质，尤其是对于潜流湿地来说，它是湿地处理系统的一部分。沉积物保留了某些化学物质，并为参与化学转化的微生物和动植物提供栖息地。净化湿地土壤的质地取决于是否考虑到基质的表流或穿过基质的潜流。虽然一般表流湿地土壤单位面积上去除污染物效果较差，但其设计更接近自然湿地。它们为湿地植物提供结构及养分的能力很重要。虽然黏土有利于防渗，但它也限制了根和根状茎的生长，并可能阻止水分到达植物根系。在净化湿地中，粉砂黏土或壤土更适合作为上覆土壤。对于表流湿地来说，沙质土壤并不理想。但对于潜流湿地，高渗透率的基质十分适宜，因此常选用砂、砾石或其他高渗透率的介质。

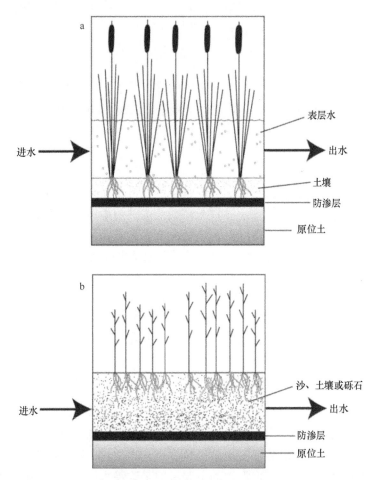

图 19.10　土壤横剖面：（a）表流湿地；（b）潜流湿地（模仿自 Knight，1990）

净化湿地的底土（通常位于根区下方，被称为防渗层）渗透率必须足够低，以形成积水或水分饱和土壤。如果净化湿地中没有黏土，建议添加一层黏土以减少渗透。有学者也对其他材料作为净化湿地防渗层进行了研究。净化湿地最常用的防渗层材料是黏土、黏土膨润土混合物或聚氯乙烯（PVC）和高密度聚乙烯（HDPE）等合成材料，还对燃煤废弃物等再生材料进行了试验研究。结果表明，使用含钙丰富的脱硫器所带来的废弃物实际上可以提高湿地的磷滞留能力（Ahn et al., 2001a; Ahn and Mitsch, 2001b），但必须注意的是，这种材料必须封存在湿地中，因为这种防渗层材料的渗滤液呈高碱性。

潜流湿地的地下水流可以通过土壤介质（根区法）或通过岩石、砾石、砂石（岩石床和芦苇床过滤器），这两种情况下水流均处在地表下 15～30cm 处。砾石有时作为基质被添加至潜流湿地（砾石床），以提高渗透率，使得水能渗透到微生物活性高的植物根区。砾石的矿物成分是二氧化硅或石灰石，前者的磷滞留能力较弱。另一项对欧洲设计的潜流湿地的评估显示，运行几年后湿地的水力传导系数常会下降，发生堵塞，水流不畅，局部基本上成为表流湿地。

## 有机质含量

土壤的有机质含量对湿地中化学物质的滞留具有一定的意义。矿质土壤的阳离子交换能力普遍低于有机土壤；前者以各种金属阳离子为主，后者以氢离子为主。因此，有机土壤可以通过离子交换去除某些污染物（如某些金属），还可以为反硝化作用提供合适的能量和厌氧条件，进而提高氮的去除效果。湿地土壤中的有机物含量在 5%～75% 变化，其中在泥炭建造系统中浓度较高，如雨养泥炭沼泽；在矿质土壤湿地中浓度较低，如河岸滩涂湿地。在建造湿地时，尤其是建造潜流湿地时，铺一层蘑菇堆肥、泥炭、植物碎屑等有机物质。不过在许多湿地的建造中，会避免使用有机土壤，因为它们营养价值低，还会导致 pH 低，并且通常不能为扎根的水生植物根系提供足够的支持。

## 土壤的深度及层次

基质的深度是净化废水湿地设计中一个需要考虑的重要因素，尤其是潜流净化湿地。合适的表土或基质深度应该足以支撑和保持植物根系。净化湿地一般基质深度为 60～100cm。在某些情况下，建议基质分层比图 19.10 所示的更为精细。

## 土壤化学

虽然人们对湿地土壤支持水生植物的确切营养条件了解得还很有限，但是低营养水平的有机土、黏土、沙土确实会在植物生长初期带来问题。尽管在某些情况下为了植物种植及生长必须采取施肥措施，但是还是应该尽可能避免在湿地施肥，否则湿地最终会变为大量该营养元素的储存库。如果确有必要在净化湿地种植植物时使用肥料，选择缓释颗粒和片状肥料通常更有效。

在土壤被淹没导致缺氧条件时，铁将会从三价铁离子（$Fe^{3+}$）还原为二价铁离子（$Fe^{2+}$），释放出以不溶性磷酸铁化合物形式存在的磷。Fe-P 化合物是淹水后厌氧条件发生时上覆水和间隙水中磷的重要来源，如果湿地建造在农田上更是如此。这类净化湿地初始释放磷后，湿地土壤的铁和铝含量会对湿地滞留磷的能力有显著影响。在其他所有条件相同的情况下，铝和铁浓度更高的土壤更加理想，因为它们对磷的亲和力更强。

# 植被

正如第 18 章"湿地建造与恢复"中讨论过的问题"应该使用什么植物"一样，植被的选择也是处理湿地需要考虑的一个因素。不过，对处理湿地来说至少有一点截然不同：湿地的建造和恢复主要以建立多样化植被、提供栖息地为目的，而处理湿地的主要目的是改善水质。对于湿地的建造和恢复来说植被是解决方案的一部分，而对于处理湿地来说，它们是解决方案的部分原因。此外，处理湿地水中的化学物质浓度总较高，这就限制了在这些湿地中生存的植物物种的数量。经验表明，当处理湿地水中营养物质浓度、BOD 高时，很少有植物能够茁壮生长。Vymazal（2013）发现，43 个国家的 643 个表流湿地共使用了 150 种不同的植物。表 18.4 列出了一些经常用于处理湿地的大型植物物种，当中有数百种是用来处理湿地生境的，包括香蒲（*Typha* spp.）、水葱（*Schoenoplectus* spp.）、蔍草（*Scirpus* spp.）和芦苇（*Phragmites australis*）。其中芦苇是全世界潜流湿地的首选植物，但在北美洲许多地方并不受欢迎，原因在于它对淡水和咸水沼泽具有侵略性。其他常用的植物包括灯心草（*Juncus effusus*）、荸荠（*Eleocharis* spp.）、虉草（*Phalaris arundinacea*）和主要在非洲使用的纸莎草（*Cyperus papaus*）。

当水深超过 30cm 时，挺水植物通常难以生长。在这些情况下，温带地区的表流湿地可能会被浮萍（*Lemna* spp.）所覆盖，而亚热带和热带地区则可能被凤眼蓝（*Eichhornia crassipes*）和大漂（*Pistia* spp.）所覆盖。像睡莲属（*Nymphaea*）、萍蓬草属（*Nuphar*）、莲属（*Nelumbo*）等扎根的浮水植物，虽然因其美学价值受到人们青睐，但在处理湿地中它们很少繁茂生长，因为处理湿地的高营养条件使得浮萍和丝状藻类更容易占据优势。

Tanner（1996）比较了新西兰用于处理乳制品废水的砾石床湿地中试系统中 8 种大型水生植物对营养物质的吸收及对污染物的去除情况（图 19.11）。对于所处理的高度污染的废水来说，水甜茅（*Glyceria maxima*）和菰（*Zizania latifolia*）的地上生物量最大，而荆三棱（*Bolboschoenus fluviatilis*）（在美国或写成 *Scirpus fluviatilis*）的地下生物量最大，其地下生物量为地上生物量的 3.3 倍（图 19.11a）。这些中试系统中去除的总氮与植物的总生物量呈线性相关（图 19.11b）。根据废水中这些植物的生长特点，三种高产的禾本科植物——菰（*Zizania latifolia*）、水甜茅（*Glyceria maxima*）、芦苇（*Phragmites australis*）综合得分最高。克拉莎属尖喙莎亚属植物 *Baumea articulata*、风车草（*Cyperus involucratus*）、水葱（*Schoenoplectus validus*）得分中等。荆三棱（*Scirpus fluviatilis*）和灯心草（*Juncus effusus*）得分最低，成为建造处理废水湿地有效植物的可能性最低。

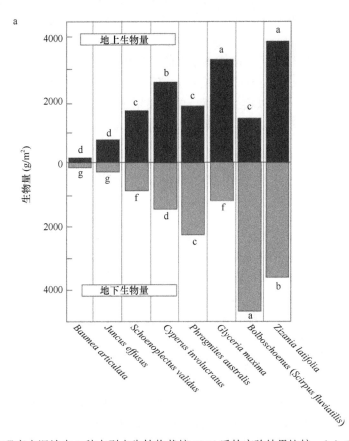

图 19.11　新西兰乳牛场处理废水湿地中 8 种大型水生植物栽培 124d 后的实验结果比较。（a）8 种植物平均地上、地下累积生物量，不同字母表示显著性差异；（b）乳牛场富含铵的废水中总氮去除量与对应的植物总生物量的关系（回归系数 $R^2=0.66$）（模仿自 Tanner，1996）

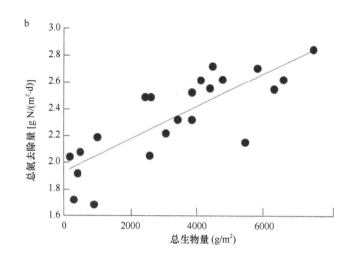

图 19.11（续）

### 建立植被

与第 18 章"湿地建造与恢复"中描述的一般过程相同，湿地的植被建立可以通过直接种植根、根状茎或播种实现。由于这些湿地通常建在以前的陆地之上，与河流、小溪没有任何联系，因此依靠大自然带来植物繁殖体是行不通的。野外采集的植物或苗圃的种子可用于种植。野外采收的植物的优点是比小型苗木能更快地实现植被覆盖。此外，如果这些植物是在附近区域采集，那么它们将适应当地气候，基因类型可能也更适合该区域。但是，从自然湿地大量采集植物可能会威胁到这些湿地。苗圃植物通常因其个体较小而更容易种植，好的苗圃提供的苗木植物多样性更高、植物数量更大。然而，人们常不清楚这些植物是用什么遗传材料培育的，而且这些材料可能不是适应当地气候的物质。

水量过多或过少是大型水生植物无法在处理废水的净化湿地中良好生长的主要原因。植物生长初期，最适宜的条件是土壤潮湿或浅水（<5cm）。如果水太深，新生植物将被淹没，如果水分不足、表层土壤干涸，植物将无法存活。如果废水可以根据测试后的结果用于灌溉植物，这将成为最佳方案。如果这一方案无法实现，可能需要人工灌溉，以确保植物种植成功。

## 建成后的湿地管理

### 野生动物控制

尽管野生动物的发展是处理湿地开发中一个受欢迎的理想方面，但植物和动物种群管理往往成为维护净化湿地的必要手段。在北美洲，美洲河狸（*Castor canadensis*）、麝鼠（*Ondatra zibethicus*）造成了水流流入和流出的障碍，它们破坏植被或在堤坝上挖洞（这就是为什么在能避免的情况下，不应该在净化湿地周围修建堤坝的原因之一）。主要植被的去除，特别是食草的麝鼠将这些植被视为食物和筑巢材料，可以在几周或几个月的时间里把一个植被完全覆盖的沼泽变成一个没有植被的池塘，这类事件被称为"吃净"。为了阻止这类事件的发生，除捕捉和驱走动物外，人们几乎对此无能为力，但这是一项艰巨的任务。

在其他一些情况下，河狸、麝鼠等动物及加拿大黑雁（*Branta canadensis*）、雪雁（*Anser caerulescens*）等大型鸟类的取食对于新种植的多年生草本植物和幼苗尤其具有破坏性。植物种植的时机非常重要，特别是存在迁徙动物破坏性牧食的冬季更需谨慎。曾有人建议使用射击设备或在相邻区域使用葡萄汁提取物作为"驱赶"材料，但是效果都不持久。我们在多年的观察中注意到，也许最理想的情况是在它们降落的地方（水面上）和它们喜欢吃草的地方（高地上的草地）之间有一片广阔的挺水植被。当然，你必须得到当地麝鼠的"配合"，而不是移除植被。

同样，较深的湿地往往成为不受欢迎的鱼类的天堂，如鲤（*Cyprinus carpio*），这些鱼可能会导致水体浑浊并破坏植被根系。曾讨论过将食肉动物如白斑狗鱼（*Esox lucius*）作为鲤鱼的潜在控制者。如果鲤鱼使得湿地出水水质显著降低，那么很可能必须将鲤鱼完全清除。然而问题是，这样清除鱼类可能会影响蚊虫控制（见下面的讨论）。

## 吸引野生动物

正如许多动物会带来维护问题一样，净化湿地对野生动物的吸引力也是公众对此类项目高度支持的原因之一。因此，应当尝试建立一个多样化的生态系统，而不仅仅是建立一个水流经过的水池。Weller（1994）建议以开阔水面与植被覆盖区域 50∶50 的比例构建沼泽湿地来吸引水鸟。随着池塘初始水深测量技术的发展，实现这样的比例非常容易。此外，用活的和死的植被、岛屿和漂浮的结构创造多样的栖息地也是可取的。

在湿地建设的大量案例中，湿地建成后不久野生动物增加就得以实现。在美国亚利桑那州平塔尔湖（Pintail Lake）的净化湿地中，该水域的水鸟数量自湿地建成第二年就开始急剧增加，鸭巢密度在第一年增加了 97%（Wilhelm et al.，1989）。在伊利诺伊州东北部的德斯普兰斯河湿地示范项目（Des Plaines River Wetlands Demonstration Project）中，鸟类活动显著增加，1985 年（建造之前）至 1990 年（引水入湿地一年后）间迁徙水鸟从 3 种增加到 15 种，数量从 13 只增加到 617 只。依靠湿地繁殖的鸟类从 8 种增加到 17 种，其中姬苇鳽（*Ixobrychus exilis*）和黄头黑鹂（*Xanthocephalus xanthocephalus*）是美国两种濒危鸟类，湿地建成后这两种鸟也在当地筑巢（Hickman and Mosca，1991）。在俄亥俄州的奥伦坦吉河湿地研究园，自湿地建造以来的近 15 年间，共发现 174 种鸟类。这一数值很高，因为该湿地部分区域的东部边缘包括约 7hm$^2$ 的洼地森林，西部边缘是一个以树木为主的城市墓地。

与处理湿地吸引鸟类有关的一个有趣问题是，鸟类是否会影响湿地的污染物处理能力，特别是，如果鸟类数量众多，那么它们的排泄物会不会破坏湿地去除营养物质和有机物的能力。Anderson 等（2003）对加利福尼亚州北部一个 10hm$^2$ 的处理湿地进行了一项耗时数年的研究，来探讨上述可能的影响。结果发现，在第二年的 4 个月中鸟的数量达到峰值（12 000 只）。平均每日鸟类产出的氮为 2.5g N/m$^2$，磷为 0.9g P/m$^2$，未达到湿地日常负荷均值的 10%。他们得出的结论是，鸟类不会导致处理湿地污染物处理性能的显著降低。

## 蚊虫控制

在湿地建造的过程中，特别是当湿地接收径流或废水时，会经常提及灭蚊的问题。一般来说，人们得出的结论是，管理得当的废水处理湿地并不比自然湿地存在更大的蚊虫隐患（Knight et al.，2003）。在净化湿地内，可以通过改变湿地的水文条件控制蚊虫，抑制蚊子幼虫生长（流水条件对蚊子生长不利），或进行化学、生物控制。许多研究人员提出通过鱼来控制蚊虫，特别是食蚊鳉（*Gambusia affinis*）或类似的小鱼。在温带地区的湿地保留一些较深区域，原因之一就是让食蚊鱼及其他顶级小鱼和太阳鱼能够越冬，并以蚊子幼虫为食。对于水质是否能直接促进或抑制蚊虫生长，人们还知之甚少，但是水质差引起的鱼类减少会使得蚊虫显著增加。细菌杀虫剂[如球形芽孢杆菌（*Bacillus sphaericus*）、苏云金芽孢杆菌以色列变种（*Bacillus thuringiensis* var. *israelensis*）等]和真菌大链壶菌（*Lagenidium giganteum*）都是已知的蚊子幼虫致病菌，但尚未进行广泛测试，在蚊子体内一直存在诱导抗性的可能性（Knight et al.，2003）。在净化湿地，为燕科（Hirundinidae）鸟类、雨燕科（Apodidae）鸟类和翼手目（Chiroptera）动物建造人工巢穴、提高人工巢穴利用率的方式，也可以被用来控制成年蚊虫的数量。

一些研究评估了不同的大型水生植物物种对蚊虫生活习性的相对重要性。一般来说，植物的密度越大，捕食者越难捕捉蚊虫，蚊虫控制的方法也更难起作用。因此，生产力较高的植物，如香蒲属（*Typha*）、水葱属（*Schoenoplectus=Scirpus*）、芦苇属（*Phragmites*）、凤眼蓝（*Eichhornia crassipes*）等滋生蚊虫得分较高（表 19.8）。Knight 等（2003）提出以下处理湿地的设计策略，以减少蚊虫。

1）选择能够优化废水处理性能和蚊虫控制的植物种类。

2）包含无挺水植物和水生植物的深水区，为鱼类提供栖息地，并为其进入植被区提供通道。

3）限制挺水植物区的宽度，为食蚊鱼的进入和化学控制剂的使用提供便利。

4）设计陡堤湿地（虽然这对控制蚊子很有效，但对于在湿地周围发展多样化的沿岸地带来说并非良策）。

**表 19.8　各种湿地植物的蚊虫繁殖习性（得分小于 9 表明存在蚊虫滋生问题的可能性很小；得分在 9～13 表明需要保持这种植物的低覆盖率；得分等于或大于 14，则表示需要在湿地中尽量避免该植物的出现，以避免蚊虫问题）**

| 植物群 | 植物种类 | 中文名 | 蚊虫滋生得分 |
|---|---|---|---|
| 有根挺水植物 | | | |
| | *Alisma geyeri* | 草泽泻 | 7 |
| | *Alisma trivale* | 窄叶泽泻 | 7 |
| | *Alopercurus howellii* | 看麦娘 | 9 |
| | *Carex obnupta* | 薹草属一种 | 11 |
| | *Carex rostrata* | 灰株薹草 | 14 |
| | *Carex stipata* | 海绵基薹草 | 13 |
| | *Cyperus aristatus* | 具芒鳞砖子菌 | 9 |
| | *Cyperus difformis* | 异花莎草 | 11 |
| | *Cyperus esculentus* | 油莎草 | 13 |
| | *Cyperus niger* | 莎草属一种 | 12 |
| | *Deschampsia danthonioides* | 发草属一种 | 11 |
| | *Echinochloa crusgalli* | 稗草 | 11 |
| | *Echinodorus berteroi* | 花皇冠 | 10 |
| | *Eleocharis palustris* | 沼泽荸荠 | 10 |
| | *Equisetum arvense* | 问荆 | 14 |
| | *Frankenia grandifolia* | 瓣鳞花 | 14 |
| | *Glyceria leptostachya* | 甜茅属一种 | 12 |
| | *Juncus acutus* | 灯心草属一种 | 13 |
| | *Juncus effusus* | 灯心草 | 10 |
| | *Jussiaea repens* | 水龙 | 16 |
| | *Leersia oryzoides* | 蓉草 | 11 |
| | *Leptochloa fasicularis* | 千金子 | 10 |
| | *Ludwigia* spp. | 丁香蓼 | 9 |
| | *Lythrum californicum* | 千屈菜 | 13 |
| | *Oryza sativa* | 水稻 | 9 |
| | *Phalaris arundinacea* | 鹬草 | 14 |
| | *Phragmites australis* | 芦苇 | 17 |
| | *Plantago major* | 大车前 | 9 |
| | *Polygonum amphibium* | 两栖蓼 | 14 |
| | *Polygonum hydropiperoides* | 水蓼 | 12 |
| | *Polygonum pennsylvanicum* | 蓼 | 12 |
| | *Polygonum punctatum* | 尼泊尔蓼 | 12 |
| | *Polypogon elongatus* | 棒头草 | 11 |
| | *Potentilla palustris* | 委陵莱 | 11 |
| | *Pterididum aquilinum* | 蕨 | 13 |
| | *Sagittaria latifolia* | 宽叶慈姑 | 7 |
| | *Sagittaria longiloba* | 慈姑 | 7 |
| | *Sagittaria montevidensis* | 蒙特登慈姑 | 8 |
| | *Scirpus acutus* | 水毛花 | 15 |
| | *Scirpus americanus* | 藨草属一种 | 10 |
| | *Scirpus californicus* | 藨草 | 15 |

续表

| 植物群 | 植物种类 | 常用名 | 蚊虫产生得分 |
|---|---|---|---|
| | *Scirpus olneyi* | 莎草 | 12 |
| | *Sparganium eurycarpum* | 黑三棱 | 13 |
| | *Typha angustifolia* | 狭叶香蒲 | 16 |
| | *Typha glauca* | 粉绿香蒲 | 16 |
| | *Typha latifolia* | 宽叶香蒲 | 17 |
| | *Zizania aquatica* | 水生菰 | 13 |
| 浮水植物 | | | |
| | *Azolla filiculoides* | 细绿萍 | 10 |
| | *Bacopa nobsiana* | 假马齿苋 | 13 |
| | *Brasenia schreberi* | 莼菜 | 12 |
| | *Eichhornia crassipes* | 凤眼蓝 | 18 |
| | *Hydrocotyle ranunculoides* | 天胡荽 | 15 |
| | *Hydrocotyle umbellata* | 伞花天胡荽 | 15 |
| | *Lemna gibba* | 膨胀浮萍 | 9 |
| | *Lemna minuta* | 单脉萍 | 9 |
| | *Nasturtium officinale* | 西洋菜 | 15 |
| | *Nuphar polysepalum* | 黄睡莲 | 11 |
| | *Pistia stratiotes* | 大漂 | 18 |
| | *Potamogeton crispus* | 菹草 | 8 |
| | *Potamogeton diversifolius* | 眼子菜 | 8 |
| | *Ranunculus aquatilis* | 水毛茛 | 16 |
| | *Ranunculus flammula* | 松叶毛茛 | 15 |
| | *Spirodela polyhyiza* | 紫萍 | 9 |
| | *Wolffiella lingulata* | 扁无根萍 | 9 |
| 沉水植物 | | | |
| | *Callitriche longipedunculata* | 水马齿 | 11 |
| | *Ceratophyllum demersum* | 金鱼藻 | 15 |
| | *Eleocharis acicularis* | 牛毛毡 | 8 |
| | *Elodea canadensis* | 伊乐藻 | 8 |
| | *Elodea densa* | 水蕴草 | 11 |
| | *Isoetes howellii* | 水韭属一种 | 7 |
| | *Isoetes orcuttii* | 水韭属一种 | 7 |
| | *Lilaeopsis occidentalis* | 新西兰草 | 7 |
| | *Maiophyllum spicatum* | 穗花狐尾藻 | 14 |
| | *Najas flexilis* | 茨藻属一种 | 11 |
| | *Najas graminea* | 草茨藻 | 11 |
| | *Potamogeton filiformis* | 丝叶眼子菜 | 13 |
| | *Potamageton pectinatus* | 眼子菜 | 13 |
| | *Ruppia spiralis* | 川蔓藻 | 11 |
| | *Utricularia gibba* | 丝叶狸藻 | 12 |
| | *Utricularia vulgaris* | 狸藻 | 13 |
| | *Zannichellia palustris* | 角果藻 | 10 |

资料来源：Knight et al.，2003；Collins and Resh，1989

## 病原体

由于许多处理湿地是专门为处理人类和动物的废水而建造的，因此应该使用适当的卫生工程技术以减少人体与病原体的接触。处理湿地是生物丰富的系统，微生物活动是处理过程的一个主要部分。对指示生物如粪便和大肠杆菌菌群总量的测量，应成为城市废水处理湿地监测的一部分。此外还应对附近区域的井水取样，因为饮用水源附近的废水处理湿地的渗出液应该严密监测。如果湿地作为传统污水处理厂的三级处理系统，那么传统污水处理厂必须考虑消毒系统的设计。由于氯消毒和由此产生的氯残留会在处理湿地引起重大问题。因此，如果废水在进入湿地前必须经过消毒，应使用其他消毒方式（臭氧或紫外线辐射）。

## 水位管理

表流处理湿地的水位是改善水质和植被定植成功的关键。大多数已建成的处理城市废水湿地对于废水的总进水量几乎没有控制。设计足够大的洼地以形成适当的水力负荷，是控制水流和深度的第一步。大多数净化湿地具有控制装置，如水槽或堰，可以控制水流。这些结构应该灵活设计，以便控制水深。对大型水生植物来说，水量过多或过少都不合适。水深不高于 30cm 对于大多数处理湿地的草本植物来说都是适宜的，水深大于 30cm 则会导致植被减少。

水位除对植被造成影响外，还影响着废水处理效果。深水有利于实现更高的水力负荷，增加沉积物和磷的滞留，增强沉积及类似的过程。它也会减少再悬浮的发生、延长水力停留时间、促进更多的有机物质积累、降低底层水域的溶解氧浓度。浅水会使沉积物与上覆水的距离更近，同时土壤中含有更多的氧气。优化废水处理和促进植被种植成功是一种持续的平衡行为。

## 温室气体的排放

处理湿地中的温室气体特别是甲烷（$CH_4$）的排放已受到人们的关注。根据一项对 158 篇已发表的关于净化湿地的论文的调查，表流净化湿地中二氧化碳（$CO_2$）排放量的中位数 [840g C/(m²·年)] 显著低于潜流湿地 [1200g C/(m²·年)]（Mander et al., 2014）。甲烷排放的中位数范围则从表流湿地的 35g C/(m²·年) 到水平潜流湿地的 56g C/(m²·年)。处理湿地土壤排放的 $CO_2$ 很可能被植被生产力和土壤固碳所补偿。甲烷排放与第 17 章"湿地和气候变化"中所述的速率（见表 17.3）相当，其中几个温带湿地甲烷排放的平均速率为 58g C/(m²·年)。Mander 等（2014）指出，处理湿地的甲烷排放量比传统污水处理厂低一到两个数量级。在这项研究中，表流湿地、垂直潜流湿地、水平潜流湿地氧化亚氮（$N_2O$）排放的中位数分别为 0.8g N/(m²·年)、1.0g N/(m²·年) 和 1.1g N/(m²·年)。Mander 等（2014）认为，这种低 $N_2O$ 排放大部分来自反硝化过程的残留物，它通常导致惰性气体氮气的释放。

# 处理湿地的经济效益和价值

一般认为，处理湿地的建造和维护成本低于传统的污水处理厂，这正是这些系统对很多人有吸引力的原因。然而，投资这些湿地系统前需仔细比较成本。任何对于新湿地开发的成本估算都应包含以下 4 个方面。

1）工程计划。

2）建前选址准备。

3）建设成本（如人工费用、设备费用、材料费用、监督费用、间接费用和管理费用）。

4）土地成本。

## 投资成本

计算一般情况下净化湿地（包括一些非废水处理湿地）建设成本（不包括土地成本）的公式为

$$C_A = 196A^{0.511} \tag{19.6}$$

式中：

$C_A$=单位面积湿地建设成本（美元/1000hm$^2$）

$A$ =湿地面积（hm$^2$）

这种关系表明：1hm$^2$ 湿地的成本近 200 000 美元，10hm$^2$ 湿地的成本为每公顷 60 000 美元，100hm$^2$ 湿地的成本为每公顷 19 000 美元。数据清楚地表明，在湿地建设中存在规模经济效应。该公式不仅适用于处理湿地，还适用于所有类型的建造和净化湿地。

Kadlec（2009a）比较了 92 个表流湿地和 63 个水平潜流湿地的成本，进而提出了如图 19.12 所示的关系

| | | |
|---|---|---|
| 表流湿地 | $C = 194A^{0.690}$ | 0.03hm$^2$ < $A$ < 10 000hm$^2$ （19.7） |
| 潜流湿地 | $C = 652A^{0.704}$ | 0.005hm$^2$ < $A$ < 20hm$^2$ （19.8） |

式中：

$C$ =投资成本[美元×1000（2006 年美元货币价格）]

$A$ =湿地面积（hm$^2$）

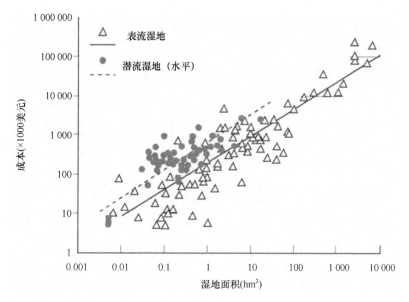

图 19.12 表流湿地和水平潜流湿地的投资成本与湿地面积之间的关系（数据基于 92 个表流湿地和 63 个水平潜流湿地）（模仿自 Kadlec，2009a）

## 运行和维护成本

运行和维护成本根据湿地使用情况、湿地包含的构件和管道的数量、复杂度不同而各不相同。现有湿地运行成本的数据很少。据 Kadlec 和 Knight（1996）估算，一个废水处理湿地的运行和维护成本约为每年 85 500 美元。上述估算包括管理此 175hm$^2$ 湿地每年所需 50 000 美元的人工费用。一些小型湿地管理者估计，小型湿地运行和维护成本每年在 5000～50 000 美元。与需要大量管道和水泵的高度机械化湿地相比，依靠重力作用进水的湿地维护成本要低得多。根据当前对处理湿地的监测和法律报告要求，目前运行和维护成本每年至少需要 50 000～100 000 美元，这一估算还未包括昂贵的动物控制、传病媒介控制、潜流湿地的疏通等费用（Kadlec，2009a）。

## 处理湿地的其他优点

潜流处理湿地除能改善水质外，几乎没有其他的好处，但表流湿地具有许多其他方面的附加优点。

所形成的水生生境是表流湿地系统的主要辅助优势，除为海狸鼠、海狸、麝鼠、两栖动物、鱼、田鼠等提供栖息地外，表流湿地通常也是水禽和涉禽的天堂。人类诸如捕获和狩猎之类的活动，与一些废水处理湿地是不相容的。如果在城区适当设计，湿地是公众参观、了解湿地在改善水质中重要作用的地方。这对非专业人士来说影响深远，他们经常因为看到湿地在运行而成为热心的湿地保护主义者。

利用自然湿地和净化湿地改善水质的另一个好处与需要土地建设的地区相关。在美国路易斯安那州墨西哥湾沿岸的下沉环境中，随着湿地的下沉，营养物质被永久滞留在湿地的泥炭中。在这种情况下，向湿地排放废水不会使湿地系统饱和，同时有助于抵消地面沉降的有害影响。

### 湿地与传统废水处理技术的比较

佛罗里达大沼泽地上的大型湿地（>2000hm$^2$）与传统化学处理系统的建设和运营成本比较见表 19.9。在这个例子中，如果不考虑土地成本，处理湿地方案的投资成本比化学处理方案投资成本降低了 11%，且运营成本降低了 56%。尽管处理湿地的土地成本可能很高，特别是在城市地区（实质上，太阳能正在取代化石燃料能源），但是一般来说，与只需很少土地的技术解决方案进行比较并不合适。究其原因，湿地所使用的土地可以在湿地使用年限结束后出售，而使用传统处理方式的废旧设备的残值一般为零。

**表 19.9 美国佛罗里达州日处理量为 760 000m$^3$ 的含磷农业废水成本估算对比**

| | 处理湿地（美元） | 化学处理方案（美元） |
|---|---|---|
| 土地成本 | 34 434 000 | 2 140 000 |
| 投资成本（不含土地费用） | 95 836 000 | 108 260 000 |
| 每年总运行及维护费 | 1 094 000 | 2 490 000 |
| 运行及维护现市值 | 33 443 000 | 76 153 000 |
| 总现市值（不含土地成本） | 129 279 000 | 185 637 000 |
| 总现市值（含土地成本） | 163 713 000 | 187 777 000 |

资料来源：Kadlec and Knight, 1996

利用湿地处理废水与利用传统机械系统处理废水之间的区别，有一个更巧妙的计算方法，是计算湿地对温室气体二氧化碳排放的相对影响。据估计，机械处理的废水流量为 3800m$^3$/d（100 万加仑/d），其排放到大气中的二氧化碳量是处理湿地的 27 倍（表 19.10）。事实上，湿地系统还有一个附带的好处，那就是可以吸收少量的碳。传统的废水处理方法去除 1kg 碳需要使用 3.9kg 化石燃料碳；而湿地处理系统去除 1kg 碳仅需 0.16kg 化石燃料碳（Ogden，1999）。

**表 19.10 日处理量为 3800m$^3$ 时，处理湿地和传统机械处理设施向大气中碳的净排放对比**

| 碳通量 | 处理湿地（t C/d） | 污水处理厂（t C/d） |
|---|---|---|
| 发电厂向大气中排放的碳 | 53 | 1350 |
| 固碳 | −3 | 0 |
| 净大气碳 | 50 | 1350 |

资料来源：Ogden，1999

## 注意事项总结

废水处理湿地并不是所有水质问题的解决方案，也不应被视为解决方案。许多污染问题，如 BOD 过高或金属污染，可能需要更传统的方法。然而，世界各地为控制污染而建造的成千上万的湿地证明了它们的重要性和价值。在设计和建造处理湿地时，必须考虑几个技术和制度上的因素。

## 应考虑的技术因素

1）任何处理湿地开发都应考虑湿地的价值，如作为野生动物栖息地。

2）必须确定可接受的污染物和水力负荷，以便在废水管理中使用湿地。适当的负荷反过来又决定了将要建造的湿地的大小。净化湿地超载可能比根本不建更糟糕。

3）应充分了解当地自然湿地目前的所有特征，包括植被、地貌、水文、水质等，以便在建设处理湿地时可以"复制"自然湿地。

4）在湿地设计应尤其注意公共卫生，包括蚊虫控制和保护地下水资源。

## 应考虑的制度因素

1）利用湿地处理废水通常具有双重功效：既有助于湿地栖息地的发展，又有利于废水处理和循环利用。由于处理湿地与修复湿地相比缺乏可持续性，且污染程度较高，因此以建造处理湿地来缓解湿地丧失的做法仍普遍不被接受，但应该继续探索发挥湿地双重功能的机会。

2）政府的许多许可程序不承认处理湿地系统是废水处理的替代方法。在这种情况下，首先应该为一个给定的区域建立实验系统。需要修改试点湿地的发放许可要求，以便在开发方法方面取得有效进展。

值得注意的是，湿地设计是一门不精确的科学，在这些被建造的生态系统中，扰动和生物变化是我们唯一能确定的事情。传统的工程方法较之废水处理湿地缺少对于生态系统自我设计的认知，因此必然造成失望。如果处理湿地依照其改善水质的主要目标持续发挥功能，那么植物物种的变化不应引起过分关注，除非入侵性的外来物种占据了主导地位。

## 推荐读物

IWA Specialists Group on Use of Macrophytes in Water Pollution Control. 2000. *Constructed Wetlands for Pollution Control.* Scientific and Technical Report No. 8. London: International Water Association (IWA).

Kadlec, R., and S. Wallace. 2009. *Treatment Wetlands*, 2nd ed. Boca Raton, FL: CRC Press.

## 参考文献

Ahn, C., and W. J. Mitsch. 2001. Chemical analysis of soil and leachate from experimental wetland mesocosms lined with coal combustion products. *Journal of Environmental Quality* 30: 1457–1463.

Ahn, C., W. J. Mitsch, and W. E. Wolfe. 2001. Effects of recycled FGD liner material on water quality and macrophytes of constructed wetlands: A mesocosm experiment. *Water Research* 35: 633–642.

Anderson, D. C., J. J. Sartoris, J. S. Thullen, and P. G. Reusch. 2003. The effects of bird use on nutrient removal in a constructed wastewater-treatment wetland. *Wetlands* 23: 423–435.

Arheimer, B., and H. B. Wittgren. 1994. Modelling the effects of wetlands on regional nitrogen transport. *Ambio* 23: 378–386.

Boustany, R. G., C. R. Crozier, J. M. Rybczyk, and R. R. Twilley. 1997. Denitrification in a south Louisiana wetland forest receiving treated sewage effluent. *Wetlands Ecology and Management* 4: 273–283.

Braskerud, B. C. 2002a. Factors affecting nitrogen retention in small constructed wetlands treating agricultural non-point source pollution. *Ecological Engineering* 18: 351–370.

Braskerud, B. C. 2002b. Factors affecting phosphorus retention in small constructed wetlands treating agricultural non-point source pollution. *Ecological Engineering* 19: 41–61.

Brix, H. 1987. Treatment of wastewater in the rhizosphere of wetland plants: The root-zone method. *Water Science and Technology* 19: 107–118.

Brix, H. 1994. Use of constructed wetlands in water pollution control: Historical development, present status, and future perspectives. *Water Science and Technology* 30: 209–223.

Brix, H. 1998. Denmark. In J. Vymazal, H. Brix, P. F. Cooper, M. D. Green, and R. Haberl, eds. *Constructed Wetlands for Wastewater Treatment in Europe*. Backhuys Publishers, Leiden, the Netherlands, pp. 123–152.

Brix, H., and H.-H. Schierup. 1989a. The use of aquatic macrophytes in water-pollution control. *Ambio* 18: 100–107.

Brix, H., and H.-H. Schierup. 1989b. Sewage treatment in constructed reed beds—Danish experiences. *Water Science and Technology* 21: 1655–1668

Brix, H., and C. A. Arias. 2005. The use of vertical flow constructed wetlands for on-site treatment of domestic wastewater: New Danish guidelines. *Ecological Engineering* 25: 491–500.

Brodie, G. A., D. A. Hammer, and D. A. Tomljanovich. 1988. An evaluation of substrate types in constructed wetland drainage treatment systems. In *Mine Drainage and Surface Mine Reclamation, Vol. 1: Mine Water and Mine Waste*. U.S. Department of the Interior, Pittsburgh, PA, pp. 389–398.

Chimney, M. J., and G. Goforth. 2006. History and description of the Everglades Nutrient Removal Project, a subtropical constructed wetland in south Florida (USA). *Ecological Engineering* 27: 268–278.

Collins, J. N., and V. H. Resh. 1989. *Guidelines for the ecological control of mosquitoes in non-tidal wetlands of the San Francisco Bay area*. California Mosquito Vector Control Association and University of California Mosquito Research Program, Sacramento, CA.

Comin, F. A., J. A. Romero, V. Astorga, and C. Garcia. 1997. Nitrogen removal and cycling in restored wetlands used as filters of nutrients for agricultural runoff. *Water Science and Technology* 35: 255–261.

Conway, T. E., and J. M. Murtha. 1989. The Iselin Marsh Pond meadow. In D. A. Hammer, ed., *Constructed Wetlands for Wastewater Treatment*. Lewis Publishers, Chelsea, MI, pp. 139–144.

Cooke, J. G. 1992. Phosphorus removal processes in a wetland after a decade of receiving a sewage effluent. *Journal of Environmental Quality* 21: 733–739.

Cooper, P. F., and B. C. Findlater, eds. 1990. *Constructed Wetlands in Water Pollution Control*. Pergamon Press, Oxford, UK. 605 pp.

Cronk, J. K. 1996. Constructed wetlands to treat wastewater from dairy and swine operations: A review. *Agriculture, Ecosystems and Environment* 58: 97–114.

Davison, L., D. Pont, K. Bolton, and T. Headley. 2006. Dealing with nitrogen in subtropical Australia: Seven case studies in the diffusion of ecotechnological innovation. *Ecological Engineering* 28: 213–223.

Day, J. W., Jr., J. Ko, J., Rybczyk, D. Sabins, R. Bean, G. Berthelot, C. Brantley, L. Cardoch, W. Conner, J. N. Day, A. J. Englande, S. Feagley, E. Hyfield, R. Lane, J. Lindsey, J. Mistich, E. Reyes, and R. Twilley. 2004. The use of wetlands in the Mississippi delta for wastewater assimilation: A review. *Ocean and Coastal Management* 47: 671–691.

Day, J. W., Jr., R. Lane, M. Moerschbaecher, R. DeLaune, I. Mendelssohn, J. Baustian, and R. Twilley. 2013. Vegetation and soil dynamics of a Louisiana estuary receiving pulsed Mississippi River water following Hurricane Katrina. *Estuaries and Coasts* 36: 665–682.

Deegan, L. A., D. S. Johnson, R. S.Warren, B. J. Peterson, J. W. Fleeger, S. Fagherazzi, and W. M. Wollheim. 2012. Coastal eutrophication as a driver of salt marsh loss. *Nature* 490: 388–392

DeJong, J. 1976. The purification of wastewater with the aid of rush or reed ponds. In J. Tourbier and R. W. Pierson, Jr., eds., *Biological Control of Water Pollution*. University of Pennsylvania, Philadelphia, pp. 133–139.

Dierberg, F. E., and DeBusk, T. A. 2008. Particulate phosphorus transformations in south Florida stormwater treatment areas used for Everglades protection. *Ecological Engineering* 34, 100–115.

Entry, J. A., and A. Gottlieb. 2014. The impact of stormwater treatment areas and agricultural best management practices on water quality in the Everglades Protection Area. *Environmental Monitoring and Assessment* 186, 1023–1037.

Ewel, K. C., and H. T. Odum, eds. 1984. *Cypress Swamps*. University Presses of Florida, Gainesville. 472 pp.

Fennessy, M. S., and W. J. Mitsch. 1989. Treating coal mine drainage with an artificial wetland. *Research Journal of the Water Pollution Control Federation* 61: 1691–1701.

Fink, D. F., and W. J. Mitsch. 2004. Seasonal and storm event nutrient removal by a created wetland in an agricultural watershed. *Ecological Engineering* 23: 313–325.

Fink, D. F., and W. J. Mitsch. 2007. Hydrology and nutrient biogeochemistry in a created river diversion oxbow wetland. *Ecological Engineering*. 30: 93–162.

Gerheart, R. A. 1992. Use of constructed wetlands to treat domestic wastewater, city of Arcata, California. *Water Science and Technology* 26: 1625–1637.

Gerheart, R. A., F. Klopp, and G. Allen. 1989. Constructed free surface wetlands to treat and receive wastewater: Pilot project to full scale. In D. A. Hammer, ed., *Constructed Wetlands for Wastewater Treatment*. Lewis Publishers, Chelsea, MI, pp. 121–137.

Greenway, M. 2005. The role of constructed wetlands in secondary effluent treatment and water reuse in subtropical and arid Australia. *Ecological Engineering* 25: 501–509.

Greenway, M., P. Dale, and H. Chapman. 2003. An assessment of mosquito breeding and control in four surface flow wetlands in tropical-subtropical Australia. *Water Science & Technology* 48: 249–256.

Gu, B., M. J. Chimney, J. Newman, and M. K. Nungesser. 2006. Limnological characteristics of a subtropical constructed wetland in south Florida (USA). *Ecological Engineering* 27: 345–360.

Headley, T. R., E. Herity, and L. Davison. 2005. Treatment at different depths and vertical mixing within a 1-m deep horizontal subsurface-flow wetland. *Ecological Engineering* 25: 567–582.

Hickman, S. C., and V. J. Mosca. 1991. Improving habitat quality for migratory waterfowl and nesting birds: Assessing the effectiveness of the Des Plaines River wetlands demonstration project. Technical Paper 1, Wetlands Research, Chicago. 13 pp.

Hoagland, C. R., L. E. Gentry, M. B. David, and D. A. Kovacic. 2001. Plant nutrient uptake and biomass accumulation in a constructed wetland. *Journal of Freshwater Ecology* 16: 527–540

Jacks, G., A. Joelsson, and S. Fleischer. 1994. Nitrogen retention in forested wetlands. *Ambio* 23: 358–362.

Jackson, J. 1989. Man-made wetlands for wastewater treatment: Two case studies. In D. A. Hammer, ed., *Constructed Wetlands for Wastewater Treatment*. Lewis Publishers, Chelsea, MI, pp. 574–580.

Juston, J., and DeBusk, T. A. 2006. Phosphorus mass load and outflow concentration relationships in stormwater treatment areas for Everglades restoration. *Ecological Engineering* 26, 206–223.

Juston, J., and DeBusk, T. A. 2011. Evidence and implications of the background phosphorus concentration of submerged aquatic vegetation wetlands in stormwater treatment areas for Everglades restoration. *Water Resources Research* 41, 430–446.

Kadlec, R. H. 1999. Constructed wetlands for treating landfill leachate. In G. Mulamoottil, E. A. McBean, and F. Rovers, eds., *Constructed Wetlands for the Treatment of Landfill Leachates*. Lewis Publishers, Boca Raton, FL, pp. 17–31.

Kadlec, R. H. 2006. Free surface wetlands for phosphorus removal: The position of the Everglades Nutrient Removal Project. 2006. *Ecological Engineering* 27: 361–379.

Kadlec, R. H. 2009a. Comparison of free water and horizontal subsurface treatment wetlands. *Ecological Engineering* 35: 159–174.

Kadlec, R. H. 2009b. Wastewater treatment at the Houghton Lake wetland: Hydrology and water quality. *Ecological Engineering* 35: 1287–1311.

Kadlec, R. H., and D. L. Hey. 1994. Constructed wetlands for river water quality improvement. *Water Science and Technology* 29: 159–168.

Kadlec, R. H., and R. L. Knight. 1996. *Treatment Wetlands*. CRC Press/Lewis Publishers, Boca Raton, FL. 893 pp.

Kadlec, R. H., and S. Wallace. 2009. *Treatment Wetlands*, 2nd ed. CRC Press, Boca Raton, FL, 1016 pp.

Kearney, M. S., J. C. A. Riter, and R. E Turner. 2011. Freshwater river diversions for marsh restoration in Louisiana: Twenty-six years of changing vegetative cover and marsh area. *Geophysical Research Letters* 38, L16405. doi:10.1029/2011GL047847.

Knight, R. L. 1990. Wetland systems. In *Natural Systems for Wastewater Treatment, Manual of Practice FD-16*. Water Pollution Control Federation, Alexandria, VA, pp. 211–260.

Knight, R. L., T. W. McKim, and H. R. Kohl. 1987. Performance of a natural wetland treatment system for wastewater management. *Journal of the Water Pollution Control Federation* 59: 746–754.

Knight, R. L., V. W. E. Payne Jr., R. E. Borer, R. A. Clarke Jr., and J. H. Pries. 2000. Constructed wetlands for livestock wastewater management. *Ecological Engineering* 15: 41–55.

Knight, R. L., W. E. Walton, G. F. O'Meara, W. K. Reisen, and R. Wass. 2003. Strategies for effective mosquito control in constructed treatment wetlands. *Ecological Engineering* 21: 211–232.

Kovacic, D. A., M. B. David, L. E. Gentry, K. M. Starks, and R. A. Cooke. 2000. Effectiveness of constructed wetlands in reducing nitrogen and phosphorus export from agricultural tile drainage. *Journal of Environmental Quality* 29: 1262–1274.

Lane, R. R., J. W. Day, D. Justic, E. Reyes, J. N. Day, and E. Hyfield. 2004. Changes in stoichiometric Si, N and P ratios of Mississippi River water diverted through coastal wetlands to the Gulf of Mexico. *Estuarine Coastal & Shelf Science* 60: 1–10.

Lane, R. R., J. W. Day Jr., and J. N. Day. 2006. Wetland surface elevation, vertical accretion, and subsidence at three Louisiana estuaries receiving diverted Mississippi River water. *Wetlands* 26: 1130–1142.

Lane, R. R., J. W. Day Jr., B. D. Marx, E. Reyes, E. Hyfield, and J. N. Day. 2007. The effects of riverine discharge on temperature, salinity, suspended sediment and chlorophyll a in a Mississippi delta estuary measured using a flow-through system. *Estuarine Coastal & Shelf Science* 74: 145–154.

Larson, A. C., L. E. Gentry, M. B. David, R. A. Cooke, and D. A. Kovacic. 2000. The role of seepage in constructed wetlands receiving tile drainage. *Ecological Engineering* 15: 91–104.

Leonardson, L., L. Bengtsson, T. Davidsson, T. Persson, and U. Emanuelsson. 1994. Nitrogen retention in artificially flooded meadows. *Ambio* 23: 332–341.

Litchfield, D. K., and D. D. Schatz. 1989. Constructed wetlands for wastewater treatment at Amoco Oil Company's Mandan, North Dakota, refinery. In D. A. Hammer, ed., *Constructed Wetlands for Wastewater Treatment*. Lewis Publishers, Chelsea, MI, pp. 101–119.

Lundberg, C. J., R. R. Lane, and J. W. Day, Jr. 2014. Spatial and temporal variations in nutrients and water-quality parameters in the Mississippi River-influenced Breton Sound Estuary. *Journal of Coastal Research* 30: 328–336.

Mander, Ü, G. Dotro, Y. Ebie, S. Towprayoon, C. Chiemchaisri, S. F. Nogueira, B. Jamsranjav, K. Kasak, J. Truu, J. Tournebize, and W. J Mitsch. 2014. Greenhouse gas emission in constructed wetlands for wastewater treatment: a review. *Ecological Engineering* 66: 19–35.

Manyin, T., F. M. Williams, and L. R. Stark. 1997. Effects of iron concentration and flow rate on treatment of coal mine drainage in wetland mesocosms: An experimental approach to sizing of constructed wetlands. *Ecological Engineering* 9: 171–185.

Mitchell, D. S., A. J. Chick, and G. W. Rasin. 1995. The use of wetlands for water pollution control in Australia: An ecological perspective. *Water Science and Technology* 32: 365–373.

Mitsch, W. J. 2012. What is ecological engineering? *Ecological Engineering* 45: 5–12.

Mitsch, W. J., J. K. Cronk, X. Wu, R. W. Nairn, and D. L. Hey. 1995. Phosphorus retention in constructed freshwater riparian marshes. *Ecological Applications* 5: 830–845.

Mitsch, W. J., and K. M. Wise. 1998. Water quality, fate of metals, and predictive model validation of a constructed wetland treating acid mine drainage. *Water Research* 32: 1888–1900

Mitsch, W. J., X. Wu, R. W. Nairn, P. E. Weihe, N. Wang, R. Deal, and C. E. Boucher. 1998. Creating and restoring wetlands: A whole-ecosystem experiment in self-design. *BioScience* 48: 1019–1030.

Mitsch, W. J., A. J. Horne, and R. W. Nairn. 2000. Nitrogen and phosphorus retention in wetlands—Ecological approaches to solving excess nutrient problems. *Ecological Engineering* 14: 1–7.

Mitsch, W. J., and S. E. Jørgensen. 2004. *Ecological Engineering and Ecosystem Restoration*. John Wiley & Sons, Hoboken, NJ. 411 pp.

Mitsch, W. J., N. Wang, L. Zhang, R. Deal, X. Wu, and A. Zuwerink. 2005a. Using ecological indicators in a whole-ecosystem wetland experiment. In S. E. Jørgensen, F-L. Xu, and R. Costanza, eds., *Handbook of Ecological Indicators for Assessment of Ecosystem Health*. CRC Press, Boca Raton, FL, pp. 211–235.

Mitsch, W. J., J. W. Day Jr., L. Zhang, and R. Lane. 2005b. Nitrate-nitrogen retention by wetlands in the Mississippi River Basin. *Ecological Engineering* 24: 267–278.

Mitsch, W. J., L. Zhang, C. J. Anderson, A. Altor, and M. Hernandez. 2005c. Creating riverine wetlands: Ecological succession, nutrient retention, and pulsing effects. *Ecological Engineering* 25: 510–527.

Mitsch, W. J., L. Zhang, D. F. Fink, M. E. Hernandez, A. E. Altor, C. L. Tuttle and A. M. Nahlik. 2008. Ecological engineering of floodplains. *Ecohydrology & Hydrobiology* 8: 139–147.

Mitsch, W. J., L. Zhang, K. C. Stefanik, A. M. Nahlik, C. J. Anderson, B. Bernal, M. Hernandez, and K. Song. 2012. Creating wetlands: Primary succession, water quality changes, and self-design over 15 years. *BioScience* 62: 237–250.

Mitsch, W.J., L. Zhang, E. Waletzko, and B. Bernal. 2014. Validation of the ecosystem services of created wetlands: Two decades of plant succession, nutrient retention, and carbon sequestration in experimental riverine marshes. *Ecological Engineering* doi.org/10.1016/j.ecoleng.2014.09.108

Mitsch, W.J., L. Zhang, D. Marois, and K. Song. 2015. Protecting the Florida Everglades wetlands with wetlands: Can stormwater phosphorus be reduced to oligotrophic conditions? *Ecological Engineering*, in press.

Morris, J. T., G. P. Shaffer, and J. A. Nyman. 2013. Brinson Review: Perspectives on the influence of nutrients on the sustainability of coastal wetlands. *Wetlands* 33: 975–988.

Moustafa, M. Z. 1999. Nutrient retention dynamics of the Everglades nutrient removal project. *Wetlands* 19: 689–704.

Moustafa, M. Z., M. J. Chimney, T. D. Fontaine, G. Shih, and S. Davis. 1996. The response of a freshwater wetland to long-term "low level" nutrient loads—marsh efficiency. *Ecological Engineering* 7: 15–33.

Mulamoottil, G., E. A. McBean, and F. Rovers, eds. 1999. *Constructed Wetlands for the Treatment of Landfill Leachates*. Lewis Publishers, Boca Raton, FL. 281 pp.

Nahlik, A. M., and W. J. Mitsch. 2006. Tropical treatment wetlands dominated by free-floating macrophytes for water quality improvement in the Caribbean coastal plain of Costa Rica. *Ecological Engineering* 28: 246–257.

Nairn, R. W., and W. J. Mitsch. 2000. Phosphorus removal in created wetland ponds receiving river overflow. *Ecological Engineering* 14: 107–126.

Newman, J. M., J. C. Clausen, and J. A. Neafsey. 2000. Seasonal performance of a wetland constructed to process dairy milkhouse wastewater in Connecticut. *Ecological Engineering* 14: 181–198.

Newman, S., and K. Pietro. 2001. Phosphorus storage and release in response to flooding: Implications for Everglades stormwater treatment areas. *Ecological Engineering* 18: 23–38.

Nguyen, L. M. 2000. Phosphate incorporation and transformation in surface sediments of a sewage-impacted wetland as influenced by sediment sites, sediment pH and added phosphate concentration. *Ecological Engineering* 14: 139–155.

Nguyen, L. M., J. G. Cooke, and G. B. McBride. 1997. Phosphorus retention and release characteristics of sewage-impacted wetland sediments. *Water, Air, and Soil Pollution* 100: 163–179.

Niswander, S. F., and W. J. Mitsch. 1995. Functional analysis of a two-year-old created in-stream wetland: Hydrology, phosphorus retention, and vegetation survival and growth. *Wetlands* 15: 212–225.

Odum, H. T., K. C. Ewel, W. J. Mitsch, and J. W. Ordway. 1977. Recycling treated sewage through cypress wetlands in Florida. In F. M. D'Itri, ed., *Wastewater Renovation and Reuse*. Marcel Dekker, New York, pp. 35–67.

Ogden, M. H. 1999. *Constructed wetlands for small community wastewater treatment*. Paper presented at Wetlands for Wastewater Recycling Conference, November 3, 1999, Baltimore. Environmental Concern, St. Michaels, MD.

Paudel, R., J.-K. Min, and J. W. Jawitz. 2010. Management scenario evaluation for a large treatment wetland using a spatio-temporal phosphorus transport and cycling model. *Ecological Engineering* 36: 1627–1638.

Paudel, R., and J. W. Jawitz. 2012. Does increased model complexity improve description of phosphorus dynamics in a large treatment wetland? *Ecological Engineering* 42: 283–294.

Phipps, R. G., and W. G. Crumpton. 1994. Factors affecting nitrogen loss in experimental wetlands with different hydrologic loads. *Ecological Engineering* 3: 399–408.

Pietro, K. 2012. Synopsis of the Everglades stormwater treatment areas, water year 1996–2012. Technical Publication ASB-WQTT-12–001, South Florida Water Management District, West Palm Beach, FL. 56 pp.

Raisin, G. W., and D. S. Mitchell. 1995. The use of wetlands for the control of non-point source pollution. *Water Science and Technology* 32: 177–186.

Raisin, G. W., D. S. Mitchell, and R. L. Croome. 1997. The effectiveness of a small constructed wetland in ameliorating diffuse nutrient loadings from an Australian rural catchment. *Ecological Engineering* 9: 19–35.

Reddy, K. R., R. H. Kadlec, M. J. Chimney, and W. J. Mitsch, eds. 2006. The Everglades Nutrient Removal Project. *Special issue of Ecological Engineering* 27: 265–379.

Reinelt, L. E., and R. R. Horner. 1995. Pollutant removal from stormwater runoff by palustrine wetlands based on comprehensive budgets. *Ecological Engineering* 4: 77–97.

Richardson, C. J., and C. B. Craft. 1993. Effective phosphorus retention in wetlands—Fact or fiction? In G. A. Moshiri, ed., *Constructed Wetlands for Water Quality Improvement*. CRC Press, Boca Raton, FL, pp. 271–282.

Richardson, C. J., S. Qian, C. B. Craft, and R. G. Qualls. 1997. Predictive models for phosphorus retention in wetlands. *Wetlands Ecology and Management* 4: 159–175.

Rivera-Monroy, V. H., B. Branoff, E. Meselhe, A. McCorquodale, M. Dortch, G. D. Steyer, J. Visser, and H. Wang. 2013. Landscape-level estimation of nitrogen removal in coastal Louisiana wetlands: Potential sinks under different restoration scenarios. *Journal of Coastal Research* 67: 75–87.

Sartoris, J. J., J. S. Thullen, L. B. Barber, and D. E. Salas. 2000. Investigation of nitrogen transformations in a southern California constructed wastewater treatment wetland. *Ecological Engineering* 14: 49–65.

Schaafsma, J. A., A. H. Baldwin, and C. A. Streb. 2000. An evaluation of a constructed wetland to treat wastewater from a dairy farm in Maryland, USA. *Ecological Engineering* 14: 199–206.

Seidel, K. 1964. Abbau von Bacterium Coli durch höhere Wasserpflanzen. *Naturwissenschaften* 51: 395.

Seidel, K. 1966. Reinigung von Gewässern durch höhere Pflanzen. *Naturwissenschaften* 53: 289–297.

Seidel, K., and H. Happl. 1981. Pflanzenkläranlage "Krefelder system." *Sicherheit in Chemie und Umbelt* 1: 127–129.

Solano, M. L., P. Soriano, and M. P. Ciria. 2004. Constructed wetlands as a sustainable solution for wastewater treatment in small villages. *Biosystems Engineering* 87: 109–118.

Spieles, D. J., and W. J. Mitsch. 2000a. The effects of season and hydrologic and chemical loading on nitrate retention in constructed wetlands: A comparison of low and high nutrient riverine systems. *Ecological Engineering* 14: 77–91.

Spieles, D. J., and W. J. Mitsch. 2000b. Macroinvertebrate community structure in high- and low-nutrient constructed wetlands. *Wetlands* 20: 716–729.

Stark, L. R., and F. M. Williams. 1995. Assessing the performance indices and design parameters of treatment wetlands for H, Fe, and Mn retention. *Ecological Engineering* 5: 433–444.

Steiner, G. R., J. T. Watson, D. Hammer, and D. F. Harker, Jr. 1987. Municipal wastewater treatment with artificial wetlands—A TVA/Kentucky demonstration. In K. R. Reddy and W. H. Smith, eds., *Aquatic Plants for Wastewater Treatment and Resource Recovery*. Magnolia Publishing, Orlando, FL, p. 923.

Steiner, G. R., and R. J. Freeman, Jr. 1989. Configuration and substrate design considerations for constructed wetlands for wastewater treatment. In D. A. Hammer, ed., *Constructed Wetlands for Wastewater Treatment*. Lewis Publishers, Chelsea, MI, pp. 363–378.

Tanner, C. C. 1996. Plants for constructed wetland treatment systems—A comparison of the growth and nutrient uptake of eight emergent species. *Ecological Engineering* 7: 59–83.

Tanner, C. C., J. S. Clayton, and M. P. Upsdell. 1995. Effect of loading rate and planting on treatment of dairy farm wastewaters in constructed wetlands. II. Removal of nitrogen and phosphorus. *Water Research* 29: 27–34.

Tarutis, W. J., L. R. Stark, and F. M. Williams. 1999. Sizing and performance estimation of coal mine drainage wetlands. *Ecological Engineering* 12: 353–372.

Teal, J. M., R. Best, J. Caffrey, C. S. Hopkinson, K. L. McKee, J. T. Morris, S. Newman, and B. Orem. 2012. Mississippi River freshwater diversions in southern Louisiana: Effects on wetland vegetation, soils, and elevation. Final Report to the State of Louisiana and the U.S. Army Corps of Engineers through the Louisiana Coastal Area Science & Technology Program and National Oceanic and Atmospheric Administration. 49 pp.

Thullen, J. S., J. J. Sartoris, and S. M. Nelson. 2005. Managing vegetation in surface-flow wastewater-treatment wetlands for optimal treatment performance. *Ecological Engineering* 25: 583–593.

Teiter, S., and Ü. Mander. 2005. Emission of $N_2O$, $N_2$, $CH_4$, and $CO_2$ from constructed wetlands for wastewater treatment and from riparian buffer zones. *Ecological Engineering* 25: 528–541

Vymazal, J. 1995. Constructed wetlands for wastewater treatment in the Czech Republic—state of the art. *Water Science and Technology* 32: 357–364.

Vymazal, J. 1998. Czech Republic. In J. Vymazal, H. Brix, P. F. Cooper, M. B. Green, and R. Haberl, eds., *Constructed Wetlands for Wastewater Treatment in Europe*. Backhuys Publishers, Leiden, the Netherlands, pp. 95–121.

Vymazal, J. 2002. The use of sub-surface constructed wetlands for wastewater treatment in the Czech Republic: 10 years experience. *Ecological Engineering* 18: 633–646.

Vymazal, J., ed. 2005. Constructed wetlands for wastewater treatment. *Special Issue of Ecological Engineering* 25: 475–621.

Vymazal, J. 2013. Emergent plants used in free water surface constructed wetlands: A review. *Ecological Engineering* 61P: 582–592.

Vymazal, J., and L. Kropfelova. 2005. Growth of *Phragmites australis* and *Phalaris arundinacea* in constructed wetlands for wastewater treatment in the Czech Republic. *Ecological Engineering* 25: 606–621.

Weller, M. W. 1994. *Freshwater Marshes*, 3rd ed. University of Minnesota Press, Minneapolis. 192 pp.

White, J. S., S. E. Bayley, and P. J. Curtis. 2000. Sediment storage of phosphorus in a northern prairie wetland receiving municipal and agro-industrial wastewater. *Ecological Engineering* 14: 127–138.

Wieder, R. K., and G. E. Lang. 1984. Influence of wetlands and coal mining on stream water chemistry. *Water, Air, and Soil Pollution* 23: 381–396.

Wilhelm, M., S. R. Lawry, and D. D. Hardy. 1989. Creation and management of wetlands using municipal wastewater in northern Arizona: A status report. In D. A. Hammer, ed., *Constructed Wetlands for Wastewater Treatment*. Lewis Publishers, Chelsea, MI, pp. 179–185.

## 附录 A　18世纪80年代至20世纪80年代美国各州的湿地损失

| 州 | 18世纪80年代前后的原始湿地（×1000hm²） | 20世纪80年代中期国家湿地名单（×1000hm²） | 变化（%） |
|---|---|---|---|
| 亚拉巴马州 | 3 063 | 1 531 | −50 |
| 阿拉斯加州 | 68 799 | 68 799 | −0.1 |
| 亚利桑那州 | 377 | 243 | −36 |
| 阿肯色州 | 3 986 | 1 119 | −72 |
| 加利福尼亚州 | 2 024 | 184 | −91 |
| 科罗拉多州 | 809 | 405 | −50 |
| 康涅狄格州 | 271 | 70 | −74 |
| 特拉华州 | 194 | 90 | −54 |
| 佛罗里达州 | 8 225 | 4 467 | −46 |
| 佐治亚州 | 2 769 | 2 144 | −23 |
| 夏威夷州 | 24 | 21 | −12 |
| 爱达荷州 | 355 | 156 | −56 |
| 伊利诺伊州 | 3 323 | 508 | −85 |
| 印第安纳州 | 2 266 | 304 | −87 |
| 艾奥瓦州 | 1 620 | 171 | −89 |
| 堪萨斯州 | 340 | 176 | −48 |
| 肯塔基州 | 634 | 121 | −81 |
| 路易斯安那州 | 6 554 | 3 555 | 46 |
| 缅因州 | 2 614 | 2 104 | −19 |
| 马里兰州 | 668 | 178 | −73 |
| 马萨诸塞州 | 331 | 238 | −28 |
| 密歇根州 | 4 533 | 2 259 | 50 |
| 明尼苏达州 | 6 100 | 3 521 | −42 |
| 密西西比州 | 3 995 | 1 646 | 59 |
| 密苏里州 | 1 960 | 260 | −87 |
| 蒙大拿州 | 464 | 340 | −27 |
| 内布拉斯加州 | 1 178 | 771 | −35 |
| 内华达州 | 197 | 96 | −52 |
| 新罕布什尔州 | 89 | 81 | −9 |
| 新泽西州 | 607 | 370 | −39 |
| 新墨西哥州 | 291 | 195 | −33 |
| 纽约州 | 1 037 | 415 | −60 |
| 北卡罗来纳州 | 4 488 | 2 300 | −44 |

续表

| 州 | 18 世纪 80 年代前后的原始湿地（×1000hm²） | 20 世纪 80 年代中期国家湿地名单（×1000hm²） | 变化（%） |
|---|---|---|---|
| 北达科他州 | 1 994 | 1 008 | −49 |
| 俄亥俄州 | 2 024 | 195 | −90 |
| 俄克拉荷马州 | 1 150 | 384 | −67 |
| 俄勒冈州 | 915 | 564 | −38 |
| 宾夕法尼亚州 | 456 | 202 | −56 |
| 罗得岛州 | 42 | 26 | −37 |
| 南卡罗来纳州 | 2 596 | 1 885 | −27 |
| 南达科他州 | 1 107 | 720 | −35 |
| 田纳西州 | 784 | 318 | −59 |
| 得克萨斯州 | 6 475 | 3 080 | −52 |
| 犹他州 | 325 | 226 | −30 |
| 佛蒙特州 | 138 | 89 | −35 |
| 弗吉尼亚州 | 748 | 435 | −42 |
| 华盛顿州 | 546 | 380 | −31 |
| 西弗吉尼亚州 | 54 | 41 | −24 |
| 威斯康星州 | 3 966 | 2 157 | −46 |
| 怀俄明州 | 809 | 506 | −38 |
| 湿地总计 | 158 395 | 111 060 | −30 |
| 本土 48 州总计 | 89 491 | 42 240 | −53 |

资料来源：Dahl, T. E. 1990. Wetlands losses in the United States, 1780s to 1980s. U.S. Department of Interior, Fish and Wildlife Service, Washington, DC. 21 pp

# 附录 B 实用的湿地网站

**国际**

美国国家拉姆萨委员会，http://usnrc.net

拉姆萨湿地公约，www.ramsar.org

湿地国际，www.wetlands.org

国际泥炭协会，www.peatsociety.org

国际生态学协会（INTECOL），www.intecol.net/pages/index.php

联合国环境规划署，www.unep.org

政府间气候变化专门委员会，www.ipcc.ch

国际自然保护联盟（IUCN），www.iucn.org

**湿地恢复**

美索不达米亚的沼泽地，http://whc.unesco.org/en/tentativelists/1838/ The Bois-des-Bel experimentalpeatlands, Quebec, Canada www.gret-perg.ulaval.ca/recherche/themes-de-recherche/ diversitefloristique/bois-des-bel

丹麦斯凯恩河，www.globalrestorationnetwork.org/database/case-study/?id=115

大沼泽地综合修复计划（CREP），www.nps.gov/ever/naturescience/cerp.htm; www.evergladesplan.org

美国佛罗里达州统一缓解评估方法（UMAM），www.dep.state.fl.us/water/wetlands/mitigation/umam；http://sfrc.ufl.edu/ecohydrology/UMAM_Training_Manual_ppt.pdf

美国俄亥俄州快速评估方法（ORAM），www.epa.state.oh.us/dsw/401/ecology.aspx

美国华盛顿州湿地评级系统现状，http://www.ecy.wa.gov/programs/sea/wetlands/ratingsystems/2014updates.html

**大学湿地项目**

大沼泽湿地研究园，佛罗里达海湾海岸大学，www.fgcu.edu/swamp

杜克大学湿地中心，http://nicholas.duke.edu/wetland

Howard T. Odum 湿地中心，佛罗里达大学，http://cfw.essie.ufl.edu

路易斯安那州立大学海岸与环境学院，www.sce.lsu.edu/about

**美国政府**

美国地质勘探局（USGS）国家湿地研究中心，www.nwrc.usgs.gov

美国国家环境保护局（US EPA）湿地，http://water.epa.gov/type/wetlands

美国农业部/国家自然资源保护局（USDA/NRCS）湿地

概述：www.nrcs.usda.gov/wps/portal/nrcs/main/national/water/wetlands

植物：https://plants.usda.gov/core/wetlandSearch

土壤：www.nrcs.usda.gov/wps/portal/nrcs/main/soils/use/hydric

美国鱼类和野生动物管理局国家湿地名录，www.fws.gov/wetlands

美国陆军工程兵团，www.usace.army.mil/Missions/CivilWorks/RegulatoryProgramandPermits.aspx

**社会/非政府组织**

鸭子无限（Ducks Unlimited），www.ducks.org

美国湿地科学家学会，www.sws.org

美国州湿地管理者协会，www.aswm.org

美国自然保护学会，www.nature.org

美国生态恢复学会，www.ser.org

美国生态工程学会，www.ecoeng.org

美国国家奥德班学会，www.audubon.org

**科技期刊**

《生态工程》（*Ecological Engineering*），www.journals.elsevier.com/ecological-engineering

《湿地》（*Wetlands*），www.sws.org/Publications/wetlands-journal.html

《湿地生态与管理》（*Wetlands Ecology and Management*），http://link.springer.com/journal/11273

《河口与海岸》（*Estuaries and Coasts*），http://link.springer.com/journal/12237

**冒险/娱乐视频**

"比尔和乌洛的精彩冒险"（在博茨瓦纳奥卡万戈三角洲），www.youtube.com/watch?v=ORg97C0zuRM

《巨蟒大战恐鳄》（*Mega Python vs. Gatoroid*）预告片，www.youtube.com/watch?v=S8pirKwkxb0；搬运视频：https://www.bilibili.com/video/BV1M5411T7Nd?pop_share=1

《沼泽怪物》（*Swamp Thing*）预告片，YouTube 网站视频，版权属于 Image Entertainment 公司，上传于 2011 年 4 月 12 日，www.youtube.com/watch?v=kzbqK4nw3R8；搬运视频：https://www.bilibili.com/video/BV1aw411f7ZE?pop_share=1

"奥伦坦吉河实地研究公园"，YouTube 网站视频，版权属于 WOSU Public Media（www.wosu.org），上传于 2008 年 12 月 2 日，www.youtube.com/watch?v=KL-34AZPprE；搬运视频：https://www.bilibili.com/video/BV1P5411T7WX?pop_share=1

"Bill Mitsch 的湿地与碳讲座"，法国蒙彼利埃，2013 年 10 月 25 日，YouTube 网站视频，版权属于大沼泽地研究园，上传于 2013 年 12 月 4 日，www.youtube.com/watch?v=AaCUUSOg1xs；搬运视频：https://www.bilibili.com/video/BV1yV41147zo?pop_share=1

"湿地"，Bill Mitsch，美国佛罗里达州博尼塔斯普林斯，2013 年 4 月 4 日，夏洛特港国家河口计划办公室制作的 YouTube 视频，www.youtube.com/watch?v=MYZGXXwlIOo&feature=youtu.be.

# 词 汇 表

**Aapa peatland**—阿巴泥炭地。也称为串珠状雨养泥炭沼泽和条带状矿养泥炭沼泽；泥炭地表面以狭长水流为特征，隆起的泥炭丘（串珠状排列）呈垄岗状垂直于泥炭地斜坡分布，被深水洼地所分割。

**ADH**—乙醇脱氢酶。在发酵过程中催化乙醛还原为乙醇的酶。

**Adventitious root**—不定根。从维管植物除种子以外的植物某些部位发育出来的根。通常它们发源于茎部，虽然在大多数植物中都很常见，但在耐水淹的树木（如柳和赤杨）和草本植物中，它们也是为了适应缺氧而进化的，在淹水时，耐水淹的植物（如番茄）不定根发育在厌氧带上方。

**Aerenchyma**—通气组织。一些湿地植物的根和茎中体积较大的气室或空腔，允许氧气从植物的这些组织扩散到根部。

**Alcohol dehydrogenase**—参见 ADH。

**Allochthonous**—外来物质。属于从生态系统外部输入到生态系统内的物质；通常指有机物质和（或）养分和矿物质。

**Allogenic succession**—异发演替。生态系统发育过程中，物种分布受个体对环境的反应控制，很少或没有对环境做出反馈。又称个体假说、连续体概念和 Gleasonian 演替。

**Alluvial plain**—冲积平原。其上的土壤是由河流泛滥所携带的沉积物发育而成。

**Ammonia volatilization**—氨挥发。$NH_3$ 以气态形式向大气中释放。

**Anadromous**—溯河产卵。指在淡水溪流产卵的海洋物种。

**Anammox**—厌氧氨氧化的缩写。导致亚硝酸盐-氮转化为氮气的厌氧氨氧化过程。

**Anaerobic**—厌氧的。指无氧条件。

**Anoxia**—缺氧。没有溶解氧的水体或土壤。

**Artificial wetland**—人工湿地。参见 Constructed wetland。

**Aspect ratio**—人工湿地的长宽比。对于贯穿流处理湿地来说，推荐比例为 10∶1 或更高。

**Assimilatory nitrate reduction**—同化硝酸盐还原。硝酸盐（$NO_3$）被植物或微生物同化并转化为生物量。

**Assimilatory sulfate reduction**—同化硫酸盐还原。硫还原性厌氧菌［如脱硫弧菌属（*Desulfovibrio*）］利用硫酸盐作为厌氧呼吸的末端电子受体的硫循环过程。

**Autochthonous**—内源物质。生态系统内产生的物质（例如，光合作用产生的有机物质）。参见 Allochthonous。

**Autogenic succession**—自发演替。Clementian 的生态系统演替理论，强调植被的发育是通过具有可识别特征的群落变化实现的，群落变化是由生物群带来的；变化是线性的，朝向一个成熟稳定的顶极生态系统。

**Bankfull discharge**—平滩流量或满槽流量。河水开始溢出河道，溢流到河漫滩时的流量。

**Billabong**—死水潭。澳大利亚特指被邻近的小溪或河流定期淹水而形成的河岸湿地。

**Biogeochemical cycling**—生物地球化学循环。化学物质在生态系统中的迁移和转化。

**Blanket bog**—披盖式泥炭沼泽。在潮湿的气候条件下，通过沼泽化过程泥炭覆盖了远离原始泥炭堆积地点的大片区域。

**BOD**—生化需氧量。对水中可降解有机物的生物测试的一种度量。

**Bog**—雨养泥炭沼泽。一种泥炭累积的湿地，没有明显的入流和出流，其上生长嗜酸苔藓，尤其是泥炭藓。

**Bottomland**—洼地。溪流和河流沿岸的低地，通常分布在冲积平原，周期性被洪水淹没。

**Bottomland hardwood forest**—洼地阔叶林。主要在美国东南部和东部使用的术语，是指沿高阶溪流或河流潮湿河岸分布的森林生态系统，这些河流间歇性或频繁发生洪水；以橡树和其他落叶阔叶树种为主。

**Bulk density**—容重。一定体积的土壤干重除以该体积。

**Buttress**—板状根。生长在水中的树干肿胀的基部。

**Cajun**—卡津人。在路易斯安那三角洲的沼泽中生活了几个世纪的前法语移民文化的典型代表。

**Carbon sequestration**—固碳。碳在生态系统中的永久保存，通常保存在土壤中。

**Carr**—卡尔湿地。欧洲用于描述主要生长桤木属（*Alnus*）和柳属（*Salix*）的森林湿地的术语。

**Cat clay**—酸性硫酸盐黏土。当滨海湿地排水时，土壤硫化物通常会氧化成硫酸，土壤变得过酸而无法支持植物生长。

**Cation exchange capacity**—阳离子交换能力。土壤可交换的阳离子（正离子）总和。

**Cheia**—洪水。南美洲潘塔纳尔地区每年 3～5 月的一段洪水期，为众多的水生植物和动物提供了生存条件。参见 Enchente、

Seca 和 Vazante。

**Clay depletion**—黏土损耗。湿地土壤中的铁、锰氧化物耗尽后，黏土沿着根部通道被选择性去除，仅作为黏粒胶膜重新沉积在损耗后的土壤颗粒上。

**Coastal squeeze**—沿海挤压。一个与海平面变化相关的概念，在海平面上升的过程中，如果有人为的障碍限制湿地向内陆迁移，滨海湿地分布空间就会被压缩。

**Coliforms**—大肠菌群。结肠细菌或相关形式存在的菌群，可通过生物学方法定量检测；由于它们无处不在，一般被用作衡量水的细菌污染程度的推定指数。

**Concentric domed bog**—同心圆状隆起沼泽。泡塘和泥炭群落围绕泥炭沼泽隆起最高处形成的同心圆状格局。

**Constructed wetland**—净化湿地。在陆地上通过建造排水不良的土壤和湿地动植物群而形成的湿地，主要目的是去除废水或径流中的杂质和污染物。

**Continuum concept**—连续体概念。参见 Allogenic succession。

**Coprecipitation of phosphorus**—磷的共沉淀。在碱性水中，一些磷酸钙随着大量的碳酸钙沉淀而沉淀。

**Created wetland**—建造湿地。在以前不存在湿地的地方人为构建的湿地。

**Cumbungi swamp**—香蒲沼泽。澳大利亚的香蒲属（*Typha*）沼泽。

**Cumulative loss**—累积损失。湿地等生态系统的丧失通常是人类发展的结果，每次只损失一小部分，累积的损失是巨大的。

**Cypress dome**—落羽杉穹顶。也称为柏树池顶或柏树头；以池柏（*Taxodium distichum* var. *nutans*）为优势物种，排水不良或长期湿润。之所以称为穹顶，是因为柏树在圆顶的中心比在圆顶的周边生长得更旺盛，从远处看起来像穹顶。

**Cypress strand**—落羽杉林。平原的缓坡上以落羽杉属（*Taxodium*）植物为优势种的浅洼地，草木丛生，淡水溪流在中间漫散。

**Dabbling duck**—水鸭。主要是鸭科的水禽（天鹅、鹅和鸭），它们主要在水面觅食而不是潜水觅食。

**Dalton's law**—道尔顿定律。通量与压力梯度成正比。道尔顿定律的一个例子是蒸发，它与水面的水气压和上覆空气的水气压之间的差值成正比。

**Dambo**—渍涝草地。河流源头区季节性积水和草丛覆盖的线性洼地，没有明显的河道或木本植被。来自齐佩瓦（中非）方言，意思是"草地放牧"。

**Darcy's law**—达西定律。地下水流量与水力梯度和土壤或基质的导水率（或渗透率）成正比。

**Delineation**—划定、描述。确定湿地精确边界的技术，用于确认美国司法管辖的湿地。

**Delta**—三角洲。河流与大海交汇的地方，沉积物在此沉积，通常发生在广阔的冲积扇上；也有一些内陆三角洲的例子，例如加拿大的皮斯-阿萨巴斯卡河三角洲、博茨瓦纳的奥卡万戈三角洲，那里的水从来没有流入大海。

**Demand curve**—需求曲线。经济学家对消费者利益的估计。

**Denitrification**—反硝化作用。在厌氧条件下微生物驱动的氮循环过程，硝酸盐作为末端电子受体，在氮转化为氧化亚氮（$N_2O$）和氮气（$N_2$）时导致氮损失。

**Designer wetland**—设计师湿地。建造或恢复的湿地，其中引入了某些植物或其他有机体，这些植物或有机体的引入成功或失败被用作评价湿地建造或恢复成功与否的指标。

**Detention time**—停留时间。水在湿地中停留的时间长度；相当于周转时间或停留时间与周转率的倒数。滞留时间是设计处理湿地最常用的术语。参见 Retention time。

**Discharge wetland**—排水湿地。地表水（或地下水）水位低于周围地下水水位的湿地，导致地下水流入湿地。

**Dissimilatory nitrate reduction to ammonia（DNRA）**—异化硝酸盐还原为氨。硝态氮转化为氨态氮的过程。

**Dissimilatory nitrogen reduction**—异化氮还原。硝酸盐还原的几种途径，特别是硝酸盐还原为氨和反硝化作用。之所以称为异化，因为氮不被生物细胞同化。

**Diversion wetland**—导流湿地。通过引流相邻水体（通常是河流）而形成或增强的湿地。在流域上游沿着河流建造的分流湿地类似于牛轭湖或滞水洼地。三角洲地区的分流湿地是重建三角洲河流的手段。

**Diving duck**—潜鸭。潜在水面以下觅食的鸭科（包括鸭、鹅和天鹅）水鸟。属于鸭科的一个独特的亚科（Aythyinae），通常为红头潜鸭或斑背潜鸭。

**DMS**—二甲基硫醚。湿地释放的一种气体。

**Drop root**—垂根。参见 Prop root。

**Duck stamp**—鸭票。在几个国家出售给猎人的邮票，以帮助支付保护水禽栖息地的费用。美国的鸭票计划开始于 1934 年。

**Eat-out**—吃净。一种主要的湿地植被被食草动物（通常是鹅或麝鼠）清除的现象。

**Ebullitive flux**—气泡通量。从湿地土壤中以气泡或扩散的形式释放到水面然后进入到大气中的气体量。

**Ecological engineering**—生态工程。生态系统的设计、建造和恢复，以造福人类和自然。

**Ecosystem engineer**—生态系统工程师。在生态系统中进行基本生物反馈的植物、动物和微生物，例如湿地中的河狸和麝鼠。

**Ecosystem service**—生态系统服务。生态系统为人类提供的价值；类似于生态系统价值。已分为与人类福祉相关的三类：供给、调节和文化。

**Embodied energy**—固化能。也称为"虚拟能源"，生产商品所消耗的总能源。

**Emergy**—能值。基于转换单位（能值转换率）计算自然界或人类任何产品的总能量需求，"能量存储器"的缩写。参见 H. T. Odum（1996）。

**Enchente**—洪水。南美洲潘塔纳尔地区从 12 月到次年 2 月水位上升时期的水情。参见 Cheia、Seca 和 Vanzante。

**Ericaceous plants**—杜鹃花科植物。杜鹃花科的开花植物，作为一个类群，它们是喜酸或耐酸的植物，常在沼泽或其他酸性基质的地方形成优势群落。

**Estuary**—河口。河流与海洋交汇、淡水与咸水混合的大致区域。

**Eutrophic**—富营养的。营养丰富；一般用于湖泊分类，但也适用于泥炭地。

**Eutrophication**—富营养化。水域生态系统发展的过程，例如湖泊、河口或湿地等生态系统从贫营养（营养缺乏）状态转变为富营养（营养丰富）状态。如果是人为造成的，则称为人为富营养化。

**Excentric raised bog**—偏心隆起沼泽。沼泽由以前坡地上分开的盆地发育而成，由许多狭长小丘和泡塘构成，垂直于坡地分布。

**Facultative**—兼性的。能同样适应潮湿或干燥条件，通常用于形容适应在水分饱和土壤或高地土壤中生长的植被。

**Fen**—矿养泥炭沼泽。一种泥炭累积的湿地，从周围的矿物质土壤中获得一些水分补给，通常生长沼生植被。

**Fermentation**—发酵。有机物的部分氧化过程，当有机物本身是微生物厌氧呼吸的末端电子受体时，形成各种低分子量的酸和醇以及 $CO_2$。也称为糖酵解。

**Fibrist**—低分解有机土壤。参见 Peat。

**Flark**—阿巴泥炭地的同义词。参见 Aapa peatland。

**Flood duration**—淹水时间。湿地处于积水状态的时间。

**Flood frequency**—淹水频率。湿地在一定时间内被洪水淹没的平均次数。

**Flood peak**—洪峰。某一特定降雨事件引起的流入湿地的峰值径流。

**Flood pulse concept（FPC）**—洪水脉冲概念。河流脉冲流量是控制河漫滩生物群的主要力量，包括河漫滩和河道之间的侧向水体交换。

**Fluted trunk**—树皮纵裂。在潮湿条件下生长的一些树木树皮表面出现裂口。

**Folist**—未分解有机土壤。在热带和北方山区，过量的水分（降水量大于蒸散发量）积聚条件下所发育的有机土壤；这些土壤不属于水成土，因为饱和条件是例外而不是规律。

**Functional guild**—功能组。将植物群落划分为功能群，这些功能群可以由可测量的植物功能性状来定义。

**Gardians**—卡马尔格牛仔。骑马穿越法国南部卡马尔格湿地的"牛仔"。

**Gator hole**—鳄鱼洞。在旱季可以蓄水的深泥沼和溶蚀洞，是野生动物的避难所；这个词主要用于佛罗里达大沼泽地。

**Geogenous**—地理环境形成的。受地表水流影响的泥炭地。

**Gleying**—潜育化。土壤处于淹水条件下，土体某些部位出现黑色、灰色，有时呈绿色或蓝灰色的现象。

**Glycolysis**—糖酵解。参见 Fermentation。

**Greenhouse gas（GHG）**—温室气体。吸收各种波长辐射能的大气气体。该术语主要用来指人类活动产生的、可能导致大气变暖的 $CO_2$、$CH_4$ 和 $N_2O$ 气体。

**Guild**—功能群。群落中功能相似的物种群。

**HAB**—有害藻华。

**Halophile**—嗜盐菌。

**Halophyte**—盐生植物。

**Hammock**—岛状林。略微凸起的树岛，例如佛罗里达大沼泽地的淡水树岛或红树林岛。

**Hatch-Slack-Kortschak pathway**—$C_4$ 植物光合作用的生化途径。

**Hemists**—半分解有机土壤。淤泥质泥炭或泥炭质淤泥；处于高分解有机土壤和低分解有机土壤的中间状态。

**HGM**—水文地貌。参见 Hydrogeomorphic classification。

**High marsh**—高地沼泽。不定期淹水的盐沼上部区域，通常位于平均高水位和极端高水位之间。在墨西哥湾海岸线称为内陆盐沼。

**Histosol**—有机土。土壤表层 80cm 深，一半以上含有有机质的土壤，或者在岩石或砾石上发育的土壤，无论多厚，空隙中充满有机质的土壤。

**HLR**—水力负荷率。参见 Hydraulic loading rate。

**HSI**—生境适宜性指数。一种衡量生态系统中特定物种生境价值的半定量指标。

**Hydrarch succession**—水生演替。以湿地为过渡序列的浅水湖泊向陆地森林顶极群落的发展过程。这种观点认为，随着死亡植物的有机物质积累和从上坡被携带进来的矿物质增多，湖泊逐渐被填满。

**Hydraulic conductivity**—水力传导率。参见 Permeability。

**Hydraulic loading rate（HLR）**—水力负荷。添加到湿地里的水量，一般用单位时间内水的水深（单位湿地面积的淹水量）表示；主要用于处理湿地。

**Hydric soil**—水成土。水分饱和、淹水或积水条件下发育的土壤，在生长季节土层上部长时间处于厌氧状态。

**Hydrochory**—水媒传播。植物种子通过水传播。

**Hydrodynamics**—水动力学。一种驱动系统的河流能量的表达。

**Hydrogeomorphic classification（HGM）**—水文地貌分类。基于水文条件的类型和方向、当地地貌和气候的湿地分类系统。

**Hydrogeomorphology**—水文地貌学。综合影响湿地功能的气候、流域地貌和水文的组合。

**Hydroperiod**—水文周期。湿地水位的季节性模式，近似于每种湿地类型的水文特征。

**Hydrophyte**—水生植物。适应潮湿环境生长的植物。

**Hydrophytic vegetation**—水生植被。以水生植物为优势的植物群落。

**Hypoxia**—缺氧。溶解氧浓度低于 2mg/L 的水域。

**Interception**—截留。保留在植被冠层中的降水。

**Intermittently exposed**—间歇性暴露。全年都被洪水淹没的非潮汐湿地，只有极端干旱时期暴露在空气中。

**Intermittently flooded**—间歇性淹水。暴露在外的非潮汐湿地，湿地表面被潮汐淹没的频率低于每日一次。

**Intertidal**—潮间带。沿海湿地周期性被潮水淹没的区域。

**Intrariparian continuum**—河岸带连续体。河流系统河岸带群落的结构与功能。

**Irregularly exposed**—不定期暴露。潮汐作用的滨海湿地，湿地表面暴露在空气中的频率低于每日一次。

**Irregularly flooded**—不定期淹水。潮汐作用的滨海湿地，湿地表面被潮汐淹没的频率低于每日一次。

**Isolated wetland**—孤立湿地。美国使用的法律术语，指没有明显地表水与可航行的溪流或河流相连的湿地。参见 Significant nexus。

**Jurisdictional wetland**—司法管辖湿地。美国使用的术语，指为发放许可证或其他法律事项而属于联邦法律管辖范围的湿地。

**Kahikatea**—新西兰鸡毛松。指的是遍布新西兰的新西兰鸡毛松（*Dacrycarpus dacrydiodes*）及其森林湿地。当地人称之为"白松林"。

**Karst**—喀斯特、岩溶。在石灰岩、白云岩或石膏上发育的地貌。

**Krefeld system or Max-Planck-Institute process**—克雷菲尔德系统或马克斯·普朗克研究所的工艺流程。砾石床大型植物潜流处理湿地。

**Lacustrine**—湖泊湿地。与湖泊或湖岸有关的湿地。

**Lagoon**—潟湖。欧洲常用术语，表示深水封闭或部分开放的水域系统，尤其是在沿海三角洲地区。

**Lentic**—静水的。通常指水流缓慢或水体不流动的湖泊和森林沼泽系统。

**Lenticel**—皮孔。在低潮位以上的红树支柱根和呼吸跟上发育的小孔，推测是厌氧条件下根生存所需的氧气流入的地方。

**Limnogenous peatland**—湖沼形成的泥炭地。一种地理因素起源的泥炭地，沿缓慢流动的溪流或湖泊分布。

**Littoral**—沿岸。近岸水域或滨海淡水湖泊高潮和低潮之间的区域。

**Loading rate**—负荷率。某一种物质（例如，化学品）进入湿地的数量，以每年单位面积或体积的质量［例如，$g/(m^2\cdot年)$ 或 $g/(m^3\cdot年)$］来度量。

**Lotic**—激流的。主要用于形容流动的水体（例如，河流和小溪）。

**Low marsh**—低地沼泽。盐沼的潮间带区域或地势低洼的区域，每天都会淹水。在墨西哥湾沿岸被称为河边盐沼。

**Mangal**—红树林。是 mangrove 同义词。

**Mangrove**—红树林。亚热带和热带沿海生态系统，由生长在咸水、微咸水潮汐水域中的盐生乔木、灌木和其他植物所组成。"红树林"一词也指在红树林湿地占优势的几十种乔木和灌木。

**Marginal value**—边际价值。一种商品在自由市场上额外增加的价值。

**Marsh**—草本沼泽。频繁或持续淹水的湿地，其特征是生长适应水分饱和土壤条件的挺水草本植物。在欧洲术语中，草本沼泽指具有矿质土壤基质、不累积泥炭的沼泽。参见 Tidal freshwater marsh、Salt marsh。

**Mesotrophic peatland**—中营养泥炭地。也称为过渡型泥炭地或养分贫瘠的矿养泥炭地。介于矿养泥炭地和雨养泥炭地之间的一种类型。

**Methane emission**—甲烷排放。生成的甲烷减去氧化的甲烷后从景观中释放的甲烷量。

**Methane oxidation**—甲烷氧化。专性甲烷氧化细菌将甲烷转化为甲醇、甲醛和二氧化碳的过程。

**Methanogenesis**—产甲烷，又称甲烷生成。当某些细菌（产甲烷菌）使用 $CO_2$ 或低分子量有机化合物作为电子受体来生产气态甲烷（$CH_4$）时，在极端还原条件下的碳过程。

**Methanogen**—产甲烷菌。进行产甲烷生成的细菌。

**Methanotrophs**—甲烷氧化菌。氧化甲烷的好氧细菌。

**Millennium Ecosystem Assessment**—千年生态系统评估。2005 年发表的一项国际研究，重点关注人类对生态系统造成的变化以及这些变化如何影响它们为人类提供的服务。

**Mineral soil**—矿质土壤。有机质含量少于 20%～35%的土壤。

**Minerotrophic peatland**—矿质营养泥炭地。也称为流水营养泥炭地或营养丰富的矿养泥炭地；泥炭地接收流经矿质土壤的水分。

**Mire**—季节性淹水沼泽。泛指有泥炭积累的湿地（欧洲的定义）；源自挪威语 "myrr"。在丹麦和瑞典语中，目前泥炭地一词为 mose。

**Mitigate**—减缓。通过恢复或建造湿地来减少湿地的损失。

**Mitigation bank**—替代性补偿库。为补偿湿地受到的影响，已经恢复和保护的湿地区域。

**Mitigation ratio**—替代性补偿率。恢复或建造的湿地与因发展而失去的湿地的面积比率。

**Mitigation wetland**—减缓湿地。参见 Replacement wetland。

**Moor**—泥炭地的同义词（欧洲的定义）。高地沼泽（highmoor）等同于隆起泥炭沼泽（raised bog），低地沼泽（lowmoor）等同于发育在盆地或洼地的泥炭地（peatland）。古斯堪的那维亚语词根的原始含义是 "死亡" 或贫瘠的土地。

**Mottle (or redox concentration)**—氧化斑块（或氧化还原浓聚）。橙色/红褐色（铁的氧化物）或暗红褐色/黑色（锰的氧化物）物质在灰色（潜育）土壤基质的水成土中积累。斑点表明土壤间歇性暴露，而且是相对不溶于水的，在土壤排水后很长一段时间内仍保持在土壤中。

**Muck**—淤泥。几乎所有的有机物质都已经分解，分辨不出植物的形状。容重一般大于 $0.2g/cm^3$（大于泥炭）。

**Munsell soil color chart**—芒赛尔土色卡。测定土壤色度和彩度的标准色卡手册。用于鉴别水成土。

**Muskeg**—藓类泥炭沼泽。主要在加拿大和美国阿拉斯加州使用。

**NAD**—烟酰胺腺嘌呤二核苷酸。一种在厌氧条件下积累的酶。

**NADP**—烟酰胺腺嘌呤二核苷酸磷酸。

**Nexus**—关联。美国司法部强调的法律术语。美国最高法院用来描述湿地和可航行水道之间的联系。湿地必须对通航水域的化学、物理和生物完整性产生重大影响，才能认为与这些水域有重要的联系。

**Nitrification**—硝化作用。氨态氮被微生物氧化为亚硝酸盐氮和硝态氮的过程。

**Nernst equation**—能斯特方程。基于氢标度的方程式，显示氧化还原反应中氧化还原电位与氧化剂和还原剂浓度的关系。

**Nitrogen fixation**—固氮。氮循环中，在固氮酶的存在下通过某些生物体的活动将 $N_2$ 气转化为有机氮的过程。

**No net loss**—零净损失。美国的湿地政策，开始于 20 世纪 80 年代末。这项政策规定，如果湿地丧失了，必须进行补偿，保障不会出现湿地总量的 "净损失"。

**Nutrient budget**—养分收支。生态系统中养分质量平衡。

**Nutrient spiraling**—营养螺旋概念。在一个河流系统中，资源（有机碳、养分等）首先被暂时存储，然后随着向下游运移，从有机态转变为无机态，再转变为有机态的 "螺旋式" 转化过程。

**Obligate**—专性的。需要特定环境才能生长的属性，如只适应潮湿环境。就湿地而言，专性一般指需要饱和土壤的植物。

**Oligotrophic**—贫营养的。养分贫乏；一般用于湖泊分类，但也适用于泥炭地。

**Oligotrophication**—贫营养。通常指泥炭地的发展过程，泥炭地逐渐隆起最终高于周围的景观，从富营养化（营养丰富）演变为贫营养化（营养贫乏）。

**Ombrogenous**—降水成因的。泥炭地仅有降水补给；也称为雨养。

**Ombrotrophic**—雨养。指的是依靠降水作为唯一水源的湿地。

**Opportunity cost**—机会成本。资源选择性利用在非自由市场的净值。也就是说，为了保持该地区的自然状态，必须放弃该地区资源利用的净收益。

**Organic soil**—有机土壤。有机碳含量超过 12%～18%的土壤，具体取决于黏土的含量。（见图 5.1）。

**Osmoconformer**—渗透适应型动物。一类海洋动物，其内部细胞环境与外部介质的渗透浓度密切相关。

**Osmoregulator**—渗压调变动物。尽管外部介质的渗透浓度不同，但仍能控制内部细胞环境的海洋动物。

**Outwelling**—外溢。滨海湿地作为"初级生产泵"的功能，为大量的邻近水域提供有机物质和营养物质；类似于深海的上升流，从深海向一些沿海水域提供营养物质。

**Overland flow**—坡面漫流。地表非渠道化的薄层水流，通常发生在降雨或春季解冻期间或之后，或出现在潮汐上升时的沿海湿地。

**Oxbow**—牛轭湖。废弃的河道。河漫滩上的牛轭湖经常发育成森林沼泽或草本沼泽。

**Oxidation**—氧化。失去电子的化学过程（如 $Fe^{2+} \rightarrow Fe^{3+} + e^-$）。特殊情况包括引入氧或脱去氢（如 $H_2S \rightarrow S^{2-} + 2H^+$）的作用。

**Oxidized pore lining**—氧化孔隙膜。参见 Oxidized rhizosphere。

**Oxidized rhizosphere（also called oxidized pore lining）**—氧化根际（也称为氧化孔隙膜）。在黑色基质中发现的细微的氧化土壤，表明这里曾经分布过水生植物的根。

**Paalsa peatland**—帕萨泥炭地。位于苔原带生物群的南缘，是由泥炭构成的大高原（长、宽 20~100m，高 3m），通常被冻结的泥炭和淤泥覆盖。

**Pakihi**—新西兰西南部的泥炭地。主要生长莎草、灯心草、蕨类和零星的灌木。大多数发育在冰川侵蚀或河流冲刷形成的阶地或平原上，呈强酸性且非常贫瘠。

**Palmer drought severity index（PDSI）**—帕尔默干旱强度指数。主要用于衡量一个区域的干旱程度。

**Paludification**—沼泽化。沼泽植被被过度发育占据陆地生态系统的过程。

**Palustrine**—非潮汐湿地。

**Panne**—盐斑。

**Patterned fen**—条带状沼泽。呈现出比较规则图形的矿养泥炭沼泽。参见 Aapa peatland。

**Peat**—泥炭。纤维状有机土壤物质，这种物质几乎都是可识别出形状的植物残体。容重一般小于 $0.1g/cm^3$（小于淤泥）。

**Peatland**—泥炭地。有未完全分解的植物残体（泥炭）累积的所有湿地的总称。

**Penman equation**—彭曼公式。用能量收支法估算蒸散发的经验公式。

**Perched wetland**—"隔离"湿地或地表水洼地湿地。湿地的水位显著高于周边地下水水位的湿地。

**Permanently flooded**—永久淹水。指的是非潮汐湿地全年都被水淹没的状态。

**Permeability**—渗透率。水在土壤中通过的能力。也称为渗透系数。参见 Darcy's law。

**Petagram（Pg）**—$10^{15}g$。

**Phreatophyte**—潜水植物。从地下潜水（即地下水或地下水位的毛细管边缘）获取水分的植物。

**Physiognomy**—外貌。植被的外形或生活型。

**Piezometer**—压力计。测量地下水压力水头的装置。

**Playa**—干盐湖。干旱半干旱地区的湿地，有明显的旱季和湿季。美国西南部使用的术语，指北美洲大平原地区通过风、浪和溶解过程共同作用而形成的浅洼地补给湿地。

**Pneumatophore**—呼吸根。从湿地植物如海榄雌属（*Avicennia*）和落羽杉（*Taxodium distichum*）的主根上伸出泥土的"气根"，被认为是输送氧气和其他气体到植物根部或从植物根部排出的器官。柏树的这种根，称为"膝状根"。

**Pocosin**—浅沼泽。泥炭累积的非河岸淡水湿地，通常以常绿灌木和乔木为优势植物，分布于美国东南滨海平原。这个术语来自阿尔冈昆语，意思是"山上的沼泽"。

**Porosity**—孔隙度。土壤孔隙容积占土体容积的百分比。

**Pothole**—湖穴。浅的沼泽状池塘，主要分布在美国达科他州和加拿大中部省份，即所谓的草原湖穴地区。

**Prairie pothole**—草原湖穴。参见 Pothole。

**Producer surplus or economic rent**—生产者剩余或经济租金。一种商品供给曲线上以价格为界限的面积。

**Prop root**—支柱根。地上的弓形根，有助于支撑一些湿地树木，如红树。

**Pulse stability concept**—脉冲稳定性概念。根据脉冲强度的不同，脉冲对生态系统既可以是一种支持，也可以是一种压力，中等脉冲产生支持作用，而弱脉冲和过度脉冲都可能导致生态系统应激反应。

**Quaking bog**—颤沼。德语为 schwingmoor。泥炭层和植物层仅部分附着在洼地底部或像筏子一样漂浮的沼泽。

**Quick flow**—快速径流。暴雨时立即增加直接径流流量的那部分径流。

**Raised bog**—隆起泥炭沼泽。泥炭沉积物填满了整个洼地，并被抬升到地下水位以上，仅从降水中获得主要的营养输入。参见 Ombrogenous 和 Ombrotrophic。

**Ramsar Convention**—《拉姆萨公约》。关于特别是作为水禽栖息地的国际重要湿地公约。

**Raupo swamp**—新西兰的香蒲属（*Typha*）沼泽。

**Recharge wetland**—补给湿地。地表水（或地下水）水位高于周边地下水水位的湿地，导致湿地地下水外流。

**Recurrence interval**—重现期。洪水在一定时间内再次发生的平均时间间隔。

**Redox concentration**—氧化还原浓聚。在湿地土壤中积累的铁、锰氧化物，例如瘤状结核、结核、红色斑纹、孔隙膜。

**Redox depletion**—氧化还原损耗。当可溶态铁、锰或黏土从土壤中淋出时，形成的低彩度的物质（彩度为 2 或小于 2）。其土壤砂、粉砂或黏土的自然颜色为灰色或黑色。一般芒赛尔土色卡色值为 4 或更大。参见 Clay depletion。

**Redoximorphic feature**—氧化还原特征。铁和锰氧化物的还原、迁移和（或）氧化形成的特征；用于鉴别水成土。以前称为红色斑纹和低彩度颜色。

**Redox potential**—氧化还原电位。溶液中电子压力（可用性）的测量值，或土壤溶液物质氧化或还原趋势的测量值。低氧化还原电位表示还原条件；高的氧化还原电位表明氧化条件。

**Reduced matrix**—还原基质。低彩度、高明度的土壤，但其颜色的色调或彩度暴露在空气中会发生变化。

**Reduction**—还原。获得电子的化学过程（例如，$Fe^{3+}+e^-\rightarrow Fe^{2+}$）。特殊情况包括脱去氧或引入氢气（加氢）（例如，$S_2 +2H^+\rightarrow H_2S$）。

**Reedmace swamp**—英国的香蒲属（*Typha*）沼泽。

**Reedswamp**—芦苇沼泽。以芦苇为优势种的沼泽；特别在欧洲使用的术语。

**Reference wetland**—参考湿地。建造、恢复湿地区域的自然湿地，用来判断建造、恢复湿地是否成功或评价对湿地影响状况时的参考或对照。

**Regularly flooded**—定期淹水。指滨海湿地表面每天至少有一次被海水淹没及暴露的淹水过程。

**Regulators（or avoiders）**—调节（规避）。生物对压力的适应方式，生物体会积极地避免压力或调整压力以使压力影响最小化。

**Rehabilitation**—修复。未完全恢复到干扰前的状态。

**Renewal rate**—更新率。参见 Turnover rate。

**Replacement value**—替代价值。替代自然生态系统及其占据的区域空间提供的所有各种服务的最廉价方式的总和。

**Replacement wetland**—替代性补偿湿地。为取代因人类发展而丧失功能的湿地而建造的湿地，通常应位于同一流域或邻近流域。

**Residence time**—停留时间。参见 Retention time。

**Resource spiraling**—资源螺旋概念。参见 Nutrient spiraling。

**Restoration**—恢复。使某一地点返回到改造前的近似状态的行动。参见 Wetland restoration。

**Retention rate**—滞留率。单位时间、单位面积内湿地中物质的滞留量，通常是指或多或少从流经湿地的水体中移出的物质，有别于物质在湿地中的暂时滞留（detention）。

**Retention time**—滞留时间。水体在湿地中平均滞留的时间。是指水在湿地中滞留的理论时间，可根据流经湿地的水量计算得出。参见 Detention time。

**Rheotrophic peatland**—矿养泥炭地。参见 Minerotrophic peatland。

**Riparian**—河岸。流动水体的边缘区域；至少周期性受洪水影响的水体附近的土地。

**Riparian ecosystem**—河岸生态系统。由于临近水域生态系统（通常是小溪或河流）而导致地下水位高的生态系统。又称低地阔叶林、河漫滩林、灌木林、河岸缓冲带、河岸植被带。

**River continuum concept（RCC）**—河流连续体概念。描述溪流和河流生物群纵向模式的理论。

**Root-zone method（Wurzelraumentsorgung）**—根区废水处理系统。一种洼地型潜流湿地，涵盖不同类型的微生物、植物根源、水土和太阳之间的所有生物活动。该技术于 20 世纪 70 年代在德国开发，并已在主要在欧洲和美国的不同国家成功实施，一般种植芦苇（*Phragmites australis*）。

**Runoff**—径流。非渠道化地表水流。

**Salt exclusion**—脱盐。一些湿地植物通过阻止盐分从根部进入植物体内而适应盐度的一种现象。

**Salt marsh**—盐沼。一种盐生草地，发育在冲积物上，与含盐水体接壤，其水位随着潮汐涨落发生波动。

**Salt secretion**—泌盐。一些湿地植物通过从叶子的特殊器官排泄盐分来适应盐度的现象。

**Saprist**—高分解有机土壤。参见 Muck。

**Saturated soil**—水分饱和土壤。指土壤或基质在生长季节长时间处于水分饱和状态，但很少出现积水现象。

**Sclerophylly**—硬叶的。植物表皮的增厚现象。

**Seasonally flooded**—季节性淹水。一般指在植物生长季长时间淹水，但在生长季结束时没有地表水的非潮汐湿地。

**Seca**—旱季。指南美洲潘塔纳尔地区 9～11 月的干旱期，湿地呈现出典型的干旱稀树草原植被特征。参见 Cheia、Enchente 和 Vazante。

**Secondary treatment**—二级处理。废水去除有机物的处理方法。

**Sedge meadow**—莎草草地。地形浅平的湿地，以一些莎草（例如，薹草属、蔍草属、莎草属植物）为优势植物。

**Seed bank**—种子库。土壤中储存的种子，通常可以保存多年。湿地水文周期发生变化，如湿地恢复或湿地排水，往往会导致萌发。

**Self-design**—自我设计。自组织在生态系统设计中的应用。生态系统的发育过程，通过人类或自然连续或定期地引入物种繁殖体（植物、动物、微生物）实现，它们随后的生存（或不生存）体现了一个生态系统演替和功能发展的本质。

**Semipermanently flooded**—半永久淹水。指大多数年份在生长季节被淹没的非潮汐湿地。

**Sequestration**—固存。在生态系统中化学物质或营养物质的永久保留。通常用固碳来描述湿地土壤中碳的永久埋藏。

**Serial discontinuity concept**—河流不连续体概念。描述河漫滩、水坝和他们宽度对河流系统的功能影响。

**Shrub-scrub**—灌丛-矮树。一般指以低矮的木本植被［如风箱树属（*Cephalanthus*）植物］为优势的湿地，或低矮的咸水红树林沼泽。

**Significant nexus**—显著相关。美国用于描述湿地与邻近通航水域连接的法律术语。湿地本身或与其他陆地共同作用，会显著影响邻近通航水域的化学、物理和生物完整性。另见 Isolated wetland、Nexus。

**Sink**—汇。湿地养分收支中使用的术语，指某种养分输入大于输出的湿地。

**Slough**—泥沼。狭长的沼泽或浅水湖系统，常发育在河流、小溪岸边。如美国东南部水流缓慢的浅水森林沼泽或草本沼泽（如柏树沼泽）。该词源自古英语单词"sloh"，意思是在山谷中流动的水流。参见 Cypress strand。

**Soligenous peatland**—地表水形成的泥炭地。一种地理成因的泥炭地，在区域汇流和地表径流作用下发育而成。

**Source**—源。湿地养分收支中使用的术语，指某种养分输出大于输入的湿地。

**Spit**—沙嘴。沿着海岸线向海伸出的一块陆地，后面有时会发育湿地。

**SRP**—溶解性活性磷。类似于正磷酸盐；生物可利用磷的一种度量。

**Stem hypertrophy**—茎部膨大。维管植物下部茎的明显肿胀，通常由水或饱和土壤引起。包括板状根和树皮纵裂。

**Stemflow**—茎流。通过植被茎部的降水。一般用于森林和森林湿地。

**Streamflow**—径流。河道地表水流。

**Stream order**—水系级别。根据支流规模大小和相互关系的等级的顺序，将溪流和河段进行分级的数值系统。

**String bog**—串珠状泥炭沼泽。参见 Aapa peatland。

**String**—串珠。参见 Aapa peatland。

**Subsidence**—下沉。随着时间的推移，由自然或人为因素导致的地面的水平下沉。

**Subsurface-flow constructed wetland**—潜流净化湿地。水在地表下流动而不在地面流动的人工湿地。参见 Root-zone method。

**Subtidal**—潮下带。被潮水永久淹没的滨海湿地。

**Supply curve**—供给曲线。经济学家对生产者效益的估计。

**Surface-flow constructed wetland**—表流净化湿地。模拟许多自然湿地表面水流过程的人工湿地，水在湿地表面流动而不是在地表之下流动。

**Swamp**—森林沼泽。以乔木或灌木为优势种的湿地（美国定义）。在欧洲，以芦苇属（*Phragmites*）为优势种的沼泽和湿地也被称为森林沼泽。参见 Reedswamp。

**Swampbuster**—湿地终结者。美国食品安全法的条款，鼓励农民不要抽干湿地，从而失去他们的农业补贴。

**Swamp gas（or marsh gas）**—沼气。甲烷。

**Taking**—剥夺（征收）。法律上否定个人使用其地域或结构（树木、野生动物等）全部或部分财产的权利。

**Telmatology**—沼泽学。最初是用来表示沼泽科学的术语。源自希腊语 telma，意思是沼泽。

**Temporarily flooded**—暂时性淹水。指的是在生长季节短时间内被淹没的非潮汐湿地，地下水位远低于地表。

**Teragram（Tg）**—$10^{12}$g。十亿千克。

**Terrestrialization**—陆地化过程。通常指泥炭地的演替，即浅水湖泊经过不断填充，演替成为可生长陆地植被的泥炭注地。

**Tertiary treatment**—三级处理。污水经二级处理后进行深度处理，去除无机营养素等微量物质。湿地经常被用于这一目的。

**Thornthwaite equation**—桑思韦特方程。估算潜在蒸散发的经验公式，潜在蒸散发为气温函数。

**Throughfall**—贯穿降水量。穿过植被覆盖层降落到下面的水面或基质的降水。主要用于森林和森林湿地。

**Tidal creek**—潮沟。作为盐沼或红树林沼泽与邻近海岸水体之间物质和能量迁移转化的重要管道的小溪流。

**Tidal freshwater marsh**—淡水潮汐草本沼泽。靠近海岸线的河流和河口沼泽，受非咸水潮汐的显著影响。植被通常类似于非潮汐淡水草本沼泽。

**Tolerator（also called resister）**—忍耐（也称为抵御）。生物对压力的适应，生物体通过功能上的修饰，使其能够在压力面前生存并经常有效地发挥作用。

**Topogenous**—正向发育。指泥炭地改变地表水流动模式时泥炭地的发育。

**Total suspended solids**—总悬浮物。参见 TSS。

**Transformer**—转换器。湿地养分收支中所使用的术语，指输入和输出相同数量的某种营养物质，但湿地将其从一种形式改为另一种形式。

**Translocation**—传输。养分在植物地下和地上部分之间的运动。

**Treatment wetland**—处理湿地。用于处理废水或被污染的径流的湿地。参见 Constructed wetland。

**TSS**—总悬浮物。单位体积水体中悬浮在水中的固体物质。

**Turlough**—一种季节性沼泽。这个术语专门用于大多发现于爱尔兰西部岩溶地下水季节性淹水的地区，地下水淹水的频率和淹水时间使其产生湿地特征。它们通常在冬季淹水，夏季干旱，并通过地下通道补水和排水。

**Turnover rate**—周转率。流经湿地的水量与湿地内平均水量的比值。这是湿地的周转时间（turnover time）、停留时间（residence time）或滞留时间（retention time）的倒数。

**Turnover time**—周转时间。参见 Retention time。

**Value**—价值。对人类有价值、可获取或有用的东西。虽然这个术语经常在生态学中用来指过程（如初级生产）或生态结构（如树木），因为它们对生态系统的功能是"有价值的"，但这个术语一般应该限于人类为中心的内涵。人类决定生态系统中什么是"有价值的"。

**Vazante**—南美洲潘塔纳尔地区 6～8 月的水位下降期。参见 Cheia、encente 和 Seca。

**Vernal pool**—春池。浅的、间歇性淹水的湿草地，通常为典型的地中海式气候，夏秋大部分时间为旱季。这个词现在用来指整个美国在春季被暂时淹没的湿地。

**Viviparity**—胎生苗。植物种子内的胚胎在未离开母本时即萌发生长。

**Viviparous seedling**—胎生苗。树木的幼苗在还附着在树冠上的时候就会发芽。红树属的植物就是一个具体的胎生案例。

**Vleis**—类似于渍涝草地的季节性湿地，非洲南部使用的术语。

**Wad**—没有植被的潮汐滩地。原指荷兰北部和德国西北部海岸线无植被的潮滩。现在全世界沿海地区都在使用。

**Watertrack**—水道，狭长水流。参见 Aapa peatland。

**Wetland**—湿地。见第 2 章"湿地定义"中各种湿地的定义。一般来说，湿地在生长季的部分时间里会有薄层积水或淹水土壤，有适应这种潮湿环境的生物，有淹水的土壤指标，如水成土。

**Wetland creation**—湿地建造。人为将一块高地或浅水区转变为湿地。

**Wetland delineation**—湿地划界。为法律目的划定湿地边界。参见 Jurisdictional wetland。

**Wetlands Reserve Program（WRP）**—湿地保护计划。这是美国政府的一项政策，允许农民从他们的财产中留出湿地进行保护，从而获得利益。

**Wetlander**—湿地人。居住在湿地附近的人们，他们的文化与湿地息息相关。

**Wetland restoration**—湿地恢复。将湿地从被人类活动干扰或改变的状态恢复到先前存在的状态的活动。

**Wetlands of international importance**—国际重要湿地。因为这些湿地的稀有性，支持生物多样性、水禽和鱼类，被《拉姆萨公约》指定为国际重要湿地。

**Wet meadow**—湿草甸。一年中大部分时间近地表土壤渍水但不积水的草地。

**Wet prairie**—湿草原。类似于草本沼泽，但水位通常介于草本沼泽和湿草甸之间。

**Willingness to pay, or net willingness to pay**—支付意愿（或净支付意愿）。一种假设的市场，它确定了社会愿意为生产和（或）使用一种超出其实际支付的商品而支付的金额。

# 译 后 记

翻译本书的想法始于 2014 年底我与 William J. Mitsch 教授的一次交谈。当 William J. Mitsch 教授问我是否有想法把本书翻译成中文时，我十分爽快地答应了下来。但是随着项目的开展和实施，慢慢地这本书的翻译工作让我对湿地生态系统的认知有了很多不一样的感受。

具体的翻译工作于 2015 年 6 月开始，由于湿地生态系统的复杂性和类型的多样性，本书内容的丰富性，尤其是湿地的地域特征非常明显，许多专业的英文词汇很难用恰当的中文词汇表达。在这个过程中，与 William J. Mitsch 教授沟通，查阅相关国内外文献，力求原汁原味地呈现给读者。翻译过程历经几次较大的校译工作，能够以如今这样较为饱满的状态呈现于大家面前，也算是好饭不怕晚了。在本书的翻译过程中得到本人的博士导师盛连喜教授的大力支持，具体翻译工作由吕铭志博士完成。同时这本书的翻译工作也得到许多同行如中国科学院东北地理与农业生态研究所刘波博士、神祥金博士等的帮助，在此一并致谢。

作为曾获得过斯德哥尔摩水奖同时又是国际湿地公约美国执行办公室主席的著名湿地学家 William J. Mitsch 教授的代表作之一，本书于 20 世纪 80 年代第一次出版，历经 5 次修订。本次翻译成简体中文的是原书的第五版。本书立足全球视角，从湿地的定义、分类和全球分布入手，系统介绍了湿地环境、湿地生态系统、湿地管理和湿地生态系统服务等内容，既有理论知识，又有大量的实际案例。但是由于本书的部分内容取自美国和西方世界，因此在翻译本书过程中，补充了部分国人熟悉的内容以便读者理解。对于研究者，这是一部具体而深入介绍湿地生态系统的著作；对于管理者，这是一部简明而扼要了解湿地生态系统的工具书；对于刚入门的学生，这是一部全面而翔实的教材；对于公众，这是一部轻松而愉悦的湿地生态系统科普读物。

最后，湿地生境作为一个多种生态系统交汇而形成的生境类型，其具有与其他生境相类似的生境特征，同时湿地生境也具有其得天独厚的特点。仔细回味整个翻译过程，使我受益良多。在本书的翻译过程中要感谢所有参与翻译和校译的人员，以及我的家人和导师的鼓励与支持。虽然我们力争准确、完整、简明通顺，但难免存在疏漏和不当之处，欢迎各位读者批评指正。希望通过本书的翻译对我国湿地科学发展、湿地保护管理、湿地恢复与重建有一定的借鉴意义。

吕铭志

2020 年春